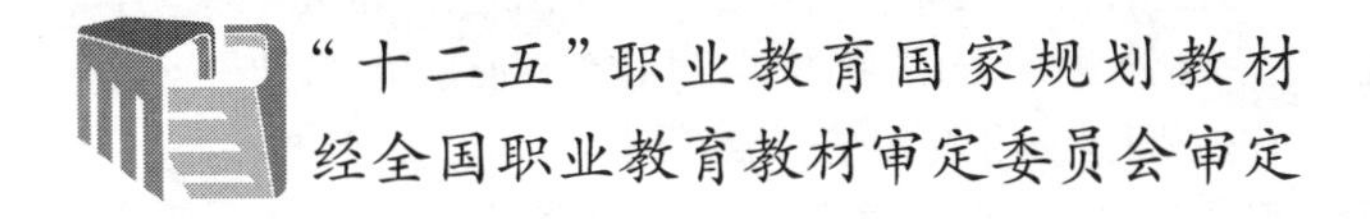

Neiranji Gouzao yu Yuanli

内燃机构造与原理

（第三版）

刘善平　**主　编**
周　涛　王　瑜　**副主编**
孙建新　**主　审**

人民交通出版社股份有限公司
China Communications Press Co.,Ltd.

内 容 提 要

本书是“十二五”职业教育国家规划教材，内容包括：内燃机的工作原理与总体构造、机体组与曲柄连杆机构、换气过程和配气机构、汽油机的燃烧过程和燃油系统、柴油机的燃烧过程和燃油系统、汽油机点火系统、冷却系统、润滑系统、起动系统、增压系统、内燃机特性、内燃机的污染与控制。

本书为高职高专院校港口物流设备与自动控制专业教学用书，也可供相关专业教学使用，或作为职业技能培训教材，也可供有关工程技术人员学习参考。

图书在版编目(CIP)数据

内燃机构造与原理／刘善平主编. —3 版. —北京：人民交通出版社股份有限公司，2014.12

“十二五”职业教育国家规划教材

ISBN 978-7-114-11740-4

Ⅰ.①内… Ⅱ.①刘… Ⅲ.①内燃机—构造—高等职业教育—教材 ②内燃机—理论—高等职业教育—教材 Ⅳ.①TK40

中国版本图书馆 CIP 数据核字(2014)第 223923 号

“十二五”职业教育国家规划教材

书　　名： 内燃机构造与原理(第三版)
著 作 者： 刘善平
责任编辑： 周　凯
出版发行： 人民交通出版社股份有限公司
地　　址： (100011)北京市朝阳区安定门外外馆斜街 3 号
网　　址： http://www.ccpress.com.cn
销售电话： (010)59757973
总 经 销： 人民交通出版社股份有限公司发行部
经　　销： 各地新华书店
印　　刷： 北京盈盛恒通印刷有限公司
开　　本： 787 × 1092　1/16
印　　张： 20.5
字　　数： 475 千
版　　次： 2004 年 5 月　第 1 版
2009 年 7 月　第 2 版
2014 年 12 月　第 3 版
印　　次： 2018 年 7 月　第 3 版　第 2 次印刷　总第 11 次印刷
书　　号： ISBN 978-7-114-11740-4
定　　价： 55.00 元

第三版前言

《内燃机构造与原理》(第二版)于2009年7月出版,是交通运输职业教育教学指导委员会推荐教材、高等职业教育港口物流设备与自动控制专业规划教材。

2014年,本教材第三版入选教育部“十二五”职业教育国家规划教材。本版教材的编写,结合当前高等职业教育发展和港口运输行业发展的实际情况,对第二版做了全面修订,形成了本教材第三版。

本版教材主要具备以下特点:

1.教材注重以就业为导向,以职业能力培养为核心,面向港口企业,满足实用性、技能型高等职业人才培养的需要。在所选内容的深度和广度上,既考虑目前学生的实际水平与接受能力,又满足了学生将来就业的需要,并为学生顺利获得港口内燃装卸机械修理工、港口内燃装卸机械司机等专业技能等级证书做好有效衔接。

2.教材编写立足国内港口机械使用内燃机的实际情况,结合典型流动式起重机的动力驱动装置,系统介绍内燃机的基本结构和工作原理。同时,教材根据行业技术发展情况及时调整教材内容,有选择地选编内燃机发展的新知识、新技术、新设备,采用国家及行业最新技术标准和规范,使教材充分体现先进性与时效性。同时也拓宽学习视野,为学生进一步深造打下基础。

3.本教材编写条理清楚,层次分明;语言流畅,浅显易懂;图表准确,配合恰当。

4.教材编排体例合理,充分体现了职业教育特色。每章前列出了知识目标和技能目标等学习目标要求,每章后附有练习与思考,便于教师组织教学和学生自主学习。

5.运用信息技术,加强课程资源建设。本版教材注重运用现代信息技术创新教材呈现形式,积极开发补充了教学课件、视频等教学资源,使教材更加生活化、情景化、动态化、形象化,有助于教学实施。

《内燃机构造与原理》(第三版)内容包括:内燃机的工作原理与总体构造、机体组与曲柄连杆机构、换气过程和配气机构、汽油机的燃烧过程和燃油系统、柴油机的燃烧过程和燃油系统、汽油机点火系统、冷却系统、润滑系统、起动系统、增压系统、内燃机特性、内燃机的污染与控制。

本书由江苏海事职业技术学院刘善平主编,江苏海事职业技术学院周涛、王瑜担任副主编,江苏海事职业技术学院孙建新主审,南京港口集团解立军高级工程师也参与了本书的审阅,提出了许多宝贵建议,在此表示感谢!

具体编写分工如下:江苏海事职业技术学院刘善平编写第一、二、三、四、五、七章,周涛编写第六、九章,李媛编写第八、十章,王瑜编写第十一、十二章。

本教材是高职高专院校港口物流设备与自动控制专业教学用书，也可供相关专业教学使用或作为职业技能培训教材，也可供有关工程技术人员学习参考。

本教材在编写过程中，得到交通运输系统各校领导和教师的大力支持，在此表示感谢！

书中不妥和疏漏之处，敬请读者指正。

编者

2014 年 8 月

第二版前言

交通职业教育教学指导委员会交通工程机械专业指导委员会自1992年成立以来，对本专业指导委员会两个专业(港口机械、筑路机械)的教材编写工作一直十分重视，把教材建设工作作为专业指导委员会工作的重中之重，在“八五”、“九五”和“十五”期间，先后组织人员编写了20多本专业急需教材，供港口机械和筑路机械两个专业使用，解决了各学校专业教材短缺的困难。

随着港口和公路事业的不断发展，港口机械和公路施工机械的更新换代速度加快，各种新工艺、新技术、新设备不断出现，对本专业的人才培养提出了更高的需求。另外，根据目前职业教育的发展形势，多数重点中专学校已改制为高等职业技术学院，中专学校一般同时招收中专和高职学生，本专业教材使用对象的主体已经发生了变化。为适应这一形势，交通工程机械专业指导委员会于2006年8月在烟台召开了四届二次会议，制定了“十一五”教材编写出版规划，并确定了教材的编写原则：

1.拓宽教材的使用范围。本套教材主要面向高职，兼顾中专，也可用于相关专业的职业资格培训和各类在职培训，亦可供有关技术人员参考。

2.坚持教材内容以培养学生职业能力和岗位需求为主的编写理念。教材内容难易适度，理论知识以“够用”为度，注重理论联系实际，着重培养学生的实际操作能力。

3.在教材内容的取舍和主次的选择方面，照顾广度，控制深度，力求针对专业，服务行业，对与本专业密切相关的内容予以足够的重视。

4.教材编写立足于国内港口机械和筑路机械使用的实际情况，结合典型机型，系统介绍工程机械设备的基本结构和工作原理，同时，有选择地介绍一些国外的新技术、新设备，以便拓宽学生的视野，为学生进一步深造打下基础。

《内燃机构造与原理》(第一版)于2004年5月出版，解决了当时专业教材短缺的困难，受到教材使用者的欢迎，至今连续印刷5次，发行量达11000册。本次再版，融入了近几年的教学改革成果，同时根据行业发展情况对部分内容做了调整，使教学目标更明确，更具针对性和实用性。

《内燃机构造与原理》(第二版)是高职高专院校港口物流设备与自动控制专业规划教材之一，内容包括：内燃机基本工作原理，机体组与曲柄连杆机构，换气过程和配气机构，汽油机的燃烧过程和燃油系统，柴油机的燃烧过程和燃油系统，汽油机点火系统，冷却系统，润滑系统，起动系统，发动机增压，发动机特性，发动机的污染与控制。

参加本书编写工作的有：江苏海事职业技术学院孙建新(编写第一、十一、十二章)、周涛

（编写第六、九章）、王瑜（编写第二、五、十章）、李媛（编写第三、四、七、八章）。全书由孙建新担任主编，南通航运职业技术学院马乔林担任主审。

本教材在编写过程中，得到交通系统各校领导和教师的大力支持，在此表示感谢！

编写高职教材，我们尚缺少经验，书中不妥和疏漏之处，敬请读者指正。

交通职业教育教学指导委员会

交通工程机械专业指导委员会

2009年5月

目　　录

第一章 内燃机的工作原理与总体构造

知识目标

1. 能正确进行往复活塞式内燃机的分类;
2. 能正确描述四冲程内燃机基本工作原理;
3. 能正确描述二冲程内燃机基本工作原理;
4. 能正确叙述内燃机的总体构造;
5. 能简单叙述内燃机各项性能指标的定义和意义;
6. 能正确识别内燃机的产品型号。

技能目标

1. 能根据内燃机铭牌上的型号及有关性能指标的含义,准确地解释内燃机的性能和结构特征;

2. 初步了解港口机械所用内燃机的特点和要求。

第一节 概 述

一、内燃机的分类

内燃机是热机的一种类型,它是将燃料经过燃烧释放的热能转变为机械能的机器。

热机可分为外燃机和内燃机两种类型。在外燃机中,燃料的燃烧发生在汽缸的外部,而燃气(工质)膨胀做功是在汽缸内部进行的,如蒸汽机、汽轮机等,因此,存在着工质传递过程的热损失。在内燃机中,燃料的燃烧和工质的膨胀做功均在汽缸内部进行,因而能量损失较小,具有较高的热效率。

内燃机按运动形式分,有往复活塞式和回转式(如转子发动机)两类。其中,往复活塞式内燃机,其性能更为完善,因此,使用广泛,是本课程学习的主要内容。

1. 往复活塞式内燃机的分类

往复活塞式内燃机可按不同方法进行分类。

1)按所用燃料分

内燃机按所用燃料可以分为液体燃料发动机和气体燃料发动机。

液体燃料发动机的燃料主要有汽油、柴油、甲醇、乙醇、二甲醇、生物柴油等，如使用汽油为燃料的内燃机称为汽油机；使用柴油为燃料的内燃机称为柴油机。汽油机、柴油机是本书讲述的重点。

气体燃料发动机所用气体燃料主要有天然气、压缩天然气（CNG）、液化天然气（LNP）、液化石油气（LPG）、沼气、煤气等，如使用压缩天然气的内燃机称为压缩天然气发动机；使用液化石油气的内燃机称为液化石油气发动机。

近年来，双燃料发动机也逐渐推向市场，如柴油/天然气双燃料发动机，柴油/沼气双燃料发动机等。

2）按行程数分

往复活塞式内燃机也可按其在一个工作循环期间活塞往复运动的行程数进行分类。活塞式内燃机每完成一个工作循环，便对外做功一次，不断地完成工作循环，才能使热能连续地转变为机械能。在一个工作循环中，活塞往复运动四个行程的内燃机称为四冲程往复活塞式内燃机（简称四冲程内燃机），而活塞往复两个行程便完成一个工作循环的则称为二冲程往复活塞式内燃机（简称二冲程内燃机）。车用发动机广泛使用四冲程内燃机。

3）按汽缸数目分

内燃机按汽缸数目不同分，有单缸发动机、多缸发动机。仅有一个汽缸的发动机称为单缸发动机；有两个以上汽缸的发动机称为多缸发动机。如双缸、三缸、四缸、五缸、六缸、八缸、十二缸等都是多缸发动机。现代车用发动机多采用四缸、六缸、八缸发动机。

4）按汽缸的排列方式分

内燃机按照汽缸排列方式不同可以分为单列式和双列式，如图 1-1 所示。

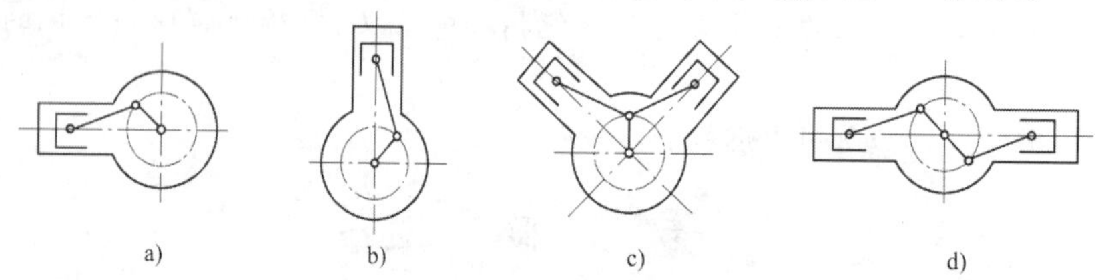

图 1-1　汽缸的排列方式

a）卧式；b）直列式；c）V 型；d）对置式

单列式发动机的各个汽缸排成一列，一般是垂直布置的，这种发动机称为直列式发动机。为了降低高度，有时单列式发动机也把汽缸布置成倾斜的甚至水平的，如布置成水平的发动机称为卧式发动机。

双列式发动机把汽缸排成两列，两列之间的夹角 $<180°$（一般为 90°），称为 V 型发动机；若两列之间的夹角 $=180°$，称为对置式发动机。

5）按进气状态分

按进气状态不同，活塞式内燃机还可分为非增压和增压两类。若进气是在接近大气状态下进行的，则为非增压内燃机或称自然吸气式内燃机；若利用增压器将进气压力增高、进气密度增大，则为增压内燃机。增压可以提高内燃机功率。

6）按缸内着火方式分

按缸内着火方式，内燃机分为压燃式发动机（如柴油机）和点燃式发动机（如汽油机)两类。压燃式发动机是压缩汽缸内的空气或可燃混合气,产生高温,引起燃料自燃的内燃机;点燃式发动机是压缩汽缸内的可燃混合气,用点火器(如火花塞)点燃燃料的内燃机。

7)按冷却方式分

按冷却方式的不同,活塞式内燃机分为水冷式和风冷式两种。以水或冷却液为冷却介质的称作水冷式内燃机,而以空气为冷却介质的则称作风冷式内燃机。

8)按转速分

内燃机按转速可分为低速机($n<300\text{r/min}$)、中速机($n=300\sim1000\text{r/min}$)和高速机($n>1000\text{r/min}$)。

9)按用途分

有汽车用、工程机械用、船用、发电机用和拖拉机用等多种。

此外,内燃机还可按其他方式进行分类。

2. 往复活塞式内燃机的特点

通常,往复活塞式内燃机具有下列突出优点:

(1)经济性好,有效热效率在热机中最高,一般为30%~55%。

(2)尺寸小、比质量(kg/kW)小、结构紧凑,便于安装布置。

(3)功率范围广。单机功率为$0.6\times10^4\sim6.8\times10^4$kW,可以适应各种动力设备的需要。

(4)机动性好。起动方便、迅速,加速性能好,正常起动只需要几秒,并能很快地达到全负荷工况。

同时,内燃机也存在一些缺点:

(1)运转时噪声大。

(2)废气中的有害成分对大气污染较严重。

二、内燃机的应用领域

内燃机热效率高、功率范围大、适应性好,广泛应用于交通运输业、工农业和军事装备等领域。

在交通运输行业,公路运输中的各类车辆,如轿车、商用车和摩托车等,汽油机、柴油机是主要动力来源,电动车、混合动力车虽发展较快,但在商业上的规模应用还有待时日。铁路运输领域,一些铁路机动车辆使用柴油机驱动。在水路运输领域,内河船舶、远洋船舶的动力装置几乎都采用柴油机。在港口运输企业,汽车起重机、轮胎式起重机、叉车、集装箱跨运车、轮胎式集装箱龙门起重机、集装箱牵引车等流动式起重机械多采用柴油机作为驱动动力来源。航空运输领域,燃气轮机和喷气式发动机是民航飞机的唯一动力装置。

工农业领域,工程机械(如挖掘机、压路机、铲车等)、矿山机械和建筑机械等大多用内燃机作为动力。农林机械方面,拖拉机和农田作业机械、排灌机械、农副产品加工机、中小渔船和林牧机械都大量使用内燃机作为动力源。

在军事装备方面:陆地上,坦克、装甲车、重武器牵引车也以柴油机为动力源;水面舰艇上,广泛应用柴油机作为舰艇的动力装置。例如:导弹快艇、鱼雷快艇、巡逻艇、扫雷艇、登陆艇及大部分常规潜艇和军用辅助船等以柴油机为主要动力源。

三、内燃机的基本术语

表示内燃机工作过程的基本术语，如图 1-2 所示，主要有：

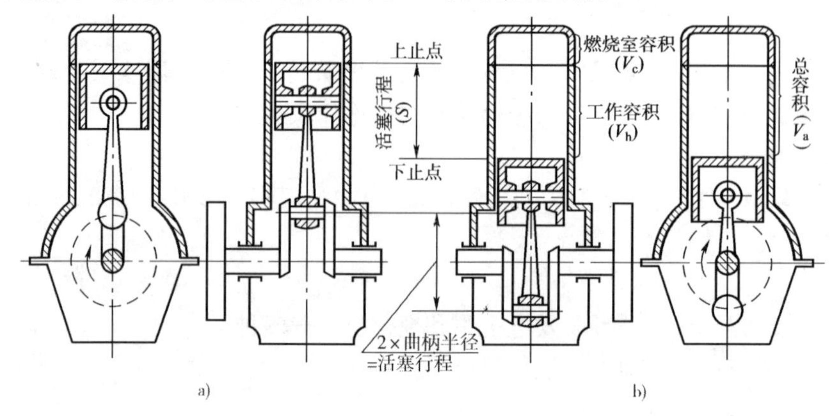

图 1-2　内燃机的基本术语

a)活塞在上止点位置；b)活塞在下止点位置

1. 上止点

活塞顶离曲轴的回转中心最远处，即活塞上行的最高位置为上止点。

2. 下止点

活塞顶离曲轴的回转中心最近处，即活塞下行的最低位置为下止点。

3. 活塞行程

活塞行程指活塞上、下止点之间的距离 S，单位：mm。

4. 曲柄半径

曲轴旋转中心线与曲柄销中心线的距离，用 R 表示，单位：mm。活塞行程与曲柄半径之间的关系为：$S=2R$。

5. 燃烧室容积

活塞在上止点时，其顶面与缸盖底面之间的空间称为燃烧室，其容积称为燃烧室容积，记作 V_c。

6. 汽缸工作容积

活塞从上止点运动到下止点，其顶面所扫过的汽缸容积称为汽缸工作容积，记作 V_h，即

$$V_h=\frac{\pi D^2}{4}S\times10^{-6}\quad(\mathrm{L})\tag{1-1}$$

式中：D——汽缸直径，mm；

S——活塞行程，mm。

内燃机所有汽缸工作容积之和，称为内燃机的排量，记作 V_H，即

$$V_H=V_hi=\frac{\pi D^2}{4}S\cdot i\times10^{-6}\quad(\mathrm{L})\tag{1-2}$$

式中：i——汽缸数。

7. 汽缸总容积

活塞在下止点时，其顶部与缸盖底面之间的空间容积称为汽缸总容积，记作 V_a。它等于

燃烧室容积与汽缸工作容积之和,即

$$V_a = V_h + V_c \tag{1-3}$$

8. 压缩比

汽缸总容积 V_a 与燃烧室容积 V_c 之比称为压缩比,用 ε 表示,即

$$\varepsilon = \frac{V_a}{V_c} = \frac{V_c + V_h}{V_c} = 1 + \frac{V_h}{V_c} \tag{1-4}$$

压缩比表示压缩行程中汽缸内的气体被压缩的程度。压缩比越大,压缩终了时汽缸内的气体压力和温度就越高。压缩比是内燃机的一个重要的结构参数,其大小随内燃机类型而不同。一般,汽油机 $\varepsilon = 6 \sim 11$;柴油机 $\varepsilon = 13 \sim 22$。

第二节 内燃机的工作原理

内燃机的运转过程,是汽缸内连续不断地完成一个个工作循环的过程。工作循环是指活塞在汽缸内,依次完成进气、压缩、做功和排气做一次功的全过程。活塞经过四个行程(曲轴转两转)完成一个工作循环的内燃机叫四冲程内燃机。活塞经过两个行程(曲轴转一转)完成一个工作循环的内燃机叫二冲程内燃机。

一、四冲程内燃机工作原理

1. 四冲程汽油机工作原理

图 1-3 为单缸四冲程汽油机工作原理示意图。

1)进气行程

进气行程是使汽缸内吸入充足的可燃混合气。在进气行程中,活塞 6 由曲轴 8 驱动从上止点向下止点运动,进气门 4 开启,排气门 1 关闭。随着汽缸容积的增大,产生一定的真空度,使可燃混合气经进气门被吸进汽缸,如图 1-3a)所示。

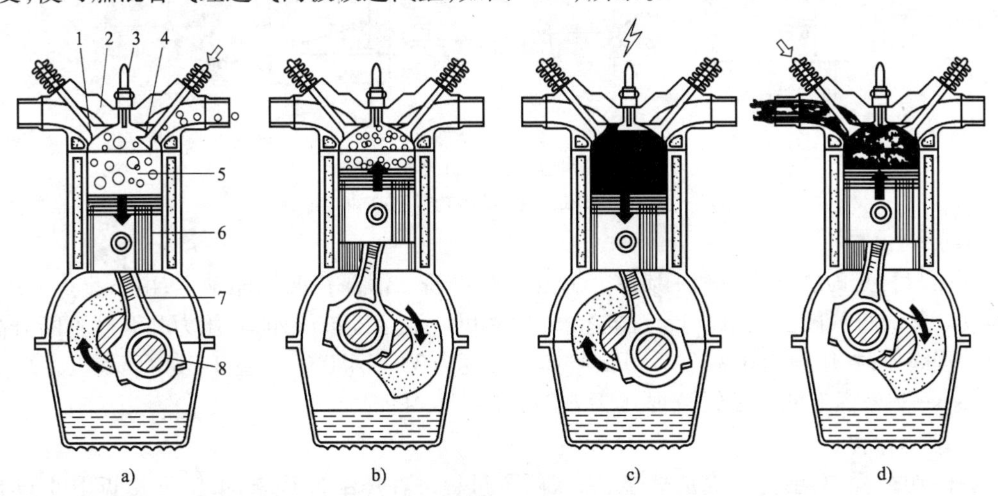

图 1-3 四冲程汽油机工作原理示意图

a)进气行程;b)压缩行程;c)做功行程;d)排气行程

1-排气门;2-汽缸盖;3-火花塞;4-进气门;5-汽缸;6-活塞;7-连杆;8-曲轴

由于进气系统阻力的影响，进气终了时，汽缸内气体压力低于大气压力，为0.08～0.09MPa。同时，由于受到高温机件以及缸内残余废气散热的影响，进缸的新鲜气体的温度高于环境温度，为50～110℃。

实际上，为了尽量多进气，进气门在活塞到达上止点前提前开启，以保证在上止点时进气门有最大的通流截面；活塞越过下止点后延迟关闭，以充分利用进气气流的流动惯性多进气。

进气过程中，汽缸内气体压力 p 随汽缸容积 V 增大而变化的情况，可以在 $p—V$ 坐标上用曲线 $r—a$ 表示，如图1-4a)所示。

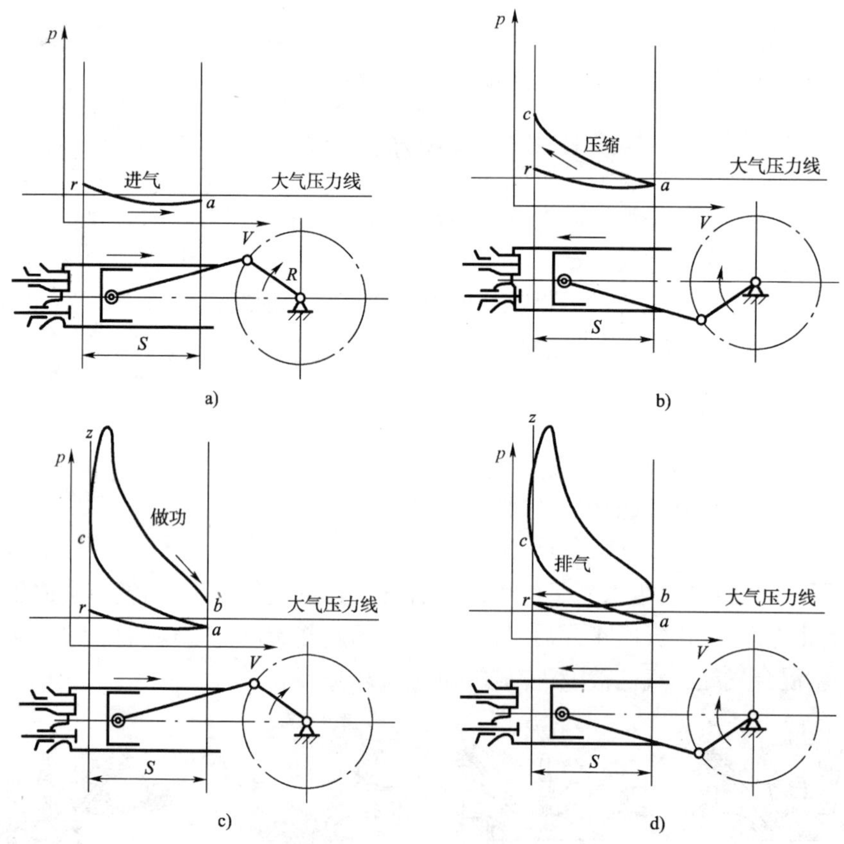

图1-4　四冲程汽油机的示功图

a)进气行程；b)压缩行程；c)做功行程；d)排气行程

2)压缩行程

压缩行程是为燃料燃烧和工质膨胀做功进行准备。活塞在曲轴驱动下，由下止点向上止点运动。此时进气门已关闭，随着汽缸容积减小，可燃混合气被压缩，其压力和温度不断升高。压缩冲程终了时，压力为0.8～1.5MPa，气体的温度为330～480℃，如图1-3b)所示。

在 $p—V$ 坐标上的压缩过程曲线为 $a—c$，如图1-4b)所示。

3)做功行程

在做功行程中，要先后完成燃烧、膨胀两个过程。在压缩冲程末期，活塞接近上止点时，火花塞产生电火花点燃可燃混合气，火焰迅速传遍整个燃烧室，同时释放出大量热量，使燃气的压力和温度迅速升高并急剧膨胀。在气体压力作用下，活塞快速向下止点移动，并通过连杆驱动曲轴转动对外做功，如图1-3c)所示。

在做功行程中,燃烧气体的最高压力为3~6.5MPa,最高温度为2000~2500℃。随着活塞的下行,汽缸容积增大,气体的压力和温度下降。膨胀末期,气体的压力为0.35~0.5MPa,温度为900~1200℃。

在$p—V$坐标上的燃烧和膨胀过程曲线为$c—z—b$,如图1-4c)所示。

4)排气行程

排气行程是将废气排出缸外,为下一个工作循环做准备。在做功行程末期,排气门1开启,活塞在曲轴驱动下,由下止点向上止点运动。废气在汽缸内外的压力差和活塞的驱赶作用下,经排气门排出汽缸,如图1-3d)所示。

排气终了时,由于受排气阻力的影响,缸内废气的压力为0.105~0.120MPa,温度为600~800℃。

可见,四冲程汽油机经过进气、压缩、做功、排气四个行程完成一个工作循环。这期间,活塞在上、下止点往复运动了四个行程,相应地曲轴旋转了两圈。内燃机完成一个工作循环后,又开始了下一个新的循环过程,周而复始地工作。

实际上,为了尽量彻底地排出汽缸内的废气,排气门在活塞到达下止点前提前开启,以利用压力差排出废气;活塞越过上止点后延迟关闭,以利用排气气流的流动惯性排出废气。

在$p—V$坐标上的排气过程曲线为$b—r$,如图1-4d)所示。

一个工作循环结束后,在$p—V$坐标上,各个过程曲线组成一个闭合图形如图1-4d)所示。它既可用来研究内燃机汽缸内一个工作循环进行的情况,又可用图中压缩过程曲线和燃烧与膨胀过程曲线所包围的面积来计算汽缸中一个工作循环所做功(称为指示功W_i)的大小,所以该图形被称为$p—V$示功图。

2. 四冲程柴油机工作原理

四冲程柴油机工作过程与四冲程汽油机基本相同,每一个工作循环也都是通过四个行程完成的。但由于柴油与汽油的性质不同,使二者在可燃混合气的形成和着火方式上存在着差异。下面主要以与汽油机工作循环的不同之处介绍柴油机的工作原理。

1)进气行程

柴油机进气行程中,进入汽缸的只是空气,如图1-5a)所示。由于进气阻力比汽油机小,且上一循环残留的废气温度比较低,所以进气终了时,缸内气体压力为0.085~0.095MPa,温度为40~70℃。

2)压缩行程

由于柴油机的压缩比比较大,压缩行程终了时,汽缸内空气的压力和温度都比汽油机高,压力可达3~5MPa,温度达500~750℃,如图1-5b)所示。

3)做功行程

在压缩行程末期,活塞接近上止点时,喷油泵3将柴油泵入喷油器1,并通过喷油器将高压燃油以雾化状态喷入燃烧室,并与空气迅速混合,形成可燃混合气后自行燃烧,产生的高温高压工质急剧膨胀,气体压力推动活塞下行做功。

在做功行程中,缸内燃烧气体的最高压力可达6~9MPa,最高温度可达1500~1900℃。由于柴油机的压缩比大,膨胀过程充分,膨胀终了时,汽缸内的压力和温度都低于汽油机,压力为0.2~0.5MPa,温度为700~900℃,如图1-5c)所示。

4)排气行程(图 1-5d)

排气终了时,缸内废气压力为 0.105 ~ 0.12MPa,温度为 400 ~ 600℃。

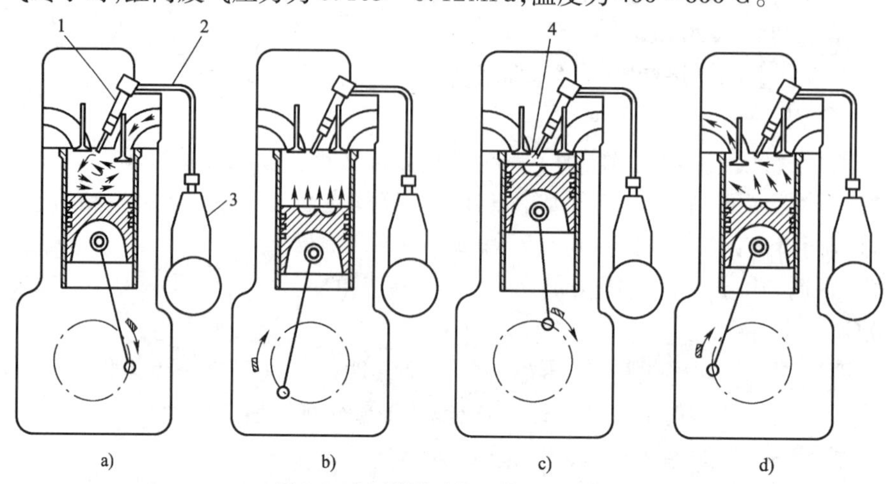

图 1-5　四冲程柴油机工作原理示意图

a)进气行程;b)压缩行程;c)做功行程;d)排气行程

1-喷油器;2-高压油管;3-喷油泵;4-燃烧室

3. 四冲程内燃机的配气定时及相位图

四冲程内燃机在实际工作中,为使汽缸尽量多地吸入新鲜气体,并尽可能彻底地排出上一循环的废气,进、排气门均在相对应的上、下止点提前开启或延迟关闭。气门的启、闭时刻,通常用该时刻曲柄位置相对于上、下止点之间的曲柄转角(°)来表示,称为配气定时(也称配气相位),并可以用配气相位图表示,如图 1-6 所示。

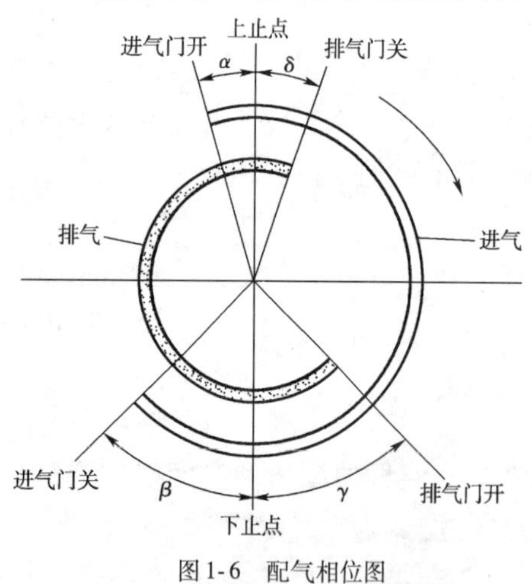

图 1-6　配气相位图

图 1-6 中,进气门开启时刻,曲柄位置距上止点的曲柄转角称为进气提前角,用 α 表示。一般内燃机的 α 角为 0° ~ 40°。下止点距进气门关闭时刻曲柄位置的曲柄转角称为进气延迟角,用 β 表示。一般 β 角为 20° ~ 60°。进气过程持续角为 $180° + \alpha + \beta$。排气门开启时刻曲柄位置距下止点的曲柄转角称为排气提前角,用 γ 表示。一般 γ 角为 30° ~ 80°。上止点距排气门关闭时刻曲柄位置的曲柄转角称为排气延迟角,用 δ 表示。一般 δ 角为 10° ~ 35°。排气过程持续角为 $180° + \gamma + \delta$。

由图 1-6 中还可以看出,当活塞处于换气上止点时,进、排气门同时开启着,对应这段时间的曲柄转角叫气门重叠角(其大小为 $\alpha + \delta$)。在此期间,废气的排出流动惯性可避免其倒流入进气管内,同时还可抽吸新鲜气体进入汽缸;新鲜气体进缸后又将废气扫出,并可冷却燃烧室部件,实现所谓燃烧室扫气。因此,适当大小的气门重叠角一般不会影响换气的完善性。

一般发动机的配气定时均经实验确定。

4. 四冲程汽油机与四冲程柴油机的比较

1)两种内燃机的工作循环基本相同之处

(1)每个工作循环都包含进气、压缩、做功和排气四个活塞行程,每个行程各占180°曲轴转角,即曲轴每旋转两周完成一个工作循环。

(2)四个活塞行程中,只有一个做功行程,其余三个是耗功行程。显然,在做功行程曲轴旋转的角速度要比其他三个行程时大得多,即在一个工作循环内曲轴的角速度是不均匀的。为了改善曲轴旋转的不均匀性,可在曲轴上安装转动惯量较大的飞轮或采用多缸内燃机并使其按一定的工作顺序依次进行工作。

(3)内燃机由停车状态进入工作状态,必须借助外力转动曲轴完成第一个工作循环,才能使内燃机工作循环周而复始地运转下去。

2)两种内燃机的不同之处

(1)可燃混合气形成的方式不同。一般汽油机采用外部混合方式,即汽油和空气在进气道内开始混合,一直延续到进入汽缸后的压缩行程末期,形成可燃混合气的时间较长;而柴油机采用内部混合方式,即燃油在压缩行程终点前直接喷入缸内的空气中形成可燃混合气,可燃混合气形成的时间较短。

(2)着火方式不同。汽油机利用电火花在压缩行程末期点燃可燃混合气属于点燃式,柴油机则是通过喷油器将高压燃油在压缩行程末期喷入缸内高温高压的空气中,自行着火燃烧,属于压燃式。

由于柴油机的压缩比高,所以热效率比汽油机要高,一般柴油机燃油消耗率比汽油机低20%~30%,所以,在港口与工程机械及载重货车上多以柴油机作为发动机。

二、二冲程内燃机工作原理

二冲程内燃机与四冲程内燃机的主要区别是换气方式不同。二冲程内燃机没有专门的排气行程和进气行程,它利用活塞的运动来控制开设在汽缸下部的进、排气口(孔)的开启或关闭,使预先被加压的新鲜气体充入汽缸,同时驱赶废气,通过扫气方式完成换气过程。因此,二冲程内燃机一般需要有进气加压装置。

1. 二冲程汽油机工作原理

图1-7是一种曲轴箱换气式的单缸二冲程汽油机工作原理示意图。由图可见,缸外形成的新鲜可燃烧混合气(空气与汽油的混合物)先进入曲轴箱,预先加压,再通过活塞对开设在汽缸下部的进气孔1、排气孔2和扫气孔5的控制,实现换气过程。

1)第一行程(扫气—压缩行程)

活塞从下止点向上止点移动。活塞在下止点时,排气孔2和扫气孔5均开启。这时曲轴箱内,已被压缩的可燃混合气经扫气孔5进入汽缸,并将上一工作循环形成的废气从排气孔2排出。随着活塞从下止点向上止点运动,首先关闭扫气孔,扫气过程结束。但此时因排气孔略高于扫气孔尚未完全关闭,仍有部分废气和极少量可燃混合气经过排气孔继续排出,这称为额外排气。当活塞关闭排气孔时(图1-7a),缸内的可燃混合气开始被压缩,直至上止点,压缩过程结束。

压缩过程中,活塞下方的曲轴箱因容积增大,形成一定的真空度,当进气孔1被开启时,可燃混合气被吸入曲轴箱中(图1-7b)。

2)第二行程(做功—扫气行程)

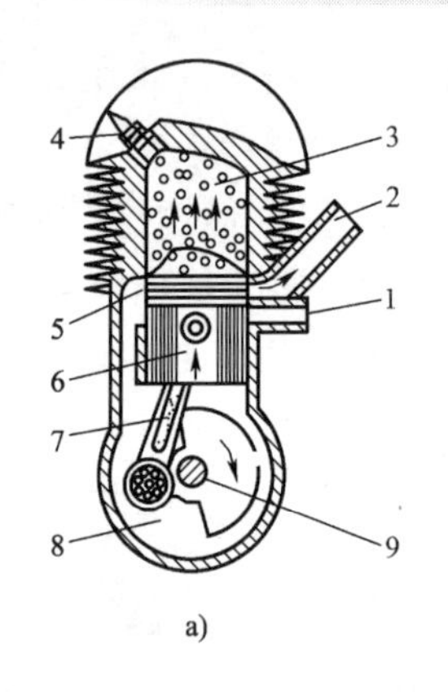

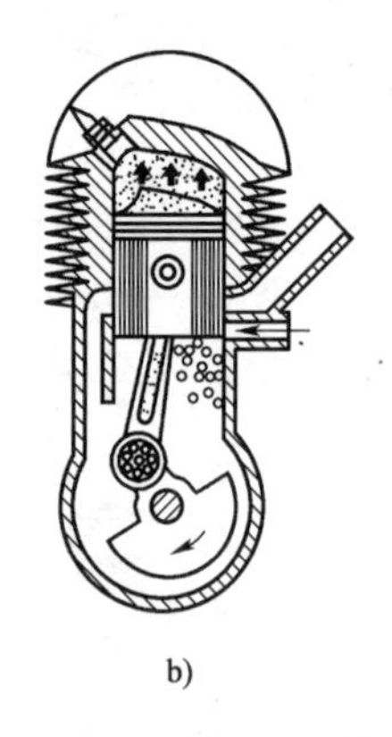

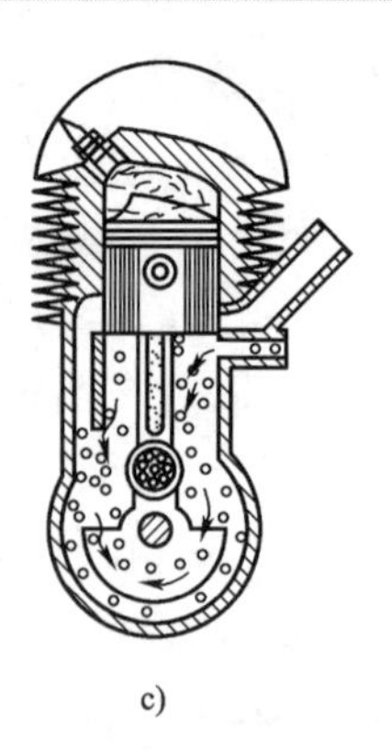

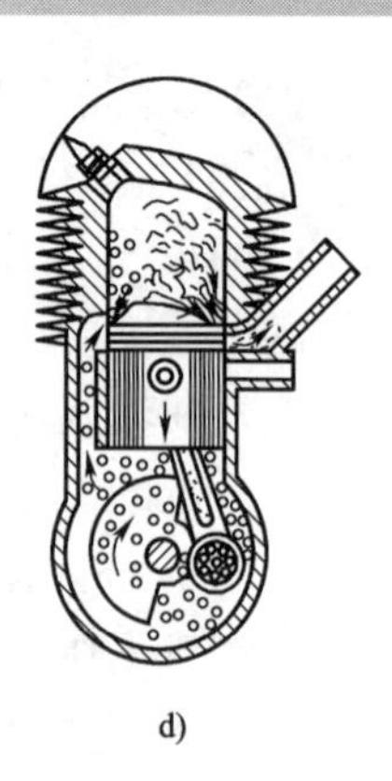

图 1-7　二冲程汽油机工作原理示意图

a)压缩;b)进气(可燃混合气);c)燃烧;d)排气

1-进气孔;2-排气孔;3-汽缸;4-火花塞;5-扫气孔;6-活塞;7-连杆;8-曲轴箱;9-曲轴

压缩过程末期,火花塞产生电火花,点燃可燃混合气(图 1-7c),燃烧形成的高温高压工质膨胀,推动活塞下行做功。此时,进气孔仍开启,空气和汽油的混合物继续流入曲轴箱中。当活塞下行至关闭进气孔时,曲轴箱内的可燃混合气被预压。活塞继续下行至开启排气孔时,膨胀做功过程结束,缸内废气利用自身压力排出缸外,进行自由排气(图 1-7d)。随后扫气孔开启,曲轴箱内被压缩的可燃混合气充入汽缸,同时驱除缸内残余废气进行扫气,扫气过程一直延续到活塞越过下止点上行,再次关闭扫气孔为止。

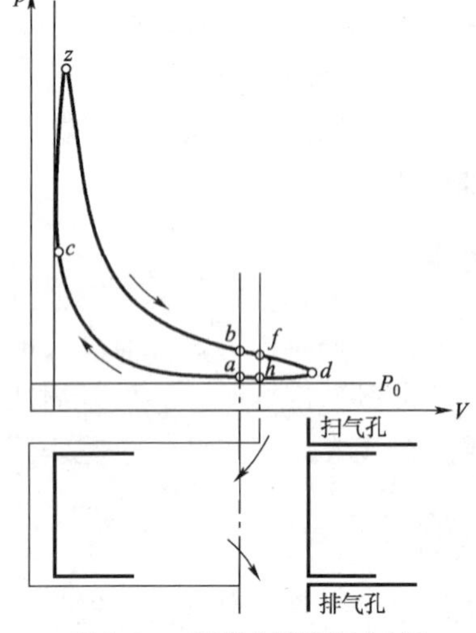

图 1-8　二冲程内燃机的示功图

为提高换气质量,活塞顶往往做成特殊形状,引导进缸可燃混合气的流向,尽量减少与废气掺混的损失。

图 1-8 是二冲程内燃机的 p—V 示功图。图中 a 点表示排气孔关闭,曲线 a—c 为压缩过程,曲线 c—z—b 为做功过程。示功图尾部 b—f—d—h—a 为换气过程,是在下止点 d 前后这一较短的时间内完成的。其中,b—f 为自由排气阶段,f—d—h 为扫气阶段,h—a 为额外排气阶段。

2. 二冲程柴油机工作原理

图 1-9 为带有扫气泵 1 的二冲程柴油机工作原理图。扫气泵由柴油机曲轴驱动,可以提高进气压力(0.12 ~ 0.14MPa)。汽缸的下部设有由活塞控制的进(扫)气孔 3,废气经专设的排气门 5 排出。

1)第一行程(扫气—压缩行程)

当活塞从下止点开始向上运动时,进气孔 3 与排气门 5 均为开启状态,由扫气泵提供的压力空气经过空气室 2 充入汽缸,同时驱除废气进行扫气(图 1-9a)。活塞继续上行,使进气孔关闭,同时排气门也关闭,缸内空气进入压缩过程(图 1-9b)。当活塞到达上止点时,压缩过程结束。

2)第二行程(做功—扫气行程)

压缩过程终了前,高压柴油经喷油器 4 喷入汽缸,并迅速燃烧(图 1-9c),产生的高温高压燃气膨胀,推动活塞做功。当活塞下行接近进气孔时,排气门提前开启,利用废气压力形成自由排气(图1-9d)。当缸内压力降至等于或略低于扫气压力时,进气孔开启,空气室内压力空气充入汽缸进行扫气。此过程延续到活塞越过下止点进入第一行程。

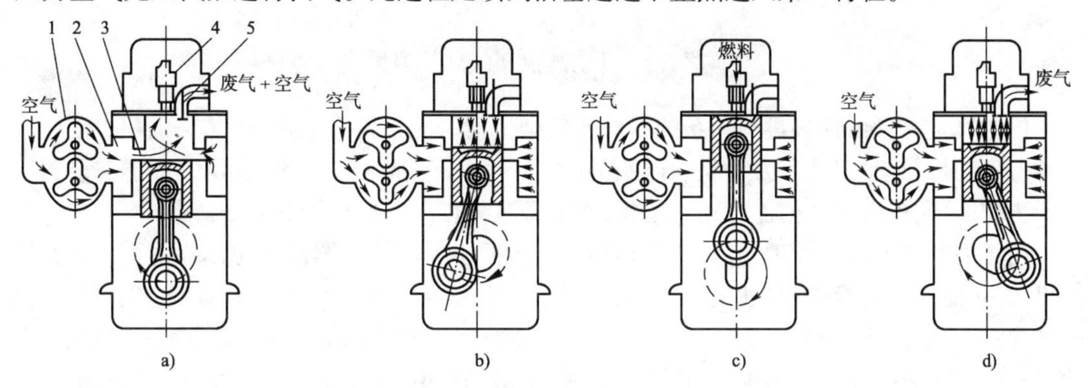

图1-9 二冲程柴油机工作原理示意图

a)压缩;b)进气;c)燃烧;d)排气

1-扫气泵;2-空气室;3-进气孔;4-喷油器;5-排气门

前面介绍的是单缸内燃机的工作过程,而现代车用内燃机都是多缸发动机四冲程内燃机,那么,多缸四冲程内燃机与单缸四冲程发动机的工作过程有什么区别呢?就能量转换过程而言,内燃机的每一个汽缸和单缸机的工作过程是完全一样的,都要经过进气、压缩、做功和排气四个行程。但是单缸内燃机的四个行程中只有一个行程做功,其余三个行程不做功,即曲轴转两圈,只有半圈做功,所以运转平稳性较差,功率越大,平稳性就越差。为了使运转平稳,单缸机一般都装有一个大飞轮。而多缸内燃机的做功行程是相互差开的,它按照工作顺序做功,在曲轴转两圈各缸交替做功一次,因此,运转平稳,振动小。缸数越多,做功间隔角越小,同时参与做功的汽缸越多,发动机运转越平稳。多缸机使用最多的有四缸内燃机,六缸内燃机和八缸内燃机等。

三、二冲程与四冲程内燃机的比较

与四冲程内燃机相比,二冲程内燃机有如下优点:

(1)二冲程内燃机曲轴每转一转做一次功。因此,当汽缸数、缸径、活塞行程以及转速相同时,理论上二冲程内燃机的功率是四冲程内燃机的2倍。实际上,由于存在进气孔产生的汽缸冲程损失和扫气泵消耗的有效功,二冲程内燃机的功率只是四冲程内燃机的1.5~1.6倍。

(2)当转速相同时,二冲程内燃机做功次数比四冲程内燃机多1倍,因此运转平稳,可以使用较小的飞轮。

(3)二冲程内燃机结构简单,维护、修理方便。

但二冲程内燃机也存在一些缺点,主要有:

(1)二冲程内燃机由于进缸气体与废气掺混较严重,换气效果较差,且转速越高越明显,因此燃烧不良,经济性较差。

(2)二冲程内燃机做功频率高,所以燃烧室部件的热负荷较高。

由于存在上述不足,二冲程内燃机在以高速内燃机为主的大、中型车辆上的应用受到了限制。港口与工程机械车辆中所用的内燃机一般转速较高，所以多选用四冲程内燃机。本书第二章起所讨论的内燃机，除特别注明外，均指四冲程内燃机，并简称为发动机。

第三节 内燃机的总体构造

内燃机是一种由许多机构和系统组成的复杂机器。无论是汽油机，还是柴油机；无论是四冲程发动机，还是二冲程发动机；无论是单缸发动机，还是多缸发动机，要完成能量转换，实现工作循环，保证长时间连续正常工作，都必须具备以下一些机构和系统。

由于内燃机的基本原理相似，主要构造也就大同小异。就内燃机的总体构造而言，都是由机体组、曲柄连杆机构、配气机构、燃油系统、润滑系统、冷却系统及起动系统等组成。此外，汽油机还要有点火系统。如为增压发动机，则还要有增压系统。如图1-10a)所示是单缸四冲程汽油机的基本构造示意图。如图1-10b)所示是单缸四冲程柴油机的基本构造示意图。

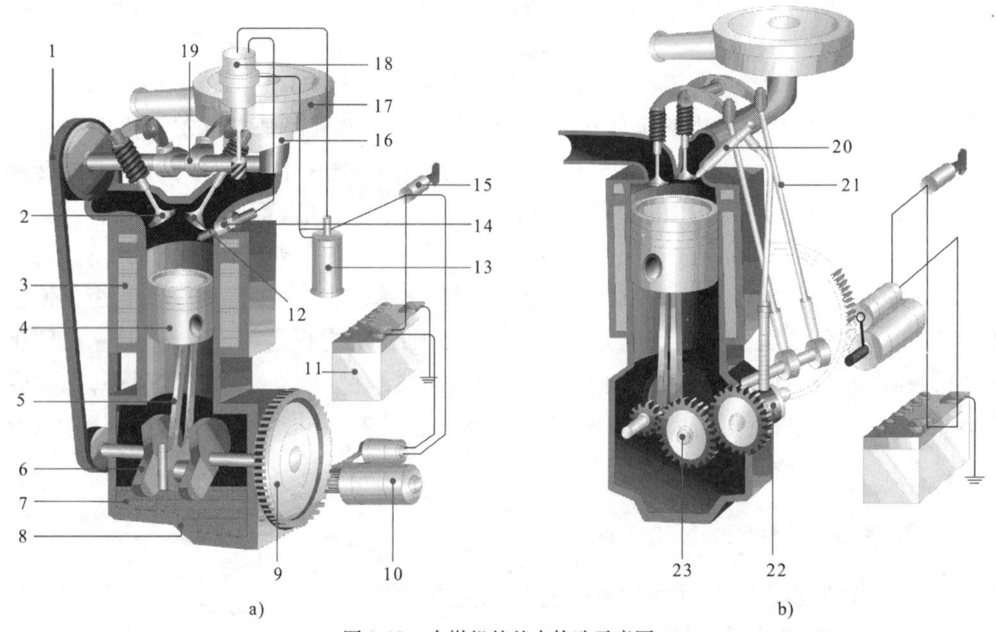

图1-10　内燃机的基本构造示意图

a)单缸四冲程汽油机；b)单缸四冲程柴油机

1-正时皮带(或正时链条)；2-排气门；3-冷却液；4-活塞；5-连杆；6-曲轴；7-润滑油；8-油底壳；9-飞轮兼起动机齿轮；10-起动机；11-蓄电池；12-进气门；13-点火线圈；14-火花塞；15-点火开关；16-进气管及进气歧管；17-空气滤清器；18-分电器；19-凸轮轴；20-喷油器；21-推杆；22-喷油泵；23-正时齿轮

1. 机体组和曲柄连杆机构

机体组是内燃机的基本骨架，是内燃机的机构、系统等所有零部件的装配基体。机体组主要由机体、汽缸盖和油底壳等组成。

曲柄连杆机构，其功用是将活塞的往复运动转换成曲轴的回转运动，同时将作用在活塞上的气体作用力转变为曲轴对外输出的转矩。曲柄连杆机构由活塞连杆组和曲轴飞轮组等运动件组成。

2. 配气机构

配气机构的功用是按工作循环的要求，定时地启闭进、排气门，排出汽缸的废气，吸入新鲜气体，完成换气过程。其组成主要有气门组件、气门传动组件、凸轮轴和凸轮轴传动机构等。

3. 燃料供给系统

柴油机的燃料供给系统的功用是将柴油以一定的压力，定时、定量地喷入汽缸，与缸内的空气形成可燃混合气。它由柴油箱、输油泵、柴油滤清器、喷油泵和喷油器等组成。

汽油机的燃料供给系统的功用是根据工况要求，将汽油和空气按一定比例在汽缸外混合形成可燃混合气后，再供入汽缸。它由汽油箱、汽油滤清器、汽油泵和电磁式喷油器等组成。

4. 汽油机点火系统

汽油机点火系统的功用是在压缩行程终点前的规定时刻，产生高压电火花，点燃汽缸内的可燃混合气。点火系统有多种类型，如蓄电池点火系统由蓄电池、点火线圈、分电器和火花塞等组成。

5. 润滑系统

润滑系统的功用是在发动机运转时，连续不断地将润滑油输送到各摩擦表面，以减小零件的磨损和摩擦阻力。润滑系统主要由机油泵、机油滤清器、机油冷却器等组成。

6. 冷却系统

冷却系统的功用是将内燃机受热机件的热量散发出去，以保证内燃机正常的工作温度。内燃机一般用水冷却液系统进行冷却，它由散热器、水泵和风扇等组成。

7. 起动系统

起动系统的功用是使静止的发动机起动运转。它主要由蓄电池、起动电机、起动开关及继电器等组成。

8. 增压系统

增压系统的功用是提高进气压力以提高进入汽缸内的空气（或可燃混合气）的密度，供更多的燃料进行燃烧，从而提高内燃机的功率。内燃机一般采用废气涡轮增压器增压，其主要由废气涡轮机、压气机及其附属装置等组成。

图 1-11 是 CA6102 型汽油机的结构示意图，图 1-12 是 6110B 柴油机结构示意图。

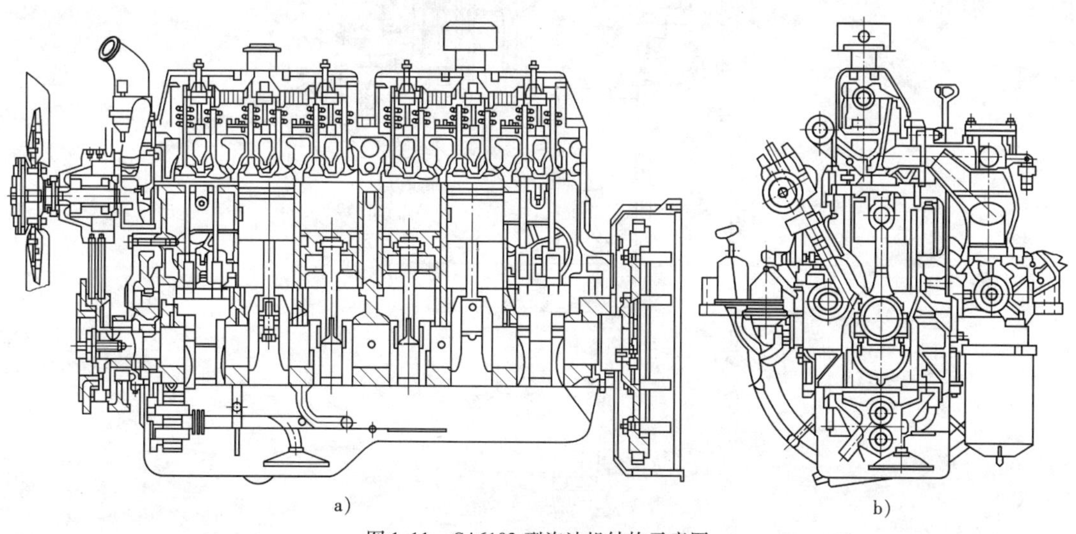

图 1-11　CA6102 型汽油机结构示意图

a）纵剖面；b）横剖面

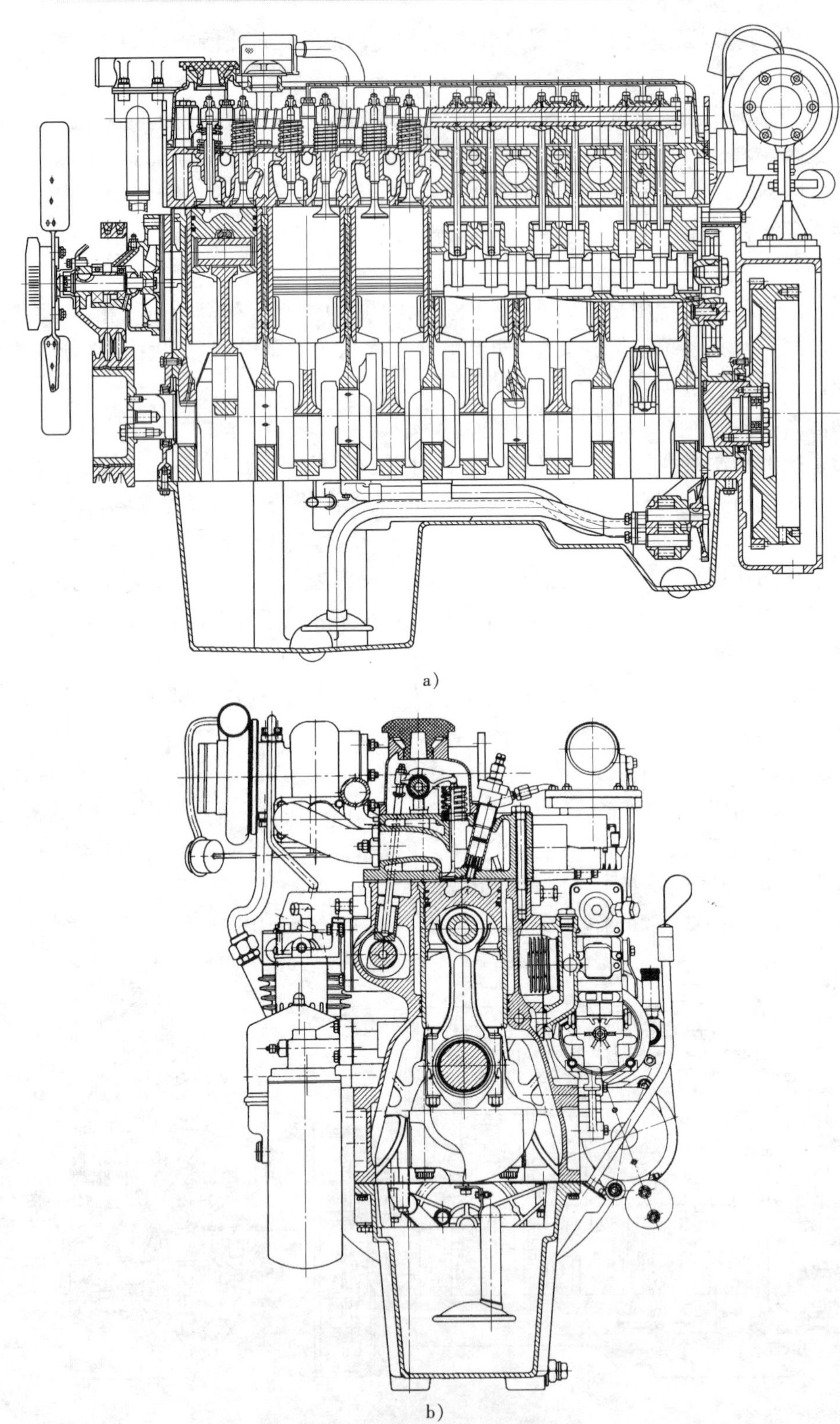

图 1-12　6110B 柴油机结构示意图

a）纵剖面；b）横剖面

第四节 内燃机的性能指标

内燃机的性能指标是用来表征其性能特点、评价其性能优劣，并有利于促进内燃机结构不断改进和创新的性能参数。因此，发动机构造的变革和多样性是与发动机性能指标的不断完善和提高密切相关的。

内燃机的性能指标主要有动力性、经济性、强化性、紧凑性、环境、可靠性、耐久性、工艺性等指标。

一、动力性指标

动力性指标是评价内燃机做功能力大小的指标，主要有有效转矩、平均有效压力、有效功率和转速等。

1. 有效转矩

内燃机曲轴对外输出的转矩称为有效转矩，记为 M_e，单位为 N·m。有效转矩与曲轴的角位移的乘积即为内燃机对外输出的有效功 W_e。

2. 平均有效压力

平均有效压力是指单位汽缸工作容积所发出的有效功，记作 p_{me}，单位为 MPa。显然，平均有效压力越大，内燃机做功能力越强。

3. 有效功率

内燃机在单位时间内输出的有效功称为有效功率，记为 P_e，单位为 kW。有效功率可以用式(1-5)计算：

$$P_e = \frac{p_{me} V_h i n}{30\tau} \quad (\text{kW}) \tag{1-5}$$

式中：p_{me}——平均有效压力，MPa；

V_h——汽缸工作容积，L；

i——内燃机缸数；

n——内燃机转速，r/min；

τ——冲程数，四冲程 $\tau=4$，二冲程 $\tau=2$。

因为内燃机有效功率 P_e 等于有效转矩与曲轴角速度的乘积，所以，又可以利用测功器测定曲轴输出的有效转矩 M_e 和转速 n，按式(1-6)求得：

$$P_e = M_e \frac{2\pi n}{60} \times 10^{-3} = \frac{M_e n}{9550} \quad (\text{kW}) \tag{1-6}$$

式中：M_e——有效转矩，N·m。

4. 转速

内燃机曲轴每分钟的回转数称为内燃机的转速，用 n 表示，单位为 r/min。

内燃机转速的高低，关系到单位时间内做功次数的多少或有效功率的大小，即内燃机的有效功率随转速的不同而改变。因此，在说明内燃机功率大小时，必须指明其相应的转速。在内燃机产品标牌上规定的有效功率及其相应的转速分别称作标定功率和标定转速。内燃机在标定功率和标定转速下的工作状态称作标定工况。标定功率不是内燃机所能发出的最大功率，它是根据内燃机用途所制定的有效功率最大使用限度。同一型号的内燃机，当其用途不同时，其标定功率值并不相同。

有效转矩也随内燃机工况而变化。因此，其所输出的最大转矩及其相应的转速也是评价内燃机动力性的一个指标。

二、经济性指标

内燃机的经济性指标主要有：有效热效率和有效燃油消耗率。

1. 有效热效率

有效热效率是实际循环的有效功与所消耗的燃料热量的比值，记作 η_e。有效热效率越高，内燃机的经济性越好。

2. 有效燃油消耗率

有效燃油消耗率（比油耗）是指发动机每输出 1kW · h 的有效功所消耗的燃油量，记作 g_e，单位为 g/(kW · h)，即

$$g_e = \frac{G_t}{P_e} \times 10^3 \quad [\text{g/(kW} \cdot \text{h)}] \tag{1-7}$$

式中：G_t——每小时耗油量，kg/h；

P_e——有效功率，kW。

显然，有效燃油消耗率越低，内燃机的经济性越好。

目前，车用内燃机的有效热效率和有效燃油消耗率的范围，如表 1-1 所示。

车用内燃机的有效热效率和有效燃油消耗率的范围　　表 1-1

类　型	η_e	g_e[g/(kW · h)]
四冲程汽油机	0.20 ~ 0.30	274 ~ 410
四冲程柴油机	0.30 ~ 0.43	215 ~ 285

对车用发动机的经济性，一般用车辆发动机每百公里实际耗油多少升来表示，单位：L/km。显然，发动机每百公里实际耗油量越少，发动机的经济性越好。

三、强化指标

强化指标是评价内燃机承受热负荷和机械负荷能力的指标，一般有升功率和强化系数等。

1. 升功率

内燃机在标定工况下，单位内燃机排量所输出的有效功率称为升功率，记作 P_L(kW/L)。根据式(1-5)有：

$$P_L = \frac{P_e}{V_h i} = \frac{p_{me} n}{30\tau} \quad (\text{kW/L}) \tag{1-8}$$

升功率是表示内燃机工作容积有效利用程度的指标，它与 p_{me} 和 n 的乘积成正比。P_L 越大，表征内燃机的强化程度越高，发出一定有效功率的内燃机尺寸越小，结构越紧凑。

车用内燃机的升功率 P_L 大致范围是：

四冲程汽油机：P_L = 22 ~ 25.8kW/L。

四冲程柴油机：$P_L = 15 \sim 40$kW/L。

随着内燃机技术的发展，车用内燃机的升功率在不断增大。

2. 强化系数

强化系数是平均有效压力 p_{me} 与活塞平均速度 C_m 的乘积，即 $p_{me} \cdot C_m$。

活塞平均速度是曲轴每转一转的两个行程中，活塞速度的平均值，即

$$C_m = \frac{2S}{\frac{60}{n}} = \frac{Sn}{30} \quad (\text{m/s}) \tag{1-9}$$

式中：S——活塞行程，m；

n——内燃机的标定转速，r/min。

一般发动机活塞平均速度 C_m 的范围为：

载重车用汽油机，$C_m = 10 \sim 12$m/s。

工程机械用柴油机，$C_m = 7 \sim 11$m/s。

载重车用柴油机，$C_m = 9 \sim 12.5$m/s。

强化系数一方面代表了发动机功率和转速的强化，表明了性能指标的先进性；另一方面又代表了发动机所受的热负荷和机械负荷的大小，将影响到发动机的使用寿命和工作可靠性。

四、紧凑性指标

紧凑性指标是用来表征发动机总体结构紧凑程度的指标，通常用比容积和比质量衡量。

1. 比容积

发动机外廓体积与其标定功率的比值称为比容积。

2. 比质量

发动机的干质量与其标定功率的比值称为比质量。干质量是指未加注燃油、机油和冷却液的发动机质量。比容积和比质量越小，发动机结构越紧凑。

五、环境指标

环境指标用来评价发动机排气品质和噪声水平。由于它关系人类的健康及其赖以生存的环境，因此各国政府都制定出严格的控制法规，以期消减发动机排气和噪声对环境的污染。

六、可靠性指标

可靠性指标是表征发动机在规定的使用条件下，正常持续工作能力的指标。可靠性有多种评价方法，如首发故障行驶里程、平均故障间隔里程、主要零件的损坏率等。

七、耐久性指标

耐久性指标是指发动机主要零件磨损到不能继续正常工作的极限时间。通常用发动机的大修里程，即发动机从出厂到第一次大修之间汽车行驶的里程数来衡量。

八、工艺性指标

工艺性指标是指评价发动机制造工艺性和维修工艺性好坏的指标。发动机结构工艺性好，则便于制造、便于维修，就可以降低生产成本和维修费用。

第五节　内燃机的产品名称和型号表示

一、内燃机产品名称和型号编制规则

为了便于内燃机的生产管理和使用，国家标准《内燃机产品名称和型号编制规则》（GB/T 725—2008）中对往复式内燃机（简称内燃机）的型号表示作了统一的规定。

内燃机型号表示方法，如图1-13所示。汽缸布置型式符号，见表1-2。

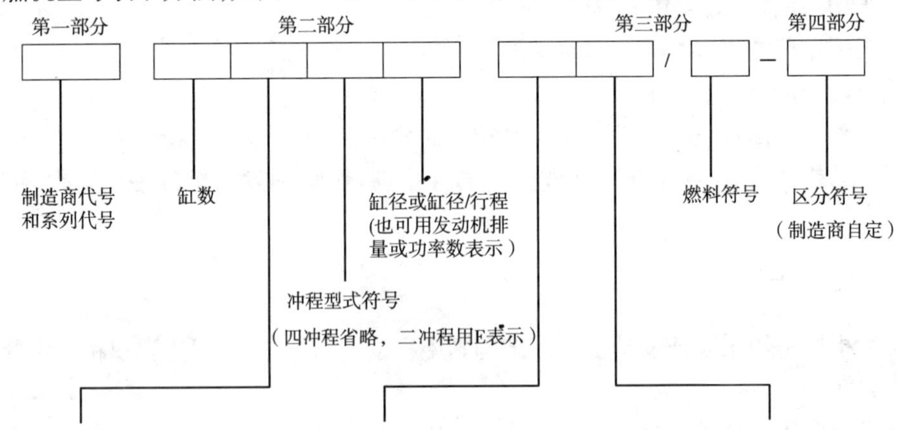

汽缸布置型式符号　表1-2

符　号	含　义
无符号	多缸直列及单缸
V	V形
P	卧式
H	H形
X	X形
注：其他汽缸布置型式见GB/T 1883.1	

结构特征符号　表1-3

符　号	结构特征
无符号	冷却液冷却
F	风冷
N	凝气冷却
S	十字头式
Z	增压
ZL	增压中冷
DZ	可倒转

用途特征符号　表1-4

符号	用　途
无符号	通用型及固定动力（制造商自定）
T	拖拉机
M	摩托车
G	工程机械
Q	车用
J	铁路机车
D	发电机组
C	船用主机、右机基本型
CZ	船用主机、左机基本型
Y	农用三轮车（或其他农用车）
L	林业机械
注：内燃机的左机和右机的定义按GB/T 726的规定	

图1-13　内燃机型号表示方法

(1)内燃机名称按所采用的主要燃料命名,例如汽油机、柴油机、天然气机等。

(2)内燃机型号由阿拉伯数字(简称数字)与汉语拼音字母或国际通用的英文缩略字母(简称字母)组成。

(3)内燃机型号依次包括下列四部分。

①第一部分:由制造商代号和系列符号组成,由制造商根据需要选择相应1~3位字母表示。

②第二部分:由汽缸数、汽缸布置型式符号、冲程型式符号、缸径符号组成。

a. 汽缸数用1~2位数字表示。

b. 汽缸布置型式符号。

c. 冲程型式符号表示方式:四冲程符号省略,二冲程用E表示。

d. 缸径符号一般用缸径或缸径/行程数字表示,也可用发动机排量或功率数表示,其单位由制造商自定。

③第三部分:由结构特征符号、用途特征符号和燃料代号组成,用途特征符号与燃料代号之间用"/"符号间隔。结构特征符号如表1-3所示、用途特征符号如表1-4所示、燃料符号如表1-5所示。

燃料符号 表1-5

符号	燃　料	备　注
无符号	柴油	
P	汽油	
T	天然气	管道天然气
CNG	压缩天然气	
LNG	液化天然气	
LPG	液化石油气	
Z	沼气	各类工业化沼气(农业有机废弃物、工业有机废水物、城市污水处理、城市有机废弃物)允许用1~2个字母的形式表示。例如"ZN"表示有机废弃物产生的沼气
W	煤矿瓦斯	浓度不同的瓦斯允许用1个小写字母的形式表示,例如"Wd"表示低浓度瓦斯
M	煤气	各类工业化煤气如焦炉煤化、高炉煤气等,允许在后加1个字母区分煤气的类型
S SCZ	柴油/天然气双燃料 柴油/沼气双燃料	其他双燃料用两种燃料的字母表示
M	甲醇	
E	乙醇	
DME	二甲醇	
FME	生物柴油	

注:1. 一般用1~3个拼音字母表示燃料,也可用成熟的英文缩写字母表示。

2. 其他燃料允许制造商用1~3个字母表示。

④第四部分:区别符号。同一系列产品需要区分时,由制造商选用适当符号表示。第三部分与第四部分用“-”分隔。

需要说明的是:

第二部分的符号必须表示,但第一部分、第三部分及第四部分符号允许制造商根据具体情况增减,同一产品的型号应一致,不得随便更改。

内燃机型号编制优先采用表1-2~表1-4规定的字母,允许制造商根据需要选用其字母,但不得与表1-2~表1-4规定的字母重复,符号可重叠使用,但应按图1-13顺序表示。

由国外引进的内燃机产品,允许保留原产品型号或在原型号基础上进行扩展,经国产化的产品宜按上述规定编制。

二、型号示例

1. 柴油机型号

(1)G12V190ZLD——12缸、V型、四冲程、缸径190mm、冷却液冷却、增压中冷、发电用柴油机(G为系列代号)。

(2)R175A——表示单缸、四冲程、缸径75mm、冷却液冷却(R为系列代号、A为区分符号)。

(3)YZ6102Q——表示6缸、直列、四冲程、缸径102mm、冷却液冷却、车用(YZ为扬州柴油机厂代号)。

(4)8E150C-1——表示8缸、直列、二冲程、缸径150mm、冷却液冷却、船用主机、右机基本型(1为区分符号)。

(5)JC12V26/32ZLC——表示12缸、V型、四冲程、缸径260mm、行程320mm、冷却液冷却、增压中冷、船用主机、右机基本型(JC为济南柴油机股份有限公司代号)。

(6)12VE230/300ZCZ——表示12缸、V型、二冲程、缸径230mm、行程300mm、冷却液冷却、增压、船用主机、右机基本型。

(7)G8300/380ZDZC——8缸、直列、四冲程、缸径300mm、行程380mm、冷却液冷却、增压可倒转、船用主机、右机基本型(G为系列代号)。

2. 汽油机型号

(1)1E65F/P——表示单缸、二冲程、缸径65mm、风冷、通用型。

(2)492Q/P-A——表示四缸、四冲程、缸径92mm、冷却液冷却、汽车用(A为区分符号)。

3. 燃气机型号

(1)12V190ZL/T——表示12缸、V型、四冲程、缸径190mm、冷却液冷却、增压中冷、燃气为天然气。

(2)16V190ZLD/MJ——表示16缸、V型、四冲程、缸径190mm、冷却液冷却、增压中冷、发电用、燃气为焦炉煤气。

4. 双燃料发动机型号

(1)G12V190ZLS——表示12缸、V型、四冲程、缸径190mm、冷却液冷却、增压中冷、燃料为柴油/天然气双燃料(G为系列代号)。

(2)12V26/32ZL/SCZ——表示12缸、V型、四冲程、缸径260mm、行程320mm、冷却液冷却、增压中冷、燃料为柴油/沼气双燃料。

练习与思考

一、填空题

1. 热力发动机按燃料燃烧的位置可分为________和________两种。

2. 内燃机根据其热能转换为机械能的运动形式,可分为________和________两大类。

3. 四冲程发动机的工作循环包括四个活塞行程,即________、________、________和________。

4. 二冲程发动机每完成一个工作循环,曲轴旋转________周,进、排气门各开启________次,活塞在汽缸内由下止点向上止点运行时,完成________行程,由上止点向下止点运行时,完成________行程。

5. 四冲程汽油机与四冲程柴油机着火方式不同。汽油机利用电火花在压缩行程末期点燃可燃混合气属于________,柴油机则是通过喷油器将高压燃油在压缩行程末期喷入缸内高温高压的空气中,自行着火燃烧属于________。

6. 内燃机的动力性指标包括________、________、________和________等。

7. 内燃机的经济性指标主要是指________和________。

8. 内燃机曲轴对外输出的转矩称为________;内燃机在单位时间内输出的有效功称为________;内燃机实际循环的有效功与所消耗的燃料热量的比值称为________;内燃机每输出1kW·h的有效功所消耗的燃油量称为________;内燃机在标定工况下,单位内燃机排量所输出的有效功率称为________。

二、判断题(正确打✓、错误打×)

1. 往复式内燃机的活塞从上止点运动到下止点,其顶面所扫过的汽缸容积称为汽缸总容积。 ( )

2. 一般往复式内燃机在进气行程中,进气门在活塞到达上止点就立即开启;活塞越过下止点后立即关闭。 ( )

3. 在进气行程中,柴油机吸入的是柴油和空气的混合物。 ( )

4. 柴油机是靠火花塞来点燃可燃混合气的。 ( )

5. 一般标定功率是内燃机所能发出的最大功率。 ( )

6. 升功率越大,表征内燃机的强化程度越高,发出一定有效功率的内燃机尺寸越小,结构越紧凑。 ( )

7. 强化系数大,表明发动机功率和转速的强化程度越高,因此发动机的使用寿命就越长、工作可靠性也越好。 ( )

8. 内燃机缸数越多,做功间隔角越小,同时参与做功的汽缸越多,运转越平稳。 ( )

三、选择题

1. 内燃机的上止点是指(　　)。

A. 汽缸的最高位置　　B. 工作空间的最高位置

C. 曲柄处在最高位置　　D. 活塞离曲轴中心线的最远位置

2. 汽缸的工作容积是指(　　)。

A. 活塞在上止点时活塞顶上方的容积

B. 活塞在下止点时活塞顶上方的容积

C. 活塞从上止点运动到下止点所扫过的容积

D. 上述三种说法均错误

3. 活塞的行程是指(　　)。

A. 汽缸空间的总长度　　B. 活塞上止点至汽缸下端的长度

C. 活塞下止点至汽缸盖底面的长度　　D. 上、下止点的距离或曲柄半径 R 的 2 倍

4. 内燃机采用压缩比这个术语是为了表示(　　)。

A. 汽缸工作容积的大小　　B. 工作行程的长短

C. 气体被活塞压缩的程度　　D. 汽缸燃烧室容积的大小

5. 在下列压缩比 ε 的表达式中,错误的是(　　)。

(式中,V_a 为汽缸总容积;V_c 为燃烧室容积;V_h 为汽缸工作容积)

A. $\varepsilon = V_c/V_a$　　B. $\varepsilon = V_a/V_c$

C. $\varepsilon = (V_h + V_c)/V_c$　　D. $\varepsilon = 1 + V_h/V_c$

6. 一般汽油机的压缩比与柴油机压缩比相比较要(　　)。

A. 大　　B. 小　　C. 相等　　D. 不一定

7. 根据内燃机工作原理,在一个工作循环中其工作过程的次序必须是(　　)。

A. 进气、燃烧、膨胀、压缩、排气　　B. 进气、膨胀、压缩、燃烧、排气

C. 进气、燃烧、压缩、膨胀、排气　　D. 进气、压缩、燃烧、膨胀、排气

8. 四冲程内燃机的进气门定时为(　　)。

A. 上止点前开,下止点后关　　B. 上止点后开,下止点后关

C. 上止点前开,下止点前关　　D. 上止点后开,下止点前关

9. 四冲程内燃机的排气门定时为(　　)。

A. 下止点后开,上止点后关　　B. 下止点前开,上止点前关

C. 下止点后开,上止点前关　　D. 下止点前开,上止点后关

10. 内燃机进、排气定时的规律是(　　)。

A. 早开,早关　　B. 早开,迟关　　C. 迟开,早关　　D. 迟开,迟关

11. 汽缸进气门开瞬时,曲柄位置与上止点之间的曲柄转角称为(　　)。

A. 进气提前角　　B. 进气延迟角　　C. 进气定时角　　D. 进气持续角

12. 关于进气门定时的错误认识是(　　)。

A. 进气门开得过早,将产生废气倒灌

B. 进气门关得过迟,部分新鲜气体将被排出

C. 进气门应在上止点开启

D. 进气门定时的要求应随机型的不同而定

13. 四冲程内燃机在排气过程中，当活塞位于上止点时，排气门应(　　)。

A. 开始关闭　　B. 开始开启

C. 保持开启　　D. 保持关闭

14. 四冲程内燃机的气门重叠角等于(　　)。

A. 进气提前角 + 排气提前角　　B. 进气提前角 + 排气延迟角

C. 进气延迟角 + 排气提前角　　D. 进气延迟角 + 排气延迟角

15. 四冲程内燃机的气门重叠角是指(　　)。

A. 下止点前后，进、排气门同时开启的曲柄转角

B. 下止点前后，进、排气门同时开启的凸轮轴转角

C. 上止点前后，进、排气门同时开启的曲柄转角

D. 上止点前后，进、排气门同时开启的凸轮轴转角

16. 四冲程内燃机的气门重叠角的位置是在(　　)。

A. 上止点前后　　B. 下止点前后

C. 上止点前　　D. 排气结束后

17. 四冲程内燃机气门重叠角的作用是(　　)。

A. 有利于新鲜气体的吸入

B. 有利于缸内废气排干净

C. 实现燃烧室扫气并降低汽缸热负荷

D. A + B + C

18. 二冲程柴油机与四冲程柴油机的主要区别是(　　)。

A. 一个工作循环的工作过程不同　　B. 换气方式不同

C. 基本结构不同　　D. 混合气形成的方式不同

19. 二冲程内燃机与四冲程内燃机比较，不正确的是(　　)。

A. 运转比四冲程内燃机平稳　　B. 功率为四冲程内燃机的 2 倍

C. 换气质量比四冲程内燃机差　　D. 结构相对简单

20. 内燃机的有效功率是(　　)。

A. 内燃机的曲轴输出端输出的功率

B. 车辆行驶所需功率

C. 汽缸内工质单位时间对曲轴所做的功

D. A + B

21. 内燃机经济性的评定指标是(　　)。

A. 燃油消耗率量　　B. 有效燃油消耗率 g_e

C. 有效热效率 η_e　　D. B 或 C

22. 按我国有关规定，高速柴油机的转速范围是(　　)。

A. $n > 500$r/min　　B. $n > 800$r/min

C. $n > 1000$r/min　　D. $n > 1200$r/min

四、问答题

1. 在热机中，内燃机有哪些优缺点？
2. 往复活塞式内燃机的类型有哪些？
3. 简述内燃机的基本术语。
4. 内燃机一个工作循环由哪几个工作过程组成？其中哪一个过程对外做功？
5. 什么是内燃机的 p—V 示功图？它有何用途？
6. 四冲程汽油机与四冲程柴油机相比有哪些异同点？
7. 二冲程内燃机与四冲程内燃机相比有哪些特点？
8. 已知某型号发动机的进气提前角为20°，气门重叠角为39°，进气持续角为256°，排气持续角为249°，画出其配气相位图。
9. 四冲程往复活塞式内燃机由哪些机构与系统组成？它们各有何功用？
10. 内燃机有哪些性能指标？
11. 内燃机产品名称和型号包括几个部分？其含义是什么？
12. 试解释柴油机型号G12V190ZLD、汽油机型号1E65F/P所表示的含义。

第二章 机体组与曲柄连杆机构

知识目标

1. 能简单叙述机体组与曲柄连杆机构的工作条件；
2. 能正确描述机体组的组成和各部件的功用、工作条件、结构特点；
3. 能正确描述曲柄连杆机构的组成和功用；
4. 能正确描述曲柄连杆机构主要机件的功用、工作条件、结构特点。

技能目标

1. 了解曲柄连杆机构各主要零部件的分类，使用的材料和结构特点；
2. 掌握发动机主要机件的安装要求。

第一节 概　　述

一、机体组与曲柄连杆机构的功用及基本组成

机体组与曲柄连杆机构的基本组成，如图 2-1 所示。

机体组是发动机其他机构、系统等所有零部件的装配基体。其中，机体、汽缸盖和活塞共同组成燃烧室。此外，机体与汽缸盖内的水套和油道以及油底壳又分别是冷却系统和润滑系统的组成部分。

机体组主要由机体、汽缸套、汽缸盖和油底壳等固定机件组成。机体组是内燃机的固定机件。

曲柄连杆机构的功用是将燃料燃烧时产生的热能转变为活塞往复运动的机械能，再通过连杆将活塞的往复运动变为曲轴的旋转运动而对外输出动力。

曲柄连杆机构由活塞连杆组和曲轴飞轮组所组成。活塞连杆组主要由活塞、活塞环、活塞销、连杆等部件组成；曲轴飞轮组主要由曲轴、飞轮、扭振减振器等部件组成。曲柄连杆机构是内燃机的运动机件。

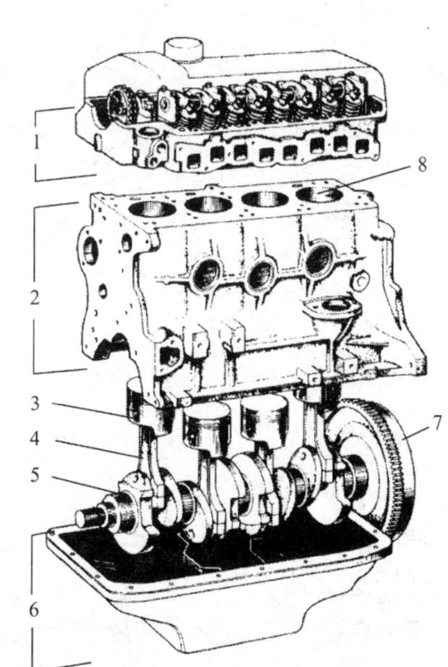

图 2-1　机体组与曲柄连杆机构

1-汽缸盖；2-机体；3-活塞；4-连杆；5-曲轴；6-油底壳；7-飞轮；8-汽缸

二、机体组与曲柄连杆机构的工作条件

内燃机是在高温、高压的燃气作用下和活塞等部件高速运动状态下工作的。因此，机体组与曲柄连杆机构要承受很大的热负荷、机械负荷，并存在着摩擦、磨损和腐蚀现象。

1. 热负荷

热负荷一般是指受热零部件所承受的温度和热应力的强烈程度。

内燃机在工作时，汽缸内燃气的瞬时最高温度可达 2000 ~ 2500℃，对组成燃烧室的活塞、汽缸盖和汽缸套等组件形成很高的热负荷。热负荷过高将使材料的力学性能显著降低，承载能力下降；使受热部件膨胀、变形；改变原来的配合间隙，使发动机性能下降；使受热部件承受过大的交变热应力，产生疲劳破坏等。因此，限制运转中发动机的热负荷，使之在一定范围内，对内燃机的经济、安全、可靠地运转是十分重要的。

2. 机械负荷

机械负荷主要是指机体组与曲柄连杆机构承受的气体作用力、运动惯性力以及安装力的强烈程度。其中，影响较大的是气体力和运动惯性力。

曲柄连杆机构的作用力，如图 2-2 所示。

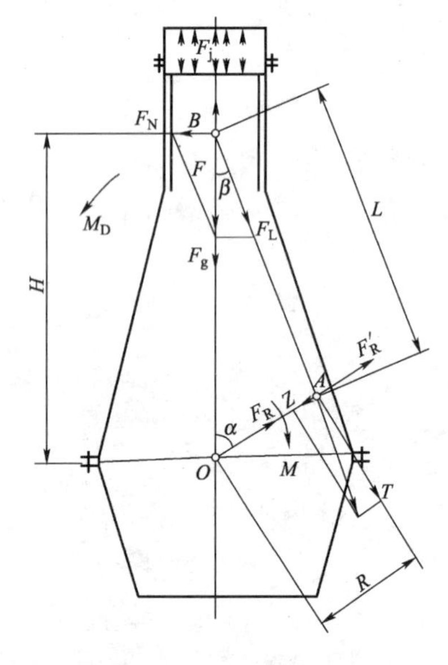

图 2-2　曲柄连杆机构的作用力

汽缸内的气体作用力 F_g 是不断变化的。做功过程中瞬时最高燃气压力，汽油机可达 4 ~ 6MPa；柴油机可达 6 ~ 9MPa，甚至高达 15MPa。这种交变载荷是使燃烧室部件产生疲劳破坏的原因之一。

曲柄连杆机构的惯性力有两种。一种是往复惯性力 F_j，是由活塞组件质量与连杆换算在其小头的部分质量之和，沿汽缸轴线做直线往复运动所产生的。往复惯性力作用在活塞销中心处，其方向与活塞加速度的方向相反。另一种是离心惯性力 F_R，是由集中在曲柄销中心处的不平衡回转质量与连杆换算在其大头的部分质量之和，绕曲轴轴线转动时所产生的离心惯性力。

往复惯性力和离心惯性力通过主轴承和机体传给发动机的支承。

活塞上的作用力 F 是作用在活塞上的气体作用力 F_g 与往复惯性力 F_j 的合力。它的作用点在活塞销几何中心，并分解为垂直于汽缸壁的侧压力 F_N 以及沿着连杆杆身轴线的连杆力 F_L。侧压力加剧了活塞和汽缸壁之间的摩擦、磨损，同时，它相对于曲轴轴线构成翻倒力矩 M_D（$M_D = F_N \cdot h$）有使发动机翻倒的倾向。翻倒力矩通过机体传到发动机的支承，由车架承受。连杆力使连杆杆身受到压缩和拉伸。同时，传到曲柄销中心的连杆力又可分解为垂直曲柄的切向力 T 和沿着曲柄方向指向曲轴轴线的径向力 Z。

切向力 T 产生曲轴的转矩 M（$M = T \cdot R$）对外做功。分析表明，发动机转矩 M 与翻倒力矩 M_D 大小相等，方向相反。径向力 Z 由主轴承承受并产生摩擦、磨损。

由于发动机工作循环的周期性和曲柄连杆机构运动的周期性，上述各种力都随曲柄转

角呈周期性变化,引起发动机的振动。为了改善这种状况,在保证足够的刚度和强度的前提下,应尽量减小曲柄连杆机构运动件的质量以减小惯性力,以及在曲轴上设置平衡重或平衡机构来平衡离心惯性力和惯性力矩。

3. 摩擦和腐蚀

曲柄连杆机构还存在多处的摩擦和腐蚀。摩擦主要存在于活塞与汽缸之间和轴颈与轴承之间。摩擦不仅使机件产生严重的磨损,还会产生摩擦损失功,降低发动机的机械效率。如活塞与汽缸之间的摩擦损失功约占整机的摩擦损失功的50%。摩擦产生的热量也是摩擦表面热负荷过高,甚至产生烧蚀的原因之一。腐蚀主要是由燃气或冷却液引起的。产生燃气腐蚀的主要原因是燃油中含有一些有害成分(如硫、硫化物等)。燃气腐蚀多发生在燃烧室表面和排气门上。冷却液的腐蚀主要集中在湿式汽缸套外壁及汽缸盖的冷却液腔中。

为保证机体组与曲柄连杆机构正常工作,根据各个零部件的功用和工作条件,在克服机械负荷方面,所采取的主要措施是零部件合理的结构设计和材料选择;减小摩擦和热负荷的主要措施是选用耐磨性、耐热性好的材料,设置可靠的润滑冷却液系统;防腐蚀的措施主要有选用抗腐蚀材料,冷却液加入防锈剂及冷却液循环通道中采用电化学防腐措施(如汽缸盖冷却液腔内安装防腐锌块)等。

第二节 机 体 组

机体组包括机体、汽缸套、汽缸盖、汽缸衬垫、汽缸盖罩和油底壳等固定机件,如图2-3所示。

一、机体

1. 机体的功用、工作条件和要求

机体的功用是设置汽缸和主轴承座孔,以支承曲柄连杆机构的运动件(活塞连杆组、曲轴飞轮组)并保持其相互位置的准确性;设置冷却液腔室和润滑油道等;安装内燃机的附件;承受内燃机工作时的作用力;内燃机安装于机体机座的支承点上。

机体在汽缸内的气体力、运动部件的惯性力以及安装力的作用下,工作中承受拉、压、弯、扭等不同形式的机械负荷。汽缸内表面与活塞之间存在剧烈的摩擦、磨损,并且与高温燃气直接接触而承受很大的热负荷。因此,对机体的要求主要是应有足够的刚度、强度、耐磨性以及良好的耐热性、耐蚀性等,以保证在各种使用条件下,不会因变形而影响各运动件之间的准确位置关系。机体在受力较大的地方还设有加强肋。此外,对机体应要求结构紧凑、质量轻,以减小整机的尺寸和质量。

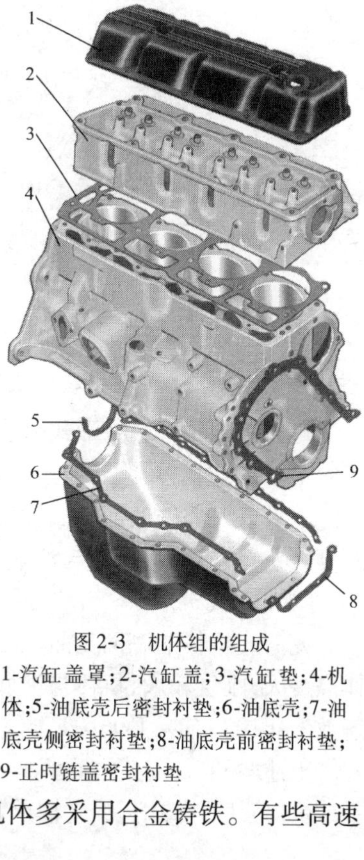

图2-3 机体组的组成

1-汽缸盖罩;2-汽缸盖;3-汽缸垫;4-机体;5-油底壳后密封衬垫;6-油底壳;7-油底壳侧密封衬垫;8-油底壳前密封衬垫;9-正时链盖密封衬垫

2. 机体的材料

机体一般用高强度灰铸铁或铝合金铸造。小型汽油机机体多采用合金铸铁。有些高速轻型汽油机使用压铸的铝合金机体。铝合金机体具有质量轻、散热性好等优点，缺点是成本高。

3. 机体的结构

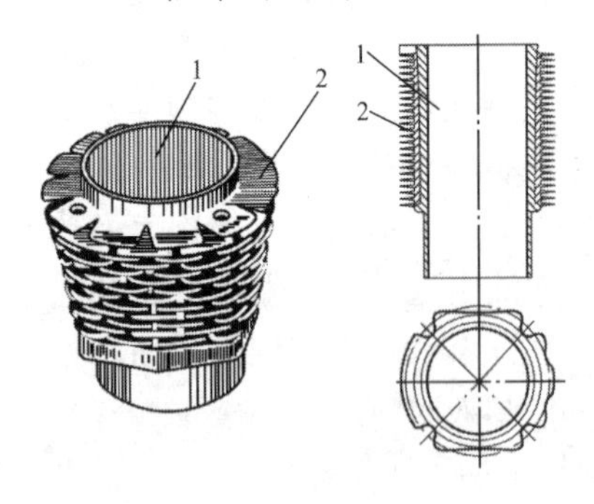

图 2-4　风冷式机体的结构
1-汽缸；2-散热片

机体是结构复杂的箱形零件，主要由汽缸体和曲轴箱等组成。风冷发动机汽缸体与曲轴箱分别铸造，水冷发动机的汽缸体和上曲轴箱常铸成一体；汽缸体上部的圆柱形空腔称为汽缸，下半部为支承曲轴的曲轴箱，其内腔为曲轴运动的空间。

图 2-4 所示，是风冷式机体，这种机体的汽缸体及其汽缸盖外表面铸有散热片，空气经过散热片时带走发动机部分热量。增加散热片的面积可提高散热效果。

图 2-5 所示，是水冷式机体的结构。在机体侧壁和前后壁的内外表面及汽缸间的横隔板上均有加强肋，以保证机体有足够的强度和刚度。在机体前后壁和汽缸间的横隔板上铸有支承曲轴的主轴承座或主轴承座孔以及纵、横向的润滑油道。在汽缸的外壁铸有水套。

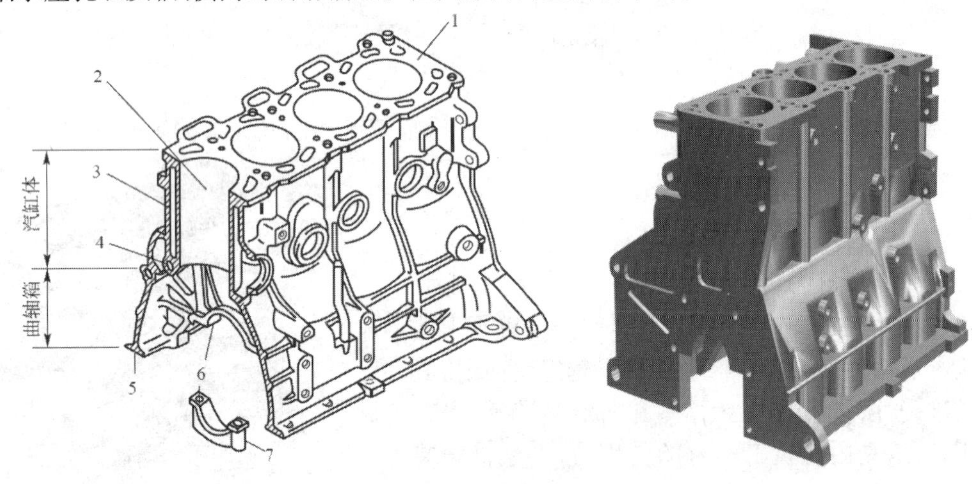

图 2-5　水冷式机体
1-机体顶面；2-汽缸；3-水套；4-主油道；5-机体底面；6-主轴承座；7-主轴承盖

机体按曲轴箱结构形式分类，有如下三种，如图 2-6 所示。

1）一般式机体

一般式机体的底面与曲轴轴线在同一平面上（图 2-6a）。这种机体高度小、质量轻，但刚度较差，且机体前后端与油底壳之间的密封比较复杂。一般式机体多用于轻型发动机上。

2）龙门式机体

龙门式机体的底面比曲轴轴线低，使整个主轴承位于曲轴箱内（图 2-6b）。这种机体总体高度大，刚度较大，机体与油底壳之间的密封也比较简单，广泛用于中、小型发动机上。如解放 CA6102、东风 EQ6100-1 等机型，均采用龙门式汽缸体。

上述两种形式，其主轴承座孔均为分开式，轴承座孔的内孔和端面是在主轴承盖上用定位销或定位套（平分式），或主轴承盖两侧平面（龙门式）定位，并用螺栓固定后进行加工成型的。

因而轴承盖既不可换位也不可换向。为避免错装，在主轴承盖上都有位置和方向记号。

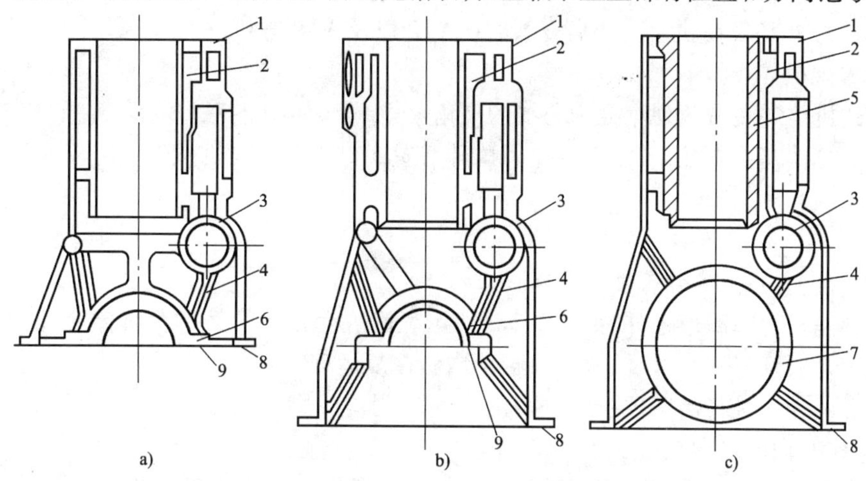

图2-6 机体按曲轴箱结构形式分类示意图

a）一般式机体；b）龙门式机体；c）隧道式机体

1-汽缸体；2-水套；3-凸轮轴孔座；4-加强筋；5-汽缸套；6-主轴承座；7-主轴承座孔；8-汽缸体下表面；9-主轴承盖的结合面

3）隧道式机体

这种机体上的主轴承孔不剖分，其特点是结构紧凑、刚度和强度好。但加工困难、工艺性差、曲轴拆卸不方便。适用于主轴承为大直径窄型滚动轴承的柴油机，如图2-6c）所示。如135系列柴油机的汽缸体。由于大直径窄型滚动轴承的圆周速度不能很大，且价格昂贵，因此，限制了隧道式机体在高速发动机上的应用。

机体按汽缸排列形式分类，主要有直列式、V型和对置式三种形式，如图2-7所示。

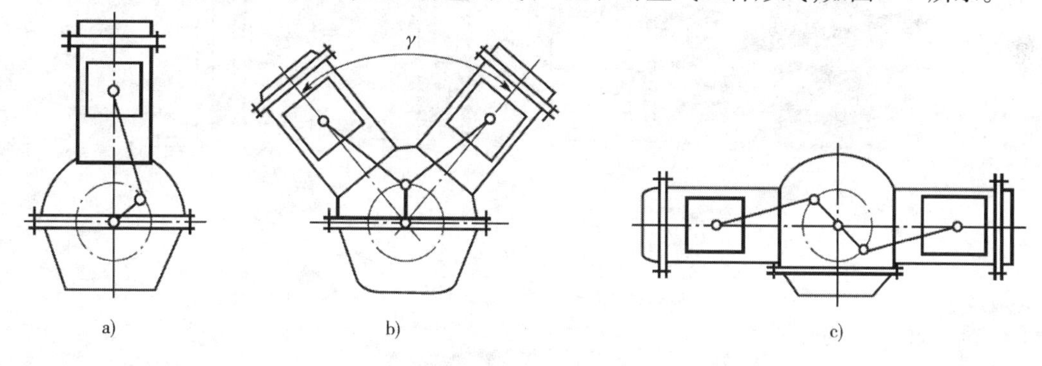

图2-7 内燃机机体排列形式

a）直列式；b）V型；c）对置式

1）直列式机体

直列式机体的各汽缸排列成一列，一般是垂直布置如图2-7a）所示，有时为了降低内燃机的高度，可将汽缸布置成倾斜或水平。这种机体结构简单，加工容易，但长度和高度较大，多用于6缸以下的内燃机。

2）V型机体

V型机体是汽缸排成两列，左右两列汽缸中心线的夹角$\gamma < 180°$，如图2-7b）所示。

这种V型排列形式的机体可缩短机体的长度和高度，因此增加了机体刚度，减轻了发动机的质量,但形状复杂,加工困难,一般多数用于 8 缸以上的内燃机。采用 V 型汽缸排列的发动机称之为 V 型发动机。主要有 V8、V10、V12 以及 V16 等机型。

3)对置式机体

对置式机体的左右两列汽缸中心线的夹角 $\gamma = 180°$,如图 2-7c)所示。它的特点是高度小,重心低,总体布置方便,平衡性好。但这种对置式机体在工程机械上应用较少。

二、汽缸套

1. 汽缸套的功用、工作条件和要求

汽缸套是一个圆筒形零件,如图 2-8a)所示。汽缸套置于机体的汽缸体座孔中,由汽缸盖压紧固定。发动机工作时,活塞在汽缸套内做往复运动。

汽缸套的功用是与活塞顶及汽缸盖的底面共同构成燃气的工作空间,内壁对活塞起引导作用,工作时向周围导热。

汽缸套内表面由于受高温高压燃气的作用并与高速运动的活塞接触而极易磨损。在较大温差下产生严重热应力,会引起金属疲劳。有的汽缸套外表与冷却液接触,受冷却液腐蚀。

汽缸套应有足够的强度、刚度和耐热性能,还应具有较好的耐磨性能。工作中应有良好润滑和冷却。为了提高汽缸的耐磨性和延长汽缸的使用寿命而有不同的汽缸结构形式和表面处理方法。

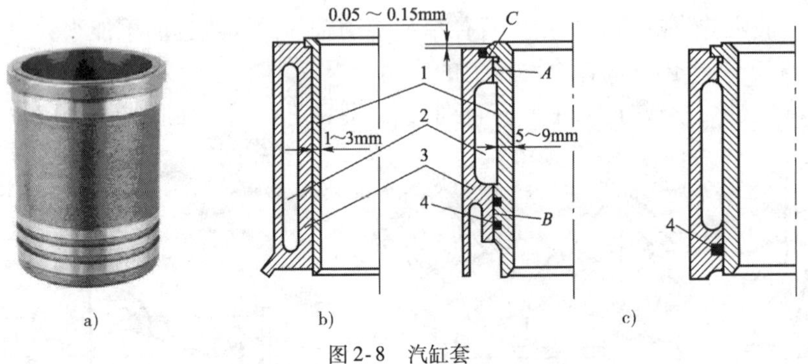

图 2-8　汽缸套

a)汽缸套结构;b)干式汽缸套;c)湿式汽缸套

1-汽缸套;2-水套;3-汽缸体;4-橡胶密封圈

2. 汽缸套的结构形式

汽缸套的结构形式主要有干式汽缸套和湿式汽缸套两种,如图 2-8b)、图 2-8c)所示。

1)干式汽缸套

干式汽缸套其外表面不与水套直接接触,一般压入或装入汽缸体的汽缸座孔内,如图 2-8b)所示。用合金铸铁离心铸造的干式汽缸套壁厚为 2 ~ 3mm,而精密拉伸的钢制汽缸套壁厚仅为 1.0 ~ 1.5mm。为了保证良好的散热效果和准确的安装定位,汽缸套和汽缸座孔的接触面要有较高的加工精度。汽缸套与座孔装配时,在采用过盈配合时,过盈量为 0 ~ 0.0002D。现在多采用过渡配合,其配合间隙为 0. 017 ~ 0. 037mm。解放 CA6102、东风 EQ6100-1 汽油机均采用干式汽缸套。铝合金机体则是将合金铸铁缸套与铝合金机体铸在一起。

干式缸套的特点是具有良好的水密封性和较大的机体刚度，汽缸中心距小，质量轻，加工工艺简单。其缺点是散热效果较差，温度分布不均匀，容易发生局部变形。

2）湿式汽缸套

湿式汽缸套的缸套外壁与冷却液直接接触，如图 2-8c）所示。缸套的壁厚一般为5～9mm，安装时，汽缸套外侧上、下两个凸缘与汽缸座孔的接触面 A、B 确保汽缸套径向定位准确，接触面 C 确保汽缸套轴向定位准确。为防止漏水，接触面 C 之间装有密封铜垫片；下凸缘接触面 B 上车有 1～2 道环槽，内装橡胶密封圈。缸套装入汽缸座孔后，其上端面应高于汽缸体的上平面 0.05～0.15mm，以便安装汽缸盖时能压紧汽缸套。汽缸套的这种安装方式，可以保证其在受热情况下向下自由膨胀，而不致使缸孔受热变形影响正常工作。

湿式汽缸套具有散热效果好，拆装方便等优点，但对水的密封要求高。

3. 汽缸套的材料

汽缸套的常用材料有合金铸铁、高磷铸铁和硼铸铁等。为提高汽缸套的耐磨性，其内表面通常进行热处理，主要方法有表面淬硬，多孔性镀铬，氮化和喷镀等。有的汽缸内表面珩磨网纹，以利于储油润滑。湿式汽缸套外表面与冷却液接触的部位一般用镀镉，镀锌或乳白镀铬等方法进行防蚀处理。

三、汽缸盖

1. 汽缸盖的功用、工作条件和要求

汽缸盖的功用是密封汽缸，与活塞顶面、汽缸共同组成燃气工作空间；固定汽缸套并安装各种附件。

汽缸盖在工作中直接与高温高压燃气接触，同时又要承受很大的安装力，所以机械负荷和热负荷严重。汽缸盖结构复杂，受力不均，应力集中现象严重。因此，要求汽缸盖具有足够的强度和刚度，保证在机械应力和热应力作用下可靠地工作，不会因变形而泄漏。为使汽缸盖的温度分布尽可能均匀，避免进、排气门座之间发生热裂纹，应对汽缸盖进行良好的冷却。

2. 汽缸盖的材料

汽缸盖一般使用铸造性、耐热性好的优质灰铸铁制造。少数轻型汽油机采用导热性能好的铝合金材料制造，其缺点是高温强度差，容易变形。

3. 汽缸盖的结构

汽缸盖是结构复杂的箱形零件，其上设有水套、燃烧室（或部分燃烧室）、气门导管孔、进排气门座孔、进排气道等以及火花塞或喷油器的安装孔等，如图 2-9 所示。

汽缸盖的结构随气门的布置、冷却方式以及燃烧室的形状而异，一般可分为整体式、分体式和单体式三种。

1）整体式汽缸盖

整体式汽缸盖是内燃机整机用一个的整体式缸盖，如图 2-9a）、b）所示。这种汽缸盖结构紧凑，可缩小汽缸中心距，但铸造困难，刚度差，受热或受力后容易变形，影响密封性，损坏时必须整体更换。一般中、小功率高速内燃机采用。

2)分体式汽缸盖

分体式汽缸盖是两缸或三缸的汽缸盖做成一组,整机有几组汽缸盖组成,如图2-9c)所示。这种汽缸盖铸造较容易、刚度较好、密封性好、更换方便。一般适用于缸径较大的内燃机。

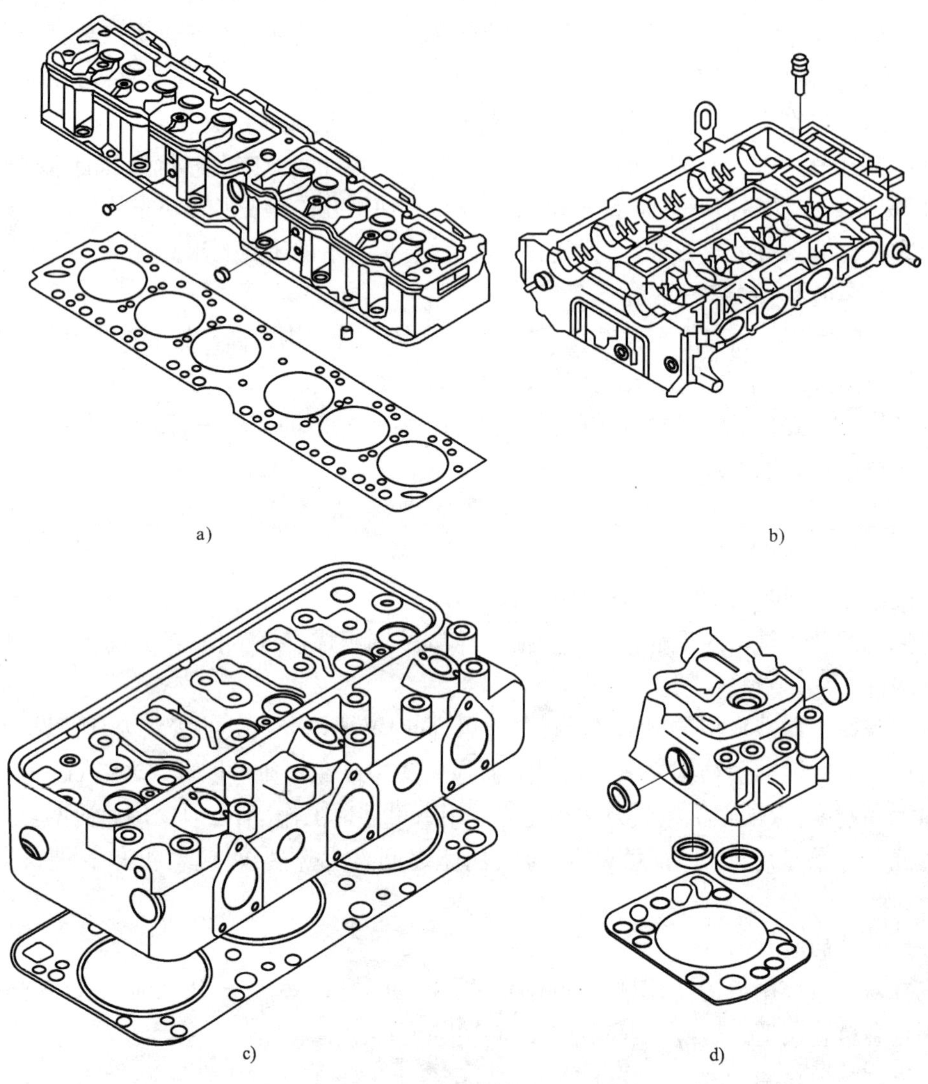

图2-9 汽缸盖的结构形式

a)、b)整体式汽缸盖;c)分体式汽缸盖;d)单体式汽缸盖

3)单体式汽缸盖

单体式汽缸盖是每个汽缸上一个汽缸盖,如图2-9d)所示。单体式汽缸盖制造容易、维修方便,受热膨胀余地大,热应力小,汽缸盖与汽缸体之间的密封易于保证。单体式汽缸盖一般应用于大型内燃机。

汽缸盖和机体上平面用汽缸盖螺栓连接在一起。在上紧汽缸盖螺栓时,必须用专用工具按由中间向四周扩展并对称交叉的顺序,分几次上紧,最后达到规定的力矩。对于铸铁缸盖,为防止螺栓受热后伸长而影响紧度,一般在冷车上紧后,还要在发动机运转到正常工作温度后，再冷车复核一次。

四、汽缸衬垫

1.汽缸衬垫的功用、工作条件以及要求

汽缸衬垫也称汽缸垫，是机体顶面与汽缸盖底面之间的密封件，如图2-10所示。其功用是保持汽缸密封防漏气，保持由机体流向汽缸盖的冷却液和机油不产生泄漏。

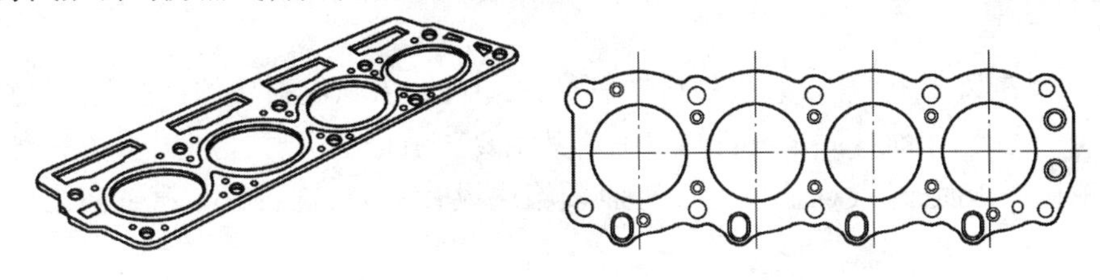

图2-10 汽缸衬垫

汽缸衬垫承受汽缸盖拧紧螺栓的压紧力，并受到汽缸内燃烧气体高温、高压的作用以及冷却液的腐蚀。汽缸衬垫应该具有足够的强度，并且要耐压、耐热和耐腐蚀。另外，还需要有一定的弹性，以补偿机体顶面和汽缸盖底面的粗糙度和不平度以及发动机工作时出现的局部微小变形。

2.汽缸衬垫的分类及结构

按所用材料的不同，汽缸衬垫可分为金属—石棉衬垫、金属—复合材料衬垫和全金属衬垫等多种。

目前，使用较多的是金属—石棉汽缸垫，如图2-11所示。它是在夹有金属丝或金属屑的石棉层外包以钢皮或铜皮制成的，且在汽缸口、水孔、油道口周围卷边加强。石棉耐热，具有良好的弹性，可提高汽缸垫的密封效果。石棉中的金属丝或金属屑可提高导热性能，保持

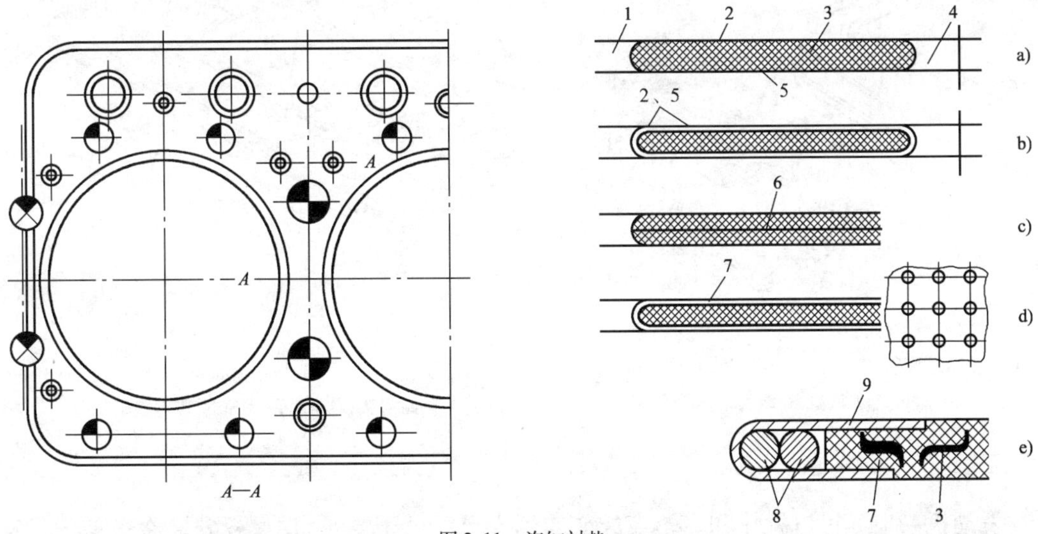

图2-11 汽缸衬垫

a)、b)钢皮或铜皮与石棉组成的衬垫；c)编织钢丝与石棉组成的衬垫；d)冲孔钢板与石棉组成的衬垫；e)嵌钢丝的钢板与石棉组成的衬垫

1-汽缸孔；2-钢皮；3-橡胶石棉垫；4-水孔；5-钢皮；6-编织钢丝；7-冲孔钢板；8-软钢丝；9-不锈钢板

汽缸盖与汽缸垫的温度均匀。汽缸垫上的燃烧室孔周围有的用镍片镶边,以防止被高温燃气烧蚀。安装时光滑的一面朝向机体,否则汽缸衬垫上的卷边容易被高压气体冲坏。所有汽缸垫上的孔要与机体上的孔对齐。

在强化程度较高的柴油机上,有的用金属—塑性制成的金属衬垫,也有的采用全金属衬垫,它由单层或多层金属片(铜、铝或低碳钢)制成。

五、汽缸盖罩

图2-12是东风EQ6100发动机的汽缸盖罩、汽缸盖以及汽缸衬垫的示意图。汽缸盖罩5位于汽缸盖7上部,用螺杆固定在汽缸盖上。其主要功用是起密封、防尘作用。一般汽缸盖罩采用薄钢板冲压而成,汽缸盖罩上设有曲轴箱通风管盖,汽缸盖罩与汽缸盖之间设有密封垫。

六、油底壳

油底壳除用来封闭曲轴箱外,还用来储存和冷却机油。油底壳一般用薄钢板冲压而成,也有用铸铁或铝合金铸成,如图2-13所示。为防止机油激溅,油底壳中设有稳油板。油底壳底部装有放油旋塞,有些旋塞还具有磁性,可以吸附机油中的铁屑,以减小机件的磨损。油底壳后部的深度较大,底部呈斜面,以保证车辆爬坡时机油泵吸油管的入口始终在液面之下,防止断油。曲轴箱与油底壳之间有密封衬垫,防止机油渗漏。

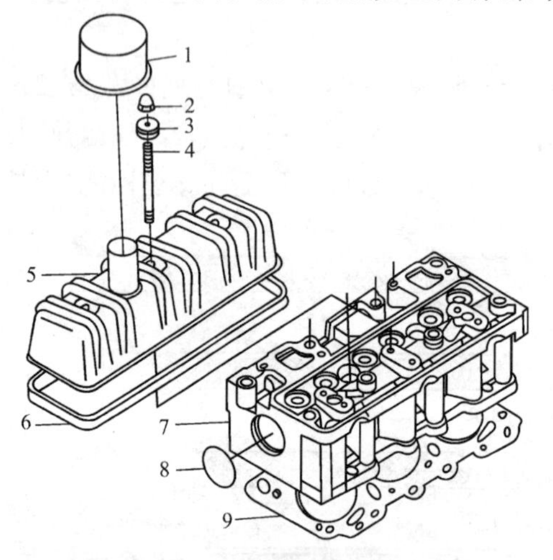

图2-12　汽缸盖罩、汽缸盖以及汽缸衬垫

1-曲轴箱通风管盖;2-螺母;3-垫片;4-螺杆;5-汽缸盖罩;6-密封垫;7-汽缸盖;8-水堵;9-汽缸衬垫

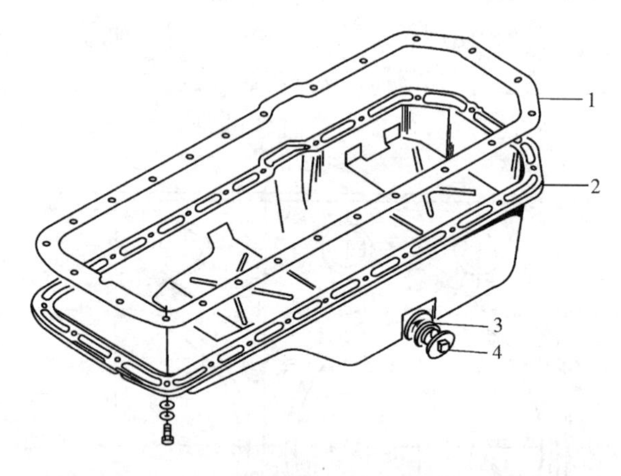

图2-13　油底壳

1-密封衬垫;2-油底壳;3-密封圈;4-放油旋塞

七、发动机的支承

发动机一般通过汽缸体和飞轮壳或变速器壳上的若干支承,用螺栓安装在车架的发动机支架上。发动机的支承方法有四点支承、三点支承和二点支承等几种,如图2-14所示。

四点支承是前后各有两个支承点,如图2-14a)所示。三点支承有三个支承点,可以是一前两后,也可以是两前一后,如图2-14b)、c)、d)、e)所示。二点支承的支承点位于发动机两侧的中部附近,如图 2-14f)所示。各支承点均为弹性支承,一般多采用弹性橡胶垫夹在支承和支架安装面之间,以减少发动机振动对车辆的影响,同时还可以消除车辆行驶中车架的变形对发动机的影响。

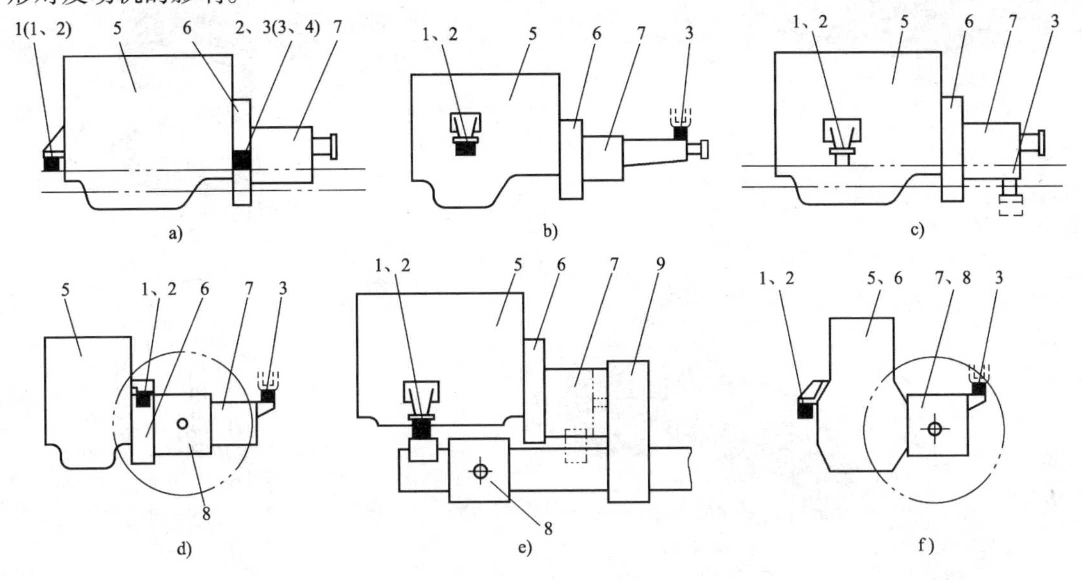

图 2-14 发动机的支承方法示意图

a)四点支承;b)、c)、d)、e)三点支承;f)二点支承

1、2、3、4-支承;5-发动机;6-离合器壳;7-变速器;8-主减速器;9-分动器

第三节 曲柄连杆机构

曲柄连杆机构由活塞连杆组和曲轴飞轮组等运动件组成,如图 2-15 所示。其功用是将活塞的往复运动转换成曲轴的回转运动,同时将作用在活塞上的气体作用力转变为曲轴对外输出的转矩。

一、活塞连杆组

活塞连杆组由活塞、活塞环、活塞销以及连杆组等零部件组成,如图 2-16 所示。

1. 活塞

1)活塞的功用、工作条件与要求

活塞的功用是与汽缸盖、汽缸套共同组成燃烧室;承受燃气的压力并通过连杆传递给曲轴,驱动曲轴转动。

发动机工作时,作用在活塞上的有气体压力和往复运动惯性力。这些力都是周期性变化的,且最大值都很大,如增压发动机瞬时燃气爆发压力可达 14 ~ 16MPa;高速汽油机的最大往复惯性力可达活塞本身质量的 3000 倍以上,因此,活塞承受着很大的机械负荷。工作中,活塞顶面受高温燃气加热,工作温度可达 330 ~ 430℃,且散热条件很差,使活塞承受很高的热负荷。高温使活塞膨胀变形,破坏活塞与其他零件之间的正常配合间隙,同时使材料的力学性能下降。整个活塞温度的分布又很不均匀,从而产生很大的热应力和热疲劳现象。此外,活塞顶面的高压导致侧压力大,引起活塞的变形,加速活塞与汽缸套之间的磨损。

根据上述分析，对活塞要求有，足够的强度与刚度；质量要尽可能小，以减小惯性力；导热性好，热膨胀系数小，有足够的耐热性；还要有良好的耐磨性，以减小磨损。

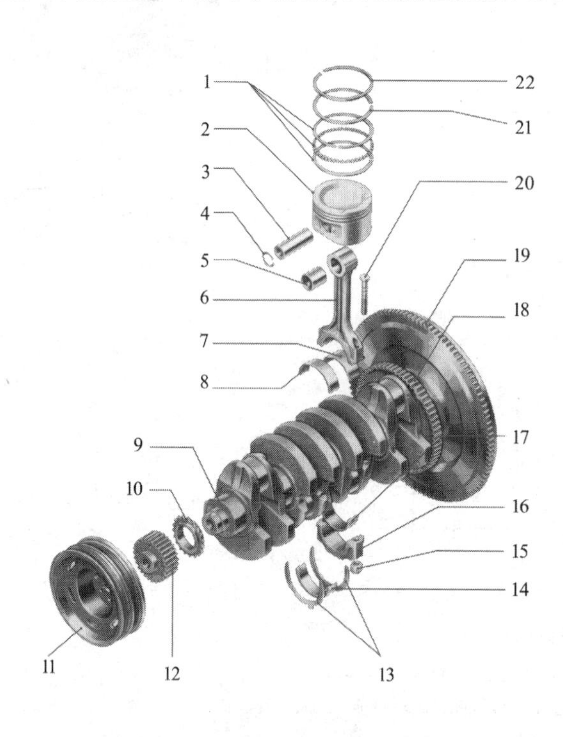

图 2-15 曲柄连杆机构的组成

1-油环；2-活塞；3-活塞销；4-卡环；5-连杆；6-连杆小头轴瓦；7-连杆大头上轴瓦；8-主轴承上轴瓦；9-曲轴；10-曲轴链轮；11-曲轴带轮；12-曲轴正时齿轮（或带轮）；13-推力片；14-主轴承下轴瓦；15-连杆螺母；16-连杆盖；17-连杆大头轴瓦；18-转速传感器脉冲轮；19-飞轮；20-连杆螺栓；21-第二道气环；22-第一道气环

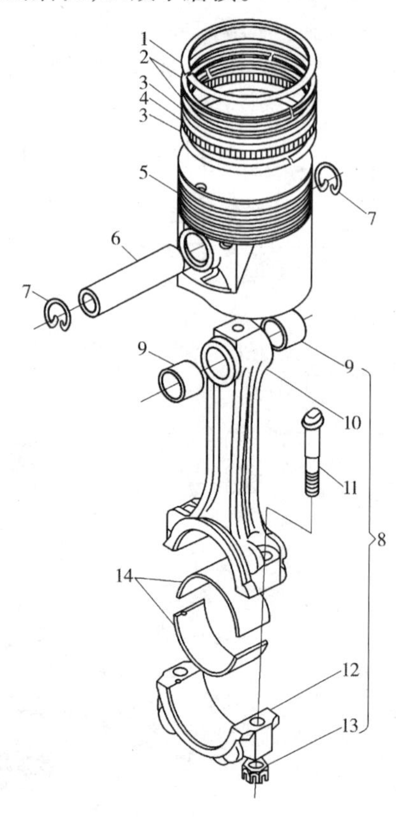

图 2-16 活塞连杆组

1、2-气环；3-油环刮片；4-油环衬簧；5-活塞；6-活塞销；7-活塞销卡环；8-连杆组；9-连杆衬套；10-连杆；11-连杆螺栓；12-连杆盖；13-连杆螺母；14-连杆轴瓦

2）活塞的材料

目前，铝合金活塞多用含硅 12% 左右的共晶铝硅合金或含硅 18% ~23% 的过共晶铝硅合金制造。一定的硅含量可以提高活塞表面的耐磨性，外加镍和铜，以提高热稳定性和高温力学性能。在强化程度较高的增压柴油机上也有采用合金铸铁或耐热合金钢制作活塞顶部和头部，其他部位用铝合金材料的组合式活塞。铝合金具有质量小，导热性好的优点。缺点是热膨胀系数较大，在温度升高时强度和硬度下降较快。

3）活塞的结构

活塞是由活塞顶 1、头部 2 和裙部 3 三个部分组成，其结构如图 2-17 所示。

（1）活塞顶。活塞顶是组成燃烧室的主要部分。汽油机活塞顶形状与燃烧室形式和压缩比大小有关；柴油机活塞顶形状则取决于混合气形成的方式和燃烧室形式。

常见的活塞顶形状有平顶、凹顶和凸顶三种，如图 2-18 所示。汽油机多采用平顶活塞（图 2-18a），其特点是结构简单、制造容易、受热面积小、应力分布较均匀；采用凹顶活塞

(图2-18b),可以通过改变凹坑尺寸来调节发动机的压缩比;凸顶活塞(图2-18c),有利于引导气流运动,改善换气过程,主要用于二冲程汽油机上。柴油机多用凹顶活塞(图2-18d、e、f)以形成各种特殊形状的燃烧室。凹坑的具体形状、位置和大小都必须与柴油机的混合气形成与燃烧的要求相适应。为防止气门与活塞顶相撞,有的活塞顶上还有防碰的气门凹坑(图2-18)。

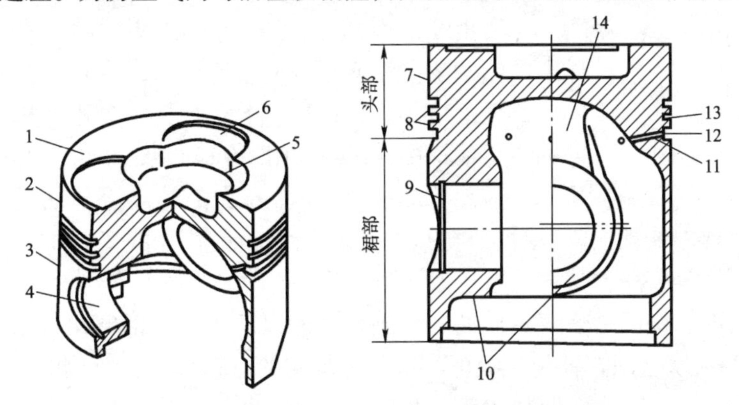

图2-17 活塞各部分名称

1-活塞顶;2-活塞头部;3-活塞裙部;4-活塞销孔;5-燃烧室凹坑;6-气门凹坑;7-活塞顶岸;8-活塞环岸;9-挡圈槽;10-活塞销孔;11-回油孔;12-油环槽;13-气环槽;14-加筋肋

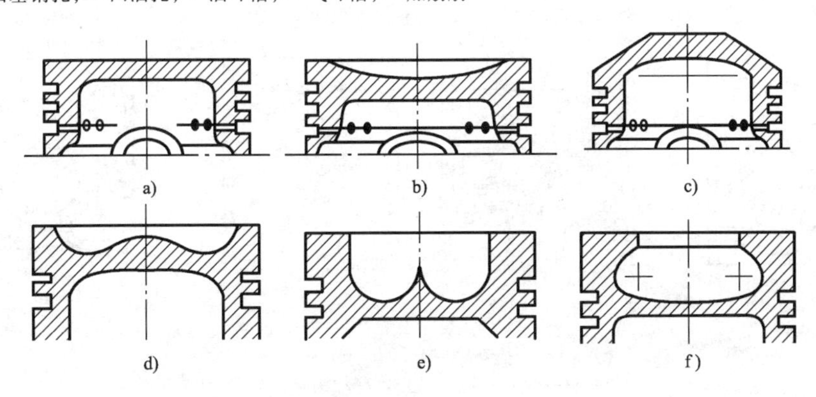

图2-18 活塞顶部的形状

a)平顶;b)凹顶;c)凸顶;d)、e)、f)凹坑

活塞顶部的厚度随半径的增大而逐渐加厚,顶部背面与活塞头部内壁通常圆弧连接并设有加强肋,以提高活塞的强度和刚度,同时也加大了散热截面积。

(2)活塞头部。活塞头部是指活塞顶至油环环槽下端面之间的部分,也称环槽部。其功用是安装活塞环,与活塞环一起密封汽缸,防止可燃混合气漏到曲轴箱内并将顶部吸收的热量通过活塞环传给汽缸壁。

在活塞头部加工有若干道环槽,用以安装活塞环。上侧的2~3道是气环槽,最下侧1道是油环槽。两个环槽之间部分称为环岸8。在油环槽的底面上钻有许多回油孔11或横向切槽,以便刮油环从汽缸壁上刮下的机油经小孔或横向切槽、活塞内壁流回油底壳(图2-17)。

有些活塞,在第一道气环环槽上侧开有一道隔热槽,以限制活塞顶传给第一道气环的热量。为了减少第一道环槽的磨损,有的活塞在该槽中镶嵌了耐热耐磨的环槽护圈,如图2-19所示。这种结构在近代高速柴油机上应用较广泛。护圈的材料为热膨胀系数与铝合金接近

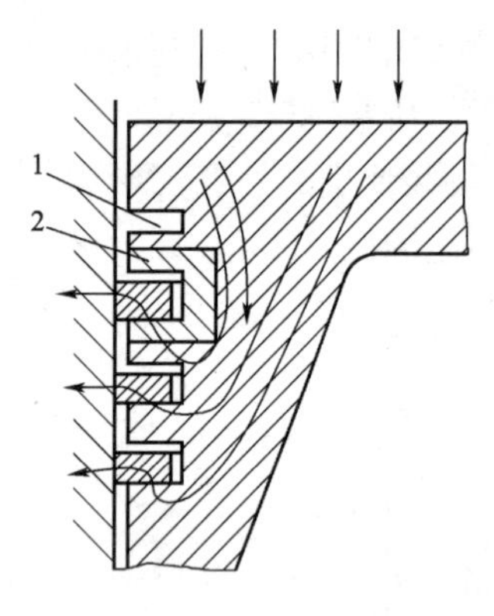

图 2-19　隔热槽和环槽护圈
1-隔热槽;2-活塞环槽护圈

的镍铬奥氏体铸铁或高锰奥氏体铸铁。

活塞的冷却一般是通过气环将活塞顶及头部的热量传递给汽缸套的。在某些高强化的柴油机上,为了减轻活塞顶和头部的热负荷而采用油冷活塞。用机油冷却活塞的方法有:

①自由喷射冷却法,即从连杆小头的喷油孔或从安装在机体上的喷油嘴向活塞顶内壁喷射机油,如图 2-20a)、b)所示。

②振荡冷却法,即从连杆小头的喷油孔将机油喷入活塞内壁的环行油槽中,产生振荡而冷却活塞,如图 2-20c)所示。

③强制冷却法,即在活塞头部铸出冷却油道或铸入冷却油管,使机油在其中流动以冷却活塞,如图 2-20d)所示。强制冷却法多为增压发动机采用。

(3)活塞裙部。裙部是活塞头部最末一道环槽的以下部分。活塞裙部对活塞运动起导向作用。汽缸与活塞之间在任何工况下都应保持均匀的、适宜的间隙。此外,裙部要有足够大的实际承压面积,以承受侧压力。活塞裙部承受膨胀冲程侧压力的承压面称主推力面,承受压缩冲程侧压力的承压面称次推力面。活塞裙部的主、次推力面之间设有活塞销座,用来安装活塞销。

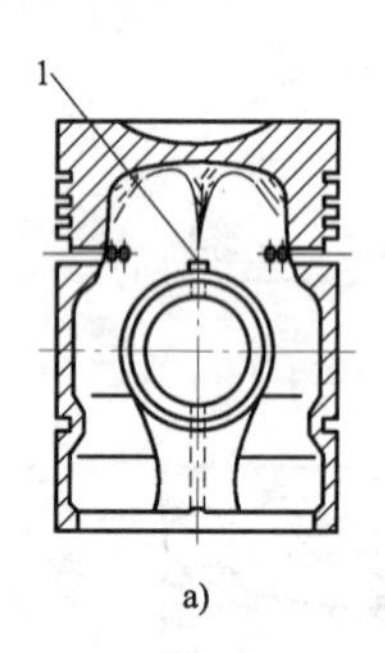

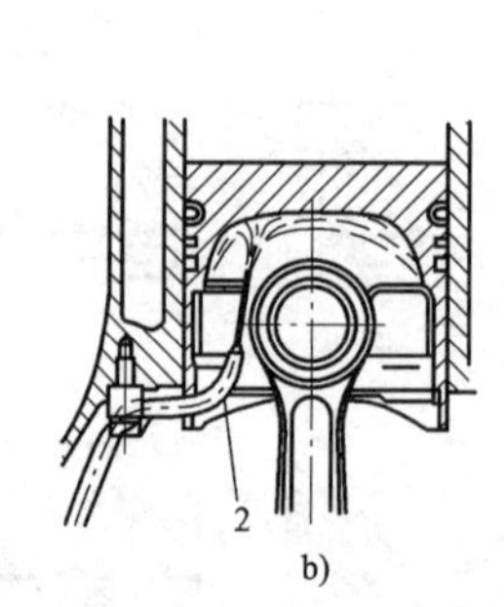

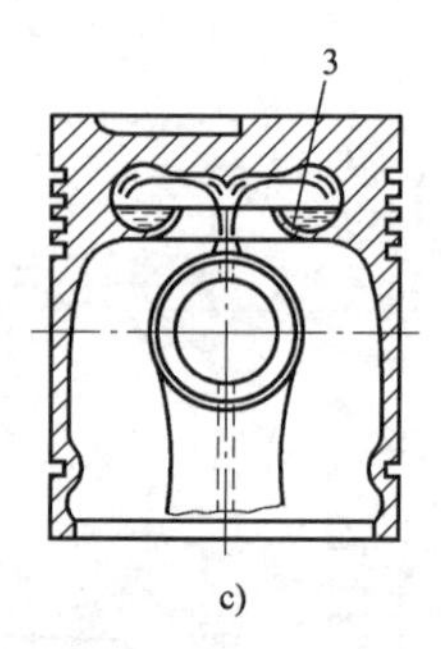

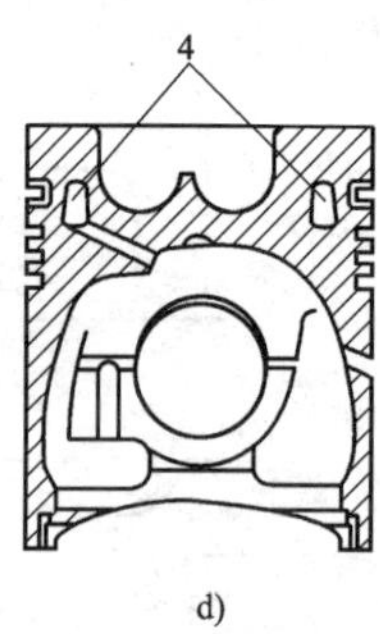

图 2-20　活塞的冷却方法
a)、b)自由喷射冷却法;c)振荡冷却法;d)强制冷却法
1-喷油孔;2-喷油嘴;3-环形油槽;4-冷却油道

在实际工作中,由于受力及受热等原因,活塞裙部横截面形状会由正圆形变成椭圆形,这是因为:

①活塞销座热膨胀不均匀变形。活塞横截面上金属分布不均匀,沿活塞销座轴线方向上金属层很厚,而垂直于销座轴线方向上的金属层很薄,因此,受热后沿销座轴线方向膨胀量比垂直销座轴线方向要大得多(图 2-21a)。

②裙部受侧压力作用的挤压变形。由于活塞的侧压力是垂直于销座轴线方向的,汽缸对活塞裙部的反作用力使垂直于销座轴线方向受挤压变短,沿销座轴线方向变长(图 2-21b)。

③活塞顶部受气体压力的作用,活塞顶部产生弯曲变形,使裙部沿销座轴线方向扩张变形(图 2-21c)。

上述三种原因产生的变形方向是相同的,即活塞在工作中裙部呈椭圆形,其长轴沿销座轴线方向,短轴垂直于销座轴线(图 2-21d)。

活塞裙部的变形，会使裙部与汽缸之间的间隙很不均匀，沿销座轴线方向间隙最小，而垂直销座轴线方向间隙最大。若冷态下按椭圆短轴与汽缸套配合，则工作时由于长轴的增大将使活塞在汽缸中卡死；相反，若冷态下按椭圆长轴与汽缸套配合，则工作时短轴方向的间隙过大，漏气量增大，活塞敲缸加剧。

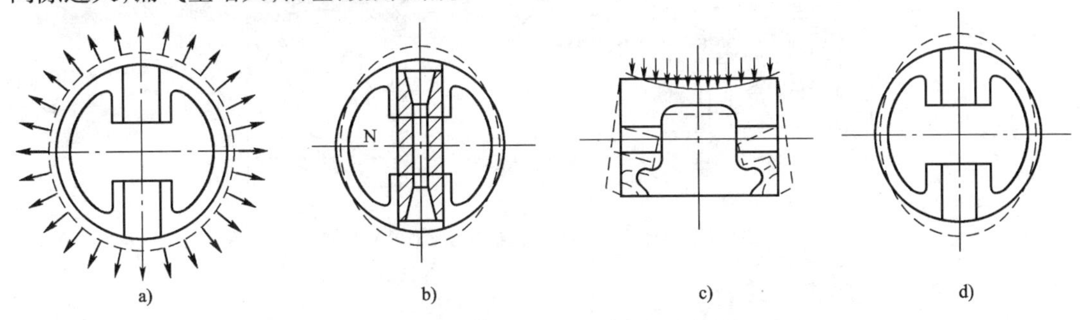

图 2-21 活塞裙部的变形

a)热膨胀变形；b)侧压力作用变形；c)气体压力作用变形；d)综合作用变形

为解决上述问题，保证活塞各部位与汽缸之间在工作中有大小合适的均匀间隙，活塞的裙部在制造时做成椭圆形，即冷态时裙部为长轴与销座轴线垂直而短轴与销座轴线平行的椭圆形。这样在工作受热状态下，裙部横截面就可以变成正圆形。

在活塞的高度方向上，活塞顶的温度最高，向下温度逐渐降低，活塞的热膨胀量上大下小。为了在工作温度下活塞裙部接近圆柱形，高度方向上有均匀的配合间隙，须将活塞制成上小下大的锥形或桶形。桶形裙与汽缸壁之间能够形成双向楔形油膜，它可保证活塞具有较高的承载能力和良好的润滑。

为了控制活塞的热变形，还采取一些其他措施，汽油机上常见的措施有：

①在裙部的次推力面上开Π形或T形弹性槽，如图 2-22 所示。横槽开在最下面的活塞环槽内，可以部分切断由活塞顶流向活塞裙部的热量，使裙部热膨胀量减少，故也称隔热槽；纵槽开在活塞裙部，使裙部具有弹性，这样可以使冷态下活塞裙部与汽缸间隙保持最小，而在工作状态又不致卡死，所以也称膨胀槽。裙部开弹性槽后，会使其开槽的一侧刚度变小，在装配时应使其位于做功行程中承受侧压力较小的一侧，但这种活塞强度会降低。

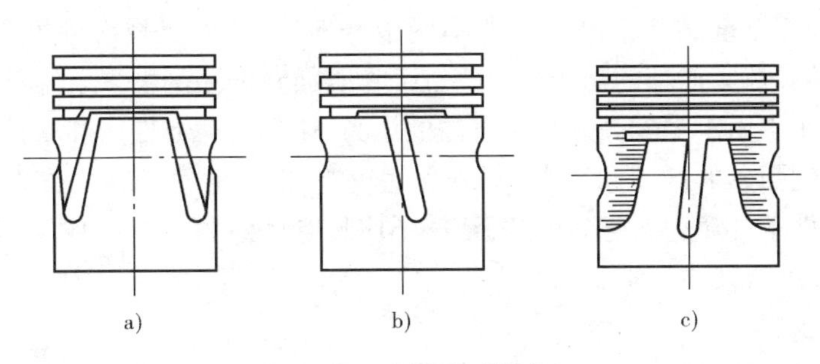

图 2-22 活塞裙部弹性槽

②在销座内镶铸恒范钢片，如图 2-23 所示。因为钢片的膨胀系数只有铝合金的 1/10 左右，可以限制裙部在活塞销座孔轴线方向的热膨胀变形。

柴油机由于燃气压力高，活塞所受的侧向作用力过大而不宜采用上述措施。柴油机一般采用在裙部镶入圆筒式钢片的措施，如图 2-24 所示。

在一些强化程度较高的柴油机上，活塞裙部的下边缘附近还设有一道刮油环槽，以改善活塞与汽缸之间的润滑条件。

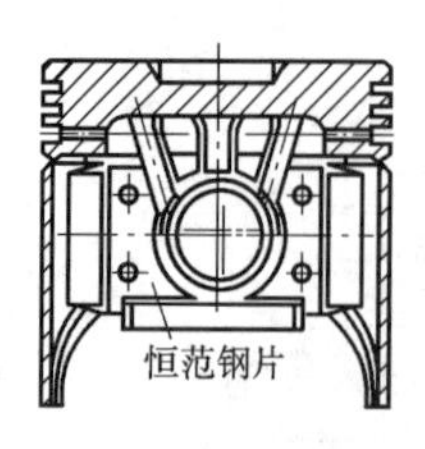

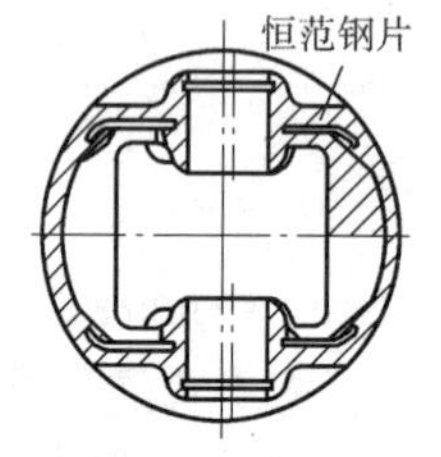

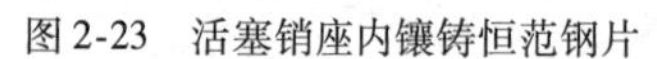
图 2-23　活塞销座内镶铸恒范钢片

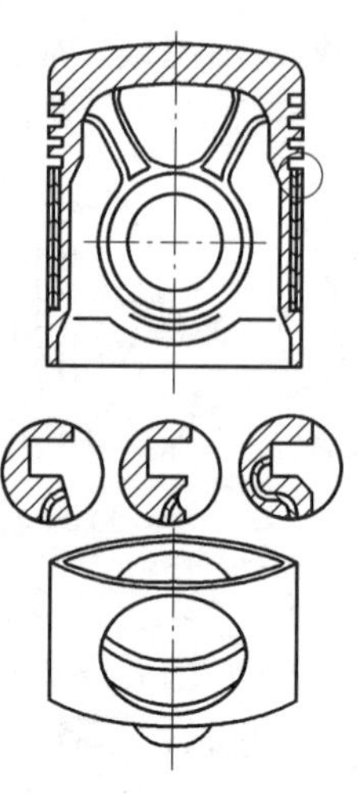

图 2-24　活塞裙部镶入圆筒式钢片

裙部的活塞销座，用来安装活塞销。活塞所承受的作用力都是通过销座传递给活塞销的。活塞销座与活塞顶之间还有加强肋，以增加刚度。在活塞销座孔内接近外端面处还开有卡环槽，内装卡环，以防止活塞销的轴向窜动。

活塞销座孔有很高的加工精度，以达到与活塞销高精度的配合。有些活塞销座上侧钻有集油孔，以利于座孔的润滑。

2. 活塞环

活塞环是具有弹性的开口圆环，根据其功用不同分为气环和油环两种。

1）活塞环的功用、工作条件和要求

气环也称压缩环，它的主要功用是密封汽缸，防止汽缸中的气体漏入曲轴箱；将活塞头部的大部分热量传递给汽缸壁，保持活塞正常的工作温度，并辅助刮油和布油。密封是气环的主要功能，是气环导热的前提，如果气环密封不好，高温燃气将直接从气环外圆漏入曲轴箱，这不但将使环与缸壁贴合不严而导致不能很好地散热，而且还会使气环外表面附加热量，导致活塞与环烧坏。油环的功用是对汽缸工作表面布油和刮去多余的机油。

活塞环在工作中由于受到高温高压气体的压力、往复运动惯性力和摩擦力的作用，使活塞环在工作中受到强烈的振动和冲击；润滑条件较差，使得活塞环在工作中磨损严重，其中第一道气环的工件条件尤为恶劣。因此，活塞环应具有良好的耐热性、传热性、冲击韧性、弹性、足够的机械强度以及与汽缸材料的良好磨合性等。

2）活塞环的材料

活塞环对材料的要求较高。目前，广泛采用的材料有优质灰铸铁、球墨铸铁、合金铸铁和钢带等。

为改善活塞环的工作性能，一般要对其表面进行处理。第一道环的外圆面通常进行多孔性镀铬或喷钼处理。多孔性铬层硬度高，并能储存少量机油，可以改善润滑减轻磨损。钼的熔点高，也具有多孔性，因此喷钼也可以提高活塞环的耐磨性。其他各道活塞环经常采用的方法有镀铜、镀锡、磷化等，以改善其磨合性。钢带组合油环的上下刮片，其外圆面均进行多孔性镀铬。

3）活塞环的结构

活塞环的结构与各部分名称，如图2-25所示。活塞环在自由状态下，环的外径略大于汽缸内径。活塞环装入汽缸后，活塞环有三个安装配合间隙，即搭口间隙、天地间隙、径向间隙，如图2-26所示。

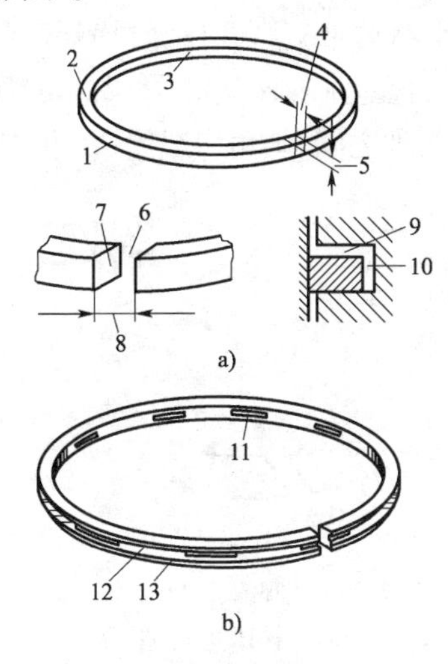

图2-25 活塞环结构与各部分名称

a）气环；b）油环

1-外圆面；2-侧面；3-内圆面；4-径向厚度；5-环高；6-开口；7-开口端面；8-端面间隙；9-侧隙；10-径向间隙；11-回油孔；12-上刮油唇；13-下刮油唇

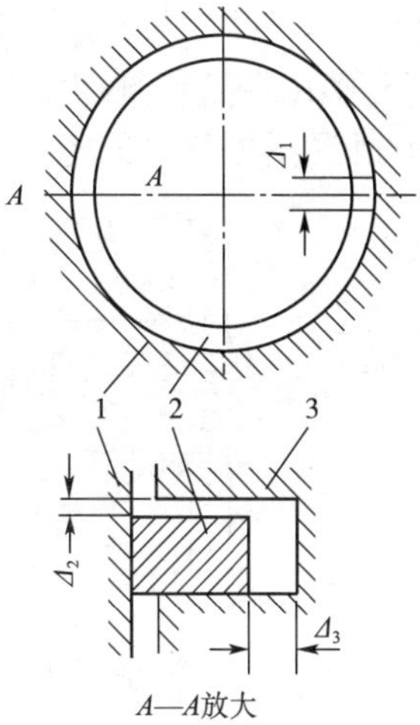

A—A放大

图2-26 活塞环的配合间隙

1-汽缸套；2-活塞环；3-活塞

活塞环装在汽缸内，在活塞环弹力作用下压紧在汽缸内壁上，此时在环的开口处仍要留有一定的间隙Δ_1，称为搭口间隙（或称开口间隙、端面间隙），以防止活塞环在工作中受热膨胀而卡死在汽缸中。搭口间隙一般为0.25～0.80mm。第一道气环的温度最高，搭口间隙也最大。搭口间隙过大漏气严重；过小，活塞环受热膨胀后可能卡死甚至折断。

活塞环在环的高度方向上与环槽要有一定的间隙Δ_2，称为天地间隙（也称侧隙），一般第一道0.04～0.10mm；其他气环0.03～0.07mm。油环一般侧隙较小，0.025～0.07mm；侧隙过小，活塞环会因受热膨胀而卡死在环槽中，使环失去弹性，不起密封与刮油作用；侧隙过大，密封性不好，环与环槽撞击严重而加速磨损，对于气环还会加剧“泵油作用”。

另外，活塞环装入汽缸后，活塞环内圆面与环槽底面之间的间隙称为径向间隙Δ_3（也称背隙）。一般为0.5～1mm。

油环为了增加弹力，环高比气环大，同时为了减小环与汽缸壁的接触面积，增大接触压力，在环的外圆面上加工出环形集油槽，形成上刮油唇12和下刮油唇13，在集油槽底加工有回油孔11（图2-25b）。

（1）气环。气环的密封原理，如图2-27所示。气环装入汽缸后在自身弹力的作用下与汽缸壁紧密贴合，形成第一密封面。发动机工作时，窜入活塞环侧隙和背隙的高压气体一方面把活塞环压紧在环槽的下侧面上，形成第二密封面，同时作用在内圆面上的气体压力又大大地加强了第一密封面，从而形成了可靠的密封。实际上由于活塞环搭口间隙的存在，仍有少量气体泄漏。为此，在安装活塞环时，相邻活塞环的开口要错开 180°，通过加强节流作用，形成"迷宫式"密封，从而有效地加强对气体的密封作用。

由上可知，活塞环自身的弹力对汽缸壁的压力比作用在内圆面上的气体压力要小得多，但却是形成密封的前提。假如没有活塞环的弹力或弹力过小，活塞环与缸壁间漏气，第一密封面不能形成，则气体压力也就不起加强第一密封面和形成第二密封面的作用了。此外，气环的开口（或称切口）形状对漏气影响很大。气环的开口形状通常有直开口、阶梯开口和斜开口三种，如图 2-28 所示。直开口（图 2-28a）工艺性好，但密封性差；阶梯开口（图 2-28b）密封性好，工艺性差；斜开口（图 2-28c）的密封性和工艺性介于前两种之间，斜角一般为 30°和 45°。

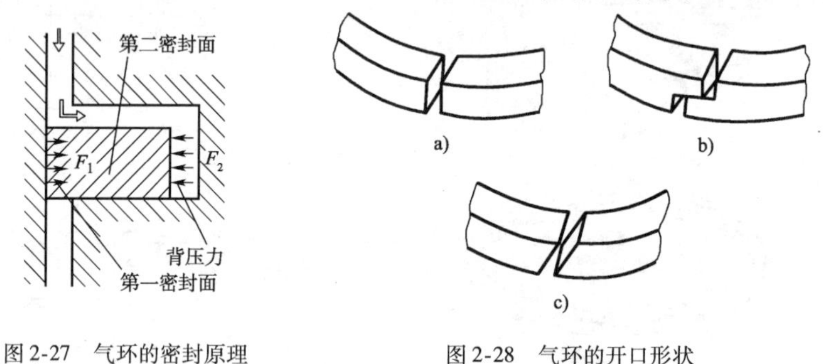

图 2-27　气环的密封原理

图 2-28　气环的开口形状

a）直开口；b）阶梯开口；c）斜开口

气环的断面形状对其密封效果和使用性能有很大影响。按其断面形状气环可分成矩形环、锥面环、扭曲环、梯形环和桶形环等，如图 2-29 所示。

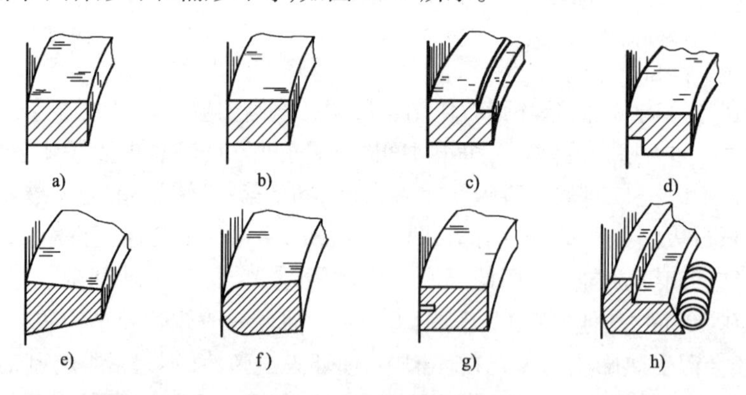

图 2-29　气环的断面形状

a）矩形环；b）锥面环；c）上侧面内切扭曲环；d）下侧面外切扭曲环；e）梯形环；f）桶形环；g）开槽环；h）顶岸环

矩形环（图 2-29a）结构简单，制造方便，与汽缸接触面积大，有利于活塞散热，但磨合性较差，且矩形环随活塞往复运动时，会出现严重的"泵油"现象。所谓泵油是指活塞环随着活塞做上下往复运动时，由于受汽缸壁面摩擦力的影响而在环槽内上下窜动，致使汽缸壁上多余的机油不断地被输入燃烧室中的现象，如图 2-30 所示。其结果是使燃烧室内积炭严重，使环在环槽内卡死而失去密封作用，加剧了汽缸的磨损，并增加了机油的消耗量。所以矩形环多用作第一道气环。

锥面环(图 2-29b)的外圆工作面制成 0.5°~1.5°的锥角,装入汽缸后与汽缸壁接触面积小,比压大,有利于初期磨合。锥角还可以起上行布油,下行刮油的作用。锥面环适用于第二、三道气环。这种环安装时,要注意使锥角朝下,不能装反,否则会引起机油上窜,加大机油的消耗量。

扭曲环的结构特点是断面呈不对称形状,装入汽缸后,由于环的弹性内力不对称作用,产生明显的断面扭曲,故称扭曲环。若将环上侧面内切口或倒角;环下侧面外切口或倒角,扭曲后整个气环成碟形(图 2-29c、d)。当发动机工作时,在进气、压缩和排气行程中,外表面形成上小下大的锥面,密封效果如同锥面环。同时,环的上下侧面与环槽的上下侧面在相应的部位接触(图 2-31a),既增加了密封性,又可防止环在槽内上下窜动带来的泵油现象,并减轻环对环槽的冲击而引起的磨损。在做功行程中,高压燃气作用于环的上侧面和内圆面,克服环的弹性内力使环不再扭曲,整个环的外圆面与汽缸壁接触,这时扭曲环的工作特点与矩形环相同(图 2-31b)。这种环在安装时要注意方向,内倒角向上,外倒角向下,切不可装反。

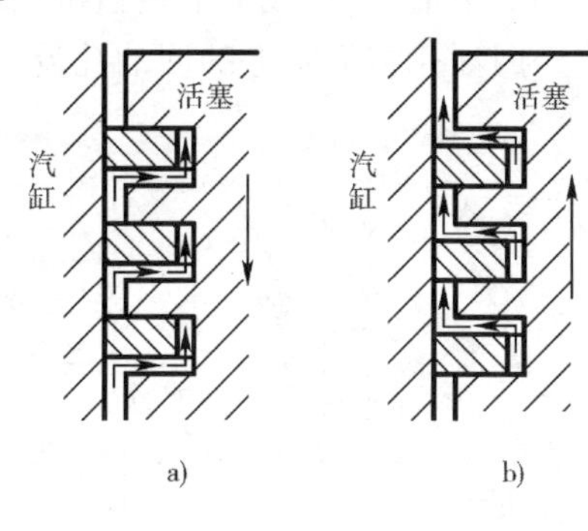

图 2-30 矩形环的“泵油”现象

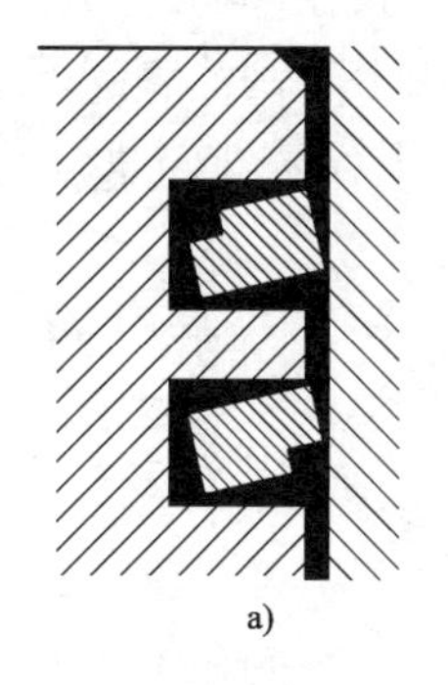

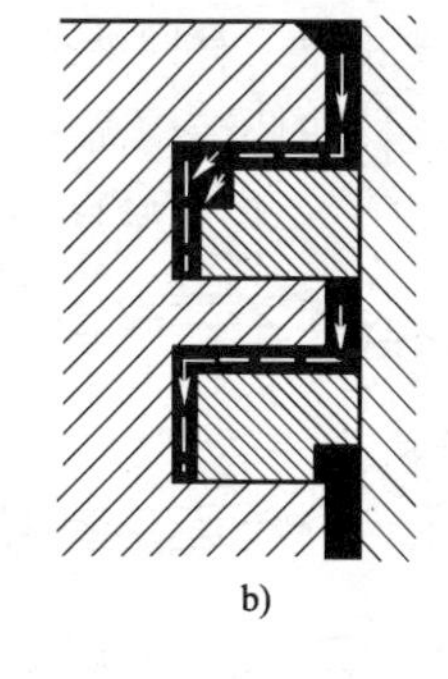

图 2-31 扭曲环工作示意图

a)进气、压缩、排气行程;b)做功行程

梯形环(图 2-29e)断面为梯形。具有良好的抗黏着性能,即防止因积炭过多而卡死在环槽内。随着活塞上下运动,侧向力不断变化时,由于梯形环与环槽的配合间隙经常变化而具有自动清除槽内积炭的作用。但是主要缺点是加工困难,精度要求高。梯形环一般用于强化柴油机的第一道环。

桶面环(图 2-29f)的外圆工作面呈圆弧形。当桶面环上下运动时,均能与汽缸壁形成楔形空间,使机油容易进入摩擦面,减小磨损。由于它与汽缸呈圆弧接触,故对汽缸表面的适应性和对活塞偏摆的适应性均较好,有利于密封,抗拉缸性能强,但凸圆弧表面加工较困难。这种环普遍用于强化发动机上。

开槽环(图 2-29g)的外圆面上加工出环形槽,在槽内填入能吸附机油的多孔性氧化铁,有利于润滑、磨合和密封。

顶岸环(图 2-29h)的断面为 L 形。因为顶岸环距活塞顶近(图 2-32),做功行程时,燃气压力能迅速作用于环的上侧面和内圆面,使环的下侧面与环槽的下侧面、外圆面与汽缸壁面贴紧,有利于密封;由于同样的原因,顶岸环可以减少发动机的 HC 排放量。

(2)油环。油环的刮油作用原理如图 2-33 所示,当活塞上行时,油环将飞溅在汽缸壁上的机油均匀分布成润滑油膜,并将过多的机油刮下,经活塞上的回油孔流回油底壳;当活塞下行时,将汽缸壁上多余的机油刮下,经油环和活塞上的回油孔流回油底壳。

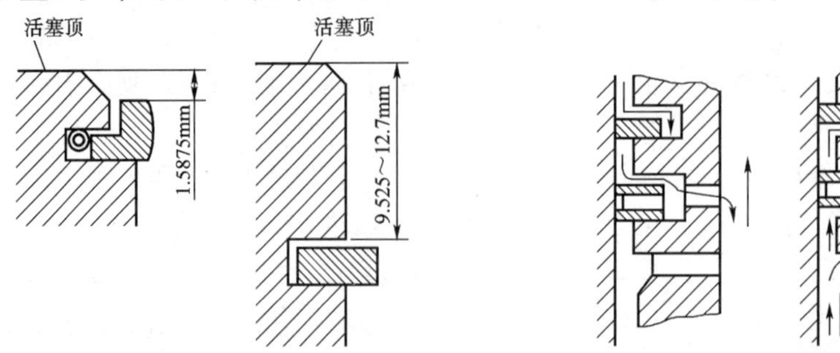

图2-32　顶岸环与其他类型的上气环安装位置的比较　　图2-33　油环的刮油作用原理

油环的结构类型有槽孔式、槽孔撑簧式和钢带组合式三种。

①槽孔式油环使用得最广泛,其断面形状如图2-34所示。因为油环的内圆面基本上没有气体力的作用,所以槽孔式油环的刮油能力主要靠油环自身的弹力。为了减小环与汽缸壁的接触面积,增大接触压力,在环的外圆面上加工出环形集油槽,形成上下两道刮油唇,在集油槽底加工有回油孔。由上下刮油唇刮下来的机油经回油孔和活塞上的回油孔流回油底壳。这种油环结构简单、加工容易、成本低。

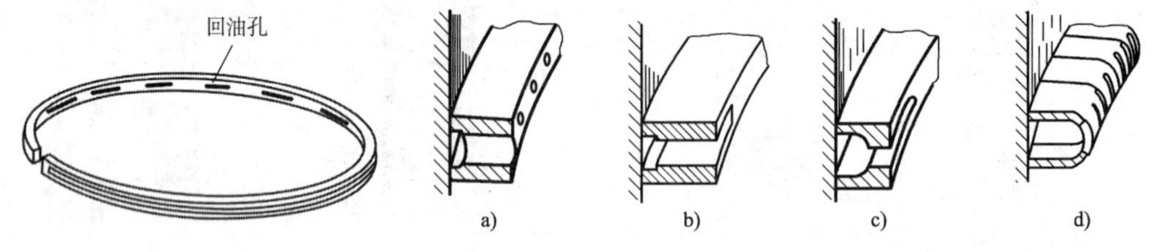

图2-34　槽孔式油环的断面形状

a)圆孔形;b)长孔形;c)隼形;d)弯片形

②槽孔撑簧式油环是在槽孔式油环的内圆面加装撑簧形成的。撑簧有螺旋弹簧、板形弹簧和轨形弹簧三种形状,如图2-35所示。这种油环由于增大了环与汽缸壁接触压力,使环的刮油能力和耐久性有所提高。

③钢带组合式油环的结构形式很多,图2-36所示的钢带组合油环由上、下刮片和轨形撑簧组合而成。撑簧不仅使刮片与汽缸壁贴紧,而且还使刮片与环槽侧面贴紧。这种组合油环的优点是接触压力大,既可增强刮油能力,又能防止上窜机油。另外,上、下刮片能单独动作,因此,对汽缸失圆和活塞变形的适应能力强。但钢带组合油环需用优质钢制造,成本高。

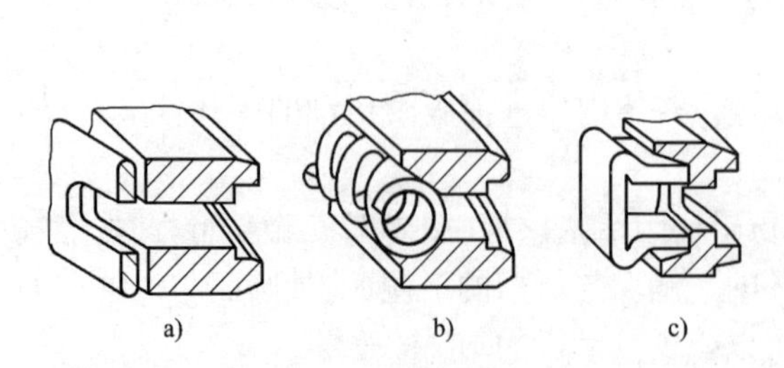

图2-35　槽孔撑簧式油环

a)板形撑簧油环;b)螺旋撑簧油环;c)轨形撑簧油环

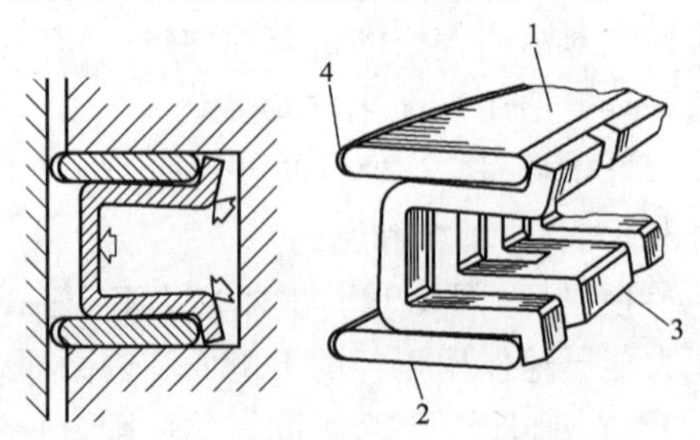

图2-36　钢带组合式油环

1-上刮片;2-下刮片;3-轨形撑簧;4-汽缸壁接触面

3. 活塞销

1)活塞销的功用、工作条件及要求

活塞销用来连接活塞和连杆,充当连杆的摆动轴,并在活塞和连杆之间传递作用力。

活塞销在较高的温度下工作,承受着周期性变化的冲击载荷,润滑条件也较差。因此,要求活塞销有足够的刚度和疲劳强度,表面要耐磨,材料具有一定的韧性,质量要轻。

2)活塞销的材料

活塞销的材料一般为低碳钢或低碳合金钢,如20、20Mn、15Cr、20Cr或20MnV等。活塞销外表面渗碳淬硬,再经精磨和抛光等精加工处理。这样既提高了表面硬度和耐磨性,又保证有较高的强度和冲击韧性。

3)活塞销的结构

活塞销的结构形状为厚壁空心圆管体。其内孔形状有圆柱形、圆锥形、圆柱圆锥组合形,如图2-37所示。

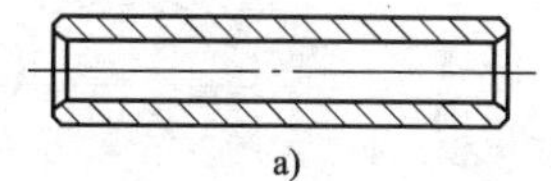

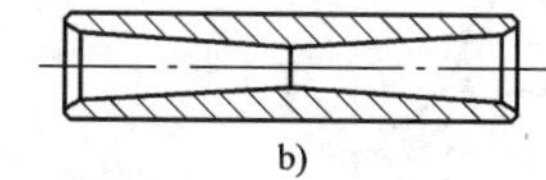

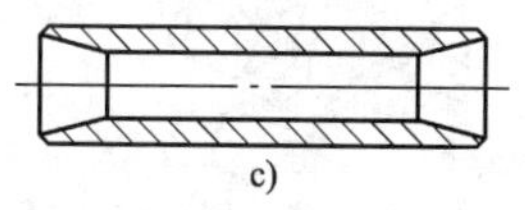

图2-37 活塞销

a)圆柱形内孔;b)圆锥形内孔;c)圆柱圆锥组合形内孔

圆柱形内孔的活塞销结构简单,加工容易,但从受力角度分析,中间部分应力最大,两端较小,所以这种结构质量较大、往复惯性力大;为了减小质量、减小往复惯性力,活塞销做成两段圆锥形内孔,接近等强度梁,但孔的加工较复杂;圆柱圆锥组合形内孔活塞销的结构介于二者之间。

4)活塞销与活塞销座孔及连杆小头衬套孔的连接方式

活塞销与活塞座孔及连杆小头衬套孔工作时的配合间隙,一般为间隙配合,称为"全浮"式配合,即发动机在正常工作时,活塞销在连杆小头衬套孔与活塞销座孔中都能缓慢自由转动,保证活塞销的磨损均匀,如图2-38所示。

由于铝合金活塞的膨胀系数大,为保证在工作的高温状态下活塞销与销座孔之间的间隙适当,二者之间在常温下应为过盈配合。为此,装配时应先将活塞在水或油中加热至70~90℃,待活塞座孔膨胀后,再把活塞销推入销座孔和连杆小头衬套孔中。

为了防止活塞销在工作中产生轴向窜动拉伤汽缸,在活塞销座孔的两端开有挡圈槽,内装有弹性挡圈(或称卡环、卡簧)进行轴向定位,如图2-39所示。

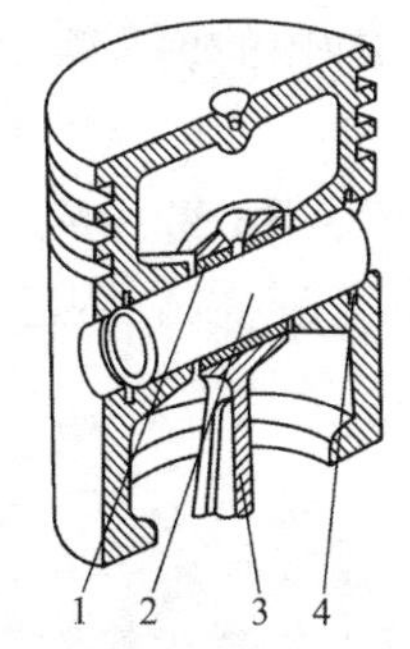

图2-38 活塞销"全浮"式连接

1-连杆衬套;2-活塞销;3-连杆;4-活塞销挡圈

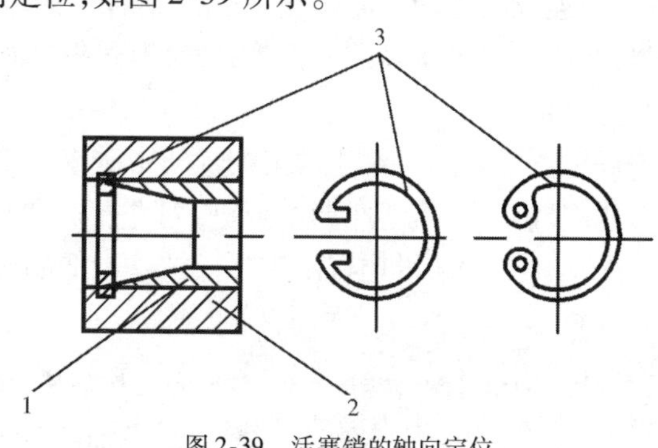

图2-39 活塞销的轴向定位

1-活塞销;2-活塞销座孔;3-挡圈

4. 连杆组

连杆组包括连杆体、连杆盖、连杆螺栓和连杆轴瓦等结构，如图 2-40 所示。

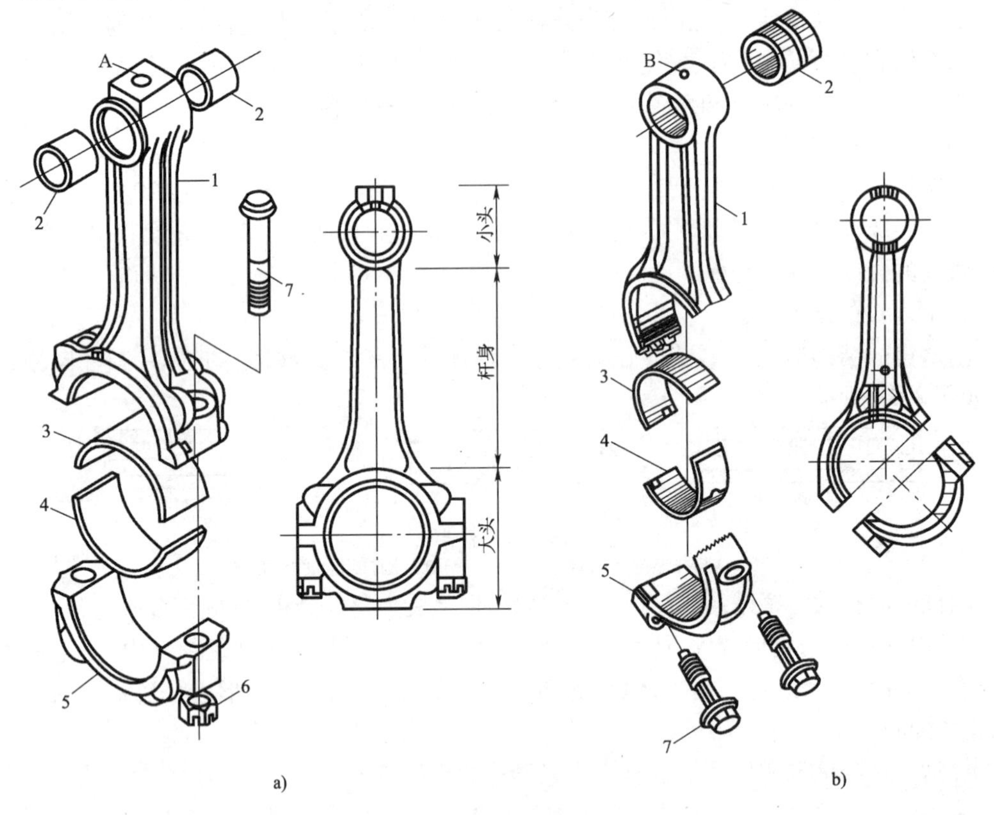

图 2-40　连杆组的组成

a）平切口连杆；b）斜切口连杆

1-连杆体；2-连杆衬套；3-连杆轴承上轴瓦；4-连杆轴承下轴瓦；5-连杆盖；6-螺母；7-连杆螺栓；A-集油孔；B-喷油孔

1）连杆的功用、工作条件和要求

连杆的功用是连接活塞和曲轴，将活塞所受作用力传给曲轴，并将活塞的往复运动转变为曲轴的回转运动。

连杆在工作中承受周期性变化的气体力和往复惯性力等产生的压缩和拉伸等交变载荷的作用，在连杆的摆动平面内还承受摆动弯矩的作用。因此，要求连杆组应耐冲击、抗疲劳性能强，在质量尽可能轻的前提下，要具有足够的强度、刚度和摆动面内的抗弯能力。

2）连杆的材料

连杆和连杆盖的材料通常采用优质中碳钢或中碳合金钢，如 45、40Cr、42GrMo 或 40MnB 等模锻或辊锻而成，然后经调质处理，对非配合表面一般进行喷丸处理，以提高连杆的抗疲劳强度。小功率发动机也有采用球墨铸铁制造的连杆。

3）连杆的结构

连杆由连杆小头、连杆大头和杆身三个部分组成，如图 2-40 所示。

（1）连杆小头。小头为薄壁圆环状结构，小头孔内压入薄壁青铜衬套 2 与活塞销配合。一般在小头顶部和衬套上钻有集油孔 A 或铣槽，以便飞溅的机油进入活塞销与衬套之间，形成良好的润滑(图 2-40a)。

(2)连杆杆身。杆身的断面呈工字形,以便在刚度、强度和摆动面内的抗弯能力都足够的情况下使质量最小。有的连杆杆身内钻有纵向通孔,可将连杆大头的机油引入小头内形成活塞销的压力润滑,并通过小头顶部喷油孔 B 对活塞顶内壁喷射机油进行冷却(图 2-40b)。为避免应力集中,杆身与小头、大头的连接处均为圆弧过渡。

(3)连杆大头。大头孔内装有连杆轴瓦 3、4 与曲柄销配合。连杆大头由于装配的需要,都制成剖分式,上半部分与连杆杆身结合为一体,下半部分称为连杆盖 5,两部分用连杆螺栓 7 连接在一起。为了保证连杆大头孔的尺寸精确,连杆和连杆盖配对加工,加工后不能互换。为防止装配时配对错误,一般在同一侧面上有配对记号。连杆大头孔内表面有很高的光洁度,以便与连杆轴承紧密配合。

连杆大头的剖分面有平切口和斜切口两种。

平切口的剖分面垂直于连杆轴线(图 2-40a)。这种剖分形式,刚度大、变形小,一般汽油机连杆大头尺寸小于汽缸直径,多采用平切口。

斜切口与连杆杆身轴线呈 30°~60°夹角(图 2-40b)。柴油机多采用这种连杆。因为柴油机压缩比大,受力较大,曲轴销直径较大,连杆大头采用斜切口可以具有较小的横向尺寸,以便拆装时能顺利穿过汽缸。一般都采用斜切口,最常见的是 45°夹角。这种剖分形式,使连杆大端横向尺寸缩小,以保证在较大的曲柄销轴颈的情况下能从汽缸中拆装。但结构复杂,刚度小,沿切口方向有切向力。

把连杆大头分开后,可取下的部分叫连杆盖,连杆与连杆盖配对加工,加工后,在它们同一侧打上配对记号,安装时不得互相调换或变更方向。连杆盖的安装必须严格定位,以防止其工作时产生横向位移,对连杆螺栓产生剪切应力。

平切口连杆盖与连杆的定位多采用连杆螺栓定位,利用连杆螺栓中部精加工的圆柱凸台或光圆柱部分与经过精加工的螺栓孔来保证,如图 2-41a)所示。

斜切口连杆常用的定位措施有止口定位、套筒定位、定位销定位以及锯齿定位等,如图 2-41 所示。

止口定位如图 2-41b)所示,利用连杆盖与连杆体大端的止口(凸肩)进行定位,由止口承受横向力,这种方法工艺简单,但连杆大头外形尺寸大,止口变形后定位不可靠。

套筒定位如图 2-41c)所示,在连杆盖上的每一个连杆螺栓孔中,同心地压入刚度大、抗剪切的定位套筒,套筒外圆与连杆体大端的定位孔为高精度动配合。这种定位方法定位可靠;缺点是工艺要求高,若定位孔距不准,则会发生过错位而引起连杆大头孔失圆,另外,连杆大头的横向尺寸较大。

定位销定位如图 2-41d)所示,在连杆盖与连杆体大端加工有定位销孔,将定位销插入定位销孔进行横向定位。其特点类似套筒定位。

锯齿定位如图 2-41e)所示,在连杆体与连杆盖的结合面上加工出锯齿,依靠齿面实现横向定位。这种定位方法的优点是结构紧凑,锯齿接触面大,贴合紧密,定位可靠,因此,在斜切口连杆上应用广泛。

4)连杆螺栓

连杆盖和连杆大头用连杆螺栓连在一起,连杆螺栓在工作时承受着交变的冲击载荷,连杆螺栓如断裂将发生重大机损事故，因此，在结构上应尽量增大其弹性，而在加工方面要精细加工过渡圆角，消除应力集中，以提高其抗疲劳强度。

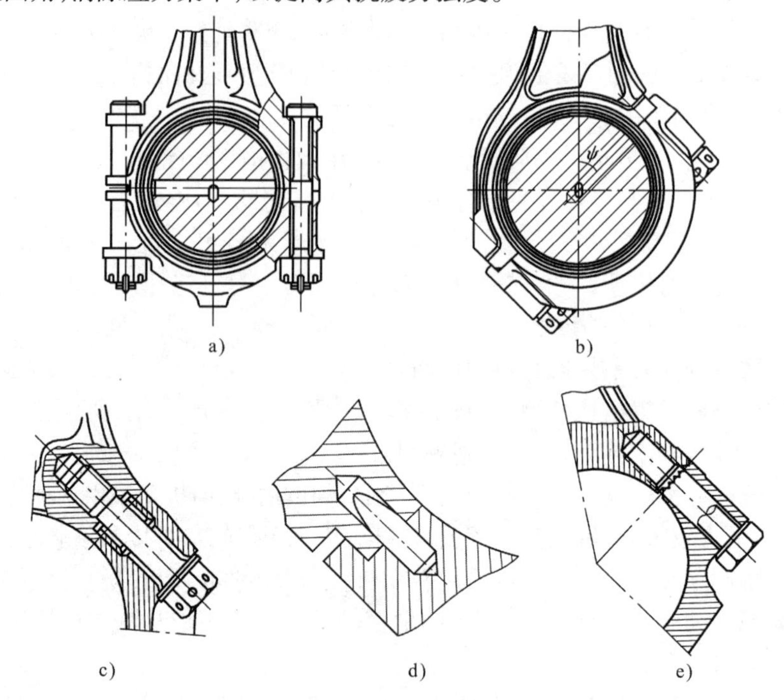

图 2-41　连杆盖的定位方式

a)连杆螺栓定位；b)止口定位；c)套筒定位；d)定位销定位；e)锯齿定位

连杆螺栓用优质合金钢制造，如 40Cr、35CrMo 等。经调质后滚压螺纹，表面进行防锈处理。

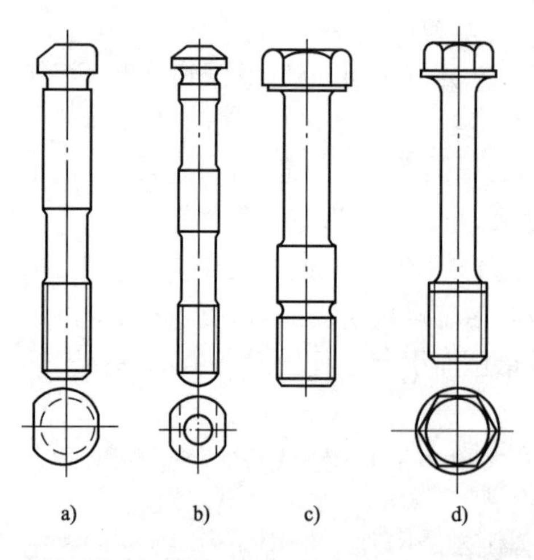

图 2-42　连杆螺栓

连杆螺栓的结构按连杆大头切口形式分为两种，如图 2-42 所示。平切口连杆的连杆螺栓(图 2-42a、b)，其头部相对的两面铣平，当安装在连杆体大头相应的凹槽内时，可以防止拧紧螺母时螺栓随动。斜切口连杆的连杆螺栓(图 2-42c、d)，其非定位圆柱的直径通常小于螺纹内径，以增大螺栓的冲击韧性。

连杆螺栓在装配时，必须按规定的力矩分 2 ~ 3 次上紧。有些发动机上使用锁紧装置或防松胶，以防止连杆螺栓松动。连杆螺栓损坏后不能用其他螺栓来代替。

5)V 型发动机连杆

V 型发动机上，其左、右两列的相应汽缸共用一个曲柄销，连杆有三种形式：并列连杆、叉形连杆以及主副连杆，如图 2-43 所示。

并列连杆就是在左、右两个汽缸中的连杆结构完全相同(图 2-43a)，并排安装在同一个曲柄销上。这种形式的优点是通用性好，可以互换，左、右缸的活塞运动规律完全相同。缺点是左右两个汽缸中心线要错开一个距离,使曲轴与机体的长度都要增大。并列连杆由于在生产与使用上的显著特点,因此,在V型发动机上获得了广泛的应用。

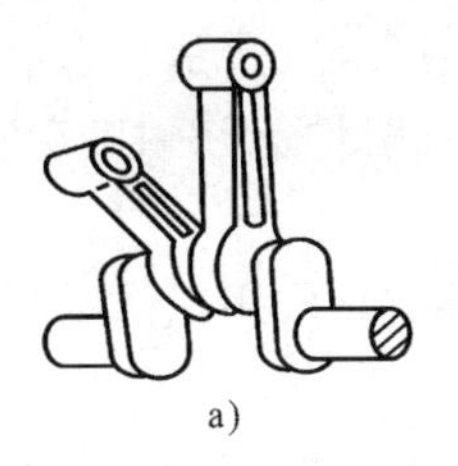

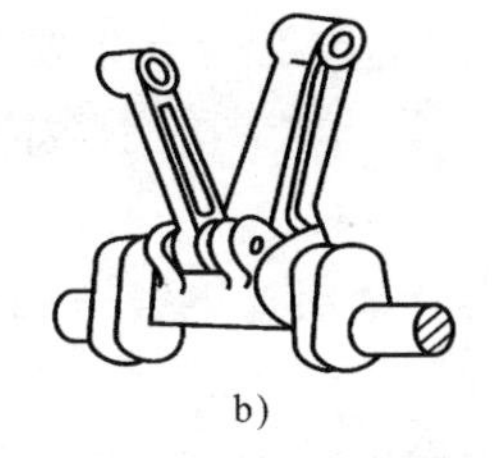

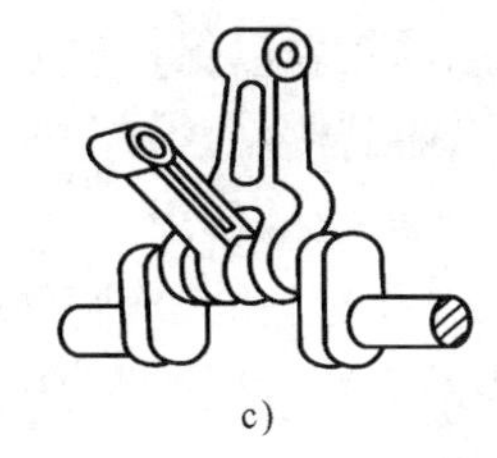

图2-43 V型发动机连杆

a)并列连杆;b)主副连杆;c)叉形连杆

主副连杆又称关节式连杆。主连杆的大头与曲柄销直接装配在一起,副连杆的下端装在主连杆大头上的凸耳上,用铰链相连(图2-43b)。这种形式的主要优点是左、右汽缸中心线在同一平面上,可以采用较短的曲柄销,连杆大头的强度与刚度好。缺点是左、右两缸活塞的运动规律不同,主连杆及其活塞还受到副连杆施加的附加侧作用力和附加弯矩。主副连杆和叉型连杆只在某些大功率发动机上才被采用。

叉型连杆其中一个连杆的大头做成叉形的,称为叉连杆,另一个连杆大头做成平连杆,平连杆插在叉连杆的开叉处(图2-43c)。这种形式的主要优点是左、右汽缸的中心线在同一平面内,汽缸体长度比较紧凑,连杆长度相等,左、右汽缸活塞的运动规律是一致的。其主要缺点是叉连杆的强度和刚度都较差,而且拆装修理都不方便。

6)连杆轴瓦

连杆大头孔内安装有剖分式的滑动轴承,简称连杆轴瓦,如图2-40中的连杆轴承上、下轴瓦3、4。其功用是减小摩擦阻力和曲轴曲柄销轴颈的磨损,保护曲轴曲柄销轴颈及连杆大头孔。

轴瓦在工作中要承受气体压力和惯性力的冲击载荷,轴瓦和轴颈间又存在严重的摩擦。摩擦产生大量的热量,使轴瓦表面温度高达135℃以上,导致润滑油黏度下降、磨损加剧。因此,要求轴瓦有较高的耐疲劳强度、耐腐蚀性、耐热性和耐磨性。

连杆轴瓦与曲轴主轴瓦的结构相同,都是由钢背7和减磨合金层6或钢背、减磨合金层和软镀层5组成,后者也称三合金轴瓦,如图2-44所示。

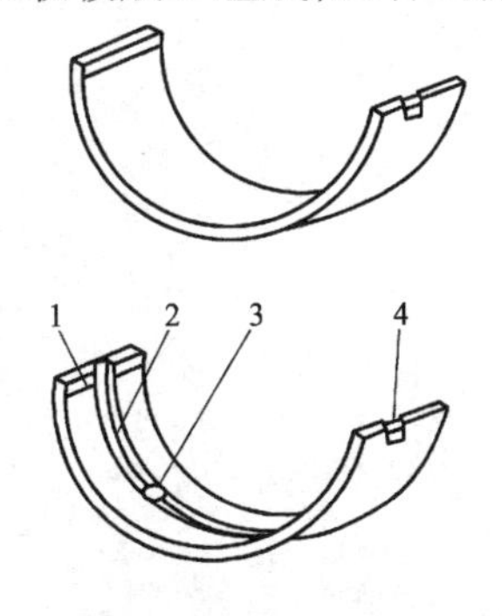

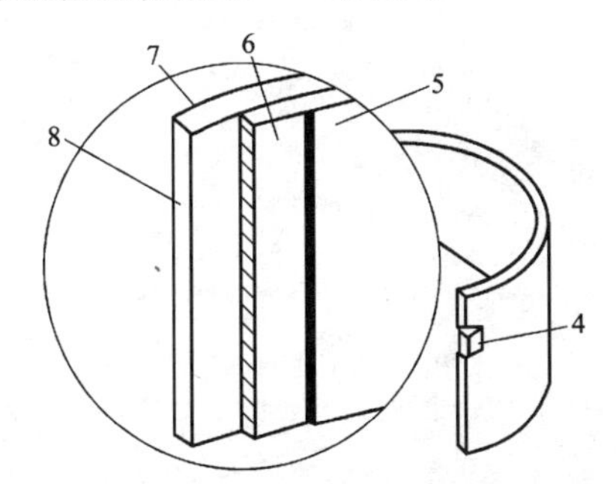

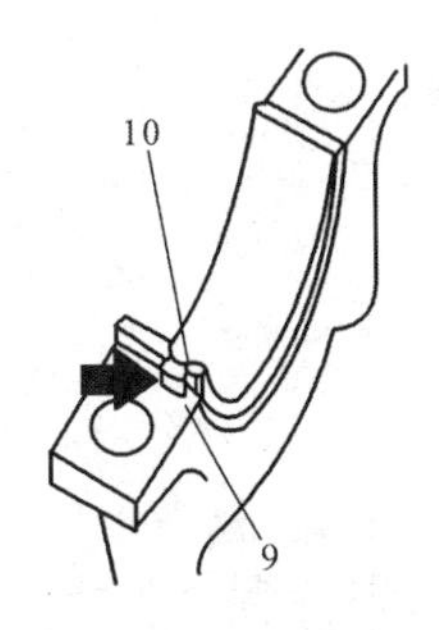

图2-44 轴瓦及其各部分名称

1-布油槽;2-环形油槽;3-油孔;4-定位唇;5-软镀层;6-减磨合金层;7-钢背;8-轴瓦结合面;9-凹口;10-定位唇

钢背是轴瓦的基体,是用1~3mm厚的低碳钢片冲压而成,既有足够的强度,又有适当的刚度,便于轴瓦安装后与连杆大头的轴承座孔紧密贴合,以利散热。在钢背背面镀锡也可以达到同样目的。

减磨合金层是由浇铸在钢背与轴颈接触的内圆面上，厚度为0.3～0.7mm的减磨合金形成的，其层质较软以保护轴颈。常用的减磨合金主要有锡基合金、铜铅合金和高锡铝合金。其中高锡铝合金（含锡20%以上）具有较高的承载能力、减磨性能和耐疲劳性能，在发动机上得到了广泛的使用。

软镀层是指在三合金轴瓦的减磨合金层上电镀一层锡或锡合金，用以改善轴瓦的磨合性并能作为减磨合金层的保护层。

为防止轴瓦工作时在轴瓦座孔内发生转动或轴向移动，在轴瓦的端口上制有凸出的定位唇4，嵌入轴瓦座孔相应的定位槽（凹口）中。有的轴瓦在端口处铣出一轴向不开通的布油槽1。在通过杆身油道供油并由连杆小头喷油孔冷却活塞的发动机上（图2-44），主轴承和连杆轴承的上瓦车有环形油槽2和油孔3。一般为了保证轴瓦的承载能力，在载荷较大的连杆轴承上轴瓦和主轴承下轴瓦不开环形油槽。

轴瓦均经过精确加工，已保证轴颈与轴瓦之间有合理的配合间隙，并通过轴瓦在自由状态下外圆的曲率半径大于座孔半径形成的自由弹势（0.25～0.5mm）和轴瓦外圆周长略大于座孔周长形成的过盈配合，确保轴瓦与座孔紧密贴合、散热可靠。轴瓦在装配、使用中不得拂刮，不允许用垫片调整轴承间隙。当轴瓦过度磨损、间隙过大时，应直接更换新轴瓦。

二、曲轴飞轮组

曲轴飞轮组主要由曲轴、飞轮和减振器以及其他不同作用的零件和附件等组成，如图2-45所示。

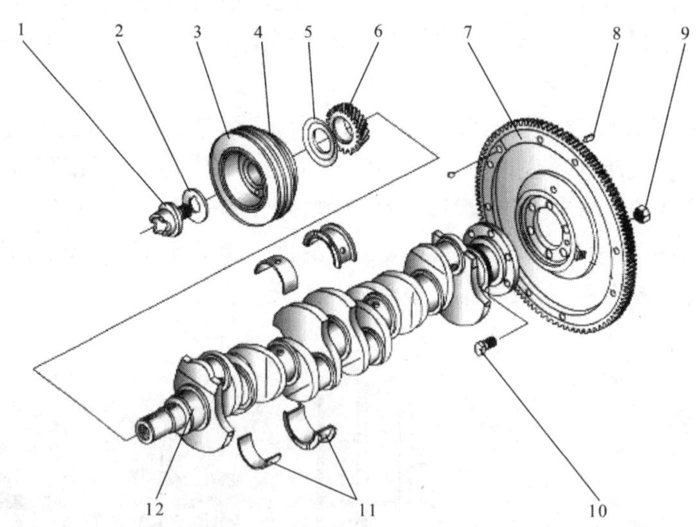

图2-45　曲轴飞轮组的组成

1-起动爪；2-垫片；3-减振器；4-皮带轮；5-挡油盘；6-正时齿轮；7-飞轮；8-定位销；9-螺母；10-飞轮连接螺栓；11-主轴瓦；12-曲轴

1. 曲轴

1）曲轴的功用、工作条件和要求

曲轴的功用是汇集各缸所做功，并转换为转矩对外输出功率；驱动发动机上各辅助机构和系统工作。

曲轴在工作中要承受气体作用力、往复惯性力、离心惯性力以及这些力产生的扭矩和弯矩的共同作用，这些周期性变化的载荷使曲轴内部产生弯曲、扭转、剪切和拉压等复杂的交变应力。曲轴的形状复杂而不规则，其横断面沿轴线方向急剧变化的部位会产生严重的应力集中，如过渡圆角部分和油孔等处。在冲击载荷作用下，应力集中部位便可能发生疲劳损坏。弯曲和扭曲疲劳断裂是曲轴的主要破坏形式。此外，轴颈处与轴承相对速度高，还存在着剧烈的摩擦、磨损。

为了保证正常工作，曲轴必须具有足够的强度和刚度，抗疲劳强度要高，轴颈要有足够的耐磨性，工作均匀平衡性好。

2）曲轴的材料

曲轴多使用45、40Cr、35Mn2等中碳钢或中碳合金钢等材料，经模锻、轴颈表面经高频淬火或氮化处理，最后进行精加工成型。中、小型柴油机上常采用球墨铸铁制造的曲轴，具有制造工艺简单、成本较低、耐磨性好等优点，不足之处是冲击韧性较差。

为提高曲轴轴颈的耐磨性，一般采用表面淬火、硬化并精磨和抛光处理。对于轴颈和曲柄臂连接处，为减少应力集中现象和提高抗疲劳强度，广泛采用圆角滚压强化和圆角表面淬火的工艺措施。

3）曲轴的结构

曲轴由前端（又称自由端）、后端（又称输出端）、单元曲拐及平衡重等组成，如图2-46所示。

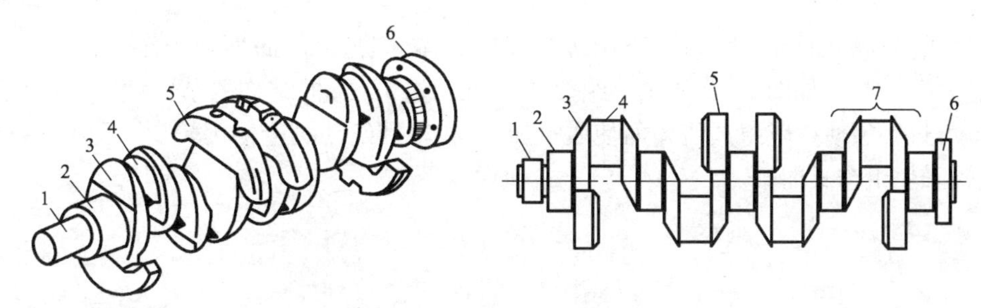

图2-46 曲轴各部分名称

1-曲轴前端；2-主轴颈；3-曲柄臂；4-曲柄销；5-平衡重；6-曲轴后端；7-单元曲拐

曲轴前端1主要用于安装传动齿轮、皮带轮、密封件以及挡油盘等。有的中、小型发动机的曲轴前端还装有用于人力起动的起动爪。某些发动机的曲轴前端还装有扭振减振器。

曲轴后端6是安装飞轮的凸缘盘，通过飞轮向外输出功率。

单元曲拐7由曲柄销4及其前、后的曲柄臂3和主轴颈2组成，又简称曲拐。曲拐数与汽缸数及汽缸排列形式有关。直列式发动机的曲拐数与汽缸数相等，V型机的曲拐数是汽缸数的一半。

曲柄臂一般是椭圆形的，具有较高的抗弯曲和扭曲的刚度。曲柄臂与主轴颈和曲柄销的连接处都有过渡圆弧，以减小应力集中现象。

为了减少曲轴质量及运转时产生的离心力，有些曲轴的主轴颈和曲柄销往往做成中空结构（图2-51b）、c）。

曲轴的平衡重是为了平衡旋转离心力及其力矩的，有时也可以平衡往复惯性力及其力矩,同时平衡重还可以减轻主轴承的负荷(图 2-47)。平衡重的数目、尺寸和安装位置要根据发动机汽缸数、汽缸排列形式以及曲轴形状等因素考虑。平衡重一般与曲轴一体制造,也有的分开制造,然后用螺栓连接在曲柄臂上。

曲轴根据制造方式分为整体式和组合式两种类型。

整体式曲轴是曲轴作为一个整体零件加工而成,这种曲轴结构简单、质量轻,具有较高的强度和刚度使用最广泛,如图 2-48 所示。

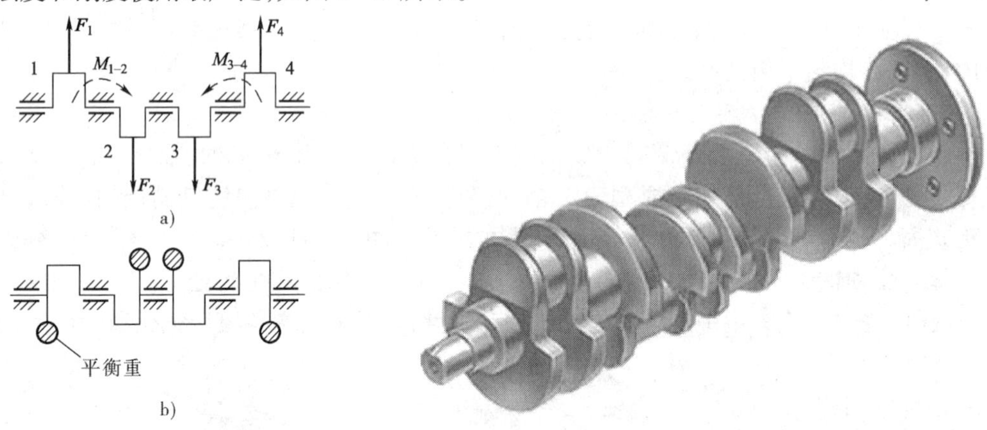

图 2-47　曲轴平衡重作用示意图

a)未加平衡重;b)加平衡重

图 2-48　整体式曲轴

组合式曲轴的曲拐单体制造,再用螺栓连成一体,圆盘形的曲柄臂兼作主轴颈,采用滚动轴承作为主轴承,如图 2-49 所示。组合式曲轴制造方便,但结构复杂,拆装不便,滚动轴承噪声大,且必须使用隧道式机体而使质量加大,在车用发动机上使用较少。国产 135 系列柴油机就采用组合式曲轴。

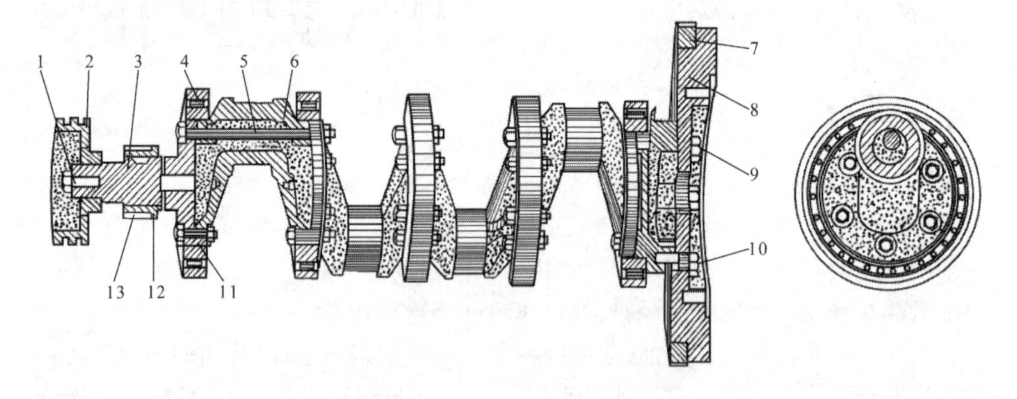

图 2-49　组合式曲轴(4135 型柴油机曲轴)

1-压紧螺钉;2-皮带轮;3-自由端;4-滚动轴承;5-连接螺栓;6-曲拐;7-飞轮齿圈;8-飞轮;9-后端凸缘;10-挡油圈;11-定位螺栓;12-推力板;13-正时齿轮

主轴颈是曲轴的支承部分,通过主轴承支承在曲轴箱的主轴承座中。主轴承的数目不仅与发动机汽缸数目有关,还取决于曲轴的支承方式。根据的支承方式,即曲轴主轴颈数的多少,曲轴有全支承和非全支承两种形式,如图 2-50 所示。

每个曲拐的前、后都有主轴颈支承的曲轴称为全支承曲轴,如图 2-50a)所示。直列式发动机的全支承曲轴的主轴颈数比汽缸数目多一个，即每一个连杆轴颈两边都有一个主轴颈。如直列式四冲程四缸发动机全支承曲轴有五个主轴颈。这种支承形式，提高了曲轴刚度和弯曲强度，减轻了主轴承的载荷，但曲轴的加工表面增多，主轴承数增多，使机体加长。一般柴油机和大部分汽油机多采用这种形式。

两个曲拐共用一对前、后主轴颈支承的曲轴称为非全支承曲轴，如图2-50b）所示。直列式发动机的非全支承曲轴的主轴颈数比汽缸数目少或与汽缸数目相等。这种支承方式，缩短了曲轴的长度，使发动机总体长度有所减小，但主轴承载荷较大。一般承受载荷较小的汽油机可以采用此种方式。

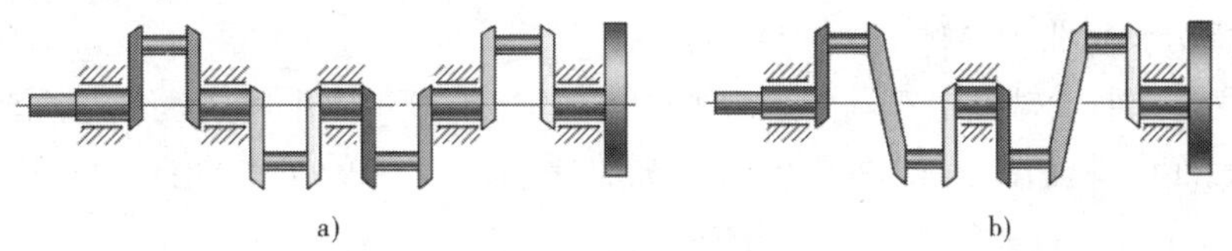

图2-50 曲轴的支承形式

a）全支承曲轴；b）非全支承曲轴

曲轴的每个主轴颈和曲柄销表面上都开有油孔并由曲轴内设油道连通。机体主油道的机油经主轴承上的油孔进入主轴承与主轴颈之间形成润滑油膜，同时再经主轴颈油孔、曲轴内油道，从曲柄销的油孔流出，向连杆轴瓦供油，在曲柄销和连杆轴瓦之间进行润滑（图2-51）。为了减小应力集中，油孔边缘要倒角。

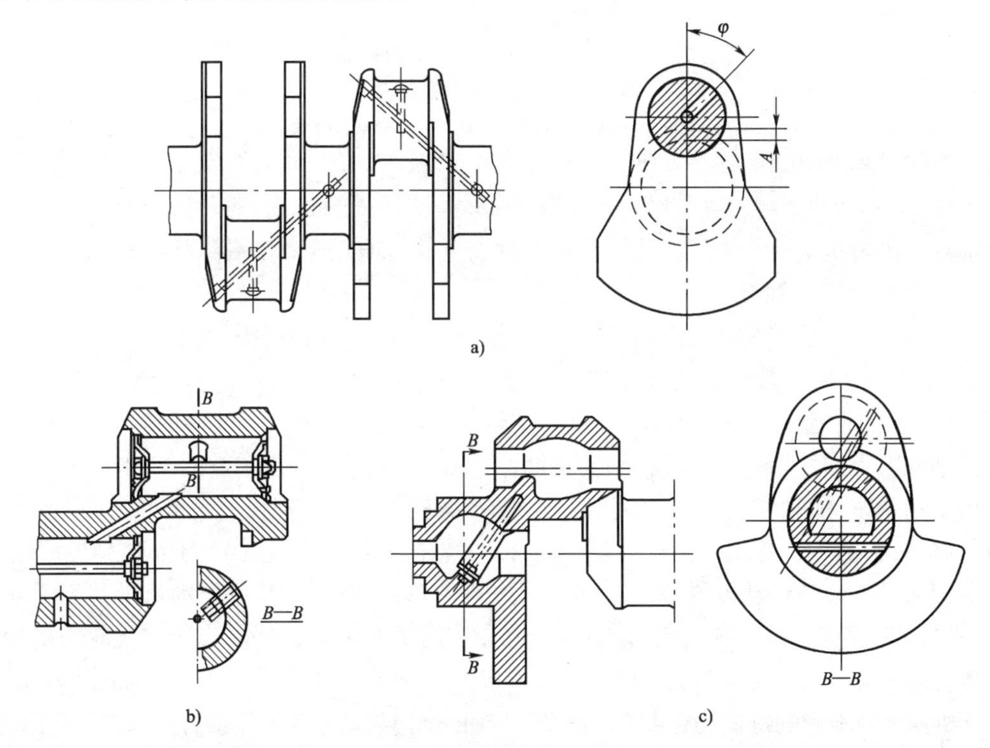

图2-51 连杆轴承供油方式

4）曲轴两端密封装置

曲轴两端必须装有密封装置，以防止机油沿曲轴的前、后端轴颈与机体间的配合面泄漏

到机外。常用的密封装置有填料油封、自紧油封、挡油盘及回油螺纹等。

填料油封是用具有一定弹性的填料(毛毡、石棉绳等),填充在曲轴箱体的梯形槽内,并与轴颈紧密贴合,用以阻挡机油的外漏(图 2-52a)。

自紧油封是在钢板制成的环形外壳内包着耐油橡胶圈,圈内装有一环形螺旋弹簧。油封外圈紧压在曲轴箱的承孔内,内圈依靠橡胶弹性和弹簧弹力的共同作用,使油封刃口紧靠在轴颈上,阻止机油的外流(图 2-52b)。

挡油盘也称甩油盘,是钢板压制的碟形圆环(图 2-52c)。它通常作为其他防漏装置的辅助设施,其原理是利用挡油盘随曲轴转动时的离心力,把漏到其上的机油甩落回油底壳。安装时应注意碟边背向曲轴箱体。

回油螺纹是在曲轴轴颈上车制的螺旋方向与曲轴旋转方向相同的矩形螺纹(图 2-52d),当机油沿轴颈表面向外流动时,回油螺纹内的机油便如同套在螺纹上的油螺母一样被推回曲轴箱。

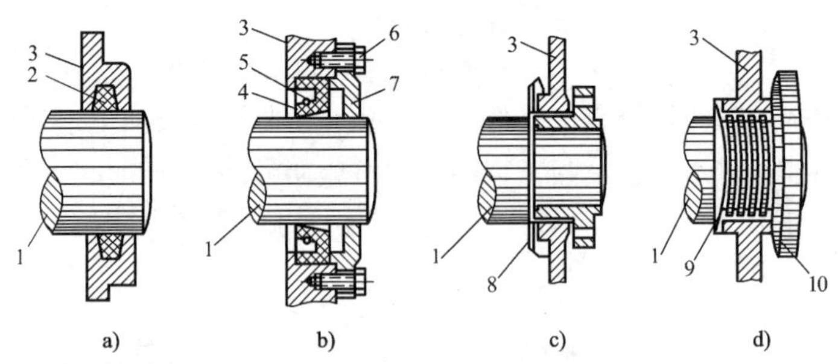

图 2-52　曲轴的轴向密封装置

a)填料油封;b)自紧油封;c)挡油盘;d)回油螺纹

1-曲轴;2-填料油封;3-曲轴箱体;4-橡胶圈;5-环形螺旋弹簧;6-螺栓;7-压盖;8-挡油盘;9-回油螺纹;10-挡油凸缘

上述第一、二种密封装置与轴颈直接接触,称为接触式油封;后两种密封装置称为非接触式油封。内燃机上往往采用上述两种或两种以上的所谓复合式防漏结构。

5)主轴承和推力轴承

主轴承的功用是支承和固定曲轴,减少曲轴转动时的摩擦和磨损,有的主轴承还起轴向推力、定位作用。除少数转速较低的柴油机(如 135 系列柴油机)的曲轴轴承采用滚动轴承外,多数发动机的主轴承均使用滑动轴承(主轴瓦),由上、下两片半圆形的轴瓦对合而成。轴瓦的结构特点和使用要求与连杆轴瓦相同。如图 2-53 所示是主轴承的结构,一般每道主轴承由主轴承座、轴瓦(上、下)、主轴承盖、主轴承螺栓等组成。现代发动机也有将主轴承盖制成一体的,如图 2-54 所示,这种结构既增加了曲轴的支承刚度,也提高了汽缸体的刚度。

曲轴前端安装的传动齿轮基本上都是圆柱斜齿轮,在一些大功率发动机上甚至采用圆锥齿轮,这些齿轮副在传动时产生的轴向分力会作用于曲轴上;另外,安装在飞轮上的摩擦片式离合器在分离状态时也会对曲轴产生轴向推力,这些轴向力会使曲轴产生轴向窜动,使曲柄连杆机构相对准确的位置受到影响。因此,曲轴的轴向移动量需采用推力轴承加以限制。

推力轴承常用的形式有翻边轴瓦、半圆环推力片和推力轴承环三种。

翻边轴瓦是将一道主轴瓦两侧翻边,作为推力面,在推力面上浇有减磨合金,如图 2-55 所示。东风 EQ6100－1 汽油机即采用翻边轴瓦对曲轴轴向定位,如图 2-56 所示。

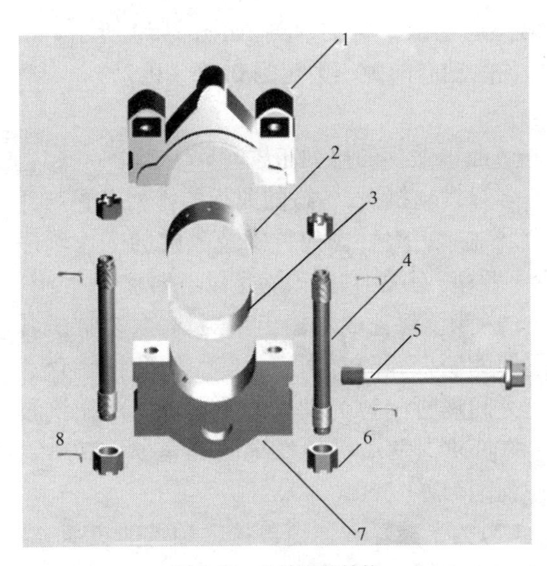

图 2-53 主轴承的结构

1-主轴承座;2-上轴瓦;3-下轴瓦;4-主轴承螺栓;5-横拉螺栓;6-螺母;7-主轴承盖;8-开口销

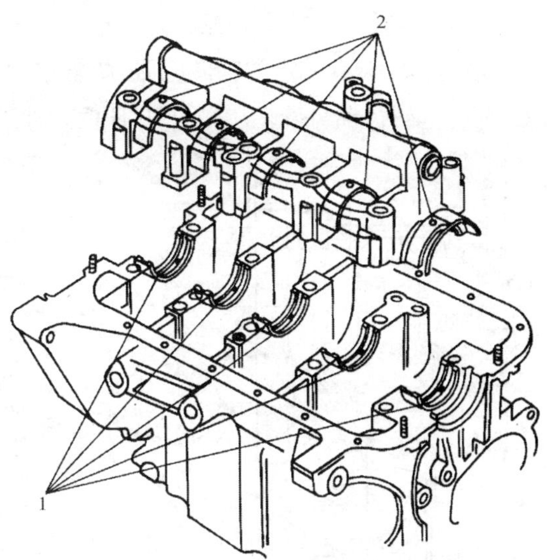

图 2-54 整体式主轴承盖

1-主轴承;2-整体主轴承盖

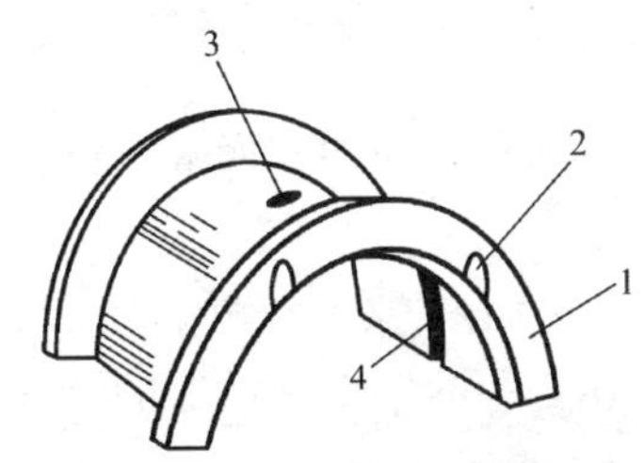

图 2-55 翻边轴瓦的结构

1-推力面;2-储油槽;3-油孔;4-环形油槽

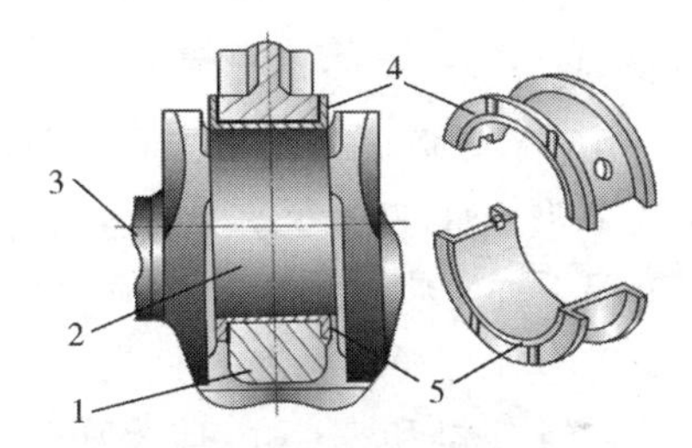

图 2-56 翻边轴瓦安装位置

1-主轴承盖;2-主轴颈;3-连杆轴颈;4-上轴瓦;5-下轴瓦

半圆环推力片的结构如图 2-57 所示,推力片一般为四片,上、下各两片,分别安装在主轴承座和主轴承盖的浅槽中,如图 2-58 所示。用定位舌 3 或定位销 5 定位,防止其随曲轴转动。推力片浇有减磨合金的一面对着曲轴的承推面,6102Q、6110 和 6120 型等柴油机均采用半圆环推力片作为曲轴的推力轴承。

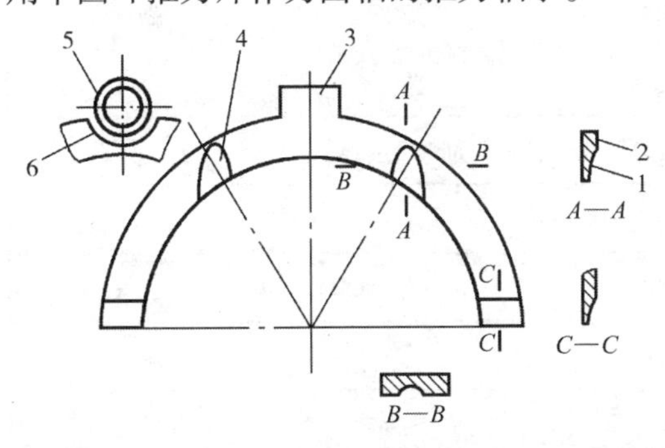

图 2-57 半圆环推力片的结构

1-钢背;2-减磨合金层(推力面);3-定位舌;4-储油槽;5-定位销;6-定位销槽

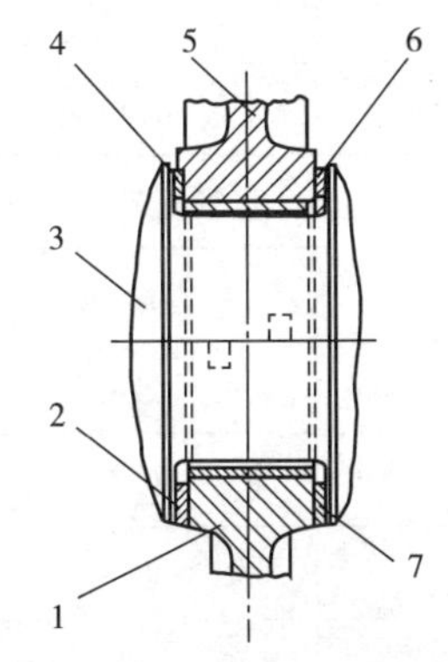

图 2-58 推力片的安装位置

1-主轴承座;2、4、6、7-推力片;3-曲轴;5-主轴承盖

推力轴承环为两片推力圆环，分别安装在第一道主轴承盖的两侧，如图 2-59 所示。由于曲轴受热后会有一定的轴向膨胀，曲轴推力装置的轴向间隙一般定为 0.06 ~ 0.25mm。解放 CA6102 型汽油机即采用这种曲轴推力轴承。

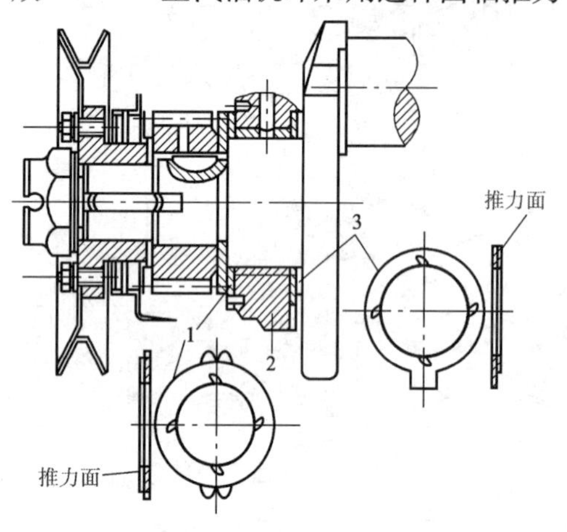

图 2-59　推力轴承环及其安装位置

1、3-推力轴承环；2-第一道主轴承盖

6）曲轴曲拐的排列布置

多缸发动机上，各缸的曲拐的排列布置与冲程数、汽缸数、汽缸排列方式及各缸的工作顺序（发火顺序）有关，它应该满足以下要求：

（1）为了保证曲轴输出转矩均匀，多缸机各缸之间的发火间隔时间应相等。以曲柄转角计的发火间隔时间称为发火间隔角 θ(°)，如汽缸数 i 的四冲程发动机的发火间隔角 $\theta = 720°/i$、二冲程则为 $\theta = 360°/i$。

（2）为了减轻和均衡各挡主轴承的负荷，应尽量避免相邻汽缸连续发火做功。

（3）曲拐排列应尽可能满足曲轴平衡性要求。

（4）V 型发动机应使左右两排汽缸尽量交替做功。

以上几点在实际的发动机上有时很难同时做到，现就常用的直列四冲程四缸、直列 6 缸发动机及 V 型 6 缸、8 缸发动机的曲拐排列为例，分析如下：

四冲程 4 缸发动机的发火间隔角 θ 为 180°，曲拐均在同一平面内，其工作顺序为 1-3-4-2 或 1-2-4-3，其工作循环见表 2-1、表 2-2，满足了发火间隔角相等和曲轴平衡性好的要求，缺点是相邻缸（1、2 缸和 3、4 缸）连续发火，其曲拐排列如图 2-60 所示。

直列四冲程 4 缸发动机工作循环表（工作顺序为 1-3-4-2）　　表 2-1

曲轴转角(°)	第 1 缸	第 2 缸	第 3 缸	第 4 缸
0 ~ 180	做功	排气	压缩	进气
180 ~ 360	排气	进气	做功	压缩
360 ~ 540	进气	压缩	排气	做功
540 ~ 720	压缩	做功	进气	排气

直列四冲程 4 缸发动机工作循环表（发火顺序为 1-2-4-3）　　表 2-2

曲轴转角(°)	第 1 缸	第 2 缸	第 3 缸	第 4 缸
0 ~ 180	做功	压缩	排气	进气
180 ~ 360	排气	做功	进气	压缩
360 ~ 540	进气	排气	压缩	做功
540 ~ 720	压缩	进气	做功	排气

直列四冲程 6 缸发动机的发火间隔角 θ 为 120°，其工作顺序为 1-5-3-6-2-4 或 1-4-2-6-

3-5，前者应用比较普遍，可以达到往复惯性力、往复惯性力矩的完全平衡，并完全满足曲柄排列的要求，其工作循环见表2-3。曲拐排列，如图2-61所示。

直列四冲程6缸发动机工作循环表（工作顺序为1-5-3-6-2-4）　　表2-3

<table>
<tr><th colspan="2">曲轴转角(°)</th><th>第1缸</th><th>第2缸</th><th>第3缸</th><th>第4缸</th><th>第5缸</th><th>第6缸</th></tr>
<tr><td rowspan="3">0～180</td><td>0～60</td><td rowspan="3">做功</td><td rowspan="2">排气</td><td>进气</td><td>做功</td><td rowspan="2">压缩</td><td rowspan="3">进气</td></tr>
<tr><td>60～120</td><td rowspan="3">压缩</td><td rowspan="3">排气</td></tr>
<tr><td>120～180</td><td rowspan="3">进气</td><td rowspan="3">做功</td></tr>
<tr><td rowspan="3">180～360</td><td>180～240</td><td rowspan="3">排气</td><td rowspan="3">压缩</td></tr>
<tr><td>240～300</td><td rowspan="3">做功</td><td rowspan="3">进气</td></tr>
<tr><td>300～360</td><td rowspan="3">压缩</td><td rowspan="3">排气</td></tr>
<tr><td rowspan="3">360～540</td><td>360～420</td><td rowspan="3">进气</td><td rowspan="3">做功</td></tr>
<tr><td>420～480</td><td rowspan="3">排气</td><td rowspan="3">压缩</td></tr>
<tr><td>480～540</td><td rowspan="3">做功</td><td rowspan="3">进气</td></tr>
<tr><td rowspan="3">540～720</td><td>540～600</td><td rowspan="3">压缩</td><td rowspan="3">排气</td></tr>
<tr><td>600～660</td><td rowspan="2">进气</td><td rowspan="2">做功</td></tr>
<tr><td>660～720</td><td>排气</td><td>压缩</td></tr>
</table>

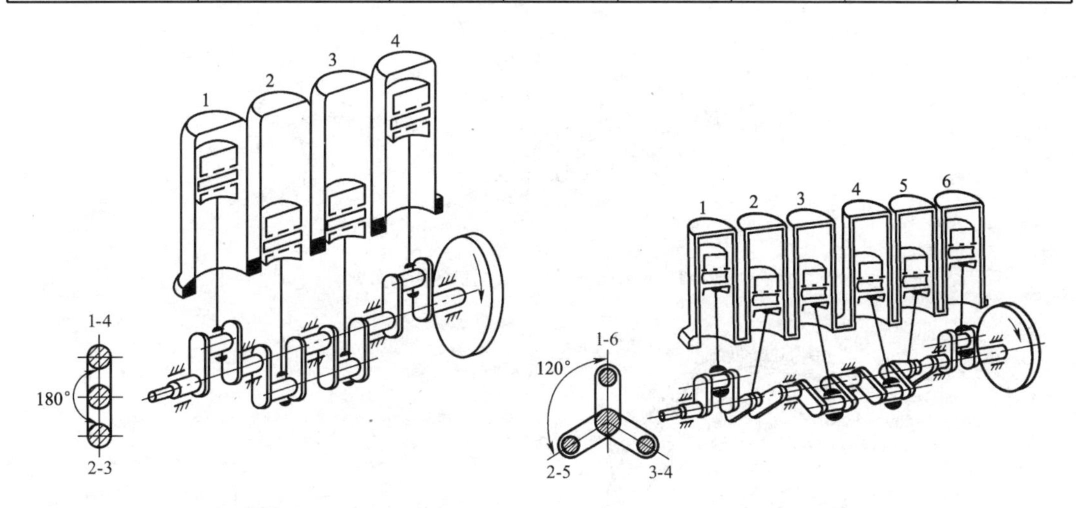

图2-60　直列式四冲程4缸发动机的曲拐布置　　图2-61　直列式四冲程6缸发动机的曲拐布置

V型发动机缸号的确定，面对发动机的冷却风扇，右列汽缸用R表示，由前向后依次为R1、R2、R3…；左列汽缸用L表示，由前向后依次为L1、L2、L3…。

V型四冲程8缸发动机的发火间隔角θ为90°，工作顺序为R1-L1-R4-L4-L2-R3-L3-R2或L1-R4-L4-L2-R3-R2-L3-R1，其工作循环见表2-4。曲拐排列，如图2-62所示。

2. 飞轮

飞轮的功用是在做功行程中把曲轴的一部分能量储存起来，用以克服非做功行程的阻力，使曲轴运转平稳均匀。

飞轮的基本结构为制成的圆盘，如图2-63所示，圆盘的边缘厚而中间薄，以获得较大的转动惯量。飞轮材料多用灰铸铁，高速发动机应采用球墨铸铁或铸钢。

V型四冲程8缸发动机工作循环表(R1-L1-R4-L4-L2-R3-L3-R2)　　表2-4

<table>
<tr><th colspan="2">曲轴转角(°)</th><th>R1</th><th>R2</th><th>R3</th><th>R4</th><th>L1</th><th>L2</th><th>L3</th><th>L4</th></tr>
<tr><td rowspan="2">0～180</td><td>0～90</td><td rowspan="2">做功</td><td>做功</td><td>排气</td><td rowspan="2">压缩</td><td>压缩</td><td rowspan="2">进气</td><td rowspan="2">排气</td><td>进气</td></tr>
<tr><td>90～180</td><td rowspan="2">排气</td><td rowspan="2">进气</td><td rowspan="2">做功</td><td rowspan="2">压缩</td></tr>
<tr><td rowspan="2">180～360</td><td>180～270</td><td rowspan="2">排气</td><td rowspan="2">做功</td><td rowspan="2">压缩</td><td rowspan="2">进气</td></tr>
<tr><td>270～360</td><td rowspan="2">进气</td><td rowspan="2">压缩</td><td rowspan="2">排气</td><td rowspan="2">做功</td></tr>
<tr><td rowspan="2">360～540</td><td>360～450</td><td rowspan="2">进气</td><td rowspan="2">排气</td><td rowspan="2">做功</td><td rowspan="2">压缩</td></tr>
<tr><td>450～540</td><td rowspan="2">压缩</td><td rowspan="2">做功</td><td rowspan="2">进气</td><td rowspan="2">排气</td></tr>
<tr><td rowspan="2">540～720</td><td>540～630</td><td rowspan="2">压缩</td><td rowspan="2">进气</td><td rowspan="2">排气</td><td rowspan="2">做功</td></tr>
<tr><td>630～720</td><td>做功</td><td>排气</td><td>压缩</td><td>进气</td></tr>
</table>

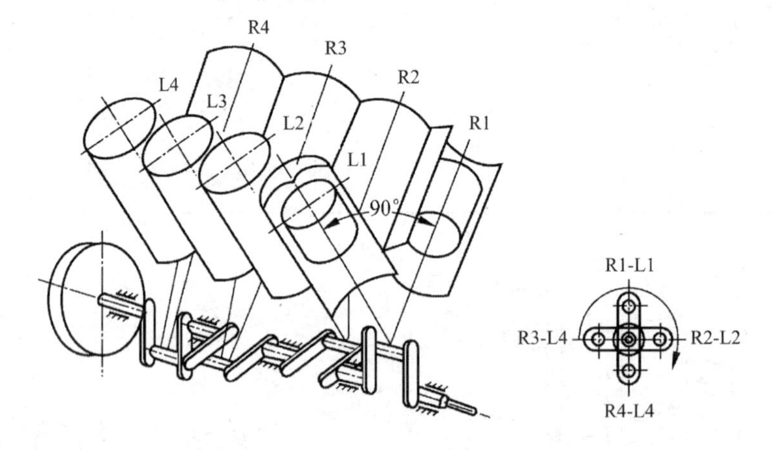

图2-62　V型四冲程8缸发动机的曲拐布置

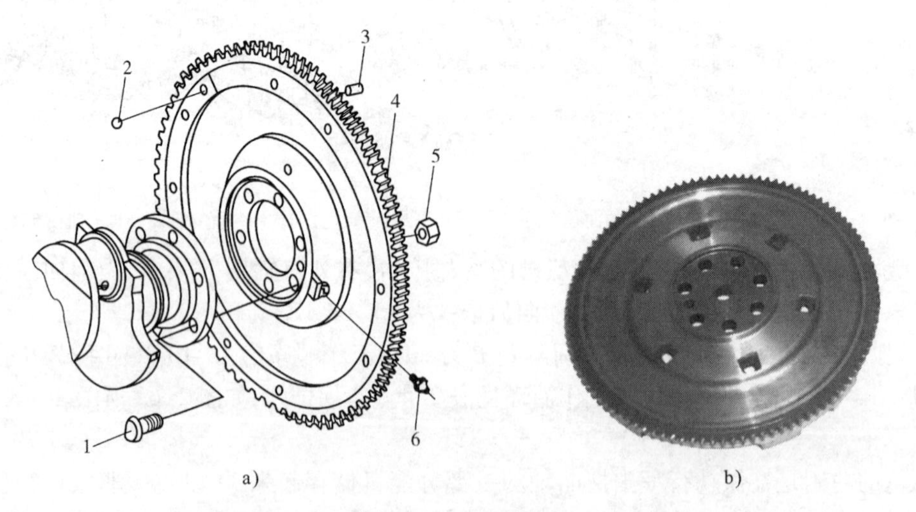

图2-63　飞轮基本结构

1-连接螺栓;2-上止点信号;3-定位销;4-齿圈;5-螺母;6-润滑脂油嘴

飞轮用专用紧配合螺栓安装在曲轴输出端的凸缘上。飞轮外缘常压装一个钢制齿圈,起动时与起动机的驱动齿轮啮合,起动发动机。飞轮边缘上往往标有各种定时记号,用于调整点火正时、喷油正时或配气正时,如图 2-64 所示。飞轮也是发动机动力输出的摩擦元件,通过飞轮将动力传给离合器,驱动工作机械。

现代电控发动机要求曲轴能输出上止点信号和转速信号,这时,飞轮上另压装一道齿圈产生上止点和转速信号。

3. 扭转减振器

1)曲轴的扭转振动

曲轴与安装在其前、后端的部件形成一个扭振弹性系统,在周期性变化的转矩作用下,各曲拐之间会发生周期性相对扭转。曲轴本身具有一定的扭转振动的固有频率。周期性变化的气体力和往复惯性力作用在曲轴上的转矩,形成激振力矩,使曲轴做强迫扭振。当激振力矩的频率与曲轴扭转振动的固有频率相等或成整数倍时,曲轴扭振的振幅将达到最大值,即产生共振。强烈的扭转共振会破坏配气定时,使发动机功率下降,振动噪声加大,甚至使曲轴扭断。所以在多缸发动机上往往装有扭转减振器,以抑制曲轴系统的扭转振幅。

2)扭转减振器的功用和类型

扭转减振器的功用是吸收曲轴扭转振动的能量,使曲轴转动平稳,可靠工作。由于曲轴前端的扭转振幅最大,所以一般都将扭转减振器安装在曲轴前端。车用发动机的扭转减振器主要有橡胶减振器和硅油减振器两种。

(1)橡胶减振器。橡胶减振器结构如图 2-65 所示,它主要由轮壳 1、惯性盘 2、减振橡胶层 3 等组成。橡胶减振器的轮壳通过连接螺栓 7 安装在皮带盘的轮毂 8 上。轮毂 8 固定在曲轴上,随曲轴一起旋转,通过减振橡胶层 2 带动惯性盘 3 转动,由于惯性盘的转动惯量较大,它基本上做等角速度转动。当曲轴产生扭振时,轮壳 1 和惯性盘 2 之间产生相对角位移,惯性盘便与橡胶层发生摩擦,减振橡胶层 3 发生扭转变形,吸收扭振的能量,从而使曲轴的扭振得到消减。

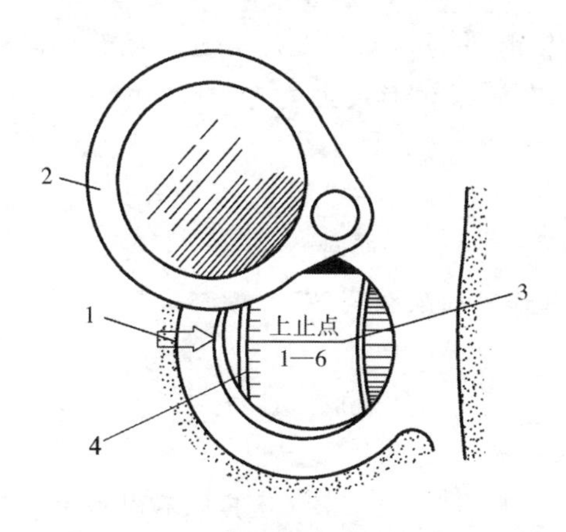

图 2-64 飞轮上的上止点记号

1-飞轮壳体上的刻度指针;2-观察孔盖;3-飞轮上的上止点记号;4-飞轮上的刻度线

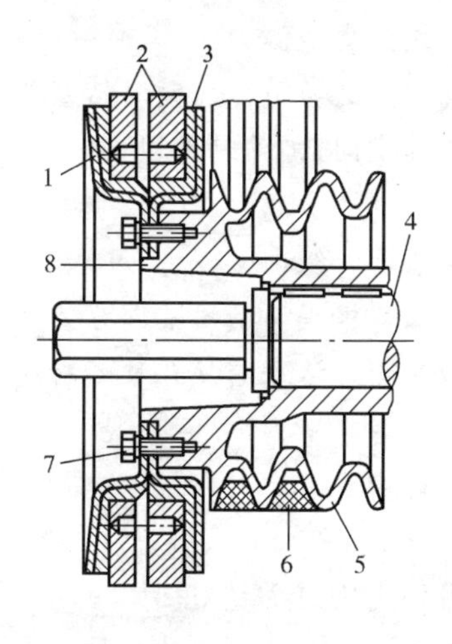

图 2-65 橡胶减振器

1-轮壳;2-惯性盘;3-橡胶层;4-曲轴;5-带轮;6-皮带;7-螺栓;8-轮毂

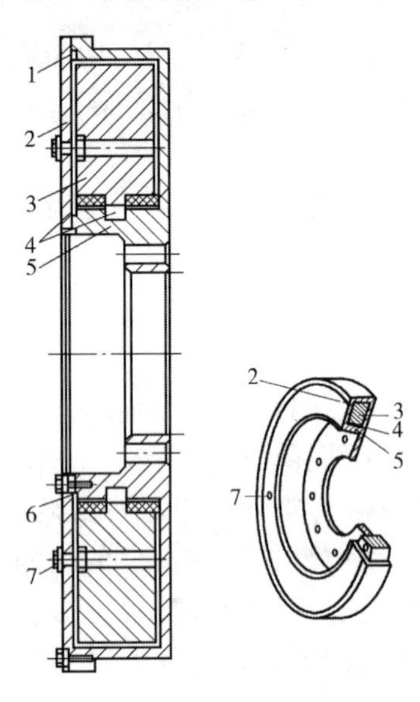

图 2-66　硅油减振器

1-密封圈；2-侧盖；3-惯性盘；4-硅油；5-壳体；6-密封圈；7-注油螺塞

橡胶减振器的特点是：结构简单，易于制造；橡胶弹性好，耐冲击，减振效果好；质量小，安装和拆卸方便，维护容易。

（2）硅油减振器。硅油减振器的结构如图 2-66 所示，硅油减振器包括有壳体 5 和侧盖 2 所围成的环形空间，内部布置的惯性盘 3。固定在曲轴上的壳体 5 和惯性盘 3 之间的间隙中充满高黏度的硅油 4，硅油是一种温度变化时黏度变化很小的高分子有机物。壳体 5 随曲轴转动，惯性质量相当大的惯性盘基本保持等角速度转动。当曲轴发生扭振时，壳体与惯性盘产生相对角位移，它们之间的硅油则对这种相对运动产生阻尼作用，吸收扭振的能量，使曲轴扭振的振幅减小。

硅油减振器的特点是减振效果好、性能稳定、工作可靠、结构简单、维修方便。在汽车发动机上的应用日益普遍。不足之处是需要良好的密封和较大的惯性质量，减振器尺寸较大。

练习与思考

一、填空题

1. 内燃机是在高温、高压的燃气作用下和高速运动状态下工作的，因此机体组和曲柄连杆机构要承受很大的________、________，并存在着________和________现象。

2. 发动机各个机构和系统的装配基体是________。

3. 机体按曲轴箱的结构形式分为________、________、________三种。机体按汽缸排列形式分类，有________、________、和________三种形式

4. 汽缸套的功用是内壁对活塞起________作用，并与活塞顶及汽缸盖的底面共同构成燃气的工作空间，工作时向周围________。汽缸套的结构形式主要有________、________两种。

5. 活塞连杆组由________、________、________、________等组成。

6. 活塞环根据其功用不同分为________和________两种。

7. 活塞销与活塞销座孔及连杆小头衬套孔工作时的配合间隙，一般都采用________配合。

8. 连杆由________、________和________三部分组成。连杆________与活塞销相连。

9. 曲轴飞轮组主要由________、________和________以及其他不同作用的零件和附件组成。

10. 直列四冲程 4 缸发动机的做功顺序一般是________或________；直列四冲程 6 缸发动机做功的工作顺序一般是________或________。

二、判断题(正确打✓、错误打×)

1. 汽油机常用干式汽缸套,而柴油机常用湿式汽缸套。 ( )

2. 安装汽缸垫时,有正反面的汽缸垫,光滑面应朝向机体。 ( )

3. 活塞顶是燃烧室的一部分,活塞头部主要用来安装活塞环,活塞裙部可起导向的作用。 ( )

4. 活塞在汽缸内做匀速运动。 ( )

5. 对于四冲程发动机,无论是几缸,其发火间隔均为180°曲轴转角。 ( )

6. 扭曲环是在矩形环的基础上,内圈上边缘切槽或外圈下边缘切槽,不能装反。( )

7. 连杆螺栓必须按规定力矩一次拧紧,并用防松胶或其他锁紧装置紧固。 ( )

8. 一般柴油机和大部分汽油的曲轴均采用全支承方式。 ( )

9. V8 发动机全支承式曲轴的主轴颈数为4。 ( )

10. 当飞轮上的点火正时记号与飞轮壳上的正时记号刻线对准时,第1缸活塞无疑正好处于压缩行程上止点位置。 ( )

三、选择题

1. 内燃机热负荷过高的危害是( )。

A. 使金属材料的力学性能降低,承载能力下降

B. 使零部件受热变形,改变原来的配合间隙

C. 使零部件的热应力过大,产生疲劳破坏

D. A + B + C

2. 内燃机运转时承受的机械负荷主要来源于( )。

A. 汽缸内的气体压力　　B. 运动件产生的惯性力

C. 由振动和变形产生的附加力　　D. A + B

3. 在中、小型内燃机中,使用最广泛的机体是( )。

A. 一般式　　B. 龙门式　　C. 隧道式　　D. V 型

4. 四冲程内燃机的汽缸套功用中不正确的是( )。

A. 与缸盖,活塞组成燃气工作空间

B. 承受活塞的侧推力

C. 开设气口构成扫气通道

D. 传递热量保持活塞正常的工作温度

5. 四冲程内燃机的应用较多的汽缸的结构类型有( )。

A. 无汽缸套式　　B. 干式汽缸套　　C. 湿式汽缸套　　D. A + B

6. 下述干式汽缸套的特点中不正确的是( )。

A. 良好的水密封　　B. 较大的机体刚度　　C. 加工精度高　　D. 散热效果好

7. 下述湿式汽缸套的特点中不正确的是( )。

A. 散热效果好　　B. 水密性好　　C. 拆装方便　　D. 壁厚比干式的大

8. 下述四冲程内燃机汽缸盖功用中不正确的是( )。

A. 与缸套,活塞组成燃气工作空间　　B. 安装进、排气门等附件
C. 设置进、排气通道　　D. 支承汽缸套

9. 柴油机汽缸盖上没有下述哪一个部件(　　)。
A. 喷油器　　B. 进气门　　C. 排气门　　D. 火花塞

10. 汽缸垫的功用是(　　)。
A. 防止漏气　　B. 防止漏水　　C. 防止漏机油　　D. A + B + C

11. 中、小型内燃机活塞多选用铝合金材料的主要原因是(　　)。
A. 导热性好,有利于散热　　B. 膨胀系数小,变形小
C. 高温的力学性能好　　D. 质量轻,惯性力大

12. 汽油机多使用平顶活塞的主要原因是(　　)。
A. 结构简单、制造容易、吸热面积小　　B. 质量轻,惯性力小
C. 耐热性好、耐磨性好　　D. 有利于引导气流运动,改善换气过程

13. 某些活塞第一道环槽上方开有一道环形槽,其目的是(　　)。
A. 减轻活塞质量　　B. 加强缸套润滑
C. 减轻第一道环的热负荷　　D. 使活塞头部有膨胀余量

14. 内燃机活塞裙部常加工成(　　),而且(　　)。答案选择(　　)
A. 椭圆形/长轴在垂直于活塞销轴线的方向上
B. 圆锥形/上面直径大于下面直径
C. 椭圆形/长轴在平行于活塞销轴线的方向上
D. 圆锥形/下面直径大于上面直径

15. 四冲程内燃机活塞裙部在工作中产生变形的原因是(　　)。
A. 裙部销座处金属堆积多,受热后沿销轴方向有较大的热膨胀变形
B. 在侧压力的作用下使裙部直径沿销轴方向变长
C. 活塞顶部气体力使裙部直径沿销轴方向变长
D. A + B + C

16. 内燃机活塞头部呈上小下大的锥形是为了(　　)。
A. 提高活塞头部的强度
B. 在工作温度下活塞头部高度方向上有均匀的配合间隙
C. 保证头部良好的润滑效果
D. 在工作温度下活塞头部圆周方向上有均匀的配合间隙

17. 一般活塞头部的散热主要是通过(　　)。
A. 活塞环将热量传递给汽缸套
B. 利用润滑油充当介质冷却
C. 通过活塞上下运动与曲轴箱空气对流冷却
D. 利用冷却液充当介质直接冷却

18. (　　),为控制热变形在活塞裙部开有 T 或 Π 形弹性槽,裙部开弹性槽后,会使其开槽的一侧刚度变小,在装配时应使其位于做功行程中(　　)的一侧。答案选择(　　)
A. 汽油机的活塞/最大侧压力　　B. 汽油机的活塞/最小侧压力

C. 柴油机的活塞/最大侧压力　　D. 柴油机的活塞/最小侧压力

19. 活塞环的功用是(　　)。

A. 气环主要起密封汽缸功用

B. 气环将活塞头部大部分热量传递给汽缸壁

C. 刮油环起布油、刮油功用

D. A + B + C

20. 关于活塞环密封原理不正确的说法是(　　)。

A. 活塞环在自身弹力作用下与缸壁紧密贴合形成第一密封面

B. 窜入活塞环侧隙与背隙的气体压力形成第二密封面并加强第一密封面

C. 第二次密封比第一次密封更重要

D. 没有第一次密封,仍可以形成第二次密封

21. 气塞环产生泵油作用的主要原因是(　　)。

A. 缸壁滑油量太多　　B. 气环与环槽之间存在侧隙与背隙

C. 存在搭口间隙　　D. 装配不当

22. 气环的主要功用有(　　)。

A. 密封　　B. 传热　　C. 导向　　D. A + B

23. 刮油环的主要功用有(　　)。

A. 散热　　B. 密封　　C. 刮油、布油　　D. 磨合

24. 气环的密封作用主要来自于(　　)。

A. 自身的弹性　　B. 环的材料

C. 气体对气环的压力　　D. A + C

25. 气环的密封作用主要依靠(　　)。

Ⅰ. 环的径向弹力　　Ⅱ. 燃气对环的轴向压力

Ⅲ. 环内圆柱面的径向燃气压力　　Ⅳ. 环与缸壁的摩擦力

A. Ⅰ + Ⅱ　　B. Ⅰ + Ⅱ + Ⅲ　　C. Ⅰ + Ⅱ + Ⅲ + Ⅳ　　D. Ⅰ + Ⅲ

26. 通常活塞上装有多道气环,其目的是(　　)。

A. 形成"迷宫式"密封　　B. 提高密封效果

C. 防止活塞环断裂　　D. A + B

27. 矩形环多作为第一道气环使用的原因是(　　)。

A. 结构简单、制造方便　　B. 散热效果好

C. 泵油现象比其他环严重　　D. B + C

28. 适合于强化柴油机第一道气环的是(　　)。

A. 矩形环　　B. 梯形环　　C. 扭曲环　　D. 锥面环

29. 扭曲环安装的要求是(　　)。

A. 内倒角向上,外倒角向下　　B. 内倒角向上,外倒角向上

C. 内倒角向下,外倒角向上　　D. 内倒角向下,外倒角向下

30. 活塞环的常用材料有(　　)。

A. 优质灰铸铁　　B. 球墨铸铁　　C. 合金铸铁和钢带　　D. A + B + C

31. 活塞销的功用是(　　)。

A. 连接活塞与连杆　　B. 充当连杆的摆动轴

C. 将活塞承受的作用力传递给连杆　　D. A + B + C

32. 活塞销通常为空心管状体,其优点是(　　)。

A. 质量轻,惯性力小　　B. 节省材料

C. 抗弯能力强　　D. A + B + C

33. 活塞销的装配方式一般多为(　　)。

A. 全浮式　　B. 固定式

C. 半浮式　　D. 上述三种都可以

34. 全浮式活塞销的优点是(　　)。

A. 提高结构刚度　　B. 加大承压面,减小比压力

C. 利于减小间隙和变形　　D. 保证活塞销磨损均匀

35. 常温下铝合金活塞销座孔与活塞销之间为过盈配合,装配时正确的做法是(　　)。

A. 将活塞销加热　　B. 将活塞加热

C. 活塞销与活塞同时加热　　D. 常温下即可装配

36. 为防止全浮式活塞销在活塞座孔内轴向窜动而采取的措施是(　　)。

A. 用定位销轴向固定活塞销　　B. 用卡簧(环)轴向固定活塞销

C. 用推力轴承轴向固定活塞销　　D. 可不用采取任何具体措施

37. 在内燃机中,把活塞的往复运动变成回转运动的部件是(　　)。

A. 活塞销　　B. 连杆　　C. 活塞　　D. 曲轴

38. 在内燃机中,连杆的运动规律是(　　)。

A. 小头往复,杆身摆动,大头回转　　B. 小头往复,杆身平移,大头回转

C. 小头摆动,杆身平移,大头回转　　D. 小头往复,杆身平移,大头摆动

39. 连杆小头的结构特点是(　　)。

A. 连杆小头为剖分式　　B. 孔内装配滚针轴承

C. 孔内压入薄壁青铜套　　D. 与杆身分开制造

40. 连杆杆身多采用工字形截面是为了(　　)。

A. 满足刚度、强度和摆动面内的抗弯能力条件,尽可能减小连杆的质量

B. 提高耐冲击能力

C. 提高抗疲劳性能

D. 便于加工制造

41. 有的连杆大头采用斜切口是为了(　　)。

A. 拆装方便　　B. 受力均匀　　C. 制造方便　　D. 增大曲柄销直径

42. 连杆大头采用斜切口时,剖分面要有定位措施,其目的是(　　)。

A. 拆装方便

B. 增加大头的强度和刚度

C. 便于大头内轴瓦对中

D. 防止横向位移,对连杆螺栓产生剪切应力

43. 一般对连杆螺栓的制造和使用要求特别高的原因是(　　)。
A. 连杆螺栓的制造材料优良
B. 连杆螺栓承受交变的冲击载荷
C. 连杆螺栓的断裂将发生重大机损事故
D. B + C

44. 连杆大头轴瓦的润滑油的来源是(　　)。
A. 由连杆小头向连杆大头轴瓦供油　　B. 由曲轴内油道向连杆大头轴瓦供油
C. 依靠润滑油飞溅供油　　D. 依靠专门的喷管供油

45. 连杆小头与活塞销之间的润滑主要是(　　)。
A. 连杆杆身内油道将大头轴瓦的润滑油引到小头
B. 依靠润滑油飞溅供油
C. 依靠专门的喷管向活塞销供油
D. A + B

46. 内燃机曲轴的单元曲拐的组成有(　　)。
A. 曲柄销,前、后曲柄臂　　B. 曲柄销,主轴颈
C. 前、后曲柄臂,主轴颈　　D. 曲柄销,前、后曲柄臂和主轴颈

47. 曲轴的主要破坏形式是疲劳断裂,其原因是(　　)。
A. 曲轴工作中承受周期性变化的交变载荷
B. 曲轴工作中内部产生的复杂的交变应力
C. 曲轴的几何形状复杂,应力集中现象严重
D. A + B + C

48. 曲轴主轴承的功用是(　　)。
A. 支撑和固定曲轴　　B. 减磨
C. 轴向止推定位　　D. A + B + C

49. 直列式四冲程发动机的全支承曲轴的主轴径数等于(　　)。
A. 汽缸数　　B. 汽缸数的一半
C. 汽缸数的一半加 1　　D. 汽缸数加 1

50. 一台四冲程 6 缸内燃机的发火间隔角为(　　)。
A. 120°　　B. 180°　　C. 360°　　D. 720°

51. 曲轴的曲柄排列原则与下列哪个因素无关(　　)。
A. 汽缸数　　B. 发火顺序　　C. 内燃机转速　　D. 冲程数

52. 一台直列四冲程 6 缸内燃机,最佳工作顺序(发火顺序)是(　　)。
A. 1-5-3-6-2-4　　B. 5-4-6-2-3-1　　C. 2-3-6-5-4-1　　D. 2-4-6-5-3-1

53. 曲轴的强烈扭转振动会造成(　　)。
A. 破坏配气定时,使发动机功率下降　　B. 振动噪声加大
C. 有可能使曲轴扭断　　D. A + B + C

54. 扭转减振器安装在(　　)。
A. 曲轴前端　　B. 曲轴后端　　C. 曲轴中间　　D. 飞轮上

四、问答题

1. 根据机体组和曲柄连杆机构的工作条件,对各组成机件的要求是什么?
2. 机体组由哪些主要机件组成?各有何功用?
3. 汽缸套的结构形式有哪几种?各有何特点?
4. 曲柄连杆机构有何功用?它由哪些主要机件组成?
5. 活塞有何功用?活塞顶部的形状有几种?各有何特点?
6. 活塞裙部热变形的原因有哪些?控制活塞热变形的措施有哪些?
7. 简述活塞环的功用和气环密封原理。
8. 气环根据其截面形状分有几种类型?各有何特点?
9. 简述连杆的功用和主要组成。
10. 简述曲轴的功用、主要组成和类型。
11. 举例说明多缸机的曲轴曲拐的排列布置有何要求。
12. 扭转减振器有何功用?举例说明其工作原理。

第三章 换气过程和配气机构

1. 能简单叙述四冲程发动机的换气过程及其评价指标；
2. 能准确描述换气机构的功用、组成以及工作过程；
3. 能简单叙述气门组的组成以及主要零件的结构特点；
4. 能正确描述各种凸轮轴传动机构的组成和使用特点；
5. 能正确描述气阀间隙的定义，并了解气阀间隙过大、过小对柴油机的影响。

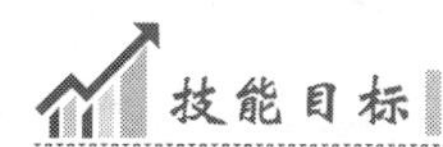

1. 具有正确组装换气机构的能力；
2. 能进行气阀间隙的检查和调整。

第一节 换气过程

发动机在工作中，必须不断地用新鲜气体来取代汽缸内上一循环的废气，这一工质更换过程称为换气过程。发动机的每次换气过程通常是指上一工作循环排气门开启到下一工作循环进气门关闭的过程。

换气过程进行的完善程度对发动机性能具有极为重要的影响。对换气过程的基本要求是：进气充足、排气干净彻底。

一、换气过程的四个阶段

图3-1是四冲程发动机换气过程中，汽缸内气体压力p、排气管内压力p_0'随曲轴转角的变化情况。

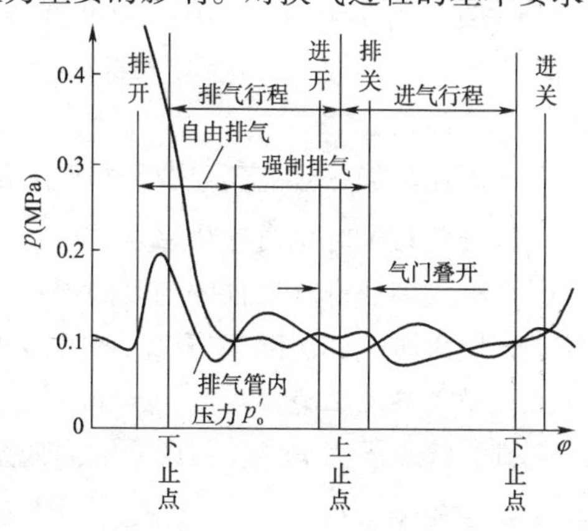

图3-1 换气过程有关参数的变化

根据换气过程的特征，通常将四冲程发动机的换气过程分为如下四个阶段：

1. 自由排气阶段

从排气门开启到汽缸内压力降到接近排气管内压力为止的排气阶段，称为自由排气阶段。这一阶段主要是依靠缸内压力与排气管压力之间的压力差排气。由于自由排气阶段排气的流速很高，排出的废气占其总量的60%～70%。自由排气阶段一般在下止点后10°～30°(曲柄转角)之间结束。

2. 强制排气阶段

从自由排气结束到排气门关闭为止，活塞向上止点移动，将废气驱赶出汽缸，这一阶段称为强制排气阶段。此阶段，缸内气体状态由活塞速度、排气门通流截面以及排气管内的气体状态共同决定。当活塞接近上止点时，由于排气系统的阻力，缸内的废气压力仍高于大气压力，废气可依靠流动惯性继续排气。所以，在这个阶段的末期，排气门相对于上止点要延迟一个角度关闭，实现惯性排气，使缸内的废气尽量排得干净。

3. 进气阶段

从进气门开启到进气门关闭，这一阶段称为进气阶段。当活塞从上止点向下止点移动时，随汽缸内的容积增大，汽缸内压力下降，当汽缸内压力低于进气管内压力时，新鲜气体开始流入汽缸。汽缸内气体状态取决于活塞运动速度、进气门开启规律以及进气管内的气体状态。当活塞到达下止点时，利用进气的流动惯性仍可以增加进气量，所以进气门都延迟至下止点后关闭。

4. 气门叠开和燃烧室扫气阶段

活塞在换气上止点附近时，进、排气门同时开启，即"气门叠开"，形成燃烧室扫气阶段。适当的气门叠开时间，有利于提高换气效果。

二、充气系数

为了评价发动机换气过程的完善程度，引入了充气系数 η_v 的概念。

充气系数 η_v 是每一工作循环中实际进入汽缸的新鲜气体量(实际进气量) M_g 与在进气状态下充满汽缸工作容积的新鲜气体量(理论进气量) M_o 之比。即

$$\eta_v = \frac{M_g}{M_o}$$

充气系数 η_v 也称汽缸容积效率。η_v 越大，表示实际进入汽缸中的新鲜气体量越多，也就是换气过程越完善，汽缸工作容积的利用率越高。

一般，柴油机的 η_v 为0.8～0.9，汽油机的 η_v 为0.75～0.85。

影响充气系数 η_v 的因素主要有：

1. 压缩比

压缩比增加，燃烧室容积相对减小，缸内残余废气量减少，使充气系数 η_v 有所增加。

2. 进气结束时缸内气体温度

新鲜气体在进气过程中与高温零件接触而被加热，进缸后与残余废气混合再被加热，致使进气结束时气体温度 T_a 升高，密度减小，使充气系数 η_v 下降。

3. 排气终点压力

排气终点压力 P_r 越高，说明缸内残余废气量越多，使充气系数 η_v 降低。

4. 进气终点压力

进气终点压力 P_a 越高，缸内新鲜气体密度越大，充气系数 η_v 越高。

5. 转速

配气定时不变时，只有在某一转速下充气系数才有最大值。当转速 n 较低时，进气气流流速低，惯性进气少，η_v 较低。但随转速 n 的增加，进气流速上升，惯性进气量增大，η_v 上升，并在某一转速下达到最大值。继续增加转速 n，由于节流阻力增大，将使 η_v 下降，如图 3-2 所示。

不同的发动机，由于结构和转速的不同，其配气定时也不相同。由此可见，发动机的配气定时也应随转速的变化而变化，以期获得较大的 η_v。实验表明，四冲程发动机的配气定时应该是进气延迟角和气门重叠角随发动机转速的升高而加大，会获得更好的换气效果。如果气门升程也能随发动机转速的升高而加大，则将更有利于获得良好的发动机高速性能。为此，在转速范围广的高速发动机（如某些轿车发动机）上使用了可变配气定时和气门升程电子控制系统（VTEC 机构）。

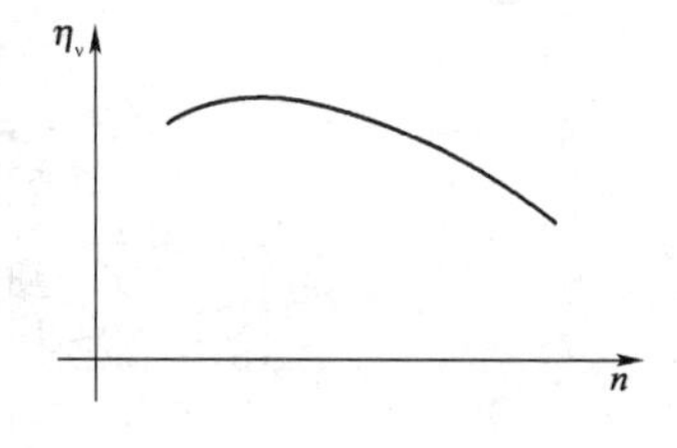

图 3-2 充气系数随转速变化的关系

第二节 配气机构的功用和类型

配气机构的功用是按照发动机的发火次序和各缸工作循环的要求，适时开启和关闭进、排气门，完成换气过程。

气门式配气机构由气门组和气门传动组两部分组成。每组的零件组成与气门的布置方式、配气凸轮轴的布置位置和气门驱动形式等有关。

配气机构的主要类型有：

1. 按气门布置方式分

气门布置的方式有由顶置式和侧置式两种，如图 3-3 所示。

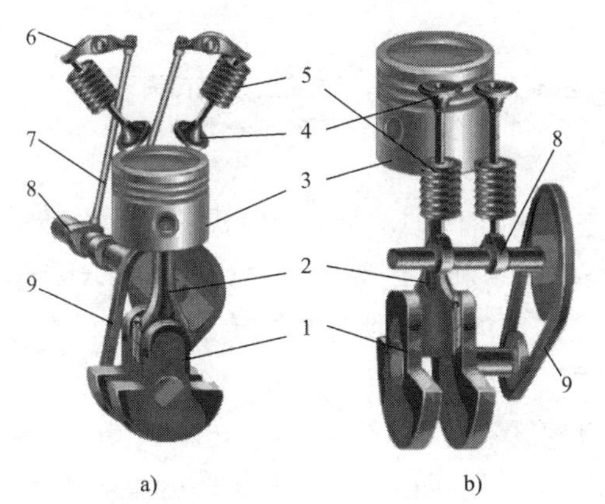

图 3-3 气门布置形式

a）气门顶置式布置；b）气门侧置式布置

1-曲轴；2-连杆；3-活塞；4-气门；5-弹簧；6-摇臂；7-推杆；8-凸轮轴；9-传动带

1）气门顶置式布置

气门顶置式布置，即进、排气门置于汽缸盖内，倒置于汽缸顶上，如图 3-3a）所示。这种布置形式的优点是燃烧室结构紧凑、配气准确、进气弯道小、充气性好、动力性好、压缩比较高、热效率高。缺点是结构复杂、发动机高度增加。现代车用发动机均采用这种气门布置形式。

2）气门侧置式布置

气门侧置式布置是气门在布置汽缸侧面，如图 3-3b）所示。其优点是配气机构传动较简单、缸盖形状简化、发动机高度可降低。缺点是燃烧室结构不紧凑、进气道曲折、进气阻力大，限制了压缩比的提高，动力性、热效率、经济性都有所下降。目前很少使用。

2. 按配气凸轮轴的布置位置分

配气机构按配气凸轮轴（以下简称凸轮轴）的布置位置不同分，有凸轮轴下置式、凸轮轴中置式和凸轮轴顶置式三种布置形式。

1)凸轮轴下置式

凸轮轴下置式的配气机构,如图3-4所示。其中,气门组零件包括气门、气门座圈、气门导管、气门弹簧、气门弹簧座和气门锁夹等;气门传动组零件则包括凸轮轴、挺柱、推杆、摇臂、摇臂轴、摇臂轴座和气门间隙调整螺钉等。凸轮轴1置于曲轴箱内的侧面,其气门12倒置在汽缸盖上。

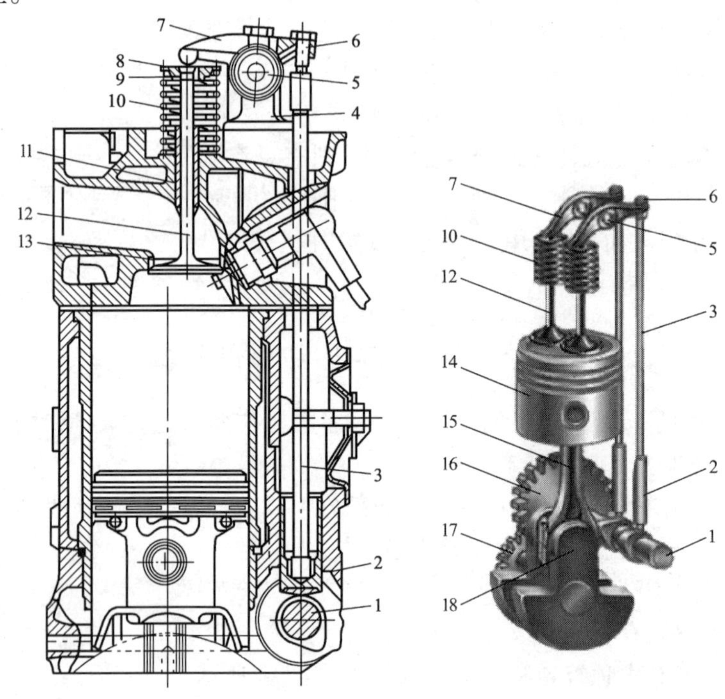

图3-4 凸轮轴下置式的配气机构

1-凸轮轴;2-挺柱;3-推杆;4-摆臂轴座;5-摆臂轴;6-气门间隙调整螺钉;7-摆臂;8-气门弹簧座;9-气门锁夹;10-气门弹簧;11-气门导管;12-气门;13-气门座圈;14-活塞;15-连杆;16-凸轮轴传动齿轮;17-曲轴传动齿轮;18-曲轴

下置配气凸轮轴由曲轴定时齿轮驱动。发动机工作时,曲轴18通过定时齿轮16、17驱动凸轮轴1旋转。当凸轮的上升段顶起挺柱2时,经推杆3和气门间隙调整螺钉6推动摇臂绕摇臂轴5摆动,压缩气门弹簧10使气门开启。当凸轮的下降段与挺柱接触时,气门在气门弹簧力的作用下逐渐关闭。

这种配气机构的特点是曲轴与凸轮轴之间传动机构比较简单,有利于发动机的布置。

但因凸轮至气门的距离较远,动力传递路线较长,环节多,因此,整个系统的刚度较差。在高速时,可能破坏气门的运动规律和气门的定时启闭,影响配气准确性。所以,多用于转速较低的发动机,如解放CA6102、东风EQ6100-1等发动机均为凸轮轴下置式的配气机构。这种结构用于柴油机时,一般采用在一对正时齿轮之间加入一个中间齿轮(惰轮)进行传动。

2)凸轮轴中置式

凸轮轴中置式的配气机构中凸轮轴置于机体的上部,如图3-5所示。与凸轮轴下置式的配气机构的组成相比,减少或缩短了推杆,从而减轻了配气机构的往复运动质量,增大了传动机构的刚度,更适用于转速较高的发动机。

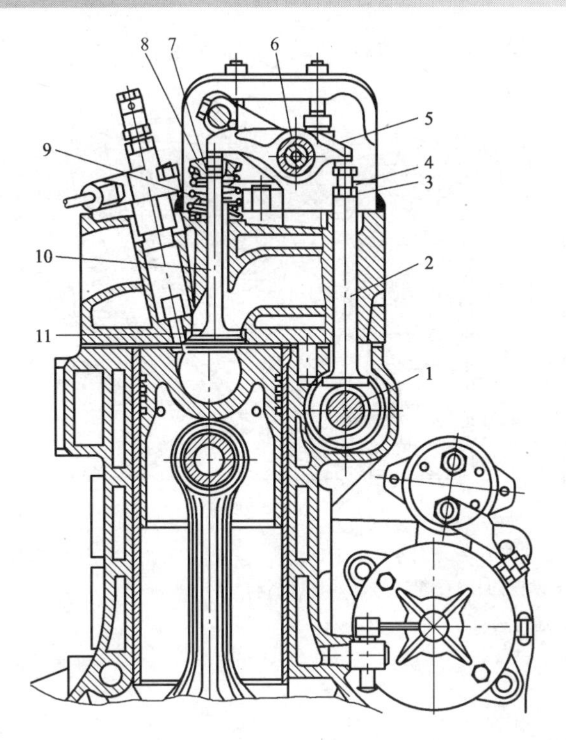

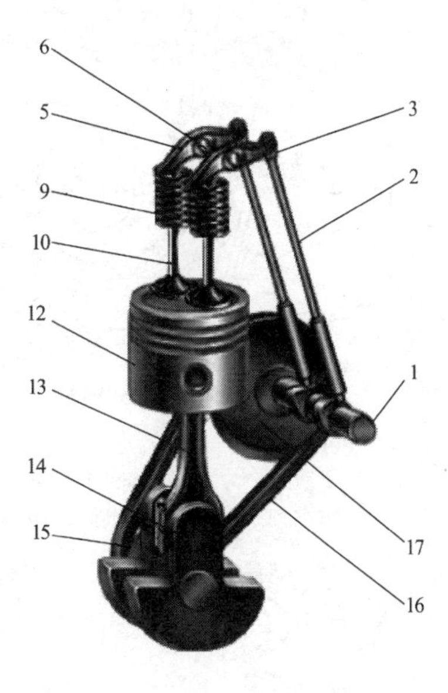

图 3-5 凸轮轴中置式的配气机构

1-凸轮轴;2-推杆;3-锁紧螺母;4-气门间隙调整螺钉;5-摆臂;6-摆臂轴;7-气门锁夹;8-气门弹簧座;9-气门弹簧;10-气门;11-气门座圈;12-活塞;13-连杆;14-曲轴;15-曲轴带轮;16-齿形带;17-凸轮轴带轮

3)凸轮轴上置式

凸轮轴上置式(也称顶置式)配气机构,如图 3-6 所示,它是将凸轮轴直接布置在汽缸盖上,直接通过摇臂、摆臂或凸轮来控制气门的启闭。这种配气机构的传动机构没有推杆等中间运动件,通过同步齿形带或链条传动,系统往复运动构件的质量大大减小,使整个系统的刚度大大加强,适用于高速发动机。主要缺点是凸轮轴距曲轴距离较远,使得正时传动机构复杂、汽缸盖结构复杂。

由于气门排列和气门驱动形式的不同,凸轮轴上置式配气机构有多种多样的结构形式。

凸轮轴上置式配气机构,根据气门驱动形式不同有摇臂驱动、摆臂驱动和直接驱动三种形式。

(1)摇臂驱动、单凸轮轴上置式配气机构。这种配气机构两种驱动方式,一是凸轮轴的凸轮推动液力挺柱,液力挺柱推动摇臂,摇臂再驱动气门,如图 3-7a)所示;二是凸轮轴的凸轮直接驱动摇臂,摇臂驱动气门,如图 3-7b)所示。

(2)摆臂驱动、凸轮轴上置式配气机构。摆臂驱动、凸轮轴上置式配气机构如图 3-8 所示,摆臂 3 的一端用弹簧扣将其活动连接摆臂支座 4 上,摆臂另外一端位于气门杆的尾端面。工作时,凸轮轴的凸轮通过摆臂,驱动气门启闭。这种配气机构有两种形式,一是单凸轮轴上置式摆臂驱动配气

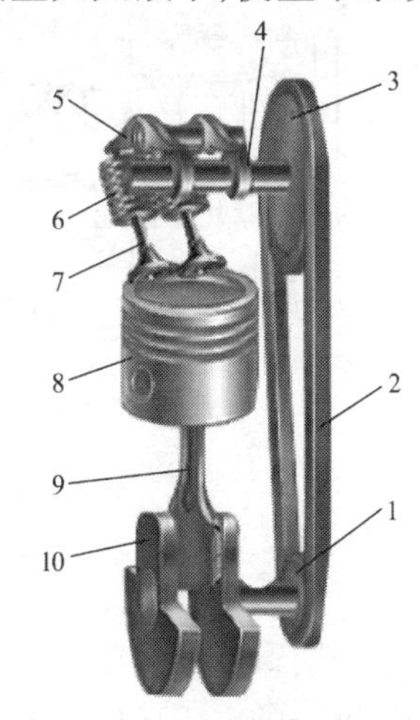

图 3-6 凸轮轴上置式配气机构示意图

1-曲轴齿带轮;2-齿带;3-凸轮轴齿带轮;4-凸轮轴;5-摇臂;6-气门弹簧;7-气门;8-活塞;9-连杆;10-曲轴

机构,如图 3-8a)所示;二是双凸轮轴上置式摆臂驱动配气机构,如图 3-8b)所示。

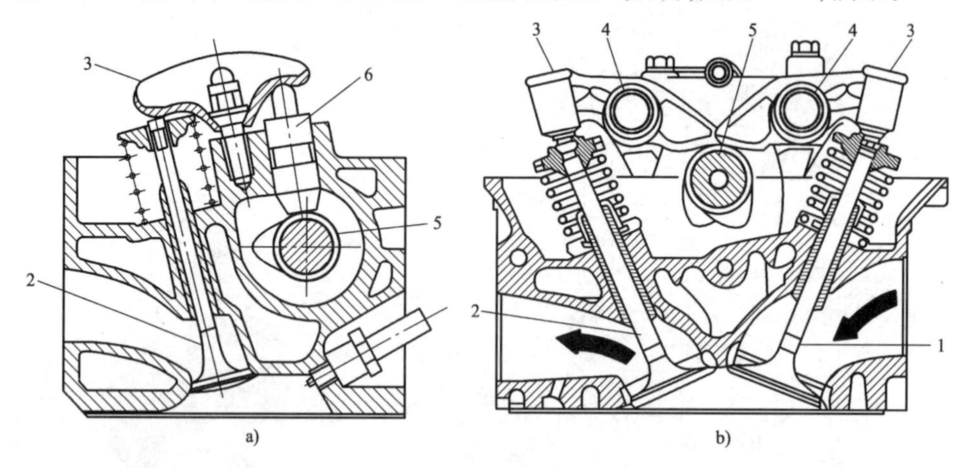

图 3-7　摇臂驱动、单凸轮轴上置式配气机构

a)凸轮通过挺柱、摇臂驱动气门;b)凸轮通过摇臂直接驱动气门

1-进气门;2-排气门;3-摇臂;4-摇臂轴;5-凸轮轴;6-液力挺柱

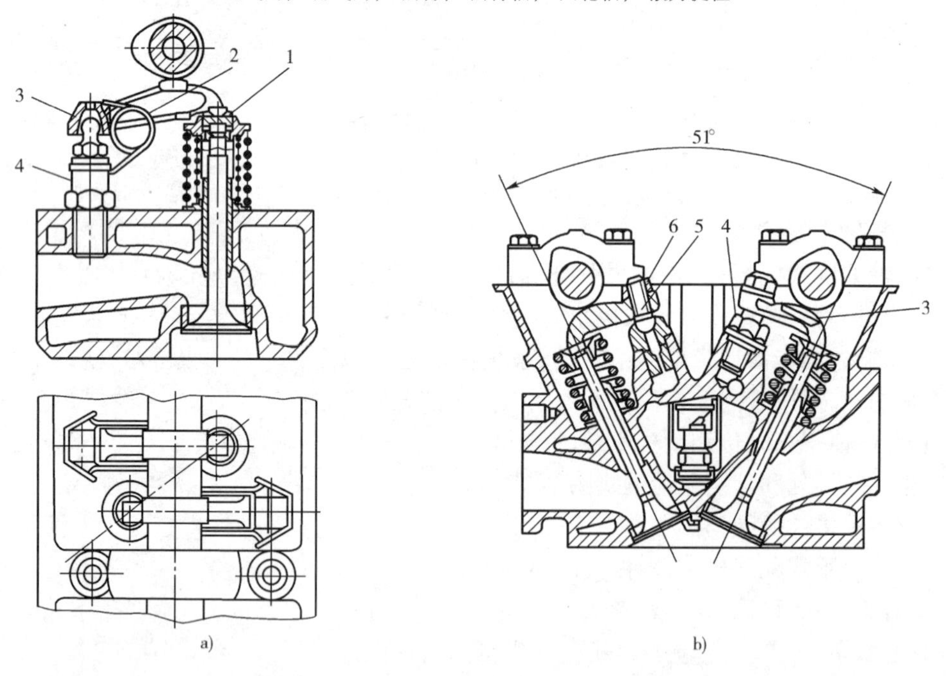

图 3-8　摆臂驱动、凸轮轴上置式配气机构

a)单凸轮轴上置式;b)双凸轮轴上置式

1-气门间隙调整块;2-弹簧扣;3-摆臂;4-摆臂支座;5-气门间隙调整螺钉;6-锁紧螺母

由于摆臂驱动气门的配气机构比摇臂驱动式刚度更好,更有利于高速发动机,因此在高速发动机上的应用比较广泛。

(3)直接驱动、凸轮轴上置式配气机构。在这种形式的配气机构中,凸轮通过吊杯形机械挺柱驱动气门;或通过吊杯形液力挺柱驱动气门,如图 3-9 所示。与上述各种形式的配气机构相比,直接驱动式配气机构的刚度最大,驱动气门的能量损失最小。因此,在高度强化的车用发动机上得到广泛的应用。如依维柯 8140.01、8140.21 等均为直接驱动式配气机构。

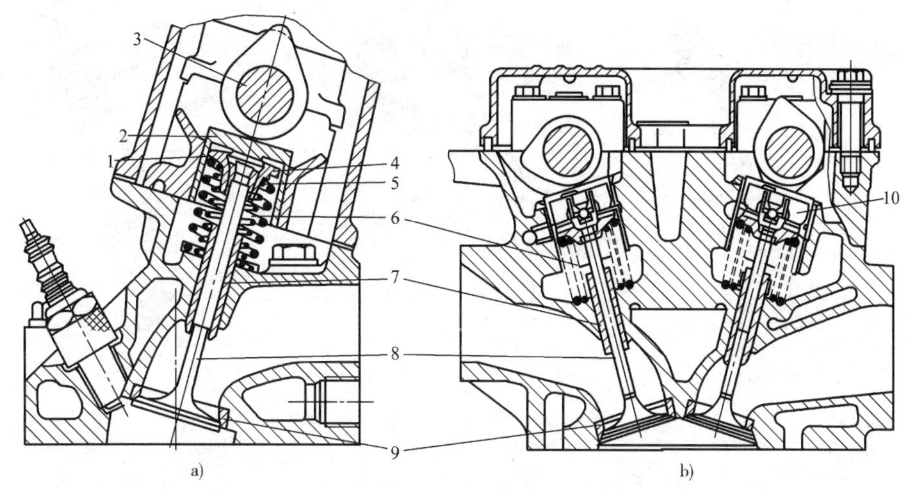

图 3-9　直接驱动、凸轮轴上置式配气机构

a）单凸轮轴上置式；b）双凸轮轴上置式

1-气门间隙调垫片；2-吊杯形机械挺柱；3-凸轮轴；4-气门弹簧座；5-气门锁夹；6-气门弹簧；7-气门导管；8-气门；9-气门座圈；10-吊杯形液力挺柱

凸轮轴上置式配气机构，根据顶置凸轮轴的数量，又分为单凸轮轴上置式和双凸轮轴上置式两种。

（1）单凸轮轴上置式（Single Over-head Camshaft，SOHC）。单凸轮轴上置式配气机构的汽缸盖上仅布置一根凸轮轴，用一根凸轮轴同时驱动进、排气门。其驱动形式有凸轮—摇臂驱动（图 3-7a）、凸轮—摆臂驱动（图 3-8a）或凸轮直接驱动（图 3-9a）三种。这种配气机构结构简单，布置紧凑。

（2）双凸轮轴上置式（Over-head Camshaft，OHC）。双凸轮轴上置式配气机构的汽缸盖上布置有两根凸轮轴，即进气门凸轮轴和排气门凸轮轴，由两根凸轮轴分别驱动进、排气门。其驱动形式有凸轮轴—摇臂驱动（图 3-8b）或者凸轮轴直接驱动（图 3-9b）。这种配气机构有利于增加气门数目，提高进排气效率和发动机转速。双凸轮轴上置式配气机构在现代车用发动机中应用越来越多。

第三节　气　门　组

气门组由气门、气门导管、气门座、气门弹簧、气门弹簧座、气门弹簧锁紧装置以及气门旋转机构等组成，如图 3-10 所示。

一、气门

1. 气门的功用、工作条件和要求

气门是发动机中的重要零件之一，是燃烧室的组成部分，在工作中控制进、排气通道的启、闭。在压缩和燃烧过程中，气门必须保证可靠的密封，不能出现漏气现象。否则，会使发动机的动力性和经济性下降，严重时甚至使发动机无法起动和工作。

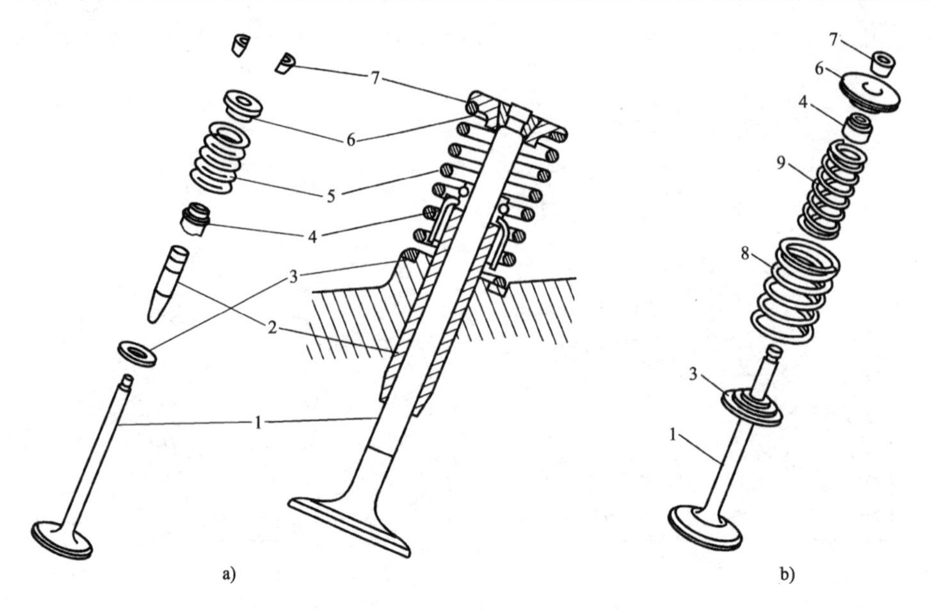

图 3-10　气门组的组成

a)单弹簧气门;b)双弹簧气门

1-气门;2-气门导管;3-下气门弹簧座;4-气门油封;5-气门弹簧;6-上气门弹簧座;7-气门锁夹;8-气门主弹簧;9-气门副弹簧

气门的工作条件最恶劣,直接与高温燃气接触,尤其排气门还要受到高温废气的冲刷,加之散热条件很差,所以工作温度很高,排气门头部的平均温度可达 600 ~ 800℃,排气门杆部可达 150 ~ 250℃,气门在落座时还要承受较大的撞击和磨损。此外,燃烧产物还会对气门产生腐蚀。因此,要求气门必须有足够的强度、刚度、耐热、耐磨、耐冲击和耐腐蚀性能。

2. 气门材料

进气门材料一般采用合金钢(如铬钢或铬镍钢等),而排气门则要求采用耐热合金钢(硅、铬、钢等)。为了节省耐热合金钢,有的排气门头部用耐热合金钢,而杆部用普通合金钢制造,然后将二者焊在一起。还有的在排气门的气门锥面上堆焊或喷涂一层钨钴合金,以提高其硬度、耐磨性、耐热性和耐腐蚀性,达到延长气门使用寿命的目的。

3. 气门结构

气门的构造可分为头部和杆部两个部分,如图 3-11 所示。

1)气门头部

气门头部的功用是与气门座配合,对汽缸进行密封。气门头部顶面的形状有平顶、凸顶和凹顶三种,如图 3-12 所示。

平顶气门(图 3-12a)结构简单,制造方便,吸热面积小,质量轻,进、排气门均可使用,目前应用最多。

凸顶气门(图 3-12b)刚度大,排气阻力小,但受热面积大,质量大,加工较复杂,一般用于发动机的排气门。

凹顶气门(图 3-12c)头部与杆部的过渡部分具有一定的流线型,可以减少进气阻力,但其顶部受热面积大,故适用于进气门,而不宜用于排气门。

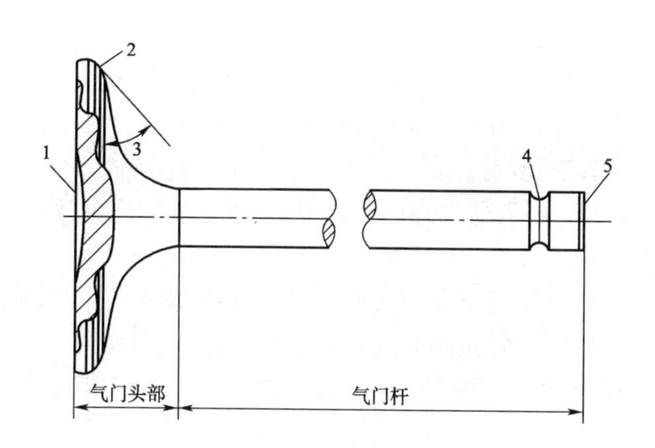

图 3-11 气门结构及各部名称

1-气门顶面；2-气门锥面；3-气门锥角；4-气门锁夹槽；5-气门尾端面

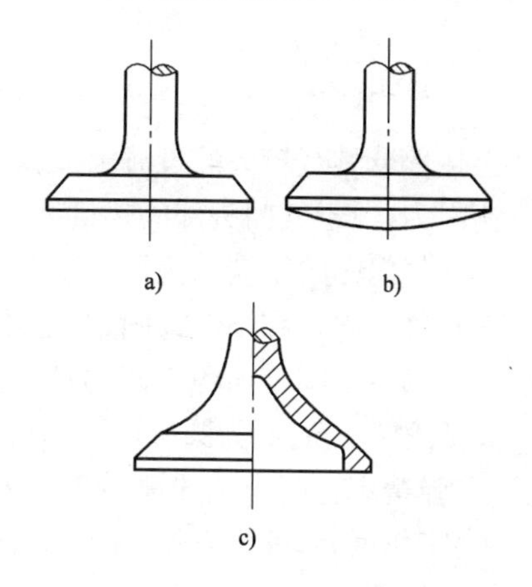

图 3-12 气门头部形状

a）平顶气门；b）凸顶气门；c）凹顶气门

气门头部与气门座的密封面均被加工成锥面，以获得较大的气门头部气门座接触压力，提高密封性和导热性；气门落座时有较好的对中、定位作用；避免气流拐弯过大而降低流速。气门顶面与锥面的夹角称为气门锥角，有 30°和 45°两种，如图 3-13 所示。30°气门锥角，其气体流通截面较大，进气阻力较小，可以增加进气量。但气门头部边缘较薄，刚度较差，致使密封性变差，也不利于散热。45°气门锥角可提高气门头部边缘的刚度，气门落座时有较好的自动对中作用及较大的接触压力。有利于密封与传热及挤掉密封锥面上的积炭。所以，大多数发动机进、排气门均采用 45°锥角。

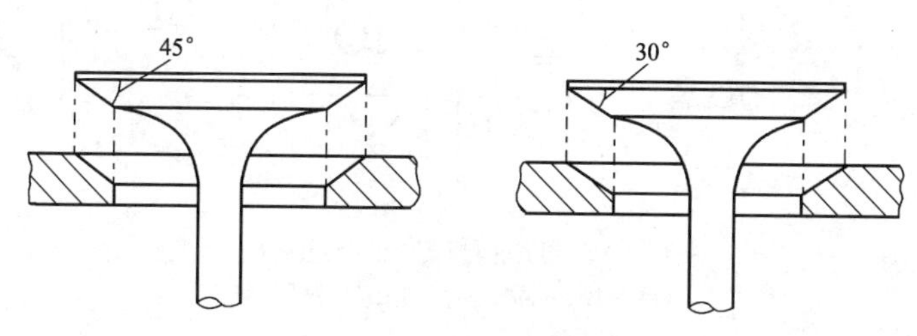

图 3-13 气门密封面的锥角

气门在装配时，气门和气门座的密封锥面要配对研磨，以保证良好的密封。研磨后的气门不能互换。

为了提高换气效果，在燃烧室结构允许的条件下，应设法加大气门直径。考虑到进气压力差小于排气压力差，所以多数内燃机的进气门头部直径大于排气门头部的直径。

气门头部的热量是通过气门座和气门导管传递给汽缸盖中的冷却液的。为了提高排气门的冷却效果。有些发动机将排气门制成空心式，空腔的一半左右充填金属钠，如图 3-14 所示。金属钠的熔点较低（97℃）。在工作时呈液态，并在腔内激烈振荡，不断地将气门头部的热量传递给气门杆，再经气门导管、汽缸盖传递给冷却液。实验证明，采用金属钠冷却的气门可使排气门头部的最高温度降低 10% ~15%。

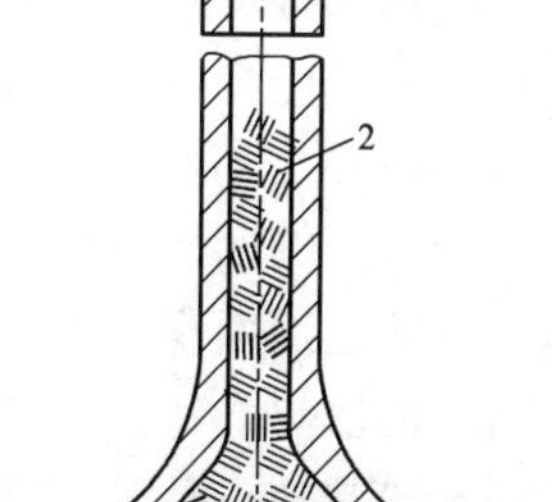

图 3-14 钠冷却的气门

1-堆焊的硬质合金；2-钠冷却剂

2)气门杆

气门杆呈圆柱形,与气门导管配合,对气门上下运动起导向作用。气门杆与气门头部的连接部分具有较大的过渡圆弧,既可以减小应力集中现象、提高强度,同时又有利于减少热流阻力,便于气门头部的热量经气门导管传到汽缸盖。

气门杆的尾端结构取决于上气门弹簧座的固定方式。气门杆与气门弹簧座的固定方式有锁夹式固定和锁销式固定,如图3-15所示。

锁夹式固定如图3-15a)所示,气门杆的尾端车有锁夹槽,在锁夹槽中装入两个半圆形锁夹7,锁夹外表面为圆锥面,具有锥形孔的气门弹簧座6安装在锁夹外,在气门弹簧3的支撑下,弹簧座将两个半圆锁夹压在凹槽中连成一个整体,并一起运动。这种固定方式结构简单,工作可靠,拆装方便,应用广泛。

锁销式固定如图3-15b)所示,气门杆尾端有圆柱销圆孔,孔内安装圆柱销8,弹簧座制成阶梯形,圆柱销正好卡在凹穴中,在弹簧作用下使圆柱销不会脱落。这种固定方式结构简单,工作可靠,但拆装不是十分方便。

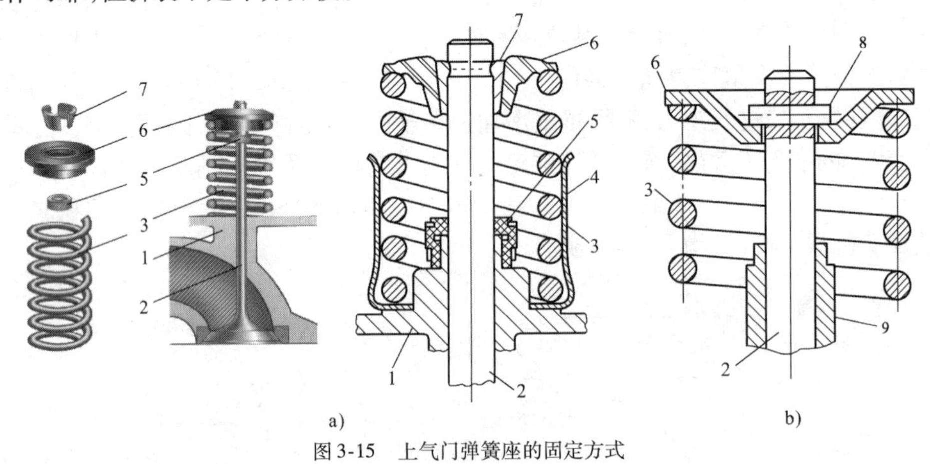

图3-15 上气门弹簧座的固定方式

a)气门锁夹固定;b)气门圆柱销固定

1-汽缸盖;2-气门杆;3-气门弹簧;4-气门弹簧振动阻器;5-气门油封;6-上气门弹簧座;7-气门锁夹;8-圆柱销;9-气门导管

4. 气门数

一般发动机较多采用每缸两个气门,即一个进气门和一个排气门。其特点是结构简单,能适应各种燃烧室。但其汽缸换气受到进气通道的限制,故都用于低速发动机。

为进一步提高内燃机充气系数和升功率,近年来在中、小缸径高速发动机上(缸径在100mm以下)越来越多地采用多气门技术,如每缸四个气门或五个气门,如图3-16所示。如广泛采用的四气门技术(两个进气门和两个排气门),可保证在汽缸直径一定时,大幅度地增加气流通道面积,而且由于气门数增加,可以减小气门尺寸,增大了气门的刚度并且有利于气门的散热。每缸四气门形式容易将火花塞或喷油器布置在缸盖的中央,有利于提高燃烧质量。其缺点是配气机构较为复杂。

二、气门座与气门座圈

气门座指汽缸盖上与气门锥面相配合的环形锥面部分。气门座除了与气门配合起密封作用外,还要将气门头部的热量传出。

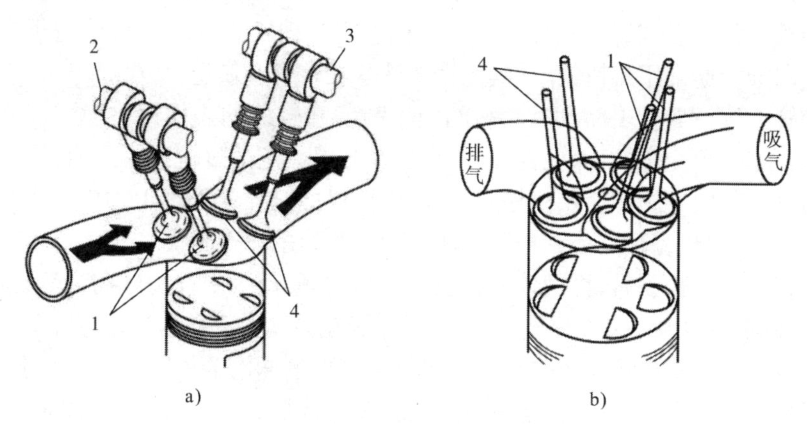

图3-16 多气门配气机构

a)四气门配气机构;b)五气门配气机构

1-进气门;2-进气门凸轮轴;3-排气门凸轮轴;4-排气门

气门座有两种结构形式,一种是一体式气门座,气门座直接在铸铁汽缸盖上用镗床切削加工而成,其特点是散热效果好,使用中不会发生气门座圈脱落事故,但磨损后不便于维修更换,所以,只有部分发动机采用这种气门座。另一种是镶嵌式气门座,用耐热钢、球墨铸铁或合金铸铁单独制成座圈,以较大的过盈量压入汽缸盖的安装座孔中,这种气门座也称为气门座圈,如图3-17所示。镶嵌式气门座导热性稍差,加工安装精度要求高,但气门座的使用寿命长,更换方便。气门座磨损到一定程度可以更换,降低维修成本。目前,大多数发动机的气门座采用镶嵌式气门座。

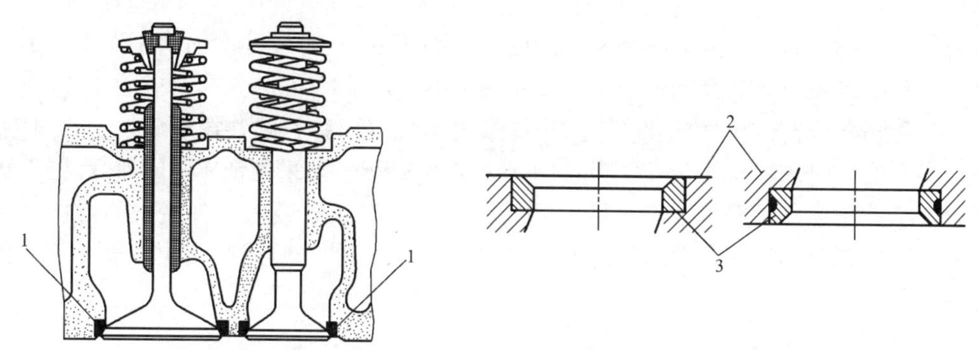

图3-17 气门座与气门座圈

1-气门座圈;2-汽缸盖;3-气门座

气门座的锥角与气门锥角相应,分为30°或45°两种,气门座与气门锥面形成的密封面宽度通常为1~3mm,并位于气门锥面的中部附近。密封面过宽时,密封压力减小,且易积炭,密封可靠性差;密封面过窄时,接触面积小,密封可靠性高,但气门头部散热能力差。

三、气门导管

气门导管,如图3-18所示。其功用是对气门的运动起导向作用,保证气门做直线往复运动,使气门与气门座能准确配合。此外,气门导管还将气门的部分热量传递给缸盖内的冷却液。

气门导管工作温度较高,润滑条件较差,仅靠气门摇臂飞溅的润滑油进行润滑,因此容易磨损。气门导管通常用灰铸铁、球墨铸铁或铁基粉末合金制造。

气门导管的圆柱形外表面具有较高的加工精度和较好的表面粗糙度,气门导管外圆与气门导管座孔是过盈配合,以保证良好传热,安装时以一定的过盈量压入汽缸盖的气门导管座孔中。为防止气门导管在使用中松脱,有的内燃机气门导管外圆上加工有卡环槽,嵌入卡环,实现对导管的定位,此外,该结构还可减小导管配合的过盈量。

气门导管压入汽缸盖后,再用铰刀精铰导管内孔,保证气门杆和气门导管之间的间隙配合,一般配合间隙为0.05~0.12mm,以便气门杆能在导管中正常的运动,并减少热阻。

气门杆在气门导管内运动,需要润滑,但进入其中的润滑油不能过多,否则,内燃机会出现烧机油现象。尤其是进气门,由于进气管内的真空作用,缸盖内润滑油会通过气门与气门导管的缝隙大量进入汽缸。为减少润滑油的消耗,防止气门杆上沉积物过多,有的内燃机装有气门油封。气门油封安装在气门导管上端5(图3-15),采用耐油橡胶制造。

四、气门弹簧

气门弹簧的功用是保证气门及时落座并关闭严密,克服气门在工作中受到传动件惯性力的影响,准确地按凸轮的外形动作。因此,气门弹簧应具有足够的刚度和抗疲劳强度。

气门弹簧的材料为高碳锰钢、硅锰钢和铬钒钢等的冷拔钢丝,加工后需要热处理,钢丝表面要磨光、抛光或喷丸处理,以提高疲劳强度。

气门弹簧一般采用圆柱形螺旋弹簧,如图3-19所示。有的发动机每个气门采用两个弹簧,两个弹簧外径不同,旋向相反,套装在一起。采用两个弹簧,可减小弹簧的尺寸,又可以提高弹簧工作的可靠性。由于两个弹簧的固有频率不同,还可以抑制因共振而发生的气门落座后的反跳现象。有的发动机采用不等距螺旋弹簧(图3-19b),这种弹簧在工作时,螺距小的一端逐渐叠合,有效圈数逐渐减少,可有效地消除气门弹簧的共振现象。安装时,要注意气门弹簧的方向,螺距小的一端应朝向不动的汽缸盖顶面。采用锥形气门弹簧(图3-19c)也可以消除共振现象。因为锥形气门弹簧的刚度和固有振动频率沿弹簧轴线方向是变化的。安装不等距螺旋弹簧或锥形气门弹簧时,应使螺距小的一端或弹簧大端朝向不动的汽缸盖顶面。

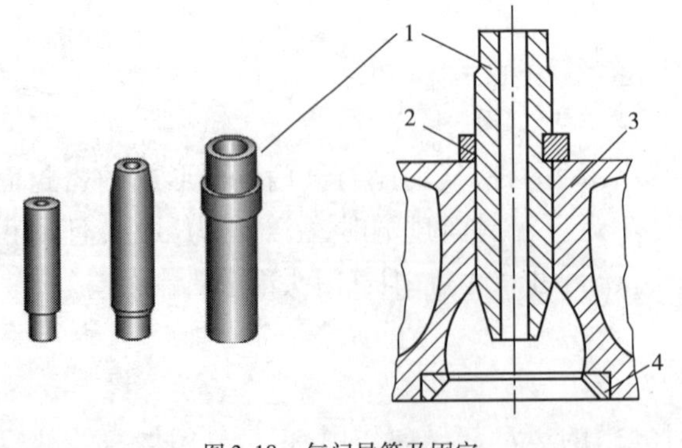

图3-18 气门导管及固定

1-气门导管;2-卡环;3-汽缸盖;气门座

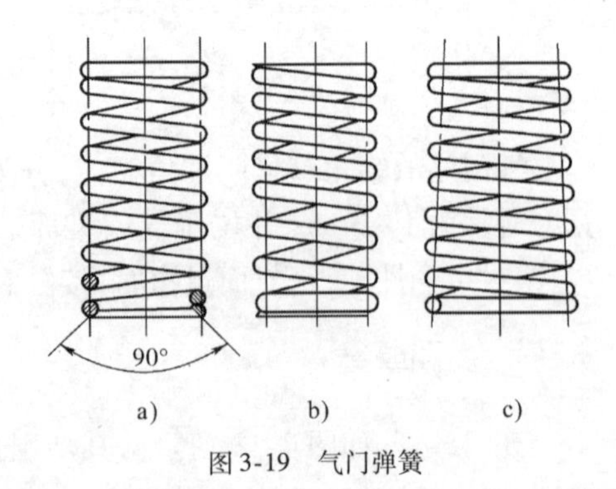

图3-19 气门弹簧

五、气门旋转机构

许多内燃机的配气机构中设置有能使气门相对于气门座旋转的装置,称之为气门旋转机构。其作用是使气门工作时能产生缓慢的旋转运动,气门的旋转可以使气门头部周向温度分布更加均匀,减小因温度不均造成的气门热变形,同时,气门的旋转,可以在密封锥面上产生轻微摩擦,清除锥面上的积炭等沉积物。另外,对于气门导管,气门的旋转不仅可以改善气门杆的润滑条件,还可以清除气门杆上形成的沉积物。

在图3-20 所示的气门旋转机构中,壳体4 上有6 个变深度凹槽,凹槽中装有钢球5 和复位弹簧8,碟形弹簧7 安装在旋转壳体4 与气门弹簧座3 之间。当气门关闭时,碟形弹簧并没有压紧在钢球上,这时钢球在复位弹簧的作用下位于凹槽的最浅处。当气门开启时,气门杆尾端受到的压力传到碟形弹簧,使碟形弹簧变形并压紧在钢球上,迫使钢球沿凹槽的斜底面滚动,同时带动旋转机构的壳体和气门锁夹6 及气门1 一起旋转一定的角度。

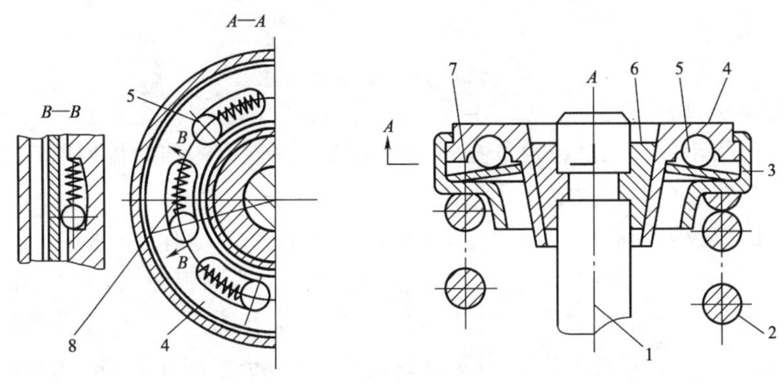

图3-20 气门旋转机构

1-气门;2-气门弹簧;3-气门弹簧座;4-旋转机构壳体;5-钢球;6-气门锁夹;7-碟形弹簧;8-复位弹簧

第四节 气门传动组

气门传动组的功用是使进、排气门能按配气相位规定的时刻开闭,且保证有足够的开度,适当的气门间隙。

气门传动组一般由配气凸轮轴及传动机构、挺柱、推杆、摇臂、摇臂轴等组成。由于凸轮轴位置和气门驱动方式不同,气门传动组的零件组成存在较大差别。

一、配气凸轮轴

1. 配气凸轮轴的功用、工作条件和要求

配气凸轮轴的功用是控制气门启闭时刻、开启时间长短和气门升程大小。

配气凸轮轴工作中承受着周期性的冲击载荷。凸轮与挺柱之间的接触应力很大,相对滑动速度也很高。使得凸轮工作面的磨损比较严重。为此,除要求凸轮轴轴颈和凸轮工作面应有较高的尺寸精度、较小的表面粗糙度及足够的刚度外,还应有较高的耐磨性和良好的润滑。

2. 配气凸轮轴的材料

配气凸轮轴通常用优质碳钢或合金钢锻造，也有的用合金铸铁或球墨铸铁铸造。轴颈和凸轮工作面经热处理后磨光。

3. 配气凸轮轴的结构

配气凸轮轴主要由凸轮和支承轴颈等组成。根据内燃机的总体布置，在一根凸轮轴上，可以单独配置进气凸轮或单独配置排气凸轮，也可以同时配置进、排气凸轮。如图 3-21 所示，是进、排气凸轮配置在一根凸轮轴，它由轴颈 1、进气凸轮 2、排气凸轮 3 和安装定时齿轮 7 的键槽 6 等组成。汽油机的下置式凸轮轴上还有驱动分电器的斜齿轮 4 和驱动汽油泵的偏心轮 5 等。

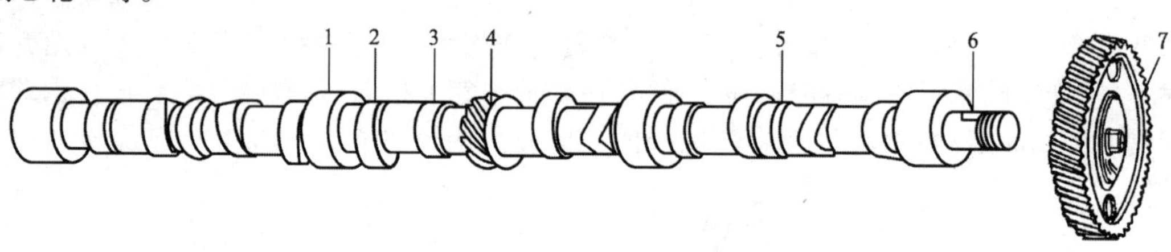

图 3-21　配气凸轮轴的构造

1-凸轮轴轴颈;2-进气凸轮;3-排气凸轮;4-分电器的斜齿轮;5-汽油泵的偏心轮;6-键槽;7-定时齿轮

凸轮轴上的凸轮数与汽缸数及每缸气门数有关。多缸机的凸轮排列顺序及凸轮之间的夹角取决于各缸的发火顺序及发火间隔角。

凸轮轮廓由几段不同的曲线组合而成（图 3-22），保证气门有足够的升程。O 点为凸轮旋转中心，EFA 为以 O 点为中心的圆弧，称为基圆，AB、DE 段是凸轮缓冲段，其长短与气门间隙大小有关，BCD 段是气门工作段。当凸轮轴按图中所示逆时针方向转过 EFA 时，挺柱不动，气门关闭。当凸轮转过 A 点后，挺柱（液力挺柱除外）开始上升，到 B 点后，完全消除了气门间隙，气门开启，至 C 点气门到达升程最大值，BC 段称为凸轮上升段。由 C 点开始气门下降，转到 D 点时，气门关闭，CB 段称为凸轮下降段，至 E 点恢复气门间隙。气门升程及其运动规律受凸轮工作段外形影响最大。

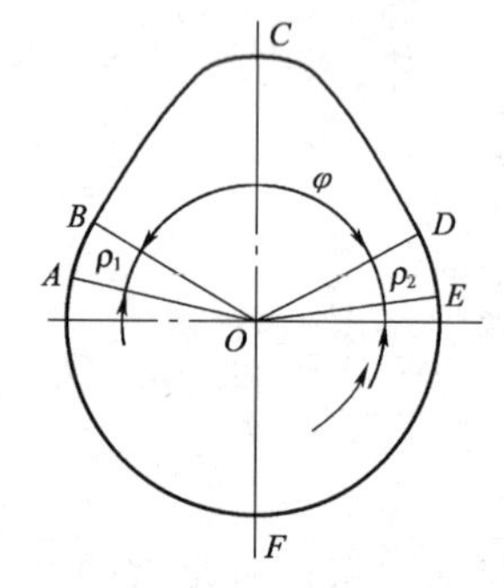

图 3-22　凸轮轮廓

凸轮轴上有若干个轴颈，凸轮轴的轴颈数取决于凸轮轴承受的载荷和凸轮轴本身的刚度。一般内燃机每隔两个汽缸设置一个轴颈，对于缸径较大、气门数多、转速高以及凸轮轴负荷较大的内燃机，每隔一个汽缸设置一个轴颈，以增加支承刚度。轴颈的半径要大于凸轮的最大半径，以便于凸轮轴在机体上的凸轮轴轴承孔内的安装。轴承孔内压有整体式滑动轴承与轴颈配合，轴承为浇有白合金的钢、铝衬套，也有的用粉末冶金衬套或铜套。凸轮轴轴承上开设的油孔与机体主油道相通，保证可靠的润滑。

凸轮轴的传动一般都采用斜齿圆柱齿轮。斜齿圆柱齿轮在运转中会产生轴向分力、使凸轮轴轴向窜动，破坏了正常的配合关系，影响配气定时的准确性。因此，凸轮轴必须采取轴向定位措施。常用的方法有以下三种。

1）凸肩轴向定位

在凸轮轴的第一轴颈的两端设有凸肩，而第一道轴承采用推力轴承，以限制凸轮轴的轴向移动。这种方式一般用于顶置式凸轮轴上，如图 3-23 所示。

2）推力板轴向定位

图 3-24 所示，在驱动齿轮 1 与凸轮轴 6 第一轴颈之间安放调节环 3（或称隔圈），以确定驱动齿轮与第一轴颈之间的安装距离。在调整环外又套上推力板（或称推力片）4。用螺栓 7 将推力板固定在机体的轴承座 5 上，保证了凸轮轴轴向安装位置。由于调整环的厚度略大于推力板。因此调整环与推力板的厚度差即为凸轮轴轴向间隙 Δ，一般为 0.05 ~ 0.20mm。轴向间隙可通过改变调整环厚度来调整。推力板能限制凸轮轴轴向窜动，但不妨碍凸轮轴的自由转动。推力板磨损后，可以更换。

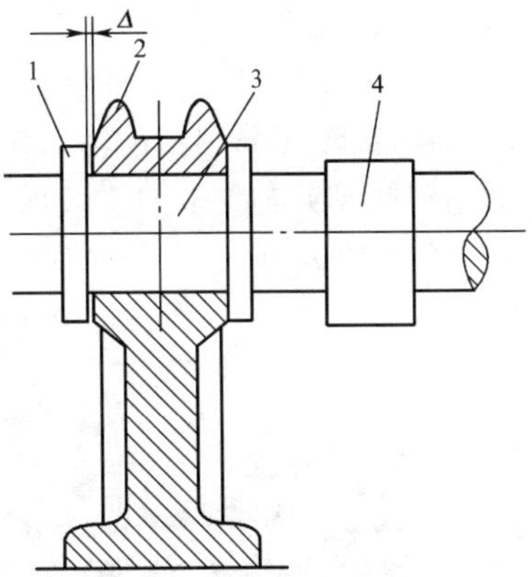

图 3-23　凸肩轴向定位

1-凸肩；2-凸轮轴轴承座；3-第一轴颈；4-凸轮轴

3）推力螺钉轴向定位

如图 3-25 所示，推力螺钉 3 旋在齿轮室盖 1 上，并用锁紧螺母 4 锁紧。在凸轮轴端部装有齿轮锁紧螺母 2，在推力螺钉与齿轮锁紧螺母之间留有的间隙，就是凸轮轴的轴向间隙 Δ，其大小可以通过转动推力螺钉进行调节。

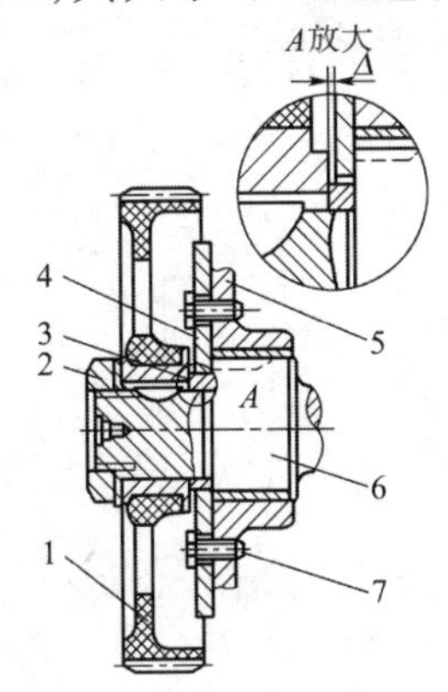

图 3-24　推力板轴向定位

1-驱动齿轮；2-锁紧螺母；3-调节环；4-推力板；5-轴承座；6-凸轮轴；7-固定螺栓

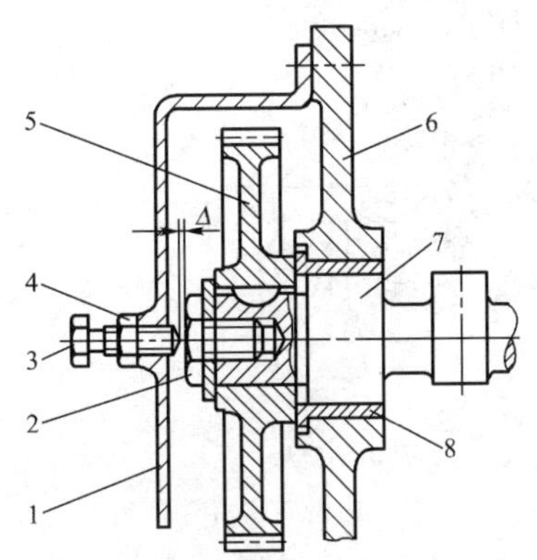

图 3-25　推力螺钉定位

1-齿轮室盖；2-齿轮锁紧螺母；3-推力螺钉；4-推力螺钉锁紧螺母；5-凸轮轴齿轮；6-凸轮轴轴承座；7-凸轮轴；8-凸轮轴衬套

二、配气凸轮轴的传动机构

配气凸轮轴由曲轴通过传动机构驱动。传动机构形式主要有齿轮式、链条式和齿带式三种。

1. 齿轮式传动机构

齿轮传动机构如图 3-26 所示，用于下置式和中置式凸轮轴的传动。汽油机一般只用一对定时齿轮，即曲轴定时齿轮 1 和凸轮轴定时齿轮 2。柴油机需要同时驱动喷油泵，所以增加一个中间齿轮 3。

图 3-27 为柴油机配气凸轮轴的传动机构，采用齿轮传动，曲轴通过传动齿轮驱动凸轮轴转动，凸轮轴再通过挺柱、推杆以及摇臂控制气门的开启和关闭。当凸轮转动到上升段

时，气门被打开；当凸轮转动到下降段时，气门弹簧的复位弹力使气门关闭。

齿轮传动机构优点是传动的准确性和可靠性好，但噪声较大。为了啮合平稳并减少噪声，定时齿轮多采用斜齿轮。在中、小功率发动机上，曲轴定时齿轮用钢制造，而凸轮轴齿轮则用铸铁或夹布胶木制造以减小噪声。为了配气定时的准确，在传动齿轮上都有记号，安装时必须注意对准。

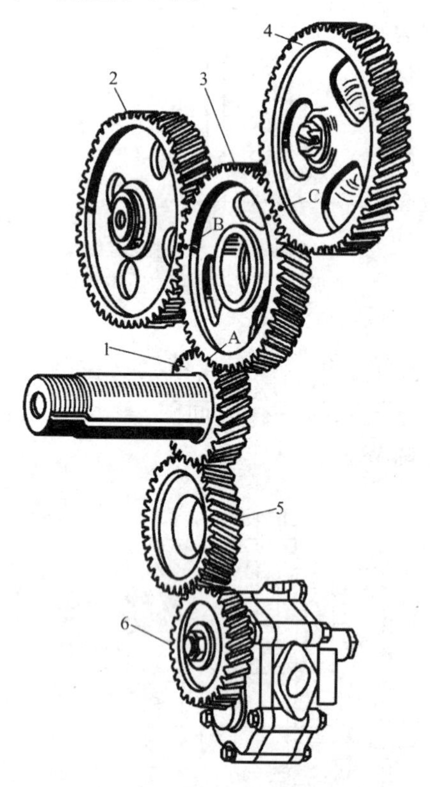

图 3-26 齿轮传动机构

1-曲轴定时齿轮；2-凸轮轴定时齿轮；3、5-中间齿轮；4-喷油泵定时齿轮；6-机油泵传动齿轮；A、B、C-定时记号

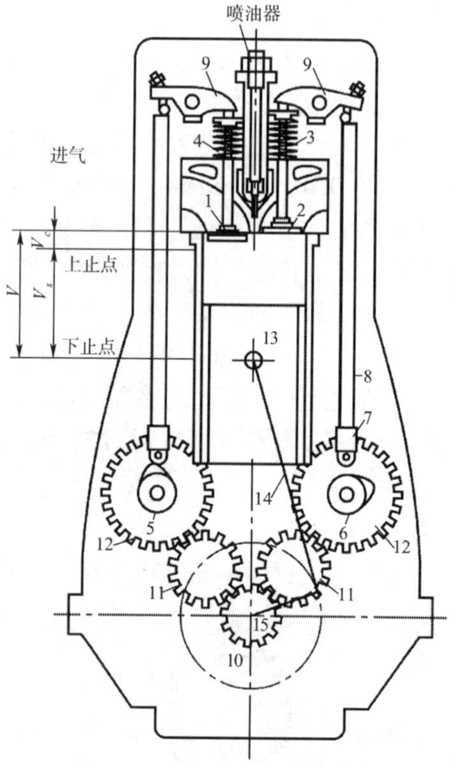

图 3-27 柴油机配气机构齿轮式传动

1-进气门；2-排气门；3、4-弹簧；5-进气凸轮；6-排气凸轮；7-挺柱；8-推杆；9-摇臂；10-曲轴；11-中间齿轮；12-凸轮轴齿轮；13-活塞；14-连杆；15-曲轴正时齿轮

2. 链条式传动机构

链条传动机构用于中置式和上置式凸轮轴的传动。

链条传动是在曲轴和凸轮轴上各装置一个链轮，由链条驱动凸轮轴转动。常用的链条传动有单列链和双列链。单列链传动中，曲轴链轮 3 通过链条 2 驱动凸轮轴链轮 1（图 3-28a）。为防止链条因磨损松弛而产生定时误差，在链条侧面设有张紧机构和链条导板，用以调整链条的张力。双列链传动中，在凸轮轴链轮和曲轴链轮之间，布置了一个惰轮，利用惰轮实现凸轮轴的双级减速（图 3-28b）。链条传动的优点是可靠性好、传动阻力比齿轮小、在发动机上的布置比较容易，缺点是润滑要求高、传动噪声较大、维护比较麻烦。

3. 齿带式传动机构

齿带用于上置式凸轮轴的传动，如图 3-29 所示。齿带是在以合成橡胶为基体的传动带上压出齿形，与传动齿轮啮合而传递转矩。目前，常用的齿带材料是高分子氯丁橡胶，中间夹有玻璃纤维和尼龙织物，以保证齿带有较大的强度和较小的拉伸变形。齿带的优点是无须润滑、工作噪声小，和链条相比，寿命略短，一般要求10000km更换一次齿带。

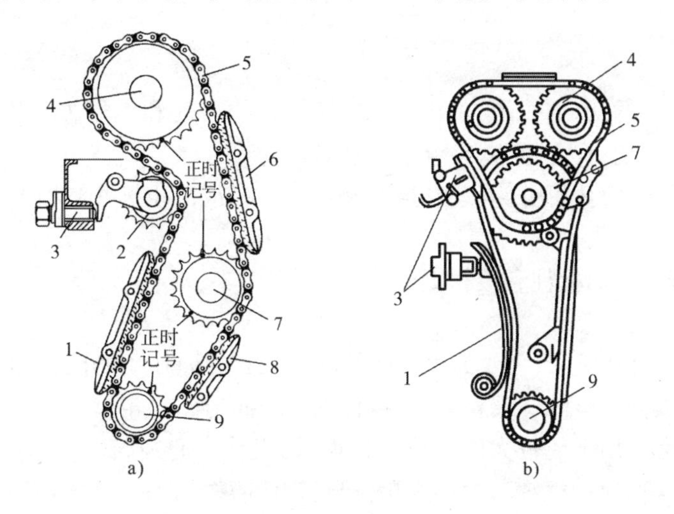

图3-28 链条传动

a）单列链传动；b）双列链传动

1-导链板；2-张紧轮；3-液压张紧装置；4-凸轮轴链轮；5-链条；6-导链板；7-中间链轮；8-导链板；9-曲轴链轮

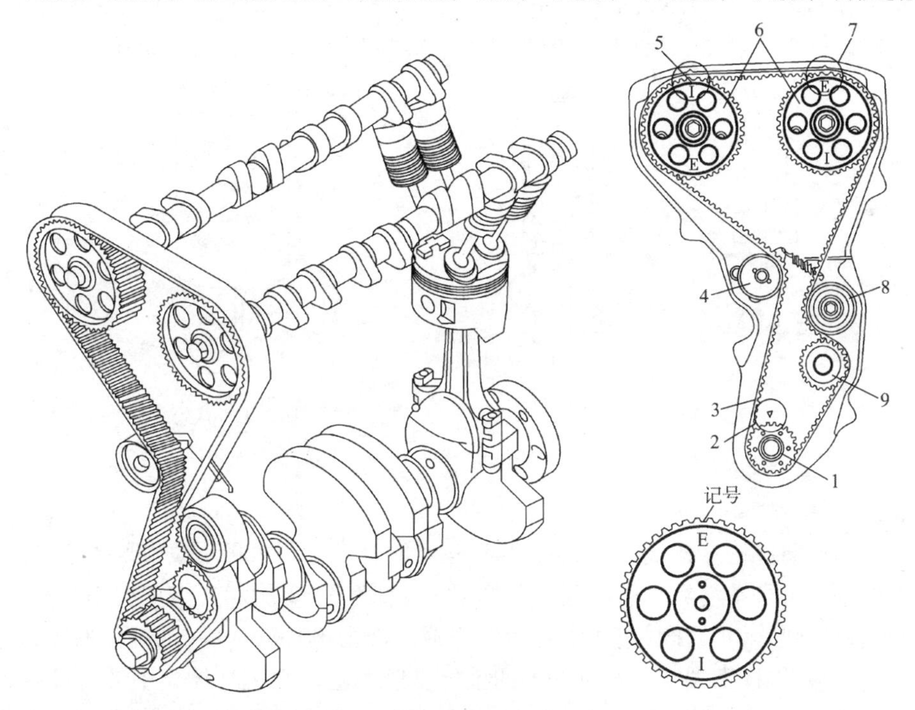

图3-29 齿带传动机构

1-曲轴定时齿带轮；2-定时记号；3-齿带；4-张紧轮；5-进气凸轮轴定时记号；6-凸轮轴定时齿带轮；7-排气凸轮轴定时记号；8-中间轮；9-水泵传动齿带轮

在链条传动和齿带传动机构中，链轮与链条、齿带轮与齿带上也都有安装记号，以保证配气定时准确。

曲轴与凸轮轴有严格的传动比。四冲程内燃机的传动比为2:1,即曲轴每转两转,凸轮轴转一转,而二冲程内燃机的传动比为1:1,即曲轴每转一转,凸轮轴转一转。

三、挺柱

挺柱是配气凸轮的从动件,其功用是将配气凸轮的运动和作用力传给推杆或气门杆。制造挺柱的材料有碳钢、合金钢、镍铬合金铸铁等。

挺柱有多种形式,大体可分为机械挺柱和液力挺柱(或液压挺柱)两种。

1. 机械挺柱

机械挺柱可分为平面挺柱和滚轮挺柱两种形式。

1)平面挺柱

平面挺柱如图3-30所示,由作为工作面的圆盘和起导向作用的圆柱体组成。在圆柱体的内部有球座,与推杆下端的球头相配合,挺柱的工作面与凸轮相接触。为了减少挺柱工作面和凸轮的磨损,常采用半径较大的球形工作面,即挺柱中心线与凸轮中心线偏心配合,偏心距 $e = 1 \sim 3$mm,工作时挺柱绕其中心线稍做自转,使磨损均匀。

平面挺柱结构简单、质量轻,使用广泛。

2)滚轮挺柱

滚轮挺柱如图3-31所示,挺柱与滚轮由销轴连接。其突出的优点是摩擦和磨损小,但结构比平面挺柱复杂,质量也较大。因此,滚轮挺柱多用于汽缸直径较大的内燃机。

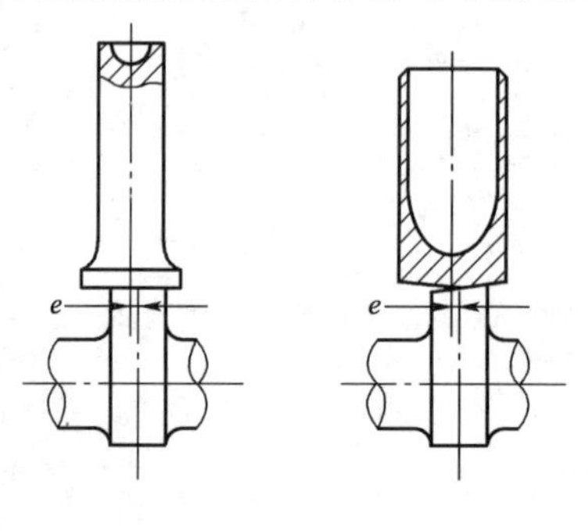

图3-30　平面挺柱

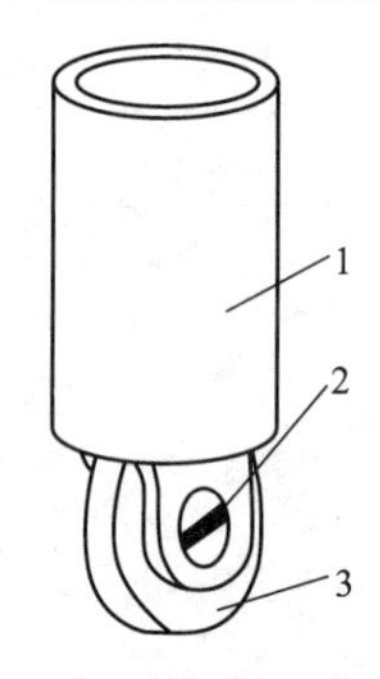

图3-31　滚轮挺柱

1-挺柱;2-销轴;3-滚轮

2. 液力挺柱

由于气门传动机构存在气门间隙,在高速运动时会产生很大的振动和噪声。因此,有些内燃机上采用了可自动消除气门间隙的液力挺柱,如图3-32所示。它主要由挺柱体、推杆支座、柱塞、柱塞弹簧、止回阀、止回阀弹簧等组成。液力挺柱安放在导向孔内,挺柱下端面直接与凸轮接触,推柱下端支撑在挺杆上的推杆支座4上。在挺柱体3中装有柱塞5,在柱塞上端压入推杆支座。柱塞被柱塞弹簧10向上推压,其极限位置由卡环2限定。柱塞下端的止回阀保持架7内装有止回阀弹簧9和止回阀8。发动机润滑系统中的机油经进油孔1进入内油腔6,并在机油压力的作用下推开止回阀8充满高压腔11。在液力挺柱内始终充满着机油。

当气门关闭时,在柱塞弹簧的作用下,柱塞与推杆支座一起上移,使气门及其传动件相互接触而无间隙，但由于气门弹簧的弹力较大，所以气门不会被顶开。

当凸轮顶起挺柱时，挺柱体上移，高压腔内的机油压力升高，使止回阀关闭，机油被封闭在高压腔内。由于机油不能压缩，因此液力挺柱如同机械挺柱一样向上移动，使气门开启。

在工作中会有少量机油从高压腔经挺柱体与柱塞之间的间隙泄漏出去，使柱塞稍有下降。这就保证了气门落座时，气门与气门座之间的密封。气门落座后，挺柱内油压降低。此时机油由柱塞内腔打开止回阀流入挺柱内腔，使泄漏的机油得到补充。

当配气机构零件受热膨胀时，挺柱体内腔的部分油液从间隙中被挤出，挺柱体内腔容积减小，挺柱自动“缩短”。反之，当配气机构零件冷缩时，柱塞弹簧使柱塞顶起，挺柱体内腔容积增大，气门关闭后，增加向挺柱体内腔的补油量，液力挺杆自动“伸长”。因此，液力挺杆能自动补偿配气机构零件的热胀冷缩，始终保持无间隙传动。

液力挺柱结构复杂，加工精度高，磨损后无法调整只能更换。

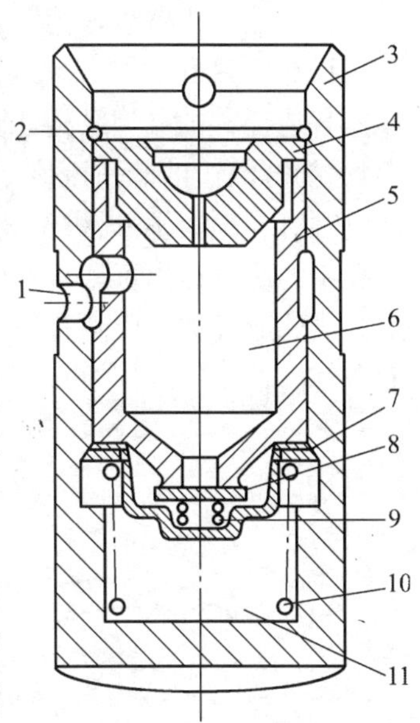

图 3-32 液力挺柱

1-进油孔；2-卡环；3-挺柱体；4-推杆支座；5-柱塞；6-内油腔；7-止回阀保持架；8-止回阀；9-止回阀弹簧；10-柱塞弹簧；11-高压腔

四、推杆

推杆用于下置凸轮轴式发动机，其功用是将挺柱的推力传给摇臂。推杆是一细长杆件，其上端凹形球座与摇臂的球头相配合，下端为球头与挺柱的凹槽配合。由于推杆传递的推力很大，因此要求有良好的纵向稳定性。

推杆可以是实心的，也可以是空心的，如图 3-33 所示。实心推杆如图 3-33a）所示，一般用中碳钢制成，两端的球头或球形支座与推杆锻造成一体，然后进行热处理。为减轻质量并保证有足够的刚度，推杆也可采用冷拔无缝钢管制成空心结构，如图 3-33b）、c）所示。对于机体和汽缸盖都是用铝合金制造的发动机，宜采用锻铝或硬铝制造推杆，并在其两端压入钢制球头和球形支座，如图 3-32d）所示。推杆两端的球头或球形支座均需淬硬和磨光，以提高耐磨性。

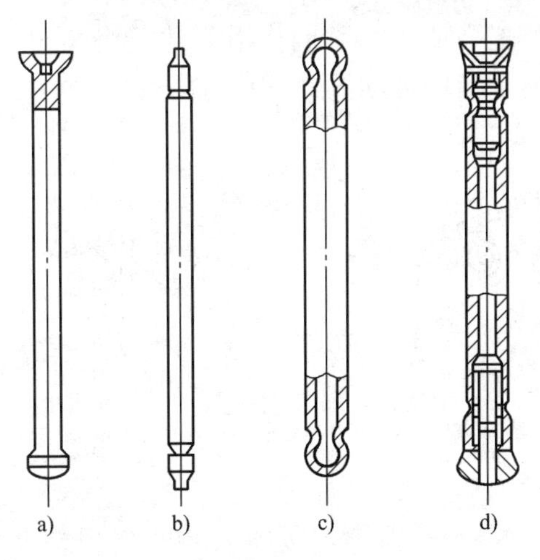

图 3-33 推杆

a）钢制实心推杆；b）、c）钢管制成的推杆；d）硬铝棒推杆

五、摇臂

摇臂的功用是将推杆和凸轮传来的运动和作用力改变方向后传给气门使其开启。摇臂在摆动过程中承受很大的弯矩，因此应有足够的强度和刚度以及较小的质量。摇臂由锻钢、可锻铸球、球墨铸铁或

铝合金制造。摇臂可分为普通摇臂和无噪声摇臂。

1. 普通摇臂

普通摇臂的典型结构如图3-34所示。它是一个双臂杠杆,以摇臂轴9为支点,两臂不等长,摇臂两边的臂长比值(称为摇臂比)为1.2~1.8。短臂端4加工有螺纹孔,用来安装调整螺钉和锁紧螺母,螺钉的球头与推杆顶端的凹球座相连接。通过调节螺钉在摇臂上螺纹孔中的旋进旋出可调节气门间隙的大小。长臂端1直接与气门杆尾端接触,其接触面一般制成球形或加工成圆弧面,是推动气门的工作面。当摇臂摆动时,使两者间的作用点尽可能在气门轴线上。

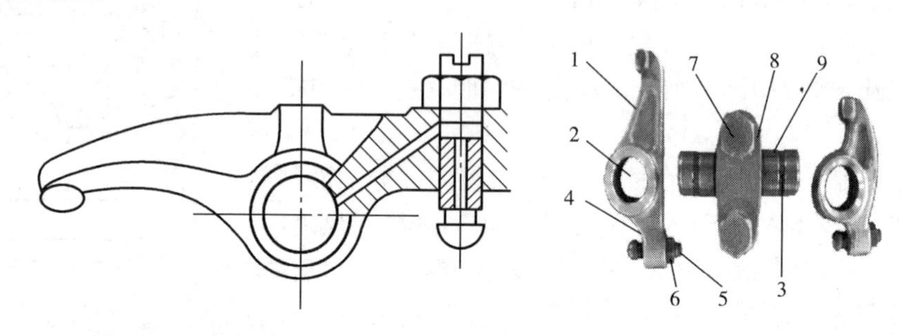

图3-34　摇臂

1-长臂端;2-摇臂轴孔;3-润滑油道;4-短臂端;5-调节螺钉;6-锁紧螺母;7-摇臂支座固定螺栓;8-摇臂支座;9-摇臂轴

摇臂的轴孔内镶有青铜衬套或装有滚针轴承与摇臂轴9配合转动,摇臂轴支承在安装在汽缸盖上的摇臂支座8上。摇臂支座、摇臂轴和摇臂内均设润滑油道,并与汽缸盖上的润滑油道相通,保证摇臂的轴孔及两端工作面的润滑。

为增大摇臂的抗弯强度和刚度,摇臂一般都制成T字形或工字形断面。

2. 无噪声摇臂

为了消除气门间隙,减小由此产生的冲击噪声,可采用无噪声摇臂。无噪声摇臂的工作原理如图3-35所示,该结构的主要部件是凸环,依靠凸环消除气门间隙。凸环以摇臂的一端为支点,并靠在气门杆部的端面上,当气门处在关闭位置时,在弹簧的作用下,柱塞推动凸环向外摆动,消除了气门间隙。气门开启时,推杆便向上运动推动摇臂,由于摇臂已经通过凸环和气门杆处在接触状态,从而消除了气门间隙。

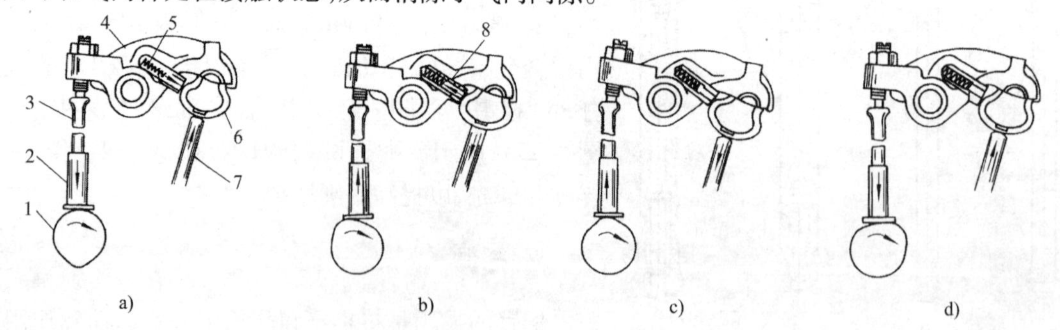

图3-35　无噪声摇臂

a)气门关闭;b)气门正在开启;c)气门开启;d)气门正在关闭

1-凸轮;2-挺柱;3-推杆;4-摇臂;5-弹簧;6-凸环;7-气门杆;8-柱塞

六、气门间隙及其调整

发动机在工作时,配气机构各零件,如气门、挺柱、推杆等都会因受热膨胀而伸长。如果在冷态时上述各零件之间没有一定间隙,则在受热膨胀伸长后,会引起气门关闭不严,导致气门在工作中漏气,从而使内燃机功率下降,严重时甚至不易起动。为此,配气机构在冷态装配时,在气门杆尾端与气门驱动零件(摇臂、挺柱或凸轮基圆)之间,留有适当的间隙,以保证配气机构各零件在热态时,有膨胀的余地,这个间隙称为气门间隙,如图 3-36 所示。

气门间隙的大小必须适当,间隙过小,仍会存在气门关闭不严的问题;间隙过大,则使气门开启时间变短,使气门升程变小,影响换气效果。气门间隙的大小一般由制造厂根据实验确定。通常,排气门温度高,其气门间隙比进气门的稍大,为 0.30 ~0.35mm,而进气门的气门间隙一般为 0.25 ~0.30mm。

气门间隙的测量与调整必须在冷车时进行,其方法根据凸轮轴位置的不同而异。当凸轮轴上置时,其测量部位在凸轮基圆与气门调整盘之间,通过调整盘旋入气门杆的深度来调整气门间隙,如图 3-35 所示;当凸轮轴下置时,应使挺柱落在凸轮的基圆上,测量部位在摇臂端面与气门杆尾端之间,利用摇臂另一端的调整螺钉来调整气门间隙,如图 3-37 所示。

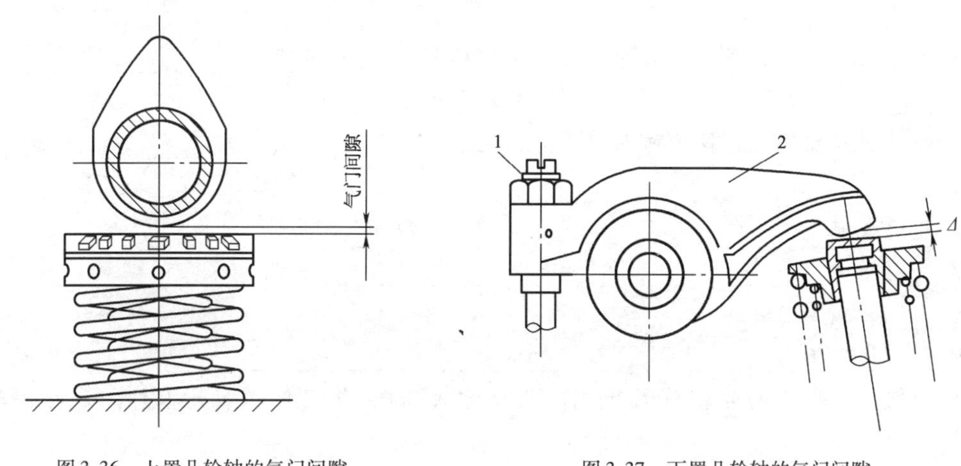

图 3-36 上置凸轮轴的气门间隙

图 3-37 下置凸轮轴的气门间隙
1-调整螺钉;2-摇臂

可变配气机构简介。传统的发动机配气机构在发动机制造装配好之后,配气相位角及气门升程便无法改变。但理想的配气相位角应随着发动机的转速、负荷及其他工况而改变。如发动机低速时,在气门重叠角范围内,由于气流惯性的减弱,可能造成废气倒流;尤其当转速在 1000r/min 以下时,更为明显,容易造成怠速不稳,功率下降等。而在高转速时,又由于进气行程的时间非常短促,可能造成进气不足、排气不净、功率下降等。因此,传统的配气机构难以同时兼顾高低转速时对配气相位(配气正时)的要求。

为了使发动机在高转速时能提供较大的功率,在低转速时又能产生足够的转矩,现代轿车发动机已有采用可变气门配气机构,它能根据发动机的运行状况而改变配气相位和气门升程。

可变气门配气机构种类较多,主要通过两种形式实现。一种是凸轮轴和凸轮可变,通过凸轮轴或者凸轮的变换来改变配气相位。另一种是气门挺柱或摇臂可变机构,工作时凸轮轴和凸轮不变动,气门挺柱、摇臂或推杆靠机械力或液压力的作用而改变,从而改变配气相位和气门升程。

随着内燃机技术的不断发展,可变配气机构必将会在内燃机上得到广泛的应用。限于篇幅,本书对可变气门配气机构不做详细介绍,读者可参考其他书籍或资料,进行进一步研究。

练习与思考

一、填空题

1. 对换气过程的基本要求是__________,__________。

2. 四冲程发动机的换气过程分为__________、__________、__________、__________四个阶段。

3. 根据气门布置的方式不同,配气机构的布置形式分为__________和__________两种。

4. 配气机构按凸轮轴的布置位置不同分,有__________、__________、__________三种布置形式。

5. 配气凸轮轴上置式配气机构,根据气门驱动形式不同有__________、__________、__________三种形式。

6. 曲轴驱动配气凸轮轴的传动机构形式主要有__________、__________、__________等三种。

7. 气门式配气机构由__________和__________两部分组成。

8. 气门组由________、__________、__________、__________、__________、__________以及__________等组成。

9. 气门传动组由__________、__________、__________、__________、__________及其传动机构等组成。由于凸轮轴位置和气门驱动方式不同,气门传动组的零件组成存在较大差别。

10. 配气凸轮轴必须采取轴向定位措施。常用的方法有____________、____________、____________三种。

11. 配气凸轮轴通过正时齿轮由__________驱动,四冲程发动机一个工作循环凸轮轴转__________周,各气门开启__________次。

12. 气门杆与气门弹簧座的固定方式有__________或__________。

二、判断题(正确打✓、错误打×)

1. 气门间隙是指气门与气门座之间的间隙。 (　　)

2. 配气凸轮轴的转速比曲轴的转速快一倍。 (　　)

3. 采用液力挺柱的发动机其气门间隙等于零。 (　　)

4. 平面挺柱在工作时既有上下运动,又有旋转运动。 (　　)

5. 气门的最大升程和在升降过程中的运动规律是由凸轮转速决定的。 (　　)
6. 正时齿轮装配时，必须使正时标记对准。 (　　)
7. 配气凸轮轴的轴向窜动可能会使影响配气定时的准确性。 (　　)
8. 摇臂是一个双臂杠杆，为了加工方便，一般摇臂的两臂是等长的。 (　　)
9. 气门间隙过大，发动机在热态下可能发生漏气，导致发动机功率下降。 (　　)
10. 气门间隙过大时，会使得发动机进气不足，排气不彻底。 (　　)

三、选择题

1. 从排气门开启到汽缸内压力降到接近排气管内压力为止，这一过程称为(　　)。
A. 自由排气阶段　B. 强制排气阶段　C. 超临界排气阶段　D. 惯性排气阶段
2. 活塞从下止点向上止点移动，将废气驱赶出汽缸，这一过程称为(　　)。
A. 自由排气阶段　B. 强制排气阶段
C. 超临界排气阶段　D. 惯性排气阶段
3. 自由排气阶段是指(　　)。
A. 活塞从下止点移到上止点为止的排气过程
B. 活塞从下止点到汽缸内气体压力降到接近排气管内压力为止的排气过程
C. 从排气门开启到汽缸内气体压力降到接近排气管内压力为止的排气过程
D. 从排气门开启到排气门关闭的排气过程
4. 四冲程内燃机的换气过程是(　　)。
A. 上一工作循环排气门开启到下一工作循环进气门关闭的过程
B. 每一工作循环内排气门开启到排气门关闭的过程
C. 上一工作循环进气门开启到下一工作循环排气门关闭的过程
D. 每一工作循环内进气门开启到进气门关闭的过程
5. 下面关于充气系数 η_v 的说法不正确的是(　　)。
A. 充气系数是用来评价换气过程完善程度的
B. 充气系数越大，表示实际进缸的新鲜空气越多
C. 一般内燃机的充气系数总是小于 1 的
D. 压缩比越大，充气系数越小
6. 内燃机转速高低对充气系数的影响是(　　)。
A. 转速越高，充气量数越低
B. 转速越低，充气量数越低
C. 转速在某一中间值时，充气系数可达最大值
D. 转速对充气系数影响不大
7. 凸轮轴下置式配气机构的主要特点是(　　)。
A. 凸轮轴布置在汽缸侧面　B. 进、排气门布置在汽缸盖上
C. 不需要凸轮轴传动机构　D. A + B
8. 在凸轮轴下置式配气机构中，凸轮轴正时齿轮用夹布胶木制作的主要原因是(　　)。
A. 重量轻　B. 制造方便　C. 节省材料　D. 减小噪声

9. 链条传动中需要设置链条张紧机构的主要目的是(　　)。

A. 调整链条张力　　B. 保证配气定时的准确

C. 消除链条的振动　　D. 减小链条的磨损

10. 在内燃机中使用最广泛的气门的头部形状是(　　)。

A. 平顶　　B. 凹顶　　C. 凸顶　　D. A + B

11. 气门头部密封锥面的锥角大小有(　　)。

A. 30°和40°　　B. 25°和30°　　C. 20°和35°　　D. 30°和45°

12. 进气门的气门锥角为30°的主要优点是(　　)。

A. 质量轻、惯性力小　　B. 气体流通截面大、有利换气

C. 刚度好　　D. 有利于散热

13. 气门头部的散热主要是依靠(　　)。

A. 燃烧室扫气时气流散热　　B. 通过气门座和气门导管传热冷却

C. 直接由冷却液冷却　　D. 利用进缸空气冷却

14. 气门座与气门锥面的密封线的宽度一般为(　　)。

A. 0.5 ~ 1.5mm　　B. 1 ~ 2.5mm　　C. 1 ~ 3mm　　D. 1.5 ~ 3mm

15. 有的大功率或中等功率内燃机上采用了气门旋转机构,下述的使用目的中哪一项是错的(　　)。

A. 减轻气门头部受热程度

B. 及时清除气门杆及气门锥面上的积灰

C. 保证气门和气门座密封的性能

D. 使气门头部周向温度分布更加均匀,减小因温度不均造成的气门热变形

16. 采用两根外径不同旋向相反的气门弹簧,其目的是(　　)。

A. 提高弹簧疲劳强度　　B. 避免弹簧发生共振

C. 防止弹簧断裂时气门掉入汽缸　　D. A + B + C

17. 不等距气门弹簧的特点是(　　)。

A. 不等距气门弹簧是一端大,一端小

B. 可有效地消除气门弹簧的共振现象

C. 安装时弹簧小的一端应朝向气门头部

D. A + B + C

18. 关于配气凸轮轴的叙述,下面哪一项是不正确的(　　)。

A. 凸轮轴上凸轮数与汽缸数及每缸气门数有关

B. 凸轮轴都有若干道轴颈与凸轮轴瓦配合

C. 凸轮轴在采用斜齿圆柱齿轮驱动时都需要采取轴向定位措施

D. 柴油机凸轮轴上还设有驱动燃油的偏心轮

19. 组成配气凸轮轮廓的曲线中,影响气门升程最大值的是(　　)。

A. 凸轮基圆半径的大小

B. 凸轮缓冲段的长短

C. 凸轮气门工作段的长短

D. 凸轮旋转中心与气门工作段上最远点的距离

20. 四冲程内燃机运转时，曲轴与配气凸轮轴的转速比是(　　)。

A. 2:1　　B. 1:1　　C. 1:2　　D. 1:4

21. 为保证曲轴和凸轮轴之间准确的配气相位关系，应要求(　　)。

A. 在结构上应保证曲轴与曲轴正时齿轮安装位置的正确

B. 在结构上应保证凸轮轴与凸轮轴正时齿轮安装位置的正确

C. 在安装时凸轮轴的正时齿数与曲轴正时齿轮应对准正时记号

D. A + B + C

22. 气门间隙是指(　　)。

A. 气门与气门座之间的间隙

B. 气门与导管之间的间隙

C. 内燃机热态时气门杆尾端与气门驱动零件(摇臂、挺柱或凸轮基圆)之间间隙

D. 内燃机冷态时气门杆尾端与气门驱动零件(摇臂、挺柱或凸轮基圆)之间间隙

23. 内燃机冷态下留有气门间隙的目的是(　　)。

A. 保证可靠的润滑　　B. 防止发动机工作时气门漏气

C. 有利于换气　　D. 防止发动机工作时气门与气门座撞击

24. 有的排气门的气门间隙比进气门的大一些，其原因是(　　)。

A. 有利于排气　　B. 排气门温度高，受热变形大

C. 减小进气门的冲击　　D. 有利于排气门散热冷却

25. 气门间隙增大时，将使气门(　　)。

A. 开启提前角增大，关闭延迟角减小

B. 开启提前角增大，关闭延迟角增大

C. 开启提前角减小，关闭延迟角增大

D. 开启提前角减小，关闭延迟角减小

26. 当气门间隙过小时，将会发生(　　)。

A. 撞击严重，磨损加剧　　B. 发出强烈噪声

C. 气门关闭不严　　D. 气门定时不变

27. 汽油机凸轮轴上的偏心轮是用来驱动(　　)的。

A. 机油泵　　B. 分电器　　C. 汽油泵　　D. A 和 B

28. 当采用双气门弹簧时，两气门的旋向(　　)。

A. 相同　　B. 相反　　C. 无所谓　　D. 不一定

29. 下面哪种凸轮轴布置形式最适合于高速发动机(　　)。

A. 凸轮轴上置式　　B. 凸轮轴下置式　　C. 凸轮轴中置式　　D. A 或 C

30. 气门导管的功用是(　　)。

A. 对气门的运动起导向作用，保证气门做直线往复运动

B. 使气门与气门座能准确配合

C. 气门导管将气门的部分热量传递给缸盖内的冷却液

D. A + B + C

四、问答题

1. 什么是换气过程？对换气过程有哪些要求？

2. 四冲程柴油机的换气过程可分为哪几个阶段？各阶段有什么特点？

3. 什么是充气系数 η_v？影响充气系数的因素主要有哪些？

4. 配气机构有何功用？它由哪些部分组成？各组成部分的功用是什么？

5. 简述气阀间隙的定义、检查与调整步骤。

6. 查阅资料，可变气门配气机构主要种类有哪些？改变配气相位和气门升程主要通过什么形式实现。

第四章 汽油机的燃烧过程和燃油系统

知识目标

1. 能准确描述汽油的主要性能指标的定义和要求；
2. 能准确描述汽油的燃烧过程及影响因素；
3. 能简单叙述汽油机各种工况对混合气浓度的要求；
4. 能正确描述电控汽油喷射系统的组成、类型和工作原理；
5. 能正确描述空气进气系统的功用、组成、主要部件的功用和工作原理；
6. 能正确描述燃油供给系统的功用、组成、主要部件的功用和工作原理；
7. 能正确描述电子控制系统的功用、组成、主要部件的功用和工作原理。

技能目标

1. 能对电控汽油喷射系统的主要设备进行拆装、检查和调整；
2. 能对电控汽油喷射系统进行故障诊断、维护管理。

第一节 概　述

一、汽油机燃油系统的功用和类型

汽油机燃油系统的功用是储存、输送、清洁燃料，根据发动机不同工况的要求，配制一定数量和浓度的可燃混合气进入汽缸，并在燃烧做功后，将燃烧产生的废气排至大气中。

汽油机燃油系统有化油器式燃油系统和电子控制喷射式燃油系统两大类型。化油器的结构简单、价格便宜，使用历史久远，但由于化油器供油方式对温度和环境变化比较敏感，不能满足日益严格的排放法规要求，所以化油器式燃油系统已逐渐退出历史舞台，已被电子控制喷射式燃油系统取代。目前，车用汽油机广泛采用电子控制喷射式燃油系统。本章着重介绍电子控制喷射式燃油系统。

二、车用汽油

1. 汽油的使用性能

汽油是汽油机所使用的燃料。它的性能对汽油机的工作状况和性能有很大影响。评价汽油性能的指标主要有,蒸发性、抗爆性、安定性、防腐性以及清洁性等。

1)汽油的蒸发性

汽油由液态转化为气态的性能叫蒸发性。在汽油机中,汽油必须先蒸发成蒸气,再与一定量的空气混合成可燃混合气后,才能在汽缸中燃烧。现代汽油机形成可燃混合气的时间极短,只有百分之几秒。因此汽油蒸发性的好坏极其重要。

汽油的蒸发性一般用馏程和饱和蒸气压来评定。

汽油是多种碳氢化合物的混合物,没有唯一的沸点。将汽油加热蒸馏,从开始蒸发的初馏点到完全蒸发的终馏点是一个温度范围。馏程是指燃油在规定的条件下蒸馏出某一百分比(馏分)的温度范围。一般汽油的初馏点为40℃左右,终馏点不高于205℃。汽油的蒸发性可以用几个特定馏分的馏程评定,即将汽油加热,分别测出蒸发出汽油的10%、50%和90%馏分时的温度和终馏温度(分别称为10%馏出温度、50%馏出温度、90%馏出温度以及终馏点)。

10%馏出温度和汽油机冷态起动性能有关。此温度越低,表明汽油中在低温时容易蒸发的轻质成分越多,在冷起动时就有较多的汽油蒸气与空气形成可燃混合气,汽油机就越容易起动。但汽油的10%馏出温度过低,高温下将使油管内由于大量的汽油蒸气堵塞而形成“气阻”,这对发动机的工作也是极其不利的。

50%馏出温度主要影响汽油机的加速性能和暖机时间。此温度越低,暖机时间越短,使低速运转较稳定,有利于起动后较快地进入工作状态。

90%馏出温度和终馏点用来判断汽油中难以蒸发的重质成分的含量。此温度越低,表明汽油中重馏分含量越少,越有利于可燃混合气均匀分配到各汽缸中,同时也可以使汽油的燃烧更为完全。因为重馏分不容易蒸发,往往来不及燃烧,并可能漏到曲轴箱中,稀释油底壳内的机油,使润滑条件恶化。

饱和蒸气压是指在规定条件下燃油和燃油蒸气达到平衡状态时,燃油蒸气的压力。

2)抗爆性

抗爆性是汽油的重要性能指标,它表示汽油在燃烧时防止发生爆燃的能力。在汽油机燃烧室中,若混合气在火焰前锋尚未到达时,即因高温而自燃,则产生强大的压力波,发出震音,这种现象称为“爆燃”。发生强烈爆燃时,汽油机功率下降,燃油消耗率增加,机件过热,并有较大振动。因此不允许汽油机在这种情况下继续工作。

汽油的抗爆性用辛烷值来表示。辛烷值是用对比试验的方法确定的。对比实验是在专用的试验机上,将被测汽油的爆燃强度和标准混合液的爆燃强度进行比较。

标准混合液是用辛烷值定为100、抗爆性较佳的异辛烷(C_8H_{18})和辛烷值为0、抗爆性较弱的正庚烷(C_7H_{16})按一定比例混合而成的。若燃烧试验结果表明,被测汽油和标准混合液具有相同的爆燃强度时,标准混合液中所含异辛烷的体积百分数就是被测汽油的辛烷值。显然,辛烷值越大,汽油的抗爆性就越好。根据试验规范不同,辛烷值分为马达法辛烷值(Motor Octane Number,MON)和研究法辛烷值(Research Octane Number,RON)。同一种汽油的RON比其MON高6~10个单位。

近年来,美国及其他一些国家采用抗爆指数这一新指标来评定汽油的抗爆性。抗爆指数被定义为MON和RON的平均数,即

$$\text{抗爆指数 } A_i = (\text{MON} + \text{RON})/2$$

在我国国家标准中，用研究法辛烷值（RON）划分车用汽油的牌号，例如“97 号汽油（Ⅳ）”其研究法辛烷值不小于 97，“92 号汽油（Ⅴ）”其研究法辛烷值不小于 92。有的国家用抗爆指数 A_i 划分车用汽油牌号。

提高汽油辛烷值的主要措施是采用先进的炼制工艺和使用高辛烷值的调和剂。如醇类燃料、甲基叔丁基醚（MTBE）或乙基叔丁基醚（ETBE），以获得较高辛烷值而无其他不利于环保的副作用。

选择汽油辛烷值的依据是汽油机的压缩比，压缩比高的汽油机，应选用辛烷值高的汽油，否则容易发生爆燃。

此外，在车用汽油国家标准中还规定用胶质含量和诱导期来评价汽油的安定性；用硫含量、铜片腐蚀、水溶性酸或碱以及酸度作为汽油防腐性的评价指标；用机械杂质及水分评定汽油的清洁性等质量指标。

表 4-1 为车用汽油（Ⅳ）的技术要求和试验方法（GB 17930—2011）；表 4-2 为车用汽油（Ⅴ）的技术要求和试验方法（GB 17930—2013），表中列出了国产车用汽油的主要质量指标。

车用汽油（Ⅳ）的技术要求和试验方法（GB 17930—2011） 表 4-1

项目		质量指标			试验方法
		90 号	93 号	97 号	
研究法辛烷值 RON	不小于	90	93	97	GB/T 5487
抗爆指数 A_i	不小于	85	88	报告	GB/T 503、GB/T 5487
铅含量（g/L）	不大于	0.005			GB/T 8020
10% 馏出温度（℃）	不高于	70			GB/T 6536
50% 馏出温度（℃）	不高于	120			
90% 馏出温度（℃）	不高于	190			
终馏点（℃）	不高于	205			
残留量（%）（体积百分数）不大于		2			
蒸气压（kPa）： 从 11 月 1 日至 4 月 30 日 从 5 月 1 日至 10 月 31 日	 不大于 不大于	 42～85 40～68			GB/T 8017
溶剂洗胶质含量（加入清净剂前）（mg/100mL）	不大于	5			GB/T 8019
未洗胶质含量（加入清净剂前）（mg/100mL）	不大于	30			GB/T 8019
诱导期（min）	不小于	480			GB/T 8018
硫含量（mg/kg）	不大于	50			SH/T 0689
硫醇（需满足下列指标之一，即为合格）： 博士试验 硫醇含硫量（%）	 不大于	 通过 0.001			 SH/T 0174 GB/T 1792
铜片腐蚀（50℃，3h）	不大于	1			GB/T 5096
水溶性酸或碱		无			GB/T 259
机械杂质及水分		无			目测
苯含量（%）（体积百分数）	不大于	1			SH/T 0713
芳烃含量（%）（体积百分数）	不大于	40			GB/T 11132

续上表

项　目		质量指标			试验方法
		90号	93号	97号	
烯烃含量(%)(体积百分数)	不大于	28			GB/T 11132
氧含量(%)(质量百分数)	不大于	2.7			SH/T 0663
甲醇含量(%)(质量百分数)	不大于	0.3			SH/T 0663
锰含量(g/L)	不大于	0.008			SH/T 0711
铁含量(g/L)	不大于	0.01			SH/T 0712

车用汽油(Ⅴ)的技术要求和试验方法(GB 17930—2013)　　表4-2

项　目		质量指标			试验方法
		89号	92号	95号	
研究法辛烷值 RON	不小于	89	92	95	GB/T 5487
抗爆指数 A_i	不小于	84	87	90	GB/T 503、GB/T 5487
铅含量(g/L)	不大于	0.005			GB/T 8020
10%馏出温度(℃)	不高于	70			GB/T 6536
50%馏出温度(℃)	不高于	120			
90%馏出温度(℃)	不高于	190			
终馏点(℃)	不高于	205			
残留量(%)(体积百分数)不大于		2			
蒸气压(kPa): 从11月1日至4月30日 从5月1日至10月31日	 不大于 不大于	 44~85 40~65			GB/T 8017
溶剂洗胶质含量(加入清净剂前)(mg/100mL)	不大于	5			GB/T 8019
未洗胶质含量(加入清净剂前)(mg/100mL)	不大于	30			GB/T 8019
诱导期(min)	不小于	480			GB/T 8018
硫含量(mg/kg)	不大于	10			SH/T 0689
硫醇(需满足下列指标之一,即为合格): 博士试验 硫醇含硫量(%)	 不大于	 通过 0.001			 SH/T 0174 GB/T 1792
铜片腐蚀(50℃,3h)	不大于	1			GB/T 5096
水溶性酸或碱		无			GB/T 259
机械杂质及水分		无			目测
苯含量(%)(体积百分数)	不大于	1			SH/T 0713
芳烃含量(%)(体积百分数)	不大于	40			GB/T 11132
烯烃含量(%)(体积百分数)	不大于	24			GB/T 11132
氧含量(%)(质量百分数)	不大于	2.7			SH/T 0663
甲醇含量(%)(质量百分数)	不大于	0.3			SH/T 0663
锰含量(g/L)	不大于	0.002			SH/T 0711
铁含量(g/L)	不大于	0.01			SH/T 0712
密度(20℃)/(kg/m^3)		720~775			GB/T 1884、GB/T 1885

2. 车用汽油分类及选择

为促进我国车用汽油质量的整体提升、减少机动车排放污染物、改善空气质量、保护环境，国家自2003年1月1日起至今，先后颁布了5个阶段车用汽油国家标准，最新车用汽油(Ⅴ)国家标准是2013年12月18日颁布的。车用汽油(Ⅴ)国家标准，降低了汽油的硫、锰和烯烃含量，调整了汽油蒸汽压和牌号，增加了汽油的密度限值。

根据车用汽油(Ⅴ)国家标准(GB 17930—2013)规定，车用汽油(Ⅲ)和车用汽油(Ⅳ)按照研究法辛烷值分为90号、93号和97号3个牌号，车用汽油(Ⅴ)按照研究法辛烷值分为89号、92号、95号和98号4个牌号。实施车用汽油(Ⅴ)国家标准后，由于降低了汽油的硫、锰含量，会引起辛烷值的减少，考虑我国汽油中高辛烷值资源不足，结合我国炼油工业的实际，国家标准将第五阶段车用汽油牌号由90号、93号、97号分别调整为89号、92号、95号；同时，考虑汽车工业发展的趋势，增加了98号车用汽油的指标要求，如果企业生产和销售98号车用汽油，则必须符合指标规定的要求。

车用汽油(Ⅴ)国家标准，自颁布之日起实施，实行逐步引入过渡期要求，车用汽油(Ⅳ)国家标准规定的技术要求，过渡期至2013年12月31日，自2014年1月1日起车用汽油(Ⅲ)技术要求(书中未示出)废止；表4-2规定的车用汽油(Ⅴ)技术要求，过渡期至2017年12月31日，自2018年1月1日起，表4-1规定的车用汽油(Ⅳ)技术要求废止。自2018年1月1日起全国范围内供应第五阶段车用汽油。

汽油牌号选择的主要依据是汽油机的压缩比，压缩比高的汽油机应该选用高牌号汽油。一般可以在车辆说明书中查到汽油机的压缩比及所用的汽油牌号，除说明书以外，有的车辆生产厂也会在油箱盖内侧标注推荐使用的燃油牌号。只有严格按汽油机不同的压缩比选用相应牌号的车用汽油，才能避免发动机爆燃，使汽油机发挥最佳的效能。

第二节 可燃混合气浓度与汽油机性能的关系

一、可燃混合气形成方式

汽油在燃烧前必须与空气形成可燃混合气。可燃混合气是汽油与空气按一定比例混合，并处于能着火燃烧的浓度界限范围内的混合气。由于汽油机可燃混合气形成的时间很短，从进气过程开始到压缩过程结束，总共只有0.01～0.02s的时间。要在这样短的时间内形成均匀的可燃混合气，关键在于汽油的雾化和蒸发。所谓雾化就是将汽油分散成细小的油滴和油雾，良好的雾化可以大大地增加汽油的蒸发表面积，从而提高汽油的蒸发速度。另外，可燃混合气中汽油与空气的比例应符合发动机运转工况的需要。因此，可燃混合气形成过程是汽油雾化、蒸发以及与空气配比适宜的混合过程。

可燃混合气形成方式主要有两种：化油器式和电子控制喷射式。

化油器式汽油机可燃混合气形成方式如图4-1a)所示，空气流经化油器的喉管4时，由于流通截面的变小而流速增加，使该处的真空度增大，汽油在真空吸力的作用下由浮子室1经喷管2喷出，在高速气流的撞击下形成雾化颗粒而与空气混合。由于雾状汽油颗粒与空气的接触面积大，在随空气的流动中，很容易蒸发为汽油蒸气，并与空气形成可燃混合气。因此进入汽缸中的是相对均匀的可燃混合气。

电子控制喷射式汽油机可燃混合气形成方式如图 4-1b）所示，电控喷油器 8 将适量汽油喷入进气道，在进气道内汽油雾化并蒸发，与空气混合形成可燃混合气，进入汽缸。

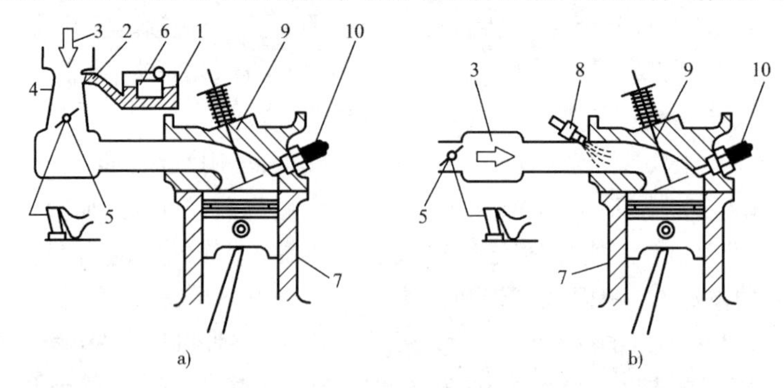

图 4-1　可燃混合气形成的方式

a）化油器式汽油机混合气形成方式；b）电子控制喷射式汽油机混合气形成方式

1-浮子室；2-喷管；3-空气；4-喉管；5-节气门；6-浮子；7-汽缸；8-电控喷油器；9-气门；10-火花塞

虽然两种方式在结构与供油方法上有所不同，但它们都属于在汽缸外部形成混合气方式，都是依靠控制节气门 5 的开闭来调节混合气的数量，其特点是燃料与空气的混合时间较长，进入汽缸的混合气比较均匀。

化油器式汽油机可燃混合气的形成方式，因不能满足日益严格的排放法规要求而被逐渐淘汰，现在出厂的汽油机都是电控喷射式，并向缸内喷射方向发展。

二、可燃混合气浓度

可燃混合气中燃料含量的多少称为可燃混合气浓度。

可燃混合气浓度有两种表示方法：空燃比 A/F 和过量空气系数 α。

空燃比是燃烧时可燃混合气中的空气质量与燃料质量之比，即

$$\text{空燃比} = \frac{A}{F}$$

式中：A——空气质量，kg；

F——燃油质量，kg。

能实现完全燃烧的可燃混合气被称为理论混合气。如完全燃烧 1kg 汽油约需要 14.7kg 空气，所以空燃比为 14.7 的可燃混合气称为汽油机的理论混合气；而完全燃烧 1kg 柴油约需要 14.4kg 空气，空燃比为 14.4 的可燃混合气称为柴油机的理论混合气。显然，可燃混合气浓度不同，其空燃比也是不同的。

可燃混合气的成分也可以用过量空气系数 α 来表示，即

$$\alpha = \frac{L}{L_0}$$

式中：L——实际上燃烧 1kg 燃料所供给的空气量；

L_0——理论上完全燃烧 1kg 燃料所需要的空气量。

由此可知，无论何种燃料的可燃混合气，当 $\alpha = 1$ 时，称为理论混合气；当 $\alpha < 1$ 时，称为浓混合气；$\alpha > 1$ 时，称为稀混合气。汽油机常用的混合气浓度为 $\alpha = 0.8 \sim 1.1$；而柴油机的

α一般总是大于1的,以保证喷入汽缸的柴油能够完全燃烧。

由于燃料的性质、可燃混合气形成的方法以及发火方式对燃烧过程有很大影响,因此汽油机和柴油机的燃烧过程有很大的不同。

三、可燃混合气浓度与汽油机性能的关系

发动机的工况通常用发动机的转速和负荷来表示。发动机的负荷是指发动机的外部载荷,输出的动力随外部载荷而变化,动力又取决于节气门的开度,所以发动机负荷的大小可用节气门的开度来表示。

负荷的大小一般用百分数来表示,如节气门全关,负荷为0;节气门全开,负荷为100%。汽车发动机工况经常变化,而且变化范围大,负荷可以从0变化到100%,转速可以从最低稳定转速变到最高转速。

发动机各种工况对混合气浓度的要求如下:

1.经济混合气

理论上,$\alpha=1$时的可燃混合气可以实现完全燃烧,但实际上因燃烧时间极短,加之可燃混合气浓度不均匀的影响,即使$\alpha=1$汽油也不可能完全燃烧。为保证燃料能完全燃烧,需要供给比理论上稍多的空气量。当可燃混合气浓度达到$\alpha=1.05\sim1.15$时,汽油燃烧完全,经济性最好,称为经济混合气。但此时因燃烧速率稍慢,功率略有下降。当$\alpha>1.15$时,混合气中空气量过多,燃烧速率很低,热量损失多,功率将严重下降。

2.功率混合气

当可燃混合气浓度$\alpha=0.85\sim0.95$时,因汽油分子相对较多,发火时燃烧速度快,热量损失少,功率最大,称为功率混合气。但这时燃烧不完全,经济性较差。当$\alpha<0.85$时,混合气中空气明显减少,较多的汽油不能参加燃烧而随废气排出,经济性严重下降,发动机功率也相应减少,同时还产生大量的CO和HC排放。

3.着火极限

着火极限是使汽油机能够发火做功的混合气浓度极限值。着火极限包括着火上限和着火下限,用过量空气系数来表示。下限为$\alpha=1.4$,当α大于着火下限,汽油机由于混合气过稀而不能发火;上限为$\alpha=0.4$,当α小于着火上限时,汽油机由于混合气过浓而不能发火。

四、汽油机各种工况对可燃混合气浓度的要求

1.起动工况

汽油机起动时,转速很低(50~100r/min),空气的流速也很低,使燃油雾化、蒸发效果差,进入汽缸的混合气中气态燃油减少,即可燃混合气变稀。特别是在低温起动时,汽油不易蒸发,这种情况更加严重。当混合气浓度降至着火下限时,汽油机便不能着火做功。因此,这时汽油机要求供给极浓的混合气,以保证汽油机顺利起动,其值α为0.2~0.6,以使实际进缸的可燃混合气浓度在着火界限之内。

2.怠速工况

怠速是指发动机在没有对外输出功并维持正常运转的最低转速。这时,可燃混合气燃烧后对活塞所做的功全部用来克服发动机内部的阻力,使发动机以低转速稳定运转。怠速

运行时,汽油机的转速仍较低(一般 $n < 900\text{r/min}$)。尤其在冷机时同样存在着燃油雾化、蒸发差的问题,加之节气门接近全闭,进入汽缸的混合气的数量减少,残余废气对新鲜混合气的稀释作用明显。如混合气浓度不足,将导致缺火而使怠速运转不稳,甚至熄火。因此,当汽油机怠速时,要求供给较浓的混合气,怠速工况 α 值为 0.6 ~0.8。

3. 小负荷工况

汽油机在小负荷工作时,节气门开度在25%以内。虽然燃油的雾化、蒸发程度较怠速时已有所改善,但残余废气对新鲜混合气的稀释作用仍然存在,仍需供给较浓的混合气。另外,当汽油机负荷极小时,从工作稳定性考虑,也需要较浓的混合气。小负荷时,混合气浓度的 α 值为 0.7 ~0.9。

4. 中等负荷工况

中等负荷节气门开度在25% ~85%范围内,是汽油机最常用的工况,要求供给最经济的混合气,其 α 值为 0.9 ~1.1(其中主要是 $\alpha > 1$ 的经济混合气)。

5. 大负荷和全负荷工况

汽油机在大负荷和全负荷工作时,节气门接近或达到全开的位置,要求发出足够大的功率以克服外界的阻力或加速行驶。这时经济性要求降低,动力性要求提高,需供给功率混合气,α 值为 0.85 ~0.95。

6. 加速工况

车辆在行驶过程中,有时需要在短时间内迅速提高车速,因而要求汽油机迅速增大输出功率。当节气门开度突然增大时,空气流量随之增大。但是由于汽油的密度比空气的密度大得多,即汽油的流动惯性远大于空气的流动惯性,使汽油流量的增长比空气流量的增长要滞后一段时间,将导致可燃混合气瞬时过稀。另一方面,节气门开度突然加大,进气管内压力陡增,而温度却因冷空气的进入而降低,使进气管内的汽油蒸发困难,从而使可燃混合气进一步变稀。由于上述原因,在加速过程中,必须对混合气额外加浓,即节气门突然开大时,额外增加供油量,以满足加速要求。

综上所述,汽油机在小、中负荷时要求燃油系统能随着负荷的增加,供给由较浓逐渐变稀的混合气。当进入大负荷范围直到全负荷工况,又要求混合气由稀变浓,并加浓到能使发动机发出最大功率。

第三节　汽油机的燃烧

一、汽油机的燃烧过程

发动机对燃烧过程的主要要求是燃烧完全、迅速及时。完全燃烧是指燃料燃烧后,最终生成 CO_2 和 H_2O,并放出全部热量。燃烧是否完全和及时会影响发动机的经济性和动力性。

1. 汽油机的正常燃烧

一般汽油机在汽缸外形成可燃混合气,在压缩上止点前由电火花点火开始燃烧过程。根据汽缸内压力 P 随曲柄转角 φ 变化的情况,可将燃烧过程分为三个阶段(图4-2)。

1)第一阶段——着火延迟期

着火延迟期是指从火花塞点火到形成火焰中心所经过的阶段(图中Ⅰ)。在活塞到达上止点前，火花塞发出电火花（点1）。其能量在火花周围形成局部高温，出现火焰中心（点2）。这个时期约占整个燃烧时间的15%，其长短与燃料性质、混合气成分、点火时汽缸内温度、压力以及电火花强度等因素有关。

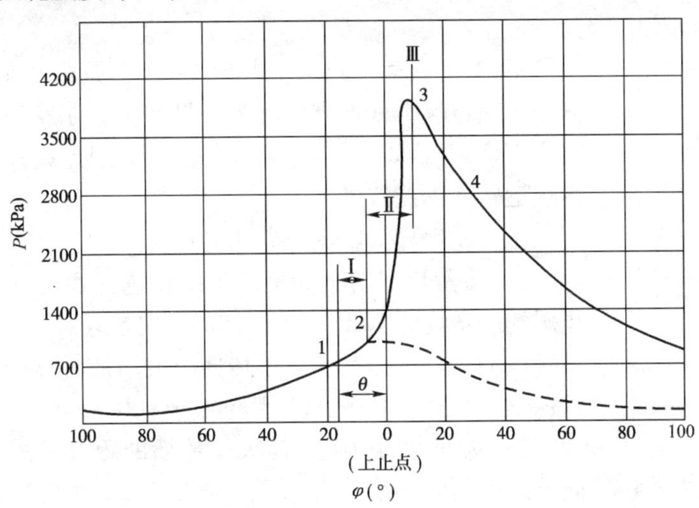

图4-2 汽油机的燃烧过程

着火延迟期所释放的热量不多，汽缸内的压力变化与纯压缩过程基本相同。

2）第二阶段——速燃期

速燃期是指火焰烧遍整个燃烧室的阶段（图中Ⅱ）。在速燃期内，从火焰中心出现开始（点2），火焰以20～30m/s的传播速度迅速扩展，而在上止点附近相应的汽缸容积变化很小，又有约90%的可燃混合气进行燃烧，因此工质的压力开始脱离纯压缩过程（图中虚线），同温度一起急剧上升，近似于等容燃烧过程。在上止点后，φ为12°～15°，速燃期终了时，燃气压力达到最大值（点3）。

评价速燃期的参数是平均压力升高率$\Delta p/\Delta\varphi$，它表示本阶段内单位曲柄转角的平均压力增长量。此值的大小决定了汽油机燃烧过程的柔和性，过高的$\Delta p/\Delta\varphi$会使汽油机工作粗暴、振动和噪声加大。一般汽油机的$\Delta p/\Delta\varphi$为0.2～0.4MPa/(°)。

3）第三阶段——补燃期

补燃期是燃烧在膨胀过程中的继续（图中Ⅲ）。由于混合气中汽油蒸发不良及与空气混合不均匀的影响，速燃期终了时（点3）仍有约10%的未燃烧或燃烧不完全的可燃混合气在膨胀过程的初期继续燃烧放热。补燃期的终点（点4）受诸多因素影响，一般难以准确判断。补燃期汽缸容积已迅速增大，燃烧放热形成的平均压力升高率$\Delta p/\Delta\varphi$比速燃期低得多，热量不能充分地转变为功，反而使排气温度上升和随着缸壁受热面的增大被冷却液带走的热损失增加，因此应尽量缩短补燃期。

2. 汽油机的异常燃烧及预防措施

当汽油机在某些情况下受到异常因素的影响时，会发生两种不正常燃烧：爆燃和早燃。

爆燃时，火焰传播还没有到达燃烧室末端，末端的部分可燃混合气内部就已出现了多个自发的火焰中心。这些火焰的扩展速度可达1000～2000m/s，比电火花点火后的正常火焰传播速度快几十倍，甚至上百倍，使得局部的压力急剧上升，并比其他部分压力高得多。由于各部分之间的压力比较悬殊，形成冲击波，作用在汽缸壁和活塞顶部，使之振动并发出尖锐的金属敲击声。爆燃时缸内的压力，如图4-3所示。爆燃对汽油机会形成很大的危害，它使汽油机功率下降、油耗上升、寿命降低，严重时甚至能损坏机件。因此，应尽力避免产生爆燃。

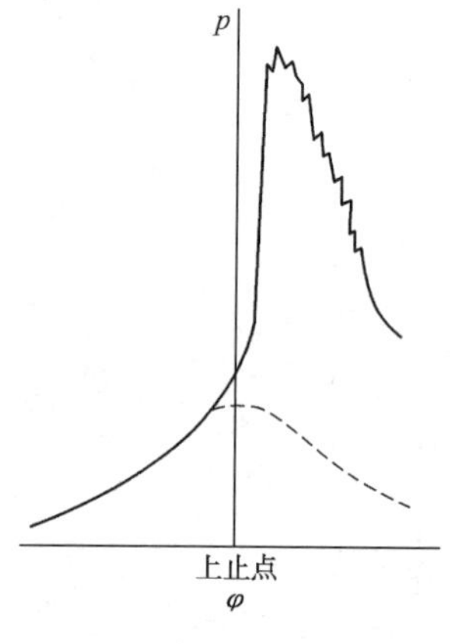

图4-3 汽油机产生爆燃时的压力图

早燃（也称表面点火）是燃烧室内因局部机件过热或存在高温积炭而将混合气点燃的现象。早燃也会使发动机工作不稳定、功率下降，并可能引起爆燃。严重时，关闭点火开关后，发动机仍继续运转而不能停机。

防止发生异常燃烧的措施主要有：

（1）一般应根据汽油机的压缩比选择适当标号的汽油，以防止爆燃。辛烷值越低，产生爆燃的倾向越大。

（2）汽缸直径增大，火焰传播距离增加，使爆燃倾向增大。所以，一般汽油机的汽缸直径都不大于100mm，以减小爆燃的倾向。

（3）火花塞的位置应使火焰传播的距离要短，且在各传播方向上距离相近。在火焰传播的最后区域应加强冷却，以减少爆燃的可能性。

（4）发动机的冷却液温度应控制在80～90℃，冷却液温度过高易发生爆燃和早燃。

（5）提高压缩比可以有效地提高内燃机的热效率。但压缩比的提高会增大爆燃的倾向。爆燃是限制汽油机提高压缩比的一个重要原因。

（6）积炭传热不良，会形成缸内的局部高温，容易引起早燃。此外，过多的积炭减小了燃烧室的容积，使压缩比增大，容易引起爆燃。

（7）使用铝合金汽缸盖、活塞，由于导热性好，末端混合气的压力、温度低，可减小爆燃的倾向。

（8）在汽油机实际运转中，正确地调整点火提前角可以抑制爆燃。调整时，使发动机怠速运转，再猛踩加速踏板，这一瞬间相当于“低转速，高负荷”工况，若能听到轻微爆燃敲击声，并瞬间消失，说明点火提前角是合适的。

二、影响汽油机正常燃烧的主要因素

1. 混合气的浓度

混合气的浓度直接影响着火延迟期的长短和火焰传播速度。当过量空气系数 α 为0.85～0.95时，由于燃烧温度最高，着火延迟期较短，火焰传播速度最快。因此，最高压力、最高温度和平均压力增长率均达到最高值，且爆燃倾向增大。当 α 为1.05～1.15时，燃烧速率减小，但燃烧最完全、最经济。此时缸内温度较高且有富余空气，因此 NO_x 排放量最大。使用 $\alpha<1$ 的浓混合气工作，由于必然会产生不完全燃烧，所以CO排放量明显上升。当 $\alpha<0.8$ 或 $\alpha>1.2$ 时，火焰传播速度缓慢，部分燃料可能来不及完全燃烧，因而经济性差，HC排放量增多且工作不稳定。

2. 点火提前角、转速、负荷

汽油机的点火提前角是指从火花塞产生电火花至活塞到达上止点所对应的曲柄转角。

发动机的每一工况都有一个相应的最佳点火提前角，以保证燃烧在上止点附近进行。最佳点火提前角是指在发动机转速和负荷一定的条件下，能获得最大功率和最低燃油消耗率的点火提前角。点火提前角过大，压力升高得过快，压缩行程消耗的功过多，使有效功率下降，同时爆燃的可能性增大。点火提前角过小，燃烧延迟到膨胀过程，最高压力将下降，并使补燃期增长，形成了较大的热损失，甚至引起发动机过热，发动机的功率、热效率下降，但爆燃倾向减少 NO_x 排放量降低。

转速增大时，汽缸内涡流得到加强，燃烧速率与转速成比例增加，因而最高爆发压力、平均压力升高率随转速变化不大。此外，转速升高时由于散热损失减少，进气被加热，汽缸内混合气更均匀，有利缩短着火延迟期。但另一方面，由于残余废气系数增加，气流吹散电火花的倾向增加，促使着火延迟期增加。总之，随着转速的提高，使以曲柄转角计的着火延迟期增长。因此，最佳点火提前角应相应增大。这一点可通过分电器上的离心提前点火装置来调节。

汽油机的负荷小时，汽缸内残余废气的比例较大，使燃烧速率减慢，燃烧时间加长。因此，最佳点火提前角也应增大。这可由分电器的真空提前点火装置来调节。由于低负荷时，节气门开度小，进气量少，燃烧速率和压力相对较低，早燃不易产生，爆燃的可能性也小。

三、汽油机的燃烧室

汽油机的燃烧室结构直接影响发动机的充气系数、火焰传播速率、散热损失以及爆燃的倾向等，从而影响发动机的燃烧过程。

一般对燃烧室的要求：一是结构紧凑，即燃烧室表面积与其容积之比（A/V）要小，以减少散热损失，提高发动机的热效率；二是有利于增大进气门直径或进气道通流截面积，以增加进气量，进而提高发动机的转矩和功率；三是有利于混合气在压缩终了时形成适当的涡流运动，以提高燃烧速率，保证可燃混合气得到及时和完全燃烧，减少排气污染。此外，还要求汽油机燃烧室工作柔和，燃烧噪声小；火焰传播距离要短，以减少爆燃倾向。

现代汽油机典型的燃烧室有以下四种：

1. 楔形燃烧室

楔形燃烧室布置在缸盖上，结构比较紧凑（图 4-4a）。其顶置式气门倾斜安装，使气道转弯较小，减少进气阻力，提高了充气系数，压缩比也可以有较高值，达到 9～10。工作中，在压缩过程能形成气体的挤压涡流，提高混合气质量。楔形燃烧室多用于每缸两气门的发动机上，如解放 CA6102 型汽油机即采用此种燃烧室。

2. 浴盆形燃烧室

浴盆形燃烧室结构简单（图 4-4b）。气门与汽缸轴线平行，进气道弯度较大。压缩终了时能形成挤气涡流。这种燃烧室结构紧凑，散热损失较小。国产东风 EQ6100-1、BJ492 等均采用此种燃烧室。

3. 碗形燃烧室

碗形燃烧室布置在活塞顶中，采用平顶汽缸盖，工艺性好（图 4-4c）。这种燃烧室有精确的形状和容积，燃烧室表面光滑，结构紧凑，挤流效果好，压缩比高达 11。

4. 半球形燃烧室

半球形燃烧室也布置在缸盖上，结构最紧凑，一般配凸顶活塞（图 4-4d）。其气门双列斜置，气流进入汽缸转弯最小，充气系数大。这种燃烧室的火花塞能布置在中间，火焰传播距离短，散热损失小，且 HC 排放低，使发动机具有较高的动力性和经济性。半球形燃烧室多用于高速发动机。

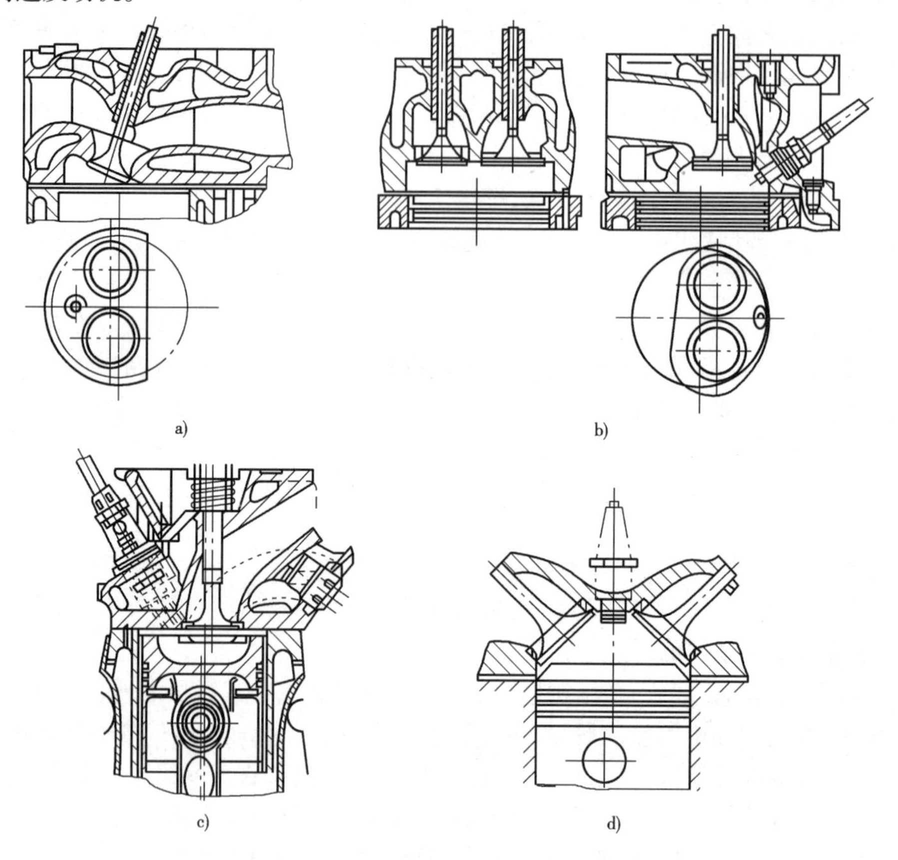

图 4-4　汽油机的燃烧室

a）楔形燃烧室；b）浴盆形燃烧室；c）碗形燃烧室；d）半球形燃烧室

第四节　电子控制汽油喷射系统概述

汽油机燃油系统为发动机的运转提供条件，决定发动机性能的好坏。它向汽缸供给一定数量、一定浓度的可燃混合气，并在燃烧后将废气排出。目前，汽油机燃油系统绝大多数采用电子控制喷射式汽油机燃油系统，简称电子控制汽油喷射系统。

一、电子控制汽油喷射系统组成

电子控制汽油喷射系统可视为由空气供给系统、燃油供给系统、废气排气系统以及电子控制系统四个子系统所组成，如图 4-5 所示。

空气供给系统主要由空气滤清器、空气流量计、怠速控制阀、节气门体以及进气管等组成。其功用是提供清洁空气、测量和控制燃油燃烧所需的空气量，为可燃混合气的形成提供必须的条件，并将可燃混合气（或空气）均匀充分地分配到各个汽缸。

燃油供给系统主要由燃油箱、燃油泵、燃油滤清器、燃油压力调节器、喷油器、燃油分配管以及进回油管等组成。其功用是完成对汽油的储存、滤清和输送，向发动机及时供给各种工况下所需要的燃油量。

废气排气系统主要由排气管、排气消声器以及废气净化处理装置等组成。其功用是将汽缸内燃烧后的废气进行净化消声处理后排入大气。

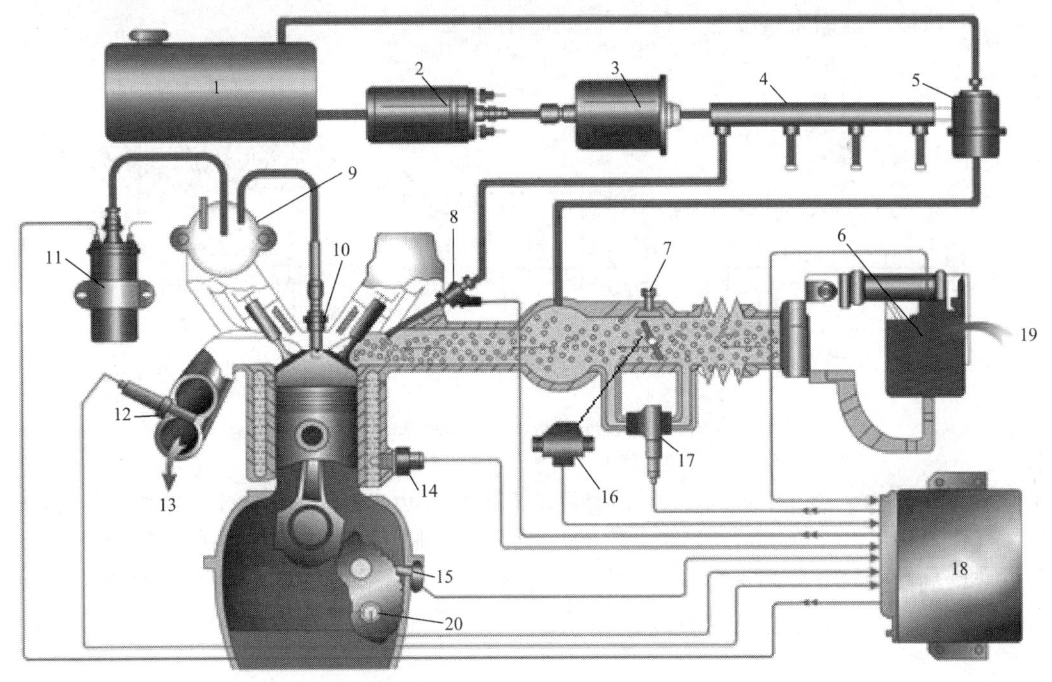

图 4-5 电控汽油喷射式汽油机燃料供给系统组成

1-油箱;2-燃油泵;3-燃油滤清器;4-燃油分配管;5-油压调节器;6-空气流量计;7-怠速调整螺钉;8-喷油器;9-分电器;10-点火器;11-点火线圈;12-氧传感器;13-废气排出;14-冷却液温度传感器;15-曲轴位置传感器;16-节气门位置传感器;17-怠速控制阀;18-电控单元(ECU);19-新鲜空气;20-凸轮轴位置传感器

电子控制系统是主要由三部分组成:传感器、电控单元(Electronic Control Unit,ECU)和执行部件。主要功用是检测发动机和车辆不同的运行工况,并根据检测信息,控制发动机燃油供给系统及其他系统正常工作。

与传统化油器相比,采用电子控制汽油喷射系统后,发动机的功率提高 5% ~10%,燃油消耗率降低 5% ~15%,废气排污量减少 20% 左右,而且电子控制汽油喷射系统的可靠性和可维修性高,因而得到广泛的应用。

此外,电子控制汽油喷射装置还具有以下特点:

(1)具有更为优越的汽油雾化性能,使油气混合更加均匀,改善了汽油燃烧过程。

(2)保证各缸混合气均匀分配,空燃比稳定,能保证各种工况下工作的稳定。

(3)没有化油器喉管的压力降和进气管对进气的强预热,提高了充气效率,大大提高了发动机的动力性。

(4)对环境温度和海拔高度变化的适应性好。

(5)电子控制汽油喷射装置的安装适应性好,有利于汽油机的总体布置。

二、电子控制汽油喷射系统的分类

车用电子控制汽油喷射系统有多种类型,按喷射部位、喷射方式、空气量检测方式和控制方式等进行分类：

1. 按喷射部位分

按喷射部位不同，可分为单点喷射（single point injection，SPI）、多点喷射（multi points injection，MPI）以及缸内直接喷射三种方式，如图4-6所示。

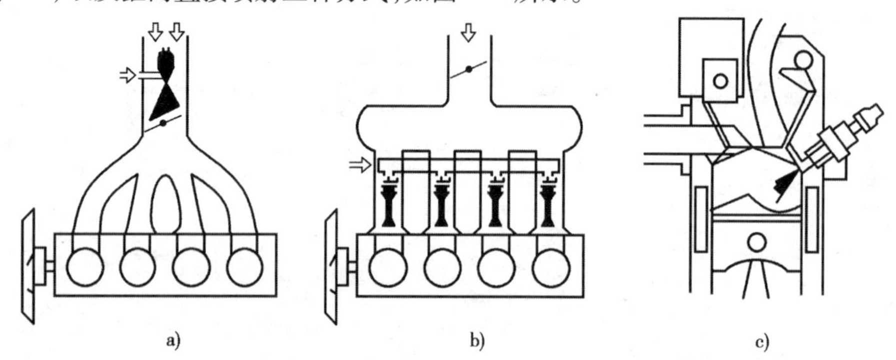

图4-6 单点喷射、多点喷射与缸内直接喷射

a）单点喷射；b）多点喷射；c）缸内直接喷射

单点喷射系统（图4-6a）又称节气门体喷射系统（Throttle Body Injection，TBI）或中央喷射系统（Central Fuel Injection，CFI），是在进气管节气门体上方装一个（或并列的两个）喷油器，直接将汽油喷入节气门上方的进气流中，与空气混合后，由进气歧管分配到各个汽缸中。单点喷射系统对混合气的控制精度比较低，各个汽缸混合气的均匀性也较差，现已很少使用。

多点喷射系统（图4-6b）是在每缸进气歧管中装有一个电磁喷油器，各缸喷油器由ECU按照一定的方式控制喷射。喷油器喷射出燃油后，在进气门附近与空气混合形成可燃混合气，这种喷射系统能较好地保证各缸混合气总量和浓度的均匀性。

单点喷射及多点喷射两种喷射均属于缸外喷射，喷射压力为0.20～0.35MPa。

缸内直接喷射（图4-6c）是将燃料直接喷入汽缸内，这种喷射装置所需的喷射压力较高，为3～5MPa。因而喷油器的结构和布置都比较复杂，目前极少应用。

2. 按喷射方式分

按喷射方式不同，可分为间歇喷射和连续喷射两种。

间歇喷射，又称脉冲喷射，每一缸的喷射都有一个限定的喷射持续期。喷射是在进气过程中的一段时间内进行的，并以一定的喷射压力，通过控制喷射持续时间来控制喷油量的。喷射持续时间由ECU发出的电脉冲宽度控制，与发动机工况相适应。电子控制汽油喷射系统都采用间歇喷射方式。间歇喷射方式分为三种，即同时喷射、分组喷射和顺序喷射。

1）同时喷射方式

同时喷射方式是将各缸喷油器的控制电路连接在一起，通过一条共同的控制电路与ECU连接。在发动机的每个工作循环中（四冲程内燃机为曲轴两转），各缸喷油器同时喷油一次或两次，图4-7是四缸四冲程汽油机的同时喷射。这种方式的缺点是各缸喷油时刻距进气行程开始的时间间隔差别太大，喷入的燃油在进气道内停留的时间不同，导致各缸混合气成分不一，影响了各缸工作的均匀性。

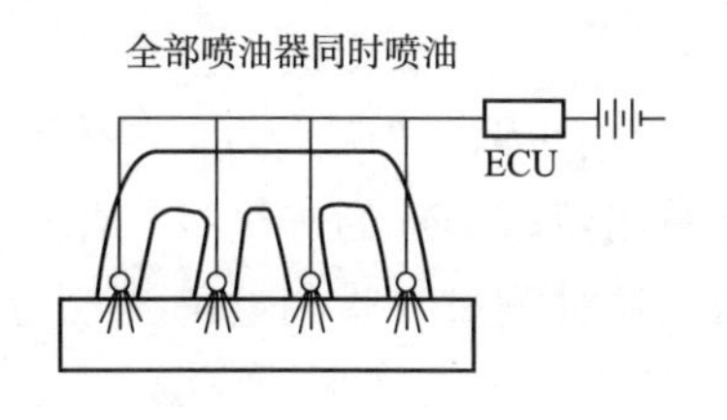

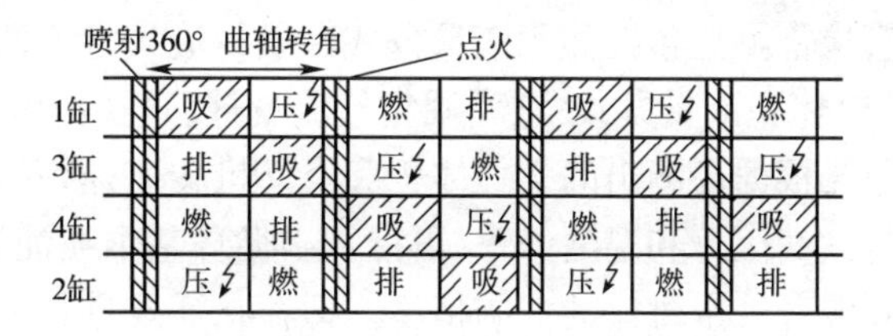

图 4-7 同时喷射

2)分组喷射方式

这种方式将多缸发动机的喷油器分成 2 ~ 3 组,每组 2 ~ 4 个喷油器,分别通过控制电路与 ECU 连接。在发动机的每个工作循环中,各组喷油器各自同时喷油一次,图 4-8 是四缸四冲程汽油机的分组喷射。在每组的几个喷油器中,有一个喷油器是在该缸正好处于进气行程上止点时喷油,其余喷油器是在各自的汽缸接近进气行程开始的时刻喷油。这样既可简化控制电路,又可提高各缸混合气成分的一致性。

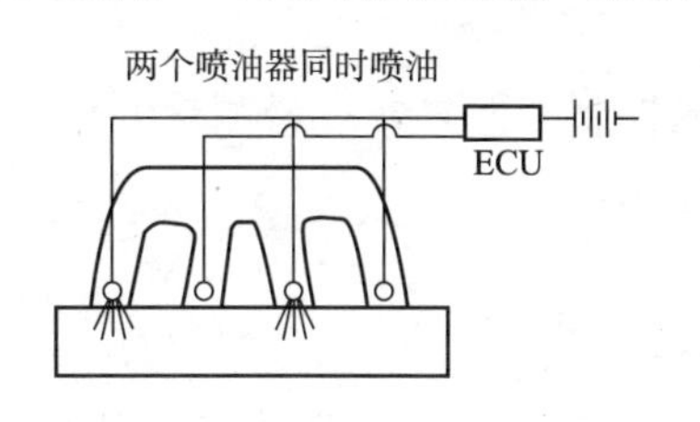

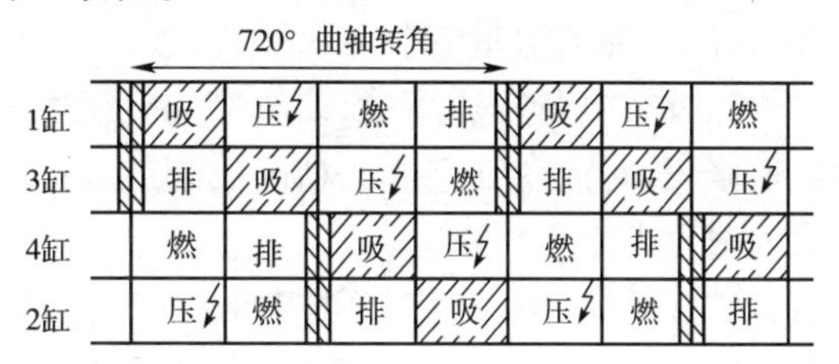

图 4-8 分组喷射

3)顺序喷射方式

这种喷射方式的各缸喷油器分别由各自的控制电路与 ECU 连接,使之在各自的汽缸接近进气行程开始的时刻喷油,图 4-9 是四缸四冲程汽油机的顺序喷射。顺序喷射方式的控制电路最为复杂,但各缸混合气成分最均匀。目前,这种喷射方式已得到越来越广泛的应用。

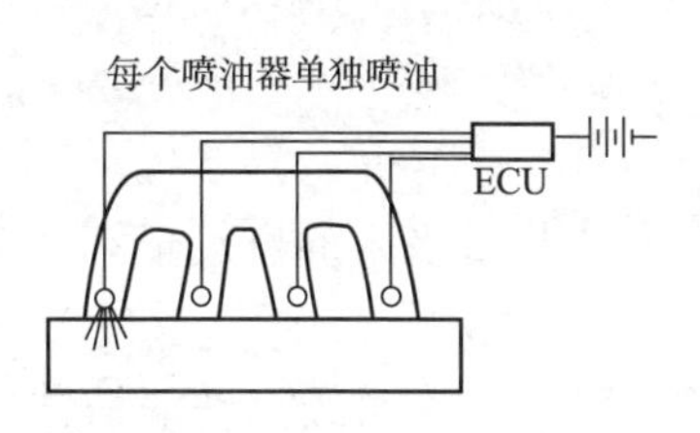

720° 曲轴转角

1缸	吸	压	燃	排	吸	压	燃
3缸	排	吸	压	燃	排	吸	压
4缸	燃	排	吸	压	燃	排	吸
2缸	压	燃	排	吸	压	燃	排

图 4-9 顺序喷射

连续喷射,又称稳定喷射。连续喷射仅限于进气管喷射,而且大部分汽油是在进气门关闭时喷射、在进气道内蒸发的。这种喷射方式大多用于机械控制式和机电混合控制式汽油喷射系统。

3. 按空气检测方式分

按空气检测方式不同,可分为直接检测和间接检测两种。

1)直接检测方式

直接检测方式的汽油喷射系统采用空气流量计直接测量单位时间发动机吸入的空气量。然后,电控单元根据发动机的转速计算每一循环的空气量,并由此计算出循环基本喷油量。直接检测型包括体积流量方式和质量流量方式两种。

(1)体积流量方式:它利用空气流量计,直接测量单位时间发动机吸入的空气体积流量。电控单元根据已测出的空气体积和发动机转速,然后计算出每一循环的进气空气体积流量,并进行大气压力和温度修正,再计算出循环基本喷油量。这种测量方式测量精度较高,有利于提高混合气空燃比的控制精度。但存在需要进行大气压力和温度修正等缺点。

(2)质量流量方式:它利用空气流量计,直接测量单位时间发动机吸入的空气质量流量。电控单元根据已测出的空气质量和发动机转速,然后计算出每一循环的进气空气质量流量,计算出循环基本喷油量。这种测量方式除测量精度高,响应速度快,结构紧凑外,由于其测出的是空气的质量,因此,不需要进行大气压力和温度修正。

2)间接检测方式

间接检测一般分为两种方式。一种是根据进气管压力和发动机转速推算出吸入的空气量,并计算出汽油喷射量的速度密度方式;另一种是根据节气门开度和发动机转速推算出空气量,从而算出汽油喷射量的节流速度方式。

间接检测方式测量方法简单,喷油量调整精度容易控制。但是空气量测量的精度较低,需进行流量修正,对混合气空燃比精确控制造成不利影响。

4. 按控制方式分

按控制方式不同,可分为开环控制和闭环控制两种。

开环控制是指电控单元(ECU)将信号输送给被控系统后,被控系统不会将执行结果反馈回 ECU,即控制与被控制两个系统之间没有反馈环节。

闭环控制具有反馈环节,即把被控系统执行结果和当时状态反馈给 ECU,供 ECU 修正其输出,调整被控系统接近最佳工作状态。

三、电子控制汽油喷射系统的基本形式和工作原理

目前,车辆上应用的电子控制汽油喷射系统有博世 D 型汽油喷射系统、博世 L 型汽油喷射系统和 Mono 节气门体汽油喷射系统等几种形式。

1. 博世 D 型汽油喷射系统(速度密度方式)

博世 D 型汽油喷射系统(图 4-10)是采用速度密度方式测量吸入的空气量和多点间歇式喷射方式喷射燃油。

汽油箱 1 内的汽油被电动汽油泵 2 吸出并加压至 0.35MPa 左右,经汽油滤清器 3 输送到燃油分配管。燃油分配管与安装在各缸进气歧管上的喷油器 6 相通。在燃油分配管的末端装有油压调节器 12,用来调节油压并使其稳定,多余的汽油经回油管返回汽油箱。

发动机的进气量由驾驶员通过加速踏板操纵节气门的开度来控制。安装在进气管上的进气管压力传感器 7 将进气管压力转变为电信号传输给电控单元 15。

喷油器的喷油量和喷油定时由电控单元控制。电控单元首先根据分电器中的曲轴转角传感器信号确定发动机转速,再根据发动机转速和进气管压力计算出相应的喷油量,并通过控制喷油持续时间来控制喷油量。电控单元还根据曲轴转角传感器发出的第一缸上止点信号确定喷油定时,控制各缸喷油器在进气行程开始之前进行喷油。每次喷油持续时间仅为 2~10ms。

电控单元根据进气管压力和发动机转速计算出的喷油量是基本喷油量，还要参考发动机的运转状态加以修正，以保证发动机各种运行工况对混合气成分的要求。

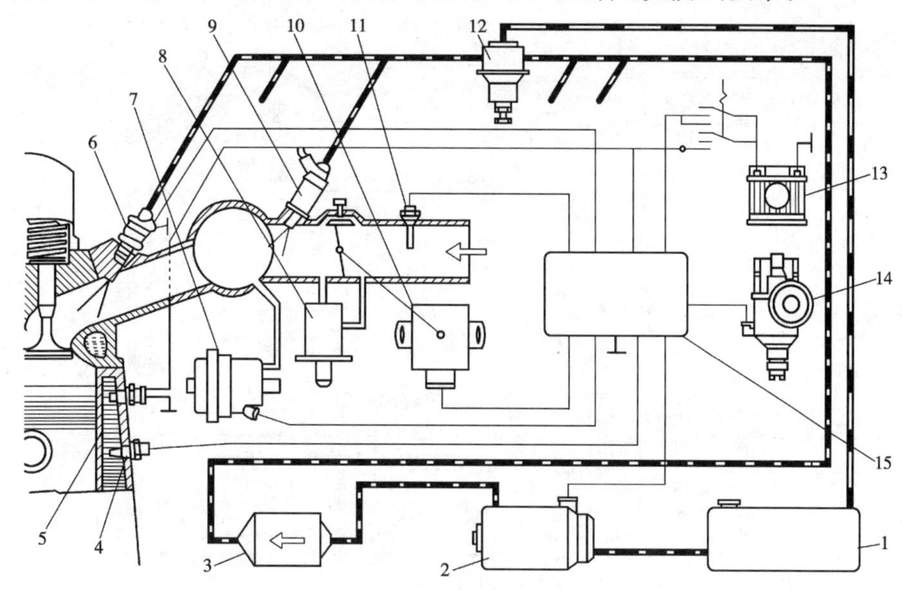

图 4-10　博世 D 型汽油喷射系统

1-汽油箱；2-电动汽油泵；3-汽油滤清器；4-发动机温度传感器；5-热时间开关；6-喷油器；7-进气管压力传感器；8-补充空气阀；9-冷起动喷嘴；10-节气门位置传感器；11-进气温度传感器；12-油压调节器；13-蓄电池；14-分电器；15-电控单元

当发动机怠速工作时，节气门接近关闭，节气门位置传感器 10 中的怠速触点闭合。这时电控单元指令喷油器增加喷油量，供给发动机较浓的混合气。

当发动机在中小负荷下工作时，电控单元根据发动机温度传感器 4 和进气温度传感器 11 传输的信号对基本喷油量进行修正，以满足发动机所需的经济混合气要求。

当发动机在全负荷下工作时，节气门全开，节气门位置传感器中的全负荷触点闭合。电控单元根据发动机功率混合气的要求增加喷油量，实现全负荷加浓，使发动机发出最大功率。

当发动机起动时，点火开关在起动位置，同时向电控单元输送一个起动信号。电控单元据此延长每次的喷油持续时间，以增加喷油量，提供起动所需要的浓混合气。在发动机起动之后再逐渐减少喷油量。

当发动机在低温下起动时，利用装在进气管上的冷起动喷嘴 9，向进气管内喷入一定数量的汽油，以加浓混合气，保证发动机在低温下顺利起动。

D 型汽油喷射系统结构简单、工作可靠。但由于进气管内的空气压力波动，使得控制精度差。

2. 博世 L 型汽油喷射系统（质量流量方式）

博世 L 型汽油喷射系统的结构和工作原理与 D 型汽油喷射系统基本相同，只是空气检测方式不同。

L 型汽油喷射系统（图 4-11）是用空气流量计 12 直接测量进气量的。其测量精度高于博世 D 型，故可更精确地控制空燃比。

L 型汽油喷射系统应用广泛。

3. Mono节气门体汽油喷射系统

Mono节气门体汽油喷射系统(图4-12)是一种低压(约0.1MPa)中央喷射系统(单点喷

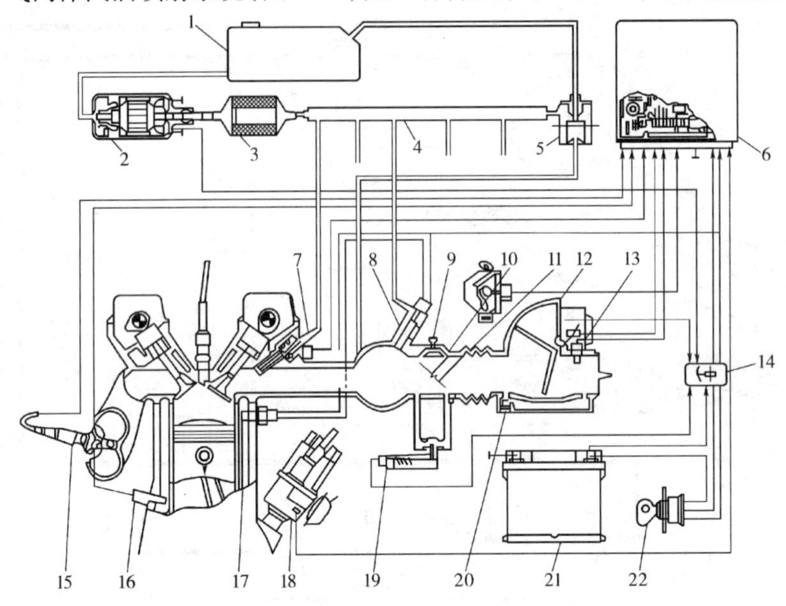

图4-11　博世L型汽油喷射系统

1-汽油箱;2-电动汽油泵;3-汽油滤清器;4-燃油分配管;5-油压调节器;6-电控单元;7-喷油器;8-冷起动喷嘴;9-怠速调节螺钉;10-节气门位置传感器;11-节气门;12-空气流量计;13-进气温度传感器;14-继电器组;15-氧传感器;16-发动机温度传感器;17-热时间开关;18-分电器;19-补充空气阀;20-怠速混合气调节螺钉;21-蓄电池;22-点火开关

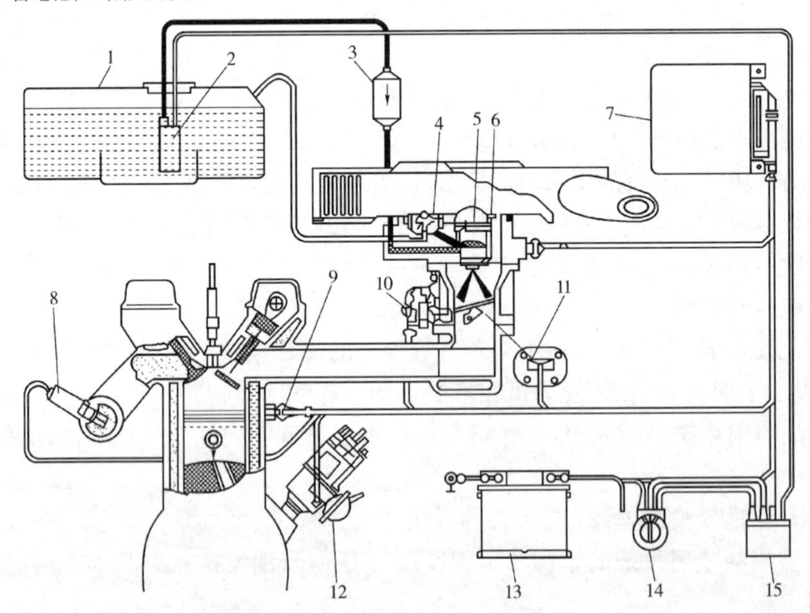

图4-12　Mono节气门体汽油喷射系统

1-汽油箱;2-电动汽油泵;3-汽油滤清器;4-油压调节器;5-喷油器;6-进气温度传感器;7-电控单元;8-氧传感器;9-发动机温度传感器;10-怠速控制阀;11-节气门及节气门位置传感器;12-分电器及曲轴位置传感器;13-蓄电池;14-点火开关;15-继电器

射)。单点喷射系统的工作原理与多点喷射系统相似。其空气量可以采用空气流量计计量,也可以通过检测节气门开度和发动机转速来控制空燃比,而省去空气流量计。在这种系统中,可以将喷油器、燃油压力调节器、节气门位置传感器等部件集中组装在节气门体上,从而使结构紧凑,控制方式简便。节气门体汽油喷射系统具有减少排放、提高性能、简化结构和降低成本等多种优势,不仅在低排量的普通轿车上,甚至在货车上也已推广应用。

第五节 空气供给系统

一、空气进气系统的功用和组成

空气进气系统的功用是向发动机提供与负荷相适应的清洁的空气,测量和控制进入发动机汽缸的空气量,使它们在系统中与喷油器喷出的汽油形成空燃比符合要求的可燃混合气,并将可燃混合气(或空气)均匀充分地分配到各个汽缸。

发动机的空气进气系统不仅要对空气进行过滤、计量,而且为了增大进气量而提高发动机的功率,还必须对进气实施各种电子控制,因此,空气进气系统中除了安装有空气滤清器、节气门体、进气管外,还设置了空气流量计(或进气管压力传感器)、进气温度传感器、怠速控制装置、节气门位置传感器等装置,如图 4-13 所示。

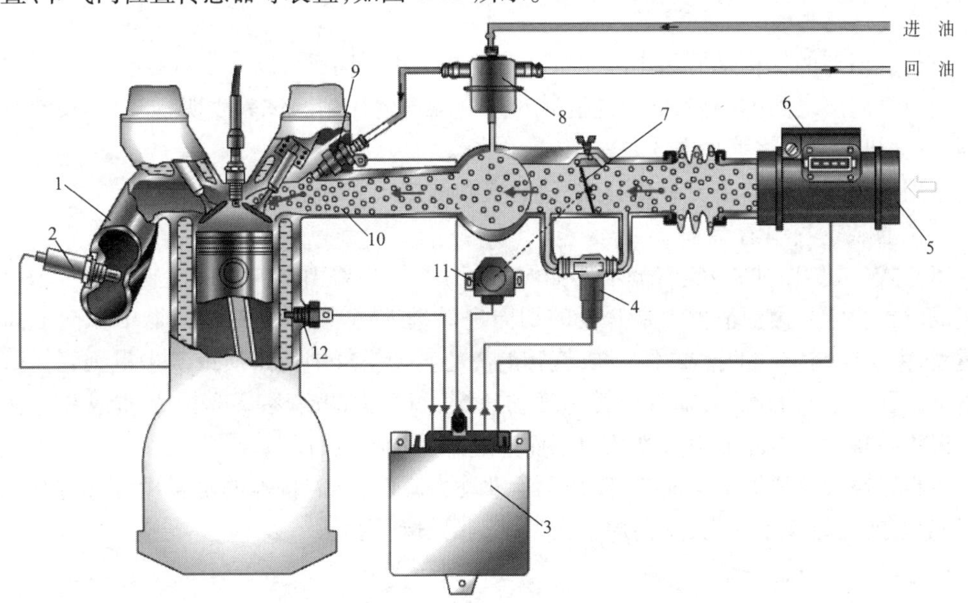

图 4-13 空气进气系统

1-排气管;2-氧传感器;3-电子控制单元;4-怠速执行器;5-空气滤清器侧;6-热线式空气流量计;7-节气门;8-调压器;9-喷油器;10-进气歧管;11-节气门位置传感器;12-冷却液温度传感器

进气系统流程,如图 4-14 所示。

在 L 型进气系统中,空气经空气滤清器过滤后,流经空气流量计、节气门体(或怠速控制阀)、进气总管、进气歧管,与喷油器喷出的汽油混合,形成可燃混合气吸入汽缸燃烧。进入发动机的空气量由空气流量计直接测量。

在 D 型进气系统中,空气经空气滤清器过滤后,流经节气门体(或怠速控制阀)、进气总管、进气歧管，与喷油器喷出的汽油混合，形成可燃混合气吸入汽缸燃烧。进入发动机的空气量由进气管绝对压力传感器间接测量。

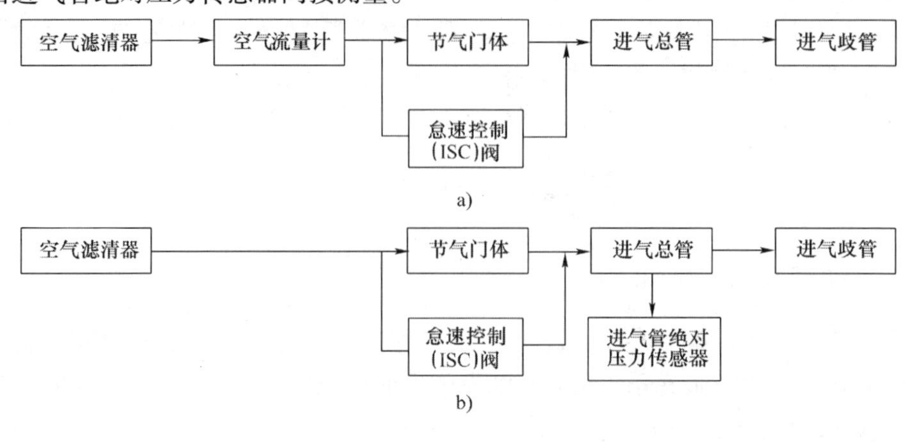

图 4-14　空气进气系统流程

a) L 型；b) D 型

二、空气进气系统的主要部件

1. 空气滤清器

空气滤清器的作用是清除进缸空气中所含的灰尘和杂质，以减小汽缸和活塞组之间以及气门与气门座之间的磨损，同时还有减小进气噪声的作用。试验表明，如果不安装空气滤清器，发动机的寿命将缩短 2/3 左右。

常用的空气滤清器主要有离心式、过滤式和油浴式三种形式。

1）离心式空气滤清器

离心式（或称惯性式）空气滤清器如图 4-15 所示，主要由切向进口 1、圆筒体 3、圆锥体 4 等组成。含尘空气由滤清器上端开设的切向进口进入滤清器内，在滤清器中作向下离心旋转运动，由于尘与空气的比重不一样，旋转的离心力使空气中的杂质或灰尘甩到壳体壁面上再落下。在滤清器的底部，随着旋转速度的减缓，离心力的也逐步减小，杂质或灰尘在底部出口聚集并排出。干净的空气则从由下而上进入发动机的进气管。

离心式空气滤清器结构简单，器身无运动动力部件，不需特殊的附属设备，维护简便，但体积较大，滤清效率不太高，主要用在大型车辆的发动机上。

2）过滤式空气滤清器

过滤式空气滤清器利用气流通过金属丝、纤维、微孔滤纸或金属网制成的滤芯，使杂质和尘土被黏附在滤芯上。

纸质空气滤清器应用广泛，如图 4-16 所示。它主要由进气导流管 2、滤芯 8、外壳 3、滤清器盖 1 等组成。其滤芯是用树脂处理的微孔滤纸制成的。滤芯呈波折状，具有较大的过滤面积。滤芯的上、下两端有塑料密封圈，以保证滤芯两端的密封。发动机工作时，空气由进气导流管引入盖与外壳之间的空隙，经纸质滤芯被滤清后，通过外壳下端的进气口进入。

纸质空气滤清器的特点是质量轻、成本低、使用方便、滤清效率高。纸质空气滤清器长期使用会产生堵塞，对进气产生额外阻力，使发动机充气量和动力性降低。因此，必须定期清洁维护或更换。纸质空气滤清器对油类的污染十分敏感，一旦被油液浸润，滤清阻力急剧增大。因此，纸质空气滤清器使用、维护时，切忌接触油液。

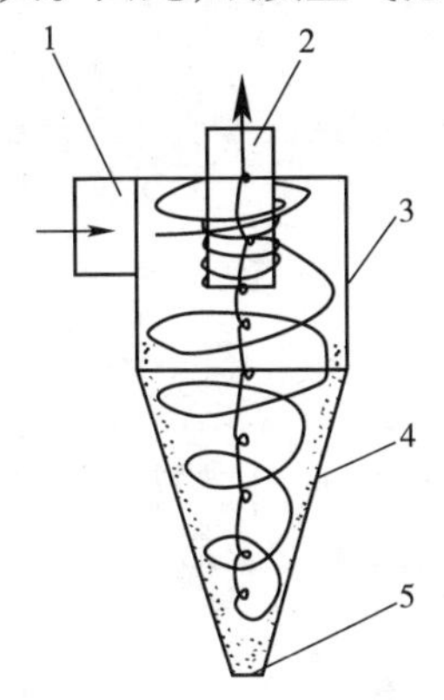

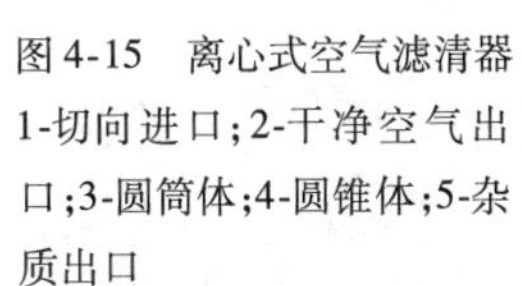

图4-15　离心式空气滤清器

1-切向进口；2-干净空气出口；3-圆筒体；4-圆锥体；5-杂质出口

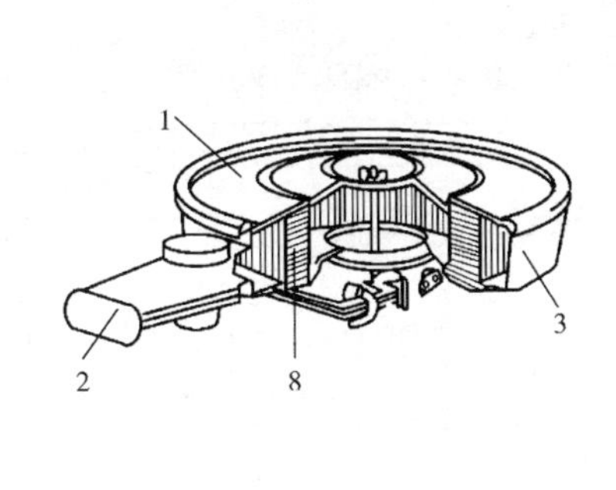

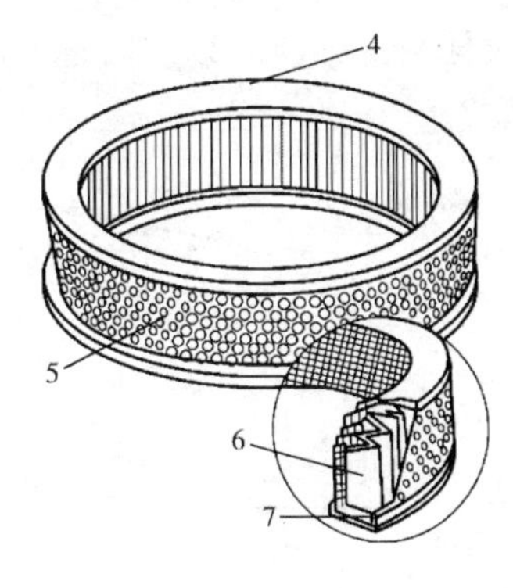

图4-16　纸质空气滤清器

1-滤清器盖；2-进气导流管；3-滤清器外壳；4-滤芯上密封面；5-金属网；6-打褶滤纸；7-滤芯下密封面；8-滤芯

3）油浴式空气滤清器

油浴式空气滤清器又称为综合式空气滤清器。它由滤清器外壳1、金属滤芯2、油池7、中心管6和滤清器盖4等组成（图4-17）。金属滤芯装在滤清器体的内壁和中心管之间，滤清器体的底部为油盘，内盛一定数量的机油。发动机工作时，空气以很大的速度从盖与壳之间的缝隙流入并下行，较大的尘粒在气流由下行转为上行时，被滤清器中的机油所黏附，而小的尘粒又在气流上行经过滤芯时被过滤，最后干净的空气从中心管流入进气管，如图4-17所示。这种空气滤清器的滤芯清洗后可重复使用。

2. 进气管

空气流经空气滤清器后进入的通道被称为进气管。进气管的作用是均匀地分配可燃混合气（燃油进气道喷射）或空气（燃油缸内喷射）到各汽缸中。进气管有进气总管和进气歧管，如图4-18所示。图4-19是EQ6100-1型发动机进气管。

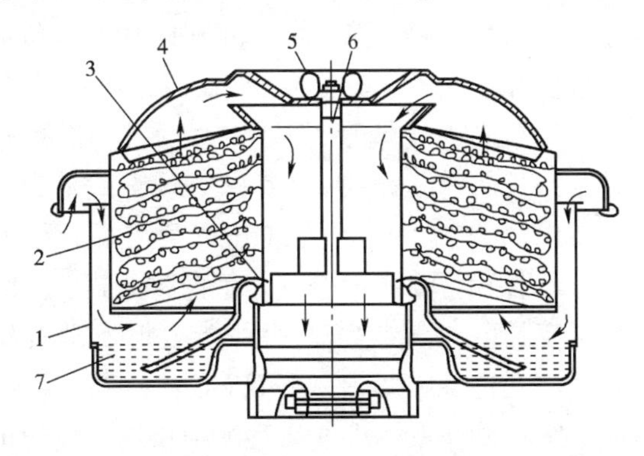

图4-17　油浴式空气滤清器

1-滤清器外壳；2-滤芯；3-密封圈；4-滤清器盖；5-蝶形螺母；6-中心管；7-油池

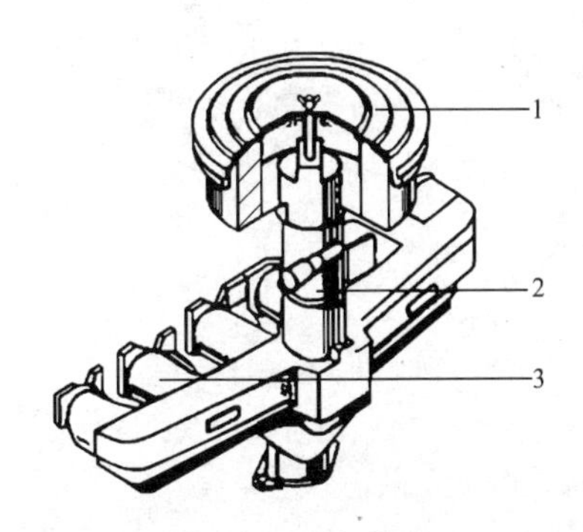

图4-18　进气管图

1-空气滤清器；2-进气总管；3-进气歧管

进气总管是指空气滤清器至进气歧管之间的管道。空气由进气总管再经进气歧管分别进入汽缸盖的进气道。在电控燃油喷射式发动机的进气总管上，装有空气流量传感器(或进气压力传感器)，以便对进入汽缸的空气进行计量。

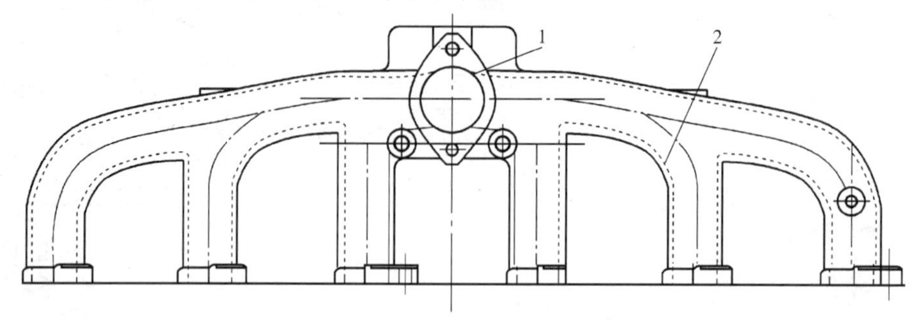

图 4-19　EQ6100-1 型发动机进气管

1-进气总管;2-进气歧管

进气歧管是指进气总管后向各汽缸分配空气的支管。进气歧管用螺栓固定在汽缸体或汽缸盖上，其结合面处装有衬垫，以防止漏气。

为了提高发动机的充气效率，通常按有效利用进气压力的原理设计进气管的长度、形状和结构，管道内壁必须光滑，降低气体流动阻力。有的发动机的进气系统中，设有谐振进气系统，采用可变进气歧管。

由于进气过程具有间歇性和周期性，致使进气歧管内空气产生一定幅度的压力波，此压力波以当地声速在进气系统内传播和来回反射。如果进气门关闭时，压力波正好到达进气歧管的气门端，就会使气门处压力大于正常的进气压力，从而增加汽缸进气量，这种效应称作进气波动效应。在进气管旁设置与进气管相通的谐振腔构成谐振进气系统，如图 4-20 所示，会使进气管内空气产生共振，进气压力波增强，更好地利用波动效应，更多地增加进气量，提高充量系数。

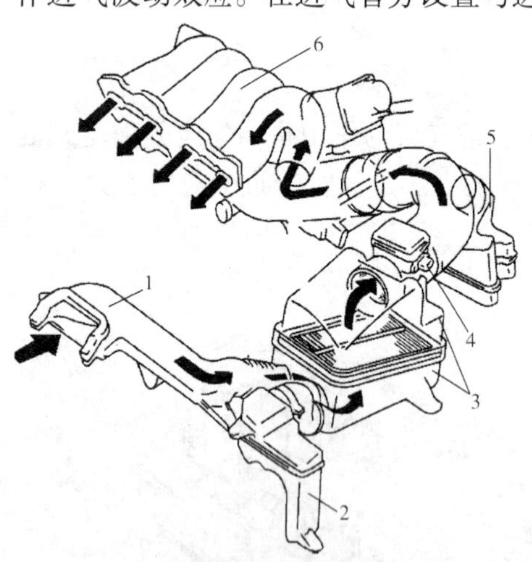

图 4-20　谐振进气系统

1-进气导流管;2-副谐振腔;3-空气滤清器;4-空气流量计;5-主谐振腔;6-进气歧管

为了充分利用进气波动效应，尽量缩小发动机在高、低速运转时进气充量的差别，改善发动机经济性及动力性，特别是改善中、低速和中、小负荷时的经济性和动力性，要求内燃机在高转速、大负荷时装备粗短的进气歧管，而在中、低转速和中、小负荷时用细长的进气歧管，可变进气歧管就是为适应这种要求而设计的。可变进气歧管主要有可变长度进气歧管和可变截面进气歧管两种形式。

可变长度进气歧管是一种能根据发动机转速而自动改变进气歧管有效长度的进气控制系统，其结构如图 4-21 所示，进气歧管由细长进气歧管 1 和粗短进气歧管 3 组成，管路上设有控制阀 2，控制阀由发动机电子控制单元根据发动机转速来控制。汽油机低速运转时，控制阀关闭，空气经细长进气歧管流入缸盖上的进气道 5，进气路径长，提高了进气速度，增加惯性效应，使气量增多；汽油机高速运转时，控制阀 2 打开，大部分空气可沿着短粗进气歧管进入汽缸盖上的进气道，这样进气阻力减小，也使得进气量增多。经细长进气歧管仅流入一少部分新鲜空气。这时，两个进气歧管进入联合工作状态。

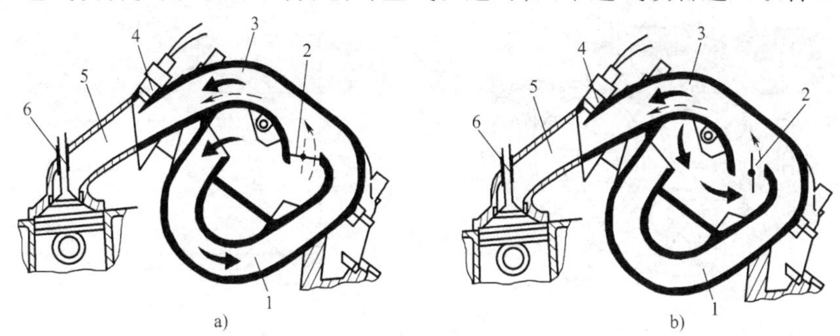

图4-21 可变长度进气歧管示意图

a)低速运转，控制阀关；b)高速运转，控制阀开

1-细长进气歧管；2-控制阀；3-短进气歧管；4-喷油器；5-汽缸盖进气道；6-进气门

可变截面进气歧管为一种能根据发动机转速而自动改变进气歧管有效截面的进气控制系统，如图4-22所示。四气门发动机上，两个进气门各有一个进气歧管，其中一个进气歧管中装有进气转换阀。低转速时，转换阀关闭一个进气通道，只利用一个进气通道，进气歧管截面积较小，如图4-22a)所示；高转速时，转换阀开启，两条通道同时工作，进气歧管截面积变大，如图4-22b)所示。

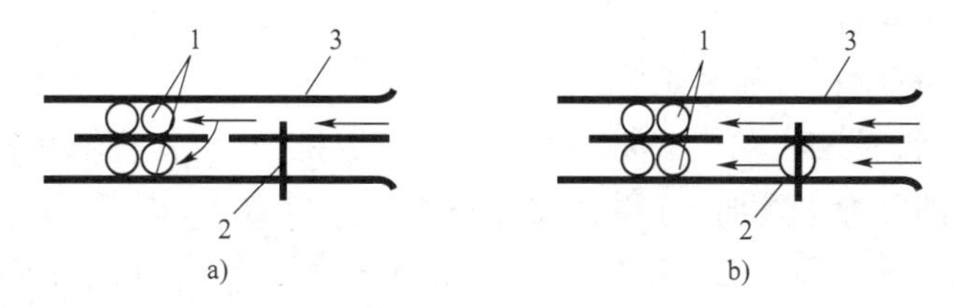

图4-22 可变截面进气歧管

a)一个进气通道进气；b)两个进气通道进气

1-进气门；2-转换阀；3-进气歧管

3. 节气门体

节气门体安装在进气总管上，其主要功用是通过改变节气门开度的大小，来改变进气通道截面积，通过改变进气空气量，来控制发动机运转工况。

节气门体的结构如图4-23所示，其主要由节气门壳体5、节气门3和怠速空气道12等组成，在节气门体上还安装有怠速空气阀9、节气门位置传感器7、加热水管6等装置。节气门安装在节气门壳体内，它是一个圆形的片阀，中间有一根转轴4和节气门拉线连接，并由节气门拉线控制。怠速通道由ECU通过怠速空气阀来控制，可以根据需要调节发动机怠速时的进气量。节气门限位螺钉用来调节节气门的最小开度。节气门位置传感器安装在节气门轴上，用来检测节气门的开度。在发动机工作时，冷却液通过加热水管流经节气门体，以防止寒冷季节空气中的水分在节气门体上冻结，有些车型的节气门体上没有加热水管。

4. 空气流量计

空气流量计的作用是对进入汽缸的空气量进行计量，并把空气流量的信息输送到ECU。

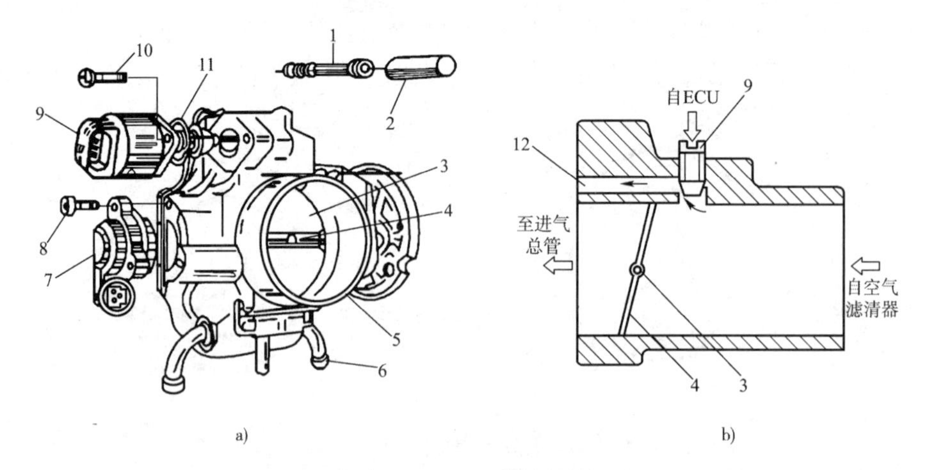

图 4-23　多点电控燃油喷射系统的节气门

a）多点电控燃油喷射系统的节气门结构；b）节气门的怠速通道

1-节气门限位螺钉；2-螺钉孔护套；3-节气门（片阀）；4-转轴；5-节气门壳体；6-加热水管；7-节气门位置传感器；8-螺钉；9-怠速空气阀；10-螺钉；11-密封圈；12-怠速通道

空气流量计有多种形式，如翼板式、卡门涡流式、热线式、热膜式和等。翼片式、卡门旋涡式空气流量计检测空气的体积流量，需要对进气温度和大气压力做修正，应用逐渐减少。应用较多的是热线式、热膜式空气流量计，它直接检测空气的质量流量，测量精度高。

1）翼板式空气流量计

翼板式空气流量计结构，如图 4-24 所示。

在发动机起动后，吸入的空气把翼片 4 从全闭位置推开，使其绕轴偏转。当气流推力与计量板复位弹簧 7 的弹力平衡时，计量板便停留在某一位置上，进气量越大，计量板开启的角度也越大。这时计量板转轴上的电位计滑臂也绕轴转动，使电位计的输出电流随之变化。这一信号被输送到电控单元，电控单元再根据进气温度等传感器的信号进行修正，即可计算出实际的进气量。

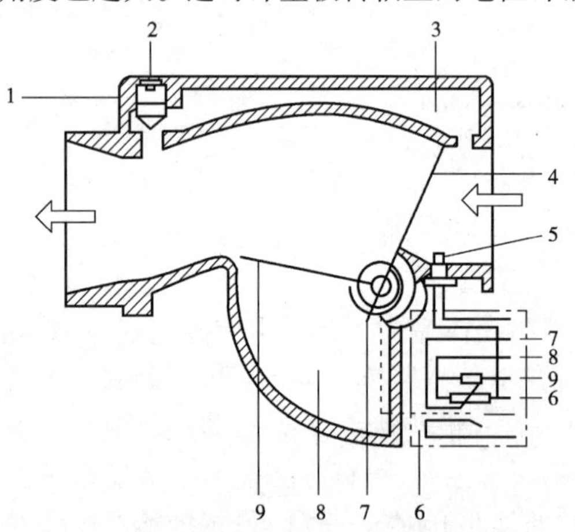

图 4-24　空气流量计结构简图

1-调节螺钉；2-封口；3-旁通空气道；4-翼片；5-空气温度传感器；6-电位计；7-复位弹簧；8-缓冲室；9-补偿挡板

缓冲室 8 和补偿挡板 9 用于消除加、减速时引起的计量板的惯性摆动，防止进气管内气流脉动，使电位计得以实时地检测进气流量。

旁通气道上的调节螺钉 1，用于调整怠速时混合气的浓度。

空气流量计上还设有电动汽油泵开关。当发动机起动后，计量板偏转时，其触点闭合，汽油泵开始泵油；当发动机熄火计量板关闭时，其触点分开，避免出现意外事故时，汽油泵仍在工作，使汽油外溢引起火灾。

2）卡门涡流式空气流量计

图 4-25 是卡门涡流式空气流量计，它是利用卡门涡流理论来测量空气流量的装置。在流量计进气道的正中央有一个流线型或三角形的立柱，称作涡源体。当均匀的气流流过涡

源体时，在涡源体下游的气流中会产生一列不对称却十分规则的空气旋涡，即所谓卡门涡流。据卡门涡流理论，此旋涡移动的速度与空气流速成正比，即在单位时间内流过涡源体下游某点的旋涡数量与空气流速成正比。因此，通过测量单位时间内流过的旋涡数量便可计算出空气流速和流量。

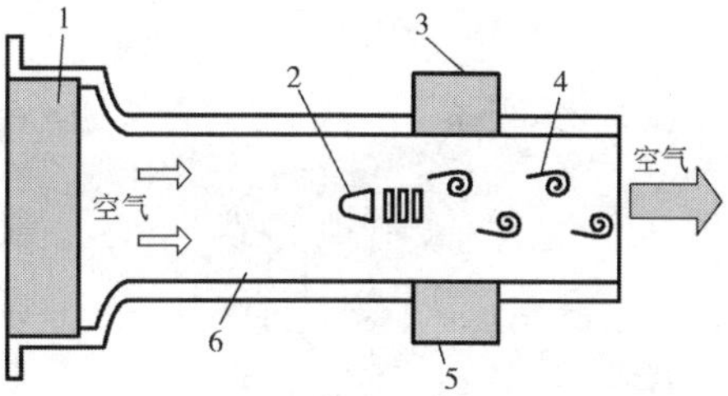

图 4-25 卡门涡流式空气流量计

1-整流器；2-旋涡发生器；3-超声波发生器；4-旋涡；5-超声波接收器；6-测试管

3）热线式空气流量计

热线式空气流量计主要由金属防护网、采样管、铂丝热线电阻、温度补偿电阻和控制电路等组成，如图 4-26 所示。根据铂丝热线电阻在壳体内安装部位的不同，可分为安装在空气主通道内的主流测量方式和安装在空气旁通道内的旁通道测量方式。

图 4-27 是主流测量方式的热线式空气流量计的电路图。其中，R_K 是作为温度补偿的冷线电阻、R_H 是铂丝热线电阻，R_A 和 R_B 是分别是精密电阻、电桥电阻。4 个电阻共同组成一个惠斯登电桥。在实际工作中，代表空气流量的加热电流是通过电桥中的 R_A 转换成电压输出的。当空气以恒定流量流过时，电源电压使热线保持在一定温度，此时电桥保持平衡。当空气流过热线式空气流量计时，铂丝热线向空气散热，温度降低，铂丝热线的电阻 R_H 减小，使电桥失去平衡。这时，混合电路将自动增加供给铂热线的电流，以使其恢复原来的温度和电阻值，直至电桥恢复平衡。流过铂丝热线的空气流量越大，集成电路 A 供给铂丝热线的加热电流也越大，即加热电流是空气流量的单值函数。加热电流通过精密电阻 R_A 产生的电压降作为电压输出信号传输给电控单元，电压降的大小即是对空气流量的度量。温度补偿电阻 R_K 的阻值也随进气温度的变化而变化，起到一个参照标准的作用，用来消除进气温度的变化对空气流量测量结果的影响。一般将铂丝热线电阻通电加热到高于温度补偿电阻温度 100℃。控制电路把这一根据空气质量流量变化的电压信号输入 ECU。

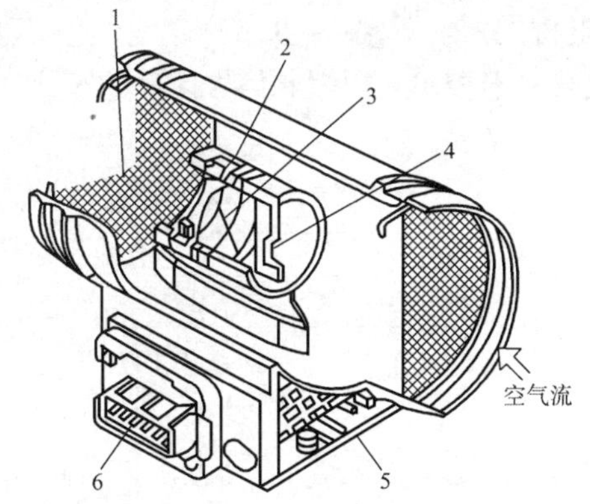

图 4-26 热线式空气流量计结构图

1-防护网；2-采样管；3-铂丝热线；4-温度补偿电阻器；5-控制电路板；6-接电插座

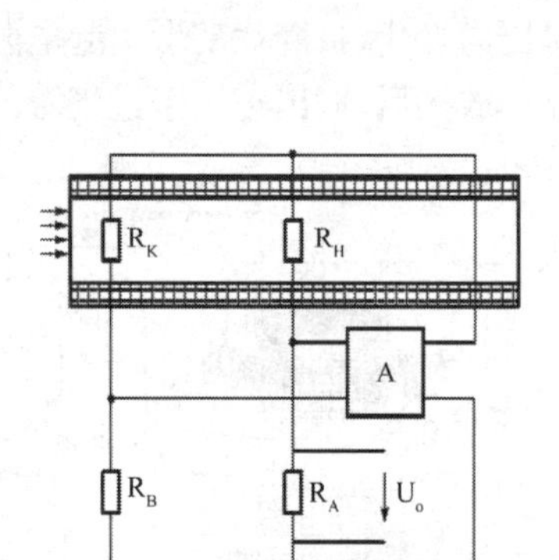

图 4-27 热线式空气流量计控制电路图

R_H-铂丝热线电阻；R_K-温度补偿的冷线电阻；R_A-精密电阻；R_B-电桥电阻；A-集成电路

热丝长时间暴露在进气中，会因空气中灰尘附着在热丝上而影响测量精度，需增加自洁净功能：关闭点火开关时 ECU 向空气流量计发出一个信号，控制电路立即给热丝提供较大电流，使热丝瞬时升温至 1000℃左右，把附着在热丝上的杂质烧掉。自洁净功能持续时间为 1 ~2s。

4)热膜式空气流量计

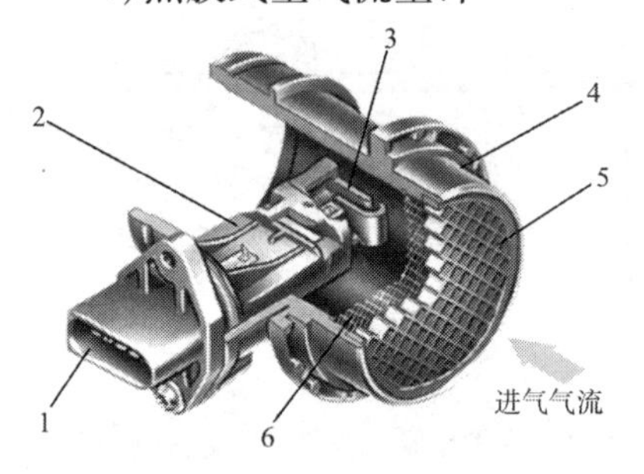

图4-28　热膜式空气流量计

1-电气插座;2-混合电路盒;3-热膜;4-外壳;5-导流格栅;6-滤网

图4-28是热膜式空气流量计,其测量原理与热线式空气流量计相同,它是利用热膜与空气之间的热传递现象来测量空气流量的。热膜是由铂金属片固定在树脂薄膜上而构成的。用热膜代替热线提高了空气流量计的可靠性和耐用性,并且热膜不会被空气中的灰尘黏附。

5. 进气管压力传感器

博世D型汽油喷射系统不设空气流量计,而是利用进气管压力传感器测量节气门后进气管内的绝对压力,并以此作为电控单元计算喷油量的主要参数。在发动机工作时,节气门开大,进气量增多,进气管压力相应增加。因此,进气管压力的大小反映了进气量的多少。常见的进气管压力传感器有膜盒式和应变仪式两种。

1)膜盒式进气管压力传感器

在传感器中有一个密封的弹性金属膜盒(图4-29).,内部为真空,外部与进气管相通。

当进气管压力发生变化时,膜盒收缩或膨胀,并带动衔铁在感应线圈中移动,从而在感应线圈中产生感应电压。此电压信号传输给电控单元,来控制喷油量。

2)应变式进气管压力传感器

应变式进气管压力传感器主要元件是一个很薄的硅片1(图4-30)。硅片四周很厚,中间最薄,上下两面各有一层二氧化硅薄膜2。在硅膜中沿硅片四周有四个传感电阻5,在硅片四角各有一个金属块6,通过导线与传感电阻相连。硅片底部粘接硼硅酸玻璃片3,形成硅片中间的真空室4。硅片装在密闭的容器内,容器顶部与进气管相通,使进气管压力作用在硅片上。硅片的四个传感电阻接成桥式电路(图4-31)。在硅片无变形时,电桥调到平衡状态。当进气管压力变化时,硅片变形引起电阻值的变化,电桥失去平衡,在A、B端产生电位差,经差动放大器2放大后,输出正比于进气管压力的电压信号。电控单元根据此信号计算进气量。

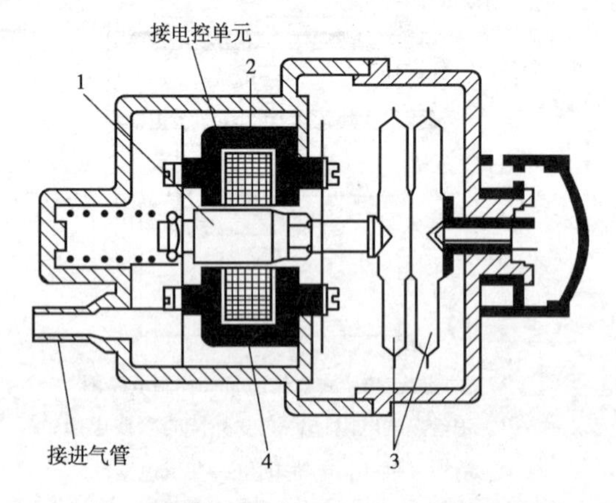

图4-29　膜盒式进气管压力传感器

1-衔铁;2-二次(次级)感应线圈;3-膜盒;4-一次(初级)感应线圈

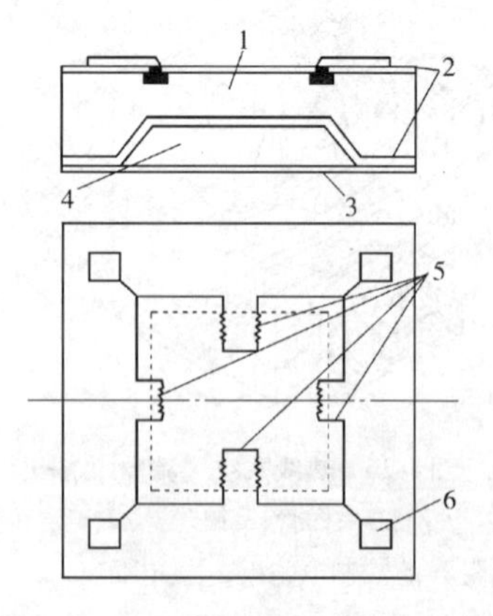

图4-30　应变仪式进气管压力传感器图

1-硅片;2-二氧化硅膜;3-硼硅酸玻璃片;4-真空室;5-传感电阻;6-金属块

6. 进气温度传感器

进气温度传感器通常安装在空气流量计上，用来检测进气温度，并将检测结果传输给电控单元，以修正喷油量。

进气温度传感器的内部是一个半导体热敏电阻3，其阻值随冷却液温度的增高而减小，反之亦然。传感器的两根导线都与电控单元连接，其中一根为搭铁线（图4-32）。

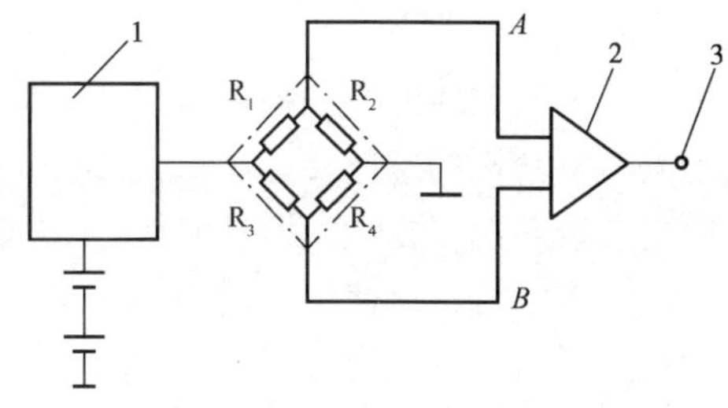

图4-31 应变仪式进气管压力传感器电路
1-稳压电源；2-差动放大器；3-输出端

7. 补充空气阀

补充空气阀是实现发动机快怠速的装置。当发动机冷起动时，部分空气经补充空气阀进入发动机，使发动机进气量增加。因为这部分空气是经过空气流量计计量过的，因此喷油量将相应地有所增加，从而提高了怠速转速，缩短了暖机时间。

常见的补充空气阀有双金属片式和蜡式等种类。

1）双金属片式补充空气阀

双金属片式补充空气阀由双金属片1、阀片2以及电热丝4等组成（图4-33）。发动机冷起动时，阀片上的孔将补充空气道的进、出口连通，补充空气进入发动机，提高怠速转速。随着发动机的运转，电流流过电热丝，使双金属片受热弯曲，在弹簧2的作用下，阀片逐渐关闭补充空气道的进、出口，补充空气逐渐减少，发动机也逐渐恢复正常怠速。

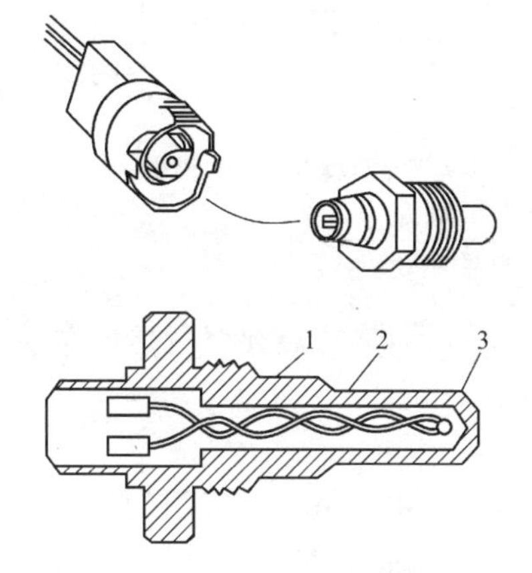

图4-32 发动机温度传感器
1-传感器外壳；2-导线；3-热敏电阻

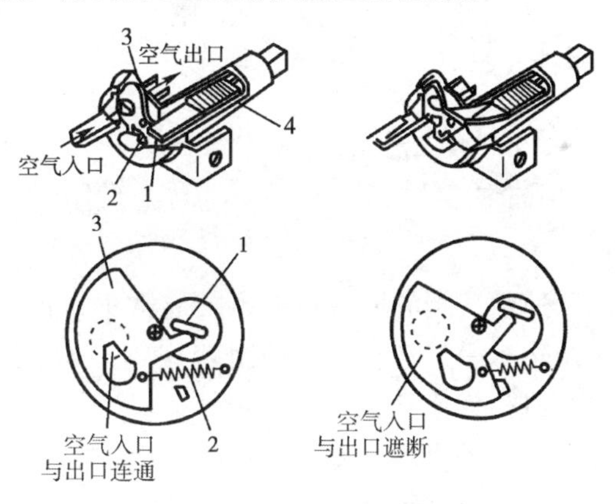

图4-33 双金属片式补充空气阀
1-双金属片；2-弹簧；3-阀片；4-电热丝

2）蜡式补充空气阀

蜡式补充空气阀的结构，如图4-34所示。发动机循环冷却液流经补充空气阀水套中的蜡盒6周围。在发动机冷起动时，冷却液的温度低，蜡盒内的石蜡收缩，锥阀4在弹簧的作用下开启旁通空气道。随着发动机运转，冷却液的温度升高，蜡盒内的石蜡溶化膨胀，使推杆5推动锥阀关闭旁通空气道。

怠速调节螺钉3用来改变旁通空气道2的通流截面，控制怠速的进气量，以调节怠速转速和提高怠速运转的稳定性。

8. 怠速空气阀

在节气门体的燃油喷射系统中,节气门体上装有步进电机式怠速空气阀。其功用是自动调节发动机的怠速转速。如使用空调器或转向助力器时,电控单元通过怠速空气阀自动提高怠速转速,防止发动机因负荷加大而熄火。

步进电机式怠速空气阀由步进电机、螺旋机构和锥面控制阀等组成(图4-35)。螺旋机构的螺母与步进电机转子1制成一体,而螺杆4与锥面控制阀2制成一体。电控单元通过步进电机控制转子的转向和转角,以控制锥面控制阀的移动方向和移动距离,从而调节旁通空气道的进气量。

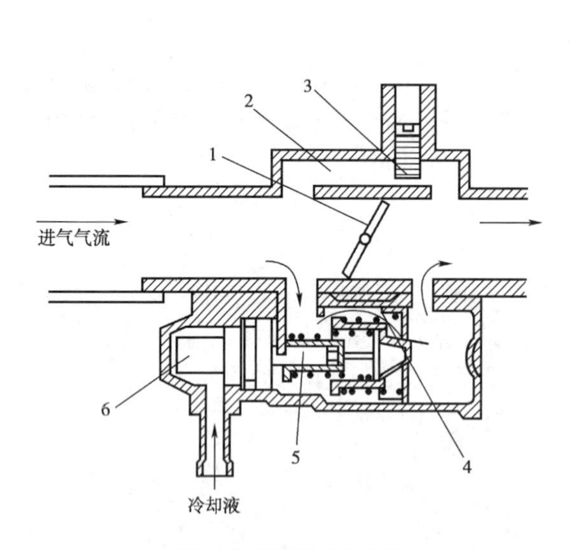

图4-34 蜡式补充空气阀

1-节气门;2-旁通空气道;3-怠速调整螺钉;4-锥阀;5-推杆;6-蜡盒

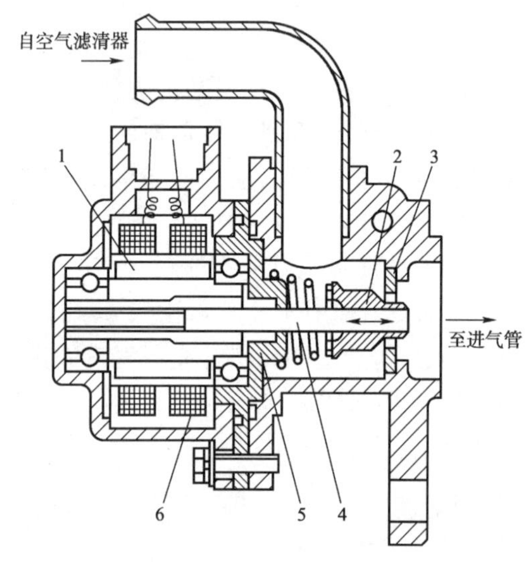

图4-35 步进电机式怠速控制阀

1-步进电机转子;2-锥面控制阀;3-阀座;4-螺杆;5-挡板;6-励磁线圈

使用怠速空气阀的燃油喷射系统通常不再设置补充空气阀,而由怠速空气阀来实现冷车快怠速及热车后正常怠速的控制。

9. 节气门位置传感器

节气门位置传感器安装在节气门轴上,与节气门联动。其功用是将节气门的位置和开度转换为电信号传输给电控单元,作为电控单元判断发动机工况的依据。

节气门位置传感器有开关型和线性输出型两种。

开关型节气门位置传感器(图4-36)内有两个触点,分别为怠速触点4和全负荷触点1。与节气门同轴的接触凸轮2控制两个触点的闭合或断开。当发动机怠速时,节气门接近关闭,怠速触点闭合,这时电控单元指令喷油器增加喷油量以加浓混合气。当发动机全负荷时,节气门全开,全负荷触点闭合,这时电控单元输出宽度最大的电脉冲,以实现全负荷加浓。

线性输出型节气门位置传感器(图4-37)是一个线性电位计,由节气门轴带动电位计的滑动触点。当节气门的开度不同时,电位计输出的电压也不同,从而使电控单元能精确地掌握发动机的运行工况。

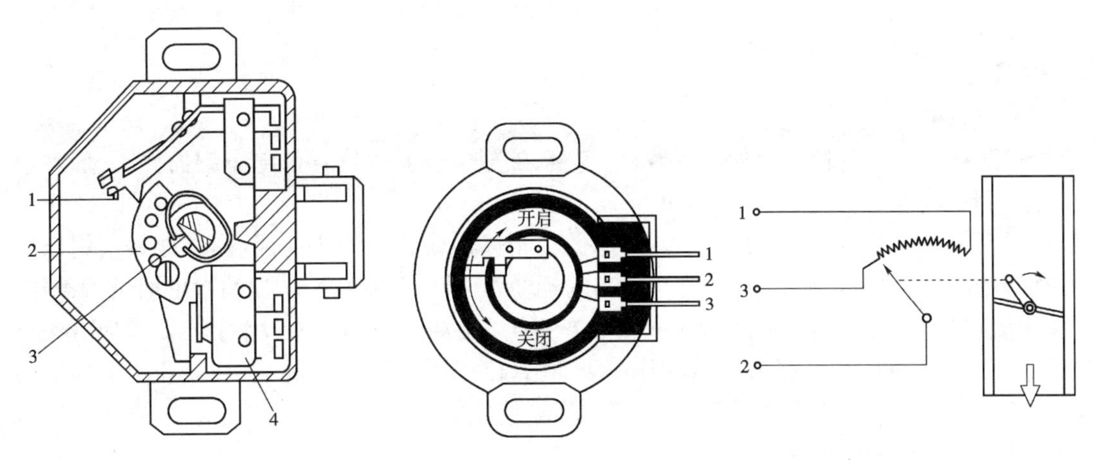

图 4-36 开关型节气门位置传感器
1-全负荷触点;2-接触凸轮;3-节气门轴;4-怠速触点

图 4-37 线性输出型节气门位置传感器
1-基准电压;2-输出电压;3-搭铁

第六节 燃油供给系统

一、燃油供给系统的功用和组成

汽油发动机燃油供给系统的功用是储存并滤清汽油,根据发动机各工况的要求向发动机供给清洁的、具有适当压力并经精确计量的汽油。

燃油供给系统由燃油箱、电动燃油泵、燃油滤清器、燃油分配管、喷油器、燃油压力调节器、油压脉动缓冲器、冷起动喷嘴以及连接油管等组成,如图 4-38 所示。

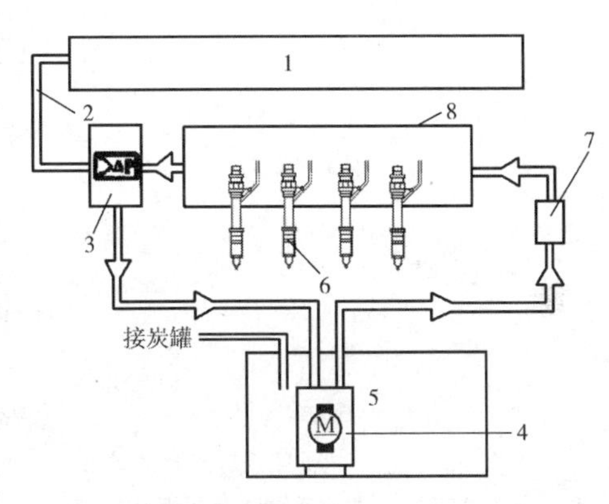

图 4-38 燃油供给系统
1-进气歧管;2-真空软管;3-燃油压力调节器;4-电动汽油泵;5-汽油箱;6-喷油器;7-汽油滤清器;8-燃油分配管

燃油供给系统的工作原理,如图 4-39 所示。电动燃油泵将汽油自油箱内吸出,经燃油滤清器过滤后送入输油管,燃油泵供给的多余汽油经压力调节器和低压回油管流回油箱,输油管负责向各缸喷油器供油。压力调节器通过控制回油量来调节输油管内的燃油压力,以保证喷油器的喷油压差保持恒定。

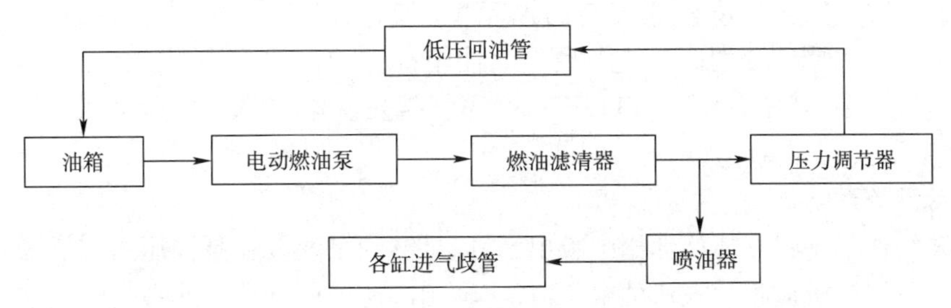

图 4-39 燃油供给系统的工作原理

二、燃油供给系统的主要部件

1. 汽油箱

汽油箱的作用是储存汽油。其数目、容量、外形以及安装位置都随车型而异,一般汽油箱的容量能使车辆行驶300~600km。

汽油箱的结构,如图4-40所示。货车的油箱体由薄钢板冲压而成,内部镀锌或锡以防腐蚀,油箱上部设有加油管,管内有可拉出的延伸管,其内部有滤网。加油管由油箱盖盖住。油箱上面装有油面指示表传感器3和出油开关5。出油开关一端通过油管与汽油滤清器1相连,另一端与插入油箱的吸油管相连。吸油管口距箱底部有一定距离,以防止吸入箱底的杂质和积水。油箱底部有放污旋塞6,用以排除箱底的积水和污物。箱内设有隔板9,以减轻车辆行驶时燃油的振荡。

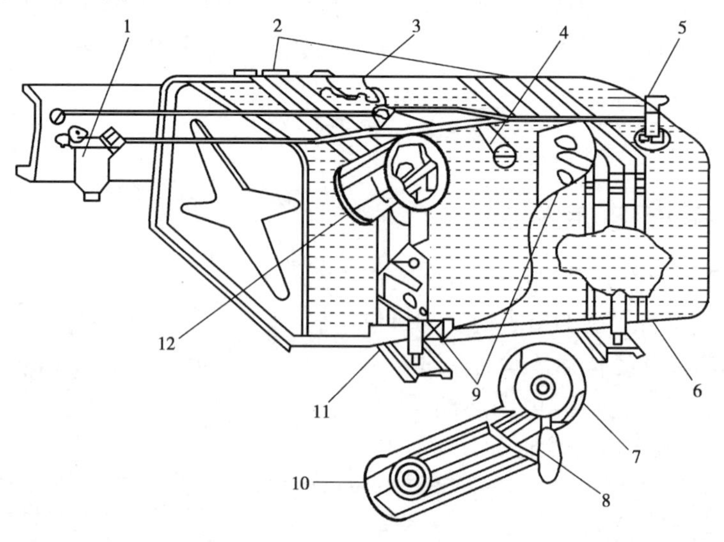

图4-40 汽油箱

1-汽油滤清器;2-汽油箱固定箍带;3-油面指示表传感器;4-油面指示表传感器浮子;5-出油开关;6-放油螺塞;7-汽油箱盖;8-加油延伸管;9-隔板;10-滤网;11-汽油箱支架;12-加油管

现代轿车燃油箱通常由耐油硬塑料制成,其外形结构随车内空间布置而有所不同。

为防止汽油在行驶中因振荡而溅出以及汽油蒸气的泄出,油箱必须密封。但当汽油因消耗而油面降低时,油箱内将形成一定真空度,从而降低油泵的吸油能力。另一方面,当气温很高时,汽油蒸气将使油箱内压力过高。这两种情况都要求油箱在必要时能与大气相通。为此,一般采用装有空气阀和蒸气阀的油箱盖(图4-41)。当箱内汽油减少、压力降到0.098MPa时,空气阀被大气压开,空气便进入油箱,使汽油泵能正常供油(图4-41a)。当油箱内汽油蒸气过多,其压力大于0.11MPa时,蒸气阀被顶开,汽油蒸气泄入大气中,以保持油箱内的正常压力(图4-41b)。

2. 电动燃油泵

燃油泵的作用是将汽油从油箱中吸出,并以足够的泵油量和泵油压力向燃油系统供油。货车上曾经采用过机械膜片式汽油泵,现代车辆则广泛采用电动燃油泵。

电动燃油泵常见的安装位置有两种,即油箱外置型和油箱内置型。油箱外置型电动燃油泵安装在油箱外，串联在输油管上；油箱内置型电动燃油泵安在油箱内部，浸泡在燃油里，这样可以防止产生气阻和燃油泄漏，且噪声小。此外，内置式还在油箱中设一个小油箱，将燃油泵放在小油箱中，这样可以防止因燃油不足而汽车转弯或倾斜时，燃油泵吸入空气而产生气阻，如图4-42所示。目前，大多数电控燃油喷射系统均采用油箱内置型电动燃油泵。

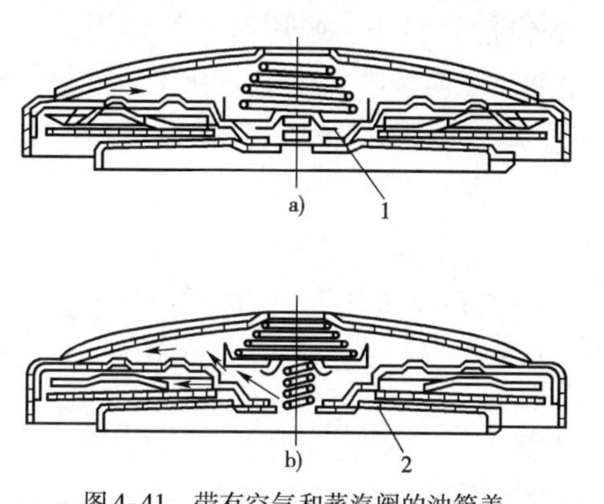

图4-41 带有空气和蒸汽阀的油箱盖

a）进入空气；b）泄出空气

1-空气阀；2-蒸汽阀

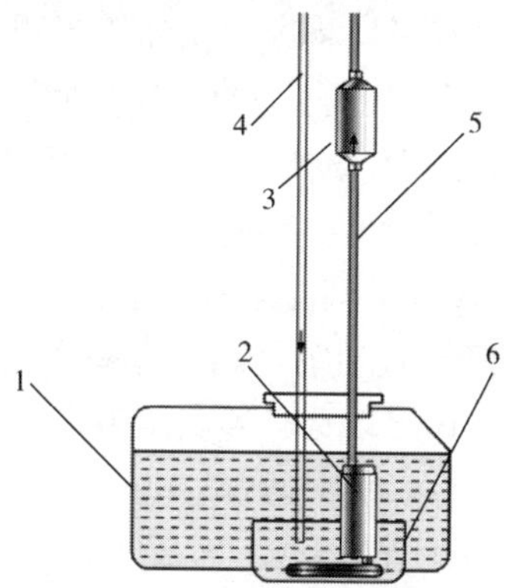

图4-42 内置式式电动汽油泵

1-汽油箱；2-电动汽油泵；3-燃油滤清器；4-回油管；5-出油管；6-小油箱

电动燃油泵根据其结构分为滚柱式、叶片式、转子式和侧槽式四种，目前应用较多的是滚柱式和叶片式两种。

1）滚柱式电动汽油泵

滚柱式电动汽油泵的结构如图4-43a）所示，由直流电动机4、滚柱式油泵3、止回阀5、限压阀2等组成。

滚柱式油泵结构原理如图4-43b）所示，它由转子7、滚柱8、泵体9等组成。装有滚柱的泵转子偏心安装在电动机的电枢轴上，随电动机一起旋转。滚柱安装在泵转子的凹槽内，可以自由移动，泵壳体侧面制有进油口和出油口。

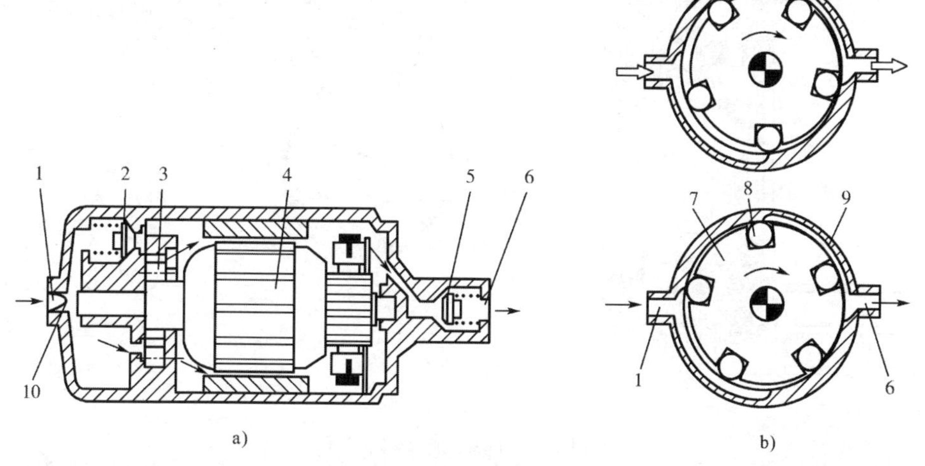

图4-43 滚柱式电动汽油泵

a）滚柱式电动汽油泵组成；b）油泵结构原理图

1-进油口；2-限压阀；3-滚柱式油泵；4-直流电动机；5-止回阀；6-出油口；7-转子；8-滚柱；9-泵体；10-滤网

转子旋转时，位于转子凹槽内的滚柱在离心力的作用下，压靠在泵壳体的内表面上，两个相邻的滚柱之间形成一个封闭的空腔。由于转子被偏心安装，腔室的容积在转动过程中不断变化，在腔室容积增大的一侧设有进油口，而在腔室容积变小的一侧设有出油口。当腔室容积变大时，其内部形成低压，将燃油吸入；当腔室容积变小时，其内部压力增大，将燃油压出，这样就可以将燃油从油箱吸出并加压后供到供油管路中。限压阀2的作用是当油压超过0.45MPa时开启，使汽油流回进油口，以防止油压过高损坏汽油泵。在出口处设置止回阀5，当发动机停转时，止回阀关闭，防止管路中的汽油倒流回汽油泵，并保持管路中有一定的油压，以利于再次起动。

滚柱式电动汽油泵有如下特点：

(1)滚柱式油泵是利用容积变化对汽油进行压缩来提高油压的，油泵的出口端输油压力脉动较大，在出口端必须安装阻尼减振器，以减轻油泵后方燃油管内的压力脉动，这使得燃油泵体积增大，故一般都安装在油箱外面，属外置式。

(2)由于外置安装，因而安装自由度大，容易布置。

(3)滚柱式油泵依靠滚柱与泵壳体内壁的紧密贴合构成泵油室，故滚柱和泵的壳体易磨损，运转中噪声较大，使用寿命不长。

2)叶片式电动燃油泵

叶片式电动燃油泵(也有的称涡轮式电动燃油泵)，它是由小型直流电动机驱动的油泵。由永磁电机驱动的叶片式电动汽油泵的结构，如图4-44所示。电机与汽油泵组成一体，密封在壳体内。电动汽油泵多安装在汽油箱内，不易产生气阻及漏油。电动汽油泵的叶轮3是一个圆形平板，在圆周上加工有小槽，开成泵油叶片。叶轮旋转时，小槽内的汽油随叶轮一起高速旋转，在离心力作用下，使出口处压力升高，而在进口处产生真空，从而使汽油不断从进口吸入、从出口排出。同滚柱式油泵一样，叶片式电动燃油泵也设有限压阀9和止回阀10，作用相同。

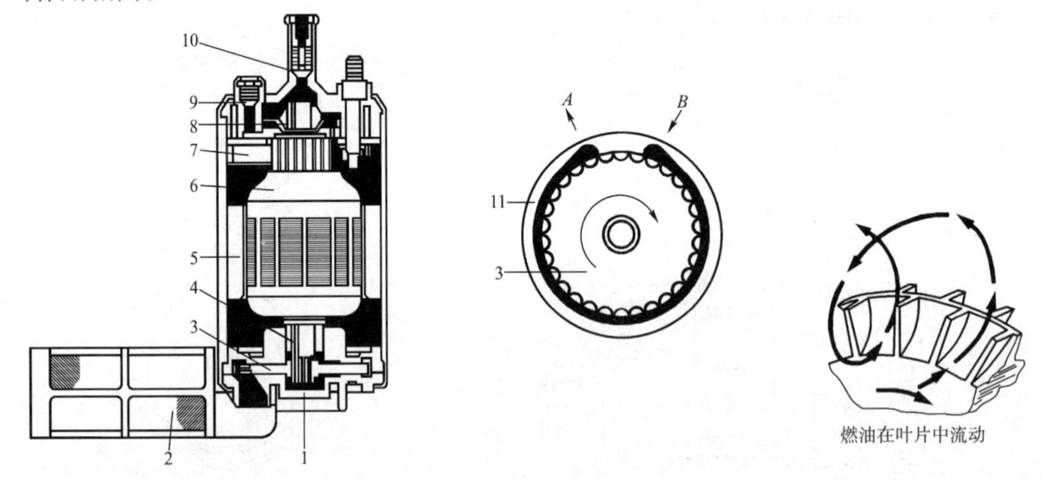

图4-44　叶片式电动汽油泵

1-橡胶缓冲垫;2-滤网;3-叶轮及叶片;4、8-轴承;5-永久磁铁;6-电枢;7-炭刷;9-限压阀;10-止回阀;11-泵体

叶片式电动汽油泵具有运转噪声小、油压脉动小、泵油压力高、叶片磨损小、使用寿命长等特点，近来被越来越多的发动机所使用。

3. 燃油滤清器

燃油滤清器的功用是除去燃油中的水分和杂质,以防油路堵塞,并减轻汽缸磨损,以保证发动机正常工作。燃油滤清器一般安装在电动燃油泵出油管与燃油分配管之间的供油管路上。

图 4-45 为燃油滤清器的结构,其主要由外壳、滤芯和滤清器盖等组成。在滤清器盖 1 上有进油管接头 2 和出油管接头 11,滤芯 5 用中心螺栓 7 紧固在滤清器盖上。由锌合金制成的沉淀杯 8 也用螺栓紧固在滤清器盖上。发动机工作时,在汽油泵的作用下,汽油经加油管接头 2 进入沉淀杯 8 中,水分及较大的杂质沉淀在杯底。当汽油流经滤芯 5 时,较小的杂质被滤除而留在滤芯的外表面上,清洁的汽油进入滤芯内腔,再经出油管接头 11 流出。

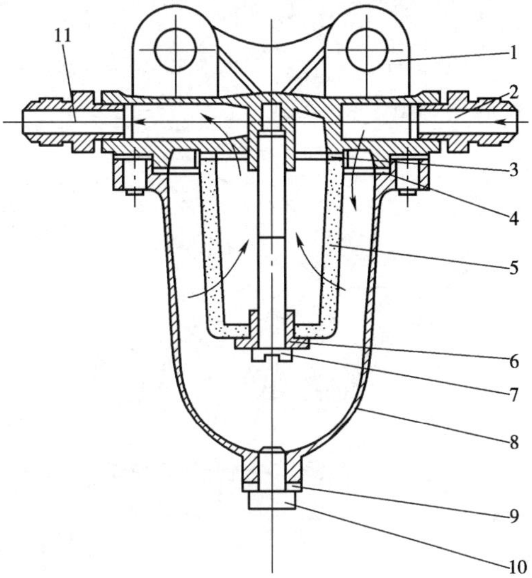

图 4-45　汽油滤清器

1-滤清器盖;2-加油管接头;3、6-滤芯密封垫;4、9-沉淀杯密封垫;5-滤芯;7-中心螺栓;8-沉淀杯;10-放油螺塞;11-出油管接头

常见的滤芯有多孔陶瓷滤芯和微孔滤纸的纸质滤芯等。陶瓷滤芯结构简单,滤清效果较好,但使用寿命短。在电控汽油喷射式发动机的汽油供给系统中,一般采用纸质滤芯、一次性的汽油滤清器。其滤清性能好,且制造、使用方便,得到了越来越广泛的应用。

燃油滤清器阻塞会导致供油压力和供油不足,影响发动机的动力性,因此要定期维护。

4. 燃油分配管

燃油分配管(图 4-46)也称为“共轨油管”,其功用是将燃油均匀、等压地输送给各缸喷油器。同时,因其容积较大,所以还有储油蓄压,减缓油压脉动的作用。燃油分配管也用来固定喷油器和燃油压力调节器。它安装在进气歧管或汽缸盖上,燃油分配管与喷油器之间用 O 形圈和卡环密封,O 形圈可防止燃油渗漏,并具有隔热和隔振的作用。卡环将喷油器固定在燃油分配管上。大多数燃油分配管上都有燃油压力测试口,可用于检查和释放油压。

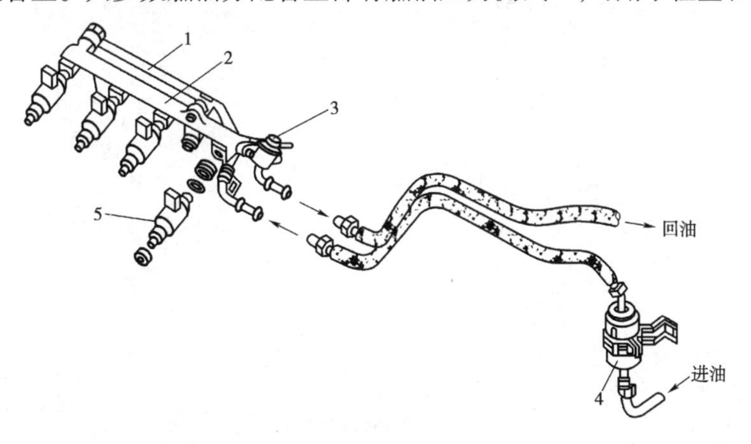

图 4-46　燃油分配管

1-进油管;2-燃油分配管;3-油压调节器;4-汽油滤清器;5-喷油器

5.喷油器

喷油器的功用是根据ECU发出的电脉冲信号,定时喷射出规定数量的燃油。电控燃油喷射系统采用电磁式喷油器,按结构不同可分为轴针式、球阀式和片阀式,目前常用的是轴针式喷油器。球阀式和片阀式喷油器,其结构和工作过程与轴针式喷油器基本一致,主要区别在于喷油嘴的结构不同。

电控燃油喷射系统的喷油器安装在各进气歧管或进气道附近的缸盖上,并用燃油分配管固定,如图4-47所示。

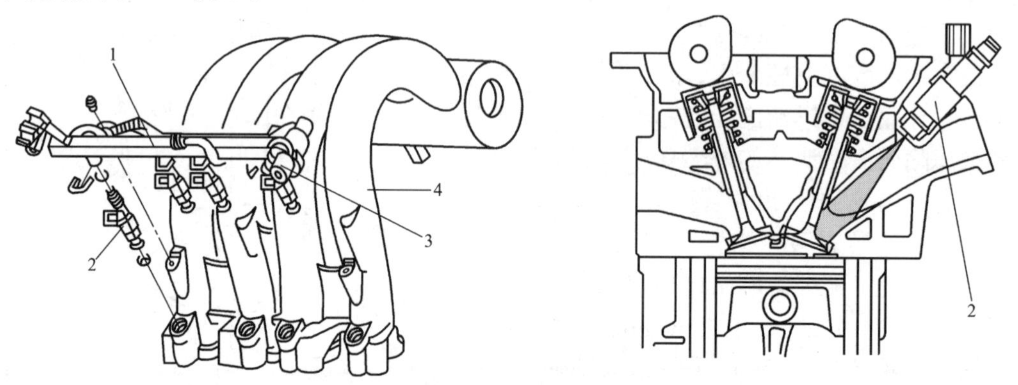

图4-47 喷油器的安装位置

1-燃油分配管;2-喷油器;3-油压调节器;4-进气歧管

如图2-48所示是轴针式电磁喷油器,其供油方式有上端供油式(图4-48a)和侧面供油式(图4-48b)两种。两种喷油器的主要结构都是相同的,均由电磁线圈3、复位弹簧4、针阀

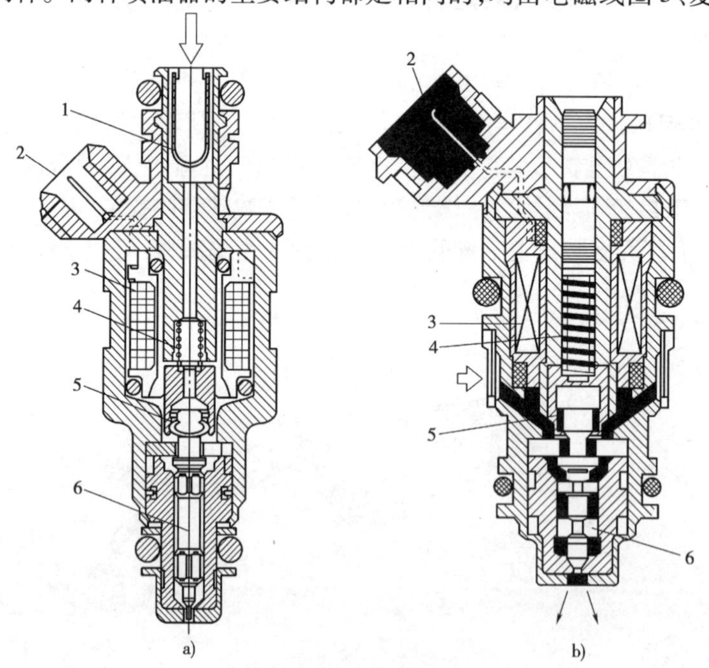

图4-48 喷油器构造

a)上端供油式;b)侧面供油式

1-滤网;2-电接头;3-电磁线圈;4-复位弹簧;5-衔铁;6-针阀

6 和衔铁 5 等组成。喷油器的针阀与衔铁制成一体,并随衔铁在电磁线圈的控制下一起移动,当 ECU 发出电脉冲,使电磁线圈通电后,在磁场的作用下,衔铁克服复位弹簧的弹力而升起,使针阀离开阀座,汽油便从喷口喷射出去;当电磁线圈断电时,磁力消失,针阀被弹簧力压紧在阀座上,汽油被密封在油腔内。ECU 通过电脉冲宽度来控制喷口开启的持续时间,从而控制喷油量。时间越长,喷油量就越大。一般持续时间为 10 ~ 20ms。喷油器的喷油时刻由电磁线圈通电时间确定。

6. 燃油压力调节器

燃油压力调节器(简称油压调节器)的功用是使燃油分配管内的油压与进气管压力之差,即喷油压力保持恒定,以实现电控单元对喷油量的精确控制。

油压调节器的结构,如图 4- 49 所示。膜片 4 将油压调节器分隔为上下两腔,上腔的进油口 1 接燃油分配管,回油口 2 与汽油箱连通。下腔通过真空接管 6 与节气门后的进气管相连。

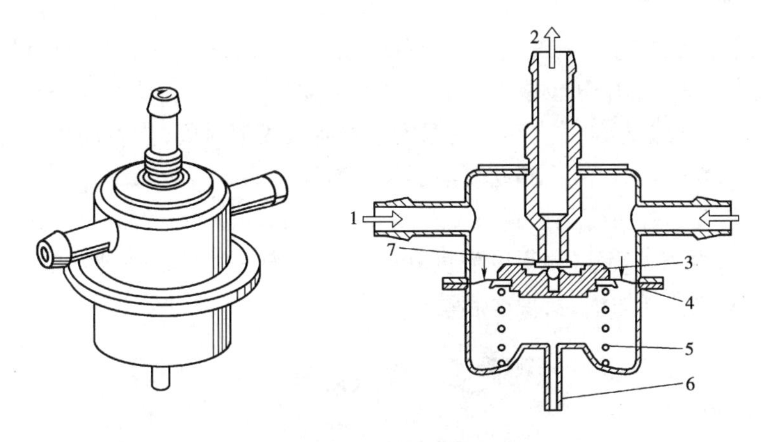

图 4-49 油压调节器

1-进油口;2-回油口;3-阀座;4-膜片;5-弹簧;6-真空接管(接进气管);7-平面阀

当进气管压力减小时,油压调节器的膜片克服弹簧 5 的弹力向下弯曲,平面阀 7 将回油口开启,汽油经回油口流回汽油箱,使燃油分配管内的油压下降,以保持燃油分配管内的油压与进气管压力之差值不变。反之,当进气管压力增大时,膜片向上弯曲,平面阀将回油口关闭,回油终止,使燃油分配管内的油压上升,并仍然保持燃油分配管内的油压与进气管压力之差值不变。燃油分配管内的油压与进气管压力之差值由弹簧 5 的弹力限定,调节弹簧的弹力即可改变两者的压力差,也就是改变喷油压力。

燃油压力调节器的主要故障是弹簧张力疲劳后变小或膜片破裂。它是不可调节器件,如果工作不良时,应进行更换。

7. 油压脉动缓冲器

油压脉动缓冲器的功用是减小燃油管路中油压的脉动和噪声,并能在停车后保持油路中有一定的油压,以利发动机的重新起动。

油压脉动缓冲器的结构,如图 4-50 所示。膜片 3 将油压脉动缓冲器分隔为空气室 6 和燃油室 7 两个部分。当发动机工作时,燃油从进油口 1 流进,由出油口 8 流出,同时油压的脉动通过膜片由膜片弹簧 4 的变形来吸收,从而消减了油压的脉动。当发动机停转时,膜片弹簧推动膜片向上挤压燃油室内的燃油，以保持油路中有一定的油压。

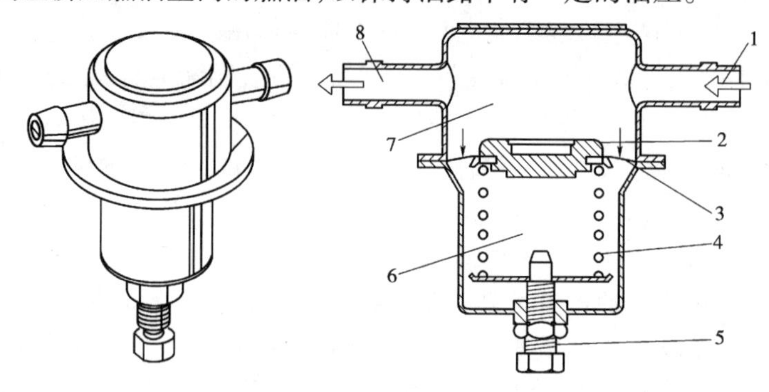

图 4-50　油压脉动缓冲器

1-进油口；2-膜片座；3-膜片；4-膜片弹簧；5-调节螺钉；6-空气室；7-燃油室；8-出油口

8. 冷起动喷嘴

发动机低温时起动时，喷入进气道的燃油不易蒸发，需进一步增大喷油量，为此电控喷油系统中还在进气总管的中间位置上安装一个冷起动喷嘴。冷起动喷嘴也是一种电磁式喷油器，由热时间开关根据起动时发动机的温度来控制其喷射时间，当发动机冷却液温度超过25℃时，热时间开关触点断开，冷起动喷油器停止喷油。

目前，有一些发动机为简化控制系统，已取消了冷起动喷油器，而是由 ECU 根据进气温度传感器和冷却液温度传感器测得的温度和起动信号来加大各缸喷油器的喷油脉冲宽度，以增加喷油量，使混合气加浓，实现冷起动。

第七节　废气排气系统

一、废气排气系统的功用和组成

废气排气系统的功用是汇集各汽缸的废气，减小排气噪声和消除废气中的火焰和火星，使废气安全地排入大气，并对废气中的有害物质进行排放控制。

废气排气系统包括排气歧管、排气管、排气消声器、排气净化装置以及氧传感器等装置，如图 4- 49 所示。排气净化装置主要有催化转换器、废气再循环（EGR）等，有关这方面的内容参见第十二章内燃机的污染与控制。尽管各汽油机厂商设计的排气系统结构不尽相同，但基本部件是一致的。

根据发动机排气总管的数目，可分为单排气系统和双排气系统。

直列式发动机通常采用单排气系统。在排气行程，汽缸中的废气经过排气门进入排气歧管，再由排气歧管进入排气管，经过催化转换器和消声器，最后由排气尾管进入大气。图 4-51 所示就是单排气系统。

有些 V 型发动机采用单排气系统，也有的采用双排气系统。V 型发动机单排气系统是：每列汽缸各有一个排气歧管，通过一个叉形管将两个排气歧管连到一个排气管上，经同一个催化转化器、消声器和排气尾管。V 型发动机采用两个单排气系统的，每个排气歧管各自都连接一个排气管、催化转化器、消声器和排气尾管。双排气系统的优点：降低了排气系统内的压力，使发动机排气更加顺畅，汽缸内的残余废气较少，因而可以提高发动机的进气效果（充气效率），发动机的功率和转矩都相应提高。

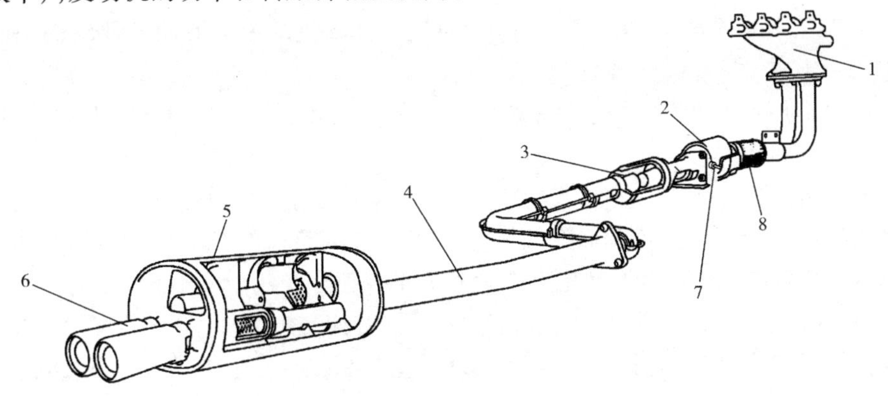

图 4-51 废气排气系统的组成

1-排气歧管；2-催化转换器；3-副消声器；4-后排气管；5-主消声器；6-排气尾管；7-氧传感器；8-前排气管

二、废气排气系统的主要部件

1. 排气歧管和排气管

排气歧管用来连接汽缸排气道与排气管，它一般由铸铁、球墨铸铁或不锈钢制成。图 4-52是铸铁排气歧管，图 4-53 是不锈钢排气歧管。

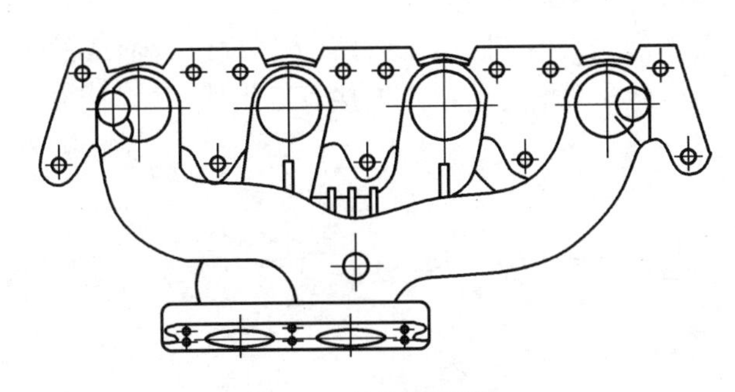

图 4-52 铸铁排气歧管

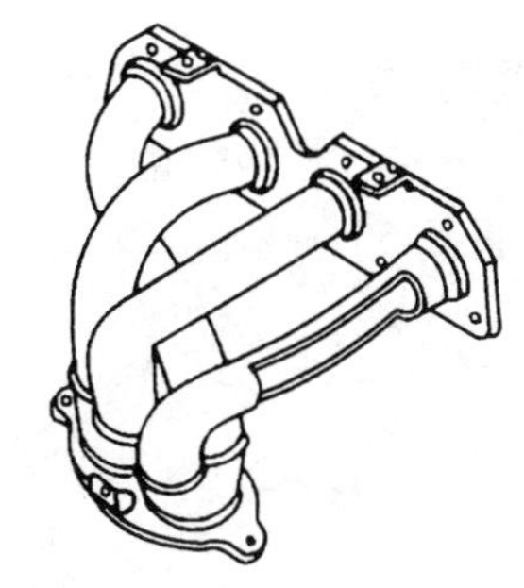

图 4-53 不锈钢排气歧管

为保证排气顺畅，排气歧管内壁应尽量光滑。多缸发动机利用同一根排气管将废气集中排出时，会出现各个缸之间的排气干扰现象。这是因为各缸瞬时排气压力不等，引起废气逆流或排气不畅。为了不使各缸排气相互干扰，并尽可能地利用惯性排气，要求排气歧管做得尽可能长，且各缸歧管相互独立、长度相等。

排气歧管用螺栓固定在汽缸体或汽缸盖上，在结合面处装有金属片包的石棉衬垫，以防漏气。排气歧管的各个支管分别与各缸排气门的排气通道相接。

排气管安装于发动机排气歧管和消声器之间，使整个排气系统呈挠性连接，排气管的作用是汇集排气歧管废气至消声器，起到减振降噪的作用。排气管由一般铸铁、球墨铸铁或不锈钢制成。排气管视车型不同，有多种类型。

2. 排气消声器

排气消声器的作用是抑制发动机的排气噪声，消除废气中的火焰和火星。发动机排出的废气中具有一定的能量,废气流动呈脉动形式,如直接排入大气中,势必产生强烈的噪声,因此车用内燃机都需安装排气消声器。

消声器的基本原理是:消耗废气气流的能量、平衡气流的压力波动,有吸收式和反射式两种基本消声方式。

在吸收式消声器上,废气通过其在玻璃纤维、钢纤维和石棉等吸声材料上的摩擦而减小能量。

反射式消声器则由多个串联的谐振腔与不同长度的多孔反射管相互连接在一起,废气在其中经多次反射、碰撞、膨胀、冷却而降低其压力,减轻了振动和噪声。图4-54为EQ6100-1型发动机的排气消声器。外壳用薄钢板制成,隔板3把外壳分成几个尺寸不同的滤声室,并用多孔管2、4沟通各室。废气经多孔管2进入滤声室,受到反射,并在这里膨胀冷却,又多次与壁板碰撞消耗能量,结果压力降低,振动减轻,最后从多孔管4排到大气中,使噪声显著减小。

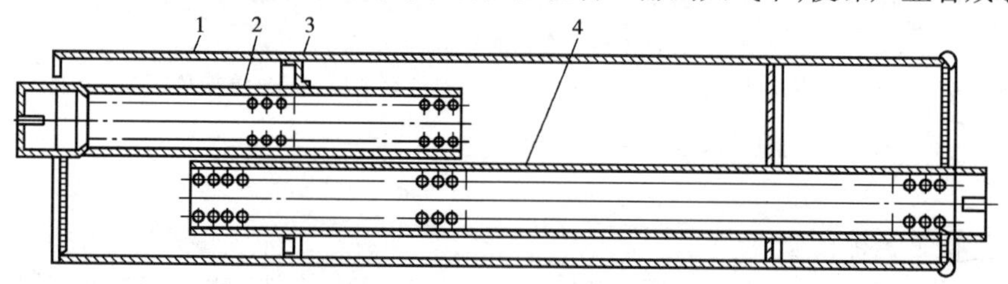

图4-54　EQ6100-1发动机排气消声器

1-外壳;2、4-多孔管;3-隔板

目前,在汽车上实际使用的消声器多数是综合利用不同的消声原理组合而成的。有的车辆上的排气消声器由前消声器,中消声器和后消声器以及连接管等组成,并焊接成一个整体,如图4-55所示。

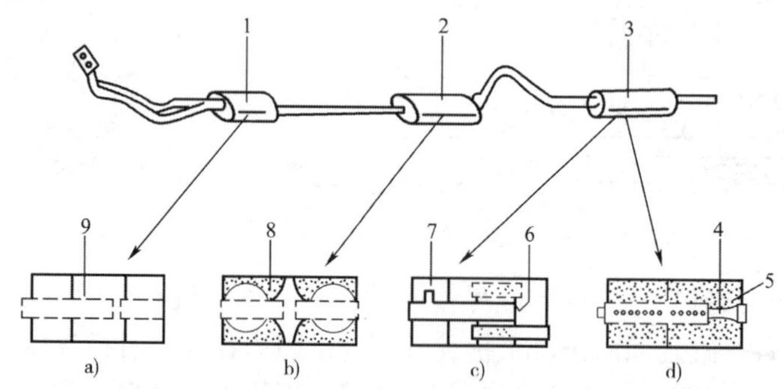

图4-55　多室排气消声器

a)前消声器谐振器原理;b)中消声器谐振器与吸收原理;c)后消声器谐振器原理;d)后消声器吸收原理

1-前消声器;2-中消声器;3-后消声器;4-文特里喷管;5-吸声材料;6-反射孔;7-谐振器;8-吸声材料;9-穿孔管

前消声器采用谐振原理,由三个大小不同的谐振室,彼此由穿孔管贯通。穿孔管、隔板和断面的突变是谐振室内的基本声学元件,它们作为声源的发射体,彼此间利用声波的相互干涉和在谐振室内传播的声波又向这些声源反射,从而达到消声的效果。

谐振器对抑制低频声波特别有效。中消声器采用谐振器和吸声原理。两室之间为突然膨胀,从反射孔流出的气体再在穿孔管中折返后排出。

采用吸声原理的后消声器,在穿孔管外面装填了吸声材料。

3. 氧传感器

氧传感器安装在排气管上,用于检测排气中氧分子的浓度,是进行反馈控制(闭环控制)的传感器。当混合气过浓时,排气中氧分子的浓度低,氧传感器便产生一个高电压信号;当混合气过稀时,排气中氧分子的浓度高,氧传感器便产生一个低电压信号。电控单元根据氧传感器的反馈信号,不断修正喷油量,使可燃混合气浓度始终保持在最佳范围。

目前,应用最多的是氧化锆氧传感器(图 4-56)。传感器壳体 5 中有一个由氧化锆陶瓷制成一端封闭的锆管 11,其内外表面覆盖一层多孔性薄铂导电层作为电极。锆管的内电极与大气相通,外电极与排气接触。当排气流过外电极时,高温使锆管因内外侧存在氧浓度差,在内、外电极间产生电动势。当发动机燃烧浓混合气时,排气中无氧,电动势为 0.8 ~ 1V;当发动机燃烧稀混合气时,排气中氧分子浓度高,电动势约为 0.1V。

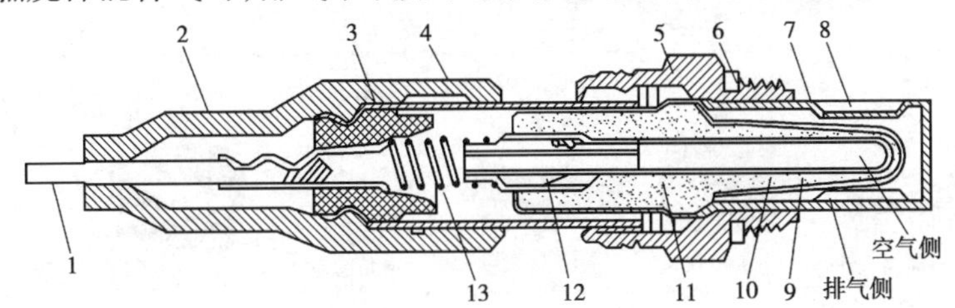

图 4-56　氧化锆氧传感器机构

1-导线;2-护帽;3-陶瓷绝缘体;4-空气入口;5-壳体;6-衬垫;7-保护管;8-排气入口;9-外电极;10-内电极;11-锆管;12-接触套管;13-接触弹簧

第八节　电子控制系统

一、电子控制系统功用和组成

电子控制系统的主要功用是根据发动机和车辆不同的运行工况,确定并执行发动机最佳的控制方案,保证发动机的动力性、经济性和排放性能在各种工况下都处于最佳工作状态。同时,还具有故障自诊断功能。

电子控制系统由传感器、电控单元和执行器,以及连接它们的控制电路所组成,是一个以单片机为中心而组成的微型计算机控制系统,其中,电控单元 ECU 是控制系统的核心部件。电子控制系统的组成,如图 4-57 所示。

电子控制系统是利用安装在发动机不同部位上的各种传感器,测量或检测发动机运行状态的各种参量,并将它们转换成计算机能识别的电信号后送给电控单元。电控单元对传感器输入信号进行运算、处理、分析判断后,向执行器发出指令,控制燃料喷射系统、点火系统等执行器的工作,从而使发动机获得良好的动力性、经济性和排放性。

图 4-58 为控制系统的组成和原理框图。

二、电子控制系统的主要部件

1. 传感器

传感器用来检测发动机运行状态的各种参量,并将检测结果传输给电控单元。

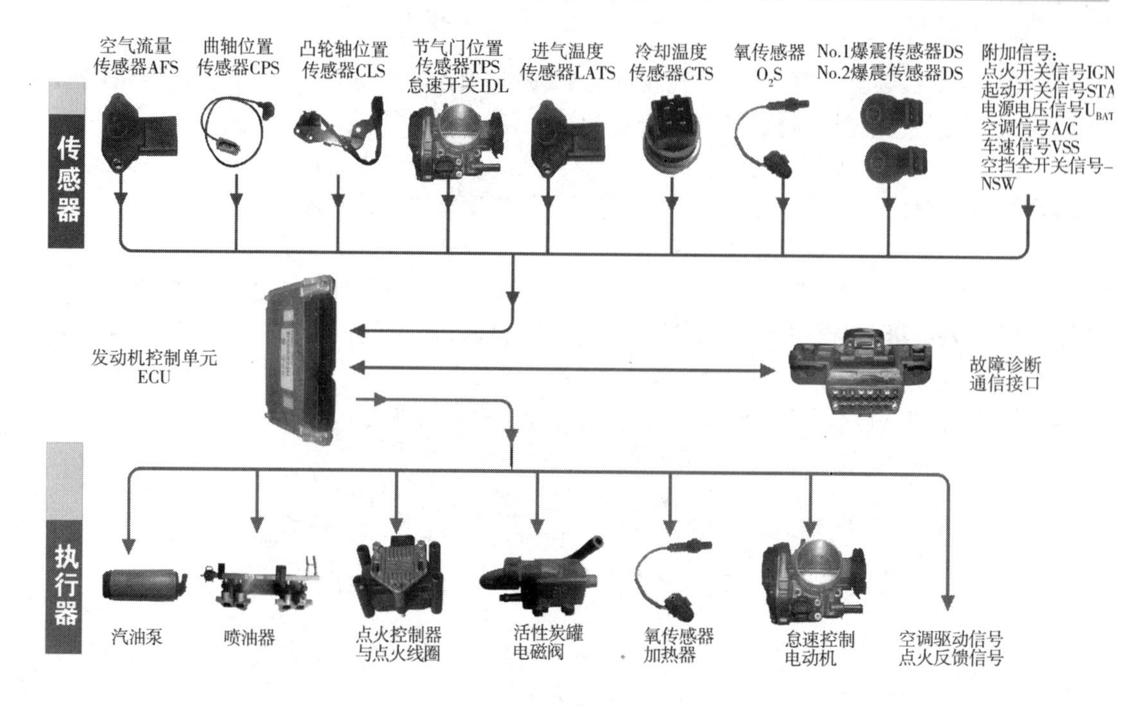

图4-57　电子控制系统的组成

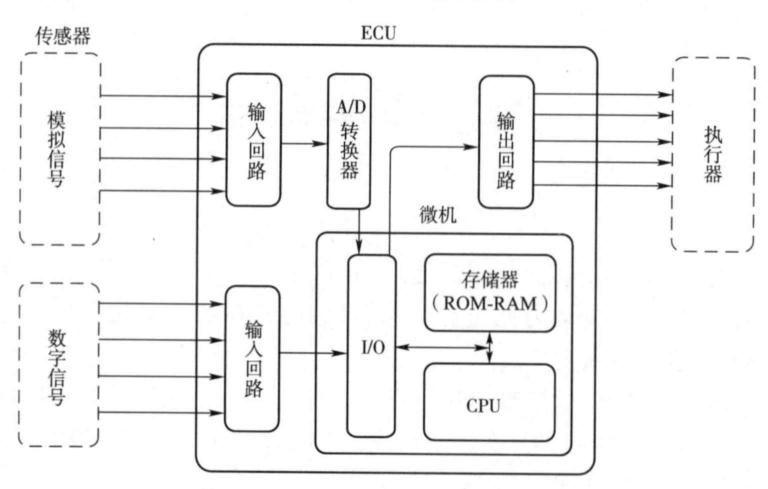

图4-58　控制系统的组成和原理框图

电子控制系统的传感器类型很多，空气供给系统有：空气流量计、进气管压力传感器、进气温度传感器以及节气门位置传感器等。

废气排气系统有氧传感器等。

以上传感器的构造与原理前面已作了介绍，其余的传感器主要有：

1）发动机温度传感器

发动机温度传感器也称冷却液温度传感器，用来检测发动机冷却液的温度，并将检测结果传输给电控单元，以修正喷油量。温度传感器安装在汽缸体水道上或冷却液出口处。

发动机温度传感器的结构和工作原理与进气温度传感器相同。

2）曲轴位置传感器

曲轴位置传感器通常安装在分电器内，用来检测发动机转速、曲轴转角以及作为控制点火或喷油所需的第一缸及各缸压缩行程上止点信号。

曲轴位置传感器有光电式、磁脉冲式和霍尔效应式三种。

光电式曲轴位置传感器由发光二极管 6、光敏三极管 5 和转盘 3 等组成（图 4-59）。两对发光二极管和光敏三极管组成信号发生器，在转盘的边缘均匀地开有 360 个缝隙和 6 个大缝隙（以 6 缸发动机为例）。当转盘随分电器轴转动时，发光二极管通过缝隙射向光敏三极管的光线使光敏三极管导通；光线被遮断时，光敏三极管截止，由此产生电脉冲信号。分电器每转一转，输出 360 个间隔 1°的脉冲信号作为发动机转速信号（也称 N_e 信号），同时发出 6 个间隔 60°的脉冲信号作为各缸活塞上止点的信号（也称 G 信号），其中一个较宽的为第一缸上止点的信号。

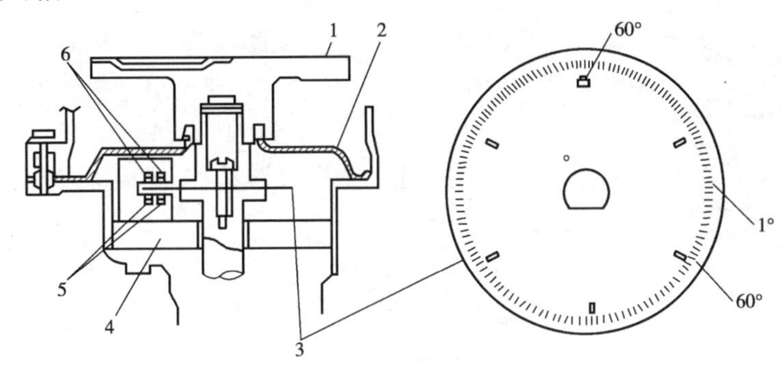

图 4-59 光电式曲轴位置传感器

1-分火头；2-防尘罩；3-转盘；4-分电器底板；5-光敏三极管；6-发光二极管

磁脉冲式和霍尔效应式曲轴位置传感器一般安装在分电器内，其工作原理将在第六章第四节电子点火系统中介绍。

3）曲轴转速传感器

各种空气检测方式所测出的是单位时间空气流量，为确定每一循环符合最佳空燃比的喷油量，还应检测曲轴转速，以求出每一循环吸入的空气量。曲轴转速传感器可检测发动机转速，并将信号输入 ECU，作为燃油喷射的控制信号。

4）爆震传感器

爆震传感器安装在发动机机体上，用来检测发动机的爆震强度，以作为电控单元修正点火定时的依据。

爆震传感器主要由磁芯 1、永久磁铁 5 以及感应线圈 2 等组成，如图 4-60 所示。当机体振动时，磁芯受振偏移，使感应线圈内的磁通量发生变化，而在感应线圈内产生感生电动势。

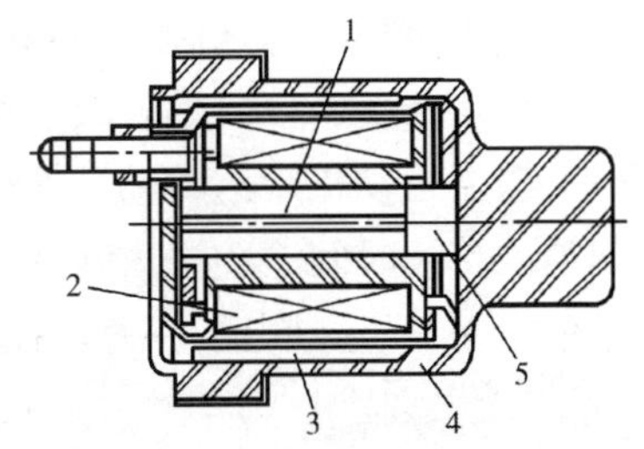

图 4-60 磁致伸缩式爆震传感器的机结构

1-磁芯；2-感应线圈；3-内盖；4-外壳；5-永久磁铁

5）车速传感器

检测车辆行驶速度，给 ECU 提供车速信号，用于控制发动机怠速转速、车辆加减速器件的汽油喷射和点火控制、巡航控制及限速断油控制。

6）加速踏板位置传感器

在采用电子节气门控制进气的系统中，加速踏板位置传感器用于检测加速踏板的运动行程,向发动机计算机反映驾驶员驾驶意图的信息。

7)信号开关

在发动机控制系统中,ECU 还必须根据一些开关的信号确定发动机或其他系统的工作状态。常用的有:起动开关、空调开关、空挡起动位开关、制动灯开关、动力转向开关、巡航控制开关等。

2. 电控单元(ECU)

电控单元(ECU)是一种电子综合控制装置,其基本构成主要是微型计算机(简称微机),主要由输入/输出(I/O)、A/D 转换器、中央处理器(CPU)以及存储器等组成。其组成框图如图 4-56 所示,外形如图 4-61 所示。它们一起制作在一个金属盒内,固定在车内不易受到碰撞的部位,如仪表板下面或座椅下面等,具体安装位置视车型而异。根据车型不同电控单元的控制功能各有差异。

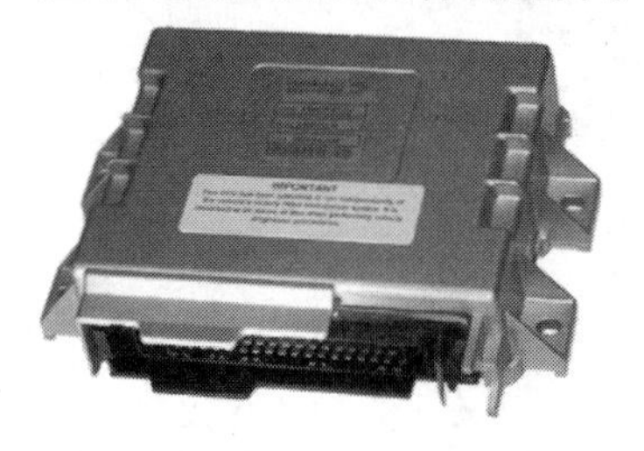

图 4-61　电控单元外形

ECU 的功用是根据自身存储的程序(如只读存储器(ROM)中的喷油量脉谱图和点火定时脉谱图等)和数据对发动机各个传感器输入的各种信息进行运算、处理、判断,然后输出指令,控制有关执行器动作,达到快速、准确、自动控制发动机的目的。

当前,电控发动机中 ECU 除了控制喷油外,还控制点火、EGR、怠速和增压发动机的废气阀等,由于共用一个 ECU 对发动机进行综合控制,所以也被称为发动机管理系统。

3. 执行器

执行器的功能是根据电控单元输出的电控信号完成一定的机械动作,以实现对系统的调整与控制。

电子燃油喷射系统中的执行器主要包括电动汽油泵、喷油器、怠速电控阀等。其中,喷油器是控制系统的主要执行器。

控制系统中除以上三类主要部件以外,还包括电源开关继电器、电路断开继电器等各类继电器,以及控制冷起动喷油器的冷起动温度开关等。接通或断开汽油喷射系统总电源的继电器称为主继电器,控制汽油泵接通的继电器称为电路断开继电器。

三、电子控制系统的控制功能

根据车型不同,电控单元的控制功能各有差异。一般控制功能如下:

1. 喷油量和喷油定时的控制

根据发动机转速和进气管绝对压力传感器的信号,从存储器中读取基本喷油定时与基本喷油持续时间等数据,然后再根据进气温度传感器、节气门位置传感器和氧传感器等输入的信号对其进行修正,并通过控制各喷油器的搭铁回路来控制喷油时刻和喷油持续时间。

2. 怠速控制

发动机怠速时,ECU 根据空调器开关、自动变速器挡位开关、制动开关、发动机温度传感器和动力转向开关等信号所确定的目标转速与发动机的实际怠速转速进行比较,并通过调节供给电控补充空气阀的电流强度,来调节怠速空气通道的面积,改变其空气流量,以使发动机的怠速保持在目标转速上。

3. 点火定时控制

ECU 根据发动机转速和进气管绝对压力传感器的信号，从存储器中读取基本点火定时数据，再根据节气门传感器、发动机温度传感器、空调器开关和起动开关等信号，对基本点火定时进行修正，并通过点火控制模块来实现最佳点火定时控制。当爆震传感器检测到发动机发生爆燃时，点火定时将会自动推迟。

4. 起动控制

在起动发动机时，ECU 在得到起动开关的起动信号后，将通过延长各喷油器的喷油持续时间来增加喷油量，以获得发动机起动时所需的浓混合气。

5. 减速断油与限速断油控制

在汽车行驶中，如果驾驶员快速松开加速踏板（节气门全闭）减速时，ECU 将切断喷油器控制电路，使喷油器停止喷油。当发动机转速超过设定的转速时，ECU 将不管节气门的位置如何，都会立即切断喷油器控制电路，喷油器停止喷油，以避免发动机超速运转。

6. 电动汽油泵的控制

在发动机起动时，电控单元根据曲轴位置传感器输出的转角信号，使汽油泵继电器动作，向汽油泵、空气流量计和氧传感器的加热装置供电。若曲轴位置传感器的信号中断，汽油泵继电器就不动作，发动机不能起动。

7. 爆燃控制

电控系统采用爆震传感器，能更有效地监控发动机爆燃。当电控单元根据爆震传感器的信号识别出某汽缸发生爆燃时，便将该汽缸的点火时刻向后推迟。如果爆震传感器信号中断，则各缸点火提前角均向后推迟一定的曲轴转角，这时发动机性能将明显下降。

8. 失效保护

当传感器或电路出现故障时，ECU 将自动按原设定的程序和数据控制发动机继续运转，但这时汽车的性能将有所下降。

9. 备用控制

当 ECU 本身出现故障时，控制系统将接通独立于系统之外的备用控制电路，并用固定不变的信号控制发动机进入应急运转状态，使汽车得以开回车库或去维修站。此外，有的控制系统还具有控制汽油蒸发控制系统、空调压缩机控制及故障自诊断等其他功能。

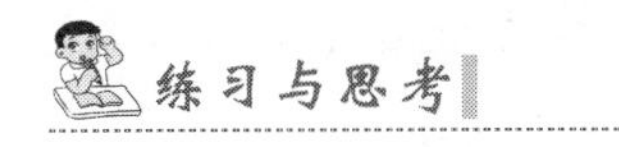

一、填空题

1. 汽油的使用性能指标主要包括__________、__________安定性、防腐性以及清洁性等。

2. 汽油的牌号越高，则异辛烷的含量越__________，汽油的抗爆性越__________。

3. 汽油机可燃混合气形成方式主要有两种：__________和__________。

4. 可燃混合气浓度有两种表示方法：__________和__________。

5. 汽油机燃烧过程一般分为__________、__________、__________三个阶段。

6. 电控喷射式汽油机燃料供给系统可视为由__________、__________、__________以及

__________四个子系统所组成。

7. 电子控制汽油喷射系统按喷射部位可分为__________、__________以及__________三种；按汽油喷射方式可分为__________和__________两种；按空气检测方式可分为__________和__________两种。按控制方式分__________和__________两种。

8. 空气进气系统中除了安装有__________、__________、__________外，还设置了空气流量计(或进气管压力传感器)、进气温度传感器、怠速控制装置、节气门位置传感器等装置。

9. 空气流量计主要分为__________、__________、__________和__________四种。

10. 燃油供给系统中的主要部件有__________、__________、燃油滤清器、燃油分配管、__________、燃油压力调节器、油压脉动缓冲器、冷起动喷嘴以及连接油管等组成。

11. 电动燃油泵根据结构的不同可以分为__________、__________、__________和__________四种。

12. 电子控制系统主要由__________、__________和__________三部分所组成。

二、判断题(正确打√、错误打×)

1. 过量空气系数 α 为 1 时，不论从理论上或实际上来说，混合气燃烧最完全，发动机的经济性最好。 (　　)

2. 可燃混合气浓度越浓，发动机产生的功率越大。 (　　)

3. 过量空气系数越大，则可燃混合气的浓度越浓。 (　　)

4. 连续喷射方式分为三种，即同时喷射、分组喷射和顺序喷射。 (　　)

5. 相对于同时喷射的发动机而言，分组喷射的发动机在性能方面有所提高。 (　　)

6. 顺序喷射，即按发动机各缸的工作顺序喷油。 (　　)

7. 直接检测方式的汽油喷射系统采用空气流量计直接测量单位时间发动机吸入的空气量。然后，电控单元根据发动机的转速计算每一循环的空气量，并由此计算出循环基本喷油量。 (　　)

8. 在开环控制系统中，需要对输出量进行测量，并将输出量反馈到系统输入端与输入量进行比较。 (　　)

9. 电控燃油喷射系统的空气系统的作用是测量和控制汽油燃烧时所需要的空气量。 (　　)

10. 热线式、热膜式空气流量计，直接检测空气的质量流量，测量精度高。 (　　)

11. 翼片式空气流量传感器检测的是进气气流的体积流量。 (　　)

12. 内装式汽油燃油泵与外装式燃油泵比较，前者不易产生气阻和燃油泄漏，且噪声小。 (　　)

13. 油压调节器的功用是使燃油分配管内的油压与进气管压力之差，即喷油压力保持恒定，以实现电控单元对喷油量的精确控制。 (　　)

14. 油压调节器能使油路油压保持不变，不受节气门开度的影响。 (　　)

15. 油压脉动缓冲器的功用是减小燃油管路中油压的脉动和噪声，并能在停车后保持油路中有一定的油压，以利于发动机的重新起动。 (　　)

16. 油压脉动缓冲器的作用是限制燃油系统的最高压力。 (　　)

17. 电控汽油喷射不能实现空燃比的精确控制。 ( )

18. 当前,电控发动机中ECU除了控制喷油外,还控制点火、EGR、怠速和增压发动机的废气阀等,由于共用一个ECU对发动机进行综合控制,所以也被称为发动机管理系统。 ( )

三、选择题

1. 汽油中辛烷值高,对汽油机的工作影响是( )。

A. 蒸发性好　B. 抗爆性能好　C. 安定性好　D. 防腐性好

2. 我国车用汽油的标号汽油牌号是依据( )划分。

A. 初馏点　B. 10%馏出温度　C. 马达法辛烷值　D. 研究法辛烷值

3. 在实际运用中,选择汽油辛烷值的依据是( )。

A. 汽油机的转速　B. 汽油机的压缩比

C. 汽油机的排量　D. 汽油机的平均有效压力

4. 空燃比为14.7的混合气称为( )。

A. 理论混合气　B. 内燃机混合气

C. 柴油机的理论混合气　D. 汽油机的理论混合气

5. 汽油机经济混合气的 α 值为( )。

A. 1.0 ~ 1.05　B. 1.05 ~ 1.15

C. 1.1 ~ 1.20　D. 1.15 ~ 1.25

6. 汽油机的燃烧过程分为( )。

A. 着火延迟期　B. 速燃期

C. 补燃期　D. 着火延迟期、速燃期、补燃期

7. 评价汽油机燃烧过程柔和性的参数是( )。

A. 速燃期内可燃混合气燃烧的数量　B. 速燃期终点的最大燃烧压力

C. 速燃期终点的最高温度　D. 速燃期汽缸内的平均压力升高率

8. 汽油机对补燃期的要求中,下列说法不正确的是( )。

A. 补燃期可使燃料充分燃烧,使热效率提高

B. 补燃期不能使热量充分地转变为功

C. 补燃期过长会使热损失增加

D. 汽油机的燃烧应尽量缩短补燃期

9. 下列关于汽油机点火提前角的叙述,哪一个是不正确的( )。

A. 每台汽油机都有一个最佳点火提前角

B. 最佳点火提前角可保证燃烧在上止点附近进行

C. 最佳点火提前角使汽油机功率最大

D. 最佳点火提前角使汽油机燃油消耗率最小

10. 为使汽油机能在最佳点火提前角下运转,当工况变化时点火提前角的变化规律是( )。

A. 转速增大时,点火提前角应相应增大　B. 负荷增大时,点火提前角应相应增大

C. 负荷减小时,点火提前角应相应增大　D. A与C

11. 下列避免爆燃的措施中,哪一项是不正确的(　　)。
A. 应根据汽油机的压缩比选择适当标号的汽油,以防止爆燃
B. 汽缸直径不宜过大,以减少火焰传播距离,减少爆燃倾向
C. 正确地调整点火提前角可以抑制爆燃
D. 冷却液温度越低可以有效地防止发生爆燃
12. 汽油喷射式燃油系统中的“单点喷射”是指(　　)。
A. 每个汽缸内有一个喷油器
B. 每个进气歧管上有一个喷油器
C. 每个进气歧管上有一个或并排两个喷油器
D. 进气管只在传统化油器处安装一个喷油器
13. 在喷油方式中,能使各缸混合气最均匀,应用最广泛的是(　　)。
A. 单点喷射式　B. 同时喷射式　C. 分组喷射式　D. 顺序喷射式
14. 下面的空气检测方式中,哪一个是质量流量方式(　　)。
A. 根据进气流量和发动机转速推算每循环进缸空气量
B. 根据进气管压力和发动机转速推算每循环进缸空气量
C. 根据节气门开度和发动机转速推算每循环进缸空气量
D. 根据进气温度和发动机转速推算每循环进缸空气量
15. 下面的空气检测方式中,哪一个是节流速度方式(　　)。
A. 根据进气流量和发动机转速推算每循环进缸空气量
B. 根据进气管压力和发动机转速推算每循环进缸空气量
C. 根据节气门开度和发动机转速推算每循环进缸空气量
D. 根据进气温度和发动机转速推算每循环进缸空气量
16. 空气供给系统的功用是(　　)。
A. 保证汽缸有最大充气量
B. 按运转工况调节充气量
C. 保证每循环最大的充气量
D. 测量和控制汽油在汽缸内燃烧时所需的充气量
17. 常见的空气滤清器形式有(　　)。
A. 离心式　B. 过滤式　C. 油浴式　D. A + B + C
18. 节气门位置传感器安装在(　　)。
A. 节气门轴上,与节气门联动　B. 怠速空气道
C. 进气歧管上　D. 都不是
19. 下列传感器工作原理基本相同的是(　　)。
A. 翼板式与卡门涡旋式空气流量计　B. 节气门位置传感器与进气温度传感器
C. 热线式与热模式空气流量计　D. 进气压力传感器与进气温度传感器
20. 关于翼片式空气流量传感器,哪一种是不正确的?(　　)
A. 进气阻力较小　B. 测量的是空气体积流量
C. 一般装有汽油泵开关　C. 测量精确

21. 为保证汽油油箱向汽油泵提供清洁的汽油,其措施有(　　)。
A. 油箱进油管有滤网　　B. 油箱有排污旋塞
C. 吸油管口距离箱底有一定距离　　D. A+B+C

22. 油箱盖的空气阀的功用是(　　)。
A. 保持油箱内与大气始终相通
B. 排放油箱内的汽油蒸气
C. 当油面下降,箱内出现真空时及时开启与大气相通
D. 始终向油箱内充入空气,保证汽油泵的正常供油

23. 能在电动燃油泵断电后,防止燃油倒流的阀门是(　　)。
A. 泄压阀　　B. 止回阀　　C. 安全阀　　D. 都不是

24. 将电动汽油泵置于汽油箱内部的小油箱,其主要目的是(　　)。
A. 便于控制　　B. 降低噪声　　C. 防止气阻　　D. 防止短路故障

25. 汽油压力调节器的功用是(　　)。
A. 确定汽油泵出口压力的大小
B. 保持喷油器进油口的压力大小恒定
C. 保持燃油分配管内的压力和进气压力之间压差的恒定
D. 保持燃油滤清器进出口压差的恒定

26. 汽油机燃油供给系统的喷油压力,可以通过(　　)调节。
A. 燃油脉动缓冲器　　B. 过滤器
C. 喷油嘴　　D. 燃油压力调节器

27. 向 ECU 输入空燃比的反馈信号,进行喷油量闭环控制的传感器是(　　)。
A. 节气门位置传感器　　B. 发动机转速传感器
C. 曲轴位置传感器　　D. 氧传感器

28. 断油控制是指(　　)。
A. 发动机超速时,ECU 自动断油　　B. 发动机急减速时,ECU 自动断油
C. 发动机停车时,ECU 自动断油　　D. A 和 B

四、简答题

1. 汽油机燃料供给系的功用是什么?
2. 汽油的使用性能主要有哪些?
3. 汽油燃烧过程分哪些几个阶段?影响汽油机燃烧过程的主要因素有哪些?
4. 现代汽油机典型的燃烧室有哪几种?各有何特点?
5. 电子控制汽油喷射系统的类型有哪些?电子控制燃油喷射系统具有哪些特点?
6. 简述空气进气系统的功用和组成。
7. 简述空气滤清器、进气管、节气门体的作用。
8. 简述燃油供给系统的功用和组成。
9. 电子控制汽油喷射系统采用电磁式喷油器,请分析其结构和工作原理。
10. 简述废气排气系统的功用和组成。
11. 简述电子控制系统功用和组成。
12. 电子控制系统的一般控制功能有哪些?

第五章 柴油机的燃烧过程和燃油系统

知识目标

1. 能简单叙述燃油的主要性能指标；
2. 能正确描述柴油机可燃混合气形成的方式和主要影响因素；
3. 能正确描述柴油机的燃烧过程及主要影响因素；
4. 能正确描述柴油机喷射系统的组成，对喷射系统的要求，主要设备的结构、功用和工作原理；
5. 能正确描述喷油系统主要设备的检查、调整，供油定时和供油量的检查、调整；
6. 能简单叙述柴油机电控燃油喷射系统的组成和工作原理。

技能目标

1. 能够进行燃油喷射系统主要设备的拆装和检验；
2. 能够进行喷油定时和喷油量的检验与调整。

第一节 概 述

根据柴油机燃油系统发展历程，可分为传统的机械控制式柴油喷射系统和现代的电子控制式柴油喷射系统，这两种燃油系统的基本组成大致相同，但也存在着差异。目前，从制造和使用情况来看，存在并存的局面。从发展趋势看，由于电子控制式柴油喷射系统有其独特的优越性，将会逐步取代机械控制式柴油喷射系统。本章先介绍机械控制式柴油喷射系统，后介绍电子控制式柴油喷射系统。

一、柴油机燃油系统的功用和组成

柴油机燃油系统的功用是完成燃油的储存、滤清和输送，并按柴油机运行工况的要求，在适当的时刻将一定量的清洁柴油增压后，以合适的规律和良好的雾化状态喷入燃烧室，使其与空气迅速而均匀地混合并燃烧，膨胀做功，最后将废气排入大气。

机械控制式柴油喷射系统由燃油供给装置、空气供给装置和废气排出装置组成，如图 5-1 所示。

燃油供给装置由柴油箱1、输油泵6、低压油管、柴油滤清器3、喷油泵7、高压油管9、喷油器以及回油管8等组成。

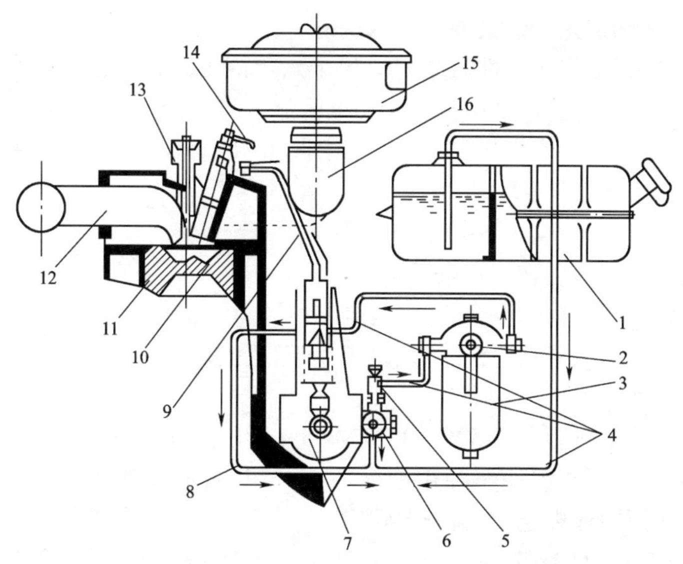

图5-1 柴油机燃油系统

1-柴油箱;2-限压阀;3-柴油滤清器;4-低压油路;5-手动输油泵;6-输油泵;7-喷油泵;8-回油管;9-高压油管;10-燃烧室;11-活塞;12-排气管;13-排气门;14-喷油器回油管;15-空气滤清器;16-进气管

柴油从柴油箱到喷油泵入口的这段油路中的油压是由输油泵建立的。而输油泵的出油压力一般为0.15~0.30MPa,称为低压油路。从喷油泵到喷油器这段油路中的油压是由喷油泵建立的,其压力一般在10MPa以上,称为高压油路。为保证各汽缸供油规律的一致性,连接喷油器的钢制高压油管的长度和内径是相等并有一定要求的。在喷油器顶部与油箱之间连接有回油管路,可将输油泵供给的多余柴油送回柴油箱。

空气供给装置有空气滤清器15、进气管16以及缸盖进气道等。

废气排出装置有缸盖排气道、排气管12以及消音器等。

柴油机的空气供给和废气排出装置的结构与汽油机的进、排气装置基本相同,本章不再赘述。

二、轻柴油的使用性能

国产柴油分为轻柴油和重柴油两大类。轻柴油适用于全负荷转速不低于1000r/min的高速柴油机。重柴油适用于低速柴油机。港口与工程机械所使用的柴油机属于高速柴油机,均使用轻柴油。

高速柴油机对燃料的主要要求有:具有良好的流动性,保证在各种使用条件下燃料能顺利地供给;容易喷散、蒸发,形成良好的混合气,使发动机容易起动;混合气能均匀地燃烧,保证柴油机工作柔和;在喷油器上不结焦,燃烧室内无积炭;对发动机零件无腐蚀作用,以及不含有机械杂质和水分等。这些要求由柴油的发火性、蒸发性、低温流动性、黏度、安定性、防腐蚀性和清洁性等性能指标来保证。

1. 发火性

柴油的发火性指自燃性能,用十六烷值来评定。柴油的十六烷值的评定是基于两种标准燃料:一种是正十六烷,自燃性很好,其十六烷值定为100;另一种是α-甲基萘,自燃性很差,其十六烷值定为0。在标准的专用试验机上,将待试柴油和一定混合比例的正十六烷和α-甲基萘混合液分别进行自燃性比较的运转试验。当两者自燃性相同时,混合液中正十六烷的容积百分比,即确定为所试柴油的十六烷值。

十六烷值越高,柴油的发火性就越好。但十六烷值太高,因其发火过快,使燃油高温分解而生成游离碳,造成柴油机排气冒黑烟,功率明显下降,油耗增加。十六烷值太低,柴油的自燃性差,会引起柴油机工作粗暴、冬季起动困难。一般轻柴油的十六烷值为40~60,车用柴油的十六烷值要求不小于47。

2. 蒸发性

柴油的蒸发性能用馏程和闪点来评定。

柴油是多种碳氢化合物的混合物,没有唯一的沸点。将柴油加热蒸馏,从开始蒸发的初馏(温度)点到蒸发结束的终馏(温度)点是一个温度范围,这一沸点范围称为馏程,如轻柴油馏程为160~365℃。

柴油馏程的测定项目通常有50%、90%和95%馏出温度。

50%的馏出温度越低,说明柴油中的轻质馏分越多,使柴油机易于起动。我国轻柴油50%馏出温度按我国国标规定,不高于300℃。

90%和95%馏出温度越低,说明柴油的重馏分越少,燃烧越完全,不仅可以提高柴油机的动力性、减少机械磨损、避免发动机产生过热现象,而且还可以降低油耗。我国国标规定,轻柴油90%馏出温度不高于355℃,95%馏出温度不高于365℃。

闪点是石油产品在一定试验条件下加热后,当燃油蒸气与周围空气形成混合气接近火焰时,开始发出明火的温度。

柴油的闪点是控制柴油蒸发性的指标,也是保证柴油安全性的指标。闪点低,蒸发性好。但是,闪点过低、轻质馏分多,会造成柴油机工作粗暴。此外,闪点过低不仅使柴油蒸发损失大,而且产生大量的柴油蒸气,对运输储存都不安全。

3. 低温流动性

柴油的低温流动性是以凝点和冷滤点来评定的。

凝点或称凝固点,是指燃油在一定试验条件下,遇冷开始凝固而失去流动性时的温度。凝点是柴油的重要指标之一,它表示了柴油使用的温度范围。国产轻柴油就是按照凝点来划分牌号的,如-10号轻柴油,其凝点为-10℃。

冷滤点是指在特定的试验条件下,在1min内柴油开始不能流过过滤器20mL时的最高温度。一般柴油的冷滤点比其凝点高4~6℃。

4. 黏度

柴油的黏度是评定油料稀稠程度的一项指标,与流动性有很大的关系。黏度又是随温度的变化而改变的。当温度升高时,黏度变小,流动性增强。反之,温度降低时,黏度变大,流动性减弱。

柴油的黏度过大,雾化性就不好,燃烧不完全,排气冒黑烟,耗油增大。但柴油的黏度也不宜过小。黏度过小会造成喷油系统中的精密偶件润滑不足,漏油增加,使喷进燃烧室中的油量不足而降低发动机的功率。所以柴油的黏度必须适宜。

柴油的安定性评定指标有实际胶质、10%蒸余物残炭和氧化安定性、总不溶物三项评定指标。柴油的防腐性则用硫含量、硫醇硫含量、酸度、铜片腐蚀以及水溶性酸或碱等指标评定。柴油中的灰分、水分和机械杂质,是柴油的清洁性的评定指标。

三、轻柴油的牌号及其选择

1. 轻柴油的牌号

一般车用柴油是轻柴油,其牌号有国家标准规定。车用柴油的国家标准经过多次修订。2013 年 6 月我国颁布了国家标准《车用柴油(Ⅴ)》(GB 19147—2013),规定了车用柴油按凝固点分为 6 个牌号:5 号柴油、0 号柴油、-10 号柴油、-20 号柴油、-35 号柴油和 -50 号柴油。车用柴油(Ⅴ)技术要求和试验方法,如表 5-1 所示,该标准自发布之日起实施,并实行逐步引入过渡期要求。车用柴油(Ⅴ)国家标准中同时也列出了车用柴油(Ⅲ)及车用柴油(Ⅳ)的技术要求和试验方法。

车用柴油(Ⅲ)、车用柴油(Ⅳ)以及车用柴油(Ⅴ)国家标准的技术要求最主要差别是规定的柴油硫含量不同,其他技术要求基本相同。车用柴油(Ⅲ)国家标准是 2009 年制定的,车用柴油规定的硫含量不大于 350ppm(mg/kg)。2013 年制定的车用柴油(Ⅳ)国家标准规定了第Ⅳ阶段车用柴油的硫含量不大于 50ppm,2013 年制定的车用柴油(Ⅴ)国家标准规定的第Ⅴ阶段排放要求,车用柴油中的硫含量不大于 10ppm。

柴油中的硫含量是对环境具有重要影响的指标。多年来,国际国内车用柴油质量升级的主要工作之一,就是降低车用柴油中的硫含量。其原因是,降低排放需要采用先进的发动机技术和尾气后处理装置,而这些措施的实施对燃料中的硫含量非常敏感,需要大幅度降低车用柴油中的硫含量,才能保证这些先进措施的有效实施。

车用柴油(Ⅴ)技术要求和试验方法(GB 19147—2013)　　表 5-1

项目		5 号	0 号	-10 号	-20 号	-35 号	-50 号	试验方法
氧化安定性(总不溶物)(mg/100mL)	不大于	2.5						SH/T 0175
硫含量(mg/kg)	不大于	10						SH/T 0689
酸度(以 KOH 计)(mg/100mL)		7						GB/T 258
10%蒸余物残炭(质量分数)(%)	不大于	0.3						GB/T 268
灰分(质量分数)(%)	不大于	0.01						GB/T 508
铜片腐蚀(50℃,3h)(级)	不大于	1						GB/T 5096
水分(体积分数)(%)	不大于	痕迹						GB/T 260
机械杂质		无						GB/T 511
润滑性　校正磨痕直径(60℃)(μm)	不大于	460						SH/T 0765
多环芳烃含量(质量分数)(%)	不大于	11						SH/T 0606
运动黏度(20℃)(mm^2/s)		3.0~8.0		2.5~8.0		1.8~7.0		GB/T 265
凝点(℃)	不高于	5	0	-10	-20	-35	-50	GB/T 510
冷滤点(℃)	不高于	8	4	-5	-14	-29	-44	SH/T 0248
闪点(闭口)(℃)	不低于	55			50	45		GB/T 261
十六烷值	不小于	51			49	47		GB/T 386
十六烷指数	不小于	46			46	43		SH/T 0694

续上表

项　　目		5号	0号	-10号	-20号	-35号	-50号	试验方法
馏程:								GB/T 6536
50%回收温度(℃)	不高于	300						
90%回收温度(℃)	不高于	355						
95%回收温度(℃)	不高于	365						
密度(20℃)(kg/m³)		810~850			790~840			GB/T 1884 GB/T 1885
脂肪酸甲酯(体积分数)(%)	不大于	1.0						GB/T 23801

注:本标准适用于压燃式发动机汽车使用的、由石油制取或加有改善使用性能添加剂的车用柴油。本标准不适用于以生物柴油为调合组分的车用柴油。

2. 轻柴油的选择

轻柴油选择,在冬季应选用适合本地区最低气温使用的轻柴油,并及时根据环境温度的变化更换柴油的牌号。选用轻柴油的牌号如果不正确,发动机中的燃油系统就可能结蜡,堵塞油路,影响发动机的正常工作。

车用柴油适用温度:

(1)5号车用柴油:适用于风险率为10%的最低气温在8℃以上的地区使用。

(2)0号车用柴油:适用于风险率为10%的最低气温在4℃以上的地区使用。

(3)-10号车用柴油:适用于风险率为10%的最低气温在-5℃以上的地区使用。

(4)-20号车用柴油:适用于风险率为10%的最低气温在-14℃以上的地区使用。

(5)-35号车用柴油:适用于风险率为10%的最低气温在-29℃以上的地区使用。

(6)-50号车用柴油:适用于风险率为10%的最低气温在-44℃以上的地区使用。

第二节　柴油机可燃混合气的形成

一、柴油机可燃混合气的形成

1. 柴油机可燃混合气的过程

与汽油相比,柴油的黏度较大,蒸发性较差,因此必须采用高压喷射的方法,即在压缩行程末期,将柴油通过喷油器以雾状形式喷入汽缸,并通过缸内压缩空气的加热及扰动,使柴油的雾状微粒在汽缸内迅速地吸热、蒸发、汽化、扩散,与空气混合形成可燃混合气,一旦条件合适,即自行着火燃烧。

由于柴油机混合气形成时间比汽油机短得多,只占15°~35°曲柄转角,并且燃烧室内各处的混合气成分很不均匀,直接影响柴油的燃烧,为此柴油机不得不采用较大的过量空气系数,以保证喷入燃烧室的柴油能够完全燃烧。

2. 柴油机可燃混合气形成方式

柴油机可燃混合气形成方式从原理上分,有空间雾化混合和油膜蒸发混合两种。

1)空间雾化混合

空间雾化混合是将柴油喷向燃烧室空间形成油雾,与空气形成比较均匀的混合气。为了使柴油分布均匀,要求柴油喷射的几何形状与燃烧室形状相吻合,并利用燃烧室中的空气涡动促进混合。采用空间雾化混合方式形成可燃混合气，要求有较高的柴油喷射质量。随着燃油喷射系统的日益完善、喷油压力的不断提高，该方式已成为目前柴油机燃烧系统的主流。

2）油膜蒸发混合

油膜蒸发混合是将柴油均匀地喷射在燃烧室的壁面上，形成油膜后，经过受热蒸发以及空气涡动的作用形成比较均匀的可燃混合气。在这一混合气形成方式中，起主要作用的因素是燃烧室壁面的温度、强烈的空气涡流和油膜的厚度。

实际上，可燃混合气形成的方式很难有严格的区分界限，不可能是绝对的空间雾化混合，也不会完全是油膜蒸发混合。在中小型高速柴油机中，燃油总是或多或少地喷到燃烧室壁面上，所以两种混合方式都兼而有之，只是多少与主次各不相同。目前，多数柴油机仍以空间雾化混合为主。

二、影响可燃混合气形成的主要因素

将燃油分散成细粒的过程称为燃油的喷雾（或雾化）。将燃油喷散雾化，可以大大增加燃油蒸发的表面积，增加燃油与氧气接触的机会，以达到迅速混合的目的。影响可燃混合气形成的主要因素有：

1. 柴油喷射的质量

柴油的喷射质量是指喷油器将柴油喷散雾化的程度，一般用雾化细度（油粒的平均直径 d）和雾化均匀度（油粒中各种油粒直径的百分数 X_o）表示。燃油喷散得越细、越均匀，说明雾化质量越好。

此外，还用油束射程 L（油束在燃烧室中的贯穿距离）和油束锥角 β（也称喷雾锥角，油束外缘的扩散角）表示油束的几何形状，如图 5-2 所示。油束射程的大小对燃油在燃烧室中的分布有很大影响。如果燃烧室尺寸小，而射程大，就有较多的燃油喷到燃烧室壁上；反之，如果射程过小，则燃油不能很好地分布到燃烧室空间，燃烧室中空气得不到充分利用。因此，油束射程必须根据混合气形成方式的不同要求与燃烧室相互配合。油束锥角标志喷射的紧密程度，β 值大说明喷射松散，油粒细，雾化质量好。β 与喷油器结构有很大的关系，如 6135 型柴油机用的喷油器，其 $\beta = 15° \sim 20°$。

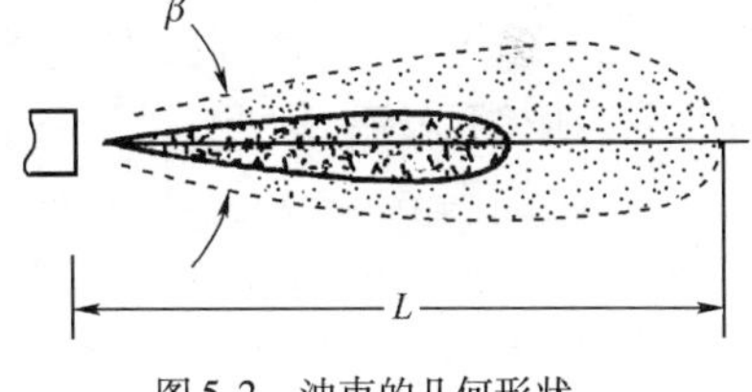

图 5-2 油束的几何形状

2. 汽缸状态

汽缸内压缩终点的空气温度、压力以及空气涡动状态直接影响柴油的雾化质量和可燃混合气的形成。

3. 燃烧室内空气涡动状态

空气的涡动有利于可燃混合气的形成。在柴油机中形成的空气涡流主要有：

1）进气涡流

利用进气过程中空气所具有的动能形成绕汽缸中心线旋转的运动称为进气涡流。具体方法是在采用进气门导气屏，缸盖内设置切向进气道和螺旋进气道等，如图 5-3 所示。

2）挤压涡流

在压缩过程中，当活塞接近上止点时，活塞顶部外围环行空间中的空气被挤入活塞顶部的凹坑内，由此产生的涡流就是挤压涡流，简称挤流，如图5-4所示。

当活塞下行时，活塞顶部凹坑内的气体又向外流到活塞顶部外围的环行空间，这种流动又称为逆挤压涡流，简称逆挤流。

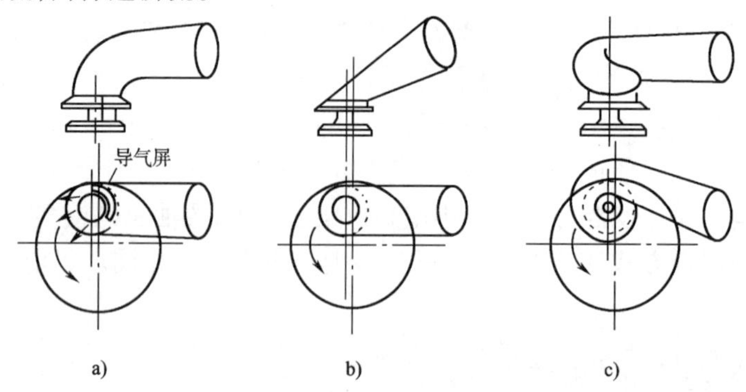

图5-3　进气涡流产生方法

a)导气屏；b)切向气道；c)螺旋气道

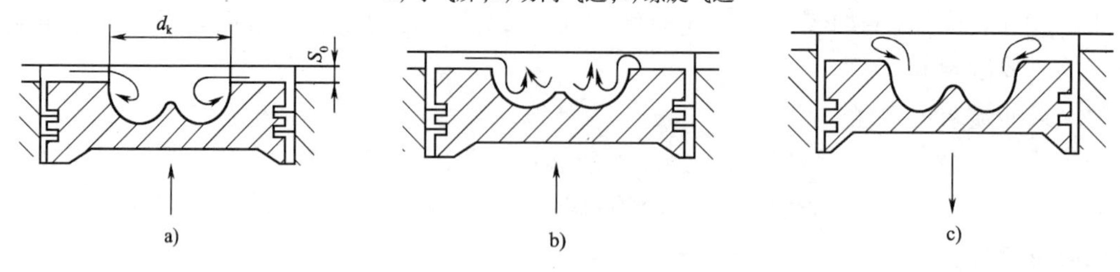

图5-4　挤压涡流

a)无进气涡流或涡流不强时的挤流；b)进气涡流强时的挤流；c)逆挤流

3)压缩涡流

在压缩过程中，空气从主燃烧室经通道流入涡流室，在涡流室内形成强烈的有规律的运动，称为压缩涡流。为此，燃烧室必须分为主、副(涡流室)两室。

4)燃烧涡流

利用在预燃室中部分燃油燃烧产生的能量，使预燃室中的可燃混合气高速喷入主燃烧室形成气体的强烈涡动称为燃烧涡流。为此，燃烧室必须分为主、副(预燃室)两室。

4.燃烧室的形式

柴油机的燃烧室对可燃混合气的形成以及燃烧过程的影响比汽油机燃烧室要大得多，因此柴油机燃烧室的结构比较复杂。目前，高速柴油机的燃烧室，根据可燃混合气的形成及其结构特点可分为直接喷射式(直喷式)和分隔式两大类。

1)直接喷式燃烧室

直接喷射式(简称直喷式)燃烧室是因燃油直接喷射在燃烧室内而得名的。直喷式燃烧室其全部容积集中于汽缸之中，且大部分集中于活塞顶上的凹坑内。根据活塞顶部凹坑的深浅又可分为开式燃烧室(凹坑口径与汽缸直径之比大于等于0.8)和半开式燃烧室(凹坑口径与汽缸直径之比为0.35~0.70)两大类。

(1)开式燃烧室。开式燃烧室是由缸盖、汽缸壁面和设有浅坑的活塞顶面组成的统一空间，结构如图5-5所示。活塞顶上的凹坑直径较大、深度较浅、没有缩口、呈浅盆形或浅ω形，以适应喷射的形状。与燃烧室相匹配的多孔喷油器装置在汽缸盖中央，喷孔数为6~12

个，孔径为0.25~0.80mm，喷油角度为140°~160°，喷油压力较高，一般为20~40MPa，最高喷油压力甚至高达100MPa以上。

这种燃烧室内一般不组织空气涡流运动，其混合气的形成主要靠燃油的喷散雾化，对燃油雾化质量要求较高。

开式燃烧室的特点是结构紧凑、形状简单、散热面积小、无节流损失，因而燃油消耗率低，而且起动较容易。

由于这种燃烧室是均匀的空间雾化混合，在滞燃期内形成的可燃混合气数量较多，因而最高燃烧压力和平均压力升高率 $\Delta p/\Delta \varphi$ 较高，柴油机工作比较粗暴。而且易冒黑烟，排气中 NO_x 的生成量较高，对转速和燃油品质较敏感，且对燃油系统的要求较高。柴油机所使用的多孔喷油嘴孔径小，容易堵塞。

由于上述特点，开式燃烧室适用于缸径大于200mm，转速低于1500r/min的柴油机中。

(2)半开式燃烧室。半开式燃烧室的活塞顶部有较深的凹坑，与开式燃烧室相比，活塞顶上的凹坑直径略小、较深，有的有缩口，也有不缩口，其形状繁多。目前，应用的ω形、球形、Δ形、盆形燃烧室以及四角形燃烧室等均属于半开式燃烧室的范畴。

这种燃烧室配用单孔或多孔喷油器，并斜置一定角度安装在汽缸盖上。喷油压力为17~25MPa。

这类燃烧室的混合气形成不仅依靠燃油的喷雾质量，而且还借助进气涡流和挤压涡流来促进混合气的形成。与开式燃烧室相比较，它对供油系统的要求较低，但仍保持燃油消耗率低的优点，因此这种燃烧室应用较为广泛，常见的主要是ω形燃烧室和球形燃烧室。

ω形燃烧室的活塞顶部剖面轮廓为近似的ω形，如图5-6所示。它利用螺旋进气道在进气时形成的绕汽缸轴线旋转的进气涡流和压缩过程中形成的挤压涡流来促进混合气的形成。这种燃烧室仍采用多孔喷油器(3~5孔)。当燃油以较高的喷油压力喷入汽缸时，一部分喷散在燃烧室空间；另一部分由于空气涡流的作用，喷射到燃烧室壁面上，形成油膜，后者受热蒸发，油蒸气被空气涡流带动迅速与空气形成可燃混合气。但是，混合气的形成仍以空间雾化混合为主。

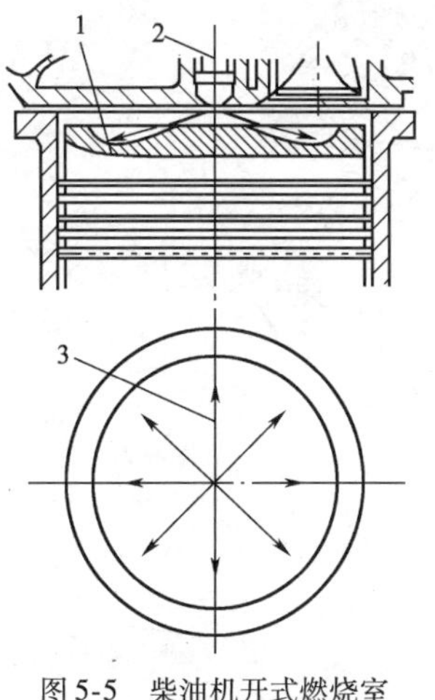

图5-5 柴油机开式燃烧室
1-凹坑;2-喷油器;3-油束

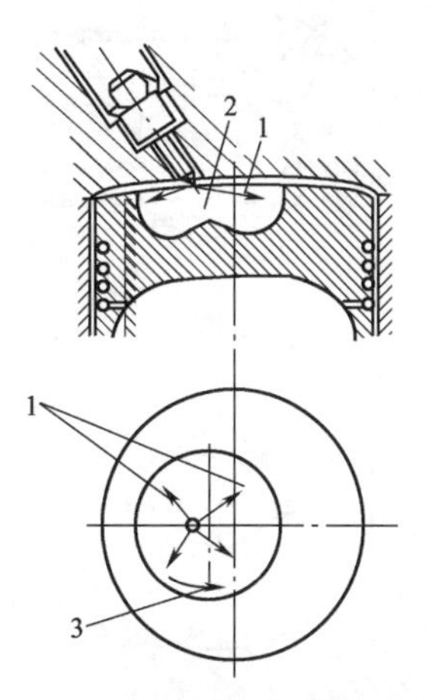

图5-6 半开式燃烧室
1-油束;2-凹坑;3-空气涡流

ω形燃烧室形状较简单，结构紧凑，散热面积小，经济性好。同时，由于它总有一部分燃油在燃烧室空间先形成混合气而着火，故起动性也较好。但是，它对燃油系统要求较高，多孔喷油器的喷孔容易堵塞，柴油机工作比较粗暴，排气污染较严重。这种燃烧室适用于缸径100～150mm，转速低于3500r/min的中小型高速柴油机中，如国产135系列柴油机即采用这种燃烧室。

球形燃烧室的活塞顶部的燃烧室呈球形，如图5-7所示。具有一个或两个喷孔的喷油器，装在燃烧室边缘切口处并沿燃烧室壁喷油，使绝大部分燃油喷到燃烧室壁面上，在气流作用下形成一层薄油膜。油膜从燃烧室壁面吸取热量，迅速蒸发并与燃烧室中高速旋转的空气混合，形成均质可燃混合气。从喷射中分散出少量雾化燃油，在燃烧室炽热的空气中形成火源，点燃从壁面油膜蒸发形成的可燃混合气。

球形燃烧室的特点是：这种以油膜蒸发混合为主的燃烧系统，使柴油机具有工作平稳柔和、燃烧噪声低，高负荷时烟度较小、空气利用率较高、燃油消耗率较低，能使用多种燃料等优点。其缺点是冷起动比较困难，变工况性能较差，特别在低速、低负荷工况下，因壁面温度低，空气涡流弱，油膜蒸发比较困难，使得燃烧性能变差。

球形燃烧室适用于缸径90～150mm，转速低于2500r/min的柴油机中。

2）分隔式燃烧室

分隔式燃烧室也称分开式燃烧室，其结构特点是除位于活塞顶部的主燃烧室外，还有位于汽缸盖内的副燃烧室，两者之间以通道相连，喷油器将柴油直接喷入副燃烧室。分隔式燃烧室在国产中小型高速柴油中应用较广泛。

分隔式燃烧室按副燃烧室结构不同，分为涡流室式燃烧室和预燃室式燃烧室两种。

（1）涡流室式燃烧室，如图5-8所示。副燃烧室燃烧室为涡流室，一般设在汽缸盖内，形状主要有球形、球锥形和球柱形等，其容积为全部燃烧室容积的50%～80%。涡流室与主燃烧室之间以切线通道连通。通道形状多采用圆柱形、椭圆形。通道截面积为活塞面积的1%～3%，通道对准活塞顶上的导流槽。喷油器采用单孔轴针式，斜装在涡流室里，其喷油压力较低，一般为10～15MPa。活塞顶部的主燃烧室也有各种形状的导流槽或浅凹坑，如双涡凹坑等。

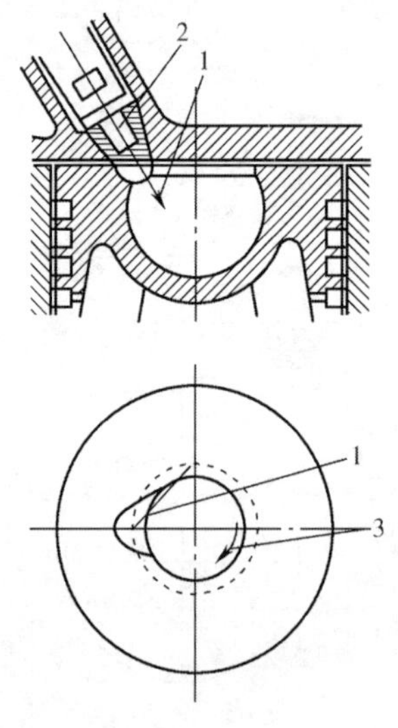

图5-7　球形燃烧室

1-油束；2-喷油器；3-空气涡流

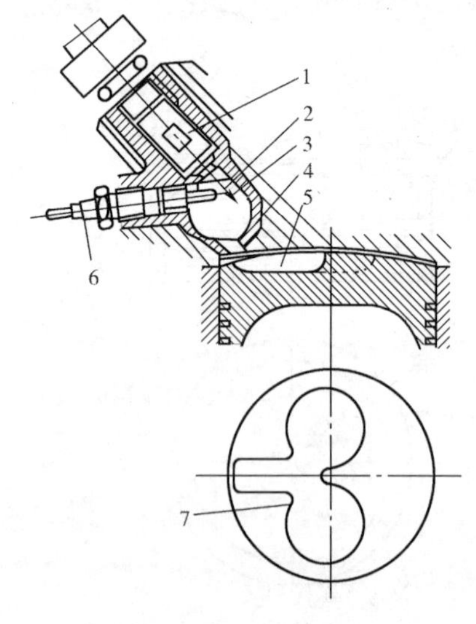

图5-8　涡流室式燃烧室

1-喷油器；2-涡流室；3-油束；4-通道；5-主燃烧室；6-预热塞；7-导流槽

在压缩过程中,空气从主燃烧室经通道流入涡流室,在涡流室内形成强烈的有组织的压缩涡流。柴油顺涡流方向喷入涡流室内,着火燃烧后,涡流室内的压力和温度迅速升高,燃气和空气一起经通道高速流入主燃烧室内,活塞顶部的导流槽或浅凹坑使流入主燃烧室内的工质再次形成强烈的涡流(称为二次涡流),以加速燃油与空气的混合与燃烧。

这种燃烧室的特点是:最高燃烧压力和平均压力升高率较低,柴油机运转平稳,噪声较低;空气利用率较高,排气污染小;对燃油系统的要求较低;改善了供油装置的工作条件;混合气形成质量对转速变化不敏感,高速性能好。但其散热损失和节流损失较大,导致燃油消耗率较高,冷起动也较困难。为了改善起动性能,有时需在涡流室上加装辅助起动装置(如电热塞等),用于在冷起动时提高燃烧室内的温度,保证顺利起动。

涡流室式燃烧室因其高速性能好,而多用于轻型车辆的柴油机上,如依维柯 8140·01型、五十铃 4FBI 型柴油机均使用涡流室式燃烧室。

(2)预燃室式燃烧室结构,如图 5-9 所示。根据气门数的多少,预燃室可以偏置于汽缸一侧(二气门),也可以置于汽缸中心线上或其附近(四气门)。预燃室容积占整个燃烧室压缩容积的 35% ~ 45%,预燃室的形状有多种形式,有的预燃室形如倒置的酒瓶,有的预燃室中部为球体,两端为较细圆柱体的球形杆。油束喷射在预燃室内向四周反射飞溅,有利于混合气的形成。预燃室与主燃烧之间通道截面积较小,通常由一至数个称为喷孔的圆形通道组成,通道截面截面积为活塞截面积的0.4% ~0.8%。

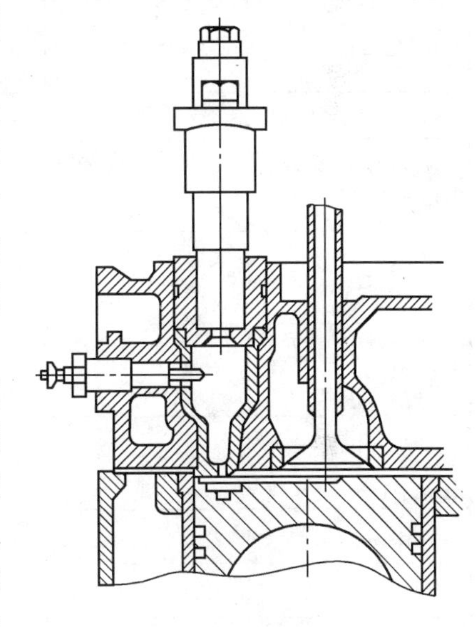
图 5-9 预燃室式燃烧室

在压缩行程中,主燃烧室的部分空气经喷孔通道被压入预燃室,形成强烈的无组织紊流。当压缩行程接近终了时,喷油器将燃油喷入预燃室,喷油压力较低,一般为 8 ~ 13MPa。由于预燃室中氧气不足,喷入的燃油只有一部分在其中燃烧,未燃部分和燃烧产物一起高速喷入主燃烧室,并在主燃烧室中形成强烈的紊流运动(燃烧涡流),与主燃烧室的空气进一步混合,继续燃烧。

由于预燃室喷孔截面很小,因而具有强烈的节流作用,致使主燃烧室的平均压力升高率和最高燃烧压力都较低,柴油机工作比较柔和、噪声小、排气污染低。预燃室不要求燃油高度雾化,因此有可以采用大通过截面的单孔轴针式喷油器,并可降低喷油压力,使供油装置的工作条件得到改善,工作可靠性和使用寿命提高。混合气形成质量对柴油机转速不敏感,可保证较大转速范围内的工作指标。但由于预燃室喷孔通道强烈节流,流动损失和散热损失大,所以经济性差,起动也困难。为了保证冷起动,一般在预燃室上都装有电热塞。

预燃室式燃烧室适用于缸径小于 200mm、转速低于 3000r/min 的柴油机中。

上述各种燃烧室的主要性能归纳于表 5-2 中。

柴油机燃烧室性能的比较 表 5-2

项 目	直接喷射式燃烧室			分开式燃烧室	
	开 式	半 开 式		涡流室	预燃室
		ω形	球形		
混合气形成方式	空间混合	空间混合为主	油膜混合为主	空间混合为主	空间混合
气流运动	无涡流或弱进气涡流	中等强度的进气涡流和挤压涡流	强进气涡流和挤压涡流	压缩涡流	燃烧涡流
燃油雾化	要求高	要求较高	一般	要求较低	要求低
喷油器孔数	6 ~ 10	3 ~ 5	1 ~ 2	1(轴针式)	1(轴针式)
喷油压力(MPa)	20 ~ 40	18 ~ 22	17.5 ~ 19	10 ~ 15	8 ~ 13 (增压 16 ~ 20)
热损失和流动损失	最小	小	较小	大	最大
压缩比 ε	13 ~ 15	15 ~ 17	16 ~ 19	17 ~ 20	18 ~ 22 (压强 14 左右)
过量空气系数 α	1.7 ~ 2.2	1.3 ~ 1.7	1.2 ~ 1.5	1.2 ~ 1.4	1.2 ~ 1.6
平均有效压力 p_e (MPa)	0.5 ~ 0.7(增压 1 ~ 1.8)	0.6 ~ 0.8	0.7 ~ 0.9	0.6 ~ 0.8	0.6 ~ 0.8 (增压 1.8)
燃油消耗率 g_e [g/(kW·h)]	218 ~ 245(增压 190)	218 ~ 245	21S、245	245 ~ 272	245 ~ 292 (增压 218)
最高燃烧压力 p_z (MPa)	约 8	6 ~ 9	6 ~ 8	6 ~ 7	5 ~ 7 (增压 12)
压力升高率 $\frac{dp}{d\varphi}$ (MPa CA)	0.4 ~ 0.8	0.4 ~ 0.6	0.2 ~ 0.4	0.2 - 0.4	0.15 ~ 0.4
工作平顺性	粗暴	较粗暴	柔和	柔和	柔和
热负荷	小	较小	较大	大	最大
冷起动性	容易	较易	较难	较准	难
排污	较大	较大	较大	较小	较小
适用转速(r/min)	<1500	<3500	<2500	1500 ~ 4500	<3000
适用缸径 D(mm)	>200	100 ~ 150	90 ~ 150	<110	<200

第三节 柴油机的燃烧

一、柴油机的燃烧过程

柴油以雾状喷入汽缸中，与空气混合形成可燃混合气后，首先在混合气浓度适当(α = 1)的地方首先形成火焰中心。这种火焰中心可能会有多个，火焰的传播引燃缸内的混合气全面燃烧。由于柴油机以扩散燃烧为主，混合气边混合边燃烧，使柴油机的燃烧不如汽油机迅速,出现缓燃期。根据汽缸内压力 p 随曲柄转角 φ 变化的情况,柴油机的燃烧过程可分为四个阶段,如图 5-10 所示。

1. 第一阶段——着火延迟期

着火延迟期是从喷油器开始喷油到汽缸内出现火焰中心为止的阶段(图中Ⅰ)。在活塞到达上止点前,柴油开始喷入缸内(点1),油雾在空气中经过吸热、蒸发、扩散与空气形成可燃混合气并进行一系列的理、化准备,最终开始燃烧(点2)。着火延迟期的汽缸内压力变化与纯压缩过程基本相同。着火延迟期的长短可以用对应的曲柄转角(φ)表示,也可以用延迟时间(ms)来表示。这个阶段时间虽短(0.7~3ms),但对整个燃烧过程的影响很大,并直接影响到速燃期的燃烧。一般要求着火延迟期尽量短一些好。

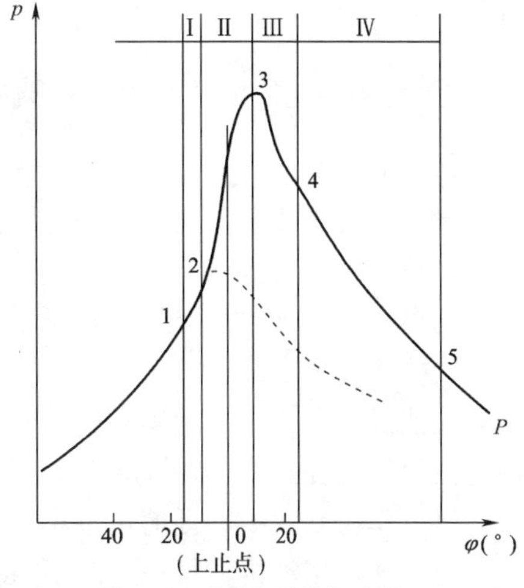

图 5-10 柴油机的燃烧过程

Ⅰ-着火延迟期;Ⅱ-速燃期;Ⅲ-缓燃期;Ⅳ-后燃期;1-喷出始点;2-燃烧始点;3-最大压力点;4-最高温度点;5-燃料基本结束点;虚线-不供油时汽缸内压力的变化

着火延迟期的长短取决于柴油的十六烷值(自燃性能)、混合气的混合状态和汽缸内空气温度。

2. 第二阶段——速燃期

速燃期是可燃混合气迅速燃烧,至汽缸内出现最大爆发压力为止的阶段(图中Ⅱ)。在速燃期中,可燃混合气开始燃烧后(点2),着火延迟期喷入缸内的燃油几乎同时燃烧,而且活塞在上止点附近,燃烧近乎在等容过程下进行。因此,汽缸内的工质压力开始偏离纯压缩过程(图中虚线)急剧上升。在上止点后,φ 在 6°~15°出现最大爆发压力(点3)。

一般用平均压力升高率 $\Delta p/\Delta\varphi$ 表示速燃期的压力升高的急剧程度。平均压力升高率决定了柴油机运转的平稳性,过高的平均压力升高率使柴油机工作粗暴,燃烧噪声大,同时运动件承受较大的冲击载荷,影响其工作的可靠性和使用寿命。因此,一般柴油机的平均压力升高率 $\Delta p/\Delta\varphi$ 不宜超过 0.4MPa/(°)。

过长的着火延迟期会使缸内积油过多,一旦燃烧会产生过高的压力升高率,这是引起柴油机工作粗暴的主要原因。所以,着火延迟期的长短与柴油机工作是否柔和平稳有着密切的关系。

3. 第三阶段——缓燃期

缓燃期是从缸内最高压力点(点3)到出现最高温度为止的阶段(图中Ⅲ)。一般喷射过程在缓燃期都已结束,随着燃烧过程的进行,空气逐渐减少而燃烧产物不断增多,燃烧渐趋缓慢。缓燃期终了时,释放出的大量热量(占循环总放热量的70%~80%),使缸内气体温度升高,在上止点后,φ 为 20°~35°出现最高温度(点4)。由于这一阶段的燃烧是在汽缸容积不断增大的情况下进行的,缸内压力不仅不会上升反而缓慢下降,近乎等压过程。随着燃烧产物的增多,燃烧条件的恶化,燃烧更趋缓慢。缓燃期的长短取决于柴油机负荷的大小。

4. 第四阶段——后燃期

后燃期是指缓燃期结束后(点4),燃烧在膨胀过程中继续进行的阶段(图中Ⅳ)。后燃期到燃烧完全结束为止，其终点（点5）一般难以确定。由于此时缸内的气体压力随着活塞下行而迅速降低，后燃期所释放的热量不能被有效地利用，反而使排气温度和冷却液温度增高，使柴油机经济性下降。因此，后燃期越短越好。

二、影响柴油机燃烧过程的主要因素

1. 燃油的品质

柴油的物理化学性能，如自燃性、蒸发性和流动性等对柴油机混合气的形成和燃烧均有很大影响。其中，评定柴油自燃性能的十六烷值对着火延迟期的影响最大。十六烷值高的柴油的自燃性好，着火延迟期短，可以使柴油机工作柔和一些。

2. 喷油提前角

喷油提前角是从喷油器开始喷油的时刻至活塞到达压缩上止点所对应的曲柄转角。喷油提前角过大，缸内气体的压缩压力和温度都不够高，柴油不易发火，致使着火延迟期增长、柴油机工作粗暴。喷油提前角过小，燃烧过程后移，使后燃期增长，柴油机的功率和有效热效率均下降。柴油机在每一工况下，都有与之相应的最佳喷油提前角。柴油机最佳喷油提前角是指在转速和供油量一定的条件下，能获得最大功率及最小燃油消耗率的喷油提前角。因此，最佳喷油提前角应随柴油机转速和供油量的变化而变化。

3. 转速与负荷

发动机的转速提高，加强了缸内气体的扰动，同时喷油压力也相应提高，使柴油的雾化和与空气混合的条件得到改善，因而缩短了着火延迟期。但是，随转速的增高，着火延迟期所对应的曲柄转角增大了，使燃烧过程后延而导致后燃加剧。因此，当转速增加时，喷油提前角也应相应增大。一般，车用柴油机都装有喷油提前角自动调节器以满足上述要求。

随柴油机负荷的增加，燃烧室的温度将大幅度上升，有利于混合气的形成，使着火延迟期缩短，发动机工作柔和。但当负荷过高时，即供油量过多，α 值过小，后燃期加长，排气中出现炭烟。因此，在某些柴油机上装设了喷油提前角可随负荷变化而自动调节的可变喷油定时机构，使柴油机负荷增加时，喷油提前角逐渐减小。

柴油机在怠速或低负荷工况时，燃烧温度低，着火延迟期长，压力升高速率较大，会产生柴油机的“怠速敲缸”现象，当负荷增加时这种现象会自动消失。

4. 喷油规律

单位曲柄转角喷入汽缸的燃油量（$\Delta q/\Delta\varphi$）随曲柄转角（φ）而变化的关系称为喷油规律。合理的喷油规律是初期喷油量要少，以减少着火延迟期缸内的积油量，使柴油机工作柔和；中期的喷油量要大，保证大部分燃油在上止点附近及时、迅速地燃烧放热；后期的喷油量也要少并且断油迅速，以尽量缩短后燃期。

影响喷油规律的主要因素有喷油凸轮的有效工作段的几何形状、高压油管尺寸以及柴油机的负荷和转速等。

第四节　喷　油　器

喷油器的功用是，将燃油雾化并合理地分布到燃烧室内，以便与空气混合形成可燃混合气。

喷油器应满足不同燃烧室对燃料喷雾特性的要求。一般说来，喷油器应具有一定的喷射压力和贯穿距离、良好的雾化性能和合适的喷雾锥角。此外，喷、停要迅速，不发生滴漏现象。

目前，中小功率的高速柴油机常用的喷油器有孔式和轴针式两大类。

一、孔式喷油器

孔式喷油器主要用于直喷式燃烧室的柴油机。这种喷油器喷嘴上的喷孔数目一般为1～8个，喷孔直径0.2～0.5mm。喷孔数目与喷孔角度取决于不同形状的燃烧室对雾化质量的要求和喷油器在燃烧室中的布置以及缸内气体流动情况。

孔式喷油器的结构如图5-11a)所示，其主要由喷油器体、调压装置以及喷油嘴等部分组成。由针阀体12和针阀11构成的喷油嘴通过拧紧螺母10与喷油器体9紧固在一起。为了保证结合面的密封，针阀体上端面与喷油器体下端面都需精细的研磨。调压弹簧7的预紧力通过顶杆8作用在针阀上，将针阀紧压在针阀体内的密封锥面上，使喷油嘴关闭，如图5-11b)所示。转动调压螺钉5可调节调压弹簧的预紧力。

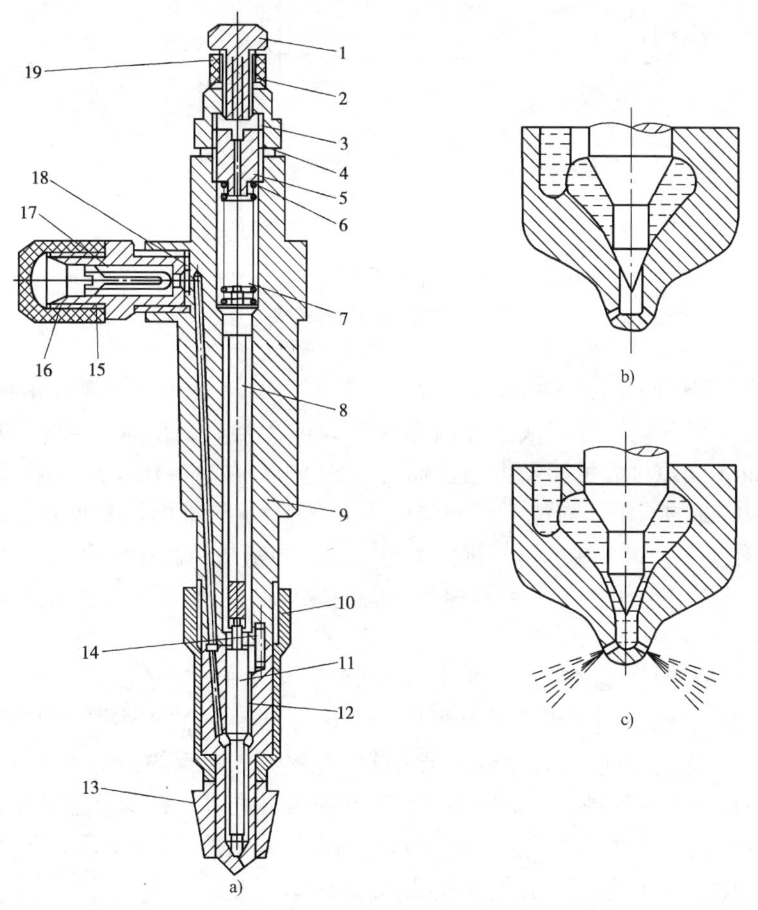

图5-11　孔式喷油器结构

a)孔式喷油器结构剖视图；b)喷油器喷油嘴关闭；c)喷油器喷油嘴开启

1-回油管接头；2-衬垫；3-调压螺钉保护螺母；4、6-垫圈；5-调压螺钉；7-调压弹簧；8-顶杆；9-喷油器体；10-喷油嘴拧紧螺母；11-针阀；12-针阀体；13-垫块；14-定位销；15-进油管接头护帽；16-进油管接头；17-喷油器滤芯；18-进油管接头衬垫；19-保护套孔式喷油器的喷油嘴有长型和短型两种结构形式,如图5-12所示。长型喷油嘴(图5-12b)的针阀导向部分远离燃烧室,可减少针阀受热与变形,从而避免针阀卡死在针阀体内,所以长型喷油嘴多用于热负荷较高的柴油机上。

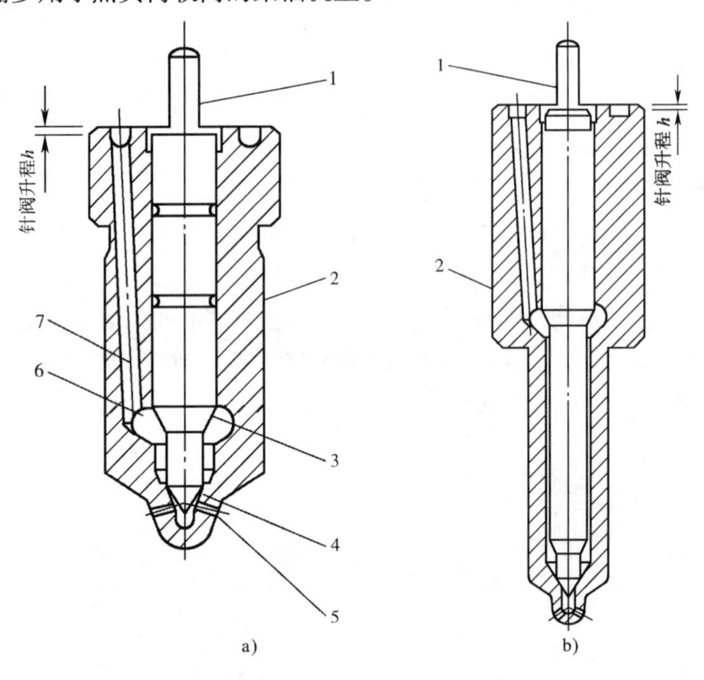

图5-12 孔式喷油器喷油嘴的结构形式

a)短型喷油嘴;b)长型喷油嘴

1-针阀;2-针阀体;3-承压锥面;4-密封锥面;5-喷孔;6-压力室;7-进油道

喷油嘴的针阀和针阀体是一对用优质合金钢制成的精密偶件。针阀有导向部分、承压锥面3和密封锥面4三个部分组成。导向部与针阀体2是高精度滑动配合,配合间隙为0.002~0.003mm。间隙过大可能发生漏油而使油压下降,影响雾化质量;间隙过小时针阀容易卡死。针阀中部的承压锥面位于针阀体的压力室中,承压锥面用来承受油压产生的轴向推力,使针阀升起。针阀下端的密封锥面4与针阀体的密封锥面相配合,以实现喷油器内腔的密封。针阀偶件是经相互精磨后再相互研磨而保证其配合精度的,选配和研磨后的一副偶件不能互换。

喷油器的工作原理是,来自喷油泵的柴油自进油管接头16、喷油器滤芯17,以及喷油器内的油道如图5-11a)所示,进入针阀体环形压力室6内,柴油的油压作用在针阀1的承压锥面3上,形成一个向上的轴向推力,当这个推力能够克服调压弹簧的预紧力时,针阀被抬起,离开针阀体的密封锥面,打开喷孔,高压柴油经喷孔喷入燃烧室。针阀升起的最大高度即针阀升程h(图5-12)由喷油器体下端面限制。当喷油泵停止供油时,油压迅速下降,针阀在调压弹簧的作用下及时复位,关闭喷孔停止喷油,如图5-11c)所示。

使喷油器开始喷油的最低的柴油压力称为启阀压力(开始压力)。通过调压螺钉5改变调压弹簧7的预紧力可以调整喷油器喷射的启阀压力。孔式喷油器的启阀压力一般在17MPa以上。

在喷油器工作期间,有少量柴油从针阀与针阀体的配合面间的间隙漏出,并沿顶杆周围的缝隙上升，最后经回油管接头1(图5-11a)进入回油管，流回燃油滤清器。这部分柴油在漏过针阀偶件时，起润滑作用。

二、轴针式喷油器

轴针式喷油器与孔式喷油器的工作原理完全相同，构造上主要差别是在喷嘴头部。如图5-13a)所示，其针阀下端轴针突出针阀体喷孔之外，形成圆环形喷孔。轴针的形状有倒锥形(图5-13b)圆柱形(图5-13c)两种，它们的喷雾分别为锥形或空心柱形。

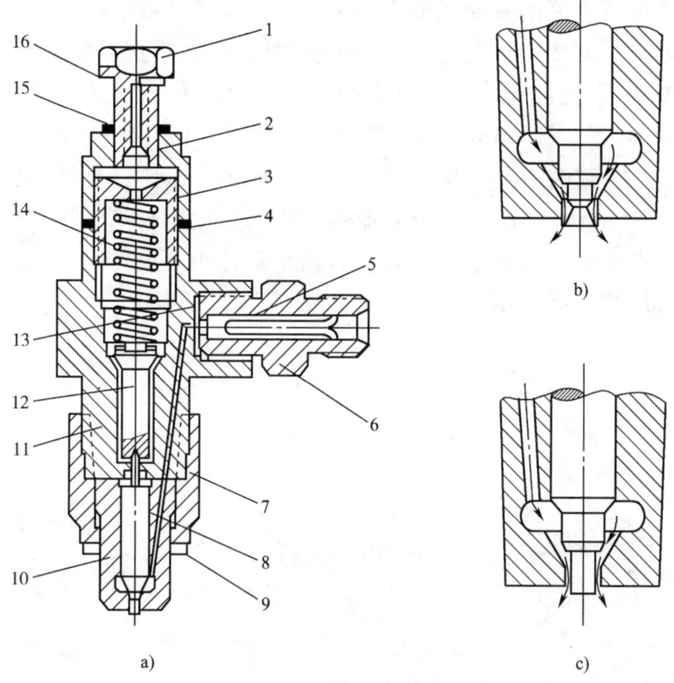

图5-13 轴针式喷油器

1-油管接头螺栓；2-调压螺钉护帽；3-调压螺钉；4、9、13、15、16-垫圈；5-滤芯；6-进油管接头；7-紧固螺套；8-针阀；10-针阀体；11-喷油器体；12-顶杆；14-调压弹簧

圆柱形轴针结构简单，对喷雾性能影响较小。而倒锥形轴针较长，喷油时轴针始终不脱离喷孔，如图5-14所示。

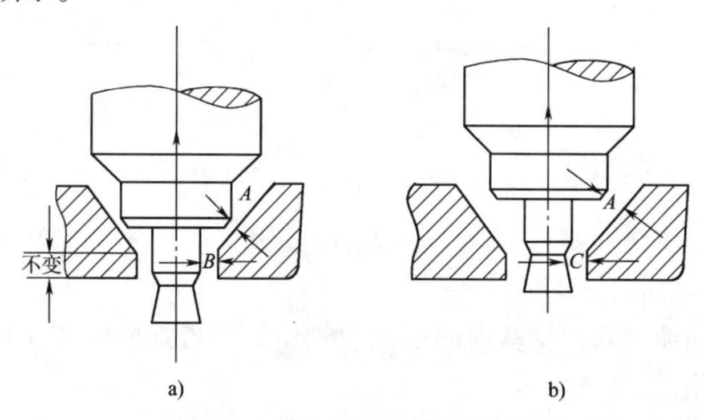

图5-14 轴针式喷油器的节流作用

A-密封锥面处的节流断面；*B*-喷油初期的节流断面；*C*-喷油中期的节流断面(主喷射期)

倒锥形轴针式喷油器在喷油初期，由于升程较小，通过截面几乎没有变化，轴针的节流作用大，喷油量较小。随着轴针进一步上移，间隙 C 开始控制喷孔的通过截面。当间隙 $C=A$ 时，喷孔的通过截面达到最大，喷油量迅速增多，此为主喷射阶段。随着针阀的进一步上升，间隙 C 所控制的通过截面却变小，喷油量减少，直到停止喷油。

由上述可知，此种倒锥形轴针式喷油器能较好地满足前期少、中期多、后期也少的喷油规律的要求。这种喷油器又称为节流轴针式喷油器。

轴针式喷油器启阀压力较低(12～14MPa)适用于对喷雾要求不太高的分隔式燃烧室。也有少数带有强烈进气涡流的直喷式燃烧室采用轴针式喷油器。

在涡流室式燃烧室的柴油机上，为改善冷起动性，采用了分流型轴针式喷油器。分流型喷油嘴除主喷孔 1 外，还在针阀体的密封锥面加工有分流孔 2，孔径一般为 0.2mm，孔中心线与针阀体轴线呈 30°角(图 5-15a)。当柴油机起动时，由于转速很低，喷油泵供油压力较小，因此针阀升程较小，这时大部分柴油经分流孔逆气流方向喷到涡流室中心(图 5-15b)。因为逆气流方向喷射，燃油雾化好，加上涡流室中心的温度比较高，所以柴油容易着火燃烧，使柴油机在低温下顺利起动。当柴油机起动后在正常转速下工作时，针阀升程较大，大部分柴油从主喷孔顺气流喷入涡流室(图 5-15c)。

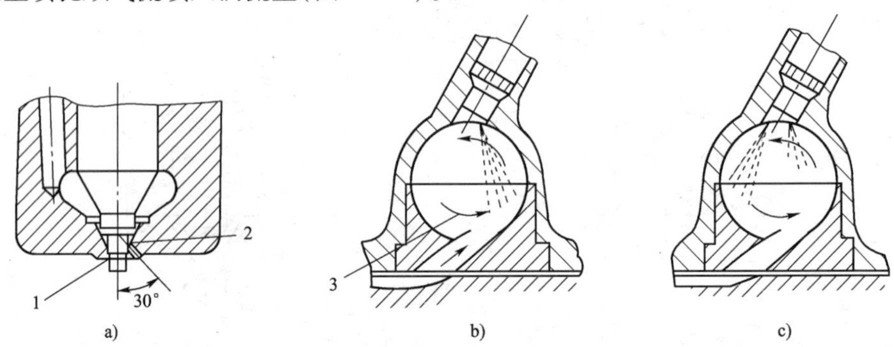

图 5-15　分流型轴针式喷油嘴及其喷射情况

a)分流型轴针式喷油嘴；b)起动时的喷射情况；c)起动后的喷射情况

1-主喷孔；2-分流孔；3-气流方向

常见的轴针式喷油器只有一个孔，孔径为 1～3mm。由于喷孔直径大，轴针又上下运动，所以喷孔不易积炭，工作可靠。

第五节　柱塞式喷油泵

一、喷油泵的功用与要求

喷油泵的功用是将柴油提高到一定压力后，按照柴油机的工况及各缸的工作次序，定时、定量地向喷油器输送高压燃油。

为了使燃油能高速喷入燃烧室内的压缩空气中并获得好的喷雾质量，必须将燃油压力提高到 10～20MPa，甚至更高。

此外，喷油泵还应满足以下要求：

(1)各缸的供油量相等，即供油延续时间相等，供油量不均匀度在标定工况下不大于

3%。喷油泵的供油量应随柴油机工况的变化而变化,为此喷油泵必须有供油量调节机构。

(2)各缸供油提前角应一致,相差不应大于0.5°曲柄转角;供油提前角也应随柴油机工况的变化而变化,为此应装置喷油提前角调节装置。

(3)油压的建立与停止供油都应迅速,防止产生滴漏现象。

目前,大多数柴油机燃油系统中主要使用直列柱塞式喷油泵、转子分配式喷油泵。

直列柱塞式喷油泵的发展和应用历史较长、性能良好、使用可靠,但其精密偶件数较多,维护要求较高。20世纪50年代后期出现了转子分配式喷油泵,它只有一组精密偶件,以旋转的方式使燃油增压并按工作顺序分配给各缸。分配式喷油泵具有体积小、质量轻、成本低和使用方便等优点,多应用在中小功率的柴油机上。

由于柴油机的单缸功率变化范围很大,因此世界各国的喷油泵的制造都是以几种不同的柱塞行程作为基础,将喷油泵划分成为数不多的几个系列或型号,然后再配以不同尺寸的柱塞偶件,构成若干种循环供油量的喷油泵以满足各种不同功率柴油机的需要。

表5-3所列为我国生产的几种车用柱塞式喷油泵的系列和主要参数。

国产系列柱塞式喷油泵主要参数 表5-3

主要参数 \ 系列代号	Ⅰ	Ⅱ	Ⅲ	A	B	P	Z
凸轮升程(mm)	7	8	10	8	10	10	12
分泵中心距(mm)	25	32	38	32	40	35	45
柱塞直径(mm)	5~8	7~11	9~13	7~9	8~10	8~13	10~13
最大供油量(mm^3/循环)	60~150	80~250	250~330	60~150	130~225	130~475	300~600
分泵数	1~12	2~12	2~8	2~12	2~12	4~12	2~8
最大使用转速(r/min)	1500	1100	1000	1400	1000	1500	900
适用柴油机缸径(mm)	105以下	105~135	140~160	105~135	135~150	120~160	150~180

二、柱塞式喷油泵的构造

柱塞式喷油泵按结构布置形式的不同,分单体泵和合体泵。单体泵用于单缸柴油机上;合体泵是将各缸的泵油机构及调速器合成一体,应用在多缸高速柴油机上。柱塞式喷油泵主要由分泵、油量调节机构、驱动机构和泵体四部分组成。图5-16为A型泵的结构图。

1.分泵

分泵是喷油泵的泵油机构,由柱塞偶件(柱塞10和柱塞套7)、出油阀偶件(出油阀5和出油阀座6)、柱塞弹簧14、上柱塞弹簧座13、下柱塞弹簧座15、出油阀弹簧4和出油阀紧座3等组成。多缸机喷油泵的分泵数与柴油机的汽缸数相同,并组装在同一个泵体22上。

1)柱塞偶件

柱塞偶件是具有泵油功能的一对精密偶件,由柱塞1和柱塞套2组成,如图5-17所示。

柱塞偶件采用优质合金钢制造,并通过精密的加工和选配、研磨,使用中不能互换。其配合间隙控制在0.002~0.003mm,以保证柱塞在柱塞套内上下运动泵油时,燃油能产生足够大的油压并使柱塞得到必要的润滑。若间隙过大,泄油量过多使油压不足;如果间隙过小,则使柱塞的润滑困难,甚至咬死。

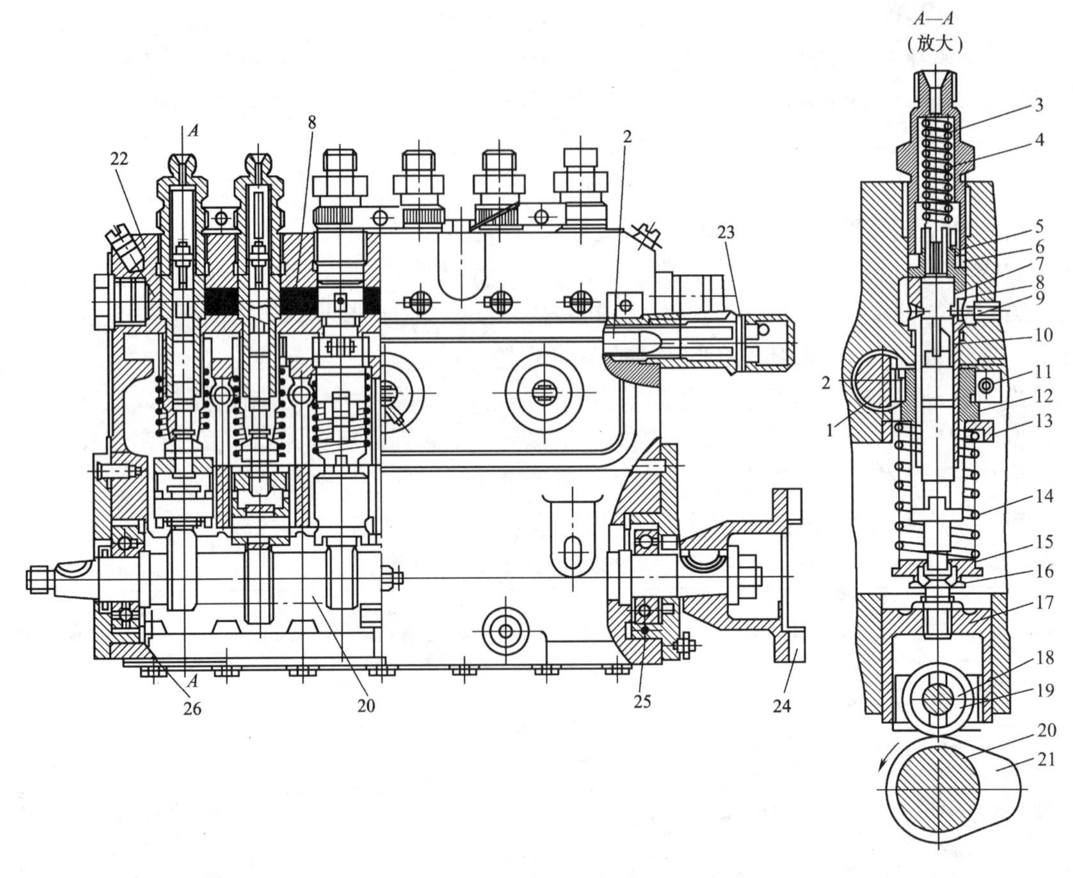

图 5-16　A 型喷油泵结构

1-齿阀;2-供油量调节齿杆;3-出油阀紧座;4-出油阀弹簧;5-出油阀;6-出油阀座;7-柱塞套;8-低压油腔;9-定位螺钉;10-柱塞;11-齿圈夹紧螺钉;12-油量调节套筒;13、15-上、下柱塞弹簧座;14-柱塞弹簧;16-供油定时调节螺钉;17-滚轮架;18-滚轮轴;19-滚轮;20-喷油泵凸轮轴;21-凸轮;22-喷油泵体;23-供油量调节齿杆护帽;24-联轴器从动盘;25、26-轴承

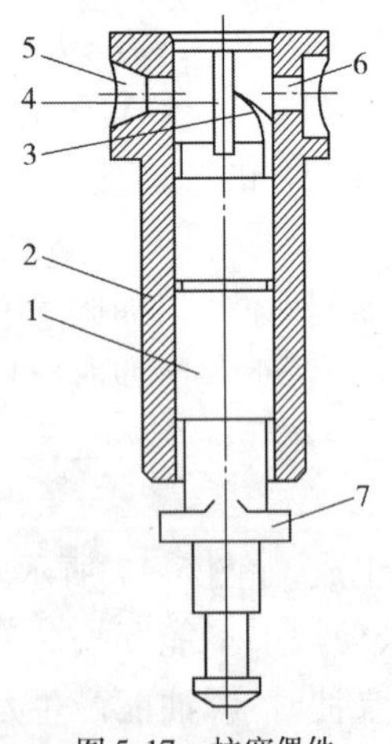

图 5-17　柱塞偶件

1-柱塞;2-柱塞套;3-螺旋槽;4-直槽;5、6-油孔;7-榫舌

柱塞的头部加工有螺旋槽 3 和直槽 4,柱塞下部加工有榫舌 7。

柱塞套安装在喷油泵体 22 的座孔中。柱塞套上的油孔 5 和 6(图 5-17)与喷油泵体内的低压油腔 8 相通。为了防止柱塞套转动,用定位螺钉 9 固定。柱塞弹簧 14 的上端通过上柱塞弹簧座 13 支承在喷油泵体上,下端则通过下柱塞弹簧座 15 支承在柱塞尾端的凸缘上,借助柱塞弹簧的预紧力使柱塞通过滚轮 19 始终与喷油泵凸轮 21 保持接触,保证工作时使柱塞在凸轮和柱塞弹簧的预紧力的驱动下,在柱塞套内做上下往复运动。

柱塞上除螺旋形槽外,常用的还有直线形槽,如图 5-18 所示。螺旋形槽柱塞其顶面和螺旋槽由直槽连接,而直线形槽与柱塞顶面是由中心钻孔(图中虚线)和径向孔沟通。直线形柱塞槽加工工艺简单,所以国产系列泵多有采用。

2）出油阀偶件

出油阀2和出油阀座1组成喷油泵中另一对重要的偶件，如图5-19所示。它的功用是出油、断油和断油后迅速降低高压油管的剩余压力，使喷油器迅速停止供油而不出现滴漏现象。

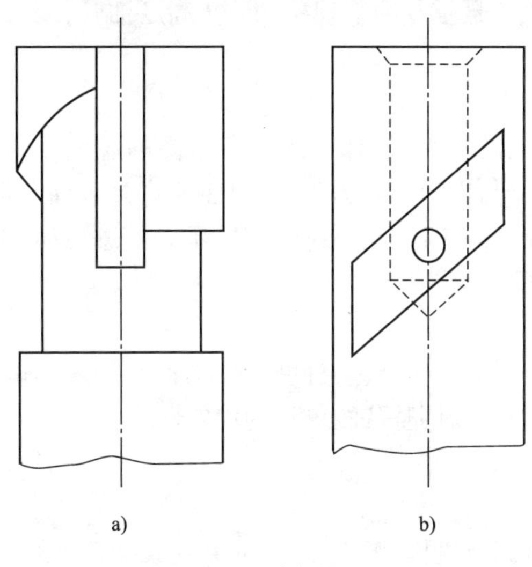

图5-18 柱塞斜槽形状

a）螺旋形柱塞；b）直线形柱塞

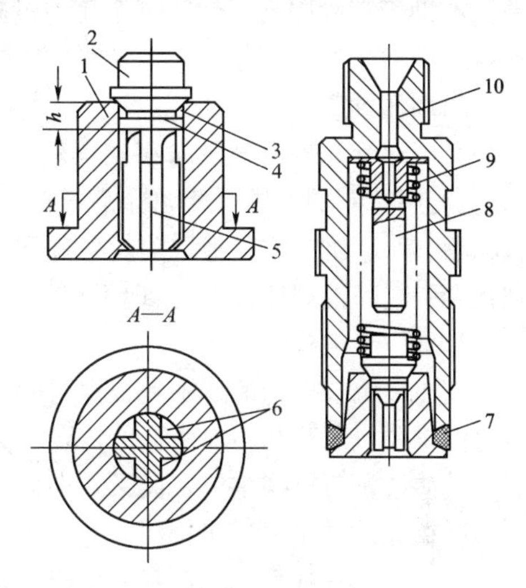

图5-19 出油阀偶件

1-出油阀座；2-出油阀；3-密封锥面；4-减压环带；5-导向面；6-切槽；7-密封垫圈；8-减容器；9-出油阀弹簧；10-出油阀紧座

出油阀偶件安装在柱塞偶件上端。出油阀座的下端面和柱塞套筒的上端面是经过精密加工的，配合严密。出油阀座是通过出油阀紧座10以规定转矩旋紧在泵体上来压紧在柱塞套上端面上的。同时，出油阀弹簧9将出油阀压紧在出油阀座上。在出油阀紧座下端面与阀座肩部之间有一紫铜高压密封垫圈7，以防止高压燃油的泄漏。此垫片厚度又可影响到出油阀弹簧预紧力的大小，进而影响喷油泵的工作性能，因而不可随意改变。有的出油阀紧座内设有减容器8，用来减小高压油管系统的容积，改善燃油的喷射过程。此外，减容器还起到限制出油阀最大升程的作用。

出油阀在结构上有密封锥面3、减压环带4和十字形的导向面5三个部分。密封锥面与出油阀座的接触面经过精细研磨形成密封面。减压环带是位于密封锥面下侧的圆柱面，它与阀座内孔的配合间隙很小，也具有密封功能。减压环带与密封锥面之间形成了一个值为$(\pi d^2h)/4$的减压容积（d为阀座内孔直径，h为锥面的密封面到减压环带下边沿的高度）。出油阀下部的运动导向部分与阀座内孔为滑动配合，导向部分加工有四个轴向切槽6，形成十字形的导向面5，以便燃油通过。

当柱塞开始泵油时，出油阀在油压作用下上升至减压环带离开出油阀座孔之前，高压油管一侧的燃油由于受出油阀的挤压减小了一个减压容积，管内油压随柱塞泵油动作同时上升。当减压环带离开出油阀座孔之后，柱塞泵出的燃油进入高压油管，使管内油压持续升高，并向喷油器供油。当柱塞停止泵油时，出油阀在出油阀弹簧及高压油管中的油压共同作用下，下落至减压环带下边沿刚进入出油阀座孔时，立即切断向喷油器的供油，此后出油阀继续下落直至密封锥面紧压在出油阀座为止。可见，切断供油后，高压油管一侧的燃油获得一个大小为$(\pi d^2 h)/4$的膨胀容积(即减压容积),使油压下降迅速。减压容积可使喷油器断油果断,避免滴漏;可有效地防止高压油管内燃油流空,缩短喷射延迟阶段,同时也有利于排除喷油系统中的空气;其大小还可以控制高压油管内的剩余压力值(约为启阀压力的十分之一),有助于消除因高压油管剩余压力过高引起喷油器重复喷射现象和防止高压油管接头的泄漏。

3)高压油管

高压油管起着由分泵向喷油器输送高压燃油的作用,工作中承受着很高的燃油压力。因此,需用特制的冷拔厚壁无缝钢管制成。其外径与内径之比为3~4,并要求内外表面不得有积垢、裂纹、坑穴或其他缺陷。各分泵的高压油管的内径及长度应一致,不能随意更换,否则将会引起喷油规律畸变,出现不正常的喷射现象。

2. 供油量调节机构

供油量调节机构的作用是根据驾驶员或调速器的动作,转动柱塞改变喷油泵的供油量,以适应柴油机负荷和转速变化的需要。同时,它还可以调整各缸供油的均匀性。

供油量调节机构主要有拨叉式和齿杆式两种。

1)拨叉式油量调节机构

国产Ⅰ、Ⅱ、Ⅲ系列泵普遍采用拨叉式供油量调节机构,图5-20为Ⅱ系列泵的拨叉式供油量调节机构。柱塞2的下端压装有调节臂1,调节臂的圆形端插入到调节叉7的凹槽内,而调节叉又用螺钉固定在调节拉杆4上,调节叉的数目和分泵数相同。

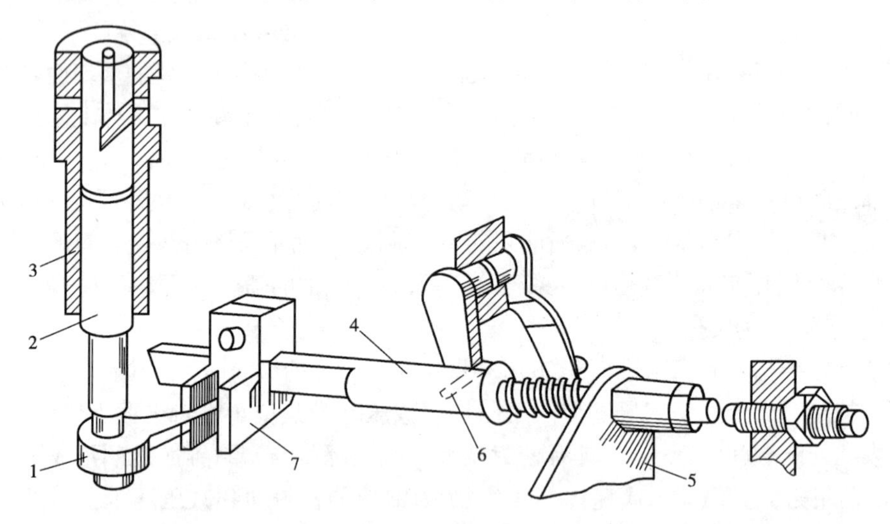

图5-20　拨叉式供油调节机构

1-调节臂;2-柱塞;3-柱塞套;4-拉杆;5-拉板;6-停油销子;7-调节叉

调节拉杆两端支承在泵体的拉杆衬套中,并用定位导向槽防止其转动。调节拉杆的轴向位置由驾驶员或调速器来控制。当移动调节拉杆时,调节叉就带动调节臂及柱塞相对于柱塞套转动,从而调节了供油量。由于每个调节叉都按安装记号用螺钉固定在同一根调节拉杆上,当调节拉杆移动一定的距离时,各分泵柱塞旋转相同的角度,各个缸所改变的供油量也就相同,从而保证了各缸供油的均匀性。

这种调节机构的优点是传动平稳、工作比较可靠、寿命长,但结构尺寸较大。

2)齿杆式供油量调节机构

国产A型泵所使用的齿杆式供油量调节机构,如图5-21所示。柱塞下端的榫舌嵌入传动套2下端的豁口中。传动套2松套在柱塞套5外侧上,在传动套2上部有一个可调齿扇3,用螺钉锁紧。可调齿扇与齿杆相啮合。齿杆4的轴向位置由驾驶员或调速器控制。当移动齿杆时,齿扇3连同传动套2带动柱塞1相对于柱塞套5转动,以达到调节供油量的目的。

这种调节结构的优点是结构简单、容易制造。

3)供油拉杆轴向限位器

供油拉杆的移动位置必须限制在一定范围内。常用的移动范围是怠速到全负荷工况,而熄火和起动加浓工况必须有专门的限位措施。目前,多采用弹性限位器,它装在喷油泵齿杆前端的泵体上,或在调速器的盖上,如图5-22所示。

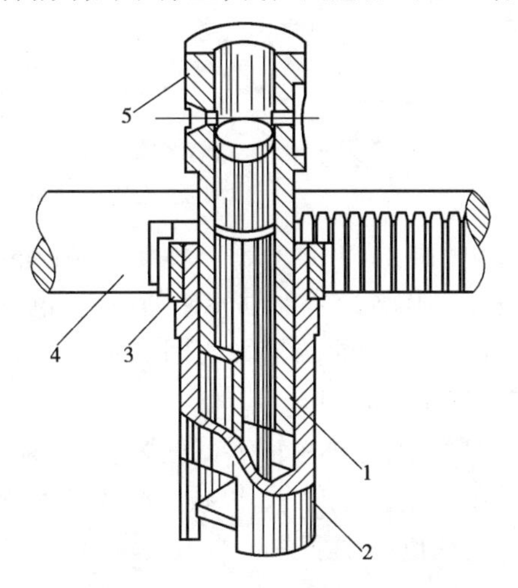

图5-21 齿杆式油量调节机构

1-柱塞;2-传动套;3-可调齿扇;4-齿杆;5-柱塞套

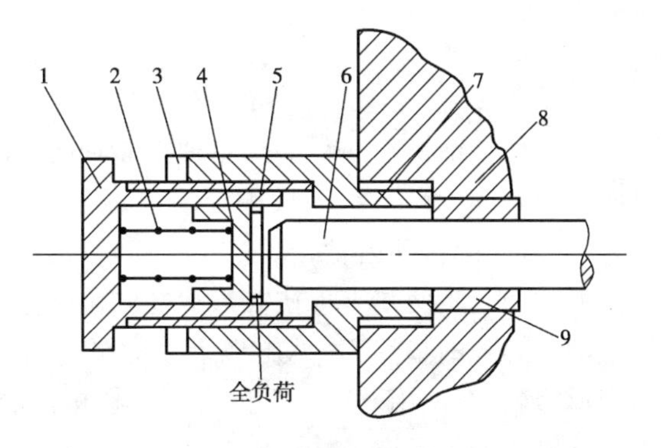

图5-22 弹性齿杆限位器

1-调整套;2-弹簧;3-锁紧螺母;4-限位塞;5-卡环;6-齿杆;7-本体;8-泵体;9-衬套

调整套1内装有弹簧2和限位塞4并用卡环5挡住,调整套与本体7用螺纹连接并用螺母3锁紧。当齿杆移动到全负荷位置时,弹簧通过限位塞给齿杆一个阻力,以防止齿杆越过全负荷供油量位置,使供油量过多而冒黑烟。因此,此限位器又可称为防冒烟限位器。当柴油机在起动需要增加油量时,齿杆在驾驶员的操纵下使弹簧2压缩,齿杆越过全负荷供油位置,到达起动加浓供油量,使柴油机顺利起动。

供油拉杆弹性限位器,还可以在柴油机超负荷转速降低时,增加供油量,保证柴油机在短时间内可超负荷工作,即起到校正加浓器的作用。

3. 驱动机构

驱动机构的功用是推动喷油泵的柱塞运动,并保证供油正时。驱动机构包括喷油泵的凸轮轴(简称喷油凸轮轴)和滚轮体传动部件。

1)喷油凸轮轴

喷油凸轮轴的功用是传送动力,克服柱塞弹簧的预紧力,使柱塞上行产生燃油压力,同时还保证各分泵按柴油机的工作顺序和一定的规律供油。

喷油凸轮轴上的凸轮数目与柴油机缸数相同,它们分别控制各分泵的工作。相邻工作两缸凸轮间的夹角叫供油间隔角。如直列四冲程柴油机的供油间隔角,四缸机为90°凸轮转角,六缸机为60°凸轮转角。

喷油凸轮轴的中部还设置一个偏心轮12(图5-23),驱动安装在泵体上的输油泵。

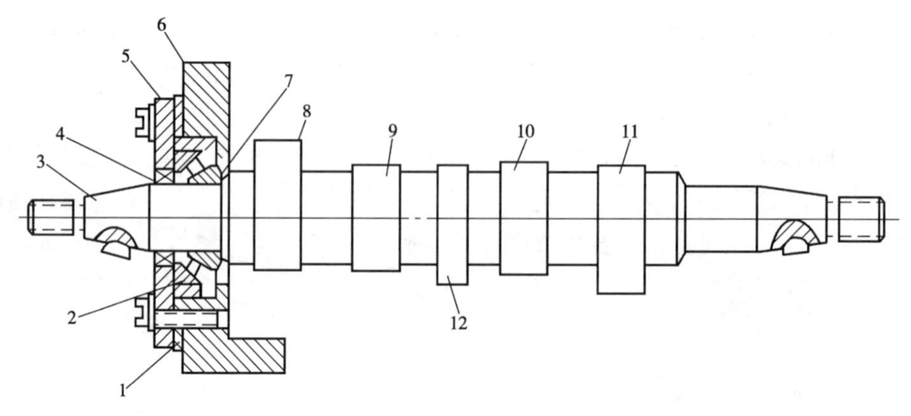

图5-23 喷油凸轮轴的构造

1-密封调整垫;2-锥形滚柱轴承;3-连接锥面;4-油封;5-前端盖;6-壳体;7-调整垫片;8、9、10、11-凸轮;12-输油泵偏心轮

四冲程柴油机喷油泵的凸轮轴由曲轴的定时齿轮驱动,其转速是曲轴转速的一半,也就是曲轴转两周,凸轮转一周,各分泵都供油一次。由于曲轴与喷油凸轮轴之间的轴间距较大,多加入中间传动齿轮,此时喷油泵凸轮轴的旋转方向与曲轴的相同。

喷油凸轮轴两端支承在锥形滚柱轴承2上,如图5-23所示,并在轴承盖处装有调整凸轮轴轴向间隙的垫片7。八缸以上喷油泵的凸轮轴在中间设有滑动轴承,以减少凸轮轴的弯曲变形,延长其使用寿命。目前有些六缸机喷油泵的凸轮轴也增设了中间轴承。

凸轮的型面决定了柱塞的运动规律。

常见的喷油泵凸轮型面有凸面圆弧凸轮、切线凸轮和凹面圆弧凸轮三种基本类型,如图5-24所示。

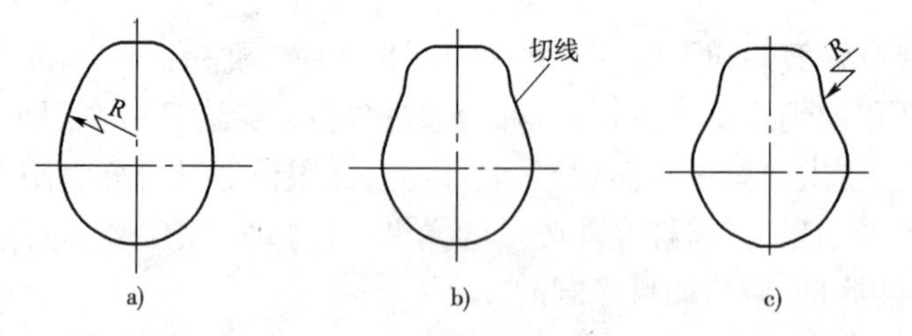

图5-24 喷油泵凸轮型面

a)凸面圆弧凸轮;b)切线凸轮;c)凹面圆弧凸轮

凸轮的型面,反映了柱塞的运动始点、速度、加速度、升程等随凸轮转角的变化规律各不相同。其中,凸面圆弧凸轮使柱塞的升程和速度变化比较缓慢,因此它适用于中低速柴油机。

凹面圆弧凸轮使柱塞的升程和速度变化较快,使有关零件惯性力大、磨损大,并且加工较困难,因此较少应用。

切线凸轮介于上述两者之间,且凸轮外形轮廓简单,因此应用最多。如国产的Ⅰ、Ⅱ和

Ⅲ号泵均采用切线凸轮。

2)滚轮体

滚轮体的功用是将凸轮的回转运动转换为柱塞的直线往复运动。此外,滚轮体的高度还对各个分泵的供油定时和喷油规律有直接影响,所以滚轮体的高度值是一定的。为了修正装配或磨损产生的误差,其高度一般都可调节。目前,滚轮体多为调整垫块式和调整螺钉式两种。

图5-25为国产Ⅱ系列泵的调整垫块式滚轮体。带有滚动衬套3的滚轮2松套在滚轮轴4上,滚轮轴松套在滚轮架5的座孔中。因此相对运动发生在三处,相对滑动的速度降低,使磨损轻且较均匀。由于转动灵活,也改善了滚轮与凸轮表面的工作条件,避免了相对滑磨的发生。

滚轮体在壳体导向孔中只做上下运动,不能自行转动,否则就会因其和凸轮相互卡死而造成损坏。因此,滚轮体要有导向定位措施。其定位方法有两种:一是在滚轮体圆柱面上开轴向长槽,用定位螺钉的端头插入此槽中进行定位;二是利用加长的滚轮轴使其一端插入导向孔一侧的滑槽中。

调整垫块安装在滚轮架的座孔中,它的上端面到滚轮下沿的距离 h 称为滚轮体的工作高度。调整垫块用耐磨材料制成,其硬度需达 HRC60 以上,磨损后可翻转继续使用。在使用过程中,由于滚轮、凸轮、柱塞下端和垫块等的磨损时,可选用不同厚度的垫块进行调整,标准 h 值为(25.4 ± 0.05)mm。

图5-26所示为国产B型泵采用的调整螺钉式滚轮体。它的特点是在滚轮架3上装有工作高度可调节的调节螺钉5。拧出螺钉,h 值增大,供油提前角将增大;拧入螺钉,h 值减小,供油提前角将减小。标准 h 值为(50.65 ± 0.1)mm。此种形式在调整时拆下泵体侧盖即可进行,调整时必须限制螺钉最大拧出高度并用锁紧螺母4锁紧,以避免损坏机件。

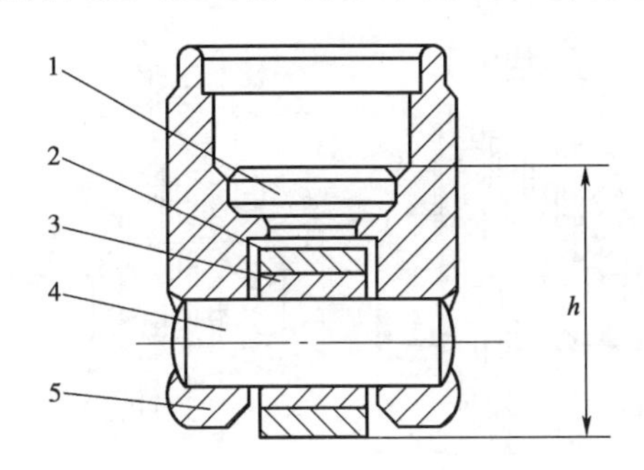

图5-25 调整垫块式滚轮部件

1-调整垫块;2-滚轮;3-滚轮衬套;4-滚轮轴;5-滚轮架

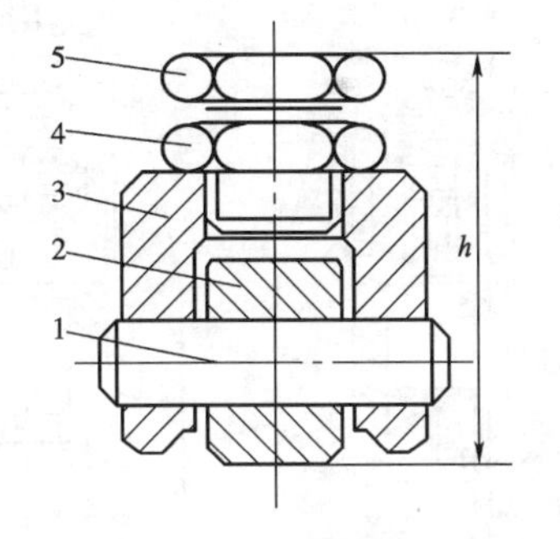

图5-26 调整螺钉式滚轮部件

1-滚轮轴;2-滚轮;3-滚轮架;4-滚轮衬套;4-锁紧螺母;5-调整螺钉

4. 泵体

泵体是喷油泵的基础件,所有的零件通过它组合在一起构成喷油泵整体。泵体分组合式和整体式两种,多用铝合金铸成。但也有的组合泵上体用灰铸铁制成,以增加上部的刚度和强度。

组合式泵体的上、下两体间装有密封垫片,并用螺栓连接,拆装比较方便。上体安装分泵,并有纵向油道与柱塞套间形成的低压油腔,两端安装进油管接头和限压阀等零件。下体内有一水平隔板将下体分为上、下两室,上室安装油量调节机构和复位弹簧等零件;下室安

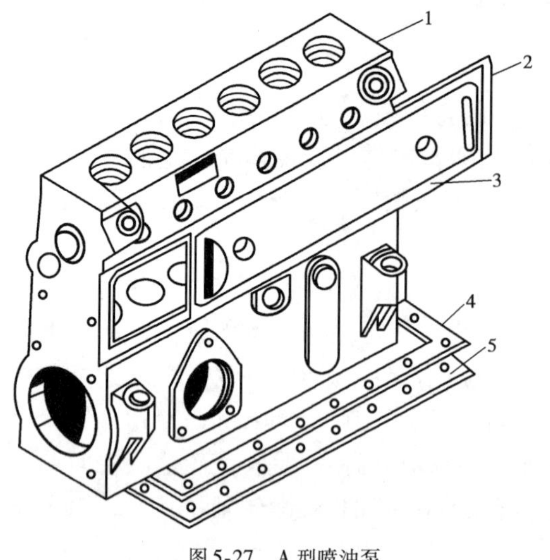

图5-27　A型喷油泵
1-喷油泵体;2、4-衬垫;3-侧盖;5-底盖

装凸轮轴和轴承等,形成凸轮室。在上、下两室隔板上加工有滚轮的垂直导向孔,下室侧面设有加注润滑油的注油孔和检查润滑油油面高度的油尺座孔,有的泵还设有润滑油放出螺钉,此外下室侧面还开有安装输油泵的连接孔,上室侧面开有检查调整窗口,打开窗口侧盖即可检查和调整供油量。下体的下端面有加工平面,两侧有固定耳,用螺栓将泵体固定在机体一侧的托板上。

国产A型喷油泵泵体,如图5-27所示。整体式泵体1可增强其刚度,在较高的喷油压力下工作而不致变形。但各分泵和驱动机构等零件必须从泵体底部装入,泵体底部用底盖5封闭,侧面也用侧盖3封闭检查调整窗口。

三、柱塞式喷油泵的工作原理

1.喷油泵泵油原理

当喷油泵凸轮轴转动时,若滚轮体在凸轮的基圆面上滚动时,柱塞1处于下止点位置,柱塞顶面打开柱塞套2上的油孔5,燃油从低压油腔经油孔被吸入并充满柱塞腔(图5-28a)。

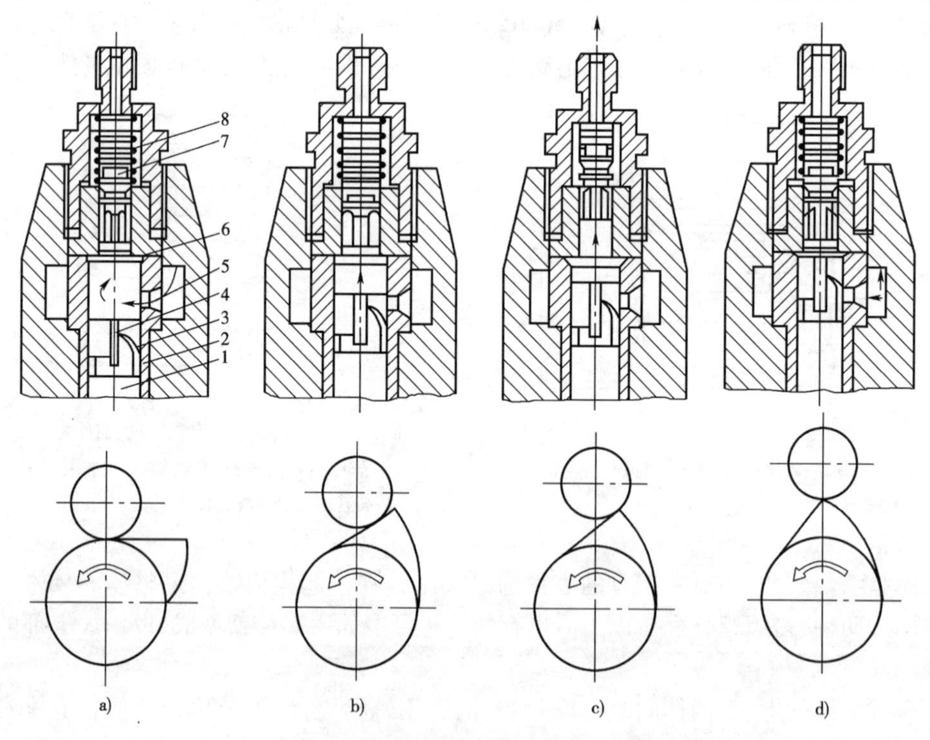

图5-28　柱塞式喷油泵泵油原理示意图
1-柱塞;2-柱塞套;3-螺旋槽;4-直槽;5-柱塞套油孔;6-出油阀座;7-出油阀;8-出油阀弹簧

当滚轮体滚动到凸轮的上升工作段时，柱塞开始压缩柱塞弹簧从下止点向上移动，有一部分柱塞腔内的燃油会被柱塞从柱塞套的油孔挤回到低压油腔，一直到柱塞的顶面关闭柱塞套油孔将柱塞腔完全封闭为止，此时柱塞位置称为喷油泵的供油始点（图 5-28b）。柱塞随凸轮的转动继续上升，柱塞上部柱塞腔的燃油压力迅速升高，克服出油阀弹簧 8 的弹力，将出油阀 7 打开，经高压油管向喷油器供油（图 5-28c）。供油持续到柱塞上移至其螺旋槽 3 开启柱塞套油孔为止。此时，柱塞上部柱塞腔的高压燃油便通过柱塞直槽 4、螺旋槽和柱塞套上油孔回流到喷油泵的低压油腔。柱塞腔油压迅速下降，出油阀在油压和出油阀弹簧弹力作用下迅速复位，喷油泵对喷油器的供油即行停止，此时柱塞位置称为喷油泵的供油终点。

此后柱塞仍继续上行，直至凸轮转到其最大升程使柱塞到达上止点时为止，在这一过程中燃油继续回流到低压油腔（图 5-28d）。随着凸轮转动越过其最大升程，柱塞开始在柱塞弹簧的弹力作用下下降至下止点，柱塞腔开始吸油，为下一次泵油做准备。

在上述的整个泵油过程中，柱塞从下止点移到上止点，柱塞所移动的距离称为柱塞的总行程，柱塞总行程的大小完全取决于喷油泵凸轮升程的大小。

柱塞从下止点上升到其顶面，将柱塞套油孔完全关闭时所移动的距离称为柱塞的预行程。预行程的大小对喷油泵的供油起始角、供油间隔角以及供油规律都有影响。预行程的大小可通过滚轮体高度来调节。

柱塞从供油始点上行至供油终点所移动的距离称为柱塞的有效行程 h。显然，有效行程的大小决定了循环供油量的多少。

柱塞从有效行程结束上升到上止点移动的距离称为剩余行程。剩余行程是调节有效行程的储备行程。

2. 供油量的调节原理

喷油泵供油量的调节是通过改变柱塞的有效行程实现的，而柱塞的有效行程即是相对于柱塞套回油孔的柱塞顶到螺旋槽的高度。因此，只要转动柱塞，改变这个高度就可以调节喷油泵每一循环的供油量。调节过程如图 5-29 所示，当拉动供油齿杆 6 时，与其啮合的调

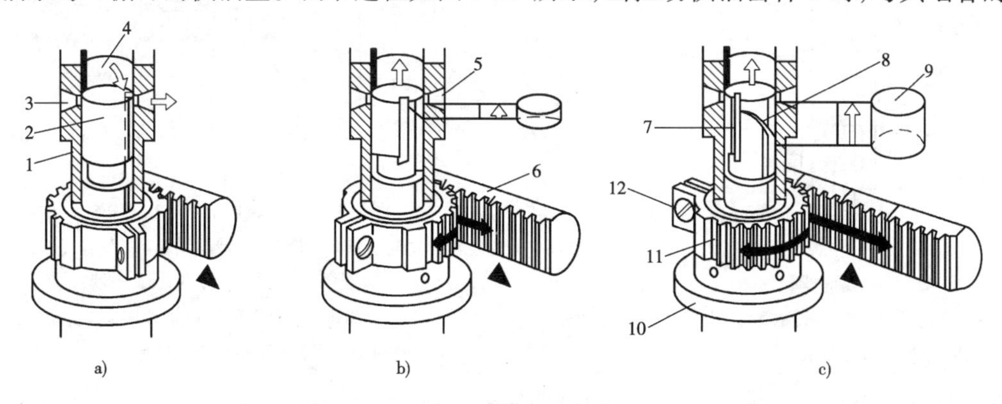

图 5-29 循环供油量的调节

a）停止供油；b）部分供油；c）最大供油

1-柱塞套；2-柱塞；3、5-柱塞套油孔；4-柱塞腔；6-调节齿杆；7-直槽；8-螺旋槽；9-循环供油量容积；10-控制套筒；11-调节齿圈；12-调节齿圈紧固螺钉

节齿圈 11 转动,并使与调节齿圈组装在一起的控制套筒 10 带动柱塞 2 同时转动。于是柱塞上螺旋槽 8 与柱塞套上油孔 5(也称回油孔)之间的相对位置发生变化,从而改变了柱塞的有效行程的大小,实现供油量的调节。在图 5-29a)中,当柱塞 2 的直槽 7 正对着油孔 5 的时候,有效行程为零,停止供油。在图 5-29b)、c)中,供油齿杆按箭头方向的移动,使有效行程增加,供油量增加,反之会使供油量减少。

3. 供油量均匀性调整

在齿杆式油量调节机构中,各分泵供油量均匀性的调整,可通过旋松调节齿圈紧固螺钉 4 改变调节齿圈 2 与控制套筒 3 的相对位置来实现。一般在各分泵的柱塞、控制套筒、调节齿圈和供油齿杆相互之间都有安装记号,如图 5-30 所示。

拨叉式油量调节机构上,当各缸供油量不均匀时,可以松开固定螺钉通过改变调节叉在调节拉杆上的位置予以调整。

供油量及其均匀性的调整均须在喷油泵试验台上进行。

四、喷油泵的驱动与供油定时调节

1. 喷油泵的驱动

如图 5-31 所示,喷油泵是由柴油机曲轴前端的定时齿轮 1,通过一组齿轮来驱动的。喷油泵驱动齿轮 2 或中间齿轮上都刻有定时啮合记号,必须按规定位置装好才能保证喷油泵供油定时的正确性。

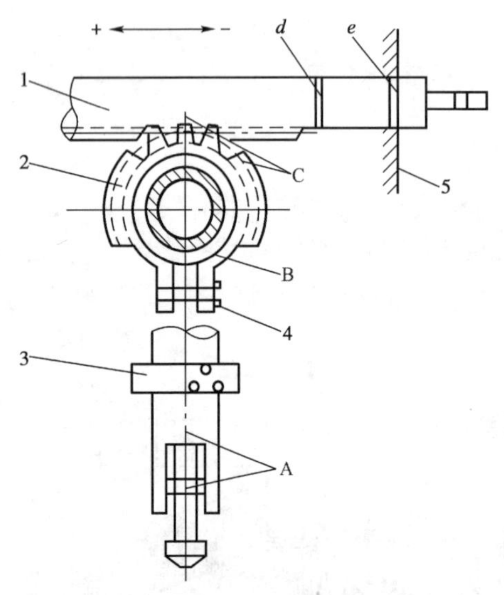

图 5-30　油量调节机构的装配标记

1-调节齿杆;2-调节齿圈;3-控制套筒;4-紧固螺钉;5-壳体;*d*-停喷线;*e*-最大油量线;A、B、C-记号

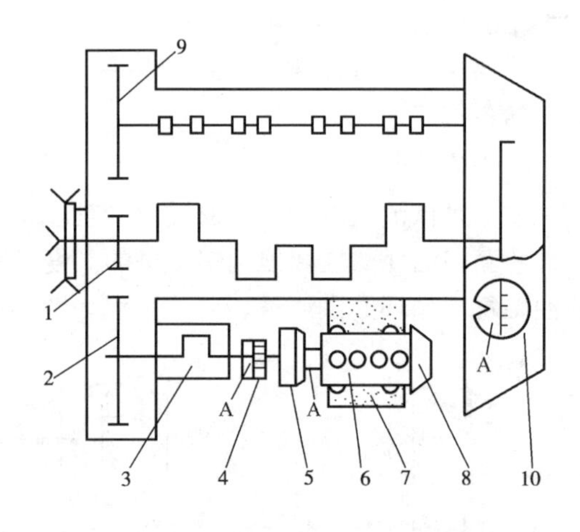

图 5-31　喷油泵的驱动与供油正时

1-曲轴正时齿轮;2-喷油泵驱动齿轮;3-空气压缩机;4-联轴器;5-供油提前角自动调节器;6-喷油泵;7-托板;8-调速器;9-配气机构驱动齿轮;10-飞轮上的喷油正时标记;A-各处正时标记

喷油泵一般是靠两侧固定耳用螺栓安装在托板 7 上,再用联轴器 4 把驱动齿轮 2 和喷油泵的凸轮轴连接起来。有的柴油机在其间又串联了空气压缩机 3 和供油提前角自动调节器 5。

有的喷油泵直接利用其前端壳体凸缘上的弧形槽固定在驱动齿轮后面的箱体上,省略了联轴器等部件,并利用其壳体相对于凸轮轴的转动来调节供油提前角的大小。

2. 供油定时调节

供油定时是喷油泵对柴油机有正确的供油时刻。而供油时刻用供油提前角表示。喷油泵供油提前角是指从喷油泵柱塞处于供油始点至活塞上止点为止,曲轴所转过的角度。多缸喷油泵各缸供油提前角或供油间隔角应该相同。各缸供油间隔角决定于喷油泵凸轮轴上各凸轮的相对位置,但由于加工和装配误差,很难达到一致,因此必须进行调节。

供油定时调节的方法:

1)通过调节驱动机构滚轮体垫块或调整螺钉的高度

当驱动机构的滚轮体垫块厚度或调整螺钉的高度增加,柱塞位置升高,柱塞套油孔提前被封闭,供油提前,即供油提前角增大。反之,滚轮体垫块厚度或调整螺钉的高度减小,则使供油滞后,供油提前角减小。对各缸的供油定时逐个调节之后,可以使各缸供油提前角达到一致。这种调节只是用来补偿加工和装配误差,调节的幅度很小。

2)改变发动机曲轴与喷油泵凸轮轴之间的相对传动位置

欲同时或较大幅度地改变各缸供油提前角,须借助于喷油提前器。通过改变发动机曲轴与喷油泵凸轮轴之间的传动相对位置进行供油定时调节。主要调节方法有喷油泵的联轴器调节和供油提前角自动调节器自动调节两种。

(1)喷油泵的联轴器调节。在喷油泵的驱动轴上设有调节供油定时的联轴器,如图5-32所示。它由从动凸缘盘1、中间凸缘盘3、主动凸缘盘4和胶木盘6等组成。从动凸缘盘通过键和螺母固装于喷油泵凸轮轴的端头上,其前端面上的两个凸块a与胶木盘上其中的两个方孔嵌接。中间凸缘盘的前端面制有与主动凸缘盘连接的螺孔,后端面制有凸块b,使之与胶木盘上另外两个方孔嵌接而形成联轴器。主动凸缘盘4的前端用销钉和键与正时齿轮驱动轴5固接,并用两个连接螺钉穿过弧形孔c与中间凸缘盘3连接,当将这两个连接螺钉

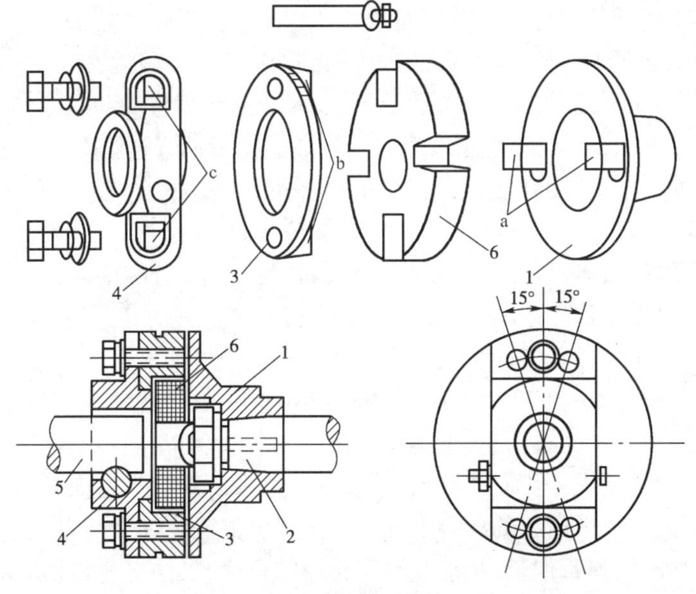

图5-32 喷油泵的联轴器

1-从动凸缘盘;2-凸轮轴;3-中间凸缘盘;4-主动凸缘盘;5-驱动轴;6-夹布胶木盘

放松时，中间凸缘盘可以通过胶木盘、从动凸缘盘带动喷油泵凸轮轴一起在弧形孔 c 内转动一个角度。这样就实现了在发动机曲轴不动的情况下，使喷油泵凸轮轴转动，从而改变了喷油泵的供油定时。

联轴器对发动机的供油提前角调整的范围约为 30°。在主动凸缘盘与中间凸缘盘的外圆相对的表面上刻有表示角度的刻线，在 0 刻线的两侧各有五道刻线，相邻刻线间的角度差为 3°。

这种联轴器对喷油泵凸轮轴与驱动轴的同心度要求较高，否则工作中会发响，且胶木盘很容易损坏。因此，已逐渐被挠性片式联轴器所代替。

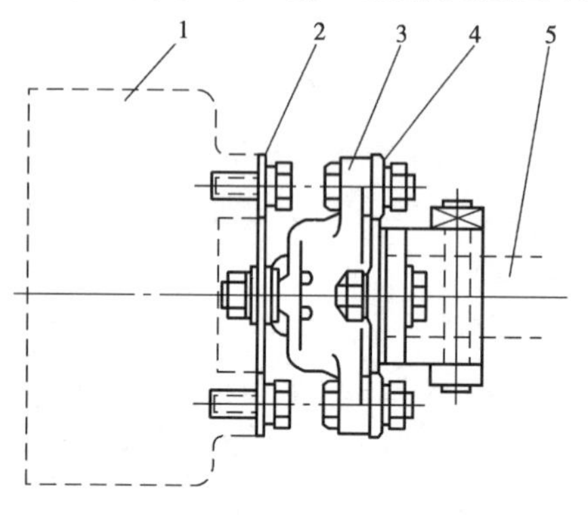

图 5-33　挠性片式联轴器

1-供油提前角自动调节器；2、4-弹簧钢片；3-连接叉；5-喷油泵凸轮轴

如图 5-33 所示为挠性片式联轴器。其挠性作用是通过两组圆形弹性钢片来实现的，其挠性可使驱动轴与凸轮轴在少量同轴度偏差的情况下，无声地传动。供油提前角的调整方式与前一种相同。

(2)供油提前角自动调节器自动调节。发动机的最佳喷油提前角一般是通过调整供油提前角来实现的。为此，一些柴油机上安装了机械式供油提前角自动调节器(简称自动提前器)。图 5-34 为国产Ⅱ系列泵配合使用的 D_2 型机械离心式供油提前角自动调节器。它由主动部分，从动部分和离心件三部分组成。

主动部分的主动盘即为联轴器的从动凸缘盘。主动盘的腹板上压有两个销轴 21，销轴上各套装有飞块 6 和弹簧座片 7，飞块的另一端压有销钉 22，在销上松套着滚轮内座圈 11 和滚轮 12。为了润滑，主动盘上制有油孔，以便加注或放出润滑油，其上旋有放油螺钉 5。调节器盖 18 的内孔压有油封 17，外缘与主动盘 1 配合。盖是利用两个螺钉 20 加固在销轴 21 上，形成一个密封体，内腔充满润滑油以供润滑。

从动部分的从动盘 14 是一筒状盘，它和与之相连接的从动盘臂 23 一起松套在主动盘的内孔中，其外圆与主动盘的内圆面滑动配合，以保证主动盘与从动盘的同心度。从动盘臂的毂用半圆键与喷油泵凸轮轴相连接，臂的一侧做成弧形面，滚轮 12 紧压在弧形面上。臂的另一侧做成平面，弹簧 9 压在上面。弹簧的另一端支于由螺钉 20 固定在销轴 21 端头的弹簧座片 7 上。

离心部件是套装在销轴 21 上的飞块 6，通过滚轮与从动部分靠接，利用弹簧的预紧力迫使飞块收拢处于原始位置，不起调节作用，从而保证静止时或怠速时初始的供油提前角不变。

发动机工作时，主动盘 1 连同飞块 6 受发动机曲轴的带动而沿图中箭头方向旋转，两个飞块的活动端向外甩开，滚轮 12 就迫使从动盘 23 沿箭头方向转动一个角度，直到弹簧 9 的压缩力与飞块离心力相平衡时为止，于是主动盘 1 与从动盘 23 同步旋转。当发动机转速再升高时，飞块的活动端便进一步向外甩出，从动盘被迫再沿着箭头方向相对于主动盘进一个角度，到弹簧压缩力足以平衡新的离心力为止。这样供油提前使相应增大。反之，当发动机转速降低时，飞块收拢，弹簧伸长，从动盘退回相应的角度，供油提前角相应减小。

这种供油提前角自动调节器是和联轴器配合使用的。发动机静止时的初始供油提前角是通过联轴器而获得的。如 6120Q-1 型柴油机的初始供油提前角为 24° ±1°，在此基础上，供油提

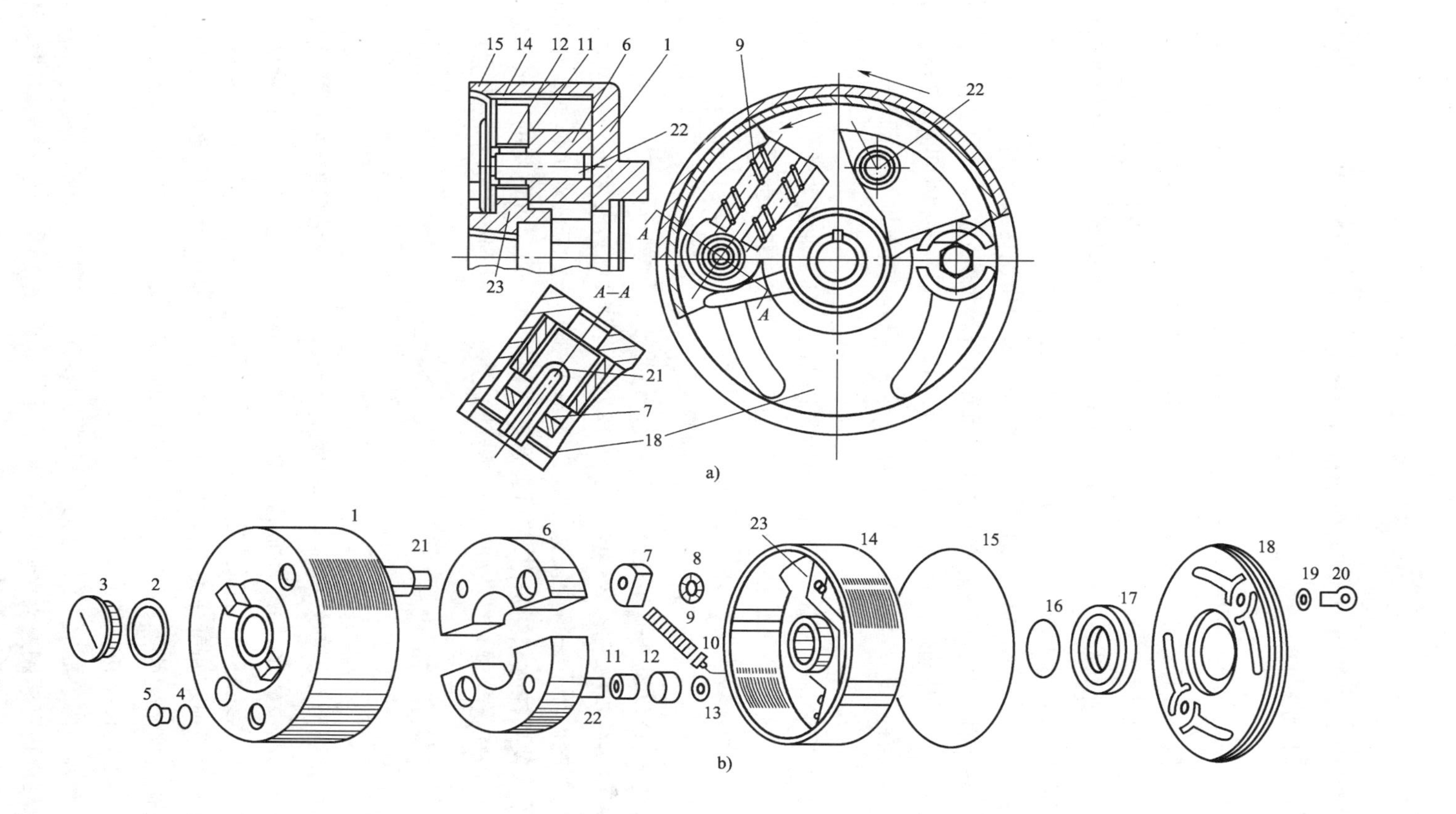

图 5-34 D_2 型供油提前角自动调节器

a)装配图;b)零件外形图

1-主动盘;2、4、13、19-垫阀;3-螺塞;5-放油螺钉;6-飞块;7-弹簧座片;8-碟形垫圈;9-弹簧;10-调整垫片;11-滚轮内座圈;12-滚轮;14-筒状盘(从动盘);15-密封圈;16-油封弹簧;17-油封;18-调节器盖;20-螺钉;21-主动盘销轴;22-飞块销钉;23-从动盘臂

前角自动调节器再随曲轴转速的变化而自动进行补偿调节。调节的范围为0°~11°曲轴转角。

第六节 调 速 器

调速器是一种自动调节装置,它根据柴油机负荷的变化,自动增减喷油泵的供油量,使柴油机能够以稳定的转速运行。

一、柴油机安装调速器的必要性

理论上,喷油泵每一循环的供油量只取决于供油调节杆的位置,但实际上还要受到柴油机转速的影响。当柴油机转速发生变化时,喷油泵柱塞的运动速度也发生了变化,从而引起柱塞套上油孔的节流作用的强弱变化,柴油机转速越高,节流作用越强。当柱塞上行时,即使柱塞尚未完全关闭油孔,由于燃油回流的节流阻力增大,泵腔内燃油已提前被压缩,使供油开始时刻略有提前,而当柱塞的螺旋槽刚打开油孔时,节流作用使泵腔内油压不能及时下降,使供油结束时刻略有延迟,这样就使柱塞的实际有效行程加大,泵油量增多。另外,柱塞运动的速度对柱塞偶件的燃油泄漏量也有影响。当转速升高后,泄漏时间缩短,泄漏量少,从而使每一循环的供油量随转速升高又有所增加。喷油泵每一循环供油量随转速而变化的规律称为喷油泵的速度特性。

由于喷油泵具有速度特性,当供油调节杆位置一定时,一旦柴油机的外负荷(阻力矩)减小,柴油机转速将上升,使喷油泵供油量增加。喷油泵供油量的增加,会使柴油机转速进一步升高。若柴油机在额定转速运转时,如此循环下去将会使柴油机的转速超越安全转速,甚至出现“飞车”现象。柴油机超速后,不仅会使燃烧恶化,造成冒烟或过热,而且还使运动机件的往复惯性力增大,造成机件损坏甚至使整台发动机报废。同样,当柴油机因外负荷增大而转速降低时,将使实际供油量减小,而供油量的减小又使得发动机转速进一步降低。当柴油机怠速运转时,如此循环下去将会使柴油机自动熄火。车用柴油机外负荷的变化是频繁的,其转速不稳不仅使其性能急剧恶化,并可能造成机件损坏。柴油机负荷的变化又是难以预料的,驾驶员难以及时作出响应。这时,唯有借助调速器,及时调节喷油泵的供油量,才能保持柴油机稳定运行。

二、调速器的功用与类型

调速器的功用是当柴油机的外负荷发生改变时,能自动改变喷油泵的供油量,使柴油机输出的功率随外负荷同步变化,维持柴油机的稳定运转。此外,为适应柴油机在各种工况下对供油量的要求,调速器还应具有起动加浓、校正加浓以及熄火等功能。

调速器按其工作原理不同可分为机械离心式、气动式、复合式、液压式和电子式等类型。由于机械离心式调速器结构简单、工作可靠,因此在车用柴油机上应用得最广泛。我国中小型高速柴油机基本上都使用机械离心式调速器。

调速器又可按转速调节范围不同,分为单制式、两极式和全速式三种类型。

单制式调速器也称定速调速器,即只在一种转速下起调速作用,一般用于驱动发电机、空气压缩机以及离心泵等用途的柴油机上。

两极式调速器的作用是稳定柴油机的怠速和限制最高转速。柴油机在怠速和最高转速之间工作时，调速器不起作用，由驾驶员控制喷油泵的供油量，中小型车辆的柴油机多采用两极式调速器。

全速式调速器不仅具有两极式调速器的作用，还可在柴油机工作转速范围内选定的任一转速下起调速作用。全速式调速器多用在重型货车的柴油机上。

三、简单机械离心式调速器的结构和基本工作原理

简单机械离心式调速器主要由驱动机构、感应机构、油量调节机构和转速调节机构四个部分组成，如图5-35所示。

1. 驱动机构

驱动机构由转轴1和飞块支架2组成。转轴由喷油泵凸轮轴传动，飞块支架与转轴一起转动。其功用是驱动调速器工作，并传递发动机的转速信号。

2. 感应机构

感应机构由飞块3、滑动套筒4和调速弹簧5组成。飞块是一对带L形支脚的球形重块，用轴销对称安装在飞块支架2两端的轴销支座上，并可绕轴销转动。滑动套筒的下端面座在飞块的L形支脚上承受飞块产生的离心力，其上端面由调速弹簧5压紧，承受调速弹簧的预紧力。感应机构的功用是感应发动机转速的变化并驱动油量调节机构动作。

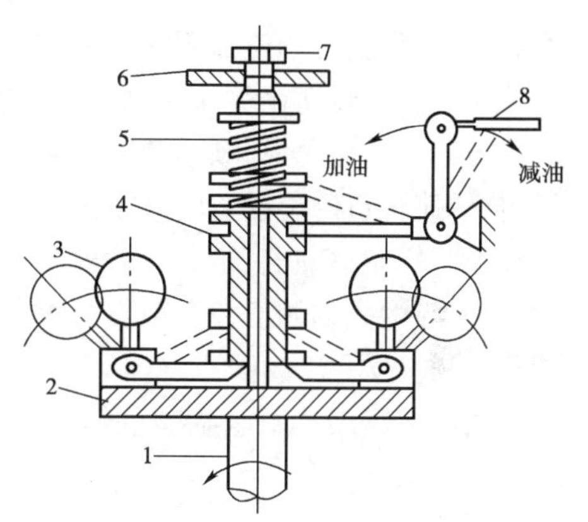

图5-35 简单机械离心式调速器的结构

1-转轴；2-飞块支架；3-飞块；4-滑动套筒；5-调速弹簧；6-本体；7-转速调节螺钉；8-油量调节杆

3. 油量调节机构

油量调节机构由喷油泵的油量调节杆8和L形传动角杆组成。传动角杆可绕固定铰点转动，其左侧水平杆端嵌在滑动套筒上侧的环槽内，垂直杆与油量调节杆8铰接。油量调节机构的功用是受感应机构的驱动，当滑动套筒上下移动时，通过传动角杆推拉喷油泵油量调节杆实现油量调节。

4. 转速调节机构

转速调节机构也称操纵机构，即图中的转速调节螺钉7。通过旋转转速调节螺钉可改变调速弹簧的预紧力，从而可人为地调节柴油机转速。

简单机械调速器的基本工作原理是，当发动机克服一定的外负荷稳定运转时，其稳定的转速是与喷油泵一定的循环供油量是相适应的。此时，作用在滑动套筒上的飞块离心力与调速弹簧的预紧力相平衡，滑动套筒稳定在某一位置上，传动角杆和油量调节杆位置不动，保持循环供油量不变（如图中实线所示）。作用在滑动套筒上的飞块离心力，其大小与转轴的转速平方成正比，因此可以感应发动机转速的变化；其方向是推动滑动套筒向上移动，驱动油量调节机构减油；而调速弹簧的预紧力与发动机转速无关，其方向是推动滑动套筒向下移动，并驱动油量调节机构加油。

若发动机的外负荷突减时，发动机的转速瞬间上升，这时飞块的离心力增大并大于调速弹簧的预紧力，于是压缩调速弹簧迫使滑动套筒上移，同时带动传动角杆绕固定铰点顺时针转动，使油量调节杆右移减油。减油的结果使发动机的转速开始由上升转为下降。同时飞

块的离心力也随之由增大转为减小，一直减至与调速弹簧的预紧力重新平衡为止（如图中虚线所示）。此时，发动机基本恢复原来的转速，即实现了发动机转速的自动调节。由于调速结束后，与飞块的离心力相平衡的是调速弹簧被压缩而略有增大的预紧力，即飞块的离心力也相应地略有增大。而离心力的增大与转速升高有关，可见新稳定状态下的实际转速比负荷突变前的转速略高。存在这种转速差现象是机械式调速器的不足之处。

若发动机的外负荷突增时，发动机的转速瞬间下降，这时飞块的离心力减小并小于调速弹簧的预紧力，于是调速弹簧伸长迫使滑动套筒下移，同时带动传动角杆绕固定铰点逆时针转动，使油量调节杆左移加油。加油使发动机的转速开始上升。同时，飞块的离心力也随之增大，直至重新与调速弹簧的预紧力平衡为止，使发动机基本恢复原来的转速。同样原因，新稳定的实际转速比负荷变化前的转速略低。

若人为加速时，则顺时针转动转速调节螺钉（实际上是驾驶员踩加速踏板）压缩调速弹簧时，调速弹簧的预紧力增大并大于飞块的离心力，滑动套筒下移，带动角杆逆时针转动，使油量调节杆左移加油，于是发动机转速上升。随着发动机转速升高，飞块的离心力也开始增大，直至与增大的调速弹簧预紧力重新平衡时，发动机就稳定在新的高转速上，此即发动机加速过程。反之亦然。

实际中运用的调速器型号多样，结构复杂，但基本原理是不变的。

四、机械离心式调速器实例

机械离心式调速器有各种型号，一些主要元件的结构及动作方式存在着差异，如有飞块离心式和离心球盘式等。下面以 RAD 两极式调速器和 RSV 全程式调速器为例，介绍机械离心式调速器的基本结构和工作原理。

1. 两极式调速器

RAD 两极式调速器一般与国产的 A 型和 P 型喷油泵配套使用。其结构，如图 5-36 所示。

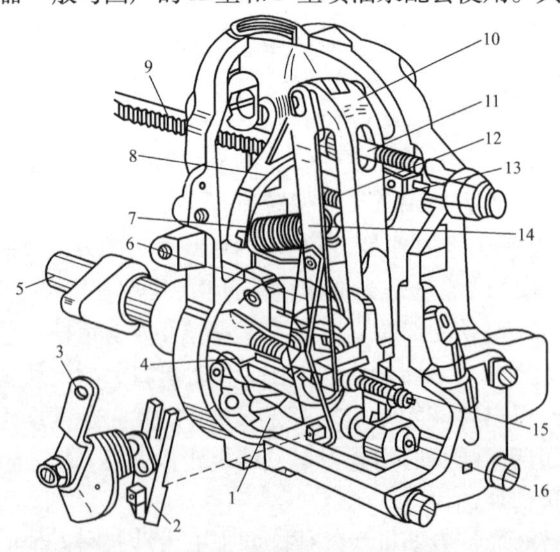

图 5-36　两极式调速器的结构

1-飞块；2-支持杠杆；3-控制杠杆；4-滚轮；5-凸轮轴；6-浮动杠杆；7-调速弹簧；8-速度调整杠杆；9-供油调节齿杆；10-拉力杠杆；11-速度调整螺钉；12-起动弹簧；13-稳速弹簧；14-导动杠杆；15-怠速弹簧；16-齿杆行程调整螺栓

调速器通过螺钉与喷油泵连接。飞块总成固定在喷油泵凸轮轴 5 上,两个飞块 1 分别用销轴与飞块座连接。当飞块向外飞张时,飞块臂上的滚轮 4 推动滑套 17(图 5-37)沿轴向移动。导动杠杆 14 的上端与装在调速器壳上的销轴相连,并可绕其摆动,下端与滑套铰接。在导动杠杆 14 的中部位置松套着一个轴,轴的两端分别与上、下浮动杠杆 6 固定连接。起动弹簧 12 装在上浮动杠杆顶部,弹簧的另一端与调速器壳体连接。下浮动杠杆的下端有一销轴,插在支持杠杆 2 下端的凹槽内。控制杠杆 3 通过一根小连杆与支持杠杆 2 相连,操纵控制杠杆 3 便可转动支持杠杆 2。控制杠杆 3 是由驾驶员通过加速踏板与杠杆系统来操纵的。速度调整杠杆 8、拉力杠杆 10 和导动杠杆 14 均悬套在装于调速器壳上的轴销上。调速弹簧 7 拉住拉力杠杆 10 和速度调定杠杆 8,用速度调整螺栓 11 顶住速度调定杠杆,使调速弹簧保持拉伸状态。在中速范围内,由于弹簧的作用,拉力杠杆始终紧靠在齿杆行程调整螺栓 16 上。在拉力杠杆 10 的中下部位有一轴销,它插在支持杠杆 2 上端的凹槽内。怠速弹簧 15 装在拉力杠杆 10 的下部,用于调节怠速。

图 5-37 为两极式调速器的工作原理示意图。图中控制杠杆 3 在Ⅰ、Ⅱ位置时分别为最大供油位置和怠速供油位置,中间的任何位置则由驾驶员根据外界阻力变化相应调节。

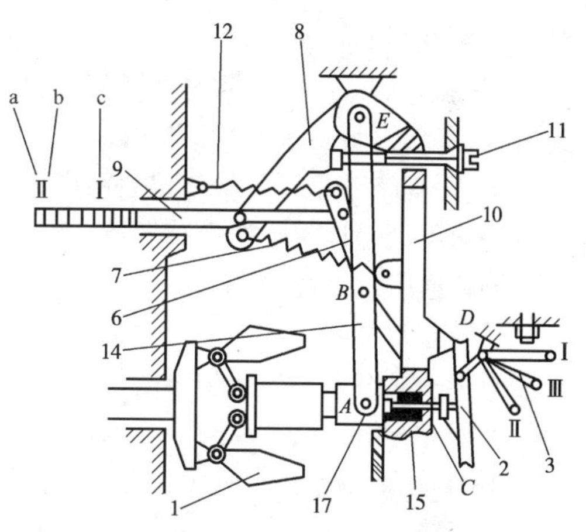

图 5-37 两极式调速器的工作原理示意图

17-滑套(其余图注同图 5-36);Ⅰ-最大供油位置;Ⅱ-怠速位置;Ⅲ-部分负荷位置;a-起动位置;b-最大负荷位置;c-停油位置

1)起动加浓

为了便于柴油机在较低的温度下顺利起动,有些柴油机要求起动时额外增加一些油量,使混合气加浓,容易着火。为此,需要使供油调节齿杆较全负荷位置再向前移动一个距离。

柴油机静止时,飞块 1 在怠速弹簧 15 和起动弹簧 12 的作用下而合拢。起动柴油机时,将控制杠杆 3 调到最大供油位置Ⅰ。此时,支持杠杆 2 绕 D 点逆时针转动,浮动杠杆 6 也绕 B 点逆时针转动,使供油调节齿杆 9 向加油方向移动,同时在起动弹簧 12 的作用下,使浮动杠杆 6 受到一个向左的拉力,使其绕 C 点逆时针转动,并带动 B 点和 A 点进一步左移直到飞块内收达到向心极限位置为止。这样就保证了供油调节齿杆 9 超过全负荷处在起动最大供油位置,即起动加浓位置。

当柴油机起动后,将控制杠杆 3 拉到怠速供油位置Ⅱ,柴油机进入怠速工况。

2)怠速调节

将控制杠杆 3 拉到怠速位置Ⅱ,柴油机进入怠速工况。在怠速范围内,飞块离心力作用下,滑套 17 右移而使怠速弹簧 15 受压,当飞块离心力与怠速弹簧 15 及起动弹簧 12 的合力平衡时,供油调节齿杆 9 便保持在某一位置,柴油机就在某一相应的怠速下稳定运转。若此时转速下降,则飞块离心力减小,滑套 17 在怠速弹簧 15 和起动弹簧 12 的作用下左移,同时浮动杠杆 6 绕 C 点逆时针转动,推动齿杆 9 左移,增加供油量,使转速上升;相反当转速增加时,飞块离心力增大,滑套 17 右移,通过导动杠杆 14、浮动杠杆 6,拉动齿杆 9 右移,减小供油量，使转速下降。

改变怠速弹簧15的预紧力可以调节怠速转速。

3）中速运转

调整控制杠杆3向最大供油位置Ⅰ移动时，浮动杠杆6在支持杠杆2作用下绕B点逆时针转动，增加供油量，使柴油机转速上升。飞块1的离心力也随之增大，并使滑套17右移压缩怠速弹簧15，导动杠杆14右移使供油量不再增加，转速亦随之稳定。当怠速弹簧被完全压入拉力杠杆10之内时，滑套17直接与拉力杠杆10接触，由于调速弹簧7的预紧力很大，只要柴油机转速低于最高转速，飞块离心力产生的向右推力就不能克服调速弹簧7的预紧力，A点不能进一步右移，导动杠杆14处于静止状态，这时供油量只取决于控制杠杆3的位置。由此可见，柴油机在中等转速范围内工作时，调速器不起油量调节作用，柴油机转速是由驾驶员直接控制的。控制杠杆3的位置越靠近最大供油位置Ⅰ，则在支持杠杆2作用下，浮动杠杆6绕B点逆时针转动的角度越大，供油量越大，转速越高。

4）限制最高转速

当控制杠杆处于Ⅰ、Ⅱ之间任何位置（包括Ⅰ位）时，如果外界阻力减小，引起柴油机转速升高，并超过最高转速时，飞块离心力足以克服调速弹簧7的预紧力，拉力杠杆10和导动杠杆14一起绕E点逆时针转动，使浮动杠杆6绕C点顺时针转动，减少供油量，从而保证柴油机转速不会超过规定的最高转速。

调整速度调整螺钉11，可以改变调速弹簧7的预紧力，调节柴油机的最高转速。

5）校正加浓

当柴油机在运转中遇到暂时的超负荷时，校正加浓装置可以使供油调节齿杆额外增加一点行程，加大转矩，提高柴油机的适应性。

RAD两极式调速器一般不具有校正加浓功能，根据配套柴油机的需要，可以在拉力杠杆10（图5-36）下端怠速弹簧处，加装校正加浓装置。校正加浓装置是在怠速弹簧前利用校正杆3串接一个弹力较大的校正弹簧2，其结构如图5-38所示。当控制杠杆处于最大供油位置Ⅰ，柴油机以额定转速运转时，校正弹簧被压缩，校正杆3被压入拉力杠杆10（图5-36）内，此时校正行程为零。当负荷增加（超负荷）时，因转速下降飞块离心力减小，校正弹簧开始伸张，并通过校正杆3推动滑套17（图5-37）左移，再经导动杠杆14（图5-36）、浮动杠杆6使供油调节齿杆9（图5-36）向加油方向移动，增加油量，使输出的转矩增大。

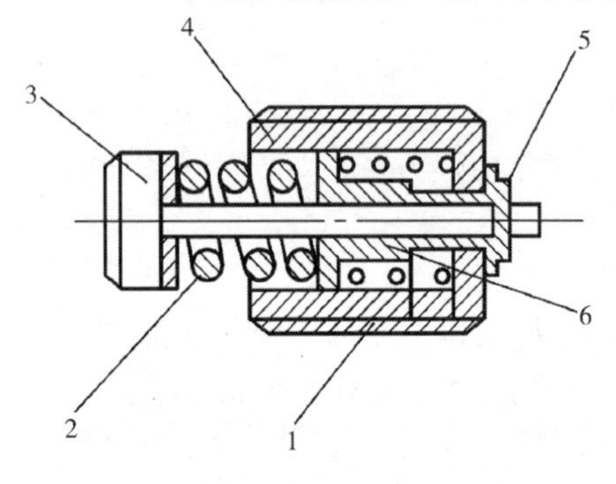

图5-38　校正加浓装置

1-怠速弹簧；2-校正弹簧；3-校正杆；4-螺套；5-卡环；6-滑动套筒

2. 全速式调速器

两极式调速器之所以可以稳定怠速和限制最高转速，就是因其有两个预紧力不同的弹簧。全速式调速器与两极式调速器不同之处在于驾驶员的加速踏板不通过杆系直接作用于供油齿杆，而是通过改变调速弹簧的预紧力来控制供油齿杆，实现在整个转速范围内起到调速作用。调速器的控制杠杆（或加速踏板）固定在某一位置时，调速弹簧就有一定的预紧力。

柴油机则有一个相应的转速，使飞块产生足够大的离心力与调速弹簧的预紧力相平衡，柴油机便在该转速下稳定运转。当柴油机外负荷发生变化时，转速随即跟着改变，因而使飞块和调速弹簧之间的力的平衡状态遭到破坏，使供油齿杆动作，进行加油或减油，以适应负荷的需要，从而使转速相对稳定。控制杠杆每更换一个位置，调速器都保证柴油机有一个相应的转速。

图 5-39 是与国产 A 型泵配套使用的 RSV 全速调速器的剖视图。RSV 调速器的杠杆机构和动作原理与 RAD 调速器基本相同，这里只介绍它与 RAD 调速器的主要不同之处：

(1)调速弹簧 15 的弹力不是固定不变的，而是随控制杠杆 20(图 5-40)的位置不同而变化，因此为全速调速器。

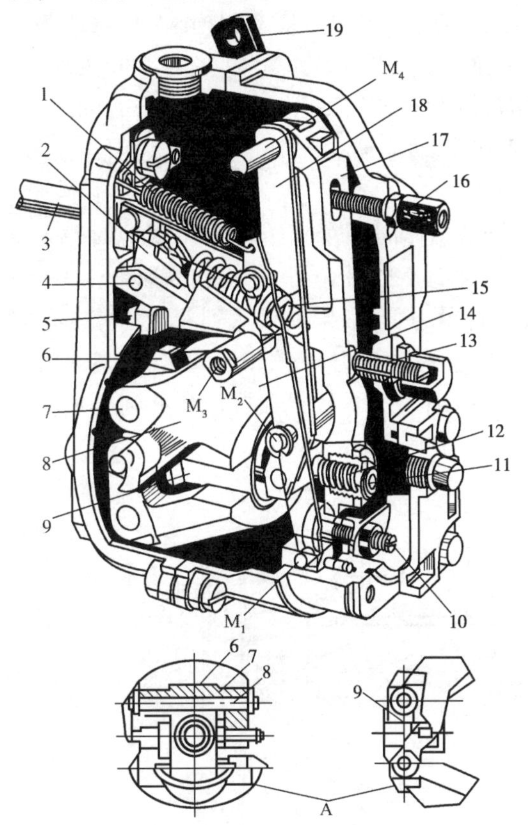

图 5-39 RSV 全速调速器的剖视图

1-起动弹簧；2-弹簧挂耳；3-供油拉杆；4-弹簧摇臂；5-调整螺钉；6-飞块支架；7-飞块销；8-飞块；9-调速套筒；10-油量限位螺钉；11-顶杆；12-转矩校正弹簧；13-怠速弹簧；14-浮动杠杆；15-调速弹簧；16-停车挡钉；17-张力杠杆；18-导动杠杆；19-控制杠杆；A-飞块总成

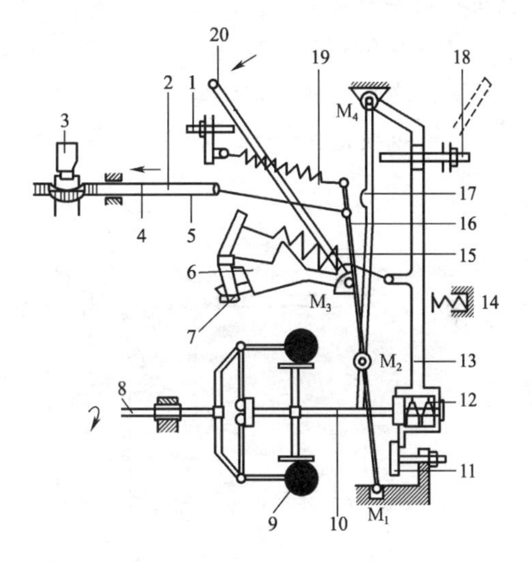

图 5-40 起动加浓工况

1-最高转速限位螺钉；2-供油拉杆；3-柱塞偶件；4-起动供油位置；5-断油位置；6-弹簧摇臂；7-弹簧挂耳；8-油泵凸轮轴；9-飞块；10-调速滑套；11-油量限位螺钉；12-转矩校正弹簧；13-张力杠杆；14-怠速弹簧；15-调速弹簧；16-浮动杠杆；17-导动杠杆；18-停车挡钉；19-起动弹簧；20-控制杠杆

(2)RSV 调速器的调速弹簧在工作中可以改变倾角，使得高速和低速时有不同的有效刚度，这样可以满足调速器在高速和低速时对调速弹簧刚度不同的要求，有较稳定的调速性能。

(3)在张力杠力杆 17 的下端装有转矩校正弹簧 12。在调速器后壳上对准拉力杆中下部位置装有锥形的怠速弹簧 13。

RSV 全速式调速器在各种工况的工作情况如下：

(1)起动加浓工况，如图 5-40 所示。将控制杠杆 20 扳到与高速限位螺钉 1 相碰的位置，此时调速弹簧 15 的拉力最大，张力杠杆 13 的下端与油量限位螺钉 11 相接触。起动弹簧 19 把浮动杠杆 16 上端拉向前方，推动供油调节拉杆 2 越过全负荷位置达到起动供油位置。此时飞块收拢到最里位置。

(2)怠速工况，如图 5-41 所示。柴油机起动后，把控制杠杆 20 扳到怠速位置，此时调速弹簧 15 近于垂直位置，弹簧的有效刚度最小，弹力的水平分力也小。飞块的离心推力通过调速滑套 10 使导动杠杆 17 向后方摆动，克服了起动弹簧 19 的拉力将供油拉杆 2 拉到怠速位置。同时，调速滑块 10 也通过校正弹簧 12 使张力杠杆 13 向后摆动，其背部与怠速弹簧 14 相接触。怠速的稳定作用由调速弹簧 15、怠速弹簧 14 和起动弹簧 19 三者共同来保持。如果此时转速升高，怠速弹簧 14 受到更大的压缩，使浮动杠杆 16 向减小供油量方向摆动，以限制转速的上升。反之，如转速降低，怠速弹簧 14 推动浮动杠杆 16 向前摆动使供油量增加(序号参见图 5-40)。

(3)全负荷工况，如图 5-42 所示。当控制杠杆由怠速向高速位置移动时，对应每一个位置就有一个调速器控制的转速范围。当控制杠杆转到最大供油位置，使它与高速限位螺钉 1 接触时，调速弹簧 15 接近于水平位置，有效刚度和拉紧力最大，柴油机达到额定转速。这时飞块产生的离心推力与调速弹簧的拉力相平衡。由于这时张力杠杆 13 下端被拉紧向前移动，平衡在刚刚与油量限位螺钉 11 接触的位置上，浮动杠杆 16 使供油拉杆 2 移到全负荷供油位置，转矩校正弹簧 12 也处于被压紧状态。

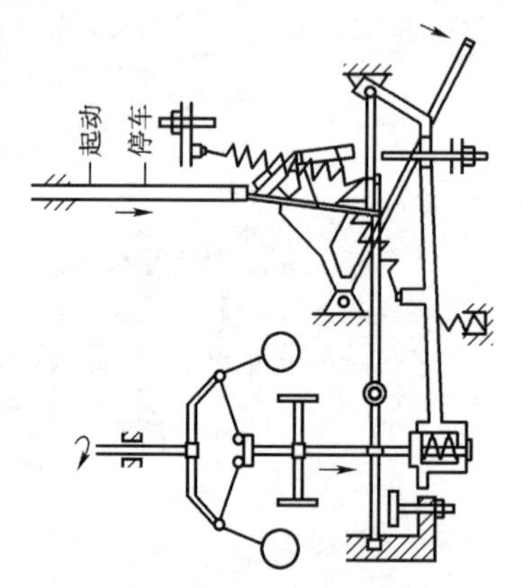

图 5-41　怠速运转位置

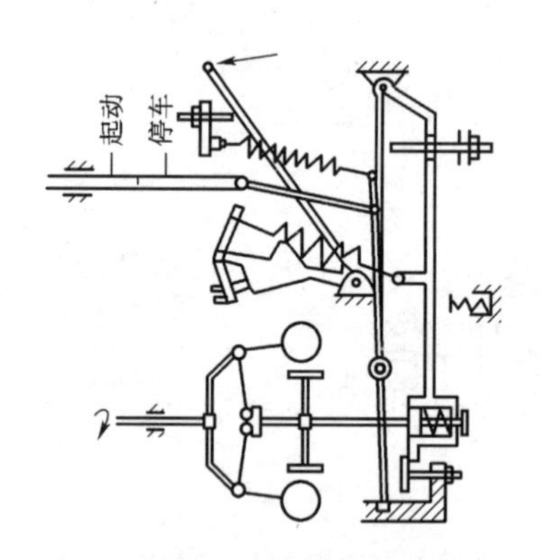

图 5-42　全负荷工况

在上述操纵臂位置不动时，若柴油机负荷减小，转速升高，飞块离心推力增大，推动浮动杠杆 16 向后摆动，使供油量减小，保证柴油机不超速，最高转速为无负荷空转转速。

调速器的最高工作转速可用高速调整螺钉 1 加以调整。

(4)校正加浓工况。当柴油机超负荷工作，转速低于额定转速时，飞块的离心推力也将减小。当转速下降到一定值(较额定转速最多低 30r/min)时，因张力杠杆 13 下端已被油量限位螺钉 11 挡住，不能前移，则校正弹簧 12 开始伸长，使调速滑套 10 前移带动导动杠杆 17 和供油拉杆 2 向增加供油量的方向移动，使柴油机克服暂时的超负荷(图 5-43)。超负荷越大，转速下降越多，校正顶杆伸出越长，供油量增加越多。当校正顶杆尾部与壳体接触时，校正弹簧就不能再伸长,校正顶杆前移的距离就是校正加浓行程。校正加浓弹簧在安装时有一定的预紧力,它的大小可用垫片来调整。

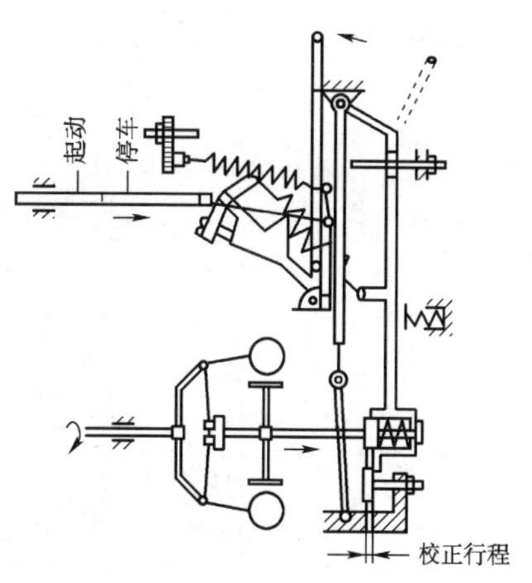

图5-43 校正加浓工况

(5)熄火位置。采用 RVS 调速器的柴油机熄火的方法有两种。

一种是直接用操纵杆熄火,不设专门的熄火手柄,如图5-44 所示。当控制杠杆向后转到熄火位置时,弹簧摇臂6 即推压导动杆17 向后摆动,浮动杠杆16 随之做顺时针转动,将供油拉杆2 拉到熄火位置,并利用螺钉18 进行限位。

另一种是专门设有停车杆21,如图5-45 所示。停车杆使浮动杠杆16 顺时针转动,将供油拉杆2 拉到熄火位置。这样,控制杠杆就处于怠速位置,螺钉18 就可以用来调整怠速的高低。

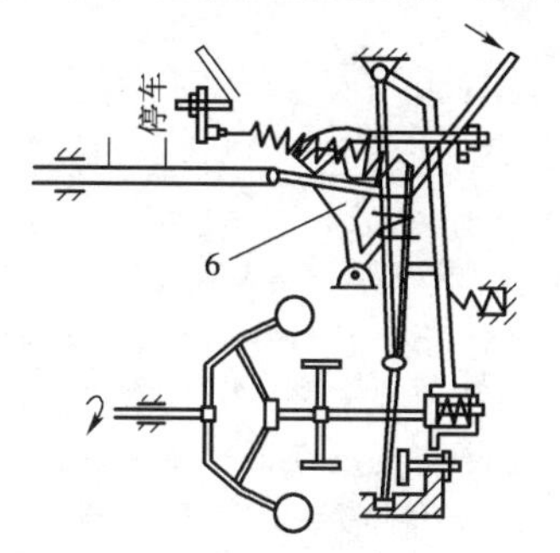

图5-44 用操纵杆停车
(图注同图5-40)

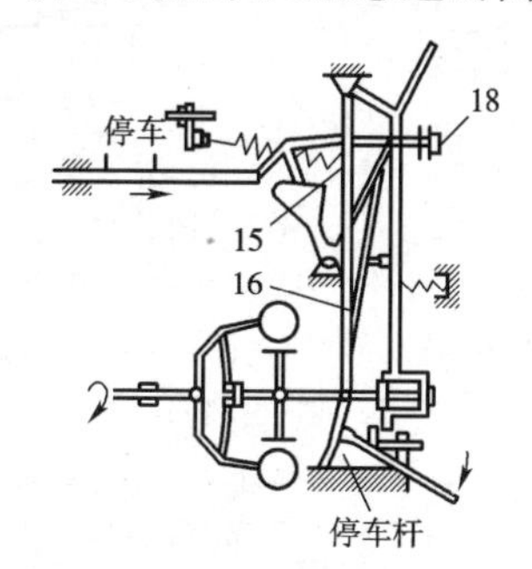

图5-45 停车杆停车
(图注同图5-40)

第七节 分配式喷油泵

分配式喷油泵简称分配泵,有径向压缩式和轴向压缩式两种,分配泵与柱塞式喷油泵相比,有许多特点:

(1)分配泵的结构简单、零件少、体积小、质量轻,使用中故障少,容易维修。

(2)分配泵精密偶件加工精度高,供油均匀性好,因此不需要进行各缸供油量和供油定时的调节。

(3)分配泵的运动件依靠喷油泵体内的柴油进行润滑和冷却,因此,对柴油的清洁度要求很高。

(4)分配泵凸轮的升程小,有利于提高柴油机转速。

轴向压缩式分配泵在车用柴油机上得到了广泛的应用。径向压缩式分配泵由于制造困难等原因目前已较少使用。本节介绍的是德国 Bosch 公司的 VE 型轴向压缩式分配泵的结构和工作原理。

VE 型轴向压缩式分配泵由驱动机构、二级滑片式输油泵、高压泵和电磁式断油阀等部分组成。此外,液压式供油提前调节器和机械式调速器也安装在分配泵体内。

图5-46和图5-47分别为使用分配泵的柴油供给系和VE型分配泵的立体剖面图。

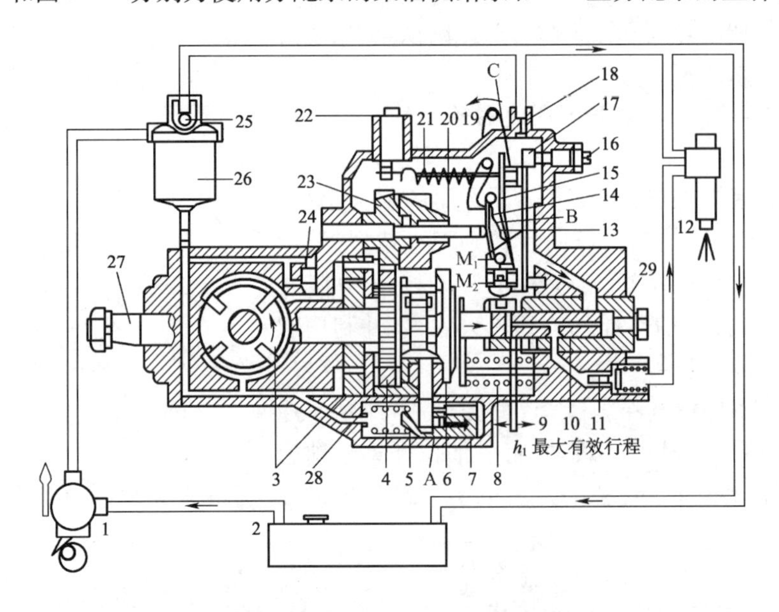

图5-46　使用分配泵的柴油供给系

1-一级膜片式输油泵;2-燃油箱;3-二级叶片式输油泵;4-调速器驱动齿轮;5-滚轮机构;6-平面凸轮盘;7-供油提前角自动调节液油缸;8-柱塞复位弹簧;9-油量调制滑套;10-柱塞;11-出油阀总成;12-喷油器;13-张力杠杆限位销钉;14-起动杠杆;15-张力杠杆;16-最大供油量调节螺钉;17-预调杠杆;18-回油管;19-停油杆;20-滑动套筒;21-调速弹簧;22-调速操纵杆;23-离心飞块总成;24-调压阀;25-溢流阀;26-燃油精滤器;27-分配泵驱动轴;28-联轴器总成;29-分配套筒;M_1-预调杠杆轴;M_2-起动杠杆轴;B-起动弹簧片;C-怠速弹簧

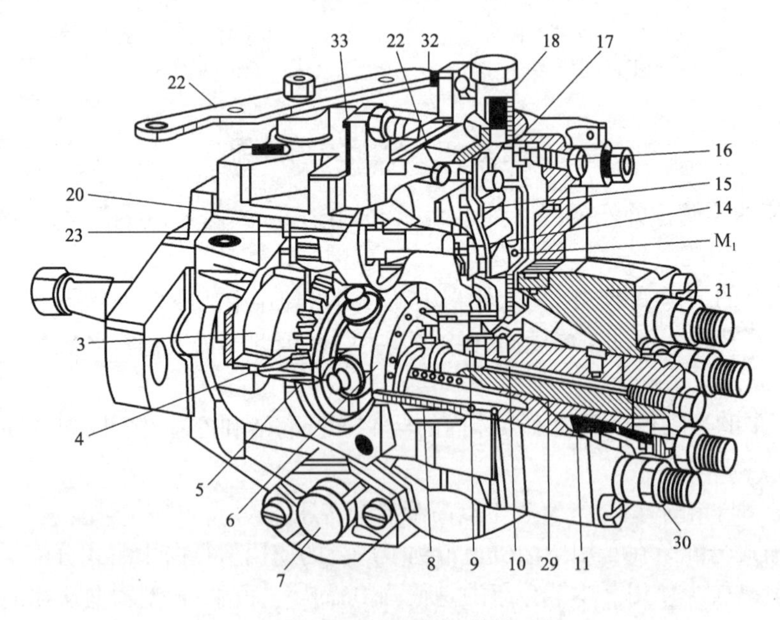

图5-47　VE型分配泵的立体剖面图

30-出油阀压紧螺母;31-高压泵头;32-怠速调节螺钉;33-高速调节螺钉

(其他图注同图5-46)

一、驱动机构

驱动机构的功用是传递柴油机曲轴的驱动转矩,驱动滑片式输油泵、调速器、高压泵工作。驱动机构由驱动轴27、调速器驱动齿轮4以及安装在驱动轴右端的联轴器总成和平面凸轮盘6组成,如图5-46所示。驱动轴由柴油机曲轴定时齿轮驱动。驱动轴直接带动滑片式输油泵工作,并通过调速器驱动齿轮带动调速器轴旋转。在驱动轴的右端通过联轴器总成与平面凸轮盘连接,用于驱动高压泵的分配柱塞运动。

驱动轴的右端的联轴器总成、平面凸轮盘、滚轮机构的结构如图5-48所示。联轴器总成由驱动轴1及平面凸轮盘4上的凸叉插入联轴器3的叉槽构成,这样驱动轴通过联轴器总成可驱动平面凸轮盘转动,再利用平面凸轮盘上的传动销带动高压泵的分配柱塞转动。

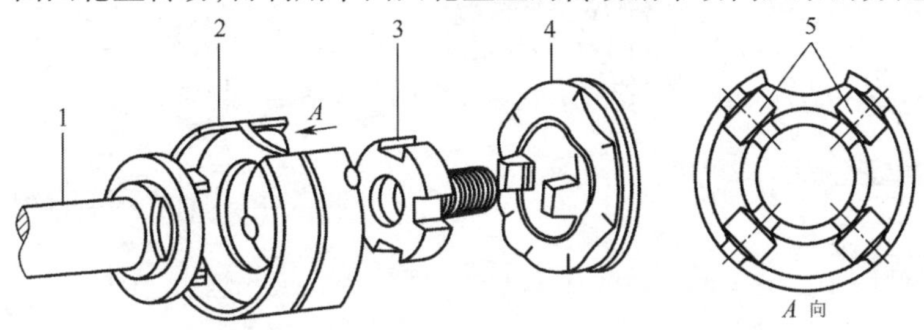

图5-48 联轴器总成、平面凸轮盘、滚轮机构的结构

1-驱动轴;2-滚轮架;3-联轴器;4-平面凸轮盘;5-滚轮

平面凸轮盘右侧一面是平面,安装有分配柱塞弹簧和分配柱塞,并压紧在该平面上,左侧一面是凸弧曲面,紧靠在滚轮上,其凸轮数有与汽缸数相等。滚轮机构由滚轮架、滚轮轴和滚轮组成,滚轮轴嵌入静止不动的滚轮架上,滚轮架套在高压泵体和联轴器总成之间,在供油提前角调节器的活塞作用下,通过拔销才能够转动。当驱动轴旋转时,平面凸轮盘与分配柱塞同步旋转,而且在滚轮、平面凸轮和柱塞弹簧的共同作用下,平面凸轮盘还带动分配柱塞在分配柱塞套筒内做往复运动。往复运动使柴油增压,旋转运动进行柴油分配。

二、滑片式输油泵

滑片式输油泵的功用是把由膜片式输油泵(一级输油泵)从油箱吸出并经柴油滤清器过滤后的柴油,适当增压后送入高压泵的泵腔内,保证高压泵必要的进油量,并用调压阀控制滑片式输油泵出口压力,同时还使柴油在输油泵体内循环,达到润滑和冷却的作用。

滑片式输油泵由泵体、驱动轴、转子、偏心环、泵盖以及调压阀组成,如图5-49所示。泵体内壁上有进油槽、压油槽,转子上的滑片槽内装滑片,转子由驱动轴驱动。当驱动轴转动时,转子带动滑片转动,同时滑片在滑片槽做往复移动,滑片端头在离心力作用下始终紧贴在偏心环的内壁上,沿表面刮动使进油区和压油区的容积改变,进油区容积由小到大,燃油被吸入进油区,压油区容积由大到小,具有一定压力的燃油被压出压油区,完成泵油过程,这个压力随转速的增高而增大,它一方面保证泵腔内充满燃油,同时使零件得到润滑、冷却,另一方面输出的燃油压力控制着供油提前调节器的动作。

滑片式输油泵装有调压阀,其功用是调整滑片式输油泵的输出压力。调压阀的结构如图5-50所示,由阀体、调压活塞、调压弹簧、旁通孔和堵塞等组成。调压活塞受到滑片式输油泵内燃油的压力和调压弹簧力的共同作用。输油泵燃油压力随转速增加而升高，当作用于调压活塞的燃油压力超过调压弹簧力时，调压弹簧被压缩，调压活塞移动，当压力达到一定值时，调压活塞上升至使调压阀旁通孔打开，一部分燃油通过旁通孔流入滑片式输油泵进油口，从而限制了燃油压力继续升高，直到燃油压力与调压弹簧力相互平衡。改变调压弹簧的预紧力可以调整滑片式输油泵的燃油出口压力。

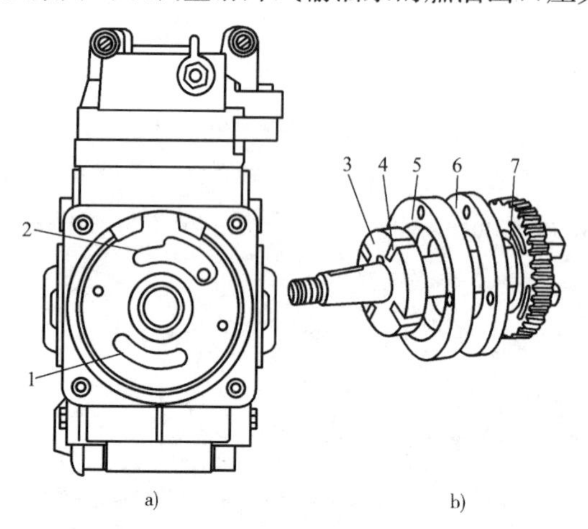

图5-49　滑片式输油泵

1-进油槽；2-压油槽；3-转子；4-滑片；5-偏心环；6-支承环；7-调速器驱动齿轮

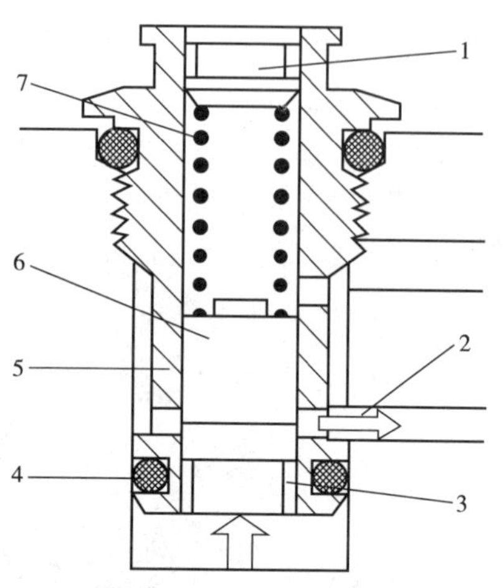

图5-50　调压阀

1-堵塞；2-旁通孔；3-涨套；4-密封圈；5-阀体；6-调压活塞；7-调压弹簧

三、高压泵

1. 高压泵的结构

高压泵的功用是根据柴油机的不同工况及各缸的工作次序，经过泵油和配油，定压、定时、定量地向喷油器输送高压柴油。其结构如图5-51所示，由泵体13、驱动机构（驱动轴1、联轴器总成3、滚轮机构4、平面凸轮盘5）、分配柱塞15、分配套筒11、分配柱塞复位弹簧6、油量控制滑套筒（溢流环）14以及出油阀9等组成。

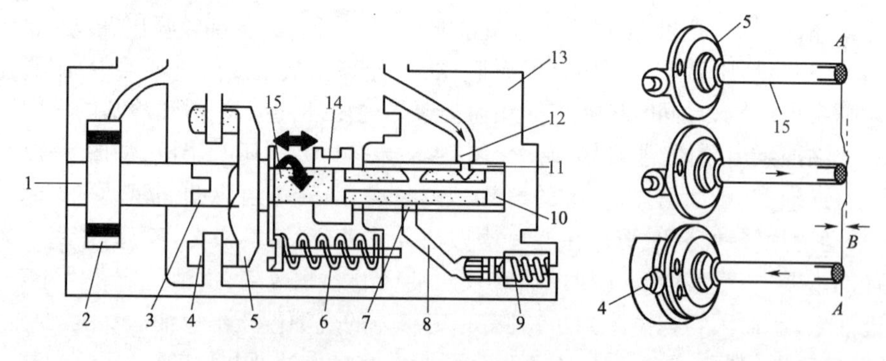

图5-51　高压泵的结构组成

1-驱动轴；2-滑片式输油泵；3-联轴器总成；4-滚轮机构；5-平面凸轮盘；6-分配柱塞复位弹簧；7-分配套筒分配油道；8-泵体分配油道；9-出油阀；10-柱塞腔；11-分配套筒；12-泵体进油道；13-泵体；14-油量控制套筒；15-分配柱塞

高压泵的泵体13加工有中心孔，用来安装分配套筒11和分配柱塞15等部件。

中心孔内有一个进油道12,若干个泵体分配油道8。进油道的一端连接滑片式输油泵的出口,另外一端对应着分配套筒进油孔。泵体分配油道的数目与柴油机汽缸数相等,泵体分配油道的一端与分配套筒分配油道8相通,另外一端的出油阀9相通。

高压泵分配柱塞的旋转和往复运动是依靠驱动机构实现的。VE分配泵的高压泵采用单柱塞式,如图5-52所示是四缸机的分配柱塞。在分配柱塞的中心加工有一个中心油道(孔),其右端与柱塞腔相通,而左端与一个径向泄油孔相通。分配柱塞的右端沿周向平均分布有4个进油槽(进油槽数等于汽缸数),分配柱塞的中部有一个径向燃油分配孔、一个压力平衡槽。

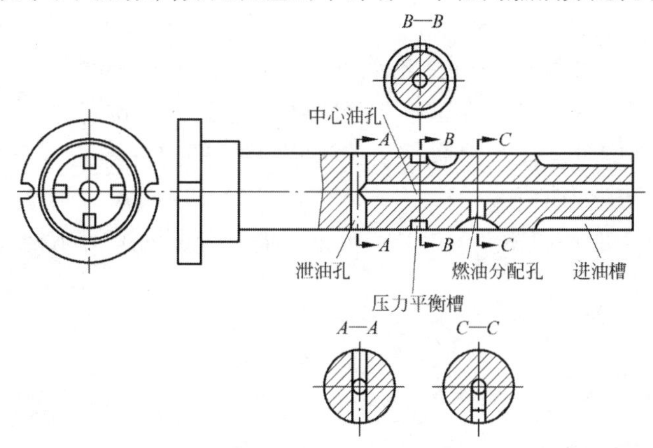

图5-52 分配柱塞的结构

分配套筒与分配柱塞是一对精密偶件,是高压泵的主要部件。图5-53是分配套筒与分配柱塞的结构配合及配油示意图。分配套筒6上有一个进油孔(与泵体进油道15相通),在分配套筒圆周上有4个平均分布的分配油道5(数目与汽缸数相同),每个分配油道通过泵体分配油道都连接一个出油阀和一个喷油器。

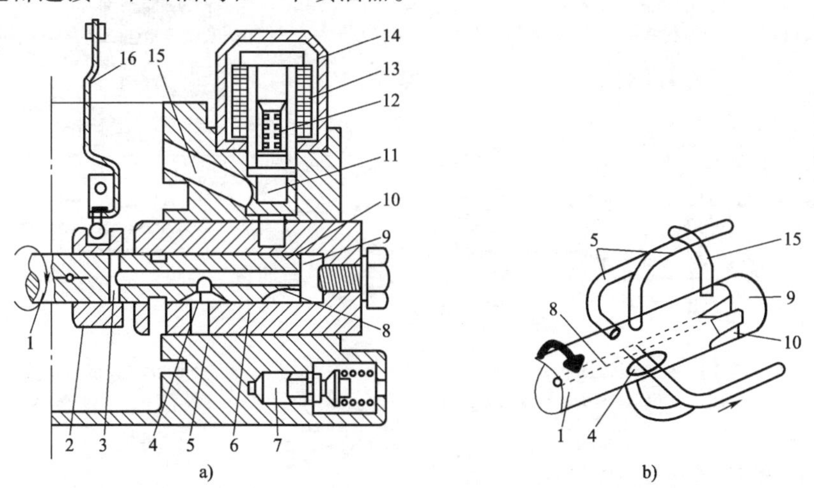

图5-53 分配套筒与分配柱塞的结构配合及配油示意图

a)分配套筒与分配柱塞的结构配合;b)分配套筒与分配柱塞配油示意图

1-分配柱塞;2-油量控制滑套;3-分配柱塞卸油孔;4-分配柱塞燃油分配孔;5-分配套筒分配油道;6-分配套筒;7-出油阀;8-分配柱塞中心油孔;9-柱塞腔;10-分配柱塞进油槽;11-进油阀;12-进油阀弹簧;13-线圈;14-电磁阀;15-泵体进油道;16-起动杠杆

只要分配柱塞旋转过程中径向燃油分配孔和任意一个分配套筒分配油道相对，则中心油道(孔)中的高压油便可通过分配油道、出油阀、高压油管送到喷油器，实现配油作用，如图5-53b)所示。

油量控制滑套(溢流环)用来调节高压泵的供油量。油量控制滑套位于平面凸轮盘右侧，安装在分配分配柱塞上。在起动杠杆作用下，油量控制滑套在分配柱塞可左右移动，来控制分配柱塞上卸油孔的启闭，调节高压泵的供油量。

2. 高压泵的工作原理与工作过程

1)进油过程

如图5-54所示，滚轮17由平面凸轮盘16的凸轮凸峰移到最低位置时，分配柱塞弹簧(图中未出)将分配柱塞1由右向左推移，在分配柱塞接近终点位置时，分配柱塞右端的一个进油槽与分配套筒上的进油孔6相通，柴油经电磁阀下部的泵体进油道4流入分配柱塞右端的柱塞腔内并充满中心油道。

此时，分配柱塞上的径向燃油分配孔与分配套筒上分配油道12隔绝，泄油孔15被油量控制滑套封住。

2)压油与配油过程

如图5-55所示，随着滚轮由平面凸轮盘的最低处向凸峰部分移动，分配柱塞在旋转的同时，也自左向右运动。此时，分配柱塞上的进油槽与泵体进油道4隔绝，分配柱塞泄油孔15仍被封住，分配柱塞上的径向燃油分配孔与分配套筒的分配油道12相通，随着分配柱塞的右移，柱塞腔7内的柴油压力不断升高，当油压升高到足以克服出油阀弹簧力而使出油阀10右移开启时，则柴油经分配柱塞径向燃油分配孔20、分配套筒分配油道12、泵体分配油道11至出油阀以及高压油管被送入喷油器。

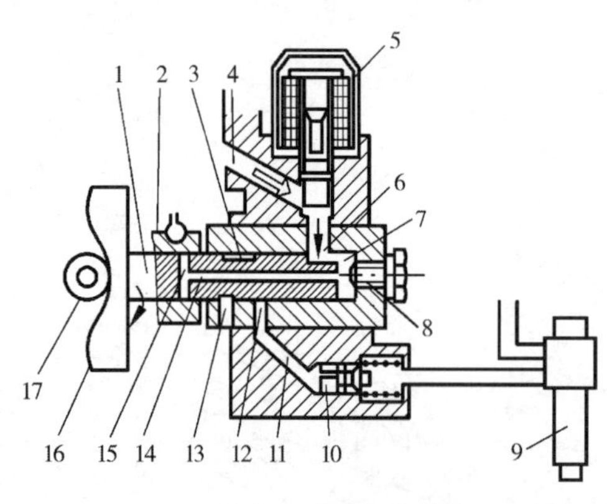

图5-54　进油过程图

1-分配柱塞;2-油量控制滑套;3-压力平衡槽;4-泵体进油道;5-断油阀;6-分配套筒进油孔;7-柱塞腔;8-分配套筒;9-喷油器;10-出油阀;11-泵体分配油道;12-分配套筒分配油道;13-压力平衡孔;14-柱塞中心油孔;15-卸油孔;16-平面凸轮盘;17-滚轮

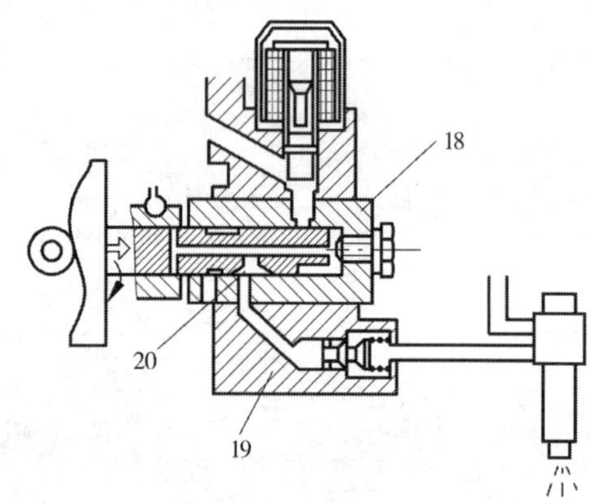

图5-55　配油、泵油过程

18-柱塞套筒;19-泵体;20-分配柱塞径向燃油分配孔
(其他图注同图5-54)

对于四缸柴油机，由于平面凸轮盘上有四个凸峰(与汽缸数相等)，分配套筒上有四个分配油道，因此，平面凸轮盘每转一圈，分配柱塞往返运动4次，进油槽与各缸分配油道各接通一次,轮流向各缸供油一次。

3)供油结束

如图5-56所示,分配柱塞在平面凸轮盘推动下继续右移,分配柱塞左端的泄油孔露出油量控制滑套的右端面时,泄油孔与分配柱塞内腔相通,高压油立即经泄油孔流入泵内腔中,柱塞腔、中心油道及分配油路中油压骤然下降,出油阀在其弹簧作用下迅速左移关闭,停止向喷油器供油。停止喷油过程持续到柱塞到达其向右行程的终点。

4)压力平衡过程

如图5-57所示,供油结束后,分配柱塞继续旋转,分配柱塞上的压力平衡槽与分配油路相通,分配油路中的燃油与分配泵内腔的油压相同,使各缸这一段油道之间的压力在喷射前保持一致,从而保证了各缸供油的均匀性。

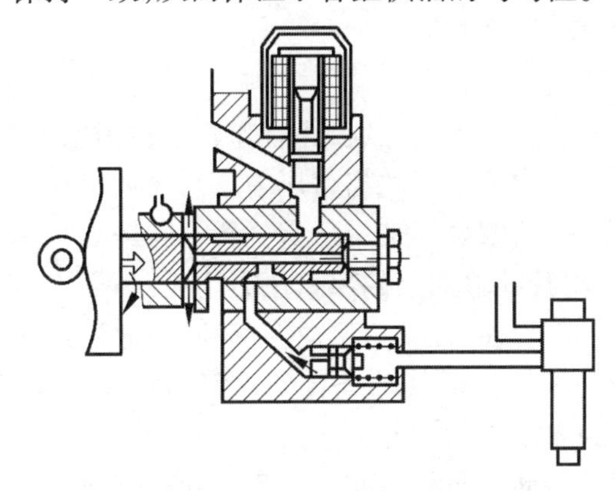

图5-56 停油过程

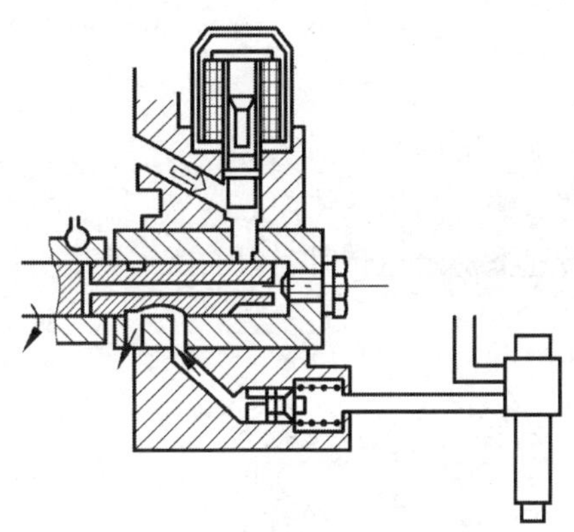

图5-57 压力平衡过程

5)供油量的调节原理

从上面分析不难看出,高压泵的泵油过程始于分配柱塞的左移时刻,而止于卸油孔从控制滑套中滑出时刻,在此期间分配柱塞移动的距离称为有效行程。有效行程的大小决定了高压泵油量的大小。油量控制滑套左移有效行程减小,使泵油量减小,相反则使泵油量增加。

四、电磁式断油阀

VE型分配泵装有电磁式断油阀,其电路和工作原理,如图5-58所示。起动时,将起动开关2旋至ST位置,这时来自蓄电池1的电流直接流过电磁线圈4,产生的电磁力压缩复位弹簧6,将阀门7吸起,进油孔开启。柴油机起动之后,将起动开关旋至ON位置,这时电流经电阻3流过电磁线圈,电流减小,但由于有油压的作用,阀门仍然保持开启。当柴油机停机时,将起动开关旋至OFF位置,这时电路断开,阀门在复位弹簧的作用下关闭,从而切断油路,停止供油。

五、液压式供油提前调节器

在VE型分配式喷油泵体的下部安装有液压式供油提前调节器。由液压缸4、活塞5、弹簧1、连接轴2、拔销3、滚轮架7和滚轮8等主要零件组成,其结构如图5-59所示。

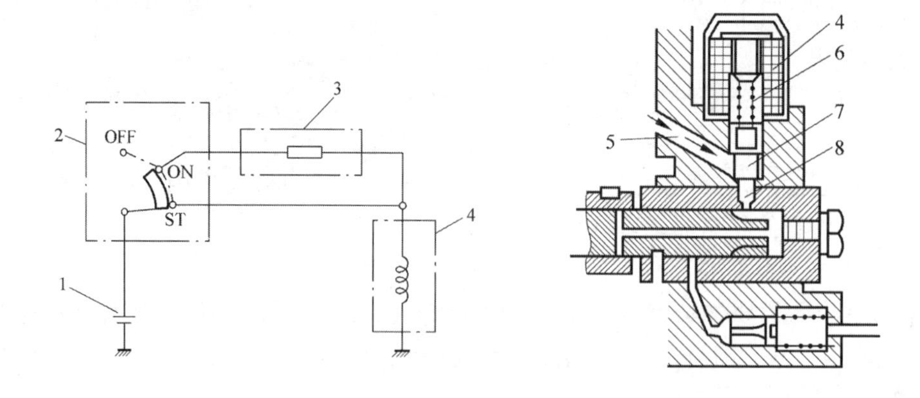

图 5-58 电磁式断油阀电路及其工作原理

1-蓄电池;2-起动开关;3-电阻;4-电磁线圈;5-进油道;6-复位弹簧;7-阀门;8-进油孔

液压缸内装有活塞,活塞左端与二级滑片式输油泵的入口相通,并有弹簧压在活塞上。活塞右端与高油泵体内腔相通,其压力等于二级滑片式输油泵的出口压力。当柴油机在某一转速下稳定运转时,作用在活塞左、右端的力相等,活塞处于某一平衡位置。若柴油机转速升高,二级滑片式输油泵的出口压力增大,作用于活塞右端的力随之增加,推动活塞向左移动,并通过连接销和拔销带动滚轮架绕其轴线转动一定的角度,直至活塞两端的力重新达到平衡为止。

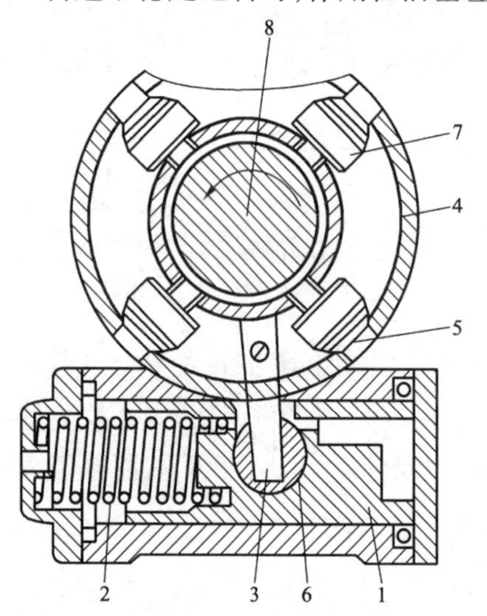

图 5-59 分配泵供油提前角调节机构

1-弹簧;2-连接轴;3-拔销;4-液压缸;5-活塞;6-滚轮轴;7-滚轮架;8-滚轮

滚轮架的转动方向与平面凸轮盘的旋转方向正好相反,使平面凸轮提前一定角度与滚轮接触,供油相应提前,即供油提前角增大。反之,若柴油机转速降低,则二级滑片式输油泵的出口压力也随之降低,作用于活塞右端的力减小,活塞向右移动,并带动滚轮架向着平面凸轮盘旋转的同一方向转过一定的角度,使供油提前角减小。

六、VE 型分配泵的调速机构

分配泵对发动机转速的调节是通过调速机构改变油量控制滑套的位置实现的。VE 型所示调速机构(图 5-46)主要由离心飞块总成 23、调速弹簧 21、预调杠杆 17、张力杠杆 15 以及起动杠杆 14 等组成。张力杠杆 15 受调速弹簧 24 作用。

当起动发动机时,调速操纵杆 22 位于全负荷供油位置,在调速弹簧 21 作用下。张力杠杆 15 沿支点 M_2 逆时针转动,控制滑套 9 右移。另外,在起动弹簧片 B 作用下起动杠杆 14 与张力杠杆 15 分开,使控制滑套 9 进一步右移至极限位置,有效行程最大,同时推动滑动套筒 20 左移,使离心飞块位于向心极限位置,实现起动加浓。

当发动机着火后,离心飞块通过滑动套筒 20 将起动杠杆 14 压紧在张力杠杆 15 上,并将力传给怠速弹簧 C,使发动机处于怠速工况。当转速升高时,弹簧 C 受压,张力杠杆 15 绕

M_2 顺时针转动,使有效行程减小,供油减少;相反,使供油增多。

当发动机转速高于怠速时,怠速弹簧已完全被压缩,调速操纵杆 22 通过调速弹簧 21 作用于张力杠杆 15,起动杠杆 14 和张力杠杆 15 紧靠在一起。

在某一转速 n_0 时,离心飞块总成 23 和滑动套筒 20 产生的轴向力正好与调速弹簧 21 预紧力相平衡。由于某种原因使转速增加时,则离心力产生的轴向推力克服调速弹簧 21 预紧力,使起动杠杆 14 和张力杠杆 15(二者紧靠在一起)一起绕支点 M_2 顺时针转动,使控制滑套左移,供油量减少,转速下降;相反,则使发动机供油增加,转速上升。这样就使发动机转速稳定在 n_0 附近。

预调杠杆 17 的作用是调节最大供油量。当旋进调整螺钉 16 时,预调杠杆 17 绕支点 M_1 逆时针转动,在张力杠杆 15 和起动杠杆 14 与预调杠杆相对位置不变的情况下,使控制滑套 9 右移,有效行程增大,泵油量增加。

第八节 辅助装置

一、输油泵

输油泵的作用是从油箱吸入柴油,并产生一定的压力,用以克服滤清器以及燃油管路的阻力,保证连续不断地向喷油泵输送足够的柴油。

为了保证喷油泵正常工作,这种泵的输油压力达 0.15 ~ 0.3MPa;输油量能随柴油机负荷变化而自动调节,最大输油量为柴油机全负荷时需要量的 3 ~4 倍。

图 5-60 为活塞式输油泵,它由输油泵体 23、活塞 19、进油止回阀 3、出油止回阀 15 以及手泵等组成。整个输油泵用螺钉固装在喷油泵体上,由喷油泵凸轮轴上的偏心轮驱动。

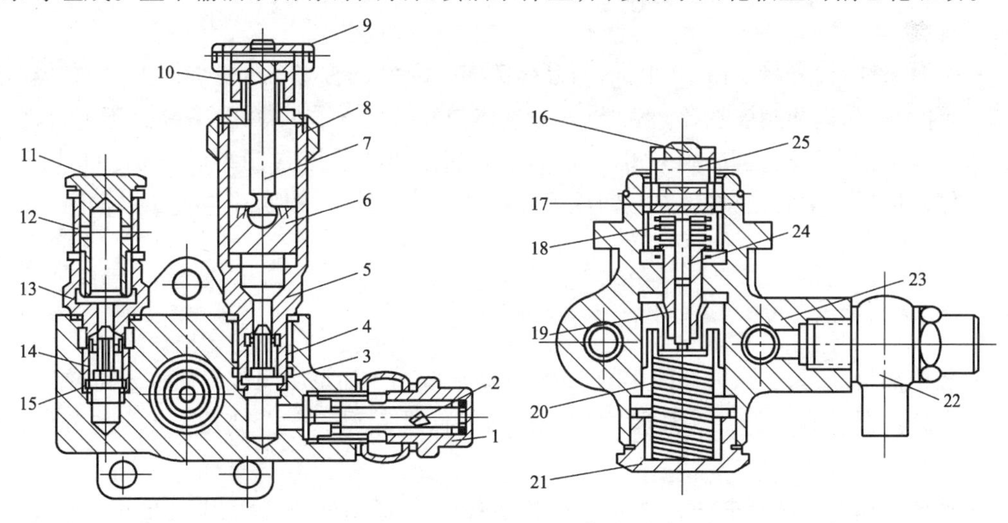

图 5-60 活塞式输油泵

1-进油管接头螺套;2-滤网;3-进油止回阀;4-止回阀弹簧;5-手泵体;6-手泵活塞;7-手泵杆;8-手泵接头;9-手泵销;10-手泵拉扭;11-出油管接头螺套;12-保护套;13-油管接头;14-止回阀弹簧;15-出油止回阀;16-滚轮;17-滚轮架;18-滚轮弹簧;19-活塞;20-活塞弹簧;21-螺塞;22-进油管接头;23-输油泵体;24-顶杆;25-滚轮销

输油泵的工作过程,如图5-61所示。

1. 准备压油行程

随着喷油泵凸轮轴的旋转,凸轮轴上的偏心轮克服滚轮弹簧18的张力,推动滚轮16连同滚轮架17下行,通过顶杆24的传递,偏心轮进而克服了活塞弹簧20的张力,推动活塞下行,使泵腔Ⅰ(图5-61)容积减小,油压增高,关闭了进油止回阀3,顶开了出油止回阀15,燃油便由泵腔Ⅰ(图5-61)通过出油阀流向活塞背后容积增大的泵腔Ⅱ(如图5-61中实线箭头所示)。

2. 吸油和压油行程

当偏心轮转离滚轮时,在活塞弹簧20的作用下,活塞上行,于是泵腔Ⅱ(图5-61)容积减小,油压增大,出油阀被关闭,燃油便经油道流向柴油滤清器。与此同时,由于泵腔Ⅰ(图5-61)容积增大,出现一定真空度,进油阀被吸开,燃油便从进油口经进油阀进入泵腔Ⅰ(如图5-61中实线箭头所示)。

3. 输油量的自动调节

输油量的多少取决于活塞的有效行程,输油压力的大小取决于活塞弹簧的预紧力。当活塞有效行程等于偏心轮的偏心距时,输油量最大。当柴油机在怠速或小负荷工作需要的供油量减小时,泵腔Ⅱ(图5-61)的燃油不能全部排出而形成背压,当活塞弹簧的预紧力与泵腔Ⅱ(图5-61)的燃油压力相平衡时,活塞不能返回最上方,在顶杆与滚轮之间形成空行程,这就缩短了活塞有效行程,减少了输油量,限制了输出油压力继续增大。这样,就实现了输油量和输油压力的自动调节。

4. 手泵

输油泵上装有手泵。当柴油机长时间停车再起动或低压油路中有空气时,可利用手泵输油或排气。

用手泵泵油时,先将拉钮10上提,与泵杆7连接的手泵活塞6也随之向上,手泵体内形成了一定的真空,进油阀被吸开,燃油进入手泵体内。当压下手泵拉钮,手泵活塞下行,泵体内的容积减小油压升高,进油阀关闭,一定油压的燃油便经泵腔Ⅰ(图5-61)、出油止回阀15输出。停止使用手泵后,应将手泵拉钮压下并拧紧在手泵体上,以防止空气渗进油路影响输油泵工作。

二、油水分离器

有些柴油机上,为了除去柴油中的水分,在柴油机和输油泵之间装设油水分离器。

油水分离器(图5-62)由手压膜片泵1、液面传感器5、浮子6、分离器壳体7和分离器盖8等组成。

来自柴油箱的柴油经进油口2进入油水分离器,并经出油口9流出。柴油中的水分在分离器内从柴油中分离出来并沉积在壳体7的底部。浮子6随积水的增多而上浮。当浮子到达规定的放水水位3时,液面传感器5将电路接通,仪表板上的报警灯发出放水信号,这时驾驶员应及时旋松放水塞4放水。手压膜片泵1供放水和排气时使用。

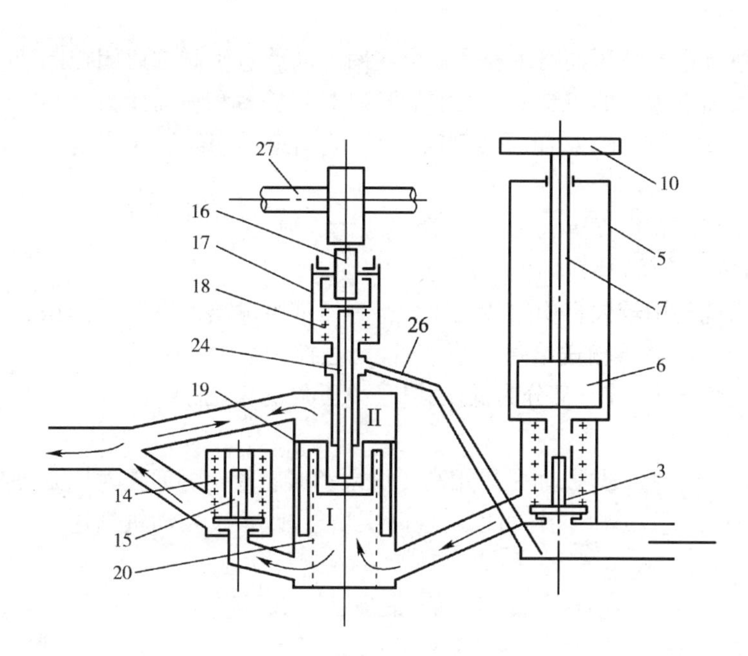

图 5-61 活塞式输油泵油路示意图

26-回油道;27-喷油泵凸轮轴

(其余图注同图 5-60)

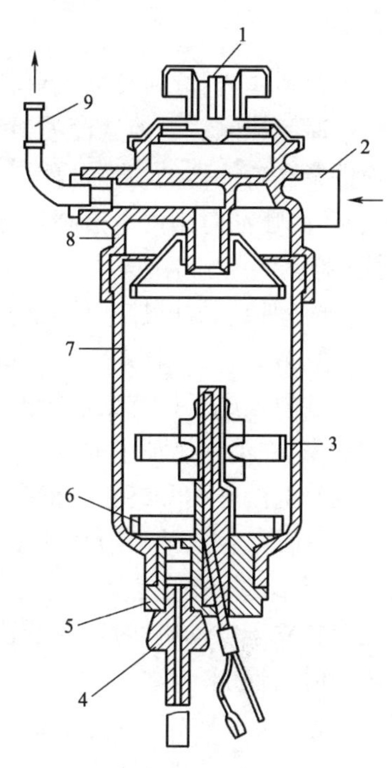

图 5-62 油水分离器

1-手压膜片泵;2-进油口;3-放水水位;4-放水塞;5-液面传感器;6-浮子;7-分离器壳体;8-分离器盖;9-出油口

第九节 电子控制柴油喷射系统

为了改善柴油机运转性能和降低燃油消耗率,同时也为了适应严格的柴油机排放标准的需要,从 20 世纪 80 年代初期开始,各种电子控制柴油喷射系统(以下简称电控柴油喷射系统)相继问世。

一、电控柴油喷射的基本类型

在传统的喷射系统基础上首先发展起来的电控喷射系统是位置控制系统,称之为第一代电控喷射系统,而基于电磁阀的时间控制系统则称为第二代电控喷射系统。第三代电控系统——高压共轨系统,被世界内燃机行业公认为 20 世纪三大突破之一,它将成为 21 世纪柴油机燃油系统的主流。

1. 第一代:位置控制式电控柴油喷射系统

位置控制式电控柴油喷射系统不仅保留了传统的泵—管—嘴系统,还保留了原喷油泵中的齿条、滑套、柱塞上的斜槽等控制油量的机械传动机构,只是对齿条或者滑套的运动位置予以电子控制,实现循环喷油量和喷油定时的电控。

这种电控柴油喷射系统,结构不需改动,生产继承性好,便于对现有柴油机进行升级换代。但系统响应慢、控制频率低、控制自由度小、控制精度不够高,喷油压力无法独立控制。

2. 第二代:时间控制式电控柴油喷射系统

时间控制式电控柴油喷射系统是在高压油路中利用一个或两个高速电磁阀的启闭控制喷油泵和喷油器的喷油过程。喷油量大小的控制由喷油器的开启时间长短和喷油压力大小决定,而喷油时刻由电磁阀的开启时刻确定,从而可实现喷油量、喷油定时和喷油速率的柔性控制和一体控制。

时间控制式电控柴油喷射系统的自由度更大,但供油压力还无法独立控制。

3. 第三代:共轨式电控柴油喷射系统(也称时间—压力式)

共轨式电子控制柴油喷射系统利用较大容积的共轨油管将高压油泵输出的高压燃油积蓄起来,并消除燃油中的压力波动,然后再输送给每个喷油器,通过控制喷油器上的电磁阀实现喷射的开始和终止。根据共轨压力高低,又分为低压共轨、中压共轨、高压共轨。

这种电控柴油喷射系统的特点是:

(1)不再采用传统的柱塞泵脉动供油原理,而是采用高压油泵和共轨管。燃油喷射压力完全独立于发动机转速,在低速低负荷工况下同样可以实现高压喷射,改善了发动机低速低负荷时的性能。

(2)可实现高压喷射,喷射压力比一般喷油泵高出一倍,最高已达200MPa。

(3)可以柔性控制喷油压力、喷油量、和喷油定时,喷油速率。

(4)优化燃烧过程,使发动机油耗、烟度、噪声以及排放等性能指标得到明显改善,并有利于改进发动机转矩特性。

二、电控柴油喷射系统的基本组成

从宏观上看,作为电子控制系统,柴油机电控燃油喷射系统与汽油机电控燃油系统一样,由传感器、电控单元 ECU 及其执行器三部分组成。如图 5-63 所示,由于控制对象不同,控制内容侧重点不同,在具体要求及其构造上二者也有所差异。

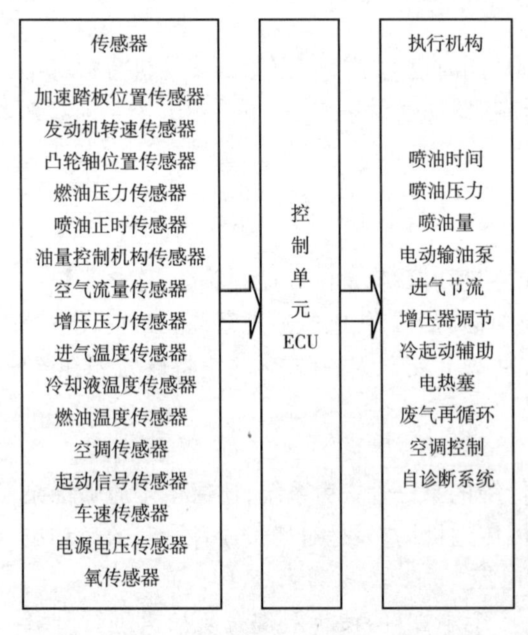

图 5-63 电控柴油喷射系统的基本组成

1. 传感器

传感器是电控燃油系统的输入装置。其主要功用是实时检测柴油机、车辆运行状态以及驾驶员的操作意向和操作量等信息,并将其传输给电控单元。主要传感器有曲轴转速传感器、曲轴位置传感器、加速踏板位置传感器、燃油压力传感器、燃油温度传感器、空气流量或质量传感器、进气温度传感器、增压压力传感器、冷却液温度传感器以及其他传感器和信号开关等。

2. 电控单元

电控单元 ECU(Electronic Control Unit),

对车辆来说又称"行车电脑"、"车载电脑"等。电控单元 ECU 的核心部分是微型计算机,它与系统中设置的软件一起,负责所有传感器输入信息的采集、处理、计算和执行程序,并将运行结果作为控制指令输出给执行器。

电控单元和普通的微型计算机一样,它包括硬件和软件两部分。硬件由微处理器(CPU)、存储器(ROM、RAM)、输入/输出接口(I/O)、模数转换器(A/D)以及整形、驱动等大规模集成电路组成。软件是 ECU 运行所需的各种程序、基本数据以及一些工况修正系统的数据存储等。

3. 执行器

执行器的功用是根据电控单元 ECU 传输的信息,对柴油机的供(喷)油压力、供(喷)油量和供(喷)油正时、喷油规律等进行控制,从而调节柴油机的工作状况。

主要执行器包括:电磁阀喷油器、压力控制阀、预热塞控制单元、增压压力调节器、废气循环调节器、节流阀等。

三、柴油机电控燃油喷射系统的功能

1. 燃油喷射控制

燃油喷射控制主要包括:供(喷)油量控制、供(喷)油正时控制、供(喷)油速率控制和喷油压力控制等。

2. 怠速控制

柴油机的怠速控制主要包括怠速转速控制和怠速时各缸均匀性的控制。

3. 进气控制

柴油机的进气控制主要包括进气节流控制、可变进气涡流控制和可变配气正时控制。

4. 增压控制

柴油机的增压控制主要是由 ECU 根据柴油机转速信号、负荷信号、增压压力信号等,通过控制废气旁通阀的开度或废气喷嘴环的喷射角度、增压器涡轮废气进口截面大小等措施,实现对废气涡轮增压器工作状态和增压压力的控制,以改善柴油机的转矩特性,提高加速性能,降低排放和噪声。

5. 排放控制

柴油机的排放控制主要是废气再循环(EGR)控制。ECU 主要根据柴油机转速和负荷信号,按内存程序控制 EGR 阀开度,以调节 EGR 率。

6. 起动控制

柴油机起动控制主要包括供(喷)油量控制、供(喷)油正时控制和预热装置控制,其中供(喷)油量控制和供(喷)油正时控制与其他工况相同。

7. 巡航控制

带有巡航控制功能的柴油机电控系统,当通过巡航控制开关选定巡航控制模式后,ECU 即可根据车速信号等自动维持车辆以一定车速行驶。

8. 故障自诊断和失效保护

柴油机电控系统中也包含故障自诊断和失效保护两个子系统。柴油机电控系统出现故障时,自诊断系统将点亮仪表板上的"故障指示灯",提醒驾驶员注意,并储存故障码,检修时可通过一定的操作程序调取故障码等信息;同时失效保护系统启动相应保护程序,使柴油能够继续保持运转或强制熄火。

9. 柴油机与自动变速器的综合控制

在装用电控自动变速器的柴油车上,将柴油机控制 ECU 和自动变速器控制 ECU 合为一体,实现柴油机与自动变速器的综合控制,以改善汽车的变速性能。

四、柴油机电控燃油喷射系统的特点

(1)提高发动机的动力性和经济性。柴油机电控系统中,ECU 根据传感器信号精确计算喷油量和喷油正时。从而提高发动机的动力性和经济性。

(2)降低氮氧化物和微粒的排放。采用柴油机电控技术,可精确地将喷油量控制在不超过冒烟界限的适当范围内,同时根据发动机工况调节喷油时刻,从而有效地抑制排烟。

(3)提高发动机运转稳定性。采用柴油机电控系统,无论负荷怎样增减,都能保证发动机怠速工况下以最低的转速稳定运转,有利于提高其经济性。

(4)改善低温起动性。电子控制系统能够以最佳的程序替代驾驶员进行这种麻烦的起动操作,使柴油机低温起动更容易。

(5)控制涡轮增压。采用电子控制技术可以对增压装置进行精确的控制。

(6)适应性广。只要改变 ECU 的控制程序和数据,一种喷油泵就能广泛用在各种柴油机上,而且柴油机燃油喷射控制可与变速器控制、怠速控制等各种控制系统进行组合实现集中控制,有利于缩短柴油机电控系统开发周期,并降低成本,从而扩大柴油机电控系统的应用范围。

五、电子控制柴油喷射系统实例

世界上有许多知名企业从事电子控制柴油喷射系统的设计、生产、制造,如德国的博世(BOSCH)、西门子(SIEMENS),美国的德尔福(DELPHI),日本的电装(NIPPON)等。我国许多柴油机生产制造企业分别从不同的知名企业引进了这些先进技术。限于篇幅,这里主要介绍博世(BOSCH)高压共轨式电控柴油喷射系统。

博世(BOSCH)高压共轨式电控燃油喷射技术是一种全新的技术,因为它集成了计算机控制技术、现代传感检测技术以及先进的喷油结构于一身。它不仅能达到较高的喷射压力、实现喷射压力和喷油量的精确控制,而且能实现预喷射和后喷,从而优化喷油特性形状,降低柴油机噪声和大大减少废气的排放量。因其性能优越、工作可靠,而被电控柴油机广泛应用。

博世高压共轨式电控柴油喷射系统的基本组成如图 5-64 所示,主要由燃油系统和电控系统两部分组成。燃油系统包括:油箱、燃油滤清器、输油泵、高压油泵、共轨管、喷油器,以及连接油管等。电控系统包括:ECU、传感器、执行器。低压燃油从油箱经燃油滤清器,由燃油泵吸出后,输送到高压油泵,经过高压油泵加压后输送到共轨管中。储存在油轨中的高压柴油在适当的时刻,通过电磁喷油器喷入发动机汽缸内,电磁喷油器开启关闭由 ECU 根据传感器输入的信号进行控制。

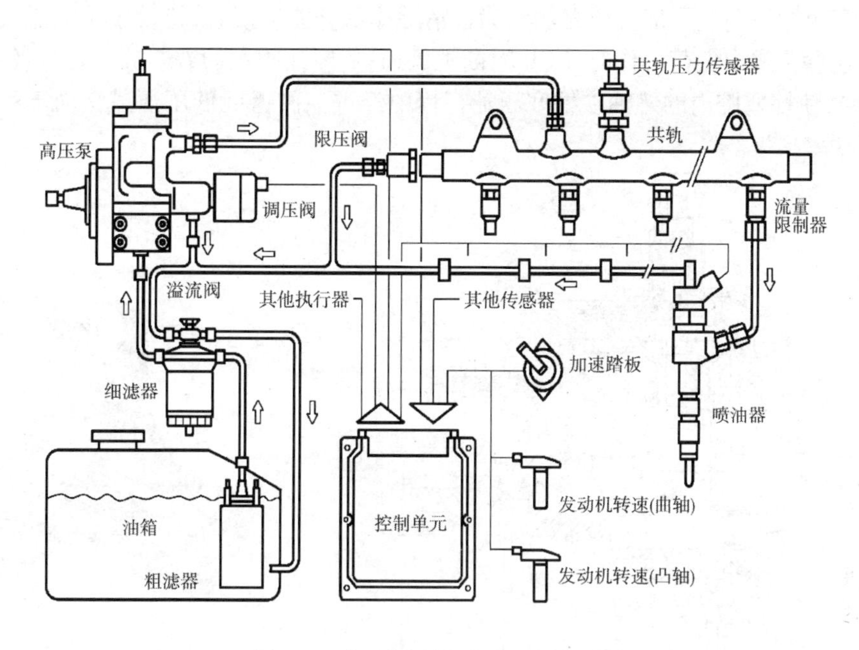

图5-64 高压共轨式电控柴油喷射系统

1. 燃油系统

燃油系统由低压油路和高压油路组成。

低压油路主要由油箱、燃油滤清器、输油泵(齿轮式)、低压油管等组成。其功用是储存、滤清柴油,并产生低压,向高压泵输送柴油。低压油路中机件的结构原理与传统柴油供油系统相似。

高压油路主要由高压油泵、共轨管、电控喷油器以及高压油管组成。其功用是产生、存储高压柴油,抑止油压的波动,根据 ECU 指令将一定数量的燃油雾化并喷散到柴油机的燃烧室。

1)高压油泵

高压油泵的功用是产生高油压,输送至共轨管。在共轨式电控燃油喷油系统中使用的高压泵多为柱塞式泵。其中,包括直列柱塞式和径向柱塞式。一般大型柴油机多采用直列柱塞式高压油泵,而中小型柴油机多采用径向柱塞式高压油泵。柱塞的数量一般为 2 ~ 3 个,驱动柱塞的凸轮则有单作用式、双作用式、三作用式和四作用式等多种形式。

图 5-65 为三柱塞单作用径向柱塞式高压油泵的结构简图。三个柱塞互呈 120°夹角。驱动轴通过偏心凸轮驱动柱塞做往复运动。偏心凸轮每转一转有 3 个供油行程。

工作时,从输油泵来的柴油经止回阀 10、进入低压油道 9,当偏心凸轮转动时,弹簧使柱塞缩回时,进油阀 4 打开,此时出油阀 2 关闭,柴油被吸入柱塞腔;当偏心凸轮转动至柱塞顶起时,进油阀关闭,柴油被压缩,压力剧增,达到共轨管内压力时,顶开出油阀,高压油被输送至共轨管。

此外,高压油泵上还装有电磁式调压阀 1 和电磁式断油阀 3。在怠速或小负荷工作时,将有部分燃油经调压阀流回柴油箱,以保持燃油共轨管内的燃油压力不变。但这部分燃油由于被柱塞压缩而消耗了部分压缩功。为了消除这部分能量损失,特设置了电磁式断油阀。当柴油机在怠速或小负荷工作时,ECU 对断油阀通电,断油阀中的铁芯被电磁力吸引向下顶开进油阀 4,使柱塞腔内的燃油在柱塞压油行程中经进油阀返回低压油道 9 而不受压缩,从而减少了功率损失。

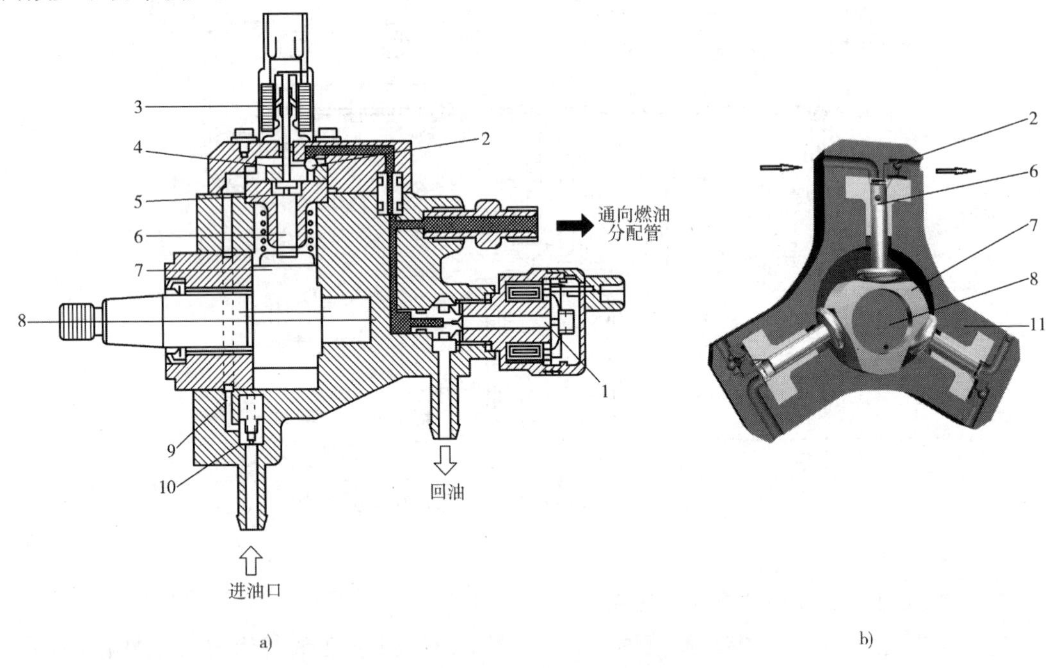

图 5-65　高压油泵结构示意图

a)高压油泵正剖视结构图;b)高压油泵横截面结构剖视图

1-调压阀;2-出油阀;3-断油阀;4-进油阀;5-柱塞腔;6-柱塞;7-偏心凸轮;8-驱动轴;9-低压油道;10-止回阀;11-泵体

2)共轨管

共轨管也称燃油分配管、高压蓄压器,其功用是储存高压输油泵提供的高压燃油,并根据需要分配给各喷油器;此外,还可以抑制高压油泵供油和喷油器喷油时引起的压力波动,以保持共轨管中压力的稳定。

共轨管经过强化热处理锻造而成,如图 5-66 所示。共轨管工作压力较高,一般为 120 ~ 170MPa,并在其上安装有燃油压力传感器、流量限制器和限压阀等。

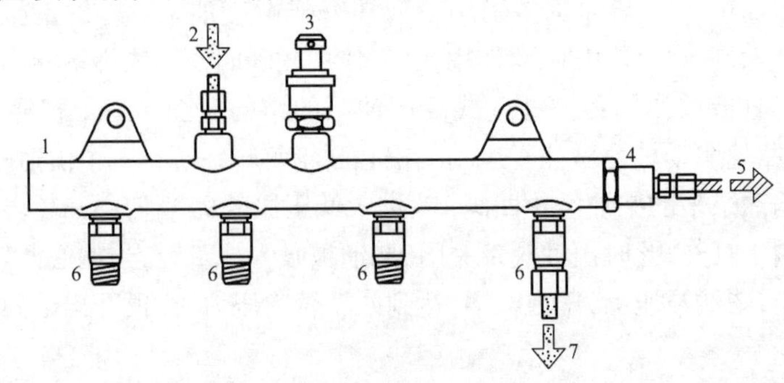

图 5-66　四缸柴油机燃油共轨管

1-共轨;2-进油管口;3-燃油压力传感器;4-限压阀;5-回油管口;6-流量限制器;7-喷油器供油口

(1)燃油压力传感器。燃油压力传感器的功用是测量燃油共轨管中的实时压力,并将测量结果传输给ECU,作为燃油共轨管内油压的反馈控制信号。

燃油压力传感器由膜片、求值电路板、电气接头和外壳等构成,如图5-67所示。燃油共轨管内的燃油压力经燃油压力传递孔作用于由半导体压电敏感元件制成的膜片上,膜片因受压而变形,从而使膜片表面涂层的电阻值发生改变,并在电阻电桥中转换为电压信号,此电压信号经求值电路放大后传输给ECU。

(2)流量限制器。流量限制器的功用是防止喷油器可能出现的常开并持续喷油,即一旦某喷油器常开并持续喷油,导致共轨管输出的油量超过一定限值,流量限制器则会关闭该喷油器的供油通道。流量限制器一端连接燃油共轨管,另一端连接喷油器。

流量限制器的结构,如图5-68所示。

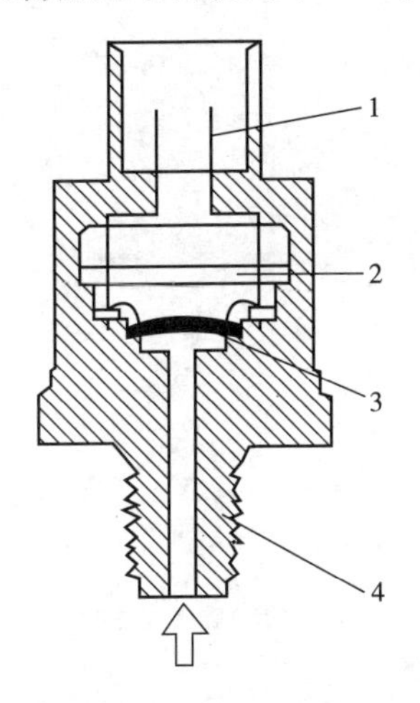

图5-67 燃油压力传感器

1-电气接头;2-电路板;3-膜片;4-螺纹接头

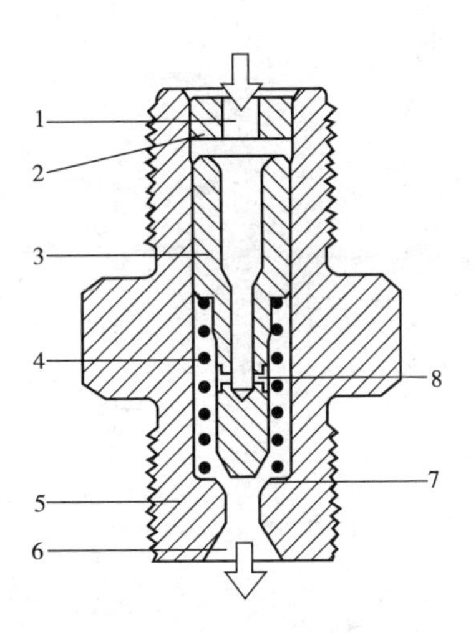

图5-68 流量限制器

1-进油孔;2-堵头;3-限制阀;4-弹簧;5-壳体;6-出油孔;7-阀座;8-节流孔

在正常工作时,由共轨管来的高压油,从进油孔1、限制阀内孔、节流孔和出油孔到达喷油器,由于弹簧和节流孔的作用,使限制阀向下移动的量随喷油速率增加而增大。如果喷油器异常工作、喷油速率过大、喷油量超过正常喷油最大值时,限制阀会压紧在阀座上,从而完全关闭油道,以停止给喷油器供油。

(3)限压阀。限压阀的一端同燃油共轨管相连,另外一端与回油管连接,其功用相当于安全阀,用来限制燃油共轨管中的油压。

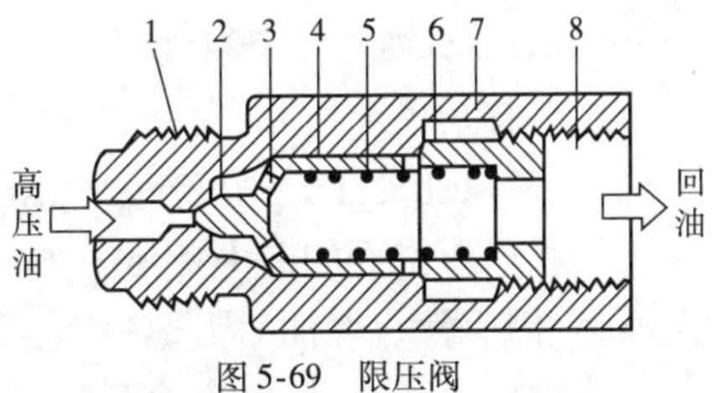

图5-69 限压阀

1-连接螺纹;2-锥阀;3-通油孔;4-阀芯;5-弹簧;6-限位螺塞;7-阀壳;8-回油孔

限压阀的结构如图5-69所示。当燃油共轨管中的油压为正常值时,弹簧5将锥阀2压紧在阀座上。当燃油压力超过正常值时,燃油压力克服弹簧力将锥阀顶开,部分燃油从锥阀上通油孔3和回油孔8经过回油管流回柴油箱(或输油泵进油侧),使燃油共轨管中的油压下降,从而保证了共轨中的压力不超过系统最大压力。当油压恢复正常后,锥阀又被弹簧压紧在阀座上,终止回油。弹簧的预紧力根据规定的共轨最高压力调定。

3)电控喷油器

电控喷油器的功用是按 ECU 的指令在规定时刻以一定的喷油规律将一定数量的燃油雾化并喷散到柴油机的燃烧室。共轨喷油器的喷油时刻和持续时间均经电控单元精确计算后给出信号,再由电磁阀控制。

电控喷油器安装在汽缸盖内,接线从汽缸盖罩壳引出。电控喷油器品种很多,但其基本原理相同,结构相似。

如图 5-70 所示是德国 Bosch 的共轨式电控喷油器,主要有喷油器体、电磁阀、喷油嘴及电气接头等组成。电磁阀安装在喷油器体内,由电磁线圈、衔铁、球阀组成,喷油嘴由针阀、针阀体所组成,电气插座的导线一端与电磁线圈相连,另一端与 ECU 连接。

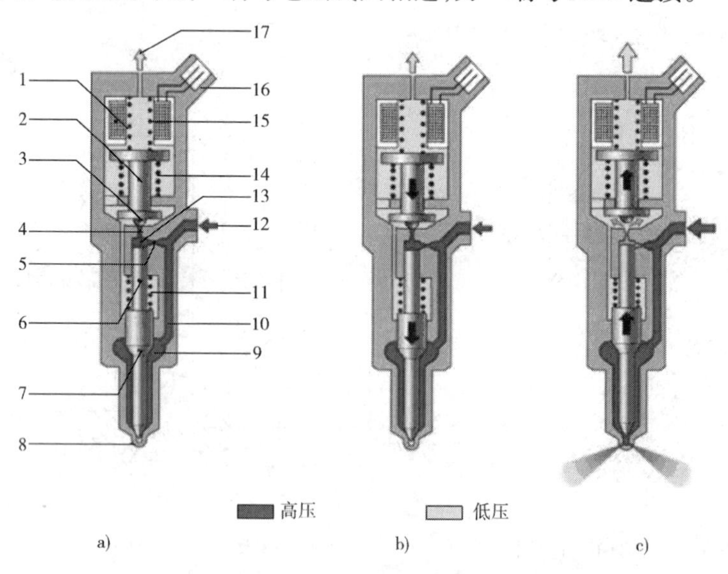

图 5-70 喷油器结构示意图

a)喷油器结构;b)喷油器关闭;c)喷油器开启

1-电磁线圈;2-衔铁;3-球阀;4-回油节流孔;5-进油节流孔;6-柱塞;7-针阀;8-喷油孔;9-针阀压力室;10-进油通道;11-针阀弹簧;12-高压油连接口;13-压力控制室;14-缓冲弹簧;15-电磁阀弹簧;16-电气插座;17-回油口

来自燃油分配管的高压燃油通过高压油连接口 12 进入喷油器,一路高压燃油经进油通道 10 进入喷油嘴压力室 9;另一路高压燃油通过进油节流孔进入压力控制室,分别作用在球阀和柱塞顶部,如图 5-70a)所示。

当电磁阀不通电时,衔铁 2 在电磁阀弹簧 15 的作用下,钢球 3 压在回油节流孔的阀座上,回油节流孔处于关闭状态。此时,针阀弹簧 11 的弹力与柱塞顶部控制室的液压力之和大于针阀承压锥面的向上液压分力,喷油嘴针阀被压在针阀体阀座上,关闭通往喷油孔的高压通道,因而没有燃油喷入燃烧室,喷油器处于关闭状态,如图 5-70b)所示。

当电磁阀通电时,电磁线圈吸引衔铁,电磁阀动作,打开回油节流孔,控制室内的高压燃油经回油节流孔和回油口流回柴油箱,控制室内的燃油压力下降。此时,喷油嘴压力室仍为高压,针阀承压锥面的向上液压分力大于针阀弹簧 11 的弹力和柱塞顶部控制室的液压力之和,喷油嘴针阀立即打开,燃油经过喷孔喷入燃烧室,如图 5-70c)所示。

喷油量大小取决于燃油分配管的压力和电磁阀开启持续时间的长短;喷油提前角取决

于电磁阀开启时刻。

2. 电控系统

博世高压共轨式电控柴油喷射系统的电控系统包括传感器、电控单元 ECU、执行器。

电控系统的主要传感器种类和功能，如表 5-4 所示。

电控系统的主要传感器种类和功能 表 5-4

序号	名　称	功　能　描　述
1	曲轴位置传感器	精确计算曲轴位置，用于喷油时刻和喷油量计算、转速计算
2	凸轮位置轴传感器	汽缸判别、相位确定
3	进气温度传感	测量进气温度，修正喷油量和喷油正时，过热保护
4	增压压力传感器	监测进气压力，调节喷油控制，与进气温度集成在一起
5	机油压力温度传感	测量机油压力和温度，用于喷油的修正和发动机的保护
6	冷却液温度传感器	测量冷却液温度，用于冷起动、目标怠速计算等，同时还用于修正喷油提前角、最大功率保护等
7	共轨压力传感器	测量共轨管中的燃油压力，保证油压控制稳定
8	加速踏板位置传感器	将驾驶员的意图送给控制器 ECU
9	车速传感	提供车速信号给 ECU，用于整车驱动控制，由整车提供
10	大气压力传感器	用于校正控制参数，集成在 ECU 中

电控单元 ECU 是电控发动机的控制中心，通过接收各传感器传送来的发动机运行信息，加以运算处理后控制各执行器动作。ECU 还包含着一个监测模块。ECU 和监测模块相互监测，如果发现故障，它们中的任何一个都可以独立于另一个而切断喷油。

执行器包括电磁阀的喷油器、高压泵上的电磁式调压阀、电磁式断油阀及其他执行器。

电控系统对柴油喷射的控制功能如下：

1）喷油量的控制

ECU 根据加速踏板和柴油机转速等传感器的信号确定基本喷油量，再按进气管压力和燃油温度等传感器及起动开关输入的信息进行修正，最后计算出最佳喷油量，并向喷油器通电。ECU 通过控制向喷油器发出的电脉冲宽度（通电时间）来控制喷油量。

2）喷油定时的控制

ECU 根据加速踏板和柴油机转速等传感器的信号确定基本喷油时刻，再按进气管压力和冷却液温度等传感器及起动开关输入的信息进行修正，最后计算出最佳喷油时刻，ECU 按此时刻向喷油器发出的电脉冲，电脉冲的起始时刻决定了喷油始点。

3）喷油压力的控制

喷油压力就是燃油共轨管内的燃油压力。

共轨式电控喷油系统容易实现对燃油压力的独立控制。ECU 根据柴油机工况的要求，对燃油共轨管内的燃油压力进行调节，并根据燃油压力传感器的信号，对油压进行反馈控制。当油压低于目标值时，ECU 对高压泵上的电磁式调压阀断电，调压阀关闭，回油断开，供入燃油共轨管内的燃油量增多，油压增高；反之，当油压高于目标值时，ECU 对电磁式调压阀通电，调压阀开启，供入燃油共轨管内的燃油量减少，油压降低，使燃油共轨管内的燃油压力稳定于目标值。

燃油共轨管上安装有压力传感器和限压阀。限压阀用以防止分配管内的燃油压力过高。

4)喷油规律的控制

在共轨式电控燃油喷油系统中,当喷油压力保持不变时,喷油量唯一决定于ECU对喷油器的通电脉冲宽度。因此,只要改变指令脉冲就可以改变喷油规律。如将一个指令脉冲在其宽度内分为一短一长两个脉冲,则喷油过程就呈现一个预喷射和一个主喷射的两次喷射的喷油规律。对应短脉冲的预喷射喷油量较少,可以缩短喷油量较多的主喷射的着火延迟期,并可降低 NO_x 的排放。

练习与思考

一、填空题

1. 柴油机燃料供给系统由__________、__________、__________组成。

2. 燃油供给装置由__________、__________、低压油管及__________、__________、高压油管、__________及回油管等组成。

3. 柴油机可燃混合气形成方式从原理上分,有__________和__________两种。

4. 影响可燃混合气形成的主要因素有:________、________、________、________等。

5. 根据汽缸内压力 p 随曲柄转角 φ 变化的情况,柴油机的燃烧过程可分为四个阶段,分别是________、__________、__________、__________。

6. 柴油喷射的质量,一般可用油雾油束的__________、__________、__________和__________来表示。

7. 柴油机燃料供给系统的__________与__________,__________与__________,__________与__________称为柴油机燃料供给系统的"三大偶件"。

8. 柱塞式喷油泵主要由__________、__________、__________和泵体四部分组成。

9. 供油量调节机构的作用是根据驾驶员或调速器的动作,转动柱塞改变喷油泵的________,以适应柴油机负荷和转速变化的需要。同时,它还可以调整各缸供油的________均匀性。供油量调节机构主要有__________和__________两种。

10. 柴油机电子控制柴油喷射系统按控制方式分:________控制方式、________控制方式及________控制方式。

二、判断题(正确打✓、错误打×)

1. 一般柴油机比汽油机的经济性好。 ( )

2. 柴油的十六烷值越高,其蒸发性越强,发火性越好。 ( )

3. 一般汽油机形成混合气在汽缸外已开始进行,而柴油机混合气形成是在汽缸内进行。 ( )

4. 一般来说,柴油机采用的过量空气系数比汽油机大。 ( )

5. 在速燃期,汽缸内气体压力达到最高,而温度也最高。 ( )

6. 速燃期的燃烧情况与着火延迟期的长短有关，一般情况下，着火延迟期越长，则在汽缸内积存并完成燃烧准备的柴油就越多，燃烧越迅速，发动机工作越柔和。 (　　)

7. 孔式喷油器的喷孔直径一般比轴针式喷油器的喷孔大。 (　　)

8. 孔式喷油器主要用于直接喷射式燃烧室的柴油机上，而轴针式喷油器适用于涡流室燃烧室、预燃室燃烧室中。 (　　)

9. 所谓柱塞偶件是指喷油器中的针阀与针阀体。 (　　)

10. 柱塞的行程是由驱动凸轮的轮廓曲线的最大直径决定的，在整个柱塞上移的行程中，喷油泵都供油。 (　　)

11. 调整滚轮体高度，实际上是调整该缸的供油量。 (　　)

12. 两速式调速器适用于一般条件下使用的车用柴油机，它能自动稳定和限制柴油机最低和最高转速。 (　　)

13. 喷油泵是由柴油机曲轴前端的正时齿轮通过一组齿轮传动来驱动的。 (　　)

14. 对于一定型号的柴油机，它的最佳喷油提前角是一常数。 (　　)

15. 柴油机正常工作时，输油泵的供油量总是大于喷油泵的需油量。 (　　)

16. 柴油机最佳喷油提前角是指在转速和供油量一定的条件下，能获得最大功率及最小燃油消耗率的喷油提前角。 (　　)

三、选择题

1. 柴油机的燃油供给系中，低压油路的油压，是由(　　)建立的。

A. 油箱　　B. 输油泵　　C. 滤清器　　D. 喷油器

2. 下列指标中表示柴油自燃性能的指标是(　　)。

A. 十六烷值　　B. 馏程　　C. 闪点　　D. 黏度

3. 国产轻柴油的选用依据主要是(　　)。

A. 十六烷值　　B. 馏程　　C. 闪点　　D. 凝点

4. 柴油机的过量空气系数的大小，一般为(　　)。

A. $\alpha > 0$　　B. $\alpha = 0$　　C. $\alpha > 1$　　D. $\alpha < 1$

5. 柴油机形成可燃混合气的方法是(　　)。

A. 空间雾化混合法　　B. 外部混合法

C. 油膜蒸发混合法　　D. A + C

6. 下面关于空间雾化混合的特点中，哪一项是不正确的(　　)。

A. 油束的几何形状与燃烧室形状吻合　　B. 要求较高的燃油喷射质量

C. 燃烧室内空气涡动促进混合　　D. 燃烧油要均匀地喷射在燃烧室壁面上

7. 下面关于油膜蒸发混合的叙述，哪一项是不正确的(　　)。

A. 燃烧油均匀地喷射在燃烧室壁面上　　B. 在燃烧室壁面上吸热蒸发

C. 要求空气有强烈的涡动　　D. 是目前柴油机燃烧系统的主流

8. 影响可燃混合气形成的主要原因有(　　)。

Ⅰ. 燃油的喷射质量　　Ⅱ. 可燃混合气形成的方法　　Ⅲ. 汽缸状态

Ⅳ. 汽缸空气涡动状态　　Ⅴ. 过量空气系数　　Ⅵ. 燃烧室形式

A. Ⅰ+Ⅱ+Ⅳ+Ⅵ　　B. Ⅰ+Ⅲ+Ⅳ+Ⅵ

C. Ⅱ+Ⅲ+Ⅴ+Ⅵ　　D. Ⅱ+Ⅳ+Ⅴ+Ⅵ

9. 进气涡流是指(　　)。

A. 进气过程中空气所具有的动能形成在汽缸内的涡流

B. 进气在空气滤清器中形成涡流

C. 进气在空气管中形成涡流

D. 进气在缸盖进气道中形成涡流

10. 活塞在压缩冲程上止点附近,引起的空气在活塞顶凹坑内的涡流叫(　　)。

A. 进气涡流　　B. 压缩涡流　　C. 挤压涡流　　D. 燃烧涡流

11. 必须设置主、副燃烧室才能形成的涡流是(　　)。

A. 挤压涡流　　B. 压缩涡流　　C. 燃烧涡流　　D. B+C

12. (　　)燃烧室,对喷射系统要求高。

A. 开式　　B. 半开式　　C. 预燃室式　　D. 涡流室式

13. 开式燃烧室形成可燃混合气,主要依靠是(　　)。

A. 燃油雾化质量　　B. 空气涡动

C. 油束与燃烧室形状的配合　　D. A+C

14. 在柴油机中,形成挤压涡流的燃烧室是(　　)。

A. 半开式　　B. 开式　　C. 预燃室式　　D. 涡流室式

15. 在分隔式燃烧室中,可燃混合气的形成主要依靠(　　)。

A. 燃油的雾化质量　　B. 空气的涡动

C. 喷油压力　　D. 汽缸的状态

16. 涡流室式燃烧室中,可燃混合气的形成主要依靠(　　)。

A. 进气涡流　　B. 压缩涡流　　C. 挤压涡流　　D. 燃烧涡流

17. 在柴油机燃烧室内,首先形成火焰中心的部位是(　　)。

A. 喷油器喷孔处　　B. 混合气浓度 $\alpha=1$ 处

C. 混合气浓度 $\alpha>1$ 处　　D. 混合气浓度 $\alpha<1$ 处

18. 对柴油机工作过程平稳有根本影响的是(　　)。

A. 着火延迟期的长短　　B. 速燃期内平均压力升高率的大小

C. 缓燃期放热量的多少　　D. 后燃期的长短

19. 下列关于柴油机速燃期的论述中不正确的是(　　)。

A. 在速燃期内压力急剧升高到最高爆发压力

B. 速燃期内压力升高急剧程度影响工作的平稳性

C. 柴油机工作平稳性与着火延迟期有密切关系

D. 适当加长着火延迟期可避免柴油机工作粗暴

20. 关于柴油机燃烧过程各阶段的分析,下面叙述正确的是(　　)。

A. 着火延迟期短一些好　　B. 主燃期越短越好

C. 后燃期越短越好　　D. A+C

21. 关于柴油机后燃期的叙述中,不正确的是(　　)。

A. 后燃期是燃烧在膨胀过程中的继续

B. 后燃期是不可避免的

C. 后燃期使排气温度和冷却液的温度升高,柴油机经济性下降

D. 后燃期尽量长一些好

22. 评定柴油机工作平稳的主要指标是(　　)。

A. 压力升高比　　B. 最高爆发压力

C. 平均压力升高率　　D. B + C

23. 柴油机燃烧过程出现最大爆发压力是在(　　)。

A. 着火延迟期　　B. 速燃期

C. 缓燃期　　D. 后燃期

24. 柴油机燃烧过程出现最高温度是在(　　)。

A. 着火延迟期　　B. 速燃期

C. 缓燃期　　D. 后燃期

25. 喷油提前角是指(　　)。

A. 喷油器开始喷油的时刻至活塞到压缩上止点所对应的凸轮轴转角

B. 喷油器开始喷油的时刻至活塞到压缩上止点所对应的曲柄转角

C. 喷油器开始喷油的时刻至活塞到换气上止点所对应的凸轮轴转角

D. 喷油器开始喷油的时刻至活塞到换气上止点所对应的曲柄转角

26. 喷油器的主要功用是(　　)。

A. 向汽缸内喷油

B. 定量喷油

C. 定时喷油

D. 定时定量定压地向汽缸内喷油,并将燃油雾化并合理地分布到燃烧室内

27. 孔式喷油器主要适用的燃烧室是(　　)。

A. 开式燃烧室　　B. 直喷式燃烧室

C. 分隔式燃烧室　　D. 预燃室式燃烧室

28. 轴针式喷油器主要适用的燃烧室是(　　)。

A. 开式燃烧室　　B. 半开式燃烧室

C. 分隔式燃烧室　　D. 直喷式燃烧室

29. 喷油器的启阀压力是指(　　)。

A. 喷油泵的出口压力　　B. 喷油泵抬起针阀时的燃油压力

C. 喷油泵的供油压力　　D. 喷油器开始喷射的最低柴油压力

30. 喷油器的启阀压力取决于(　　)。

A. 喷油泵的排出压力　　B. 喷油器内的油压

C. 调节弹簧的预紧力　　D. 高压油管的尺寸

31. 柴油机喷油过程中的喷油规律,对前期/中期/后期喷油量的合理分配是(　　)。

A. 前期少　中期多　后期少　　B. 前期多　中期多　后期少

C. 前期少　中期多　后期多　　D. 前期多　中期少　后期少

32. 下面关于喷油器针阀和针阀体组成的精密偶件的叙述，不正确的是(　　)。
A. 二者高精密滑动配合
B. 二者的配合精度是通过精磨和研磨来保证的
C. 二者的配合间隙为0.002～0.003mm
D. 组成精密偶件的针阀和针阀体具有互换性
33. 下列关于喷油泵功用的叙述中，不正确的是(　　)。
A. 将燃油压力提高到10～20MPa，甚至更高
B. 控制燃油开始喷射的时刻
C. 根据柴油机负荷要求，确定每循环供油量
D. 向喷油器输送雾化良好的燃油
34. 四冲程柴油机中，为保证喷油器喷油定时的准确要求(　　)。
A. 喷油泵的凸轮轴转速和曲轴的转速相同
B. 喷油泵的凸轮轴转速和配气凸轮的转速相同
C. 喷油泵的凸轮轴转速是曲轴转速的二倍
D. 喷油泵的凸轮轴转速是配气凸轮转速的二倍
35. 下面关于对喷油泵的要求，那一项是不正确的(　　)。
A. 将燃油压力提高到10～20MPa，甚至更高。
B. 各个汽缸供油的不均匀度在怠速工况下不大于3%
C. 各个汽缸供油提前角应该一致，相位差不应大于0.5°曲柄转角
D. 油压建立和停止供油都应迅速，防止产生滴漏现象
36. 喷油泵油量调节方法是(　　)。
A. 改变柱塞上行行程　　B. 改变柱塞套筒位置
C. 转动柱塞改变柱塞有效行程　　D. 改变凸轮相对位置
37. 喷油泵柱塞有效行程是指(　　)。
A. 柱塞由上止点到下止点的全行程
B. 从供油开始到柱塞上止点的上行行程
C. 从供油终点到柱塞上止点的上行行程
D. 从供油开始点到供油终点的上行行程
38. 喷油泵的柱塞下螺旋槽式，其特点是(　　)。
Ⅰ. 油量调节为始点调节
Ⅱ. 油量调节为终点调节
Ⅲ. 当增大供油量时，供油始点不变，终点提前
Ⅳ. 当增大供油量时，供油始点不变，终点延后
Ⅴ. 供油量改变时，供油提前角也发生变化
A. Ⅰ+Ⅳ　　B. Ⅱ+Ⅲ
C. Ⅱ+Ⅳ　　D. Ⅲ+Ⅴ
39. 柴油机喷油泵中的分泵数(　　)发动机的汽缸数。
A. 大于　　B. 等于　　C. 小于　　D. 不一定

40. 四冲程柴油机的喷油泵凸轮轴的转速与曲轴转速的关系为(　　)。

A. 1:1　　B. 2:1　　C. 1:2　　D. 4:1

41. 在柴油机中,改变喷油泵柱塞与柱塞套的相对位置,则可改变喷油泵的(　　)。

A. 供油时刻　　B. 供油压力　　C. 供油量　　D. 喷油锥角

42. 在柴油机的喷油泵上,当油量调节拉杆位置不变时,喷油泵的供油量随凸轮轴转速的升高而(　　)。

A. 增加　　B. 减少　　C. 不变　　D. 急剧减少

43. 下列关于高压油管的叙述,不正确的是(　　)。

A. 高压油管由厚壁无缝钢管特制而成　　B. 其外径与内径之比为 3 ~4

C. 各分泵高压油管内径必须一致　　D. 各分泵高压油管长度无严格要求

四、简答题

1. 简述柴油机燃料供给系统的功用和组成。
2. 高速柴油机对燃料的主要要求有哪些?
3. 柴油的主要性能指标有哪些?
4. 影响柴油可燃混合气形成的主要因素有哪些?
5. 高速柴油机燃烧室的类型有哪些? 各有何特点?
6. 柴油机的燃烧过程可分为几个阶段? 影响柴油机燃烧过程的主要因素有哪些?
7. 简述输油泵的作用和输油泵的工作过程。
8. 简述喷油器的功用和要求,分析孔式喷油器的结构和工作原理。
9. 简述柴油机喷油泵的功用与要求。
10. 简述柱塞式喷油泵构造和工作原理。
11. 柴油机油量调节机构有何作用? 类型有哪些?
12. 为什么柴油机要装调速器? 柴油机调速器的有何功用? 简述调速器的主要类型。
13. 绘简图并说明机械离心式调速器的基本工作原理。
14. 输油泵是怎样实现输油量和输油压力的自动调节的?
15. 简述柴油机电控喷射的基本组成和工作原理。

第六章 汽油机点火系统

知识目标

1. 能简单叙述汽油机点火系统的功用和类型；
2. 能正确描述对汽油机点火系统的要求；
3. 能正确描述蓄电池点火系统的组成和工作原理；
4. 能正确描述微机控制点火系统的组成和工作原理；
5. 能正确描述车用电源的组成与功用。

技能目标

1. 能够进行蓄电池点火系统主要设备的拆装和检验；
2. 能够对微机控制点火系统的主要元件进行检测与调整。

第一节 概　述

一、点火系的功用和要求

在汽油机中，可燃混合气是用电火花点燃的。产生电火花的全部设备称为汽油机点火系统。点火系统的功用是在汽油机各种工况和使用条件下，按工作顺序，在汽缸内适时、可靠地产生足够能量的电火花，以点燃汽缸中的可燃混合气。

点火系统性能的好坏将直接影响汽油机的燃烧过程，因而对汽油机的性能有着重大影响。为此，点火系应满足以下基本要求：

1. 点火时刻应与发动机的工况相适应

点火时刻首先应满足发动机工作循环的要求，其次可燃混合气在汽缸内从开始点火到完全燃烧需要一定时间（千分之几秒），所以要使发动机产生最大功率，就不应在压缩行程终了时（上止点）点火，而应适当提前一个角度。这样，当活塞到达上止点时，混合气已经接近充分燃烧，发动机才能发出最大功率。点火时刻是以点火提前角表示的。最佳点火提前角除了必须随汽油机的转速和负荷进行调节外（已经在第四章做了介绍），还与所用汽油的抗爆性等因素有关。当使用辛烷值较高，即抗爆性好的汽油时，点火提前角也较大，反之当辛烷值低时，点火提前角也应小些。为此，汽油机点火系统的分电器上都有辛烷值调节器，以便于使用不同牌号的汽油时,相应地调整点火提前角。

2. 能产生足以击穿火花塞两电极间隙的电压

将火花塞两电极之间的间隙击穿并产生火花所需的电压,称为火花塞击穿电压。

火花塞击穿电压的大小与电极之间的距离(火花塞间隙)以及发动机的工况等因素有关。

试验表明,发动机正常运转时,火花塞的击穿电压为7~8kV,发动机冷起动时达19kV。为了使发动机在各种不同的工况下均能可靠地点火,要求火花塞的击穿电压应为15~20kV。

3. 电火花具有足够的能量

为了使混合气可靠地点燃,要求电火花具有一定的能量。能量的大小与混合气的压力、温度和成分有关,一般汽油机电火花的能量应为50~80mJ,起动时电火花的能量应大于100mJ。

二、点火系统的类型

汽油机点火系统,按其组成和产生高压电方式的不同可分为蓄电池点火系统、电子点火系统、微机控制点火系统和磁电机点火系统。

1. 蓄电池点火系统

蓄电池点火系统以蓄电池和发电机为电源,通过点火线圈和断电器,将电源提供的6V、12V或24V的低压直流电转变为高压电,再由分电器分配到各缸火花塞,使火花塞两电极之间产生电火花,点燃可燃混合气。这种点火系统的不足是所产生的高压电电压比较低,高速时工作不可靠,使用过程中需要经常进行检查和维护。

2. 电子点火系统

电子点火系统与蓄电池点火系统的主要区别是用点火线圈和半导体器件组成的点火控制器将电源提供的低压电转变为高压电,再由分电器分配到各缸火花塞,使火花塞两电极之间产生电火花,点燃可燃混合气。电子点火系统具有点火可靠、使用方便等优点,是目前广泛使用的点火系统。

3. 微机控制点火系统

微机控制点火系统为最新型的点火系统,也是以蓄电池和发电机为电源,由点火线圈将电源提供的低压电转变为高压电,再由分电器分配到各缸火花塞,并由微机控制系统根据各种传感器提供的反映发动机工况的信息,发出点火控制信号,控制点火时刻,点燃可燃混合气。它还可以取消分电器,由微机控制系统直接将高压电分配给各缸。

4. 磁电机点火系统

磁电机点火系统中,是由磁电机本身直接产生高压电,不需另设高压电源。其特点是在发动机中、高转速范围内,产生的电压较高,工作可靠。但在发动机低转速时,产生的电压较低,不利于发动机起动。磁电机点火系统多用于不带蓄电池的摩托车发动机上。

三、点火系统的特点

点火系统采用单线制连接,即电源的一个电极用导线与各个用电设备相连,而电源的另一极则通过发动机机体、车架以及车身等金属构件与各个用电设备相连,称之为“搭铁”,其性质相当于一般电路中的接地。搭铁的电极可以是正极也可以是负极。

因为热的金属表面比冷的金属表面容易发射电子，发动机工作时，火花塞的中心电极比侧电极的温度高，因此电子容易从中心电极向侧电极发射，使火花塞间隙处离子化程度高，火花塞间隙容易被击穿，击穿电压可降低15% ~20%。因此，无论采用正极搭铁还是负极搭铁，点火线圈的内部连接或外部连接，均应保证点火瞬间火花塞中心电极为负极，即火花塞电流应从火花塞的侧电极流向中心电极。

国内外早期生产的车辆曾采用正极搭铁，由于电子设备的广泛应用，目前多改为负极搭铁。

第二节 蓄电池点火系统的组成与工作原理

一、蓄电池点火系统的组成

蓄电池点火系统主要由蓄电池1、点火开关2、点火线圈3、分电器4以及火花塞7等组成，如图6-1所示。

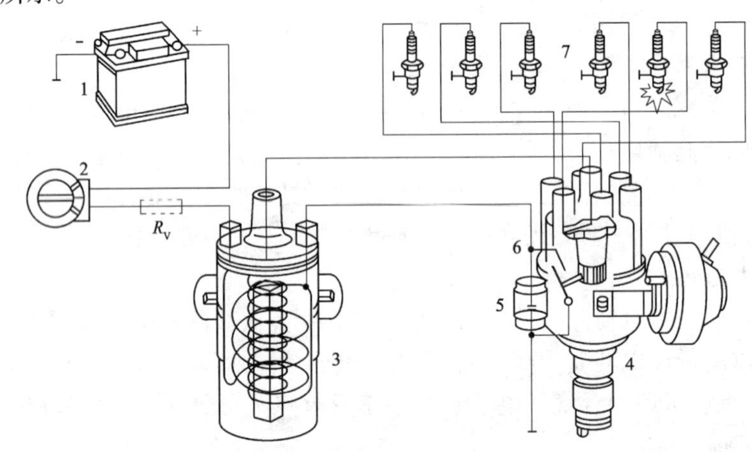

图6-1 蓄电池点火系统的组成

1-蓄电池；2-点火开关；3-点火线圈；4-分电器；5-电容器；6-断电触点；7-火花塞

点火开关用来控制仪表电路、点火系统初级电路以及起动机继电器电路的开与关。

点火线圈相当于自耦变压器，用来将电源提供的6V、12V或24V的低压直流电转变为15 ~20kV的高压电。它是由来自点火开关的同一根导线引出并绕在同一铁芯上的内、外两个绕组组成。内部绕线直径小，匝数较多的叫次级绕组5；外部绕线直径大，匝数少的叫初级绕组6，如图6-2所示。

分电器是由断电器、配电器、电容器8和点火提前角调节装置等组成的。其功用是在发动机工作时接通或切断系统的初级电路，使点火线圈的次级绕组中产生高压电，并按发动机要求的点火时刻与点火顺序，将点火线圈产生的高压电分配到相应汽缸的火花塞上。

断电器主要由断电器凸轮9、断电器触点10、断电器活动触点臂11等组成。断电器触点与点火线圈的初级绕组串联，当断电器凸轮旋转时，凸轮的凸棱顶动断电器活动触点臂，使触点不断地开、闭，用来接通或切断点火线圈初级绕组6的电路。因此，断电器相当一个凸轮控制的电路开关。断电器凸轮由发动机凸轮轴驱动,并以同样的转速旋转,既发动机曲轴每转两转,断电器凸轮转一转。为了保证发动机在一个工作循环内各缸轮流点火一次,断电器凸轮的凸棱数与发动机的汽缸数相等。

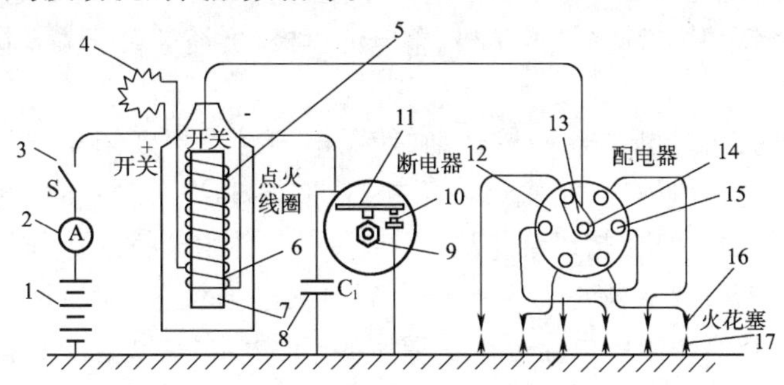

图 6-2 点火系统电路图

1-蓄电池;2-电流表;3-点火开关;4-点火线圈的附加电阻;5-点火线圈次级绕组;6-点火线圈初级绕组;7-铁芯;8-电容器;9-断电器凸轮;10-断电器触点;11-断电器活动触点臂;12-分电器盖;13-分火头;14-分电器中心电极;15-旁电极;16-火花塞中心电极;17-火花塞侧电极

配电器由分电器盖 12 和分火头 13 等组成。配电器与点火线圈的次级绕组串联,分火头安装在断电器凸轮顶端与其同速转动,用来将次级绕组 5 产生的高电压从分电器盖上的中心电极 14 引出,依次分配到各缸的旁电极 15,再到火花塞。

电容器与断电器触 10 点并联,用来保护断电器触点,避免在断电器断开瞬间产生电火花,使触点烧蚀。

点火提前角调节装置由离心式和真空式两套提前调节装置组成,用来在发动机运转工况变化时自动调节点火提前角。

火花塞由中心电极 16 和侧电极 17 组成,安装在燃烧室中,用来将高压电引入燃烧室,点燃可燃混合气。

电源用来提供点火系工作所需的能量,由蓄电池 1 和发电机组成。

二、蓄电池点火系统工作原理

蓄电池点火系统的工作原理,如图 6-3 所示。

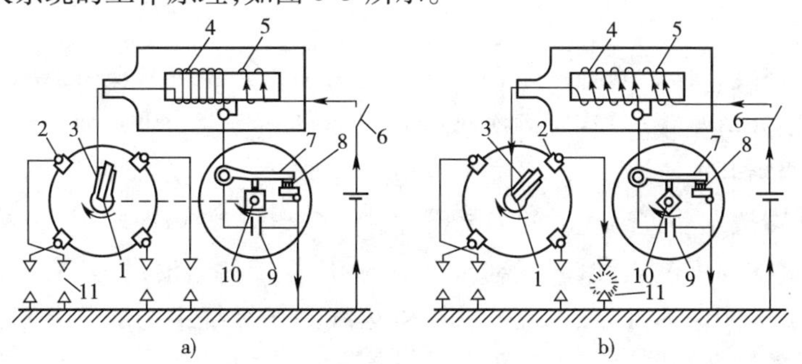

a) b)

图 6-3 蓄电池点火系统工作示意图

a)触点闭合;b)触点分开

1-配电器中心电极;2-侧电极;3-分火头;4-点火线圈次级绕组;5-点火线圈初级绕组;6-点火开关;7-活动触点臂;8-固定触点;9-电容器;10-断电器凸轮;11-火花塞

初级绕组5的一端经点火开关6与蓄电池正极相连。另一端依次与断电器活动触点臂7、断电器固定触点8,最后搭铁与蓄电池搭铁的负极相连,组成初级回路。

次级绕组4的一端经高压导线、分电器盖的中心电极和分火头、旁电极、火花塞中心电极,火花塞侧电极搭铁、蓄电池搭铁的负极、蓄电池正极,再经点火开关6接次级绕组的另一端,组成次级回路。

汽油机在工作时,带动断电器凸轮转动,使断电器触点不断闭合与打开。当触点闭合时,配电器分火头不与旁电极连通,次级回路断路(图6-3a)。于是蓄电池电流在初级回路中形成初级电流。初级电流在初级绕组周围产生磁场,并由于铁芯的作用而加强。当触点被凸轮顶开时,配电器分火头刚好转到与一个旁电极连通位置,次级回路接通(图6-3b)。由于初级电路中断,初级绕组中电流迅速下降为零,其周围的磁场也迅速减小。根据电磁感应定律,在次级绕组中将产生出感生电压,亦称次级电压,其中流过的电流称为次级电流。由于次级绕组的匝数比初级绕组多、导线细,因此产生的感生电压很高。此高压电流沿次级回路,经配电器送到火花塞,作用于火花塞的中心电极与侧电极之间,产生电火花,点燃可燃混合气。触点断开后,初级电流下降得越快,铁芯中磁通变化率越大,次级绕组中产生的感生电压越高,越容易击穿火花塞间隙。

当点火线圈铁芯中磁通发生变化时,不仅在次级绕组中产生高压电(互感电压),同时也在初级绕组中产生自感电压与电流。故当触点闭合时,因自感电流的与原初级电流方向相反,使初级电流上升得缓慢。当触点断开时,也由于自感电流的方向与原初级电流方向相同,使初级电流消失得缓慢,从而削弱了次级绕组的高压电动势。此外,自感电压可高达300V,在触点断开瞬间,将击穿触点间隙,产生强烈的火花,使触点被氧化、烧蚀。为此,在断电器触点间并联了一个电容器9,当触点断开时,初级绕组产生的自感电流向电容器充电,加快电流变化速率,既加大了次级绕组的感生电动势,又可避免自感电压在断电器触点间产生火花。

发动机工作时,点火线圈中产生的次级电压的大小,与断电器触点断开瞬间初级电流的大小有关。而初级电流的大小又受到初级绕组的自感作用和断电器触点闭合时间长短的影响。

在断电器触点闭合时,初级电流增长的过程中,因初级绕组的自感作用,产生的自感电流与初级电流方向相反,使初级电流增长速率减慢。所以,在触点分开时的初级断开电流总是小于其最大稳定值。

发动机的转速又直接影响触点闭合时间的长短。当发动机转速升高时,将使触点闭合时间缩短,初级断开电流减小,感应的次级电压下降;反之,发动机转速降低时,将使触点闭合时间延长,初级断开电流增大,次级电压升高。

如果点火线圈按发动机高速时的需要设计,则低速时初级电流将过大,使点火线圈过热受损,如果按点火线圈不过热设计,发动机高速时,随触点闭合时间减小,初级电流过小,导致次级电压过低,不能保证可靠点火。为此,点火线圈初级绕组的电路上串联有附加电阻,以改善点火系统的高速性能。

附加电阻是一个阻值随温度迅速变化的热敏电阻,其电阻值随温度的升高而增大。当发动机低速运转时,由于触点闭合时间长,初级电流大,附加电阻温度高,电阻值增大,使初级回路的电阻值增大,初级电流适当减小,防止点火线圈过热;当发动机高速运转时,由于触点闭合时间短,初级电流减小,附加电阻温度降低,电阻值减小,使初级电流适当增大,次级电压适当升高,可以改善点发动机的高速性能。

在起动发动机时,起动机消耗的电流很大,使蓄电池的端电压急剧降低。此时,为了保证初级电流的必要强度,可通过起动机的电磁开关将附加电阻短路。

第三节 蓄电池点火系统的主要部件

一、分电器

分电器由断电器、电容器、配电器和各种点火提前角调节装置等组成,如图6-4所示。

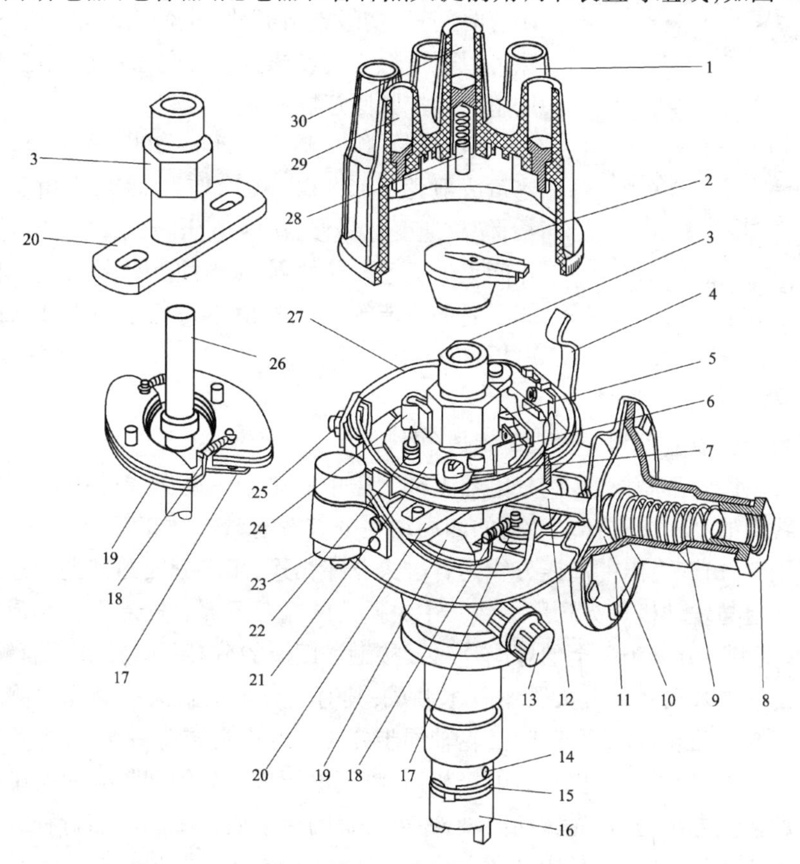

图6-4 分电器

1-分电器盖;2-分火头;3-断电器凸轮(带离心调节器横板);4-分电器盖弹簧夹;5-断电器活动触点臂、弹簧及固定夹;6-固定触点及支架;7-调节螺钉;8-接头;9-弹簧;10-真空式提前点火装置膜片;11-真空式提前点火装置外壳;12-拉杆;13-油杯;14-固定销及联轴器;15-联轴器钢丝;16-扁尾连接轴;17-离心式点火提前调节装置底板;18-重块弹簧;19-离心式点火提前调节装置重块;20-横板;21-断电器底板;22-真空式提前点火装置拉杆销及弹簧;23-电容器;24-油毡;25-断电器接线柱;26-分电器轴;27-分电器外壳;28-中心电极;29-分高压线插孔;30-中央高压线插孔

1. 断电器和电容器

断电器的结构如图6-5所示,主要是由一对钨质的触点和断电器凸轮8组成,其活动触点固定在活动触点臂2的一端,活动触点臂的另一端以孔套装在销轴12上,与分电器壳7

和销轴绝缘，并与点火线圈的“－”接线柱相接。活动触点臂的中部固定着夹布胶木顶块11，触点臂弹簧片13的弹力使活动触点与固定触点3保持闭合，胶木顶块同时压向凸轮。固定触点及支架3通过分电器壳体搭铁。凸轮轴通过离心点火提前调节器，由分电器轴9驱动。

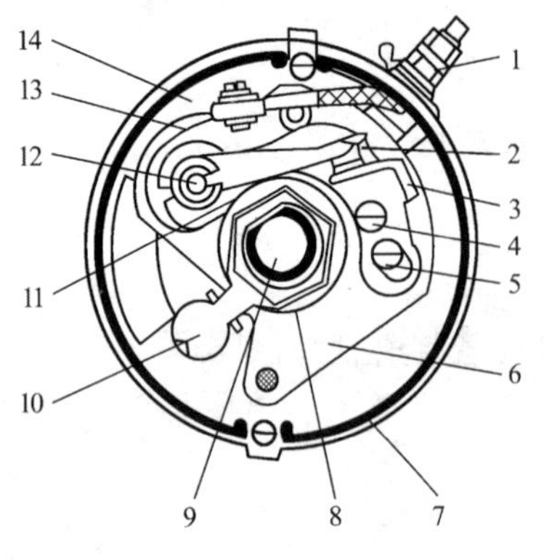

图6-5 断电器

1-接线柱；2-活动触点臂和活动触点；3-固定触点及支架；4-固定螺钉；5-偏心调节螺钉；6-断电器活动底板；7-分电器壳；8-断电器凸轮；9-分电器轴；10-油毡；11-胶木顶块；12-销轴；13-触点臂弹簧片；14-继电器固定底板

两触点分开时的最大间隙称为触点间隙，一般为0.35～0.45mm。间隙过小，触点断开时，由于线圈的“自感现象”，触点间的感生电压(约为300V以上)容易使触点间出现电火花，初级回路断电不迅速，结果降低了次级电压，并且还会使触点氧化和烧蚀。间隙过大，则触点的闭合时间短，初级电流减小，也使次级电压变低。触点间隙可以通过偏心调整螺钉5改变固定触点位置进行调整。调整后要拧紧固定螺钉4。

电容器工作时要承受200～300V的自感电动势，其电容量一般为0.15～0.35μF，如果太大，则由于充放电周期长，使磁通变化缓慢，次级电压降低；若电容量太小，则触点间火花过强，导致触点烧蚀。另外，还要求其一般在20℃时的直流绝缘电阻值不得低于50MΩ；加600V交流电压，1min内不会击穿。

2.配电器

配电器由分电器盖1和分火头2组成(图6-4)。

分电器盖1用胶木制成，装到分电器上部。盖中心是中央高压线插孔30，其内镶铜套，用以和次级线圈的高压线连接。沿盖的四周均匀分布着与汽缸数相等的分高压线插孔29，孔内也镶有铜套，由此引出的高压分线与各缸火花塞相连，高压分线的排列顺序应在断电凸轮轴旋转方向上与发动机点火顺序一致。中央插孔的铜套下部有柱形炭精制成的中心电极28，它借助弹簧力与分火头2上的导电片紧紧接触。四周的分高压线插孔下有铜质旁电极，可与分火头的导电片接触。分火头用胶木制成，其对着分电器盖的一侧径向镶着铜质导电片。分火头嵌套在凸轮轴的顶端，随凸轮轴同步旋转。分火头转动一周，导电片外端依次与各旁电极接触一次，使中央电极与旁电极相通，将高电压依次分配到各缸的火花塞。

高压线的接线方法是：首先转动曲轴，使第一缸的活塞处在距离压缩行程终了上止点前规定的点火提前角处(查看飞轮上的角刻度)，再转动分电器外壳使断电器触点刚微微张开，此时分火头的导电片应恰好与某一旁电极相通，将该旁电极引出的高压线接到第一缸火花塞，并以此为准按断电凸轮轴旋转方向和点火顺序，连接其余各缸的高压分线。

3.点火提前角调节机构

1)离心式点火提前角调节装置

离心式点火提前角调节装置的功用是，当发动机转速升高时，点火提前角也相应增大。反之，点火提前角减小。

离心式点火提前角调节装置的构造，如图6-6所示。当发动机转速变化时，可自动改变断电器凸轮1和分电器轴8的相对位置，实现点火提前角的自动调节。

分电器轴 8 下端固装着托板 7，两个重块 4 和 10 分别松套在托板上的两个销轴 6 上，重块的小端与托板之间用弹簧 3 和 9 相连，当托板随分电器轴 8 旋转时，重块靠离心力克服弹簧拉力，绕销轴转动一个角度，从而使重块小端向外甩出一定距离。

与断电凸轮制成一体的轴套 11 松套在轴 8 上部，轴套的下端固定有带孔拨板 2，拨板上的两个长方孔分别套在两个重块的销钉 5 上。可见分电器轴不是直接驱动凸轮 1 的，而是分别通过托板 7、重块、带孔拨板 2、轴套 11 带动凸轮旋转。

发动机不工作时，弹簧 3 和 9 将重块的小端拉在图中虚线所示位置。当分电器轴转速高于 200～400r/min 后，重块的离心力克服弹簧的拉力向外甩出，此时两重块上的销钉 5 带动拨板 2 连同凸轮 1，顺着旋转方向相对于分电器轴转过一个角度，将触点提前顶开，点火提前角增大。当分电器轴转速继续增大到 1500r/min 时，销钉 5 靠在拨板 2 上的长方孔的外缘，点火提前角达到最大值。

2）真空式点火提前角调节装置

真空式点火提前角调节装置能使发动机的点火提前角随负荷（节气门开度）的增加而减小。它是通过改变触点与凸轮相对位置的方法进行调节的，工作原理如图 6-7 所示，调节器内腔有一膜片 4 将其分成左、右两室。左室通大气，右室用真空管 6 与节气门 7 旁的专用通气小孔 8 连接。右室内弹簧 5 的预紧力将膜片压得左凸（图 6-7b）。拉杆 3 一端固定在膜片 4 的中央，另一端松套在随动板 2 的销钉上。随动板固定在分电器外壳上，而安装断电器触点的托板则用螺钉与分电器外壳相连。

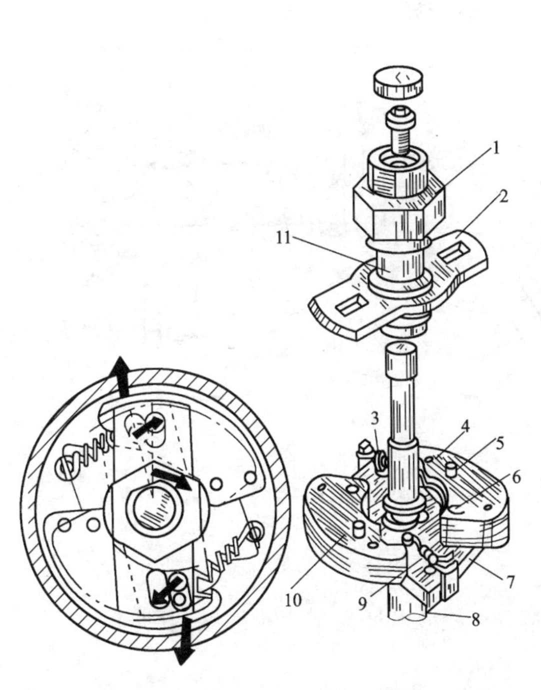

图 6-6　离心式点火提前角调节装置

1-断电器凸轮；2-带孔拨板；3、9-弹簧；4、10-重块；5-销钉；6-销轴；7-托板；8-分电器轴；11-轴套

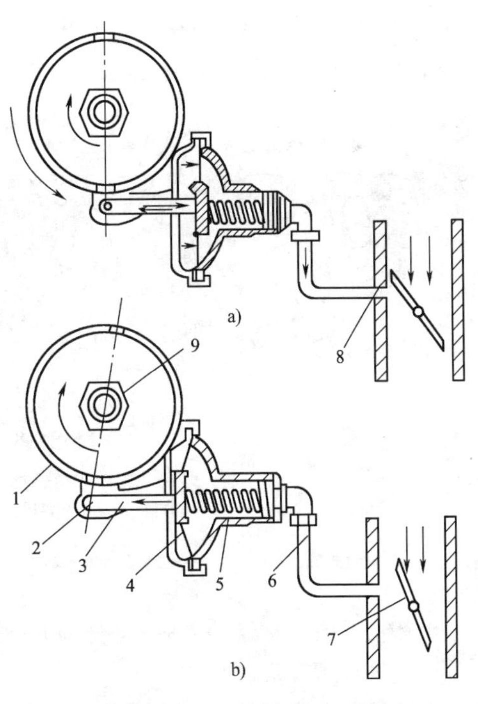

图 6-7　真空式点火提前角调节装置

a）节气门小开度；b）节气门小开度

1-分电器外壳；2-随动板；3-拉杆；4-膜片；5-弹簧；6-真空管；7-节气门；8-小孔；9-断电器凸轮

汽油机小负荷运转时，节气门开度小。小孔 8 的真空度增大，使右室压力低于左室，于是膜片克服弹簧 5 的弹力，压向右方，带动拉杆右移，而拉杆通过随动板 2、外壳 1 和托板将断电器触点逆着断电器凸轮 9 的旋转方向转动一个角度（图 6-7a），使活动触点臂的胶木顶块向凸轮的凸棱靠近，于是点火提前角增大。节气门开度越小，小孔 8 的真空度越高，点火提前角也越大。

汽油机全负荷运转时，节气门开度大，节气门旁的通气小孔真空度不大，真空提前点火装置不起作用，弹簧 5 的弹力使膜片左拱，通过拉杆、随动板、外壳和托板将断电器触点顺着断电器凸轮的旋转方向转动一个角度，使活动触点臂的胶木顶块离开凸轮的凸棱，于是点火提前角很小。

在节气门开度最小时，小孔 8 的位置刚好在其上方，右室真空度很小，点火时刻不提前或很小，这样有利于发动机起动和怠速运转。

3）辛烷值校正器

辛烷值校正器的作用是当汽油机换用不同牌号的汽油时，改变初始点火时刻，以避免爆燃的发生。如发动机使用低于规定牌号的汽油时，必须及时将分电器上的辛烷值调节器向负方向调整，以适当推迟点火时间，避免爆燃。反之，如使用高于规定牌号的汽油时，燃烧速度加快，点火提前角适当增大。

不同形式的分电器，辛烷值校正器的结构也不同，但工作原理是一致的，如图 6-8 所示。首先将分电器外壳固定螺栓拧松，若想增大点火提前角，则应使分电器外壳逆分电器轴旋转方向（刻度盘“ + ”方向）转动一个角度；反之，则顺旋转方向转动一个角度（刻度盘“ - ”方向，这样就会带动触点相对凸轮转动一个角度），然后将固定螺栓拧紧。

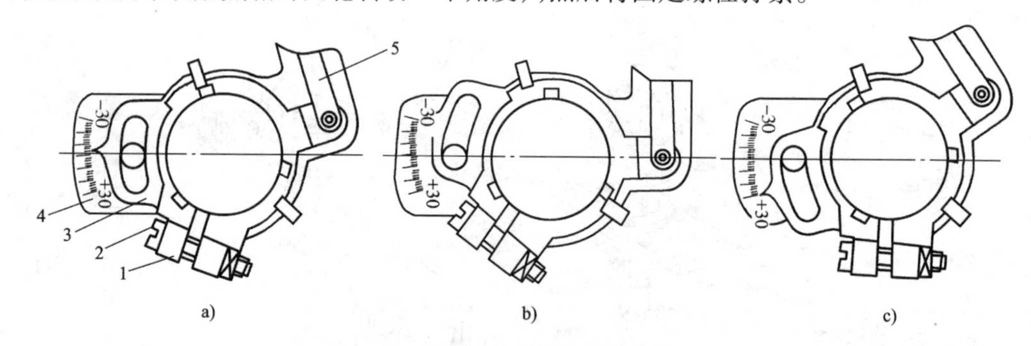

图 6-8　辛烷值校正器

a）标准位置；b）顺时针转动外壳；c）逆时针转动外壳

1-调节臂；2-夹紧螺钉及螺母；3-托架；4-调节底板；5-拉杆

二、点火线圈

点火线圈按其磁路的形式，可分为开磁路点火线圈和闭磁路点火线圈两种。

1. 开磁路点火线圈

开磁路点火线圈的中心是由若干层涂有绝缘漆的硅钢片叠成的铁芯 6 组成，次级绕组 4 和初级绕组 5 都套装在铁芯上，如图 6-9 所示。

次级绕组用直径为 0.06 ~ 0.10mm 的漆包线在绝缘纸管上绕 11000 ~ 23000 匝而成，初级线圈则用 0.5 ~ 1.0mm 的漆包线在绝缘纸管上绕 240 ~ 370 匝而成。因为初级线圈中的电流大、发热量大，故置于次级绕组之外以利散热，两个绕组外面都包有绝缘纸层。在初级绕组之外还套装有一个导磁钢套3，以减小磁阻并使初级绕组的热量容易散出，两个绕组连同铁芯浸渍石蜡和松香的混合物后装入外壳2中，并支于瓷质绝缘座7上，在外壳内充填防潮的绝缘胶状物或变压器油后，用胶木盖盖好，并加以密封。次级绕组的一端与初级绕组的一端焊接在一起，焊接点在点火线圈的内部，次级绕组的另一端连接在胶木体12中央的高压接线头11上，初级绕组的两端分别与低压接线柱1和10相连。附加电阻8接在接线柱9、10之间，它的作用是稳定初级电流。

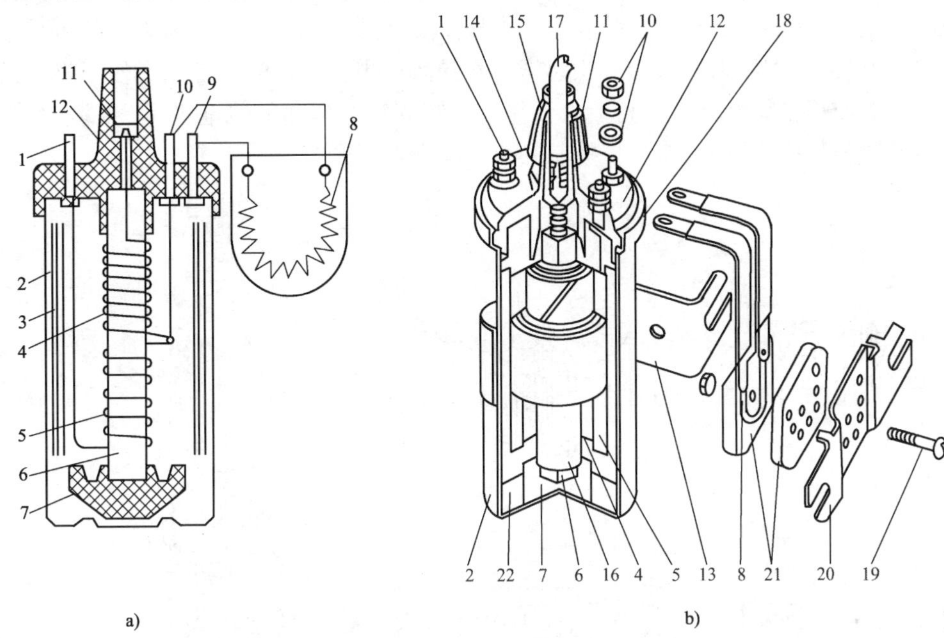

图6-9 开磁路点火线圈

1-“－”接线柱；2-外壳；3-导磁钢套；4-次级绕组；5-初级绕组；6-铁芯；7-绝缘座；8-附加电阻；9-“＋”接线柱；10-“＋”开关接线柱；11-高压线接头；12-胶木体；13-附加电阻固定架；14-弹簧；15-橡胶罩；16-绝缘纸；17-高压阻尼线；18-橡胶密封圈；19-螺钉；20-附加电阻盖；21-附加电阻瓷质绝缘体；22-沥青填料

起动发动机时，利用起动电机开关接触盘5（图6-10），可将附加电阻8暂时短路，以保证起动时有足够大的初级电流，满足火花塞可靠点火的需要。发动机起动后，附加电阻仍串入初级回路，恢复正常工作。

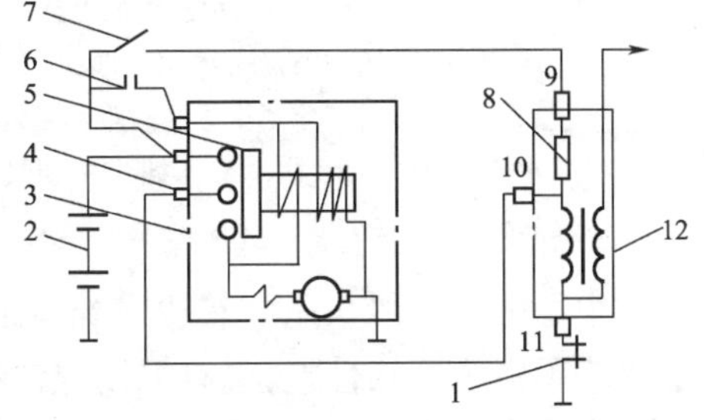

图6-10 带附加电阻的点火线圈接线图

1-断电器触点；2-蓄电池；3-起动机；4-附加电阻短路接线柱；5-起动电机开关接触盘；6-起动继电器触点；7-点火开关；8-附加电阻；9、10、11-点火线圈接线柱；12-高压线接头

2. 闭磁路点火线圈

上述的开磁路点火线圈采用柱形铁芯，初级绕组在铁芯中产生磁通，通过导磁钢套形成磁路，而铁芯上、下的磁力线需从空气中穿过，磁路的磁阻大，泄漏的磁通量多，转换效率低，一般只有60%左右，如图6-11a)所示。

在电子点火系统中，采用了能量转换效率高的闭磁路点火线圈，如图6-11b)所示。这种点火线圈的铁芯为一带有小气隙的“口”或“日”字的形状，其磁路如图6-11c)、d)所示。初级绕组在铁芯中产生的磁通通过铁芯形成闭合磁路，漏磁损失小，转换效率高，可达75%。

三、火花塞

火花塞的功用是将高压电引入汽油机燃烧室，在其两极间形成电火花，点燃混合气。

火花塞的结构如图6-12所示，在钢质壳体5的内部固定有刚玉陶瓷制成的绝缘体2，在绝缘体中心孔的上部有金属接线螺杆3，接线螺杆的上端有接线螺母1，用来接来自旁电极的高压导线。绝缘体中心孔的下装有中心电极11。接线螺杆与中心电极之间用导电玻璃制成的密封剂密封。铜制内垫圈4和8起密封和导热作用。壳体的上部制成便于拆装的六方形，下部是螺纹以便旋装在汽缸盖上。壳体的下端固定有弯曲的侧电极9。安装火花塞时，与汽缸盖的接触处有紫铜皮包石棉特制的垫圈7以保证密封。

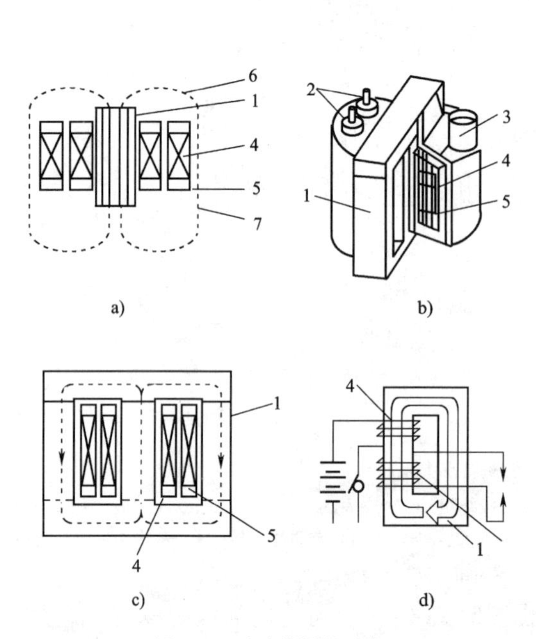

图6-11　点火线圈的磁路

a)开磁路；b)闭磁路点火线圈外形；c)“日”字形铁芯的磁路；d)“口”字形铁芯的磁路

1-铁芯；2-低压接线柱；3-高压插孔；4-初级绕组；5-次初级绕组；6-磁力线；7-导磁钢套

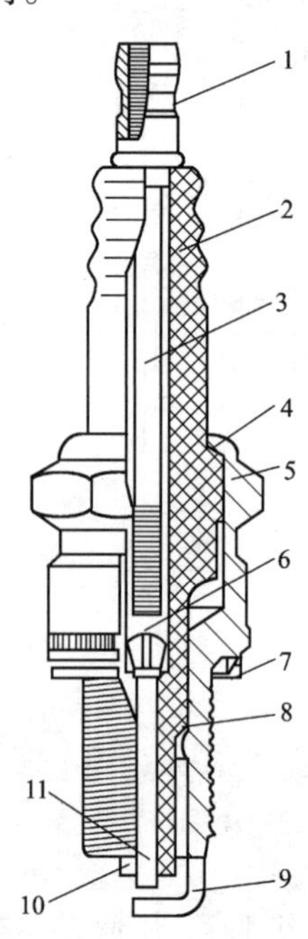

图6-12　火花塞的结构

1-接线螺母；2-绝缘体；3-接线螺杆；4-垫圈(密封导热)；5-钢质壳体；6-密封剂；7-密封垫圈；8-紫铜垫圈；9-侧电极；10-绝缘体裙部；11-中心电极

中心电极一般采用含有少量铬、锰、硅的镍基合金制成，具有良好的耐高温、耐腐蚀性能。为了提高耐热性能，也有采用镍包铜材料的。

火花塞的电极间隙一般为0.6～0.7mm。间隙过小，则火花微弱，并容易产生积炭而漏电；间隙过大，所需击穿电压增高，发动机不易起动，且在高速时容易发生“缺火”现象。

火花塞绝缘体裙部10(指中心电极外面的绝缘体锥形部分)的温度应保持为500～600℃，这个温度可使落在绝缘体裙部的油粒立即被烧掉，所以称为火花塞的自洁温度。若温度低于此值，则将会在绝缘体裙部形成积炭而漏电，影响火花塞跳火；若温度过高(超过

800～900℃)，裙部因过热将发生炽热点火，从而导致发动机早燃。

由于不同发动机的热状况不同，所以火花塞根据绝缘体裙部的散热能力(即火花塞的热特性)分为冷型、中型和热型三种，如图6-13所示。冷型火花塞绝缘体裙部短，吸热面积小，传热途径短(图6-13a)，适于高速、高压缩比的大功率发动机。热型火花塞绝缘体裙部长，吸热面积大，传热途径长(图6-13c)，适于低速、低压缩比的小功率发动机。中型火花塞裙部长度介于二者之间(图6-13b)也称为普通型火花塞。火花塞的热特性划分没有严格界限。一般说来，在国产火花塞中，将绝缘体长度为16～20mm的划为热型，长度在11～14mm的划为中型，长度小于8mm则为冷型。

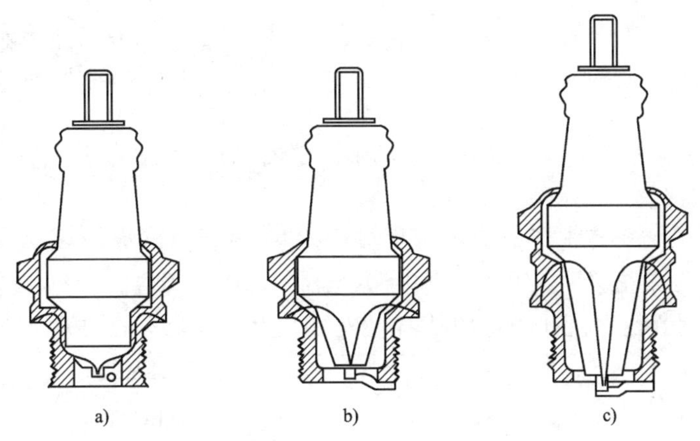

图6-13　火花塞的类型

a)冷型火花塞;b)中型火花塞;c)热型火花塞

在火花塞的标准中，通常用热值来表征火花塞的热特性。所谓热值表示火花塞绝缘体裙部吸热与散热的平衡能力，热值越高吸热与散热平衡能力越强，因而热型火花塞热值低，冷型火花塞热值高。一般火花塞的选用是经实验确定的，不应随意更换。

第四节　电子点火系统

为减轻汽油机有害物质排放量，汽油机的发展趋势要求点火系统提高次级电压和点火能量，电子点火系统就是在这种情况下产生的。

电子点火系统的发展过程经历了晶体管半导体辅助触点点火系统、无触点电子点火系统，直至发展到微处理器控制的点火系统。

一、晶体管辅助触点点火系统

晶体管辅助触点点火系统与传统点火系统的区别在于，断电器触点不直接控制初级回路，而是将触点串联在晶体管的基极回路中，并利用晶体管的放大作用间接控制初级回路。

图6-14为正极搭铁的半导体辅助点火系统电路图。其中除了蓄电池、点火开关、断电器、配电器、点火线圈和火花塞4之外，在点火初级线圈W_1和点火开关2之间加入了晶体三极管BG和电阻R_1、R_2、R_3及电容器C。

接通点火开关2以后，当断电器触点3闭合时，由于电阻R_2，R_3的分压作用，使三极管基极b的电位高于发射极e的电位，产生基极电流，这时三极管导通，接通了点火系统的初级电路。初级电流由蓄电池的正极经机体、点火线圈的初级绕组 W_1、晶体管 BG、电阻 R_1、点火开关 2 流到蓄电池负极。当触点 3 断开时，基极电流中断，经过初级线圈的电流迅速下降到零。在次级线圈 W_2 中感应出极高的电压，击穿火花塞 4 的间隙，产生火花而点燃混合气。

由于通过断电器触点的电流很小，一般不会产生烧蚀问题，所以它的初级电流可达 6A（传统点火系初级电流只有 4A）。起动时初级电流可达 9A，因而点火能量和次级电压得到提高。

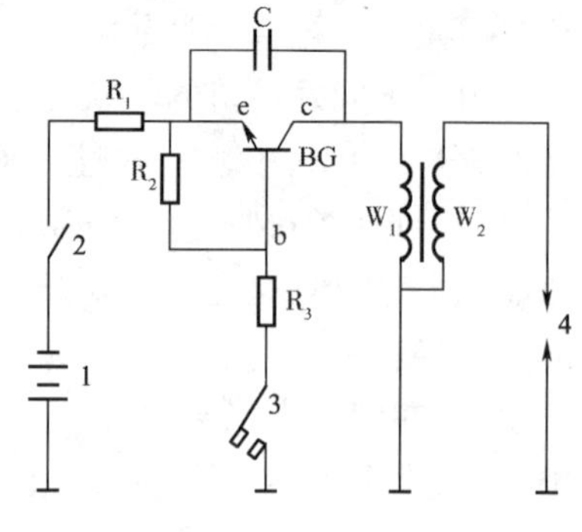

图 6-14　晶体管辅助触点点火系统

1-蓄电池；2-点火开关；3-触点；4-火花塞

二、无触点电子点火系统

无触点电子点火系统的特点是完全取消了断电器触点，而由点火信号发生器（传感器）来控制点火时刻。

图 6-15 是一个无触点电子点火系统组成示意图，主要由点火信号发生器（在分电器 7 内），点火控制器 3、火花塞 8 等组成。其中，分电器中的配电器、离心点火提前角调节装置和真空点火提前角调节装置，它们的功用和结构与传统点火系统中的同类元件完全相同。

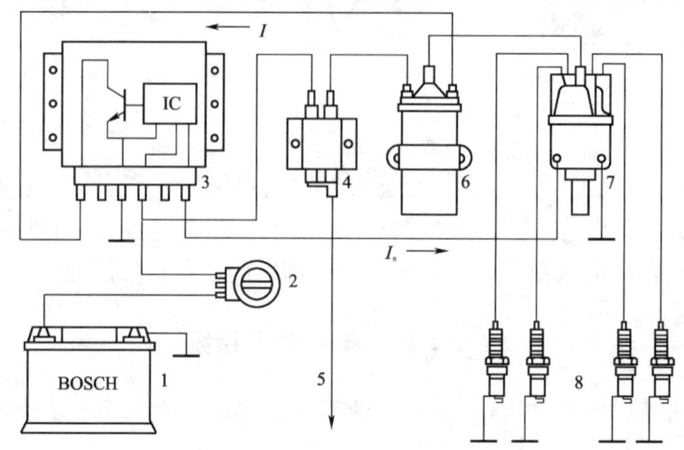

图 6-15　无触点电子点火系统

1-蓄电池；2-点火开关；3-点火控制器；4-附加电阻；5-到起动开关；6-点火线圈；7-分电器；8-火花塞；IC-集成电路；I-初级电路；I_s-触发信号电流

点火信号发生器取代了传统点火系统断电器中的凸轮，用来判断活塞在汽缸中的位置，并将非电量的活塞位置信号转变成脉冲电信号输送到点火控制器，从而保证准确的点火时刻。

点火控制器取代了传统点火系统断电器中的触点，将点火信号发生器输出的点火信号进行整形、放大，转换成点火控制信号，控制点火线圈初级绕组中电流的通、断，使次级绕组产生高压点，供火花塞点火。

点火信号发生器位于分电器内，常见的有霍尔效应式、磁脉冲式和光电式几种。

1. 霍尔效应式点火信号发生器（霍尔效应式传感器）

图 6-16 是一个带霍尔效应式传感器的分电器，与传统的分电器相比，该分电器没有凸轮，而代之以一个有缺口的信号盘 1（缺口数与汽缸数相同），断电触点被霍尔传感器取代，

分电器的配电机构和点火提前装置没有变化。

霍尔效应式传感器产生点火信号的原理，如图 6-17 所示。传感器利用霍尔效应原理产生电信号：即当霍尔元件 3 外的磁场强时，它将产生霍尔电压 U_H（高电平），而当磁场弱时，则没有霍尔电压（低电平），由于 U_H 很弱，故在霍尔元件中有反相放大电路对 U_H 进行处理，使传感器的输出信号 U_G 和 U_H 正好反相，且信号的电压很高（一般与输入电压相同）。当信号盘随分电器轴转动时，每当信号盘叶片进入永久磁铁与霍尔传感器之间槽中时，霍尔传感器的磁场被叶片所旁路（或称隔磁），这时霍尔传感器不产生霍尔电压 U_H，霍尔元件输出 U_G 为高电平。当叶片从槽中移出时，磁场强度增强，产生霍尔电压 U_H，霍尔元件输出 U_G 为低电平。一般当叶片从槽中移出时（即 U_G 出现下降沿时），点火线圈初级线圈由导通状态变为断路状态，使次级线圈产生高电压。

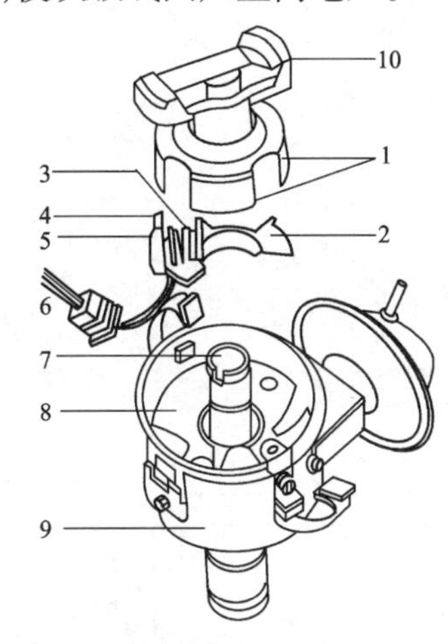

图 6-16　带霍尔效应式传感器的分电器

1-信号盘叶片；2-霍尔传感器托架；3、4、5-霍尔传感器；6-引线；7-分电器轴；8-传感器底板；9-分电器壳；10-分火头

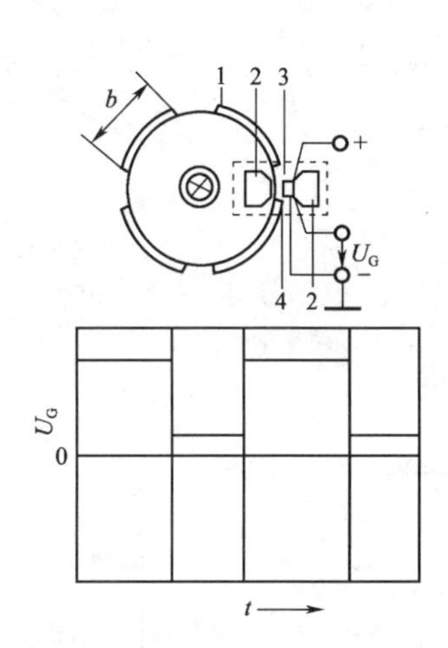

图 6-17　霍尔效应式传感器的工作原理

1-信号盘叶片；2-永久磁铁；3-霍尔芯片；4-霍尔传感器槽

2. 磁脉冲式点火信号发生器

磁脉冲式点火信号发生器的工作原理如图 6-18 所示，包括一个与分电器轴一起转动的带齿转子（齿数与汽缸数相同）和一个由传感线圈 2 和永久磁铁 3 组成的传感器。当转子转动时，磁路磁阻发生变化，使穿过线圈 2 中心的磁场强度发生变化，因而在线圈两端感应出电压脉冲，磁通和感应电压变化如图 6-18d）、e）所示。在图 6-18a）、c）所示位置，转子的一个齿正在靠近和离开线圈 2，这时磁通变化率最大，因而感应电压幅值最大（但方向相反），而在图 6-18b）的位置轮齿正好和线圈 2 对齐，此时磁通变化率最小，故感应电压幅值为 0。

分电器点火提前角的调节是通过改变传感器和信号盘间的位置实现的。

图 6-19 为磁脉冲式无触点点火装置示意图，该装置由传感器 1、点火控制器 2 和点火线圈 3 等组成。

接通点火开关 4，当三极管 BG_2 导通时，B 的电位降低，BG_3 截止而其集电极升高，BG_4、BG_5 导通，于是初级电路被接通。初级电流由蓄电池 5 的正极出发，经点火开关 4、点火线圈 3 的初级绕组、三极管 BG_5、搭铁流回蓄电池 5 的负极。当 BG_2 截止时，B 的电位升高，BG_3 导通，而其集电极降低，BG_4、BG_5 截止，于是初级电路被切断，次级绕组中产生高电压，击穿火花塞间隙，点燃混合气。

BG_2 导通还是截止取决于 P 点的电位，P 点的直流电位是一定的，且略高于 BG_2 的工作电位。BG_1 的发射极与基极相连，相当于一个发射极位正、集电极位负的二极管。当传感器输出的交变信号电压使 C 点的电位高于 P 点的直流电位时，BG_1 因承受反向电压而截止，这时，P 点的电位高于 BG_2 的工作电位，所以 BG_2 导通，从而 BG_5 也导通。当传感器输出的交变信号电压使 C 点的电位低于 P 点的电位时，BG_1 导通，使 P 点的电位降低。当 P 点的电位低于 BG_2 的工作电位时，BG_2 截止，从而 BG_5 截止使初级电流中断。

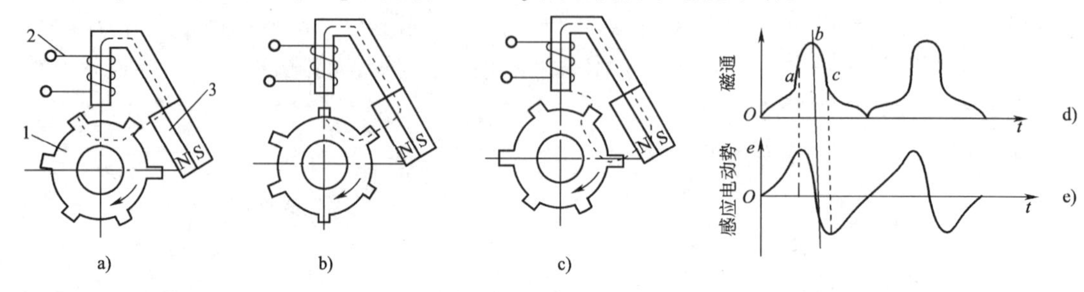

图 6-18　磁脉冲式点火信号发生器的工作原理

a）转子凸齿转向线圈铁芯；b）转子凸齿与线圈铁芯中心线对齐；c）转子凸齿离开线圈铁芯；d）磁通变化曲线；e）感应电动势变化曲线

1-信号转子；2-传感器线圈；3-永久磁铁

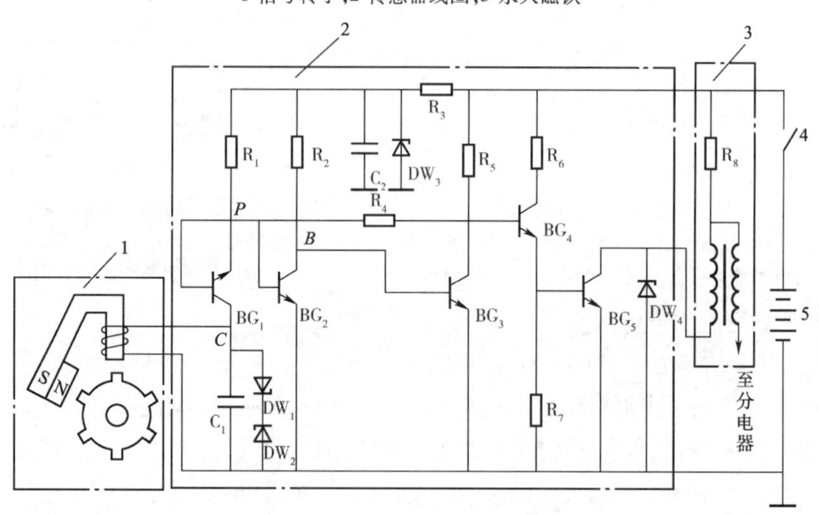

图 6-19　磁脉冲式无触点点火装置示意图

1-传感器；2-点火控制器；3-点火线圈；4-点火开关；5-蓄电池

稳压管 DW_1 和 DW_2 用来限制传感器输出电压的幅度，以保护 BG_1 和 BG_2，稳压管 DW_3 和电容器 C_2 用来稳定电源电压，稳压管 DW_4 保护 BG_5 免受自感电动势的损坏。

三、微机控制点火系统

前面所介绍的电子点火系统，虽然在提高点火能量、减少维护和提高高速性能等方面对传统点火系做了一些改进，但是在点火时刻控制方面仍采用真空点火提前角调节机构和离心点火提前角调节机构。微处理器控制的点火系则可以根据各种发动机工况参数对点火时刻进行精确调节、使汽油机点火时刻接近理想状态。

图 6-20 是微机控制点火系统示意图,图中左侧是系统的传感器,中间方框是电子控制单元,它是点火系统的核心,可根据发动机各种传感器信号计算得出最佳点火时刻和初级线圈通电时间,并在适当时刻向发火器(电子点火器)发出点火信号。

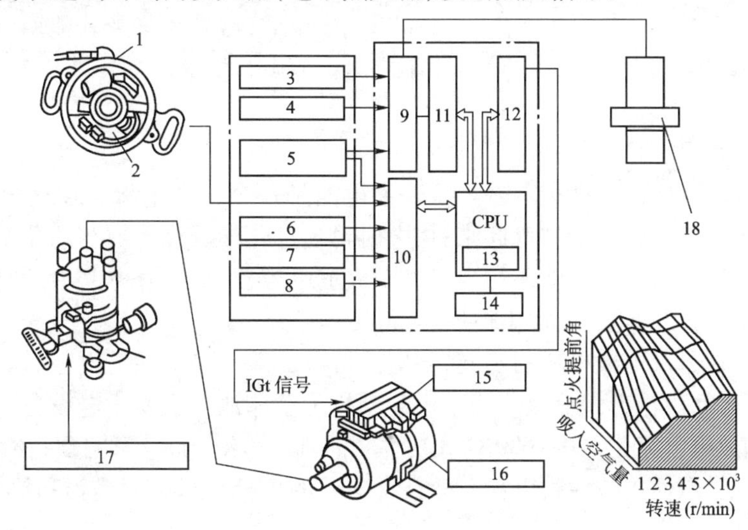

图 6-20　微机控制的点火系统

1-转速传感器;2-基准位置传感器;3-空气流量计;4-冷却液温度传感器;5-节气门位置传感器;6-起动信号;7-空调开关;8-车速传感器;9、10-输入接口回路;11-A/D 转换器;12-输出接口回路;13-存储器;14-横压源;15-发火器;16-点火线圈;17-分电器;18-爆燃传感器

点火时刻(即点火提前角)的计算方法是,首先由 ECU 根据空气流量(或进气压力)和发动机转速信号确定基本点火提前角,然后再根据冷却液温度信号、起动信号、节气门位置信号、车速信号和空调开关信号等对基本点火提前角进行修正,使发动机在各种环境状况和运转状态下均能以最佳的点火提前角工作。点火提前角的修正主要有以下几项:

(1)暖机修正。当发动机冷却液温度低时,增加点火提前角可以改善发动机的驱动性,而推迟点火可以改善 HC 的排放。ECU 可以根据要求对点火提前角进行修正。

(2)过热修正。当发动机冷却液温度过高时,若处于怠速工况则加大点火提前角,避免发动机长期过热,但若是非怠速工况则应推迟点火,以避免发动机“爆燃”。

(3)怠速稳定性修正。若发动低于目标转速应加大提前角,提高发动机指示转矩;而当转速高于目标转速时则推迟点火,使发动机转速趋于稳定。

(4)爆燃修正。爆燃接近等容燃烧。轻微爆燃时,发动机的功率和热效率可以有所提高,但强烈的爆燃使汽油机动力性和经济性急剧下降。爆燃修正的目的是使工作在临界爆燃的状态既避免爆燃,又可使汽油机发出最大转矩。

第五节　车 用 电 源

一、概述

车用电源主要由蓄电池、发电机及其调节器组成,它给包括发动机在内的所有用电设备供电。图 6-21 为车辆电气连线图,两个电源并联后与用电设备相连。

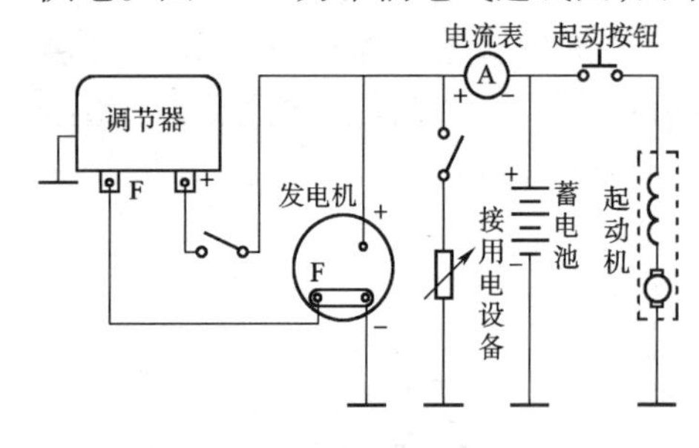

图 6-21 车辆电气连线电路图

在发动机正常运转情况下,发电机对点火系统及仪表等用电设备供电,同时还给蓄电池充电。

当发动机起动或低速运转时,发电机不能发电或输出电压很低,点火系统及其他用电设备所需的电能完全由蓄电池供给。

二、蓄电池

蓄电池是一个化学电源。在充电时靠内部的化学反应将电能转变为化学能储存起来;用电时再通过化学反应将储存的化学能转变为电能,输给用电设备。另外,蓄电池还相当于一个大的电容器,能吸收电路中随时出现的突变电压,保护用电设备中的电子元件不被损坏,延长其寿命。

按电解液的成分及电极材料的不同,蓄电池可分为酸性和碱性蓄电池。酸性蓄电池的内阻小,能在短时间内输出大电流。而车用起动机是蓄电池的主要用电设备。在起动机接通时,蓄电池的放电电流达 200 ~ 600A(大功率柴油机可达到 1000A),且要持续 5s 以上的时间。故目前绝大多数使用酸性蓄电池。酸性蓄电池的极板材料主要是铅和铅的氧化物,故又称为铅蓄电池。

车用铅蓄电池又分为普通型、干式荷电型、湿式荷电型和免维护型。

(1)普通型铅酸蓄电池由多个单格蓄电池串联而成,每个单格蓄电池的端电压为 2V 左右。汽油机所用蓄电池一般为 12V,由 6 个单格蓄电池串联而成,柴油机和摩托车上所用蓄电池一般为 24V 和 6V。图 6-22 是一个蓄电池的结构图,主要由负极板 3、正极板 4、隔板 1、电解液、壳体 5、连接条 8 和接线柱 7、11 等组成。

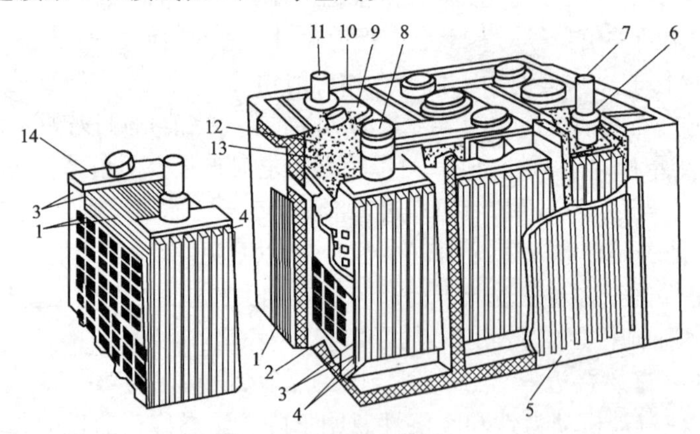

图 6-22 普通型铅酸蓄电池

1-隔板;2-凸棱;3-负极板;4-正极板;5-壳体;6-密封环;7-正极接线柱;8-连接条;9-加液空盖;10-蓄电池盖;11-负极接线柱;12-封斜口;13-护板;14-横条

为了提高蓄电池的容量,每个单格蓄电池中有多片正极板 4 和多片负极板 3。正极板组和负极板组穿插在一起,为使每片正极板都插在两片负极板之间,因此负极板比正极板多一片。为了防止极板之间短路,相邻两片极板之间夹有一片多孔性材料(木质或塑料)的隔板 1,组成正负极板组。

蓄电池的极板是在铅锑合金铸成的栅架上涂敷活性物质而成的。正极板上的活性物质为红棕色的二氧化铅，负极板上的活性物质为青灰色的海绵状铅。这种活性物质具有多孔性结构，电解液可自由渗入活性物质的孔隙中，从而使参加化学反应的活性物质的表面积增大。

硬橡胶或塑料制成的壳体 5 分成 3 个或 6 个单格，每个单格中装入一个正负极板组。壳体的上部用盖子密封，并用特殊胶质塑料填充所有接缝。单格蓄电池用连接条 8 串联，并在两端的正负电桩上分别焊接正极接线柱 7 和负极接线柱 11。

蓄电池盖 10 上每个单格电池有一个加液孔，用来加注电解液，检查和调节电解液的密度，检查充电状况等。每个加液孔都用加液孔盖 9 密封，加液孔盖上有通气孔，以便排出化学反应析出的气体。

蓄电池的电解液是纯硫酸（H_2SO_4）和蒸馏水（H_2O），按一定比例配制成的硫酸溶液，从加液孔加入蓄电池内。蓄电池在完全充电后的电解液的密度为 1.24～1.31g/cm^3。

每个单格蓄电池的端电压在完全充电后约为 2.1V，完全放电后为 1.7～1.75V。

蓄电池在完全充电条件下允许放电的范围内输出的电量称为蓄电池的容量，单位为“安·时”（A·h）。铅酸蓄电池的容量与放电电流及电解液的密度、温度有关。

一般蓄电池的电压和容量都在型号中表示出来：

单格数	—	类型	特征	—	容量	性能

如 6-Q-182 型蓄电池，它分成 6 个单格，每个单格里有 27 片极板，蓄电池电压为 12V；类型：Q 表示起动机用；特征：无标志为普通型，A-干式荷电型，H-湿式荷电型，W-免维护型；容量为 182A·h。6-Q-140 型蓄电池，分成 6 个单格，每个单格里有 21 片极板，蓄电池电压为 12V；起动机用；容量为 140A·h。

放电电流不仅对蓄电池的容量影响很大，而且还影响蓄电池的寿命。所以在起动发动机时必须严格控制起动时间，每次起动时间不得超过 5s，而且接续两次起动之间应有 15s 的间隔。

电解液温度对容量有很大影响，一方面温度低使蓄电池内阻增加，电动势降低，另一方面低温使蓄电池极板上的活性物质不能充分利用，所以温度越低容量越小。所以在冬季应注意铅酸蓄电池的保温工作。

（2）干式荷电型蓄电池是在负极板上加入一定的抗氧化剂，用特殊制造工艺和干燥，使负极板在干燥条件下，能够较长期地保存在制造过程中得到的电荷。干式荷电型蓄电池具有普通型铅蓄电池的全部功能，新的蓄电池不必需要经过长时间的初充电即可投入使用。

（3）湿式荷电型蓄电池是在极板化成后，将极板浸入相对密度为 1.35（15℃），含有硫酸钠的稀硫酸溶液中，浸渍 10min 后，再离心沥酸。因此，蓄电池内部只有少量的电解液，大部分电解液被极板和隔板吸收并储存起来。

（4）免维护型蓄电池是在合理使用过程中，不需要添加蒸馏水的一种新型蓄电池。其电解液由制造厂一次性加注，并密封在壳体内，因此电解液不会泄漏，不会腐蚀接线柱和机体，在使用中不需加注蒸馏水或补充电解液来调节液面高度，一般只需每年或 80000km 检查一次。同时,它具有耐振、耐高温、自放电少、使用寿命长等许多优点,图 6-23 为免维护型蓄电池的结构图。

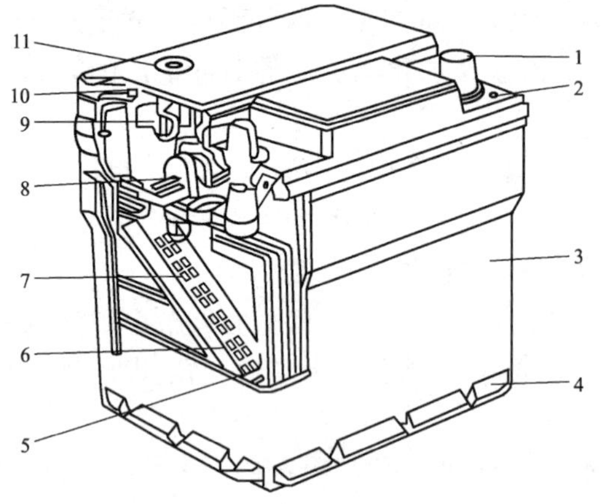

图 6-23　免维护型蓄电池

1-接线柱;2-模压代号;3-壳体;4-用于安装的下滑面;5-带状隔板;6-铅钙合金的托架;7-高密度的活性物质;8-极板连接夹和单格连接器;9-液、气隔板;10-安全通气孔;11-电解液密度观测孔

三、发电机和电压调节器

车用发电机是在发动机的驱动下,将机械能转换为电能的装置。发电机在发动机怠速以上转速运转时,为整车电气设备供电,还要给蓄电池充电。为了满足蓄电池充电的要求,车用发电机发出的电压必须是直流电压;在车辆运行中发电机的端电压值必须保持恒定,且其输出的电压既不低于蓄电池电压,又不高于电气设备的允许电压。为此,车用发电机必须配有电压调节器,在发动机转速变化时保持发电机电压稳定。

目前,国内外广泛使用的车用发电机是硅整流三相交流发电机,通过 6 个或 8 个二极管(有两个中性点二极管)进行三相全波整流后输出直流电。

图 6-24 是硅整流交流发电机的结构图,主要由转子、定子、电刷总成和整流器组成。转子包括 6 或 8 对爪型磁极和励磁绕组,用于建立磁场。定子由呈星形连接的三相绕组组成,用于产生感应电压。整流器是由 6 个或 8 个硅二极管组成的三相桥式全波整流电路。电刷总成将直流电供给励磁绕组。

图 6-25 是硅整流交流发电机的内部电路。当发电机工作时,通过电刷和滑环将直流电压加在磁场线圈的两端,转子和爪型磁极被磁化形成交错的磁极,转子旋转时在定子中间形成旋转磁场,使安装在定子铁芯上的三相绕组中感应生成三相交流电,经整流器整流为直流电。

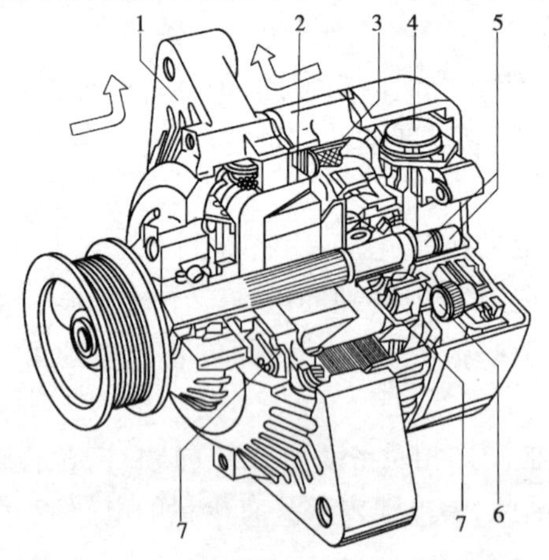

图 6-24　硅整流交流发电机的结构图

1-外壳;2-定子;3-转子;4-整流器和电刷盒;5-电刷滑环;6-整流器;7-风扇

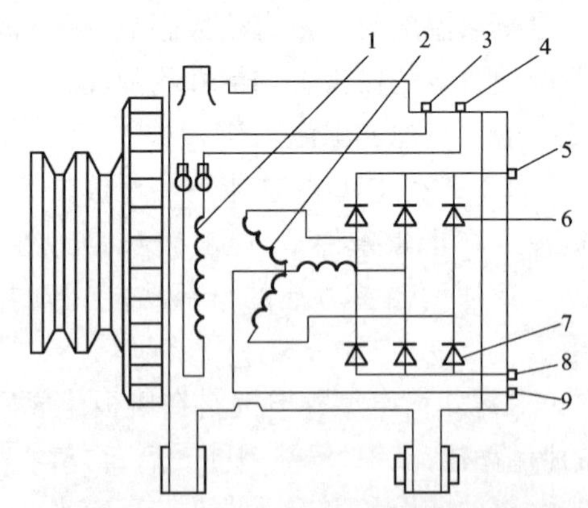

图 6-25　硅整流交流发电机的内部电路

1-磁场绕组;2-三相定子绕组;3、4-磁场接线端子"F";5-输出接线端子"+";6-正极二极管;7-负极二极管;8-搭铁接线端子"-";9-中性接线端子"N"

在发电机上有5个接线端子,常用的接线端子是输出端子(标有“+”、“B”或“电枢”)、搭铁端子只有一个(标有“-”或“E”)和磁场接线端子,有些发电机磁场接线端子只有一个(标有“F”或“磁场”),另一个在发电机内部直接搭铁。中性接线柱(标有“N”)的输出为发电机输出的一半,用来驱动如磁场继电器、防倒流继电器和充电指示灯继电器等,一般常用于24V系统的柴油车上。这是因为柴油机上没有点火开关,往往会发生忘记切断励磁电路的现象。发电机由发动机通过皮带驱动,故有些发电机上有端子“W”,接定子绕组的一相,输出脉动的直流电,用来间接测量发动机转速。

通常车用调节器的调节电压为13.5~14.5V。常用的调节器有触点振动式电压调节器、晶体管电压调节器以及集成电路电压调节器等多种形式。

图6-26是两极触点式电压调节器的电路图。

当发动机开始工作时低速触点 K_1 闭合,蓄电池电压通过电流表8、点火开关7、固定触点支架1、触点 K_1、活动触点臂2、磁扼5直接加给励磁线圈。这时,电流表指示负值。当发电机输出电压超过蓄电池电压时,则发电机由他励方式转为自励方式。励磁电流改由发电机电枢提供(其路线基本未变),同时给蓄电池充电,这时电流表指示正值。

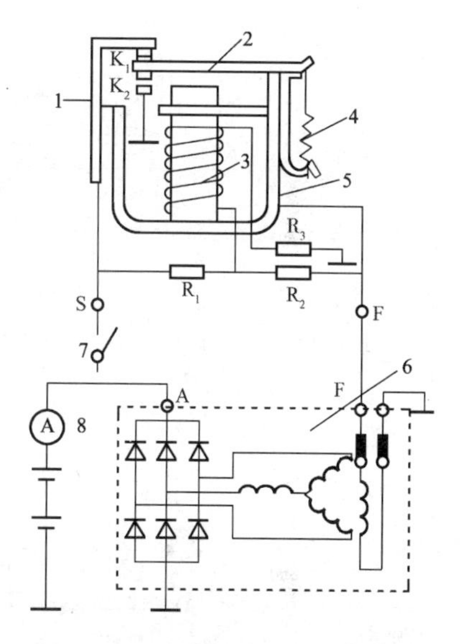

图6-26 两极触点式电压调节器的电路图
1-固定触点支架;2-活动触点臂;3-磁化线圈;4-弹簧;5-磁扼;6-发电机;7-点火开关;8-电流表;R_1-加速电阻;R_2-调节电阻;R_3-补偿电阻;K_1-低速触点;K_2-高速触点

当发电机转速继续增到某一转速 n_1 时,电枢电压达到第一级调整值,低速触点 K_1 开始工作(不断地开闭)。触点 K_1 闭合时,电枢电压直接加给励磁线圈;当电枢电压高于第一级调整值时,由于调节器磁化线圈3电流增加、触点 K_1 被吸开,励磁电路中串入电阻 R_1、R_2。这时励磁电流减小,发电机输出电压下降,由于磁化线圈电流也减小,触点 K_1 又闭合。这样使电枢电压趋于稳定。

当发电机转速继续增到某一转速 n_2 时,电枢电压达到第二级调整值,磁化线圈3电流进一步增加,高速触点 K_2 开始工作,磁化线圈3感应电枢电压的变化,使 K_2 不断地开、闭,将电枢电压稳定在第二级调整值附近。K_2 断开时调节器工作情况与 K_1 断开时相同;K_2 闭合时,由电枢来的电压经磁扼5、活动触点臂2、触点 K_2 搭铁,励磁线圈两端电压为0。

图6-26所示电路有一个缺点:当点火开关7闭合而发动机停机时,蓄电池会长时间向励磁线圈放电。为此,出现了九管交流发电机(图6-27),在原有的六个整流二极管的基础上增加了三个功率较小的二极管。当停机状态而点火开关闭合时,充电指示灯亮,励磁电流如图6-27a)箭头所示,提醒驾驶员关闭点火开关。若发动机处于正常工作状态,由于发动机励磁电流由发动机通过三个励磁二极管提供(图6-27b),充电指示灯熄灭。若发电机工作不正常,则由于电枢没有电压,充电指示灯也会亮,显示充电系统故障。

晶体管电压调节器利用晶体三极管的开关作用,控制发电机磁场的通断,调节励磁电流和磁场强度(图6-28)。当发动机开始工作时,电阻 R_1、R_2 的分压不能使 BG_1 导通,点火开

关来的电压经 R_5、R_7 给复合三极管 BG_2、BG_3 提供分压使之导通、提供励磁电流。当发电机电压达到调整值时，则 R_1、R_2 的分压能使 BG_1 导通，复合三极管因基极电压消失而截止，励磁电流减小。当电枢电压下降至调整值以下时，BG_1 又截止，复合三极管导通，励磁电流增加，使电枢电压上升。

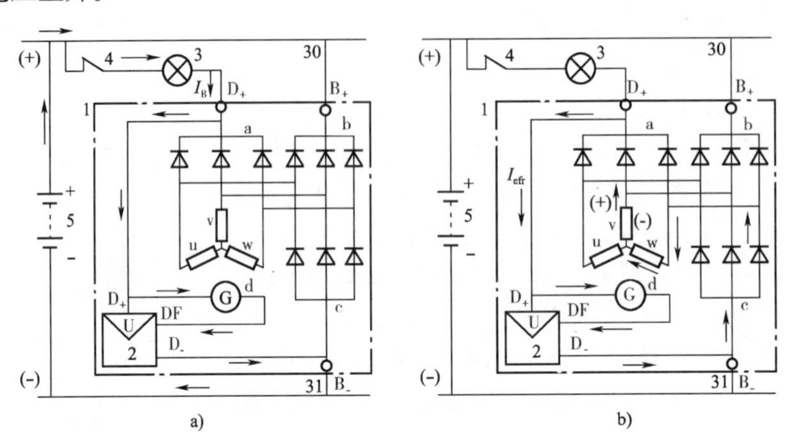

图 6-27　九管交流发电机

a) 他励状态；b) 自励状态

1-发电机；2-电压调节器；3-充电指示灯；4-点火开关；5-蓄电池；a-励磁二极管；b-正极整流二极管；c-负极整流二极管；d-励磁线圈

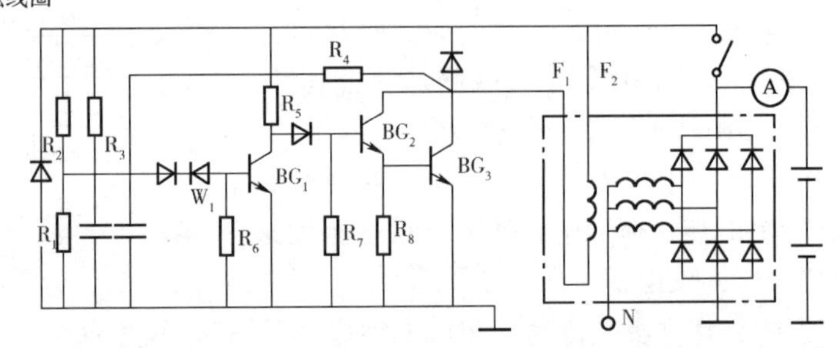

图 6-28　晶体管电压调节器电路原理图

集成电路电压调节器因其体积小，常装在发电机内部，构成整体式交流发电机（图 6-29）。这种发电机的调节器由电压传感器 1（IC）和复合三极管（达林顿功率管）2 组成。当发电机开始发电或因故障不发电时，IC 电路感应到 D_+ 端电压低于调节值而使复合三极管 2 导通，并且使充电指示灯 9 点亮。当发电机输出电压升高、经励磁二极管输出的电压高于调节值时，D_+ 端电压使 IC 芯片将复合三极管截止，励磁电流消失，使电枢电压下降。当 D_+ 端电压低于调节值时，IC 又使复合三极管 2 导通，使电枢电压上升。由于发电机工作时 D_+ 端电压升高并给励磁线圈供电，充电指示灯电流减小直至熄灭。在三相绕组中性点和蓄电池 +、- 极之间加了两个中性点二极管，这两个二极管可以使偏离零点的中性点电压（由发电机的磁极、绕组等不对称结构引起）得以利用，提高发电机的输出功率。

发电机的输出特性（图 6-30）是指电压不变的情况下，输出电流 I 和转速 n 的关系。转速越高，输出的电流和功率越大。发电机的输出特性应保证发动机在怠速工况，满足发动机及车辆的基本用电量需求。

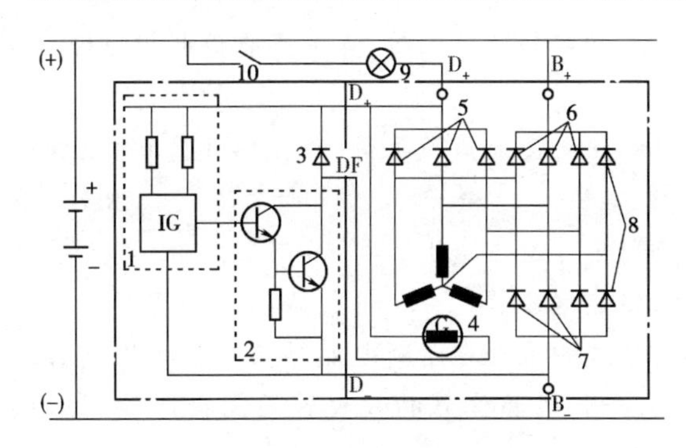

图6-29　整体式交流发电机电路原理图

1-电压传感器;2-达林顿功率管;3-续流二极管;4-励磁线圈;5-励磁二极管;6-正极二极管;7-负极二极管;8-中性点二极管;9-充电指示灯;10-点火开关

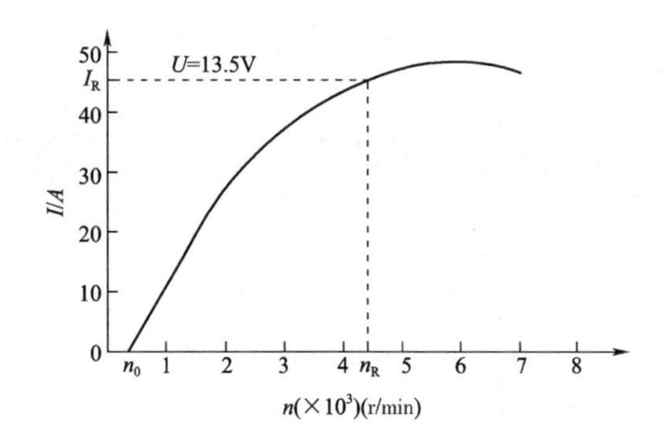

图6-30　发电机的输出特性

练习与思考

一、填空题

1. 汽油机点火系统按其组成和产生高压电方式的不同可分为__________、__________、__________和__________。

2. 蓄电池点火系统主要由__________、__________、__________、__________以及__________等组成。

3. 分电器由__________、__________、__________和各种点火提前角调节装置等组成。

4. 点火提前角调节机构的类型有:__________、__________和__________。

5. 磁脉冲式点火信号发生器,分电器点火提前角的调节是通过改变__________和__________的位置实现的。

6. 微机控制点火系统,点火提前角的修正项目主要有:__________、__________、__________和__________等。

7. 车用铅蓄电池按电解液的成分及电极材料的不同,蓄电池可分为__________和__________蓄电池。车用铅蓄电池又分为__________型、__________型、__________型和__________型。

8. 在发动机的驱动下,将机械能转换为电能的装置称为__________,其输出电流是直流电__________。

9. 在传统的点火系中,由__________来控制断电器触点的开闭。

10. 火花塞根据__________分为冷型、中型和热型三种。

二、判断题(正确打✓、错误打×)

1. 蓄电池点火系,火花塞产生的电火花,是在断电器触点闭合时,初级线圈通电瞬间产生的。　(　　)

2. 蓄电池的电压变化也会影响到初级电流。　(　　)

3. 离心式点火提前角调节装置的功用是当发动机转速升高时,点火提前角也相应增大。( )

4. 真空式点火提前角调节装置能使发动机的点火提前角随负荷(节气门开度)的增加而减小。( )

5. 汽油的辛烷值越高,抗爆性越好,点火提前角可适当减小。( )

6. 冷型火花塞绝缘体裙部长,吸热面积大,传热途径长。( )

7. 晶体管辅助触点点火系统与传统的点火系统的区别在于断电器触点不直接控制初级回路,而是将触点串联在晶体管的基极回路中,并利用晶体管的放大作用间接地控制初级回路。( )

8. 霍尔式点火发生器触发信号盘叶片与汽缸数相等。( )

9. 电子控制点火系统一般无点火提前角调节装置。( )

10. 点火正时必须随发动机的转速和负荷变化而变化。( )

11. 若发动低于目标转速应加大提前角,提高发动机指示转矩;而当转速高于目标转速时则推迟点火,使发动机转速趋于稳定。( )

12. 微处理器控制的点火系则可以根据各种发动机工况参数对点火时刻进行精确调节、使汽油机点火时刻接近理想状态。( )

三、选择题

1. 下列关于汽油机点火系的性能要求中,哪一项是不正确的( )。

A. 点火时刻要准确

B. 火花塞两电极间要有足够高的初级电压

C. 火花塞产生的电火花要具有一定的能量

D. 点火时刻要能根据转速、负荷等的变化,自动调节

2. 一般发动机正常运转时,汽油机火花塞的两极间的击穿电压为( )V。

A. 12~24　B. 7000~8000　C. 8000~10000　D. 15000~20000

3. 为了使发动机在各种不同的工况下均能可靠地点火,要求火花塞的击穿电压应为( )V。

A. 12~24　B. 7000~8000　C. 8000~10000　D. 15000~20000

4. 蓄电池点火系,火花塞产生的电火花,是在( )突然断电瞬间产生的。

A. 初级线圈　B. 次级线圈　C. 点火开关　D. 蓄电池电源

5. 对蓄电池点火系,为了保证发动机各缸点火时刻的瞬间,断电器触点开启一次,控制断电器触点的多棱凸轮与曲轴的传动比应为( )。

A. 1:1　B. 1:2　C. 2:1　D. 1:4

6. 蓄电池点火系中,在断电器触点间并联电容器的功用中错误的是( )。

A. 加快初级电流变化速率　B. 加快次级电流变化速率

C. 加大次级绕组的感生电动势　D. 避免断电器触点间产生火花

7. 关于电容器电容过大的错误说法是( )。

A. 充放电周期长　B. 使磁通变化缓慢

C. 断电器触点间不易产生火花　　D. 可提高次级电压

8. 断电器触点间隙的大小，一般为(　　)mm。

A. 0.35 ~ 0.45　　B. 0.45 ~ 0.70

C. 0.70 ~ 0.90　　D. 0.90 ~ 1.00

9. 下列关于断电器触点间隙过小的叙述正确的是(　　)。

A. 断电器触点间不易产生火花　　B. 降低次级电压

C. 可防止断电器触点“烧蚀”　　D. 减少点火线圈储存的能量

10. 汽油机使用辛烷值较高牌号的汽油时，相应的点火提前角应(　　)。

A. 较大　　B. 较小　　C. 不变　　D. 无法确定

11. 当汽油机使用不同牌号的汽油时，应通过(　　)相应地调节点火提前角。

A. 离心式点火提前调节装置　　B. 真空提前点火装置

C. 辛烷值校正器　　D. 断电器触点间隙

12. 离心式点火提前调节装置的功用是(　　)。

A. 当发动机转速增大时，点火提前角增大

B. 当发动机转速增大时，点火提前角减小

C. 当发动机负荷增大时，点火提前角增大

D. 当发动机负荷增大时，点火提前角减小

13. 真空提前点火装置的功用是(　　)。

A. 当发动机转速增大时，点火提前角增大

B. 当发动机转速增大时，点火提前角减小

C. 当发动机负荷增大时，点火提前角增大

D. 当发动机负荷增大时，点火提前角减小

14. 当发动机转速增大时，点火提前角可以通过(　　)进行调节。

A. 离心式点火提前调节装置　　B. 真空提前点火装置

C. 辛烷值校正器　　D. 断电器触点间隙

15. 当发动机负荷增大时，点火提前角可以通过(　　)进行调节。

A. 离心式点火提前调节装置　　B. 真空提前点火装置

C. 辛烷值校正器　　D. 断电器触点间隙

16. 蓄电池点火系中，将电源的低电压变成高电压的基本元件是(　　)。

A. 蓄电池　　B. 点火线圈　　C. 分电器　　D. 火花塞

17. 蓄电池点火系中，将次级绕组产生的高压电按点火顺序分配到各缸的火花塞的基本元件是(　　)。

A. 断电器　　B. 电容器　　C. 配电器　　D. 点火线圈

18. 下列关于点火线圈上的附加电阻的叙述，不正确的是(　　)。

A. 附加电阻的作用是稳定初级电流

B. 附加电阻是一个随温度反比例变化的热敏电阻

C. 附加电阻在发动机低速时，限制初级电流的增大

D. 附加电阻在发动机高速时，使初级电流不致降低过多

19. 火花塞两电极的间隙,一般为(　　)mm。

A. 0.35~0.45　　B. 0.60~0.70

C. 0.035~0.045　　D. 0.06~ 0.08

20. 火花塞两电极的间隙过小,则(　　)。

A. 击穿电压升高,发动机不易起动

B. 发动机在高速时容易产生"缺火"现象

C. 火花微弱,并容易产生积炭而漏电

D. A+B

21. 火花塞两电极的间隙过大,则(　　)。

A. 击穿电压升高,发动机不易起动

B. 发动机在高速时容易产生"缺火"现象

C. 火花微弱,并容易产生积炭而漏电

D. A+B

22. 火花塞的自洁温度,一般应保持为(　　)℃。

A. 500~600　　B. 800~900　　C. 900~1200　　D. 1500~1700

23. 火花塞绝缘体裙部温度低于自洁温度,则会(　　)。

A. 火花塞绝缘体裙部形成积炭而漏电,影响火花塞跳火

B. 火花塞绝缘体裙部因过热将发生炽热点火,导致发动机早燃

C. 击穿电压升高,发动机不易起动

D. A+B

24. 下列关于火花塞的叙述,不正确的是(　　)。

A. 冷型火花塞绝缘体裙部短,吸热面积小,传热途径短

B. 冷型火花塞的热值高,吸热和散热强

C. 冷型火花塞的热值低,吸热和散热弱

D. 冷型火花塞,一般用于功率高,压缩比大的发动机

25. 下列关于蓄电池点火系的叙述,不正确的是(　　)。

A. 初级回路的电流变化靠断电器的触点接通和断开控制

B. 触点之间容易产生电火花,导致触点烧蚀

C. 初级回路的电流不能太大,限制了次级电压和点火能量的提高

D. 初级回路的电流不受限制,有利于次级电压和点火能量的提高

26. 下列关于晶体管辅助点火系的叙述,不正确的是(　　)。

A. 断电器的触点不直接控制初级回路,由而辅助触点间接控制初级回路

B. 通过断电器触点的电流小,一般不会产生触点烧蚀问题

C. 初级回路的电流较大,次级电压和点火能量得到提高

D. 初级回路的电流较小,次级电压和点火能量得到提高

27. 下列关于无触点电子点火系的叙述,不正确的是(　　)。

A. 完全取消了断电器触点,而由点火信号发生器来控制点火时刻

B. 无触点电子点火系主要组成有:点火信号发生器、点火控制器和火花塞等组成

C. 点火信号发生器位于分电器内,常见的类型有:脉冲式、霍尔效应式和光电式

D. 点火时刻的控制,没有采用真空调节机构和离心调节机构

28. 下列关于带霍尔传感器的分电器的叙述,不正确的是(　　)。

A. 当信号盘叶片进入霍尔传感器槽时,一次线圈由导通状态变为断路状态,二次线圈产生高电压

B. 当信号盘叶片进入霍尔传感器槽时,一次线圈由断路状态变为导通状态,二级线圈产生高电压

C. 当信号盘叶片移出霍尔传感器槽时,一次线圈由导通状态变为断路状态,二级线圈产生高电压

D. 当信号盘叶片移出霍尔传感器槽时,一次线圈由断路状态变为导通状态,二级线圈产生高电压

29. 下列关于微处理器的点火系的叙述,不正确的是(　　)。

A. 根据各种发动机工况参数对点火时刻进行精确调节,使汽油机点火时刻接近理想状态

B. 电子控制单元 ECU,可根据发动机各种传感器信号来计算和控制最佳点火时刻、初级线圈通电时间

C. 最佳点火提前角是由基本点火提前角和点火提前角的修正值来确定的

D. 点火时刻的控制方面,仍然采用真空调节机构和离心调节机构

30. 微处理器的点火系,基本点火提前角的确定是(　　)。

A. 电子控制单元 ECU,根据空气流量(或进气压力)和发动机转速信号

B. 电子控制单元 ECU,根据冷却液温度信号和发动机转速信号

C. 电子控制单元 ECU,根据起动信号和发动机转速信号

D. 电子控制单元 ECU,根据节气门位置信号和发动机转速信号

31. 微处理器的点火系,对点火提前角的修正,主要修正项目有(　　)。

A. 暖机修正、过热修正　　B. 怠速稳定性修正、爆燃修正

C. 暖机修正、怠速稳定性修正　　D. A + B

32. 微处理器的点火系,当发动机冷却液温度过高,对点火提前角调整应该是(　　)。

A. 加大点火提前角

B. 减小点火提前角

C. 若处于怠速工况,则加大点火提前角,避免发动机长期过热;若是非怠速工况,则推迟点火,以避免发动机“爆燃”

D. 若处于怠速工况,则推迟点火,避免发动机长期过热;若是非怠速工况,则加大点火提前角,以避免发动机“爆燃”

33. 微处理器的点火系,怠速稳定性修正,正确的是(　　)。

A. 若发动机转速低于目标转速应推迟点火,提高发动机指示转矩

B. 若发动机转速高于目标转速时则加大点火提前角,使发动机转速趋于稳定

C. 若发动机转速低于目标转速应加大点火提前角,提高发动机指示转矩,若发动机转速高于目标转速时则推迟点火,使发动机转速趋于稳定

D. A + B

34. 微处理器的点火系，爆燃修正，正确的是(　　)。

A. 当发生爆燃时推迟点火，而无爆燃时则提前点火，将发动机调整到临界爆燃状态

B. 当发生爆燃时提前点火，而无爆燃时则不提前点火，将发动机调整到临界爆燃状态

C. 当发生爆燃时提前点火，而无爆燃时也提前点火，将发动机调整到临界爆燃状态

D. 当发生爆燃时推迟点火，而无爆燃时也推迟点火，将发动机调整到临界爆燃状态

35. 目前，绝大多数蓄电池为铅酸蓄电池，主要是因为(　　)。

A. 铅酸蓄电池结构简单　　B. 铅酸蓄电池的容量大

C. 铅酸蓄电池的电压高　　D. 铅酸蓄电池短时间放电电流大

36. 铅酸蓄电池的电解液的成分是(　　)。

A. 纯盐酸和蒸馏水　　B. 稀硫酸和蒸馏水

C. 纯硫酸和蒸馏水　　D. 稀硝酸和蒸馏水

37. 目前，广泛使用的发电机是(　　)。

A. 直流发电机，输出直流电

B. 直流发电机，输出交流电

C. 硅整流三相交流发电机，输出交流电

D. 硅整流三相交流发电机，输出直流电

38. 车用发电机必须配备电压调节器的原因是(　　)。

A. 调节发动机的转速，使发电机输出电压稳定

B. 调节发电机的转速，使发电机输出电流稳定

C. 在发电机转速变化时，保持其输出电压为恒定值

D. 发电机在转速变化时，保持其输出电流为恒定值

四、问答题

1. 汽油机点火系统的功用和基本要求有哪些？
2. 汽油机点火系的类型有哪些？
3. 简述蓄电池点火系的组成与工作原理。
4. 蓄电池点火系的主要部件有哪些？各有什么作用？
5. 画出蓄电池点火系统线路图，并说出电路工作原理。
6. 蓄电池点火系统为什么要设置真空点火提前角调节装置和离心点火提前角调节装置？各是怎样工作的？
7. 什么是点火提前角？影响点火提前角的因素有哪些？
8. 点火过迟或过早对发动机有何影响？
9. 电子点火系统的主要类型有哪些？
10. 试述微机控制点火系统的组成与各组成部分的功用。

第七章 冷却系统

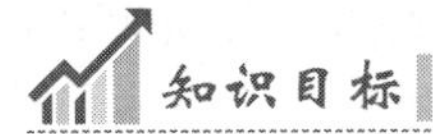
知识目标

1. 能正确描述发动机冷却系统的功用；
2. 能正确描述对冷却液的要求和使用；
3. 能正确描述冷却系统的组成和类型、冷却系统的主要设备和作用。

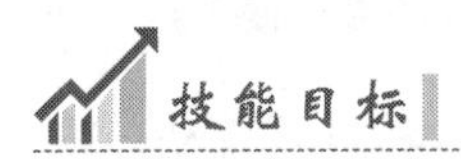
技能目标

能对冷却系统、冷却液进行正确的维护管理和处理操作。

第一节 概　述

一、冷却系统的功用

发动机工作时，汽缸内燃气的最高温度可以达到2500℃，即使在怠速或中等转速下，燃烧室的平均温度也在1000℃以上。与高温燃气相接触的零件（如汽缸套、活塞、汽缸盖、气门等）剧烈受热，若不加以适当冷却，受热零件将会过热，造成以下的严重后果：

（1）过高的工作温度导致零件的力学性能下降，在热负荷和机械负荷作用下容易损坏，如活塞顶烧熔、活塞环失去弹性、汽缸盖翘曲或发生裂纹等。

（2）过量的膨胀变形将破坏零件之间的正常配合关系（如活塞与缸套、活塞环与环槽），造成卡滞、拉毛甚至咬死的现象。

（3）高温使机油黏度降低，加速氧化变质，润滑性能变差，加剧机件磨损。

（4）由于燃烧室零件温度过高，使柴油机进气密度降低，充气量减少；汽油机则容易产生早燃和爆燃等不正常的现象。

因此，为了保证发动机正常工作，必须对与高温燃气接触的机件加以冷却。但也必须注意，对发动机的冷却必须适度，过分的冷却也会带来不良后果。如柴油机冷却过度，将会使滞燃期延长，产生爆燃或燃烧不完全，增加散热损失；机件温差过大，产生过大的热应力而导致裂纹；机油黏度增大而使摩擦耗功增加；汽油雾化、蒸发条件变差，大量未雾化及已雾化的汽油凝结在汽缸壁上，冲刷汽缸壁上的润滑油膜，并流入油底壳稀释润滑油，使润滑性能变差。另外，过度的冷却将导致汽缸的腐蚀性磨损加剧。

冷却系统的功用就是使发动机得到适度冷却，保证发动机在最适宜的温度状态下工作。对于水冷式发动机，通常以汽缸盖中冷却液的温度保持在 80～90℃ 为宜；对于风冷式发动机，汽缸壁适宜的温度为 150～180℃。

二、冷却系统的类型

发动机的冷却系统根据冷却介质不同分为水冷系统和风冷系统两种。

1. 水冷系统

水冷系统是利用水作为冷却介质，将发动机中高温零件的热量传递给冷却液，通过冷却液的不断循环，散发到大气中，使发动机的温度降低。其主要特点是冷却均匀、冷却效果好、结构紧凑，而且发动机运转噪声小。

水冷却系统按照冷却液的循环方法不同，冷却方式可分成自然循环冷却和强制循环冷却两种。

自然循环冷却是利用水的密度随温度而变化的特性，使冷却液在系统中进行自然循环。其优点是结构简单，在一定程度上可以自动调节冷却强度。缺点是冷却不均匀，下部冷却液温度低，上部冷却液温度高，局部地方由于冷却液循环强度不够而可能过热。此外，这种冷却系统的水箱容积较大，故只在小型内燃机上采用。

强制循环冷却方式利用水泵提高冷却液的压力，强制冷却液在发动机内循环流动。这种冷却方式，冷却均匀、效果好、应用广泛，但结构复杂。

2. 风冷系统

风冷系统是把发动机中高温零件的热量直接散发到大气中而进行冷却的装置，利用车辆行驶时前进的气流或特制的风扇鼓动空气，吹过散热片，将热量带走。风冷系统的特点是冷却不够可靠，功率消耗大，噪声大，对气温变化敏感。

三、冷却液和防冻液

冷却液一般是水与防冻液的混合液。冷却液用水最好是清洁软水，否则容易在冷却系中形成水垢，降低散热效能；水垢严重时还会堵塞水道，使水流不畅。

纯净水在 0℃ 时会结冰，水在结冰时体积会膨胀，可能冻裂机体、汽缸盖和散热器等。为了适应冬季行车的需要，在水中加入防冻剂制成冷却液以防止循环冷却水的冻结。最常用的防冻剂是乙二醇。冷却液中水与乙二醇的比例不同，其冰点也不同，如表 7-1 所示。例如，50% 的水与 50% 的乙二醇混合而成的冷却液，其冰点约为 -35.5℃。

冷却液中水与乙二醇的不同比例与冰点的关系　　表 7-1

冰点（℃）	乙二醇（容积%）	水（容积%）	密度（g/cm^3）
-10	26.4	73.6	1.0340
-20	36.4	63.6	1.0506
-30	45.6	54.4	1.0627
-40	52.6	47.4	1.0713
-50	58.0	42.0	1.0780
-60	63.1	46.9	1.0833

在水中加入防冻剂还同时提高了冷却液的沸点。例如,含50%乙二醇的冷却液在大气压力下的沸点是103℃。因此,防冻剂有防止冷却液过早沸腾的附加作用。

防冻剂中通常含有防锈剂和泡沫抑制剂。防锈剂可延缓或阻止发动机水套壁及散热器的锈蚀或腐蚀。冷却液中的空气在水泵叶轮的搅动下会产生很多泡沫,这些泡沫将妨碍水套壁的散热。泡沫抑制剂能有效地抑制泡沫的产生。在使用过程中,防锈剂和泡沫剂会逐渐消耗殆尽,因此,定期更换冷却液是十分必要的。

在防冻剂中一般还要加入着色剂,使冷却液呈蓝绿色或黄色以便识别。

第二节 水冷系统的组成和循环水路

由于水冷系统的强制循环冷却方式,其冷却均匀、效果好,因此车用内燃机广泛采用这种冷却形式。

一、概述

一般车用内燃机的水冷系统,如图7-1所示。其主要由散热器2、水泵5、风扇4、机体水套10和节温器6等组成。水套是由汽缸体和汽缸套形式的冷却液腔,并与汽缸盖内冷却液腔相互连通,汽缸盖上冷却液的出水管与固定在发动机前端的散热器一端相连,散热器的另一端通过水管与水泵吸口相通,水泵出水口连通分水管,分水管再连通各个汽缸周围的水套,形成封闭的冷却液循环空间,水泵安装在水套与散热器之间。

其工作原理是:在水冷系统中,高温机件的热量首先传给冷却液,水受热后进入散热器,通过散热器把水的热量传给周围的空气,使水得到冷却,冷却后的水又经水泵输送到发动机的水套中,所以在冷却系统内冷却液不断地进行循环。

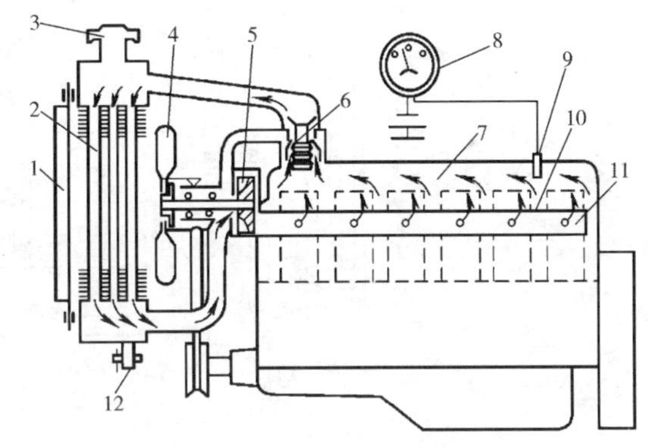

图7-1 冷却系统的组成-大循环

1-百叶窗;2-散热器;3-散热器盖;4-风扇;5-水泵;6-节温器;7-汽缸盖水腔;8-冷却液温度表;9-冷却液温度传感器;10-机体水套;11-分水管;12-放水开关

一般根据冷却液在冷却系内循环流动路径的不同,将水路循环路径分为大循环、小循环和混合循环。

水冷却系的大循环是冷却液经水泵、水套、节温器、散热器,又经水泵压入水套的循环,如图7-1所示。其水流路线长,散热强度大,由于冷却液流经散热器散热,可使发动机温度迅速降低。

水冷却系的小循环是冷却液经水泵、水套、节温器后不经散热器,而直接由水泵压入水套的循环,如图7-2所示。其水流路线短,散热强度小,由于冷却液不经散热器散热,因此可使发动机温度迅速提高。

混合循环是大、小循环都存在,只有部分冷却液经散热器进行散热,如图7-3所示。冷却液循环流动路径由节温器来控制。

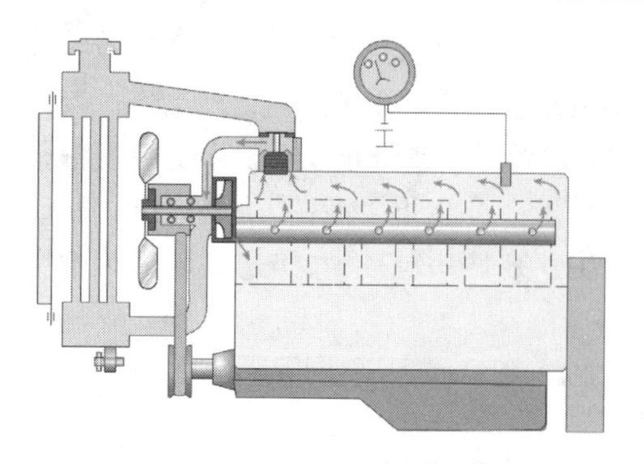

图 7-2　水路循环路径——小循环

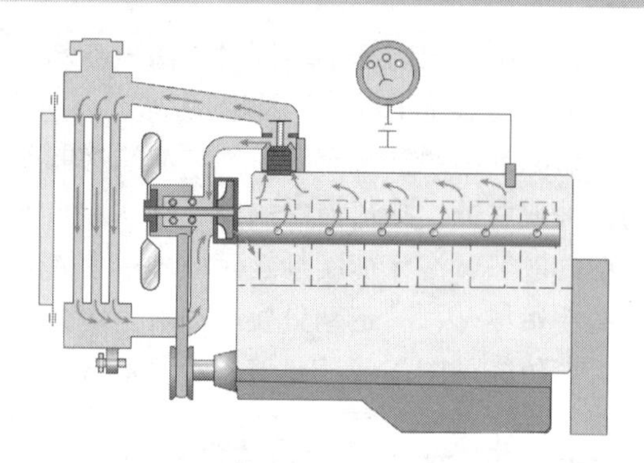

图 7-3　水路循环路径——混合循环

二、冷却系统的水路循环实例

由于车用汽油机和柴油机冷却系统的水路循环路径略有不同，下面通过 EQ6100-I 型汽油机冷却系统和 6120 型柴油机的冷却系统加以说明。

1. EQ6100-I 型汽油机冷却系统

如图 7-4 是 EQ6100-I 型汽油机强制循环冷却示意图。强制循环冷却系统由水泵、水管、水套、散热器、节温器、风扇、百叶窗等组成。

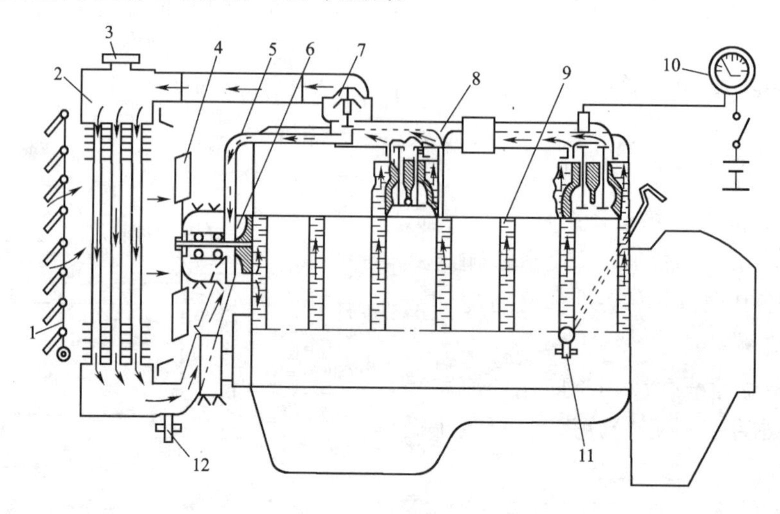

图 7-4　EQ6100-I 型汽油机冷却系统示意图

1-百叶窗；2-散热器；3-散热器盖；4-风扇；5-旁通管；6-水泵；7-节温器；8-出水管；9-水套；10-冷却液温度表；11-水套放水开关；12-散热器放水开关

汽油机工作时，水泵 6 把散热器 2 下部温度较低的冷却液吸出，提高压力后送入汽缸水套 9 中，冷却液吸收缸壁的热量后温度升高，继续向上流到汽缸盖内的冷却液腔，再次吸热升温，然后沿汽缸盖出水管 8 经节温器 7 流回散热器 2 内。与此同时，由于风扇 4 的抽吸作用，空气从散热器芯吹过，使流经散热器芯的高温冷却液降低温度，将热量不断散发到大气中去。冷却后的冷却液流到散热器底部后，又被水泵吸上来压入缸体水套，如此不断循环，发动机就不断得到冷却。冷却液温度表 10 用来显示冷却液出口温度，通常为 70 ~ 90℃。

2.6120 型柴油机的冷却系统

图 7-5 是 6120 型柴油机的冷却系统示意图。

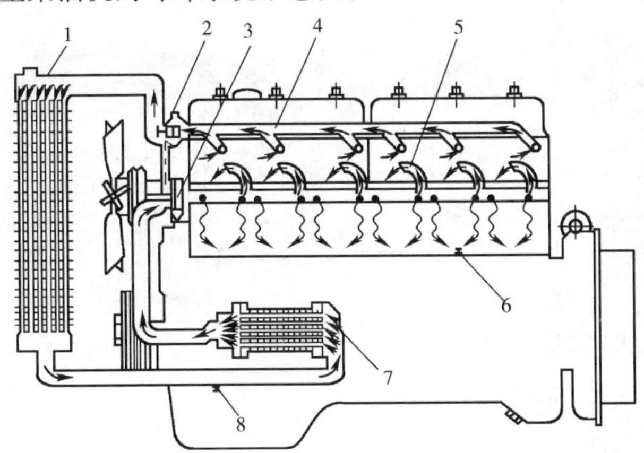

图 7-5 6120 型柴油机的冷却系统示意图

1-散热器;2-节温器;3-水泵;4-汽缸盖出水管;5-汽缸分水管;6-水套放水开关;7-机油散热器;8-放水开关

该冷却系统在汽缸体的左侧铸有分水道,从水泵 3 泵出的冷却液首先进入分水道,分水道上的分水孔自前向后逐个增大,从而控制进入各汽缸水套的冷却液分布,使各缸的冷却强度趋于均匀。该柴油机的润滑系中装有水冷式机油散热器 7,从散热器 1 中流出的冷却液流经机油散热器后进入水泵。

第三节 冷却系统的主要机件

一般车用发动机冷却系统的主要机件有散热器、水泵、风扇、膨胀水箱等。

一、散热器

散热器又称水箱,其功用是将冷却液携带的热量散发到大气中,以降低冷却液的温度。散热器必须要有足够的散热面积,并用导热性能良好的材料制造。

1.散热器的结构形式

散热器安装在发动机前的车架横梁上。冷却液在散热器芯内流动,空气在散热器芯外通过。热的冷却液由于向空气散热而变冷,冷空气则因为吸收冷却液散出的热量而升温,所以散热器是一个热交换器。

按照散热器中冷却液流动的方向,可将散热器分为纵流式和横流式两种。

纵流式散热器芯竖直布置,上接进水箱,下连出水箱,冷却液由进水箱自上而下地流过散热器芯进入出水箱,如图 7-6 所示。横流式散热器芯横向布置,左右两端分别为进、出水箱,冷却液自进水箱经散热器芯到出水箱横向流过散热器,如图 7-7 所示。

散热器的结构主要由上储水箱,下储水箱、散热器芯、散热器盖等组成,如图 7-6 所示。上储水箱 2 顶部有加水口 1,平时用散热器盖盖住,冷却液即由此注入冷却系。在上、下储水箱上分别装有进水管 9 和出水管 8,进水管和出水管用橡胶管分别与汽缸盖上的出水口及水泵的进水口相连接。发动机中的热水从汽缸盖上的出水口流出进入散热器的上储水箱,经散热器芯冷却后流到下储水箱,再经出水管被吸入水泵。

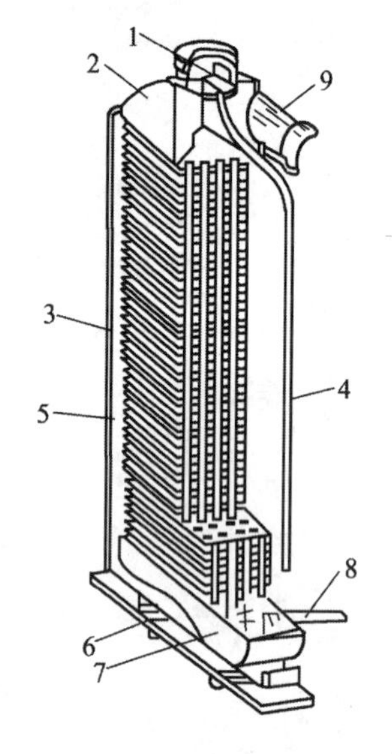

图 7-6 纵流式散热器

1-加水口;2-上储水箱;3-框架;4-蒸汽引出管;5-散热器芯;6-软垫;7-下储水箱;8-出水管;9-进水管

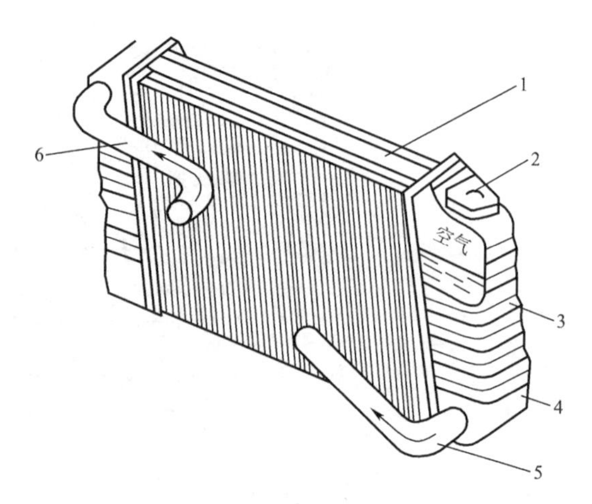

图 7-7 横流式散热器

1-散热器芯;2-散热器盖;3-上储水箱;4-下储水箱;5-出水管;6-进水管

散热器芯的构造有多种形式,目前用得较多的是管片式和管带式两种。

管片式的芯部结构,如图 7-8 所示。扁形的水管两端与上、下水箱焊牢,中间焊在多层散热片上,这种结构的散热器芯散热面积大,对气流的阻力小、刚度大,缺点是制造工艺较复杂。

图 7-9 是管带式散热器的芯部结构,扁形的水管之间焊有波纹形的散热带,散热带与冷却管相间排列。这种散热器芯制造工艺简单,但结构强度、刚度较管片式略差。

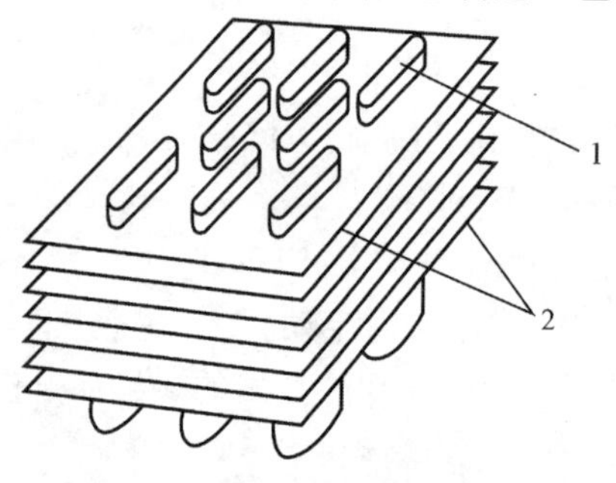

图 7-8 管片式散热器芯示意图

1-冷却管;2-散热片

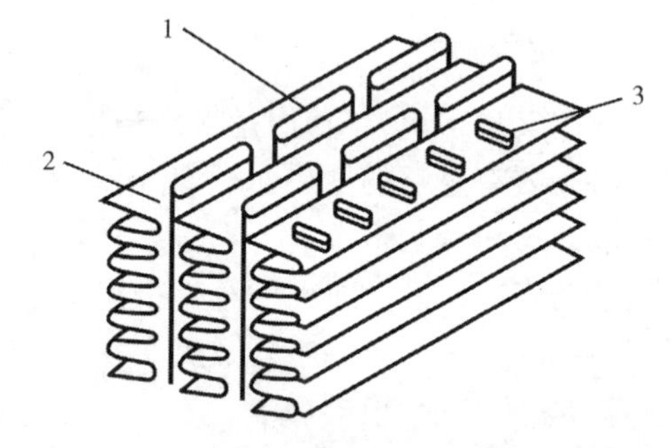

图 7-9 管带式散热器芯示意图

1-冷却管;2-散热带;3-缝孔

散热器芯多用黄铜制造,黄铜具有较好的导热和耐腐蚀性能,易于成型,有足够的强度且便于焊修。铜制散热器芯因其成本高、质量大,近几年来,铝合金散热器逐渐增多。

2. 散热器盖

散热器的加水口用带蒸汽—空气阀的散热器盖盖住,使整个水冷系统成为一个密封系统,这不仅可以减少冷却液的消耗,而且提高了冷却液的沸点和热容量,使发动机能在大负荷工况下较长时间地工作。这样的冷却系也称为闭式冷却系统。

蒸汽—空气阀有的也称压力—真空阀。带蒸汽—空气阀的散热器盖的结构和工作原理,如图 7-10 所示。

正常情况下,蒸汽阀和空气阀在各自弹簧力的作用下处于关闭状态,使冷却系统不与大气相通,如图 7-10a)所示。

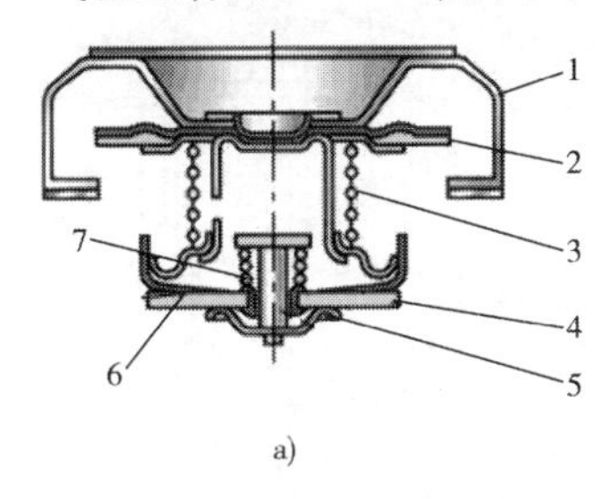

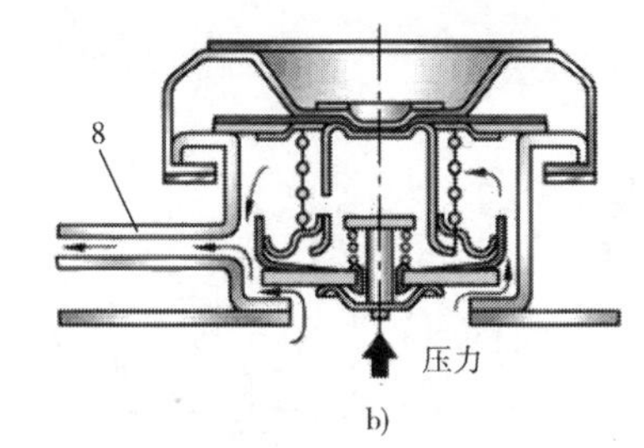

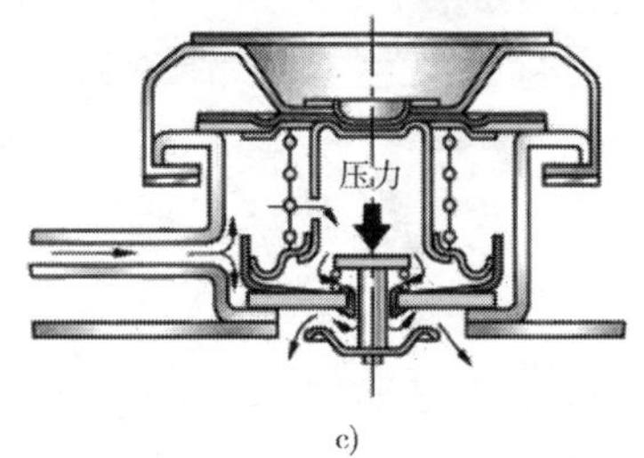

图 7-10　散热器盖的结构与工作原理

a)散热器盖的结构;b)蒸汽阀开启;c)空气阀开启

1-散热器盖;2-上密封衬垫;3-蒸汽阀弹簧;4-下密封衬垫;5-蒸汽阀;6-空气阀;7-空气阀弹簧;8-溢流管

当冷却液温度较高,冷却液大量蒸发,使冷却系统内蒸汽压力超过一定值(为 0.026 ~ 0.037MPa)时,蒸汽压缩蒸汽阀弹簧,蒸汽阀开启,蒸汽通过蒸汽溢流管排入大气,如图 7-10b)所示,以免压力过高胀坏散热器。

当冷却液温度下降,蒸汽凝结而使冷却系统中真空度达到一定值(为 0.01 ~0.02MPa)时,外界空气从蒸汽溢流管进入散热器盖体内并压缩空气弹簧,使空气阀开启,空气进入散热器,如图 7-10c)所示,达到散热器内外压力平衡,以免散热器被大气压力压坏。

冷却液温度很高时,如需打开闭式冷却系统的散热器盖,应慢慢旋开,使冷却系统内的压力逐渐降低,以免蒸汽和热水喷出伤人。如要从放水开关放出冷却液时,也须先打开散热器盖,才能将水放尽。

二、水泵

水泵的功用是提高冷却液压力,使之在冷却系统中循环流动。发动机中几乎都采用离心式水泵,因为这种水泵结构简单,尺寸小而排量大,工作可靠,并且当水泵由于故障而停止工作时,并不妨碍冷却液在冷却系统中自然循环。

离心式水泵主要由水泵体、叶轮、水泵轴和水封等组成,其结构和工作原理如图 7-11 所示。

当叶轮旋转时,水泵中的冷却液被叶轮带动一起旋转,在离心力的作用下由叶轮中心被甩向叶轮的边缘,经出水管而压送到水套内。与此同时,叶轮中心处压力降低,将散热器中的冷却液经进水管吸入叶轮的中心部位。叶轮不断的旋转,冷却液就不断由进水口 3 吸入,由出水口 5 排出。

图 7-12 为 6100Q-I 型汽油机离心水泵结构图。水泵外壳 1 用螺钉固定在汽油机前端,泵盖板 9 与泵壳之间的密封垫用来保证叶轮与泵壳和盖板之间的轴向间隙。该间隙过小,叶轮轴向移动时会与盖板发生摩擦;间隙过大时则会减少水泵出水量。水泵轴 12 通过两个向心球轴承支承在泵壳的内孔中。泵轴前端的凸缘盘 14 上安装风扇和皮带轮,轴的后端固定着叶轮 2。固定螺钉 5 的下面装有密封垫 4,用来防止叶轮和泵轴间的配合面锈蚀。叶轮采用弧形叶片,叶轮上有 3 个小孔,用以平衡水泵工作时叶轮前后的压力,增加水泵排量。

水泵轴轴承通过加油嘴17定时加注润滑脂进行润滑。两轴承各有一油封,用以防止润滑脂漏泄及冷却液渗入润滑脂中。安装时应注意使轴承有油封的一端相背安装。

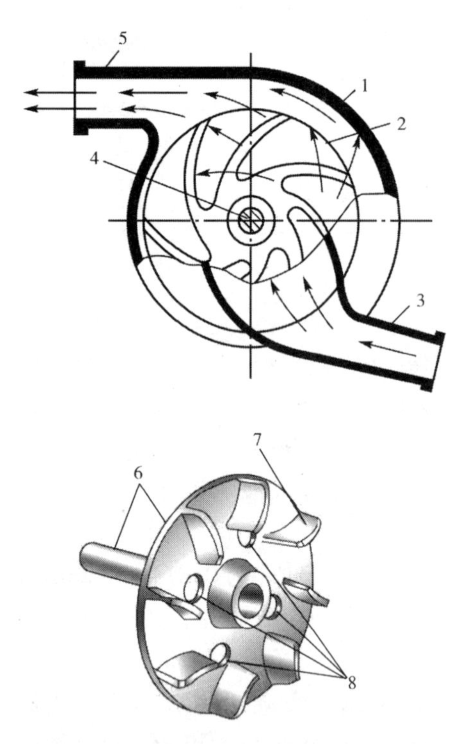

图7-11　离心式水泵的结构与工作原理

1-水泵壳体;2-水泵叶轮;3-进水口;4-水泵轴;5-出水口;6-叶轮和水泵轴;7-叶片;8-减压孔

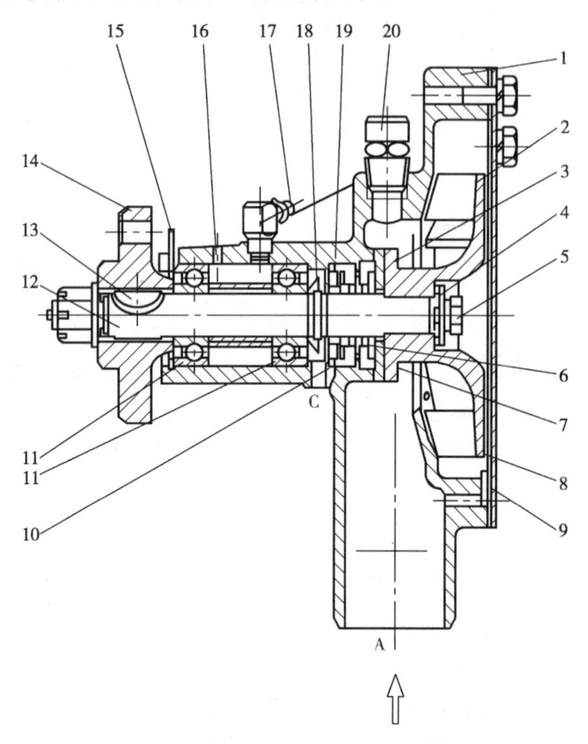

图7-12　EQ6100-Ⅰ型发动机离心式水泵

1-水泵外壳;2-水泵叶轮;3-夹布胶木密封垫圈;4-密封垫圈;5-螺钉;6-水封皮碗;7-弹簧;8-衬垫;9-泵盖;10-水封座圈;11-球轴承;12-水泵轴;13-半圆键;14-凸缘盘(供安装皮带轮和风扇用);15-轴承卡环;16-隔离套管;17-加油嘴;18-甩水圈;19-水封环;20-管接头

为防止冷却液沿水泵轴泄漏,在叶轮的前端装有自紧式水封。水封由夹布胶木密封垫圈3、水封皮碗6以及弹簧7等组成。密封垫圈外圆的两个凸起部位卡在泵壳水封座相应的缺口内,使垫圈只能轴向移动而不能相对于泵壳转动。弹簧将筒形水封皮碗的两端凸缘分别压紧在铜质的水封座圈10和密封垫圈3上,阻止了冷却液的泄漏。弹簧在安装时具有一定的预紧力,保证密封垫圈磨损后,仍能将其压紧在叶轮端面上。

为防止水封渗漏时冷却液进入轴承中,并便于驾驶员发现水封损坏,在水泵轴上装有甩水圈18,它与泵轴12一起转动,当渗漏的冷却水沿泵轴流到甩水圈处时,便在离心力作用下被甩到泵体上,然后经泵体上的检视孔C流到泵体外。

三、风扇

风扇的功用是提高通过散热器芯的空气流速,增加散热效果,加速冷却液的冷却。同时,对发动机其他附件也有一定的冷却作用。

风扇通常安装在散热器后面,如图7-13所示。其位置应尽可能对准散热器芯的中部,它与散热器间的距离也要适当（一般为 8 ~ 10mm），以提高散热效果。当风扇旋转时，对空气产生吸力，使之沿轴向流动，空气气流由前向后通过散热器芯，使流经散热器芯的冷却液加速冷却。有的发动机在散热器靠近风扇一侧装有导风罩。

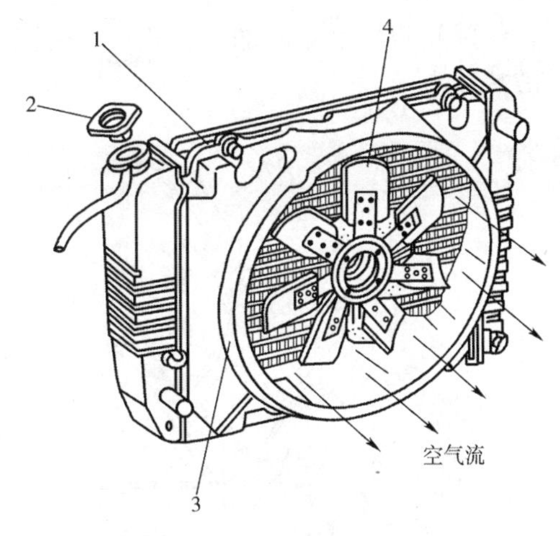

图 7-13 风扇与导风罩

1-散热器；2-散热器盖；3-导风罩；4-风扇

风扇的扇风量主要与它的直径、转速、叶片形状、叶片数目及叶片安装角度有关。

风扇叶片的结构如图 7-14 所示，叶片一般用薄钢板冲压而成，叶片用螺栓与托架相连，如图 7-14a）所示。叶片的横断面多为弧形，叶片数通常为 4 ~6 片。叶片安装位置应与风扇平面呈 30° ~ 45°倾斜角。为了降低风扇的振动噪声，叶片间夹角不等或使叶片数为奇数。近年来，在有些发动机上开始采用铝合金、塑料或尼龙制成的机翼形断面叶片风扇。图 7-14b）是尼龙整体压铸而成的叶片，这种风扇效率高，功率消耗较小。

风扇与水泵通常装在一根轴上，由曲轴通过皮带驱动。风扇皮带的张力要适当，皮带过松，皮带与皮带轮之间会打滑，使散热器散热能力下降，加剧皮带磨损；如皮带过紧，不仅加剧轴承和皮带磨损，而且多消耗功率。一般用 30 ~40N 的力按压皮带，其挠度为 10 ~20mm，可以认为皮带张力合适。风扇皮带的张力，一般通过移动充电发电机支架来调整，如图 7-15 所示。

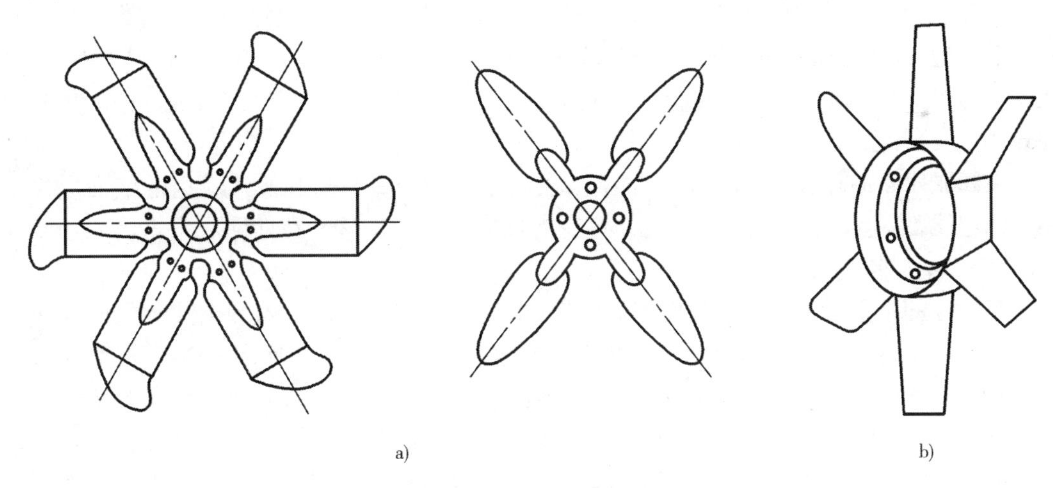

图 7-14 风扇叶片

a）薄钢板冲压叶片；b）尼龙整体压铸叶片

四、膨胀水箱

膨胀水箱的功用是储存冷却液、密封冷却系统、减少冷却液的散失，使冷却系统内水、气分离，保持压力稳定。避免空气不断进入，给冷却系统内部造成氧化、穴蚀。

膨胀水箱，如图 7-16 所示。膨胀水箱多用半透明材料（如塑料）制成。透过箱体可直接方便地观察到液面高度，无须打开散热器盖。如图 7-16 所示，膨胀水箱的上部用一个较细的软管与水箱的加水管相连，底部通过水管与水泵的进水侧相连接，通常位置略高于散热器。

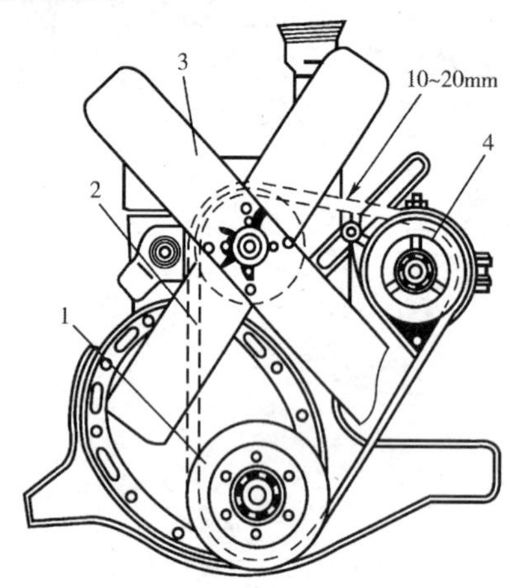

图7-15 风扇的驱动及张紧装置
1-曲轴带轮；2-V带；3-风扇；4-发电机带轮

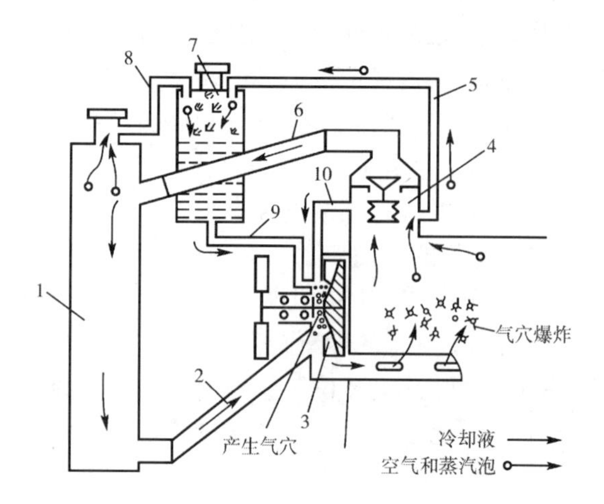

图7-16 膨胀水箱
1-散热器；2-水泵进水管；3-水泵；4-节温器；5-水套出气管；6-水套出水管；7-膨胀水箱；8-散热器出气管；9-补充水管；10-旁通管

一般冷却系统中冷却液的流动是靠水泵的压力来实现的。水泵吸水的一侧压力低，易产生蒸汽泡，使水泵的出水量显著下降，并引起水泵叶轮和水套的穴蚀，在其表面产生麻点或凹坑，缩短了叶轮和水套的使用寿命。加装膨胀水箱后，由于膨胀水箱和水泵进水口之间存在补充水管，使水泵进口处保持较高水压，减少了气泡的产生。散热器中的蒸汽泡和水套中的蒸汽泡，通过导管和进入膨胀水箱，从而使气、水彻底分离。由于膨胀水箱温度较低，进入的气体得到冷凝，一部分变成液体，重新进入水泵。而积存在膨胀水箱液面上的气体起缓冲作用，使冷却系内压力保持稳定状态。

在膨胀水箱的外表面上刻有两条标记线："低"线和"高"线，膨胀水箱内的液面应位于两条标记线之间。若液面低于"低"线时，应向桶内补充冷却液。在向膨胀水箱内添加冷却液时，液面不应超过"高"线。

有的冷却系不用膨胀水箱而使用储液罐，即用一根管子把散热器和储液罐的底部或上部（管口插入液面以下）连通。但这种装置只能解决气、水分离以及冷却液消耗问题，而对穴蚀没有明显的改善。当冷却液温度升高时，散热器中液体膨胀、汽化，使散热器盖蒸汽阀开启，散热器中的蒸汽或液体沿导管流入储液罐。当冷却液温度降低时，散热器内压力下降，液体沿原路径流向散热器。储液罐上有两条刻线，冷却液应加到上刻线（FULL），当液面降到下刻线（LOW）时，应及时补充。

第四节 冷却系统的调节

发动机的散热能力取决于冷却液的循环流量和风扇的供风量，冷却液的循环流量及风扇的供风量越大，发动机的散热能力越强。冷却液的循环流量和风扇的供风量取决于发动机的转速（水泵、风扇的转速与发动机的转速成正比），转速越高，散热能力越强。但发动机所需的冷却强度取决于它的运行工况，因此发动机的散热能力与其所需的冷却强度往往不能保持一致。如在低转速、大负荷工况下,发动机的热负荷高,需要散发的热量很大,而此时水泵和风扇的转速很低,不足以将这些热量散出。相反,若在高转速、中小负荷工况运行时,需要散发的热量较少,此时水泵和风扇的转速很高,往往造成冷却过度。

因此,随着发动机工况(如转速、负荷等)及环境温度的变化,必须相应改变冷却系统的冷却强度,以保证发动机在最佳温度下工作,避免出现过冷和过热的现象。

冷却强度可以通过改变流经散热器芯的冷却液流量和空气流量的方法来调节。

一、改变流经散热器芯的冷却水流量

水冷系统内,改变流经散热器芯的冷却液流量一般通过节温器来进行调节。节温器能根据发动机负荷大小和冷却液温度的高低自动改变水的循环流动路线,从而控制通过散热器冷却液的流量,以达到自动调节冷却强度的目的。发动机上常用的有皱纹筒式节温器和蜡式节温器两种。

1. 波纹筒式节温器

波纹筒式节温器由波纹筒、壳体、主阀和副阀组成,如图 7-17 所示。其中,主阀位于通往散热器的管道上,副阀则位于通往水泵的管道上。密闭的弹性波纹筒 1 用铜皮制成,筒中装有易挥发的液体(一般为乙醚溶液),节温器依靠筒内液体的蒸汽压力随冷却液温度的变化来控制主、副阀门的开闭。

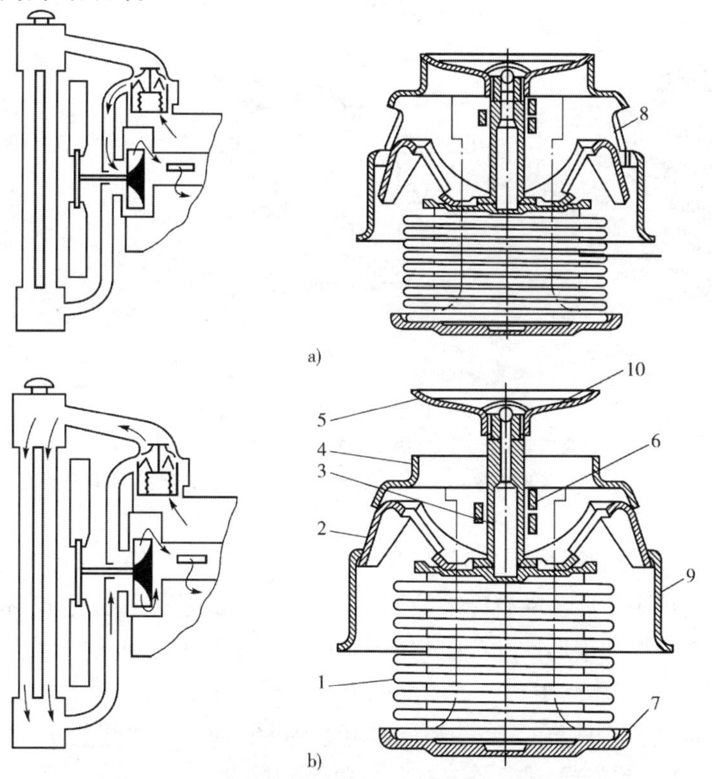

图 7-17 波纹筒式节温器

a)小循环(主阀门关闭,副阀门开启);b)大循环(主阀门开启,副阀门关闭)

1-波纹筒;2-副阀门;3-阀杆;4-副阀座;5-主阀门;6-导向支架;7-底座;8-旁通孔;9-外壳;10-通气孔

当冷却液温度在70℃以下时，液体很少蒸发，波纹筒收缩到最小高度。此时，主阀门5关闭，副阀门2开启，如图7-17a）所示，切断了冷却液流向散热器的通路，从汽缸盖出来的冷却液全部经节温器旁通孔8流出，经旁通管进入水泵，又由水泵压入缸体水套。这时，冷却液只在水泵与发动机水套之间循环（小循环），促使发动机迅速而均匀地升温。

冷却液温升高到70～85℃时，皱纹筒内的液体蒸发，皱纹筒伸长，使主阀门5逐渐开大，副阀门2逐渐关小，两个阀门处于与冷却液温度相应的中间位置，这时部分冷却液流向散热器，部分冷却液流向水泵（混合循环）。

当冷却液温度升高到85℃以上时，皱纹筒伸长到最大限度，主阀门5全开，副阀门2关闭，如图7-17b）所示，全部冷却液都流向散热器（大循环）。

由于波纹筒式节温器工作可靠性差，使用寿命短，制造工艺复杂，近年来正在被蜡式节温器所取代。

2. 蜡式节温器

图7-18为6100Q型汽油机上的双阀蜡式节温器。上支架3、阀座5和下支架7铆为一体。中心杆11固定在上支架上，杆的下端为锥形结构并插在橡胶管4中，橡胶管与感应体9之间的空腔内充满石蜡。节温器的主阀门1固定在感应体的上端，主阀门与节温器下支架之间装有弹簧12。旁通阀10套装在感应体下端的阀杆上，并正对着旁通管口。

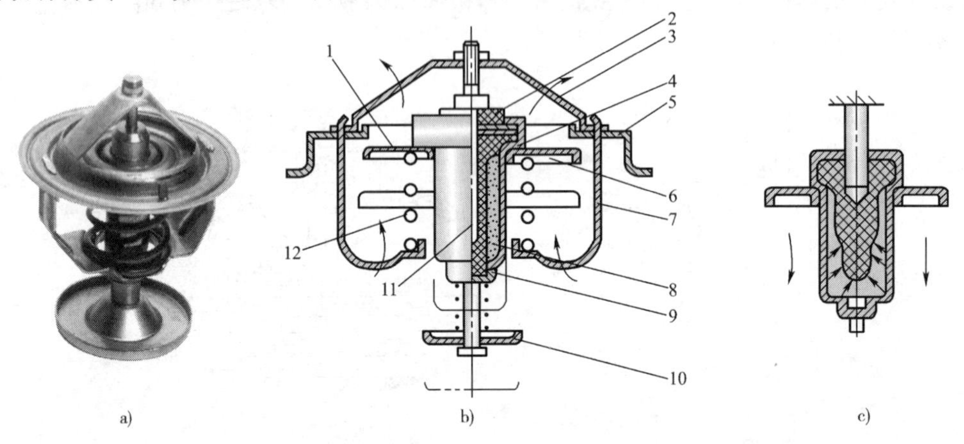

图7-18　6100Q型汽油机上的双阀蜡式节温器

a）蜡式节温器实体形状；b）蜡式节温器的结构；c）橡胶管

1-主阀门；2-盖和密封垫；3-上支架；4-橡胶管；5-主阀座；6-通气孔；7-下支架；8-石蜡；9-感应体；10-旁通阀；11-中心杆；12-弹簧

常温下石蜡呈固态，弹簧将主阀门紧压在阀座上，使主阀门关闭，此时旁通阀处于开启状态，冷却液只进行小循环。随着冷却液温度的升高，石蜡逐渐变成液体，体积增大，迫使橡胶管收缩，并对中心杆的锥形端部产生一向上的推力。由于中心杆的上端是固定的，因此中心杆便对橡胶管和感应体产生一向下的反推力。当冷却液升温到76℃时，此反推力便可克服弹簧的弹力而将主阀门打开。当冷却液温度达到86℃时，旁通阀关闭，主阀门全开，冷却液全部经主阀门流入散热器，进行冷却液的大循环。

蜡式节温器具有工作性能稳定、对冷却液的流动阻力小、使用寿命长等优点，因此，目前应用得越来越多。

二、改变流经散热器的空气流量

流经散热器的空气量多，则空气从散热器带走的热量多，冷却液的温度下降得也多，反之冷却液的温度下降得少，所以，改变空气量可以调节冷却强度。

改变流经散热器空气量的方法主要有：

1. 利用百叶窗调节空气流量

百叶窗装在散热器的前面，百叶窗有许多活动挡板组成，利用操纵机构改变百叶窗的开度，以控制流经散热器的空气量。百叶窗可由驾驶员通过驾驶室内的手柄来操纵。

有的汽车用蜡式节温器自动控制百叶窗的开度，如图7-19所示，其主要由控制杆1、石蜡2、复位弹簧3和传动机构6等组成。当冷却液温度升高时，石蜡变形伸长，驱动控制杆向下移动，通过传动机构，使百叶窗的开度变大，增加流过散热器的空气量。反之，当冷却液温度降低时，百叶窗的开度变小，减少流过散热器的空气量。这样可以根据冷却液的温度大小，自动控制百叶窗的开度，调节冷却强度。

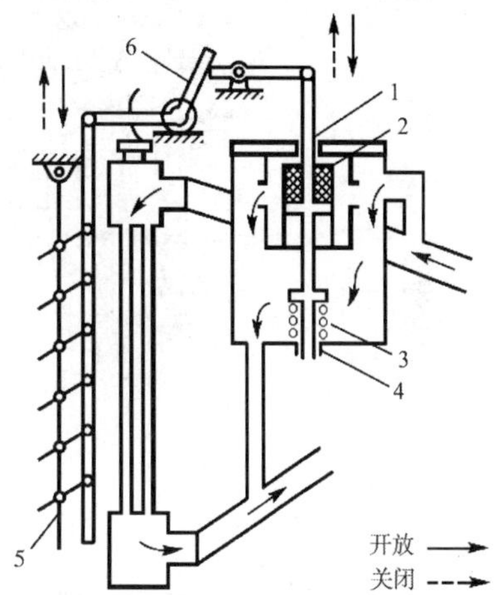

图7-19 百叶窗自动调节装置示意图
1-控制杆；2-石蜡；3-复位弹簧；4-壳体；5-百叶窗；6-传动机构

这种方法结构简单、操作方便，但由于增大了空气的阻力，使风扇的使用效率降低，一般只作为辅助的调节装置。

2. 改变风扇的转速来调节空气流量

一般风扇的转动由曲轴通过皮带驱动，所以风扇的转速和曲轴的转速成一定比例关系，为了确保冷却风扇的送风能力，设计时通常按低速考虑，保证低速时风扇有足够的送风量，这样一来，发动机高速时风扇的送风能力就偏大，加之风扇在高速时的噪声问题较严重，为此，在风扇驱动装置中装设风扇离合器，这种离合器能根据温度的变化改变风扇转速，从而调节冷却强度。

风扇离合器常用的有硅油式、机械式或电磁式，应用较多的是硅油式风扇离合器。有的车辆发动机的水冷系统也采用电动风扇。

1）硅油式风扇离合器

硅油式风扇离合器是以硅油为传递转矩的介质，根据流经散热器冷却液温度的变化，通过感温元件来控制的离合器的工作状态，自动调节风扇的转速。这样，既控制了内燃机的工作温度、减少了风扇的功率消耗，又降低了噪声。

硅油风扇离合器布置在风扇带轮与冷却风扇之间，其结构如图7-20所示。它主要由主动板、从动板、双金属片感温器以及其硅油等组成。

其工作原理如下：

主动轴11由发动机驱动，轴的左端固定有主动板7，它随主动轴一起旋转。从动板8用螺钉固定在离合器体9上，离合器壳体轴承支承在主动轴上，从动板与壳体之间的空间为工作腔18，前盖板与从动板之间的空间为储油腔17，该腔内装有高黏度的硅油。从动板上有一进油小孔A，在常温下该孔被控制阀片6挡住，储油腔内的硅油不能进入工作腔内。由于工作腔内没有硅油,主动板7上的转矩不能传到从动板8上,离合器处于分离状态。当主动轴旋转时,装有风扇叶片的离合器壳体9在主动轴的轴承10上打滑,在密封毛毡圈3和轴承摩擦力作用下,以很低的速度旋转。

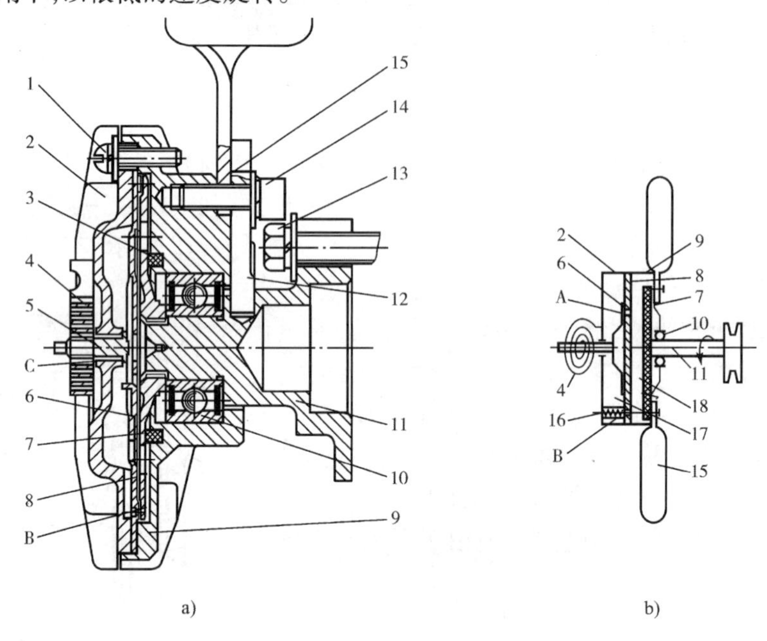

图7-20 硅油风扇离合器

a)硅油风扇离合器的结构;b)硅油风扇离合器的结构简图

1-螺钉;2-前盖板;3-密封毛毡圈;4-双金属片感温器;5-阀片轴;6-控制阀片;7-主动板;8-从动板;9-离合器壳体;10-轴承;11-主动轴;12-锁止板;13-螺栓;14-内六角螺钉;15-风扇;16-钢球弹簧阀;17-储油腔;18-工作腔;A-进油孔;B-回油孔;C-漏油孔

当发动机负荷增大、冷却液温度升高时,通过散热器的气流温度也随之升高。热气流吹到离合器前面的螺旋形双金属片感温器4上,使感温器的双金属片受热变形,带动阀片轴5和控制阀片6偏转一角度,开始打开从动板上的进油孔A,储油腔内的硅油便经此孔进入工作腔。主动板通过工作腔内硅油的黏性带动壳体和风扇以较高的速度旋转,离合器此时处于接合状态。进入工作腔的硅油在离心力的作用下甩向外缘,顶开球阀16经回油孔B流回储油腔17。气流温度越高,感温器的变形就越大,控制阀片的转角也越大,进油孔的开度也越大,从储油腔流到工作腔的硅油也越多,风扇的转速就越高。当气流温度达65℃时,进油孔完全打开。

在离合器工作过程中,硅油在储油腔与工作腔之间不断循环。为防止由于硅油的温度过高而使其黏度发生变化,在壳体和前盖上铸有散热片,以加强对硅油的冷却。

当发动机温度降低,吹到感温器上的气流温度降到35℃时,控制阀片将进油孔A完全关闭,硅油不再进入工作腔,工作腔内的硅油继续流回储油腔,直至工作腔内的硅油几乎被甩空,离合器又处于分离状态。

装上这种离合器后,不但可使发动机经常在适宜的温度下工作,还可减少风扇耗功,降低风扇噪声。

2)电动风扇

随着车辆技术的不断进步,目前一些工程机械发动机冷却系统的电控水冷系统引用电动风扇。电动风扇是由发动机电源系统(蓄电池)供电并由风扇电机驱动,而不是由曲轴通过皮带驱动,风扇转速与发动机转速无关。

图7-21是电动风扇控制水冷却系统,冷却系统中设置电动风扇,这种风扇只有在冷却液温度达到一定值时才会转动,其组成主要包括风扇电机、风扇继电器和冷却液温度控制开关。低温时,继电器触点断开,风扇电机不转;高温时,继电器触点闭合,电机带动风扇转动。

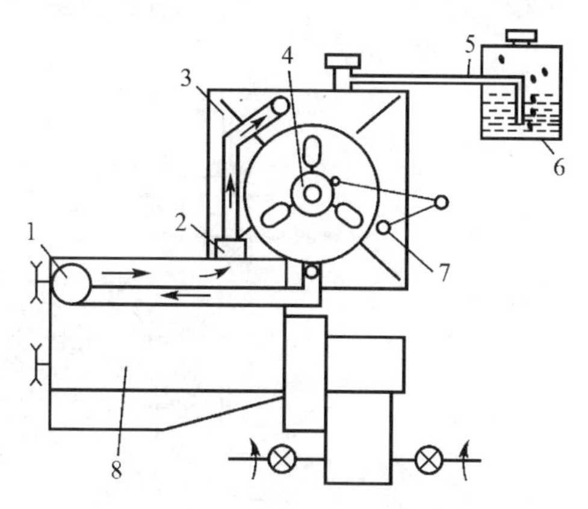

图7-21 电动风扇控制水冷却系统

1-水泵;2-节温器;3-散热器;4-电动风扇;5-软管;6-膨胀水箱;7-温控热敏电阻开关;8-发动机

一般电动风扇的转速分为两挡,风扇转速由温控热敏电阻开关控制。当冷却液流出散热器的温度为92~98℃时,热敏开关接通风扇电机的1挡,这时风扇转速为低速;当冷却液温度升高到99~105℃时,热敏开关接通风扇电机的2挡,这时风扇转速升为高速,如冷却液温度降到92~98℃时,风扇电动机恢复1挡转速。当冷却液温度降到84~91℃时,热敏开关切断电源,风扇停转。

电动风扇的优点是结构简单,布置方便,不消耗发动机功率使燃油经济性得到改善。此外,采用电动风扇不需要检查、调整或更换风扇传动带,因而减少了维修的工作量。

第五节 风冷系统

风冷式发动机利用空气作为冷却介质,发动机高温零件的热量由高速流动的空气直接带走,使发动机在最适宜的温度下工作。

风冷系统主要由散热片、风扇、导风罩和分流板等组成。图7-22是一台四缸发动机风冷系统示意图。发动机工作时,风扇通过三角带由曲轴驱动旋转,产生强烈的气流,导流罩2将气流集中导向发动机,分流板5使气流均匀地分流到各缸,经汽缸导流罩4排出,从而对发动机进行冷却。

为保证有足够的散热面积,在汽缸体和汽缸盖表面上均布满了散热片3。它与汽缸体或汽缸盖铸成一体。为便于铸造,风冷发动机的汽缸和汽缸盖都是单个铸出,然后装到整体的曲轴箱上。

发动机最热部分是汽缸盖,为了加强冷却,现代风冷发动机汽缸盖都用导热性良好的铝合金铸造,而且汽缸盖和汽缸体上部的散热片也比汽缸体下部的长一些。但是,在某些多缸发动机中,为了缩短发动机的总长度,将汽缸上、下部分的散热片都做成一样长,但是需用加大流经汽缸上部空气流量的方法加强冷却。

为了更有效地利用空气流、加强冷却,一般都装有导流罩2、4和风扇1,并且设有分流板5,以保证各缸冷却均匀。

由于风冷发动机表面空气通道阻力较水冷系统为大,因此风冷系统中的风扇要求有较高的压力。目前,风冷发动机上广泛采用的轴流式风扇。

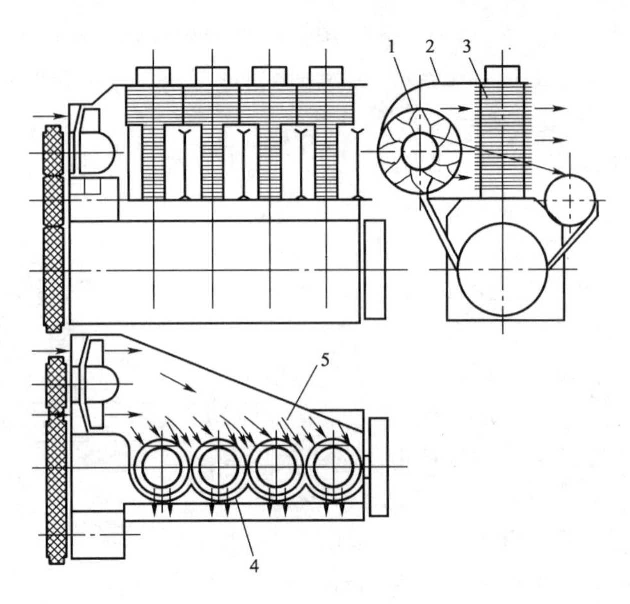

图7-22 发动机风冷系统

1-风扇;2-导流罩;3-散热片;4-汽缸导流罩;5-分流板

与水冷系统比较,风冷系统具有零件少、结构简单、使用和维修方便、对地区环境变化的适应性好等优点;但风冷系统还存在着冷却不够可靠、消耗功率大和噪声大等缺点,所以目前在一般在港口与工程机械车辆上应用较少。

练习与思考

一、填空题

1. 发动机的冷却方式一般有__________和__________两种。

2. 发动机冷却液最适宜的工作温度,一般是__________℃。

3. 冷却液的流向与流量主要由__________来控制。

4. 水冷系冷却强度主要可通过__________、__________、__________等装置来调节。

5. 散热器芯的结构形式有__________和__________两种。

6. EI6100型汽油机冷却系统大循环时,冷却液主要由水套经__________、__________、__________而又流回水套。小循环时,冷却液主要由水套经__________、__________流回水套。

二、判断题(正确打✓、错误打×)

1. 发动机在使用中,冷却液的温度越低越好。（ ）

2. 风扇工作时,风是向散热器方向吹的,这样有利于散热。（ ）

3. 任何水都可以直接作为冷却液加注。（ ）

4. 发动机工作温度过高时,应立即打开散热器盖,加入冷水。（ ）

5. 蜡式节温器的弹簧,具有顶开节温器阀门的作用。（ ）

6. 硅油风扇离合器,具有降低噪声和减少发动机功率损失的作用。 ( )

7. 膨胀水箱中的冷却液面过低时,可直接补充任何牌号的冷却液。 ( )

三、选择题

1. 关于内燃机冷却过度带来的危害中,错误的是( )。
   A. 机件温差过大,会产生过大的热应力而导致裂纹
   B. 机油黏度增大,有利于内燃机的工作
   C. 柴油机的滞燃期增长,导致工作粗暴,燃烧不完全
   D. 汽油雾化、蒸发条件变差
2. 内燃机的冷却系统根据冷却介质分为( )。
   A. 水冷系统 B. 风冷系统 C. 自然循环冷却 D. A + B
3. 工程机械用内燃机广泛采用的强制循环冷却具有的特点中错误的是( )。
   A. 冷却强度均匀
   B. 冷却液的循环流动主要是依靠水泵对冷却液的吸、排作用实现的
   C. 冷却系统结构简单
   D. 高温机件的热量通过冷却液传递给周围的空气
4. 通常内燃机汽缸盖冷却液适宜工作温度是( )。
   A. 65 ~ 90℃ B. 70 ~ 95℃ C. 70 ~ 90℃ D. 80 ~ 90℃
5. 将冷却液携带的热量散发到大气中的机件是( )。
   A. 水泵 B. 散热器 C. 风扇 D. 节温器
6. 散热器盖设有蒸汽—空气阀的目的是( )。
   A. 使冷却系统与大气相通
   B. 当冷却系统蒸汽压力过高时能排入大气
   C. 当冷却系统蒸汽压力过低时能吸入空气
   D. B + C
7. 发动机水泵多采用( )。
   A. 往复式水泵 B. 柱塞泵 C. 叶片泵 D. 离心泵
8. 发动机冷却系统的冷却强度调节要求是( )。
   A. 保持冷却强度稳定不变
   B. 保证发动机冷却液进口适宜的工作温度
   C. 保证发动机冷却液出口适宜的工作温度
   D. 保证发动机冷却液流量稳定不变
9. 调节冷却强度的方法主要有( )。
   A. 改变流经散热器的冷却液流量 B. 改变流经散热器的空气流量
   C. 改变发动机的工况 D. A + B
10. 节温器能够调节冷却强度是通过( )实现的。
    A. 改变流经散热器的冷却液流量 B. 改变流经散热器的空气流量
    C. 改变发动机的工况 D. 改变水泵的转速

11. 改变流经散热器的空气流量的措施有(　　)。

A. 在散热器前装设百叶窗,调节百叶窗的开度

B. 改变风扇的转速

C. 调节风扇叶片的倾角

D. A + B

12. 加注防冻液后可以使冷却液(　　)。

A. 提高冰点,提高沸点　　B. 提高冰点,降低沸点

C. 降低冰点,降低沸点　　D. 降低冰点,提高沸点

四、问答题

1. 柴油机冷却系统中冷却液温度过高或过低对柴油机有何影响?
2. 内燃机冷却系有何功用? 发动机的冷却方式有哪些?
3. 内燃机冷却系的主要机件有哪些? 各有何功用?
4. 内燃机冷却系冷却强度如何调节?
5. 试述蜡式节温器的工作原理。

第八章 润滑系统

知识目标

1. 能描述内燃机润滑的作用、润滑方式；
2. 能描述机油的各项性能指标、意义、机油的分类；
3. 能正确描述润滑系统的组成、主要设备和作用。

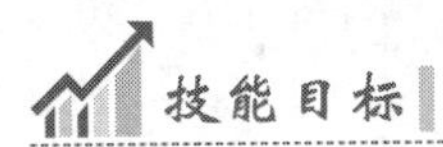

技能目标

1. 能对润滑系统的主要设备进行正确的使用和维护管理；
2. 能合理地选用机油。

第一节 概 述

内燃机工作中,各运动零件的表面相互接触并发生高速的相对运动(如曲轴与主轴承、活塞与汽缸壁、凸轮轴与凸轮轴承等),这些零件的表面虽然经过精密加工,但仍有一定的表面粗糙度,如图 8-1 所示。因此,在零件相对运动时,接触面上就会产生摩擦力。如果运动件表面直接接触而发生干摩擦,摩擦力将会很大,这不仅会增大内燃机内部的功率消耗,使零件工作表面迅速磨损,而且由于摩擦面产生的大量热量,可能导致某些零件的表面金属熔化,使内燃机无法运转。

因此,为了保证内燃机正常工作,必须对各运动零件的表面加以润滑,使这些零件表面覆盖一层润滑油膜从而避免它们彼此间的直接接触,形成液体摩擦。液体摩擦可以减小摩擦阻力,降低功率损耗;减轻零件的磨损,延长使用寿命。润滑油膜形成的基本条件是两零件之间存在油楔及相对运动,并且有足够的润滑油供给。润滑油膜形成原理,如图 8-2、图 8-3 所示。图 8-2 是旋转零件的润滑油膜形成原理,静止时,在自重的作用下,轴处于最低位置与轴承以 P 点相接触(图 8-2a),这时润滑油从轴和轴承中被挤出来。当轴转动时,黏附在轴表面的油便随轴一起转动。由于轴与轴承的间隙成楔形,使润滑油产生一定的压力。在此压力作用下,轴被推向一侧,如

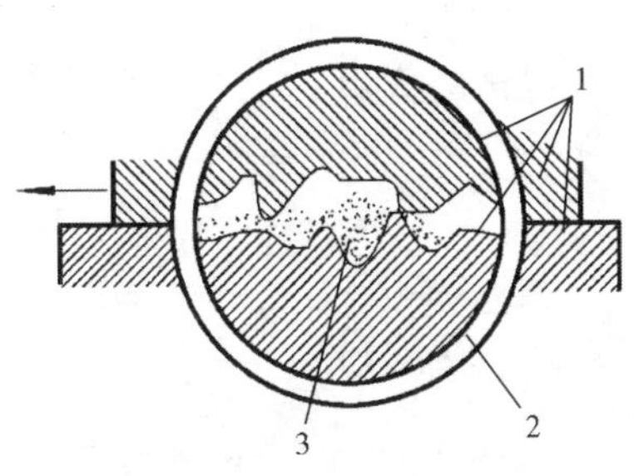

图 8-1 运动零件表明零件放大图
1-零件;2-放大镜;3-金属磨屑

图 8-2b）所示。轴的转速越高，单位时间被带动的油也越多，油压力就越大。当轴的转速达到一定高度时，轴便被油压抬起，如图 8-2c）所示。这样，油膜将油与轴承完全隔开，使之变为液体摩擦，从而减轻了运动阻力，减少了运动件的磨损。

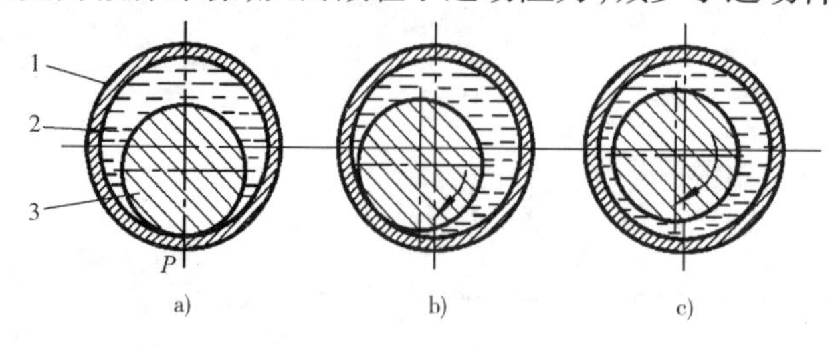

图 8-2　旋转零件的润滑油膜
1-轴承；2-润滑油；3-轴

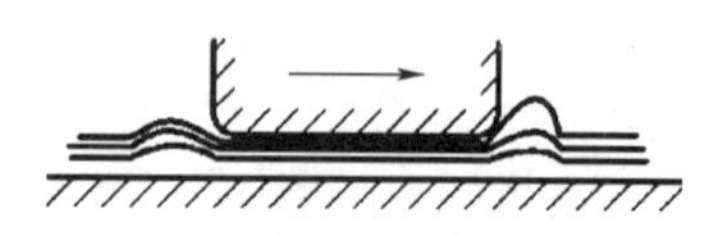

图 8-3　滑动零件的润滑油膜

同理，做直线运动的滑动零件，其前端制有倒角时，润滑油也可楔入运动表面而形成油膜，如图 8-3 所示。

润滑系统的功用就是在内燃机工作时连续不断地把数量足够、温度适当的洁净润滑油输送到全部传动件的摩擦表面，并在摩擦表面之间形成油膜，实现液体摩擦，从而减小摩擦阻力、降低功率消耗、减轻机件磨损，以达到提高内燃机工作可靠性和耐久性的目的。

润滑的作用主要有：

（1）减少摩擦功的消耗和机件磨损。液体摩擦的摩擦系数仅为干摩擦的几十分之一，因此，良好的润滑将大大减少内燃机的摩擦损失，提高机械效率。同时，由于运动表面不发生或很少发生直接接触，使零件的磨损大为减轻。

（2）冷却散热。机油可以带走摩擦所产生的部分热量，使零件的工作温度不致过高。

（3）冲洗清洁。流过摩擦表面的机油可以带走零件因磨损而生成的金属微粒和其他杂质，减少磨料磨损。

（4）密封防漏。由于机油具有一定黏度，附着于运动零件表面，可以提高某些零件的密封效果。如活塞环与汽缸内壁的润滑油膜，可提高汽缸的密封性，减少燃气泄漏。

（5）防锈防蚀。附着于零件表面的润滑油膜，还可以防止或减轻零件表面与水分和空气及燃气接触而发生的氧化和锈蚀。

（6）减振缓冲。轴与轴承之间的具有一定厚度的润滑油膜可以起到缓和冲击，减少振动、噪声的作用。

第二节　润滑方式和润滑剂

一、润滑方式

内燃机工作时，由于各运动零件的工作条件不同，所要求的润滑强度也不同，因而要相应地采取不同的润滑方式。内燃机零件表面的润滑采用以下几种方式进行。

1. 压力润滑

润滑油被专用的机油泵以一定压力输送到各个摩擦表面实现润滑，这种润滑方式称为压力润滑。其特点是工作可靠、润滑效果好、具有良好的清洗和冷却散热作用。内燃机中负荷较大以及相对运动速度较高的主轴承、连杆轴承、凸轮轴轴承等一般均采用这种润滑方式。

2. 飞溅润滑

飞溅润滑是利用内燃机工作时，通过运动零件飞溅起来的或从专用喷嘴中喷出来的油滴或油雾，直接落在摩擦表面而形成的润滑方式。飞溅润滑几乎不需要专门的机件，但润滑可靠性较差。

这种方式主要用于负荷较轻，相对运动速度较低或压力润滑难以实现的某些摩擦部位，如汽缸壁、定时齿轮、凸轮以及滚动主轴承等工作表面。

现代车辆发动机多采用压力润滑和飞溅润滑相结合的润滑方式，以满足不同零件和部位对润滑强度的要求。

3. 掺混润滑

对于小型二冲程曲轴箱扫气的汽油机，其润滑方式是在汽油中掺入4% ~6%的机油，随化油器雾化后，进入曲轴箱内润滑各零件的摩擦表面。采用这种润滑方式，发动机上实际没有润滑系统，使结构简化。但这种润滑方式可靠性差，机油耗量大。

4. 润滑脂润滑

润滑脂润滑是通过润滑脂嘴定期加注润滑脂来润滑零件的工作表面，如内燃机的水泵、风扇以及发电机轴承等。近年来，在发动机上有采用含有耐磨润滑材料（如尼龙、二硫化钼等）的轴承来代替加注润滑脂的轴承。

二、润滑剂

通常，润滑剂包括润滑油和润滑脂。发动机用的润滑油也称机油。

1. 机油的使用性能

机油的主要使用性能包括：黏度、防腐性、热氧化安定性、清净分散性和极压性等。

1）黏度

黏度是机油最重要的使用性能，也是选用机油的主要依据。

机油黏度的大小对发动机的工作有较大影响。黏度过大的机油易于形成和保持油膜，承载能力大，但流动阻力和液体摩擦阻力大，增大了内燃机的功率损耗和起动阻力，冷却和清洗零件的作用也较差。黏度过小，流动阻力和液体摩擦阻力小，但形成的油膜较薄，不易保持，且承载能力低。

机油的黏度随温度而变化。温度升高则黏度减小，温度降低则黏度增大。为了使机油在较宽的温度范围都有适当的黏度，必须在基础油中加入增稠剂。添加增稠剂后，可使机油在高温时保持足够的黏度，而在低温时黏度增大不多。

2）防腐性

机油在使用过程中不可避免地被氧化而生成各种有机酸。含酸的机油对零件有腐蚀作用。为提高机油的防腐性，要在机油中添加防腐添加剂。

3）热氧化安定性

热氧化安定性是评价机油在高温时抗氧化能力的指标。机油在使用过程中，会被空气氧化而变质，生成脂酸和沥青等物质，并析出胶状沉淀物，引起机油滤清器堵塞和活塞环黏结，因此，要求机油有一定抗氧化能力。为此，要在机油中添加氧化抑制剂。

4）清净分散性

清净分散性是指机油分散、疏松和移走附着在零件表面上的积炭和污垢的能力。为此，需在机油中加入清净分散添加剂。

5）极压性

在摩擦表面之间的油膜厚度为0.3～0.4μm的润滑状态，称为边界润滑。习惯上把高温、高压下的边界润滑称为极压润滑。机油在极压条件下的抗磨性叫作极压性。现代车用发动机的轴承及配气机构等零件的润滑即为极压润滑。为提高机油的极压性，必须在机油中加入极压添加剂。极压添加剂可与金属表面起化学反应，产生强韧的油膜，形成对零件的极压保护。

2. 机油的分类及选用

国际上广泛采用美国SAE分类法和API分类法，而且已被国际标准化组织（ISO）确认。我国的机油分类法参照采用ISO分类方法。

1）SAE分类法

SAE是美国汽车工程师协会（Society of Automotive Engineers）的英文缩写，SAE分类法的按照机油黏度等级，把机油分为冬季用油和非冬季用油。

冬季用油有6种牌号：SAE 0W、SAE 5W、SAE 10W、SAE 15W、SAE 20W和SAE 25W。

符号W代表冬季，英文Winter的缩写，W前的数字越小，其低温黏度越小，低温流动性越好，适用的最低气温越低。

非冬季用油有4种牌号：SAE 20、SAE 30、SAE 40和SAE 50。牌号中的数字表示100℃时的黏度，数字越大，机油黏度越高，适用的最高气温越高。

上述机油只有单一的黏度等级，需要根据季节和气温更换。目前使用的机油大多具有多黏度等级，所谓多黏度等级是指既能满足低温时的黏度等级要求，又能满足高温时的黏度等级要求，所以多黏度等级机油也称冬夏季通用油或全天候型用油。它有16种牌号：SAE 5W-20、SAE 5W-30、SAE 5W-40、SAE 5W-50、SAE 10W-20、SAE 10W-30、SAE 10W-40、SAE 10W-50、SAE 15W-20、SAE 15W-30、SAE 15W-40、SAE 15W-50、SAE 20W-20、SAE 20W-30、SAE 20W-40、SAE 20W-50。牌号横杠前表示该牌号机油所符合的冬季低温黏度性能，W前的数字越小，表示润滑油在低温时的流动性越好，内燃机起动越容易。牌号横杠后表示符合的夏季高温黏度性能，而W后边的数字越大，则表明该机油在高温环境的黏稠性越好，生成的油膜强度更强。这种机油基本可以四季通用，适用的气温范围越大。例如，SAE 10W-30在低温下使用时，其黏度与SAE 10W一样，而在高温下其黏度又与SAE 30相同。机油一般可根据当地环境温度来选用，如图8-4所示是部分牌号机油适用的环境温度。

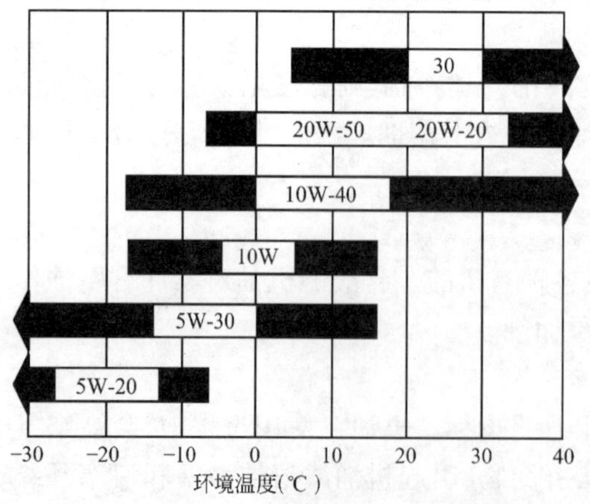

图8-4 部分牌号机油适用的环境温度

2）API分类法

API是美国石油学会（American Petroleum Institute）的英文缩写，API分类法是根据机油的性能及最适合的使用场合,把机油分为S系列和C系列两类。S系列为汽油机油,目前有SA、SB、SC、SD、SE、SF和SH 8个级别。C系列为柴油机油,目前有CA、CB、CC、CD和CE 5个级别。级别越靠后,使用性能越好,适用的机型越新或强化程度越高。

3)我国的机油分类法

我国的机油分类法,参照了ISO的分类方法。根据我国国家标准《汽油机油》(GB 11121—2006)规定,按汽油机油的质量等级分为:SE、SF、SG、SH、GF-1、SJ、GF-2、SL和GF-3 9个品种。根据我国国家标准《柴油机油》(GB 11122—2006)规定,按柴油机油的质量等级分为:CC、CD、CF、CF-4、CH-4和CI-4 6个品种。

每个品种按GB/T 14906或SAE J300划分为若干黏度等级。例如:汽油机油的质量等级SE、SF,其黏度等级划分为5W-20、5W-30、5W-40、5W-50、10W-30、10W-40、10W-50、15W-30、15W-30、15W-40、15W-50、20W-40、20W-50、30、40、50。每个黏度等级机油其黏温性能有不同的要求。

我国的机油产品标记的方法如下:

(1)汽油机油产品标记为:

质量等级 黏度等级 汽油机油

例如:SF 10W-30汽油机油、SE 30汽油机油

(2)柴油机油产品标记为:

质量等级 黏度等级 柴油机油

例如:CD 10W-30柴油机油、CC 30柴油机油

(3)通用内燃机油产品标记为:

汽油机油质量等级/柴油机油质量等级 黏度等级 通用内燃机油

或 柴油机油质量等级/汽油机油质量等级 黏度等级 通用内燃机油

例如:SJ/CF-4 5W-30通用内燃机油或CF-4/SJ 5W-30通用内燃机油,前者表示其配方首先满足SJ汽油机油的要求,后者表示其配方首先满足CF-4柴油机油要求,两者均需同时符合SJ汽油机油和CF-4柴油机油的全部质量指标。

机油的选用原则,一是根据发动机的强化程度选用合适的机油使用级别;另一个是根据地区的季节气温选用适当黏度等级的机油。通常,在发动机使用说明书上,都清楚地指明了应该使用哪一等级的机油。

3.润滑脂

润滑脂是将稠化剂掺入液体润滑剂中所制成的一种稳固的固体或半固体产品,其中可以加入旨在改善润滑脂某种特性的添加剂。

润滑脂在常温下可附着于垂直表面而不流淌,并能在敞开或密封不良的摩擦部位工作。润滑脂的种类有钙基润滑脂、钠基润滑脂、钙钠基润滑脂、复合钙基润滑脂、通用锂基润滑脂、石墨钙基润滑脂。目前,普遍使用的润滑脂有通用锂基润滑脂(GB/T 7324—2010)、钙基润滑脂(GB/T 491—2008)和复合钙基润滑脂。其中,通用锂基润滑脂性能最为优良。发动机所用的润滑脂也要考虑冬、夏季不同温度的特点和工作条件,可根据润滑脂产品标准选用。

第三节 润滑系统的组成和润滑油路

一般发动机的润滑都采用压力润滑和飞溅润滑相结合的方式进行。下面以6135ZG型柴油机和EQ6100-1型汽油机的润滑系统为例,介绍润滑系统的组成和润滑油路。

1.6135ZG型柴油机的润滑系统

6135ZG型柴油机的润滑油路如图8-5所示,由机油泵、机油滤清器、机油散热器、限压阀、旁通阀、油压表和油温表等组成。

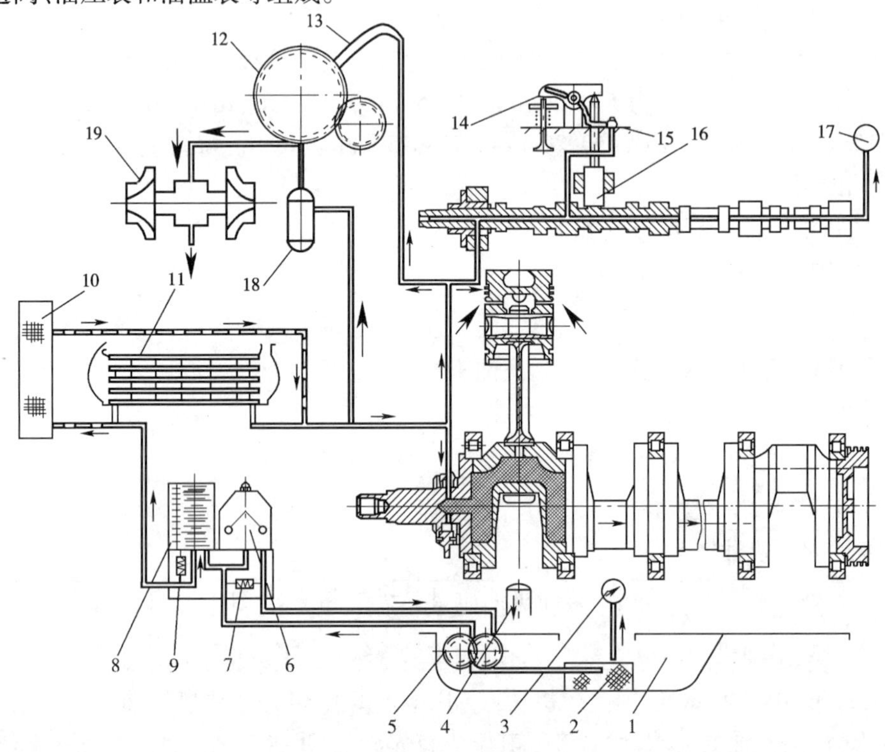

图8-5 6135柴油机润滑油路

1-油底壳;2-集滤器;3-油温表;4-加油口;5-机油泵;6-(离心式)细滤器;7-限压阀;8-粗滤器;9-旁通阀;10-机油散热器(风冷);11-机油冷却器(水冷);12-定时传动齿轮;13-喷油嘴;14-摇臂;15-汽缸盖;16-气阀挺柱;17-油压表;18-网格式滤清器;19-废气涡轮增压器

机油泵5用于提高机油压力,向摩擦表面强制输送机油。

机油滤清器用来滤除机油中的杂质,按过滤能力不同分为集滤器2、粗滤器8和细滤器6。集滤器和粗滤器主要过滤机油中颗粒较大的杂质,对机油的流动阻力较小,串联在主润滑油路中。细滤器主要过滤机油中颗粒较小的杂质,机油的流动阻力大,与主润滑油路并联布置,机油经细滤器过滤后流回油底壳1。

机油散热器10和机油冷却器11用来冷却机油,保持机油正常的工作温度。

限压阀7位于机油泵出口油道上,当润滑油路中压力超过规定值时,限压阀自动打开,使一部分机油流回油底壳,从而限制油路中的最高油压,防止机油泵过载和油路密封件损坏。

旁通阀9通常装在粗滤器上与滤芯并联。当粗滤器滤芯过脏而堵塞时,进、出口压差升高(一般为0.15~0.18MPa)时,旁通阀打开,机油不经粗滤器过滤而直接流向主油道,以防止润滑中断。

油压表 17 用来显示主油道内的机油压力，油温表 3 显示油底壳内的机油温度。

6135ZG 型柴油机的润滑系统中，连杆轴承，凸轮轴轴承、定时齿轮以及增压器浮动轴承都采用压力润滑，其余部件采用飞溅润滑。

机油由加油口 4（设在汽缸体侧面）加入油底壳 1 中，在加油口附近装有机油标尺，用以测量油底壳中的机油量。油底壳底部设有放油旋塞。发动机工作时，机油泵 5 经集滤器 2 和吸油管吸入机油后，将机油送到机油滤清器底座，然后分成两路：一路到离心式机油细滤器 6，滤清后回油底壳 1；另一路到粗滤器 8，滤清后进入机油散热器 10。经机油散热器冷却后的机油又分两路：一路经滤清器 18 再次滤清后，进入涡轮增压器壳体内的油道，润滑转子轴和浮动轴承，然后由壳体下部的出油口经回油管流回发动机油底壳；另一路到传动齿轮盖板上的油道，由此，机油一部分经曲轴内油道进入各连杆轴颈，润滑连杆轴承；另一部分经凸轮轴内油道润滑各凸轮轴轴承，并沿着第二道凸轮轴轴承引出的油道，直通到摇臂轴中去润滑气门传动件。少部分机油从传动齿轮盖板上的喷油嘴喷出，滴落在定时齿轮组 12 上。

活塞、汽缸壁、主轴承（滚动轴承）、活塞销和连杆小头衬套等部位利用运动部件飞溅起来的机油进行润滑。

2. EQ6100-1 型汽油机的润滑系统

EQ6100-1 汽油机的润滑油路，如图 8-6 所示。

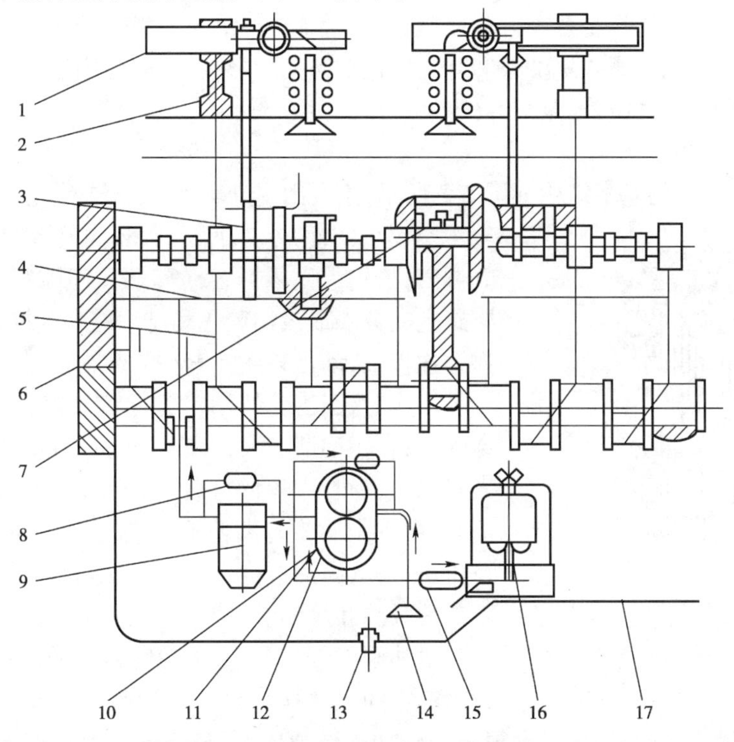

图 8-6 EQ6100Q-1 型汽油机的润滑油路

1-摇臂轴；2-上油道；3-机油泵传动轴；4-主油道；5-横向油道；6-正时齿轮；7-连杆小头油道；8-机油粗滤器旁通阀；9-机油粗滤器；10-油管；11-机油泵限压阀；12-机油泵；13-磁性放油螺塞；14-固定式集滤器；15-机油细滤器进油限压阀；16-机油细滤器；17-油底壳

机油经集滤器14进入机油泵12，由机油泵排出的机油分为两路：一路到机油细滤器16，经滤清后回到油底壳17；另一路进入机油粗滤器9，滤清后进入主油道4，再经过汽缸隔壁上的横向油道5润滑曲轴主轴颈和凸轮轴轴颈。机油还通过曲轴内的油道从主轴颈流向曲柄销进行润滑。同时，机油也从与凸轮轴的第二、四轴颈相通的上油道2通向摇臂支座，润滑摇臂轴1、气门端部和推杆球头。润滑推杆球头的机油顺着推杆表面流下到环行挺柱内，再由挺柱下部的油孔流出与飞溅的机油共同润滑凸轮的工作表面。润滑气门端部的机油顺着气门杆表面流下，润滑气门导管。

当连杆大头对着凸轮轴一侧的小孔与曲柄销上的油孔相通时，机油即由此小孔喷向凸轮、活塞、缸壁等处，实现飞溅润滑。飞溅到活塞内部的机油，溅落在连杆小头顶部的切槽内，以润滑活塞销。正时齿轮6靠安装在主油道前端的喷嘴（未示出）喷出的机油来润滑。

EQ6100-1型汽油机的润滑系统没有设置机油散热器，而是通过油底壳对各润滑部位流回的机油进行冷却。

第四节　润滑系统的主要机件

一、机油泵

机油泵一般安装在曲轴箱内，由曲轴或中间轴驱动，机油泵的作用是将一定量的机油从油底壳中抽出加压后，送至各零件表面进行润滑，维持机油在润滑系统中的循环。机油泵通常有齿轮式机油泵、转子式机油泵和叶片式机油泵三种形式。目前，内燃机上广泛采用的是齿轮式机油泵和转子式机油泵。

1. 齿轮式机油泵

齿轮式机油泵的基本结构如图8-7所示，主要由主动轴1、从动轴6、主动齿轮2、从动齿轮4、泵体5等组成。两个齿数相同的齿轮相互啮合，装在壳体内，齿轮与壳体的径向和端面间隙很小，泵体内腔的密封空间分隔成吸油腔3和排油腔8。主动轴与主动齿轮靠键连接，从动齿轮4空套在从动轴上。

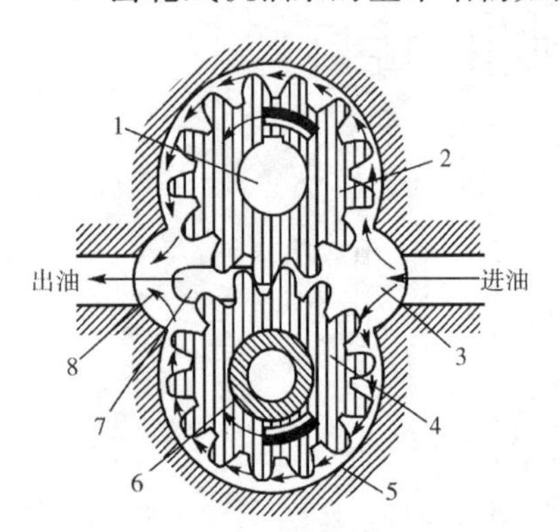

图8-7　外啮合齿轮式机油泵

1-主动轴；2-主动齿轮；3-吸油腔；4-从动齿轮；5-泵体；6-从动轴；7-卸压槽；8-排油腔

工作时，当齿轮按图示方向旋转时，吸油腔的齿轮退出啮合，容积逐渐增大，形成一定真空度，机油从进油口进入吸油腔，随着齿轮的旋转，齿轮间的机油被不断带到排油腔，由于排油腔的齿轮不断进入啮合，齿轮间的机油被挤压出来，从出油口排出，齿轮不断旋转，机油泵便能连续不断地吸油和压油。

机油泵工作过程中，齿轮啮合处的齿轮间会形成一个封闭的空间，当封闭容积由大变小时，被封闭的机油压力急剧上升，使齿轮、轴和轴承受到很大的附加径向力作用，造成轴承磨损加剧和功率消耗增大，产生噪声和振动；当封闭容积由小变大时，析出气泡，齿轮表面产生气蚀。这就是齿轮泵的“困油”现象，为防止“困油”现象的发生，在泵盖上铣出一条卸油槽7，使齿隙间受挤压的机油可以通过卸油槽进入排油腔8。

图8-8为EQ6100Q-1型汽油机的齿轮式机油泵。机油泵用螺钉固定在曲轴箱内第三道主轴承的一侧，由凸轮轴上的斜齿轮驱动。主动轴1上端通过深槽与驱动轴相连，下端用半圆键6及卡圈15固装着主动直齿轮5。从动轴16压装在油泵壳体4上，轴上松套着从动直齿轮17。机油泵壳体上的出油口与曲轴箱的油道相通，泵盖13上的出油口通过油管与机油细滤器相连。

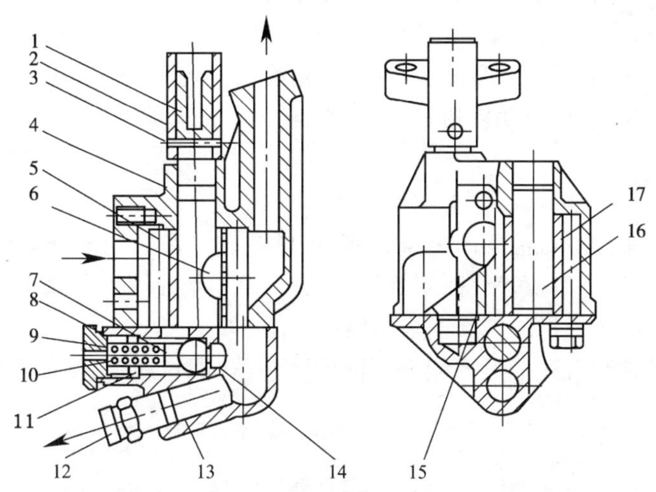

图8-8　EQ6100Q-1型汽油机的齿轮式机油泵

1-主动轴；2-联轴套；3-螺钉；4-油泵壳体；5-主动齿轮；6-半圆键；7-弹簧座；8-密封垫圈；9-螺塞；10-限压阀弹簧；11-调整垫片；12-管接头；13-油泵盖；14-球阀；15-卡圈；16-从动轴；17-从动齿轮

机油泵的泵盖上装有钢球弹簧式限压阀，限制润滑油路的最高油压。最高油压的高低可以通过调整垫片9来调整，垫片加厚，油压升高；反之，油压降低。

齿轮式机油泵具有结构简单、加工方便、工作可靠、体积小、使用寿命长等优点，和其他类型的机油泵相比，齿轮泵功率损失最小、效率最高。因而被广泛应用于内燃机上。

2. 转子式机油泵

转子式机油泵基本结构如图8-9所示，主要由传动齿轮3、转子轴10、内转子8、外转子7、泵壳9等机件组成。

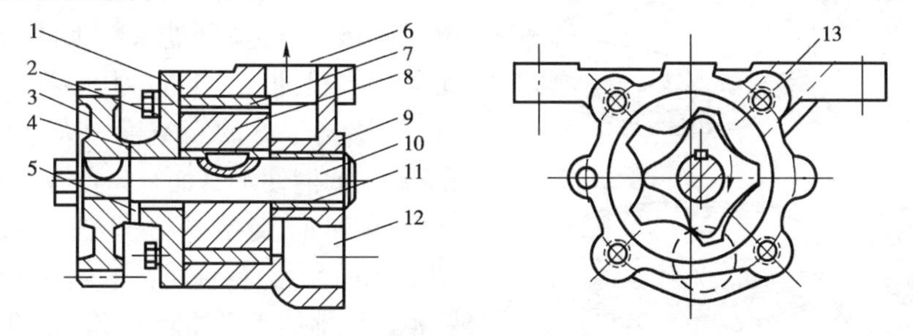

图8-9　转子式机油泵工作原理

1-调整垫片；2-盖板；3-传动齿轮；4-滑动轴承；5-推力轴承；6-出油口；7-外转子；8-内转子；9-泵壳 10-转子轴；11-滑动轴承；12-进油孔；13-出油孔

泵壳中装有一个主动内转子和一个从动外转子。内转子固定在转子轴上，外转子在壳体内可自由转动。内外转子间有一定偏心距，且内转子比外转子少一个齿。

发动机工作时，内转子带动外转子旋转，但两者转速不同。转子转到任何角度时，内外转子各齿总有一点相接触，于是内外转子间便形成了4个工作腔。由于偏心距的存在，使工作腔的容积产生较大变化。

当转子以图示方向旋转时，与进油孔12相通的进油腔内，由于内外转子的齿逐渐退出啮合，工作腔容积增大，产生真空度，于是机油就从进油孔被吸入进油腔。转子继续旋转，机油被带到与出油孔13相通的出油腔内，在出油腔中，由于内外转子的齿逐渐进入啮合，工作腔内容积减小，油压升高，机油就从出油孔13被压出。

转子式机油泵的结构紧凑，吸油真空度高，泵油量较大且供油均匀，噪声小，但啮合齿面的滑动阻力比齿轮泵大，所以功率损失大，目前，在内燃机上的采用日益增多。

二、机油滤清器

机油滤清器用来滤除机油中的金属磨屑、机械杂质以及机油本身受热氧化而产生的胶状沉淀物，防止它们进入摩擦表面而使零件拉伤、磨损加剧或油道堵塞。机油滤清器工作性能的好坏直接影响到内燃机的大修期限和使用寿命。

润滑系统中通常装有几个过滤能力不同的滤清器，即集滤器、粗滤器和细滤器，分别串联或并联在油路中。

1. 集滤器

集滤器通常是滤网式的，装在机油泵之前，滤除粒度较大的机械杂质，一般杂质粒度大于0.1mm（粒度是指杂质颗粒最大的线尺寸，用颗粒最大直径表示，单位：mm）。目前，车用发动机所用的机油集滤器分为浮式集滤器和固定式集滤器两种。

1）浮式集滤器

浮式集滤器的构造如图8-10所示，它是由浮筒3、滤网2、罩壳1以及装在浮筒上的吸油管4所组成。浮筒是空心的，以便浮在油面上，固定管5通往机油泵，安装后固定不动，吸油管活套在固定管中，使浮筒能自由地随油面升降，浮筒下面装有金属丝制成的滤网。滤网有弹性，内有环口，平时依靠滤网本身的弹性，使环口紧压在罩壳上，罩壳的边缘有缺口，与浮筒装配合后便形成狭缝。

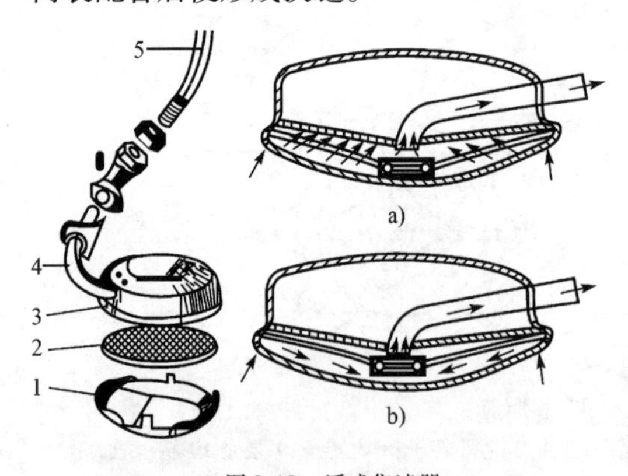

图8-10　浮式集滤器

a）滤网工作正常；b）滤网工作堵塞

1-罩壳；2-滤网；3-浮筒；4-吸油管；5-固定管

当机油泵工作时，机油从罩与浮筒之间的狭缝被吸入，经滤网滤去粗大的杂质后通过吸油管进入机油泵，如图8-10a）所示。滤网被淤塞时，滤网上方的真空度增大，直至克服滤网的弹力，滤网便上升而环口离开罩壳，此时机油不经滤网面直接从环口进入吸油管内，如图8-10b）所示，保证机油的供给不致中断，浮式机油集滤器能吸入油面上较清洁机油，但油面上泡沫易被吸入，使机油压力降低，润滑欠可靠。

2）固定式集滤器

固定式集滤器的构造，如图8-11所示。吸油管3的上端有与机油泵进油孔连接的凸缘，下端与滤网2支座中心固定连接，罩壳1的翻边包在支座外缘凸台上，滤网夹装于支座与罩之间。滤网靠自身的弹力紧压在罩壳上。罩壳的边缘有4个缺口，形成进油通道。当机油泵工作时，润滑油从罩的缺口处经滤网被吸入，粗大的杂质被滤网滤去，然后经过吸油管进入机油泵。

固定式集滤器浸在机油中，吸入机油的清洁程度比浮式集滤器差，但可防止泡沫吸入，润滑可靠、结构简单，所以逐步取代了浮式机油集滤器。

集滤器使用中要定期检查、清除滤网上的杂质，并清洗干净。

2. 粗滤器

粗滤器用来过滤机油中较大的杂质（粒度0.05～0.10mm），由于它流动阻力小，一般串联在机油泵与主油道之间。

粗滤器一般是缝隙式的结构，主要形式有金属片式粗滤器、绕线式粗滤器。

1）金属片式粗滤器

金属片式粗滤器的结构如图8-12所示，主要由外壳、滤芯和安全旁通阀等组成。

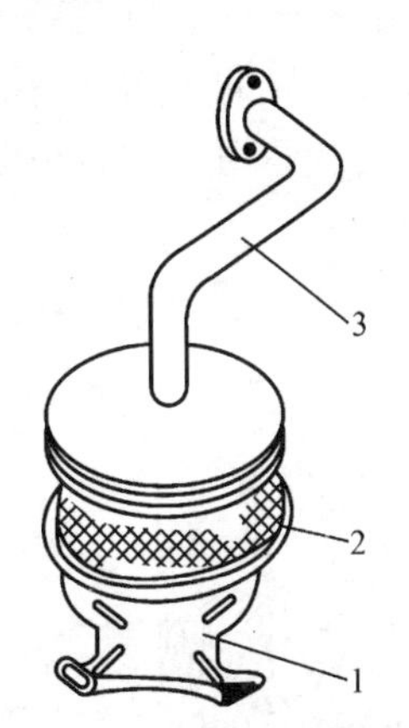

图8-11　固定式集滤器

1-罩壳；2-滤网；3-吸油管

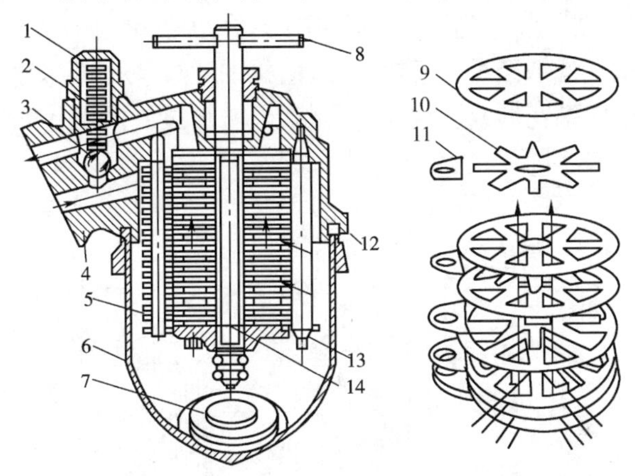

图8-12　金属片式粗滤器

1-旁通阀盖；2-弹簧；3-球阀；4-上盖；5-刮片固定杆；6-外壳；7-放污旋塞；8-手柄；9-滤清片；10-隔片；11-刮片；12-衬垫；13-固定螺栓；14-滤芯轴

粗滤器的滤芯由许多片两面磨光的薄钢片制成的滤清片、隔片和刮片组成，滤清片9和隔片10相间地套装在矩形断面的滤芯轴14上，并用上下盖板及螺母将其压紧。相邻两滤片间有隔片隔开一条缝隙（0.06～0.10mm），工作中，机油就从滤芯周围通过此缝隙进入滤芯中部的空腔内，再经上盖出油道流向主油道。机油中所含杂质就被阻隔在滤芯外面。刮片11套装在矩形断面的刮片固定杆5上，杆5用螺栓固定在上盖4上，刮片的一端插入两滤片间。滤清器使用一定时间后，滤片间隙处积存许多污物，此时可拧动手柄8通过滤芯轴14带动滤芯转动，固定不动的刮片11便将嵌在滤片间的污物剔出，保证滤芯的正常过滤作用。

阀盖1、弹簧2以及球阀3组成安全旁通阀，当滤芯堵塞时，安全阀钢球被顶开，机油不经滤芯而直接进入主油道，以防供油中断。

金属片式粗滤器在功率较大的柴油机上有应用，但由于质量大、结构复杂、制造成本高等缺点，逐步被淘汰。

2）绕线式粗滤器

绕线式粗滤器的滤芯结构，见图8-13。在波纹形的金属圆筒上绕着薄黄铜带，带上每隔一段距离压出高为0.04～0.09mm的凸起部分，因而相邻的黄铜带间便形成0.04～0.09mm的间隙，可滤去大于此间隙的杂质，过滤后的机油从黄铜带和波纹筒间的夹层流出。

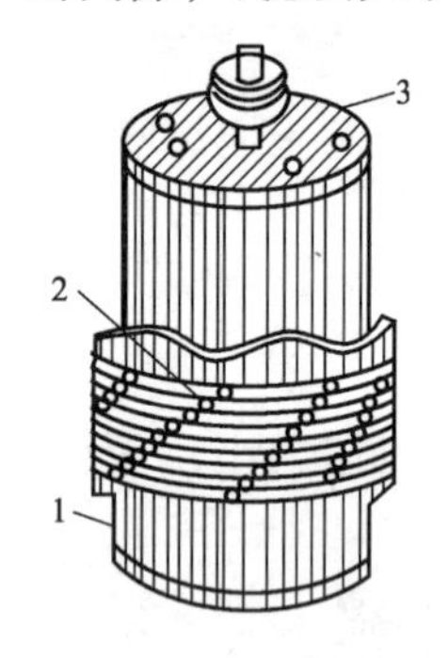

图8-13　绕线式粗滤器
1-粗滤芯；2-放大的黄铜带；3-中心螺杆

3.细滤器

细滤器连接在机油泵的出口端与主油道并联安装，其功用是在发动机工作过程中，用来过滤机油中较小的杂质（粒度0.01～0.04mm），不断地对油底壳内的机油进行净化处理，通过细滤器净化处理后的机油直接流回油底壳。细滤器的流量一般只有总循环机油量的10%～30%。目前，内燃机上采用的细滤器有过滤式和离心式两种。

1）过滤式细滤器

过滤式细滤器有纸质滤芯式、锯末滤芯式等几种。

纸质细滤器主要由壳体、纸质滤芯、旁通阀等组成，如图8-14所示。壳体由上盖1和压制的外壳3组成，如图8-14a）所示。纸质滤芯4的构造，如图8-14b）所示，由上端盖18、下端盖20、芯筒10和微孔滤纸19等构成。微孔滤纸经过酚醛树脂处理，机油通过微孔可滤掉0.01～0.04mm的杂质，微孔滤纸一般折叠成菊花形或波纹形等形状，以增加过滤面积并提高滤芯刚度。芯筒用薄钢板制成，上面冲有许多圆孔，装在滤纸中央起骨架作用。

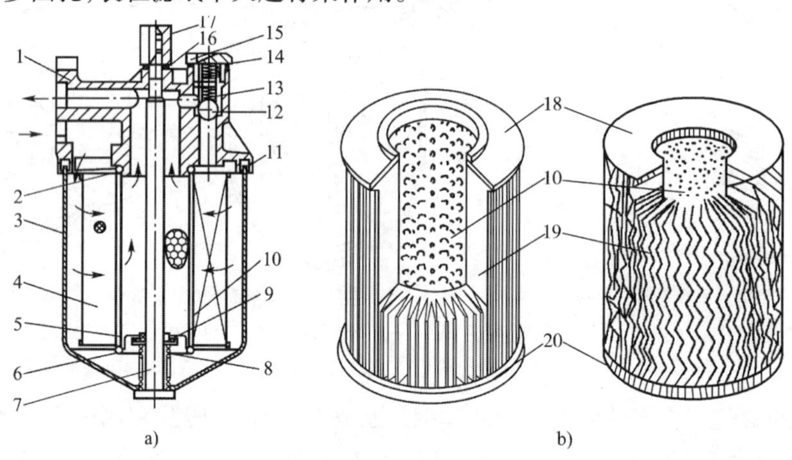

图8-14　纸质细滤器
a）纸质细滤器的结构；b）纸质滤芯的结构
1-上盖；2-密封圈；3-外壳；4-纸质滤芯；5-托板；6-密封圈；7-螺杆；8-滤芯压紧弹簧；9-密封圈；10-芯筒；11-密封圈；12-旁通阀；13-旁通阀弹簧；14-密封圈；15-调压螺母；16-密封圈；17-螺母；18-上端盖；19-微孔滤纸；20-下端盖

纸质滤芯装入壳体内，其两端由环形密封圈密封，机油由上盖1上的进油孔流入，通过纸质滤芯滤清后，经上盖上的出油孔，流入主油道。

当纸质滤芯被积污堵塞，其内外压差达0.15～0.18MPa时，旁通阀12即被顶开，大部分机油不经纸质滤芯滤清，直接进入主油道，以保证主油道所需的机油量。

纸质滤清器具有结构简单、滤清效果好、更换方便等特点。目前，在内燃机上应用最为广泛。

近年来，锯末滤芯的细滤器得到较多采用。滤芯以木材锯屑为主要材料压制在整体圆筒形。这种滤芯具有较强的吸附能力和过滤能力，滤清效果好。此外，由于原材料价格低廉，工艺简单，所以制造成本低。

2)离心式细滤器

离心式细滤器是根据离心分离的原理制成的。它利用离心力的作用把杂质从机油中分离出来,达到净化机油的目的。

图8-15为135系列柴油机所用的机油滤清器,其中左侧为绕线式滤芯的粗滤器,右边为离心式细滤器。细滤器由转子体10、转子盖11、转子轴8、滤网13、喷嘴9和转子罩壳等组成。转子体和转子盖在转子轴上,转子体和转子盖分别压有青铜衬套作为轴承与转子轴配合。转子内有两根对称布置的钢管,上部开有进油口,并装有滤网,下部与转子下端的水平喷嘴9相通。

工作时,来自机油泵的部分机油,在机油压力作用下,经转子轴的轴心孔流入转子内腔,机油经滤网进入钢管并由方向相反的两个喷嘴中高速喷出,两个喷嘴所产生的反作用力推动下,转子以5500r/min以上的高速旋转,转子内机油中的杂质在离心力的作用下甩向四周,黏附在转子内壁上,由喷嘴喷出的干净机油经细滤器下面的空腔流回油底壳。

离心式细滤器的优点是:滤清效果好,特别对金属微粒和硬质颗粒有较强的滤清能力;清除污物方便:滤清能力基本上不受沉淀物积聚的影响;流通阻力小等。它的主要缺点是机油温度低、黏度大时滤清效果较差,另外,离心式细滤器出油压力低,结构复杂,制造成本较高。

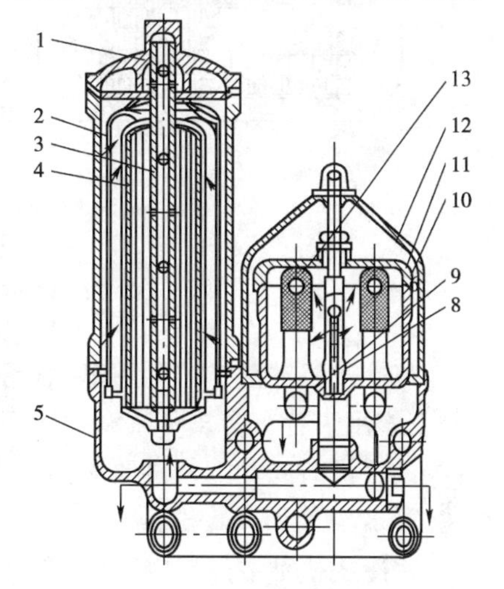

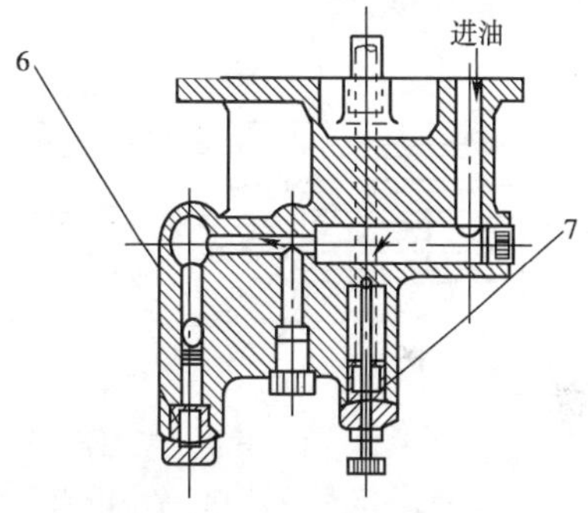

图8-15 135系列柴油机机油滤清器

1-粗滤器盖;2-粗滤器壳体;3-滤芯螺杆;4-绕线式滤芯;5-底座;6-旁通阀;7-调压阀;8-转子轴;9-喷嘴;10-转子体;11-转子盖;12-转子罩壳;13-滤网

三、机油散热器

一般的发动机多通过车辆行驶时的高速空气流直接吹过油底壳的外表面来冷却机油。热负荷较大的发动机必须装设有机油散热器(也称机油冷却器),用来冷却工作过的受热机油,使其保持适宜的温度(70~90℃)。

机油散热器根据冷却介质分风冷式和水冷式两种,通常均为管片式结构。

1. 风冷式机油散热器

图8-16a)为风冷式机油散热器结构原理示意图,它与冷却系统的散热器一起装在柴油机的前面。

散热器芯由冷却油管1和油管周围的散热片2所组成。油管和散热片常用导热性好的黄铜制造,管外散热片是为了强化散热、增加散热面积、提高散热效果。工作时,机油滤清器流出的机油,由进油口3流入机油散热器的油管中,把热量通过管壁传给散热片,再由流过散热片的空气带走。降温后,机油由出油口4流出,进入主油道。图8-16b)是EQ6100-1型发动机油散热器。

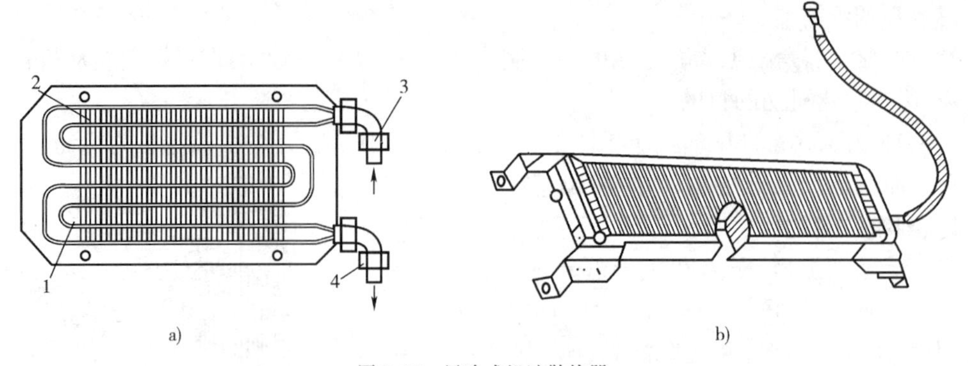

图 8-16 风冷式机油散热器

a)风冷式机油散热器的结构原理示意图;b)EQ6100-1 型发动机油散热器

1-油管;2-散热片;3-进油口;4-出油口

风冷式机油散热器利用车辆行驶时的迎面风对机油进行冷却。这种机油冷却器散热能力大,多用于赛车及热负荷大的增压汽车上。但是风冷式机油冷却器在发动机起动后需要很长的暖机时间才能使机油达到正常的工作温度,所以普通轿车上很少采用。

2. 水冷式机油散热器

水冷式机油散热器(机油冷却器)装在发动机冷却液路中,利用冷却液来冷却机油。

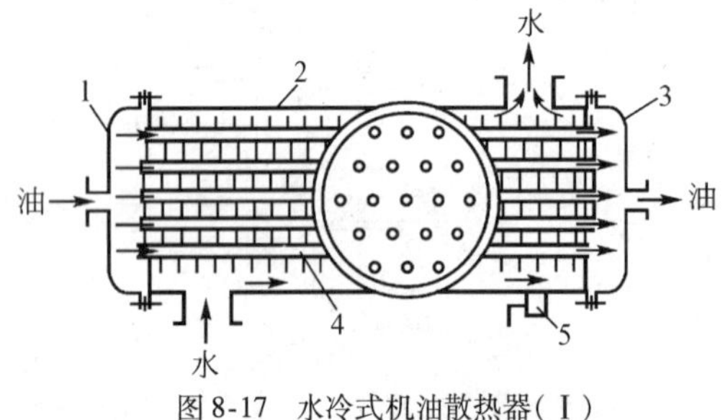

图 8-17 水冷式机油散热器(Ⅰ)

1-前盖;2-壳体;3-后盖;4-铜芯管和散热片;5-放水阀

水冷式机油散热器的结构如图 8-17 所示,它由壳体、前后盖、铜芯管和散热片等组成,机油从前盖 1 的油道进入冷却管(铜芯管)中,然后从后盖 3 的油道流出。冷却液从冷却管的外部流过,由于受散热片 4 的限制,冷却液的流动呈波浪形,在流动过程中,机油把热量传给冷却液。

图 8-18 与图 8-17 结构类似,主要区别是该水冷式机油散热器的机油在冷却管外流动,冷却液在管内流动。

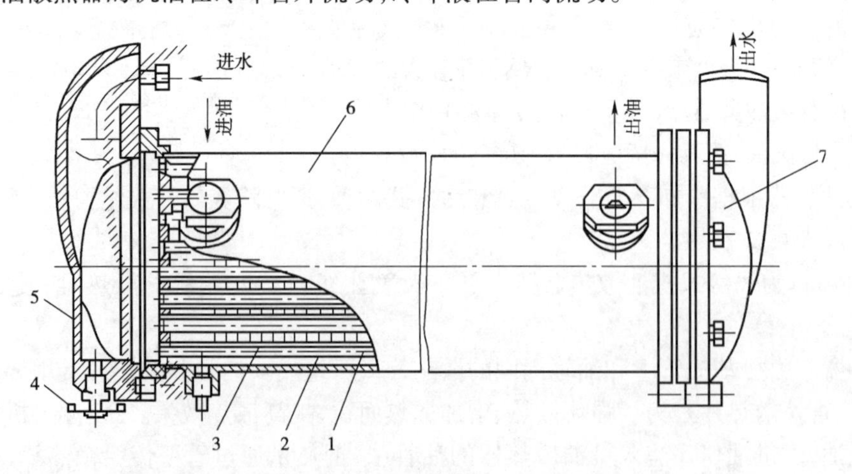

图 8-18 水冷式机油散热器(Ⅱ)

1-冷却液管;2-冷却液腔;3-散热片;4-放水阀;5-后盖;6-外壳;7-前盖

水冷式机油冷却器外形尺寸小、布置方便,且不会使机油冷却过度,机油温度稳定,因而在发动机上应用较广。

练习与思考

一、填空题

1. 发动机润滑系统主要有________、________、__________、__________、__________、__________等作用。

2. 现代汽车发动机多采用__________和__________相结合的润滑方式,以满足不同零件和部位对润滑强度的要求。

3. 内燃机上广泛采用的机油泵形式有__________和__________。

4. 根据与主油道的连接方式的不同,机油滤清器可以分为__________和__________两种。机油泵泵出的机油,70% ~90% 经过__________滤清后流入主油道,以润滑各零件,而 10% ~30% 的机油量进入__________滤清后直接流回油底壳。

5. 6135 柴油机润滑系统采用__________滤芯粗滤器,采用__________机油细滤器。

6. 机油散热器按冷却介质分为__________和__________两种,通常均为管片式结构。

二、判断题(正确打√、错误打×)

1. 加注润滑油时,加入量越多,越有利于发动机的润滑。 (　　)

2. 机油细滤器滤清能力强,所以经过细滤器滤清后的机油直接流向润滑表面。 (　　)

3. 离心式机油细滤器对机油的滤清是由于喷嘴对金属杂质产生过滤作用而实现的。 (　　)

4. 润滑油路中的油压越高越好。 (　　)

5. 为既保证各润滑部位的润滑要求,又减少机油泵的功率消耗,机油泵实际供油量一般应与润滑系统需要的循环油量相等。 (　　)

三、选择题

1. 车用发动机各零件最理想的摩擦形式是(　　)。

A. 干摩擦　　B. 半干摩擦　　C. 液体摩擦　　D. 半液体摩擦

2. 实现压力润滑的条件中,错误的是(　　)。

A. 需要机油泵形成滑油一定的压力

B. 摩擦副之间不应有相对的运动速度

C. 机油要有适宜的黏度

D. 摩擦副之间要有一定间隙,以利于形成润滑油膜

3. 内燃机中适宜压力润滑的部位是(　　)。

A. 汽缸壁　　B. 曲轴正时齿轮

C. 凸轮工作表面　　D. 曲轴轴颈与轴瓦

4. 选用发动机机油的主要依据是机油的(　　)。

A. 黏度　　B. 防腐性
C. 热氧化安定性　　D. 清净分散性和极压性

5. 一般润滑油路中,机油流经各组件的顺序是(　　)。
A. 油底壳—集滤器—机油泵—散热器—滤清器—进机
B. 油底壳—机油泵—集滤器—散热器—滤清器—进机
C. 油底壳—集滤器—散热器—机油泵—滤清器—进机
D. 油底壳—集滤器—机油泵—滤清器—散热器—进机

6. 机油泵常用的形式有(　　)。
A. 齿轮式与膜片式　　B. 转子式和活塞式
C. 齿轮式与转子式　　D. 柱塞式与膜片式

7. 润滑系统中旁通阀的作用是(　　)。
A. 保证主油道中的最小机油压力
B. 防止主油道过大的机油压力
C. 防止机油粗滤器滤芯损坏
D. 在机油粗滤器滤芯堵塞后仍能使机油进入主油道内

8. 润滑油路中机油压力大小是通过调节(　　)实现的。
A. 旁通阀　　B. 减压阀　　C. 限压阀　　D. 恒温阀

9. 润滑油路中限压阀的作用是(　　)。
A. 限制油路的最高压力,防止机油泵过载
B. 保证进入发动机主油道的油压不致过高
C. 防止进入散热器的油压过高而损坏
D. 在粗滤器堵塞时,发动机仍能保证润滑

10. 粗滤器的安装位置应该是(　　)。
A. 串联在机油泵前端　　B. 在机油泵出口端与主油道串联
C. 在机油泵出口端与主油道并联　　D. 与机油泵并联

11. 机油散热器应保证机油的工作温度为(　　)。
A. 60～80℃　　B. 75～90℃　　C. 70～90℃　　D. 75～85℃

四、问答题

1. 简述润滑系统的功用和主要作用。
2. 内燃机的润滑方式有哪些？各有何特点？
3. 机油的使用性能主要有哪些？如何正确选用润滑油？
4. 分析6135ZG型柴油机润滑油路情况。
5. 润滑系统中的滤清器有哪几种？各有何功用？
6. 润滑系统中的限压阀、旁通阀安装在什么位置？各起何功用？
7. 为什么机油泵输出的机油不全部流经细滤器？
8. 机油散热器有什么作用？类型有哪些？

第九章 起动系统

知识目标

1. 能正确描述内燃机起动的基本要求;
2. 能正确描述电力起动机的组成及各组成部分的功用;
3. 能正确描述电力起动机的超速保护装置类型及结构原理;
4. 能简单叙述起动辅助装置的类型和原理。

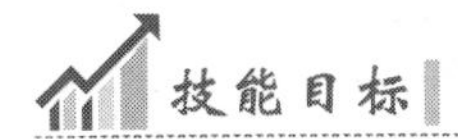

技能目标

1. 具备对常见的内燃机起动故障现象进行正确判断的能力;
2. 具备对常见的内燃机起动故障的处理能力。

第一节 概 述

发动机不能自行由静止转入工作状态,必须用外力驱动曲轴,使曲轴达到一定的转速,保证混合气的形成和燃烧能够顺利进行。发动机由静止转入工作状态的全过程,称为发动机的起动过程。完成起动过程所需要的一系列装置组成起动系统。

发动机起动时,必须有足够的起动力矩克服起动时的阻力矩,使曲轴以一定的转速运转。起动时的阻力矩主要包括:运动件之间的摩擦阻力矩、使运动件由静止状态加速到某一转速的惯性力矩、汽缸处在压缩冲程时的压缩阻力矩以及驱动辅助系统所需要的力矩。在这些阻力矩中,摩擦阻力矩最大,而且摩擦阻力矩会随机油的黏度增加而增大,起动时机油温度低,其黏度增加,所以起动阻力矩也大。

保证发动机顺利起动所必需的曲轴最低转速称为起动转速。车用汽油机在0~20℃的气温下,一般起动转速为30~40r/min。为使发动机能在更低的气温下顺利起动,要求起动转速为50~70r/min。转速低时,压缩行程内的热量损失多且进气流速低,将使汽油雾化不良,导致汽缸内混合气不易着火。

车用柴油机所要求的起动转速较高,达150~300r/min。一方面是为了防止汽缸漏气量和热量损失过多,保证压缩终了时缸内空气具有足够高的压力和温度,并在汽缸内形成足够强的空气涡流,另一方面是使喷油泵建立足够高的喷油压力,否则柴油雾化不良,混合气品质不好,难以着火。

由于柴油机的压缩比比汽油机的大,因而所需要的起动力矩也大,同时起动转速也比汽油机的高,因此柴油机起动所消耗的功率要比汽油机大。

内燃机常用的起动方式有人力起动、电力起动和辅助汽油机起动等多种方式。

(1)人力起动。人力起动一般采用手摇或绳拉等方式起动发动机。如手摇方式起动是利用起动手摇柄端头的横销嵌入发动机曲轴前端的起动爪内,以人力转动曲轴,来起动发动机。

这种方式简便易行,但劳动强度大,而且操作不方便,故很少采用,只用在某些小型内燃机上。

(2)电力起动。内燃机的起动是利用蓄电池向起动电动机供电,当电动机轴上的驱动齿轮与内燃机飞轮周缘上的齿圈啮合时,起动电动机旋转时产生的电磁转矩,通过飞轮传动给发动机曲轴,使内燃机起动。这种起动方式结构简单,起动操作方便,工作可靠。目前,绝大多数的车用内燃机都采用电力起动机起动。

(3)辅助汽油机起动。在有些柴油机上,装有一个专为起动用的小型汽油机。先起动汽油机,再用汽油机输出的力矩起动大功率的柴油机。这种起动方式,工作可靠,起动次数不受限制。但起动装置的体积大、结构复杂。适用于大功率柴油机的起动。

第二节　电力起动装置

现代车辆内燃机的起动,几乎都采用电力起动机起动,简称电力起动。电力起动系统由蓄电池、电力起动机(简称起动机)、起动开关(或称点火开关或起动按钮)以及继电器等装置组成,如图 9-1 所示。起动时,起动机在起动开关控制下,将蓄电池的电能转化为起动机的转动机械能,起动机的驱动齿轮与飞轮齿圈啮合带动内燃机曲轴转动。

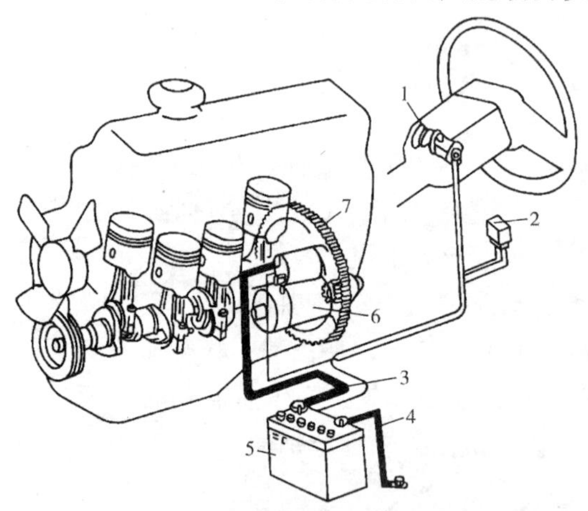

图 9-1　电力起动装置的组成

1-点火开关;2-起动继电器;3-起动机电缆;4-搭铁电缆;5-蓄电池;6-起动机;7-飞轮

起动机是电力起动系统的核心装置,它由直流电动机、传动机构、控制机构等组成,如图 9-2 所示,图 9-2a)是起动机的实体结构图,图 9-2b)是起动机结构图。

一、直流电动机

直流电动机的功用是在直流电压的作用下,产生转动力矩。

车用发动机普遍采用串励式直流电动机作为起动电机。这种电动机低速时输出的转矩很大,随转速升高,其转矩逐渐减小,可满足适合发动机起动过程的要求。

直流电动机的结构主要由磁极、电枢、换向器、电刷端盖和驱动端盖等组成,如图 9-3 所示。

汽油机的起动机功率一般在 1. 5kW 以下,电压为 12V。柴油机起动功率较大,可达 5kW 或更大,为使电枢电流不致过大,其电压一般采用 24V。

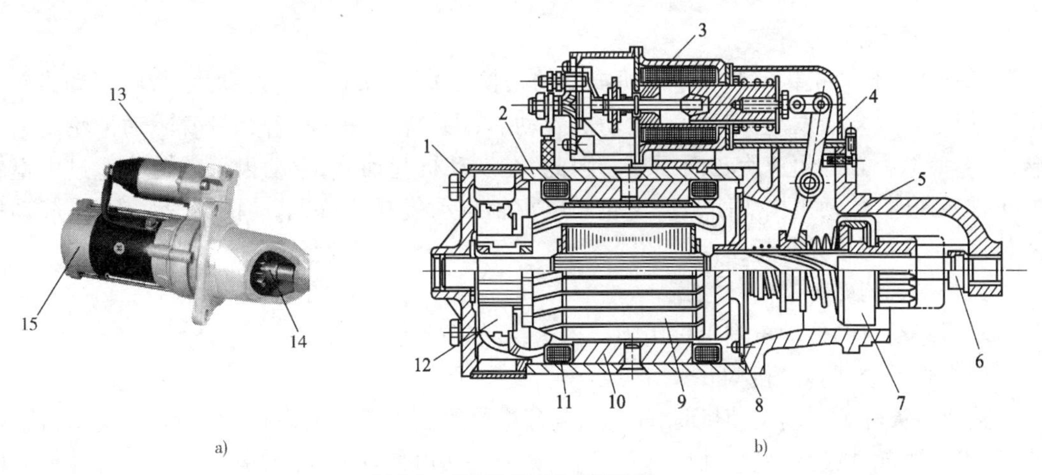

图9-2　QD124型起动机结构图

a)起动机实体结构图;b)起动机结构图

1-前端盖;2-外壳;3-电磁开关;4-拨叉;5-后端盖;6-限位螺钉;7-单向离合器;8-中间支撑板;9-电枢;10-磁极;11-磁场绕组;12-电刷;13-控制机构;14-传动机构;15-直流电动机

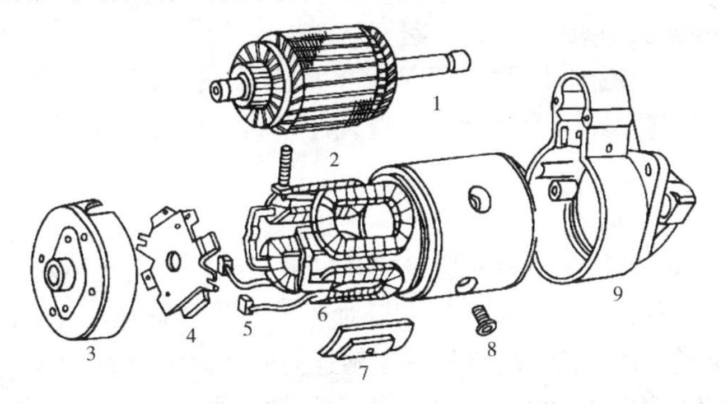

图9-3　起动机用直流电动机结构图

1-转子;2-接线柱;3-电刷端盖;4-电刷架;5-电刷;6-定子绕组;7-定子铁芯;8-埋头螺栓;9-驱动端盖

二、起动机的传动机构

直流电动机通电后产生的电磁转矩是靠传动机构传递到内燃机的飞轮。传动机构主要由拨叉、单向离合器和驱动齿轮组成。驱动齿轮与飞轮的啮合一般是靠拨叉强制拨动完成的,起动机驱动齿轮啮合过程,如图9-4所示。

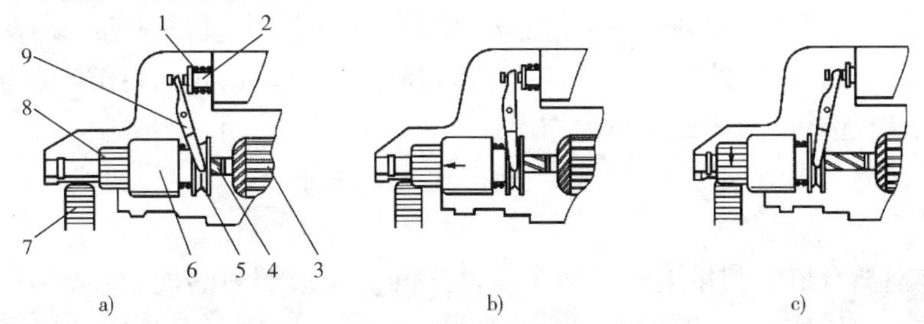

图9-4　起动机驱动齿轮啮合过程

a)静止未工作;b)驱动齿轮与飞轮开始啮合;c)驱动齿轮与飞轮啮合完成啮合

1-复位弹簧;2-活动铁芯;3-电动机电枢;4-电枢轴;5-移动衬套;6-单向离合器;7-飞轮齿圈;8-驱动齿轮;9-拨叉

1. 传动机构的作用

起动机的传动机构安装在电动机电枢的延长轴上，用来在起动发动机时，将驱动齿轮与电枢轴连成一体，使发动机起动。发动机起动后，飞轮转速提高，若其带着驱动齿轮高速旋转，将会使电枢轴因超速旋转而损坏。因此，在发动机起动后，驱动齿轮的转速超过电枢轴的正常转速时，传动机构应使驱动齿轮与电枢轴自动脱开，防止电动机超速。为此，起动机的传动机构中必须具有超速保护装置。

2. 传动机构的类型

车用起动机的传动机构也称为啮合机构，有如下类型。

1）惯性啮合式传动机构

接通点火开关起动发动机时，驱动齿轮靠惯性力的作用沿着电枢轴移出，与飞轮齿圈啮合，使发动机起动；发动机起动后，当飞轮的转速超过电枢轴转速时，驱动齿轮靠惯性力的作用退回，脱离与飞轮的啮合，防止电机超速。这种起动机的传动机构结构简单，但工作可靠性差，现代车辆已很少使用。

2）强制啮合式传动机构

接通起动开关起动发动机时，驱动齿轮靠杠杆机构的作用沿着电枢轴移出，与飞轮齿圈啮合，使发动机起动；发动机起动后，切断起动开关，外力的作用消除后，驱动齿轮在复位弹簧的作用下退回，脱离与飞轮齿圈的啮合。这种起动机工作可靠、结构也不复杂，因而使用最为广泛。

3）电枢移动式啮合机构

起动机不工作时，起动机的电枢与磁极错开。接通起动开关起动发动机时，在磁极磁力的作用下，整个电枢连同驱动齿轮移动与磁极对齐的同时，驱动齿轮与飞轮齿圈进入啮合。发动机起动后，切断起动开关，磁极退磁，电枢轴连同驱动齿轮退回，脱离与飞轮的啮合。

这种起动机传动机构工作可靠、操作方便，但结构较为复杂，在柴油车上使用较多。

3. 超速保护装置

超速保护装置是起动机驱动齿轮与电枢轴之间的离合机构，也称为单向离合器。

起动机传递转矩的驱动齿轮与飞轮齿圈齿数比一般为1∶10～1∶20，在发动机起动后，曲轴转速立即上升，如果起动机被发动机带动旋转，由于传动比很大，起动机将大大超速。在极大的离心力作用下，电枢绕组将松散甚至飞散而损坏。为此，在起动机的驱动齿轮和电枢轴之间装有超速保护装置（即离合机构），其功能是在发动机起动时使驱动齿轮与电枢轴连成一体，将起动机电枢轴的起动转矩通过驱动齿轮传动飞轮，起动发动机。在发动机被起动后，当驱动齿轮被飞轮驱动的转速高于电枢轴的转速时，驱动齿轮与电枢轴脱离传动关系，防止起动机超速，起着单向传递转矩的作用。

常用的单向离合器有滚柱式、弹簧式、摩擦片式等多种形式。

1）滚柱式单向离合器

滚柱式单向离合器是利用滚柱在两个零件之间的楔形槽内的楔紧和放松作用，通过滚柱实现转矩的单向传递。

图9-5是滚柱式单向离合器的结构及工作原理图。图9-5a）是结构分解图，它由外座圈2、开有楔形缺口的内座圈3、滚柱4以及装在内座圈孔内的弹簧7和柱塞5等组成。

在外座圈上固定着驱动齿轮1,在内座圈的每个楔形缺口内装有一个滚柱4,滚柱在弹簧和柱塞的作用下推向楔形缺口的窄端(图9-5b),窄端的高度小于滚柱直径,宽端高度大于滚柱直径。内座圈与滚柱等套装在外座圈2内,内座圈和花键套筒6连成一体,并通过花键套在起动机电枢的延长轴上。

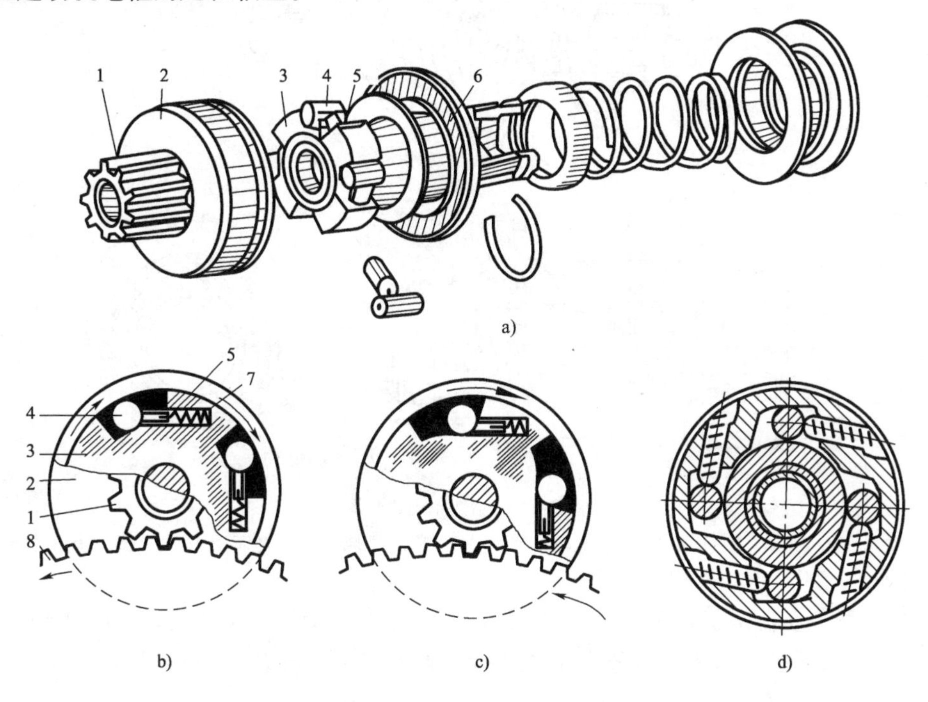

图9-5 滚柱式单向离合器

a)结构分解图;b)起动时;c)起动后;d)楔形缺口开在外座圈上的单向离合器

1-驱动齿轮;2-外座圈;3-内座圈;4-滚柱;5-柱塞;6-花键套筒;7-弹簧;8-飞轮齿圈

接通起动开关,起动内燃机时,电枢轴带动套筒及内座圈转动,滚柱在柱塞弹簧力和摩擦力作用下被带到内、外座圈之间的楔形缺口的窄的一端,将内、外座圈连成一体,于是电枢轴上的转矩通过内座圈、楔紧的滚柱传递到外座圈,再通过驱动齿轮传给飞轮齿圈8(图9-5b),使内燃机起动。

起动后,曲轴转速升高,飞轮齿圈将带动驱动齿轮高速旋转。虽然驱动齿轮的旋转方向没有改变,但它由主动轮变为从动轮。当驱动齿轮和外座圈的转速超过内座圈和电枢轴的转速时,滚柱在外座圈摩擦力作用下,克服弹簧推力,从楔形槽的窄端滚到宽端,内、外座圈脱离传动关系,而以各自的转速旋转,高速旋转的驱动齿轮与电枢轴脱开,防止电动机超速,如图9-5c)所示。

滚柱式单向离合器结构简单,在中小功率的起动机上被广泛应用。但在传递较大转矩时,滚柱易变形卡死,因此滚柱式单向离合器不适用于功率较大的起动机上。

2)弹簧式单向离合器

弹簧式单向离合器是利用扭力弹簧的径向放松和收缩,来实现离合机构的分离和接合,进行转矩的单向传递。弹簧式单向离合器,如图9-6所示。

该装置安装在起动机电枢的延长轴上,起动机的驱动齿轮2右端的齿轮毂滑套空套在螺旋花键套筒7左端外圆面上，扇形块4装入驱动齿轮右端的相应槽孔11中，并伸入花键套筒左端环槽12内，使驱动齿轮和花键套筒之间可以相对滑转，但不能轴向移动。

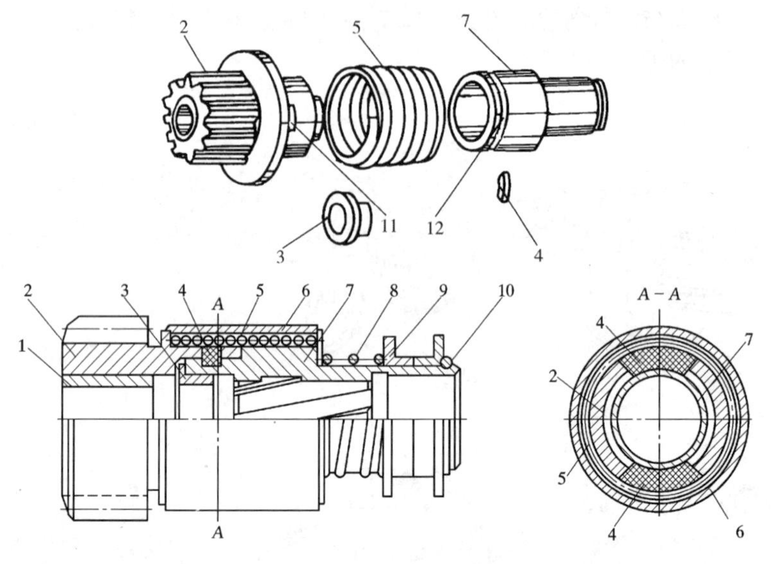

图9-6 弹簧式单向离合器

1-衬套；2-驱动齿轮；3-限位套；4-扇形块；5-扭力弹簧；6-护套；7-螺旋花键套筒；8-缓冲弹簧；9-传动衬套；10-卡簧；11-扇形块槽孔；12-扇形块环槽

扭力弹簧5在自由状态下的两端内径小于齿轮毂滑套和螺旋花键套筒相应外圆的直径，在安装状态下扭力弹簧两端分别箍紧在齿轮毂滑套和花键套筒的外圆面上，而扭力弹簧与护套6之间有间隙。

起动时，起动机的电枢轴带动螺旋花键套筒转动，有使扭力弹簧收缩的趋势，箍紧在相应的外圆面上，驱动齿轮和螺旋花键套筒连成一体，于是起动机的转矩通过扭力弹簧传递给驱动齿轮，通过飞轮齿圈带动曲轴旋转，使内燃机起动。内燃机起动后，当驱动齿轮的转速超过螺旋花键套筒的转速时，扭力弹簧放松，驱动齿轮在花键套筒上滑转，与电枢轴脱开，实现单向分离，防止电动机超速。

弹簧式单向离合器具有结构简单、寿命长、成本低等特点。因扭力弹簧圈数较多，轴向尺寸较大，多用于大中型起动机。

3）摩擦片式单向离合器

摩擦片式单向离合器是利用多片间隔排列的主动摩擦片和从动摩擦片叠加在一起，起动时主、从摩擦片压紧接合，通过摩擦实现转矩的传递；起动后，主、从摩擦片间放松分离，不传递转矩。

图9-7为摩擦片式离合器的结构原理图。驱动齿轮1与摩擦片式离合器的外接合毂14成一体，内接合毂9依靠本身的螺旋内花键套装在花键套筒10的左端，花键套筒则通过本身的螺旋内花键套装在电动机电枢轴的外花键部分。

主动摩擦片8的内圆四个凸起外齿套装在内接合毂的轴向导槽中，主动摩擦片与从动摩擦片6间隔排列。旋于花键套筒套上的螺母2与摩擦片之间装有弹性垫圈3，压环4和调整垫圈5。驱动齿轮1的右端外接合毂的外圆有轴向内导槽，从动摩擦片外圆四个凸起外齿装入此导槽中，卡环7防止齿轮与从动片松脱。该机构装好后，摩擦片间无压紧力。

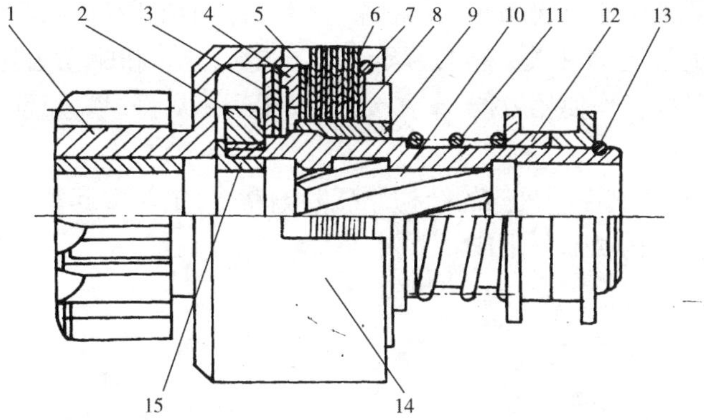

a)

b)

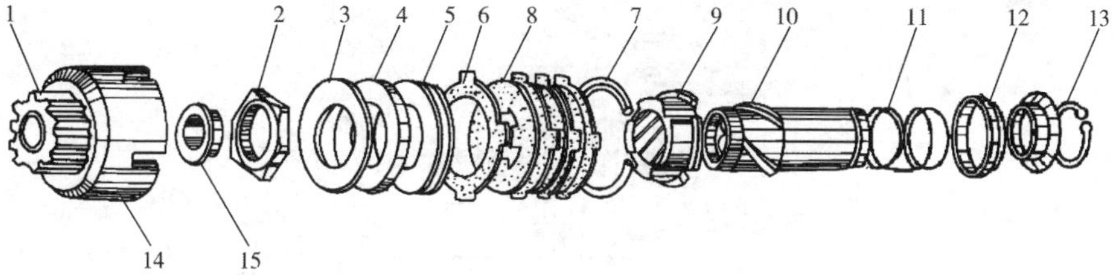

c)

图9-7 摩擦片式离合器

a)整体结构图；b)实物图；c)结构分解图

1-驱动齿轮；2-螺母；3-弹性垫圈；4-压环；5-调整垫圈；6-从动摩擦片；7-卡环；8-主动摩擦片；9-内接合毂；10-花键套筒；11-缓冲弹簧；12-移动衬套；13-卡环；14-外接合毂；15-限位套筒

接通起动开关，起动内燃机时，起动机的电磁转矩通过电枢轴传递给花键套筒，由于花键套筒与内接合毂之间存在转速差，内接合毂沿花键套筒左移，将主动摩擦片和从动摩擦片压紧，使内外接合毂连成一体，即驱动齿轮与电枢轴连成一体，起动机的转矩靠摩擦片间的摩擦传给驱动齿轮，从而带动飞轮转动。

内燃机起动后，飞轮带动驱动齿轮和外接合毂高速旋转，外接合毂的转速超过电枢轴和花键套筒的转速，内接合毂沿花键套筒右移，主动摩擦片和从动摩擦片分离，使驱动齿轮与电枢轴脱开，防止电动机超速，实现转矩的单向传递。

摩擦片之间的压力通过调整垫圈调整，从而调整离合机构所能传递的摩擦力矩。

摩擦片式单向离合器的结构复杂，但它能传递较大的转矩，且传递转矩可调，工作十分可靠，因此，在柴油发动机上得到广泛应用。

三、起动机的控制机构

起动机的控制机构也称为操纵机构，它的作用是控制起动机主电路的通断和驱动齿轮的移出和退回。

起动机的控制机构分为直接操纵式（或称机械操纵式）和电磁操纵式两种。

直接操纵式控制机构由驾驶员通过起动踏板和杠杆机构直接操纵起动开关并使驱动齿轮进入啮合。直接操纵式起动机结构简单、使用可靠，但驾驶员的劳动强度大，不易远距离操纵，操作不便，目前已很少采用。

电磁操纵式控制机构，则是由驾驶员通过起动开关操纵继电器，再由继电器操纵起动机电磁开关和驱动齿轮进入啮合，或通过起动开关直接操纵起动电机电磁开关和驱动齿轮进入啮合。电磁操纵式起动机工作可靠，操作使用方便，布置灵活，易于远距离操纵。目前，车用内燃机几乎都采用电磁操纵式起动机。

图 9-8 是电磁操纵强制啮合式起动机控制机构的结构原理和电路图，主要由起动开关、起动继电器、电动机开关以及电磁铁机构四部分组成。

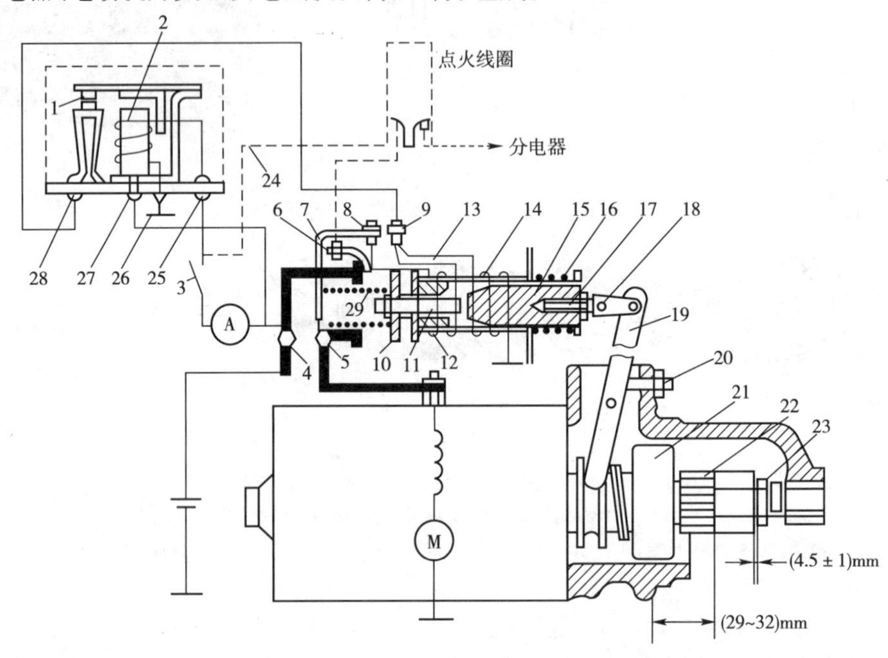

图 9-8　电磁操纵强制啮合式起动机控制机构的结构原理和电路图

1-起动继电器触点；2-起动继电器线圈；3-起动（点火）开关；4、5-起动机开关接线柱；6-点火线圈附加电阻短路接线柱；7-导电片；8-接线柱；9-电磁开关接线柱；10-接触盘；11-推杆；12-固定铁芯；13-吸引线圈；14-保持线圈；15-活动铁芯；16-复位弹簧；17-调节螺钉；18-连接片；19-拨叉；20-定位螺钉；21-滚柱式单向离合器；22-驱动齿轮；23-限位螺母；24-附加电阻线（白线 1.7Ω）；25、27、28-起动继电器接线柱；26-搭铁；29-复位弹簧

起动开关 3 即点火开关或起动按钮，其作用是控制起动继电器线圈电路的通断。

起动继电器用以控制吸引线圈 13、保持线圈 14 电路的通断。它由起动继电器触点 1 和起动继电器线圈 2 等组成。

电动机开关是一个电磁开关，其作用是控制电动机绕组电路的通断，电动机开关还包括热变电阻短路开关。电动机开关由接触盘 10 和起动机开关接线柱 4、5 构成。接触盘安装在推杆 11 上，在固定铁芯 12 的左端，推杆安装在固定铁芯的轴孔内。电动机开关的通断由吸引线圈、保持线圈通过控制活动铁芯和推杆的左右移动来实现。

电磁铁机构用以操纵传动机构动作和电动机开关的通断。电磁铁机构由固定铁芯 12、活动铁芯 15、吸引线圈、保持线圈和拨叉 19 组成。活动铁芯的右端与拨叉 19 的上端铰接。拨叉的中部套在固定在起动机壳体上的销轴上，其叉形下端嵌套在驱动齿轮离合器移动衬套的环槽上。吸引线圈和保持线圈从来自起动继电器的同一根导线引出，吸引线圈的另一端与直流电动机电枢绕组串联后搭铁,而保持线圈的另一端直接搭铁。

工作工程分析:

起动时,接通起动开关3,起动继电器线圈2通电,电流由蓄电池正极→起动机开关接线柱4→电流表A→起动开关起动触点→起动继电器接线柱25→起动继电器线圈2→搭铁26→蓄电池负极。这样,起动继电器触点1闭合,接通电磁开关电路。

起动继电器触点闭合后,接通起动机的吸引线圈13和保持线圈14的电路,电磁开关的电流由蓄电池正极→起动机开关接线柱4→起动继电器接线柱27→继电器触点1→起动继电器接线柱28→电磁开关接线柱9→吸引线圈13→接线柱8→导电片7→起动机开关接线柱5→起动机→搭铁→蓄电池负极;同时,电流由电磁开关接线柱9经保持线圈14回到蓄电池负极。两个线圈的电流同方向产生合成电磁力,吸引活动电磁铁芯15开始左移,并通过连接片18带动拨叉19绕销轴转动,使驱动齿轮22向右移出与飞轮齿圈啮合。由于吸引线圈中的电流较小,流过直流电动机电枢绕组使电枢轴开始慢慢转动,保证驱动齿轮在慢转中与飞轮齿圈平顺啮合,避免产生撞击。

当活动铁芯左移推动推杆和接触盘10左移至极限位置,此时齿轮已全部啮合好,接触盘10同时将点火线圈附加电阻短路接线柱6和起动机开关接线柱4、5相继接通,于是吸引线圈被短路,起动电流直接从蓄电池正极→接线柱4→接触盘10→接线柱5→起动机→搭铁→蓄电池负极。蓄电池向直流电动机电枢绕组提供大电流,使起动机转速迅速升高,且输出的转矩增大,发动机被迅速起动。此时,驱动齿轮与飞轮齿圈的啮合靠保持线圈所产生的磁力维持在电磁开关闭合位置。保持线圈的工作电路为:蓄电池正极→起动机开关接线柱4→起动继电器接线柱27→继电器触点1→起动继电器接线柱28→电磁开关接线柱9→保持线圈14→搭铁→蓄电池负极。

内燃机起动结束后,在松开起动按钮的瞬间,起动继电器线圈断电,由于吸引线圈和保持线圈是串联关系,两线圈所产生的磁通正好相反,互相抵消,电磁开关电磁力迅速消失,接触盘在复位弹簧29的作用下右移,接触盘与起动机开关接线柱4、5脱离接触,电磁开关断开,切断了起动机的起动电路,起动机停止运转。同时,活动铁芯在复位弹簧16的作用下迅速右移复位,带动拨叉下端左移使驱动齿轮退出啮合。点火线圈附加电阻也随即接入点火系统。起动机完成起动工作。

第三节 起动辅助装置

在寒冷地区和严寒季节起动发动机时,由于机油黏度增大等原因,会使起动阻力矩增大,同时燃油蒸发性能变差、蓄电池工作能力降低,均会使发动机起动困难。为此,在冬季起动时应设法将进气、润滑油或冷却液加以预热,来改善内燃机起动性能。

一般在内燃机上,尤其在柴油机上设置起动辅助装置,主要类型有进气预热装置、电热塞、起动液喷射装置以及起动减压装置等。

1. 进气预热装置

为了改善发动机的起动性能,一些发动机的进气道上装有进气预热装置,它在进气温度或冷却液温度低于一定值时通电,使进气道中的空气迅速加热,以利于发动机起动和混合气燃烧。进气预热装置一般由电混合气预热器8、进气预热温控开关6和进气预热继电器7等组成,如图9-9所示。

电混合气预热器由电热丝(康铜丝或镍—银导体)和陶瓷载体组成,安装在进气歧管上。预热器由温控开关和继电器控制。当发动机进气温度或冷却液温度低于一定值时,温控开关的触点闭合,继电器的线圈通电,触点吸合,电混合气预热器通电,对进气预热。当进气温度高于一定值时,温控开关的触点断开,电混合气预热器断电停止预热。

2. 电热塞

在涡流室式或预燃室式燃烧室的柴油机上,在燃烧室中安装预热塞,在起动时对燃烧室中的空气加热,以改善起动性能。

常用的电热塞有开式电热塞、密封式电热塞等多种。图9-10为密封式电热塞的结构示意图。螺旋形电阻丝2用铁镍铝合金制成,其一端焊在中心螺杆9上,另一端焊在用耐高温不锈钢制成的发热体钢套1的底部,中心螺杆通过高铝水泥胶合剂8固定于瓷质绝缘体7上。外壳5上端翻边,将绝缘体、发热体钢套、密封垫圈6和外壳相互压紧。在发热体钢套内填充具有绝缘性能好、导热好、耐高温的氧化铝填充剂3。

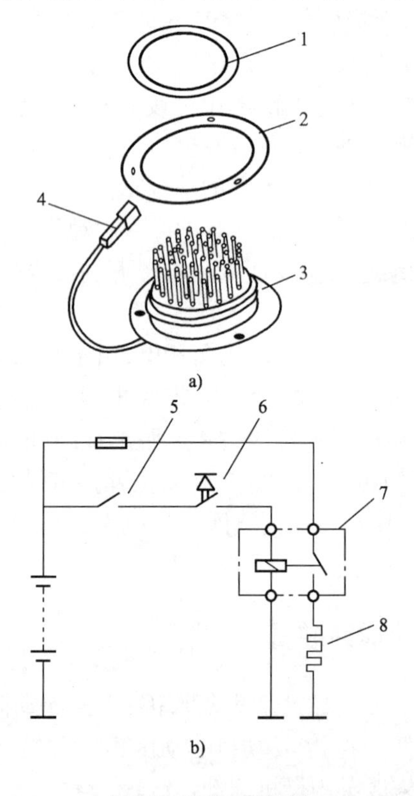

图9-9 进气预热装置

a)电混合气预热器;b)进气预热装置电路示意图

1-密封圈;2-隔热垫;3-预热器;4-接线插头;5-点火开关;6-温控开关;7-继电器;8-电混合气预热器

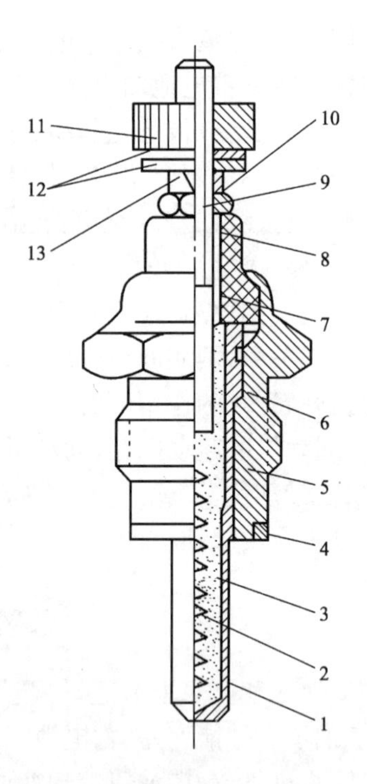

图9-10 电热塞

1-发热体钢套;2-电阻丝;3-填充剂;4-密封垫圈;5-外壳;6-密封垫圈;7-绝缘体;8-胶合剂;9-中心螺杆;10-固定螺母;11-压紧螺母;12-压紧垫片;13-弹簧垫圈

每缸一个电热塞,每个电热塞的中心螺杆并联与电源相接。发动机起动前,首先接通电热塞的电路，电阻丝通电后迅速将发热体钢套加热到红热状态，使汽缸内的空气温度升高，从而可以提高压缩终了时的温度，使喷入汽缸中的柴油容易着火。电热塞通电的时间一般不应超过1min。发动机起动后，应立即将电热塞断电。若起动失败，应间隔1min后再进行起动，否则将降低电热塞使用寿命。

3. 起动液喷射装置

图9-11为起动液喷射装置示意图，它主要用于某些柴油机的低温起动。

喷嘴3安装在发动机进气管4上，起动液喷射罐1内充有压缩气体氮气和乙醚、丙酮、石油醚等易燃燃料。当低温起动柴油机时，将喷射罐倒置，罐口对准喷嘴上端的管口，轻压起动液喷射罐，压开其端口上的止回阀2，起动液即通过止回阀、喷嘴喷入发动机进气管，并随着吸入进气管的空气一起进入燃烧室。由于起动液是易燃燃料，可以在较低的温度下迅速着火，点燃喷入燃烧室内的柴油。

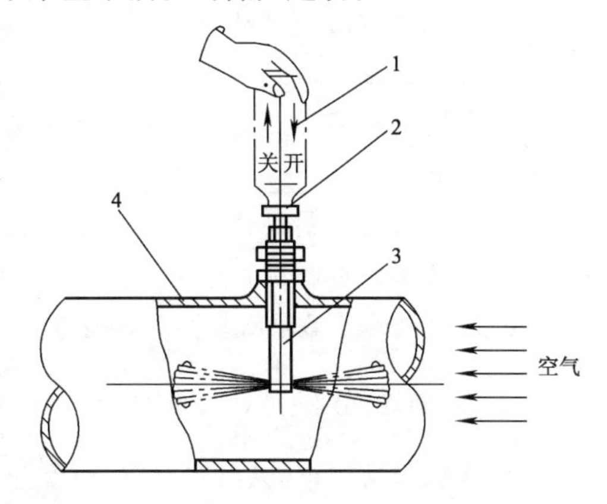

图9-11 起动液喷射装置

1-起动液喷射罐;2-止回阀;3-喷嘴;4-发动机进气管

4. 起动减压装置

为降低起动阻力矩，提高起动转速，多数柴油机上采用起动减压装置，如图9-12所示。起动时，首先将手柄扳到起动位置，如图9-12b)所示迫使调节螺钉按图中箭头方向旋转，并顶开气门，使汽缸与大气相通，活塞运动时，压缩阻力降低，这样柴油机的转速迅速提高。当曲轴、活塞组件具有一定惯性并达到一定速度时，将手柄迅速扳回原位，如图9-12a)所示，气门关闭，柴油机即可顺利起动。

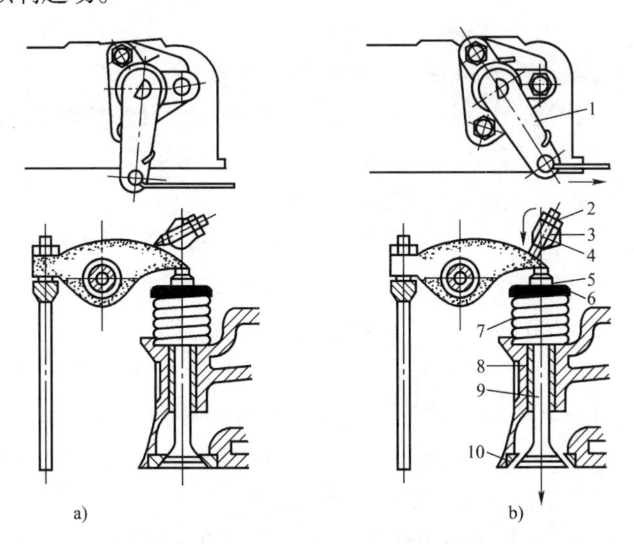

图9-12 起动减压装置工作原理

a)非减压状态;b)减压状态

1-转动手柄;2-锁紧螺母;3-调节螺钉;4-转动轴;5-气门顶帽;6-气门弹簧座;7-气门弹簧;8-气门导管;9-气门;10-气门座

减压气门可以是进气门，也可以是排气门，但一般多用进气门减压。因为用排气门减压往往会把炭尘吸入汽缸，从而加剧汽缸的磨损。

练习与思考

一、填空题

1. 内燃机常用的起动方式有__________、__________、__________。
2. 起动机主要由__________、__________、__________组成。
3. 超速保护装置是起动机驱动齿轮与电枢轴之间的离合机构，也称为单向离合器。常用的形式有__________、__________、__________等。
4. 起动机的控制机构也称为操纵机构，它的作用是__________和__________。
5. 起动机的控制机构分为__________和__________两种。
6. 内燃机的起动辅助装置的类型有________、________、________以及起动减压装置等。

二、判断题（正确打✓、错误打×）

1. 常规起动机中，吸引线圈、励磁绕组以及电枢绕组是串联连接。（　　）
2. 起动机中的离合机构只能单向传递力矩。（　　）
3. 在起动机起动的过程中，吸引线圈和保持线圈中一直有电流通过。（　　）
4. 起动机换向器的作用是将交流电变成直流电。（　　）
5. 起动机电磁开关中只有一个电磁线圈。（　　）
6. 起动机的啮合过程应该是边低速旋转边啮合。（　　）

三、选择题

1. 发动机起动时，其起动力矩要克服的起动阻力矩有（　　）。
   A. 运动件之间的摩擦阻力矩　B. 运动件的惯性力矩、压缩冲程的压缩阻力
   C. 驱动辅助系统所需要的力矩　D. A + B + C
2. 发动机起动时，起动力矩要克服的最大的阻力矩是（　　）。
   A. 运动件之间的摩擦阻力矩　B. 运动件的惯性力矩
   C. 压缩行程的压缩阻力　D. 驱动辅助系统所需要的力矩
3. 保证发动机顺利起动所必需的曲轴的最低转速称为（　　）。
   A. 稳定转速　B. 怠速转速　C. 起动转速　D. 标定转速
4. 车用汽油机在0～20℃的气温下，一般起动转速为（　　）r/min。
   A. 20～30　B. 30～40　C. 40～60　D. 70～90
5. 车用柴油机，一般起动转速为（　　）r/min。
   A. 30～40　B. 80～100　C. 120～200　D. 150～300
6. 车用柴油机的起动转速一般要比车用汽油机高，其原因是（　　）。
   A. 在汽缸内形成足够强的空气涡流
   B. 喷油泵要建立足够高的喷油压力

C. 要保证压缩终了时缸内空气具有足够的压力和温度

D. A + B + C

7. 车用内燃机常用的起动方式是(　　)。

A. 手摇起动　　B. 电力起动

C. 压缩空气起动　　D. 液压起动

8. 目前,一般车用汽油机的起动电机功率和电压是(　　)。

A. 功率0.8kW/电压5V　　B. 功率1.2kW/电压12V

C. 功率<1.5kW/电压12V　　D. 功率2.0kW/电压24V

9. 目前,车用柴油机的起动电机功率和电压是(　　)。

A. 功率<1.8kW/电压5V　　B. 功率<3kW/电压18V

C. 功率<3.5kW/电压24V　　D. 功率≥5kW/电压24V

10. 起动机电磁式操纵回路中的吸引线圈的功用是(　　)。

A. 吸引电磁铁芯移动

B. 保证起动过程初始阶段,使起动机小齿轮慢转,与飞轮齿圈平顺接合

C. 保证在起动过程中接通起动机磁场绕组电路

D. A + B

11. 起动机电磁式操纵回路中的保持线圈的功用是(　　)。

A. 吸引电磁铁芯移动

B. 保证起动过程初始阶段,使起动机小齿轮慢转,与飞轮齿圈平顺接合

C. 保证在起动过程中接通起动机磁场绕组电路

D. A + C

12. 起动机驱动齿轮的啮合位置由电磁开关中的(　　)线圈的吸力保持。

A. 保持　　B. 吸引

C. 初级　　D. 次级

13. 起动机的离合机构的功用是(　　)。

A. 起动时,将起动机电枢的转矩传递给驱动齿轮;起动后,内燃机的转矩不会通过驱动齿轮传递给起动机的电枢轴

B. 起动时,起动机电枢轴的转矩不会传递给驱动齿轮;起动后,内燃机的转矩不会通过驱动齿轮传递给起动机的电枢轴

C. 起动时,将起动齿轮的转矩传递给起动机电枢轴;起动后,发动机的转矩不会通过驱动齿轮传递给起动机的电枢轴

D. 起动时,驱动齿轮的转矩不会传递给起动机电枢轴;起动后,发动机的转矩通过驱动齿轮传递给起动机的电枢轴

14. 柴油机低温起动困难的原因是(　　)。

A. 低温条件下,润滑油黏度增大、柴油机起动阻力大

B. 柴油机靠压缩自燃

C. 燃料蒸发性差,混合气形成时间短

D. A + B + C

15. 柴油机采用涡流室式或预燃室式燃烧室，一般内装电热塞，其主要作用是(　　)。

A. 发动机起动前，先用电热塞对进缸空气预热，使喷入汽缸的燃油容易着火

B. 发动机起动前，先用电热塞对进缸燃油预热，使喷入汽缸的燃油容易着火

C. 发动机起动前，先用电热塞对冷却液预热，使喷入汽缸的燃油容易着火

D. 发动机起动前，先用电热塞对润滑油预热，使喷入汽缸的燃油容易着火

16. 多数柴油机汽缸盖装有减压装置，其功用是(　　)。

A. 减小进气压力

B. 起动时，顶开气门，使汽缸与大气相通，改善起动性能

C. 减小排气压力

D. 减小工作时汽缸内燃气压力

四、简答题

1. 内燃机起动时要克服哪些主要阻力矩?

2. 车用发动机有哪些常用的起动方式？各有何特点?

3. 什么叫内燃机的起动转速?

4. 起动机由哪些部分组成？各有何功用?

5. 为什么要在起动机中安装超速保护装置(离合机构)？常用的超速保护装置有哪几种?

6. 改善内燃机起动性能的措施有哪些?

第十章 增压系统

知识目标

1. 能正确描述发动机增压的意义、增压类型以及增压主要性能指标；
2. 能简单叙述机械增压主要类型、系统组成和原理；
3. 能简单叙述废气涡轮增压器的结构和工作原理；
4. 能正确描述增压压力的各种调节方法。

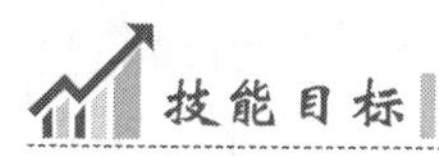

技能目标

能识别实际运用中的增压系统类型并了解其使用特点。

第一节 概 述

一、内燃机增压的概念

提高内燃机功率，特别是提高升功率 P_L，是提高车用发动机性能的重要途径。

由式(10-1)可知，发动机升功率为：

$$P_L = \frac{p_{me} n}{30\tau} \tag{10-1}$$

升功率与平均有效压力及转速成正比，而与冲程系数成反比。由上式可以看出，要提高发动机的升功率，有三个途径：采用二冲程发动机、增加转速、提高平均有效压力。

根据本书前面所介绍的二冲程发动机知识，二冲程发动机虽然能提高升功率，但由于其经济性较差、热负荷高等主要缺点的存在，使其在车用领域中不能得到广泛的应用。

增大转速可以提高升功率，但转速提高带来的问题是运动件惯性力按转速二次方递增，因此转速的提高受到了一定的限制。

提高平均有效力压力 p_{me} 来提高升功率是切实可行的方法。而提高平均有效压力的方法是增加进气密度。

增压就是利用专用的装置(增压器)在进气过程中采用强制的方法，将新鲜气体增加压力后送入汽缸。由于进气是强制压入汽缸的，缸内进气量大大高于自然进气的进气量，其平均有效压力的数值可以大幅度地提高。因此，增压不仅是目前发动机提高升功率的最切实可行的方法，而且也是高原低气压地区的发动机防止因空气稀薄而导致功率下降、耗油率上升的最有效的措施。一般认为，海拔每升高1000m，功率就下降8%～10%，燃油消耗率增加5%左右，装用涡轮增压器后，即可恢复或增加功率、减少耗油率。

二、增压的类型和增压系统

车用发动机的增压根据驱动压气机的动力来源不同，有机械增压、废气涡轮增压、气波增压以及谐波增压等类型。

1. 机械增压

机械增压器由发动机曲轴经齿轮增速器驱动，或由曲轴齿带轮经齿带以及电磁离合器驱动，如图10-1所示。机械增压能有效地提高发动机功率，与涡轮增压相比，其低速增压效果更好。另外，机械增压器与发动机容易匹配，结构也比较紧凑。但是，由于驱动增压器需消耗发动机功率，因此燃油消耗率比非增压发动机略高。

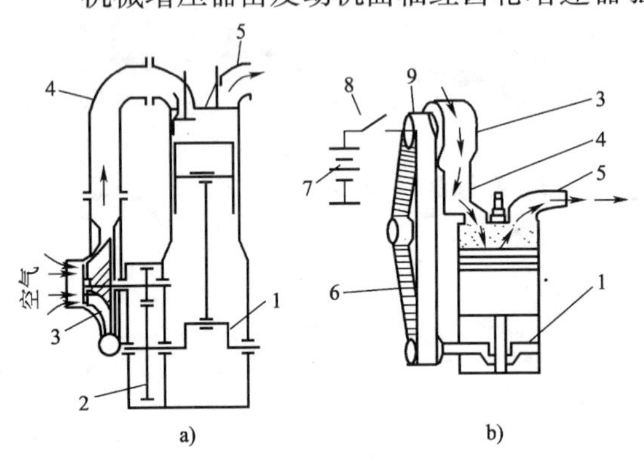

图10-1　机械增压示意图

1-曲轴；2-齿轮增速器；3-增压器；4-进气管；5-排气管；6-齿形传动带；7-蓄电池；8-开关；9-电磁离合器

2. 废气涡轮增压

废气涡轮增压的涡轮增压器由涡轮机2和压气机3组成，如图10-2所示。工作中利用发动机排气过程中所排出废气的能量驱动涡轮机叶轮旋转，并带动同轴上的压气机叶轮工作。由于充分利用了排气的能量，不仅使发动机的功率上升，而且燃油消耗率反而下降，改善了经济性；由于增压器与发动机只有管道连接而无刚性传动，因此使结构大大简化。由于废气涡轮增压的突出优点，目前大多数车用发动机采用废气涡轮增压，本章将作重点介绍。

3. 气波增压

气波增压（图10-3）是利用空气动力学原理的一种增压类型。气波增压器中高速转动的转子3具有两端开口的若干轴向通道，转子的一端与具有空气进、出口的空气定子配合，定子上的空气进、出口分别与转子上一定数量的通道相通；转子的另一端与具有排气进、出口的排气定子配合，同样，定子上的排气进、出口也分别与转子上一定数量的通道相通。当汽缸排出的废气从排气定子的进口进入转子上的通道中，与已从另一端被吸入通道的空气直接接触，并利用排气压力波使空气受到压缩，以提高空气压力。增压空气再经空气定子的出口进入汽缸。空气流出的同时，对通道中的废气产生一个膨胀波，使废气压力下降，能量消耗而膨胀并返回，从排气定子出口排入大气。废气的排出在转子通道内产生一个负压，又将新鲜空气经空气定子的进口吸入通道，如此不断地通过压力波完成能量传递，以达到增压的目的。上述过程是在转子高速转动，其轴向通道与空气定子和排气定子的进、出口准确配合下完成的。

气波增压具有结构简单、工作温度低、低速转矩特性好等优点。不足之处是噪声高、体积大、不便于布置。气波增压适用于转速和转矩变化范围较大的车用柴油机上。

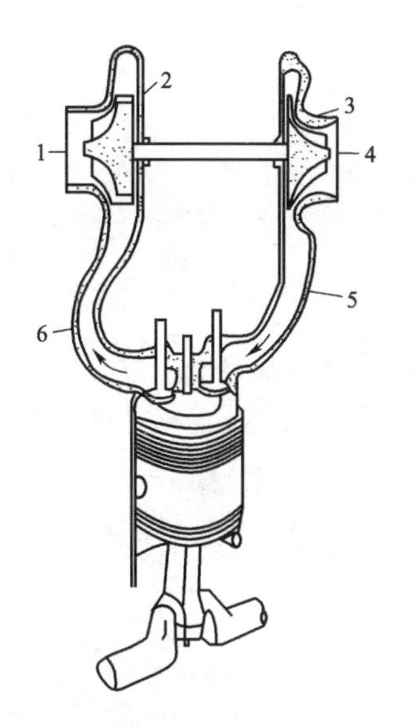

图 10-2　废气涡轮增压示意图

1-排气口;2-涡轮机;3-压气机;4-进气口;5-发动机进气管;6-发动机排气管

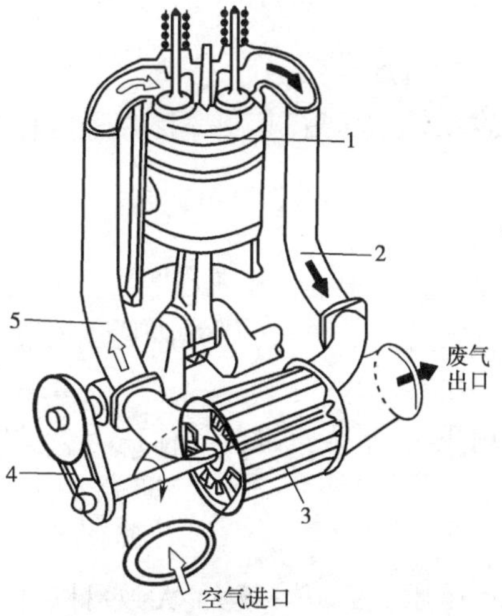

废气出口
空气进口

图 10-3　气波增压示意图

1-活塞;2-排气管;3-气波增压器转子;4-传动带;5-发动机进气管

4. 谐波增压

谐波增压也是根据空气动力学原理,利用进气气流的流动惯性产生的压力波来提高充气效率。在谐波增压系统中,当高速气流流向进气门时,进气门突关,进气歧管内空气被后来的空气压缩,压力升高后,随即膨胀倒流。膨胀波传到进气管口,再反射成进气压力波。这种由间断进气引起的进气压力波对进气量影响很大。谐波增压多用于中高级车辆上。

增压装置和发动机共同组成增压系统。几种增压类型的适当组合,又可以构成复合增压系统,其中有串联复合增压系统和并联复合增压系统等,如图 10-4 所示。串联复合增压系统中,空气先经涡轮增压器提高压力后,进入中间冷却器降温,再经机械增压器增压。这种增压系统主要用在高增压发动机上。并联复合增压系统是由涡轮增压器和机械增压器同时向发动机供给增压空气。在低转速范围内,主要靠机械增压;在高转速范围内,主要靠涡轮增压。这种增压系统使发动机低速转矩特性得到改善。

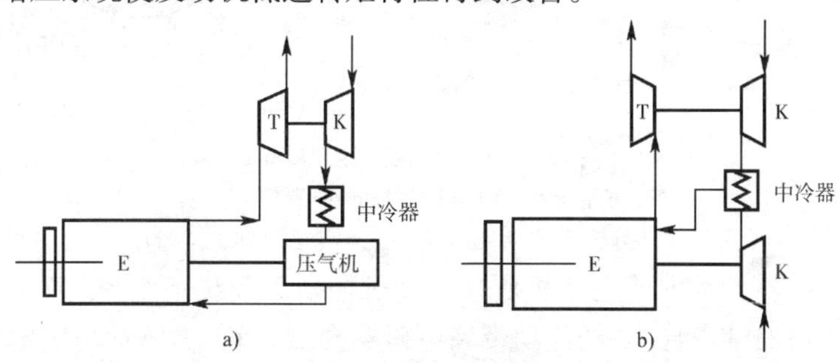

图 10-4　复合增压系统

a)串联;b)并联

E-发动机;T-涡轮机;K-压气机

三、增压器的增压性能指标

1. 增压度

发动机增压后，其功率提高程度称为增压度，增压度 λ_z 表示如下：

$$\lambda_z = \frac{P_{ez}}{P_e} = \frac{p_{ez}}{p_{me}} \approx \frac{\gamma_k}{\gamma_o} \tag{10-2}$$

式中：P_{ez}、p_{ez}、γ_k——分别是增压后的内燃机功率、平均有效压力及进气密度；

P_e、p_{me}、γ_o——分别是未增压时的内燃机功率、平均有效压力及进气密度。

2. 增压压比

增压后，进入汽缸的气体压力 p_k 与大气压力 p_o 之比称为增压压比，即 π_k：

$$\pi_k = \frac{p_k}{p_o} \tag{10-3}$$

增压压比的范围较大，大致可以划分成四个等级：

(1) 低增压，$1.3 < \pi_k \leqslant 1.5$。

(2) 中增压，$1.5 < \pi_k \leqslant 2.5$。

(3) 高增压，$2.5 < \pi_k \leqslant 3.5$。

(4) 超高增压，$\pi_k > 3.5$。

第二节　机械增压

一、机械增压系统

机械增压器根据压气机工作原理分为离心式增压器、罗茨式增压器、滑片式增压器等，如图 10-5 所示，应用较为广泛的是罗茨式增压器。

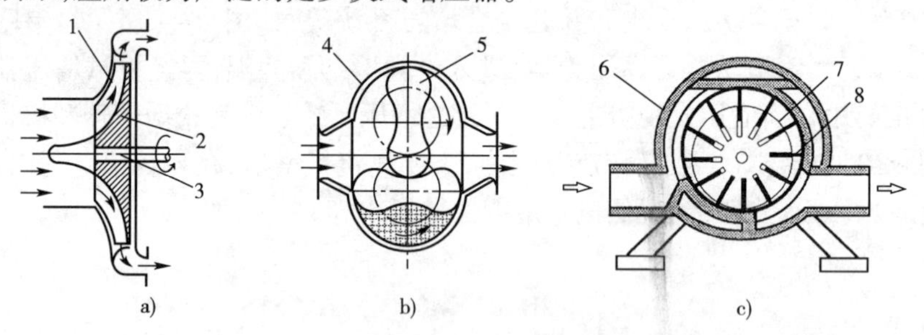

图 10-5　机械增压器的主要类型

a) 离心式增压器；b) 罗茨式增压器；c) 滑片式增压器

1-壳体；2-叶轮；3-轴；4-壳体；5-转子；6-壳体；7-转子；8-滑片

图 10-6 为电控汽油喷射式发动机所采用的机械增压系统示意图。图中机械增压器 6 为罗茨式压气机，由曲轴带轮 12 经传动带和电磁离合器带轮 11 驱动增压器 6 工作。空气经增压器增压后再经中间冷却器 7（简称中冷器）降温，然后进入汽缸。中间冷却器作用是对增压后的空气进行中间冷却。因为增压后的空气，温度高、密度小，不仅会减少进气量，还可能引起汽油机爆燃。在增压系统中设置中间冷却器，冷却介质可以是水，也可以是空气，

冷却增压后的空气,密度大、进气量增加,对提高发动机功率、降低油耗、减小热负荷和消除爆燃都十分有利。试验数据表明,增压空气的温度每降低 10℃,发动机功率大约可提高 2.5%,燃油消耗率减少 1.5%,排气温度可下降 30℃左右。

当发动机在小负荷下运转时不需要增压,这时电控单元 ECU 17 根据节气门位置传感器 3 的信号,使电磁离合器断电,增压器停止工作。与此同时,电控单元向进气旁通阀 5 通电使其开启,即在不增压的情况下,空气经旁通阀及旁通气道进入汽缸。

爆燃传感器 9 安装在发动机机体上,将发动机发生爆燃的信号传输给电控单元,电控单元则发出相应的指令减小点火提前角,以消除爆燃。

二、机械增压器

机械增压器中,罗茨式压气机的结构,如图 10-7 所示。它由转子 3、转子轴 4、传动齿轮 7、壳体 9、后盖 5 和齿轮室 8 等构成。在压气机前端装有电磁离合器 2 及电磁离合器带轮 1。罗茨式压气机中有两个转子。发动机曲轴带轮经传动带、电磁离合器带轮和电磁离合器驱动其中一个转子,而另一个转子则由传动齿轮 7 带动,与第一个转子同步旋转。转子的前后端支承在滚动轴承 10 上,滚动轴承和传动齿轮用合成高速齿轮油润滑。在转子轴的前后端装置油封,以防止润滑油漏入压气机壳体内。

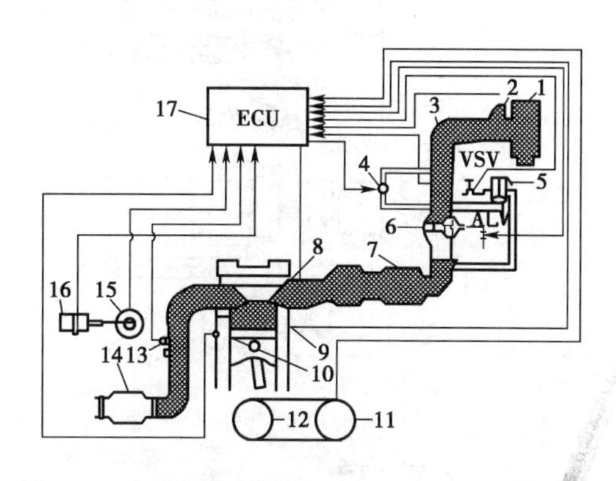

图 10-6 电控汽油喷射式发动机机械增压系统示意图
1-空气滤清器;2-空气计量计;3-节气门及节气门位置传感器;4-怠速空气控制阀;5-进气旁通阀;6-机械增压器;7-中间冷却器;8-喷油器;9-爆燃传感器;10-冷却液温度传感器;11-电磁离合器带轮;12-曲轴带轮;13-氧传感器;14-三元催化转换器;15-分电器;16-点火线圈;17-电控单元 ECU

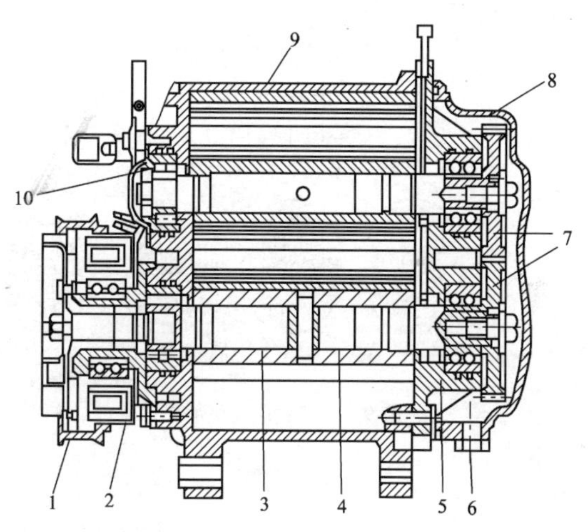

图 10-7 罗茨式压气机的结构
1-电磁离合器带轮;2-电磁离合器;3-转子;4-转子轴;5-后盖;6-放油螺塞;7-传动齿轮;8-齿轮室;9-壳体;10-滚子轴承

罗茨式压气机的转子有两叶的,也有三叶的。通常,两叶转子为直线型(图 10-8a),而三叶转子为螺旋形(图 10-8b)。三叶螺旋形转子有较低的工作噪声和较好的增压器特性。转子用铝合金制造,表面涂敷树脂,以保持转子之间及转子与壳体间较好的气密性。

罗茨式压气机的工作原理,如图 10-9 所示。当转子旋转时,在进气端,转子不断退出啮合,机内被转子和外壳包围的空气由于所在空间容积逐渐增大、空气膨胀、压力降低,空气不断被吸入;空气从压气机的进气端吸入,在转子叶片的推动下空气被加速,然后从进入压气机的出气端。在出气端,转子进入啮合,机内被转子和外壳包围的空气由于所在空间容积减小、空气被压缩、压力提高,空气不断排出。其增压压比可达1.8。

罗茨式压气机结构简单、工作可靠、寿命长,供气量与转速成正比。

三、电磁离合器

电磁离合器安装在传动带轮1中,其结构如图10-10所示。电控单元根据发动机工况的需要,发出接通或切断电磁离合器电源的指令,以控制增压器的工作。当接通电源时,电磁线圈3通电,主动板2吸引从动摩擦片6,使离合器处于接合状态,增压器工作。当切断电源时,电磁线圈断电,主动板与从动摩擦片分开,增压器停止转动。

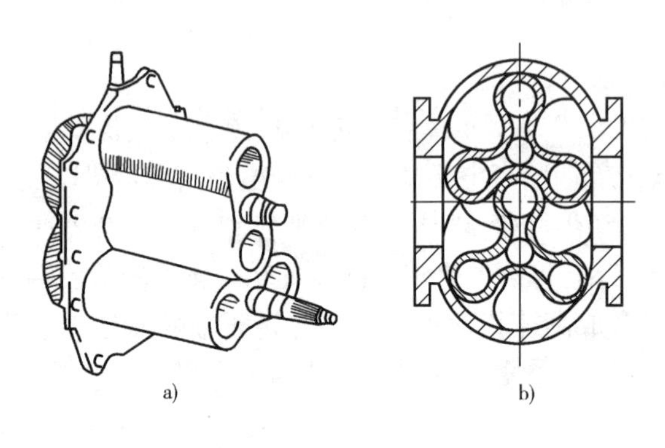

图10-8　压气机转子

a)两叶转子;b)三叶转子

图10-9　罗茨式压气机的工作原理示意图

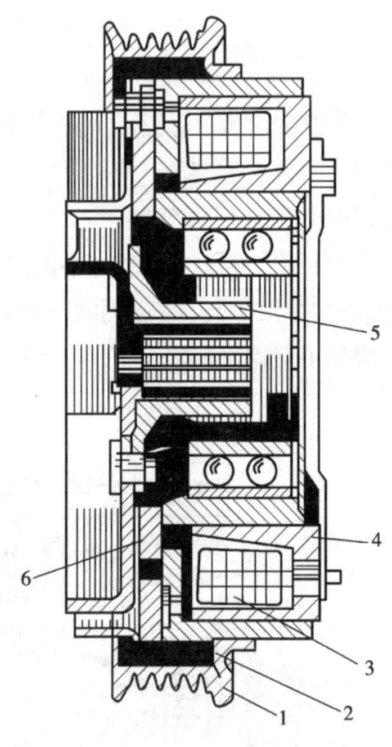

图10-10　电磁离合器

1-传动带轮;2-主动板;3-电磁线圈;4-衔铁;5-花键套;6-从动摩擦片

第三节　废气涡轮增压

一、废气涡轮增压系统

废气涡轮增压系统分为单涡轮增压系统和双涡轮增压系统,只有一个废气涡轮增压器的增压系统为单涡轮增压系统,如图10-11所示。涡轮增压系统除废气涡轮增压器之外,还包括进气旁通阀7、排气旁通阀6和排气旁通阀控制装置8等。

图10-12为六缸汽油喷射式发动机的双涡轮增压系统。两个废气涡轮增压器并列布置在排气管中,按汽缸工作顺序把1、2、3缸作为一组,4、5、6缸作为另一组。每组三个汽缸的排气驱动一个废气涡轮增压器。因为三个汽缸的排气间隔相等,所以增压器运转平稳。此外,这种分组还可以避免各缸之间的排气干扰。此系统除包括废气涡轮增压器、进气旁通阀2、排气旁

通阀 10 和排气旁通阀控制装置 11 之外，还有中冷器 3、谐振室 4 和增压压力传感器 5 等。

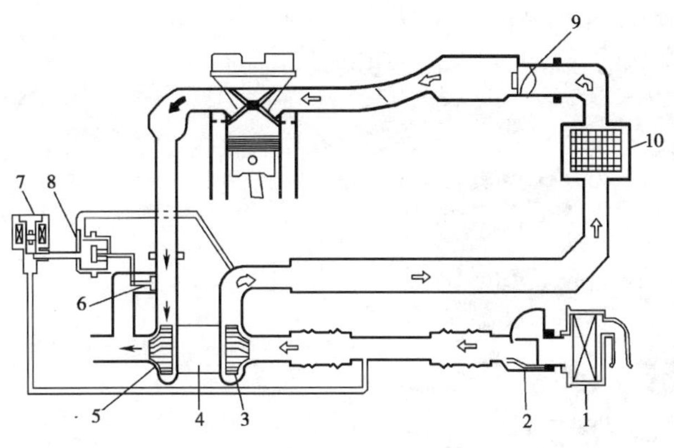

图 10-11　单涡轮增压系统

1-空气滤清器；2-空气计量计；3-压气机叶轮；4-增压器；5-涡轮机叶轮；6-排气旁通阀；7-进气旁通阀；8-排气旁通阀控制装置；9-节气门；10-中间冷却器

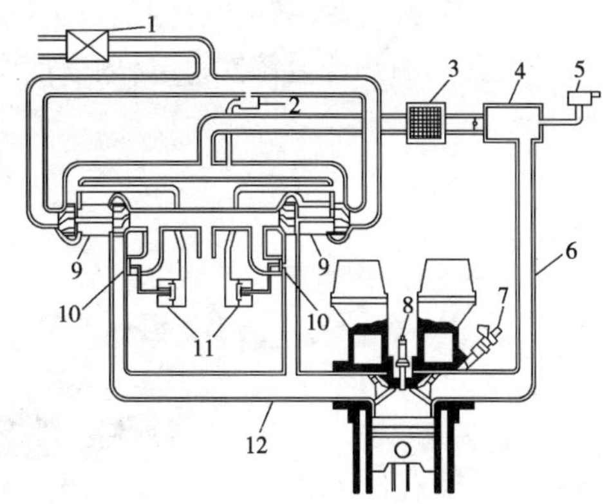

图 10-12　双涡轮增压系统

1-空气滤清器；2-进气旁通阀；3-中间冷却器；4-谐振室；5-增压器压力传感器；6-进气管；7-喷油器；8-火花塞；9-涡轮机叶轮；10-排气旁通阀；11-排气旁通阀控制装置；12-排气管

二、废气涡轮增压器结构与原理

废气涡轮增压器由径流式涡轮机（右侧）、离心式压气机（左侧）以及中间壳体 14 三部分组成，如图 10-13 所示。涡轮机叶轮 10 和压气机叶轮 3 安装于同一根转子轴 5 上，组成了涡轮增压器的转子，整个转子支承在中间壳体的轴承 9 上，中间壳体内有密封装置 4、润滑油路以及水套等。

图 10-14 是废气涡轮增压器的立体结构示意图，图中示出了废气涡轮增压器的结构组成和工作原理。

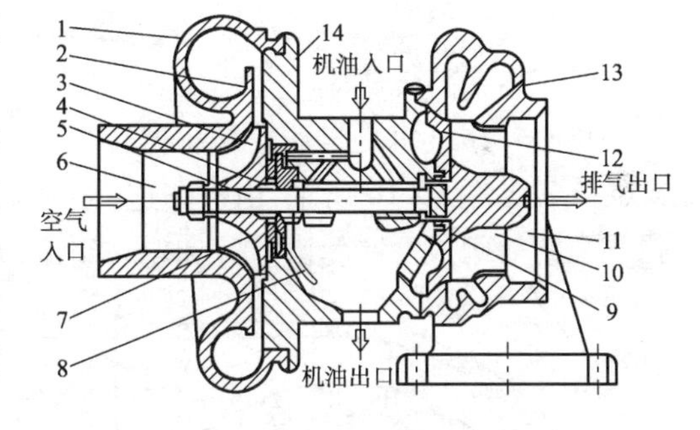

图 10-13　废气涡轮增压器的结构

1-压气机涡壳；2-无叶式扩压器；3-压气机叶轮；4-密封套；5-增压器轴；6-进气道；7-推力轴承；8-挡油板；9-浮动轴承；10-涡轮机叶轮；11-出气道；12-隔热板；13-涡轮机涡壳；14-中间体

1. 径流式涡轮机

废气涡轮机是将发动机废气的能量转换为增压器转子旋转机械能的装置。径流式涡轮由涡壳 4、喷管 3、叶轮 1 和出气道组成，如图 10-15 所示。

涡壳的进口与发动机排气管相连，发动机的排气进入流道渐缩的涡壳后，压力和温度均有所降低而流速增高，再由涡壳均匀地导入环状的叶片式喷管。喷管的流道形状为渐缩管状，对流经的气体起降压、降温，增速、膨胀、导向的作用。由喷管流出的高速气流冲击叶轮，并在叶片 2 所形成的流道中继续膨胀做功，推动叶轮旋转。

涡轮机叶轮经常在高温的废气冲击下工作，并承受巨大的离心力作用，所以用镍基耐热合金钢或陶瓷材料制造。用质量轻并且耐热的陶瓷材料可使涡轮机叶轮的质量大约减小

2/3，使涡轮增压加速滞后的问题得到改善。

喷管叶片用耐热和抗腐蚀的合金钢铸造或机械加工成型。

涡壳用耐热合金铸铁铸造，内表面应光洁，以减少气体流动损失。

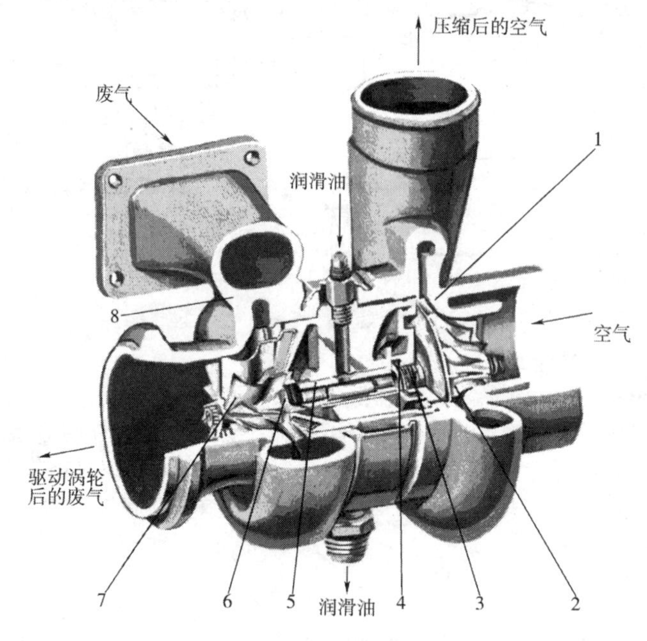

图 10-14　废气涡轮增压器的立体结构示意图

1-压气机壳；2-压气机和工作轮；3-密封装置；4-推力轴承；5-轴承；6-密封装置；7-涡轮工作轮；8-无叶涡轮壳

2. 离心式压气机

离心式压气机是将涡轮增压器转子高速旋转的机械能转换为进气压力能的装置。离心式压气机如图 10-16 所示，由进气道（图中未示出）、压气机叶轮 2、叶片式扩压管 3 以及压气机涡壳 4 等组成。叶轮由叶片和轮毂组成，套装在转子轴上。

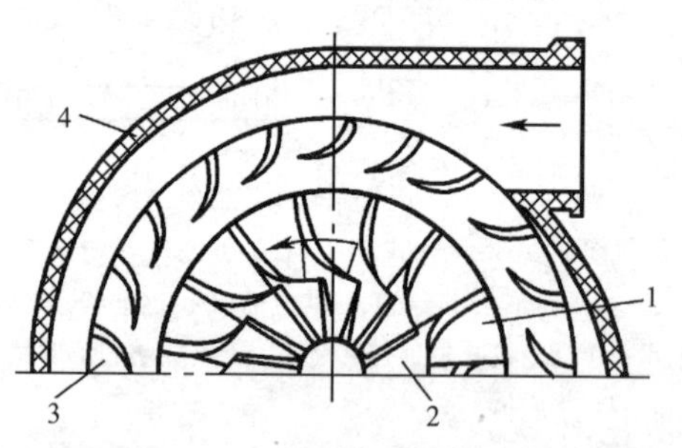

图 10-15　径流式涡轮机示意图

1-涡轮机叶轮；2-叶片；3-叶片喷管；4-涡轮机蜗壳

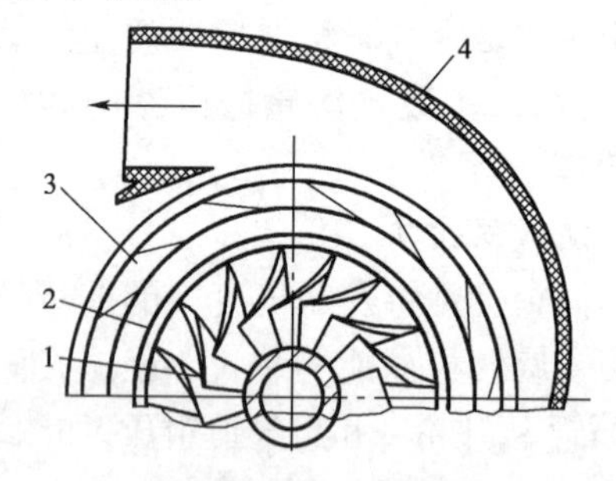

图 10-16　离心式压气机

1-叶片；2-压气机叶轮；3-叶片式扩压管；4-压气机涡轮

当压气机叶轮高速旋转时，空气经进气道被吸入压气机叶轮中，并在离心力的作用下，沿压气机叶片之间组成的流道，被甩向叶轮外缘，空气从旋转的叶轮获得能量，使其压力、流速和温度都有较大提高。被提高压力和速度的空气进入压气机壳中的叶片式扩压管 3。叶片式扩压管的流道形状为渐扩管状，使空气压力进一步提高而流速下降，由于压气机的环形涡壳 4 的通流断面也是由小到大，空气流速再次下降而压力继续提高，最后从压气机出口流入发动机进气管。

扩压管分叶片式和无叶式两种。无叶式扩压管即是压气机叶轮外缘处，由压气机壳体组成的环形空间。无叶式扩压管构造简单，工况变化对压气机效率影响小，适于车用增压器。叶片式扩压管是由相邻叶片构成的流道，其扩压比大、效率高，但结构复杂，工况变化对压气机效率影响较大。

3. 转子

涡轮增压器的转子主要由压气机叶轮、涡轮机叶轮、转子轴及其密封装置等组成，如图10-17所示。

工作时，转子的转速超过 10×10^4r/min，最高可达 20×10^4r/min。所以，转子的平衡是非常重要的。转子轴一般用韧性好、强度高的合金钢40Cr或18CrNiWA制造。

图10-17 增压器转子

1-压气机叶轮；2-转子轴；3-涡轮机叶轮

4. 增压器轴承

现代车用涡轮增压器都采用浮动轴承（图10-18a），浮动轴承实际上是套在轴上的圆环。圆环与轴以及圆环与壳体轴承座之间都有间隙，形成两层油膜。一般内层间隙为0.05mm左右，外层间隙为0.1mm。轴承壁厚为3.0～4.5mm，用锡铅青铜合金制造，轴承表面镀一层厚度为0.005～0.008mm的铅锡合金或金属铟（图10-18b）。在增压器工作时，轴承在轴与轴承座中间转动。

增压器工作时，转子会产生轴向推力，由设置在压气机一侧的推力轴承1承受。为了减少摩擦，在整体式轴向推力轴承两端的推力面6上各加工有四个布油槽7，在轴承上还加工有进油孔5，以保证推力面的润滑和冷却（图10-18c）。

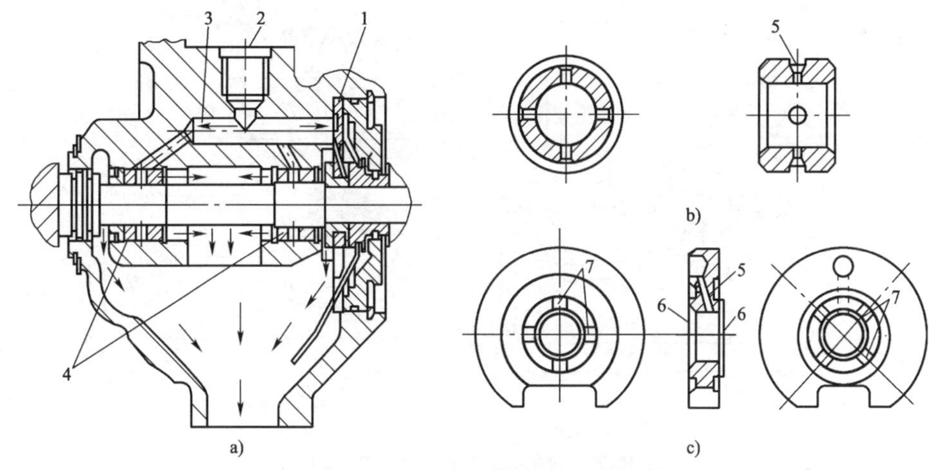

图10-18 涡轮增压器轴承及其润滑

a）润滑油路；b）浮动轴承结构；c）推力轴承结构

1-推力轴承；2-润滑油进口；3-润滑油道；4-浮动轴承；5-进油孔；6-推力面；7-布油槽

三、增压压力的调节

增压压力与涡轮增压器的转速有关，而增压器的转速取决于废气能量。发动机在高转速、大负荷下工作时废气能量多、增压压力高；相反，低转速、小负荷时，废气能量少，增压压力低。因此，涡轮增压发动机的低速转矩小、加速性差。为了获得低速、大转矩和良好的加速性，车用涡轮增压器的设计转速常为发动机标定转速的40%。但在发动机高转速时，增压压力将会过高，增压器可能超速。过高的增压压力将使发动机热负荷过大并引起爆燃。所以必须采用增压压力调节装置控制增压压力。增压压力的调节方法主要有以下几种。

1. 进、排气旁通阀调节增压压力

装有排气旁通阀及其控制装置的车用废气涡轮增压器，如图10-19所示。

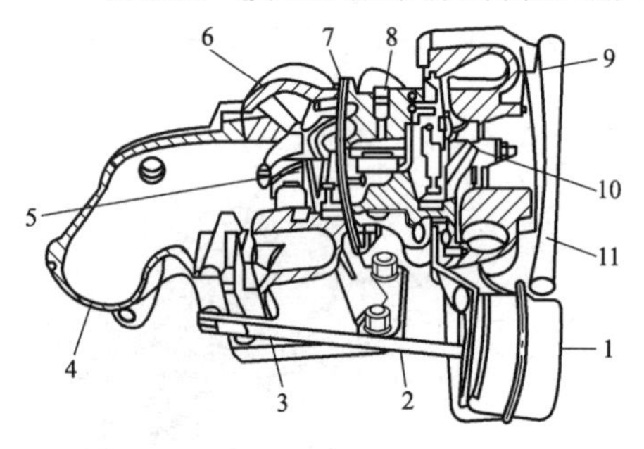

图10-19　装有排气旁通阀废气涡轮增压器

1-控制膜盒；2-膜片；3-排气旁通阀；4-排气管；5-涡轮机叶片；6-涡轮机涡壳；7-增压器轴；8-中间体；9-压气机涡壳；10-压气机叶轮；11-连通管

排气旁通阀的工作原理，如图10-20所示。控制膜盒1中的膜片2将膜盒分为上、下两室，上室为空气室经连通管3与压气机出口相通，下室为膜片弹簧室，膜片弹簧4作用在膜片上，膜片通过连动杆5与排气旁通阀7连接。当压气机出口压力，即增压压力低于限定值时，膜片在膜片弹簧作用下上移，并带动连动杆将排气旁通阀关闭（图10-20a）；当增压压力超过限定值时，增压压力克服膜片弹簧力，推动膜片下移，并带动连动杆将排气旁通阀打开（图10-20b），使部分排气不经过涡轮机直接排放到大气中，从而达到控制增压压力及涡轮机转速的目的。

进气旁通阀的工作原理与排气旁通阀相似。

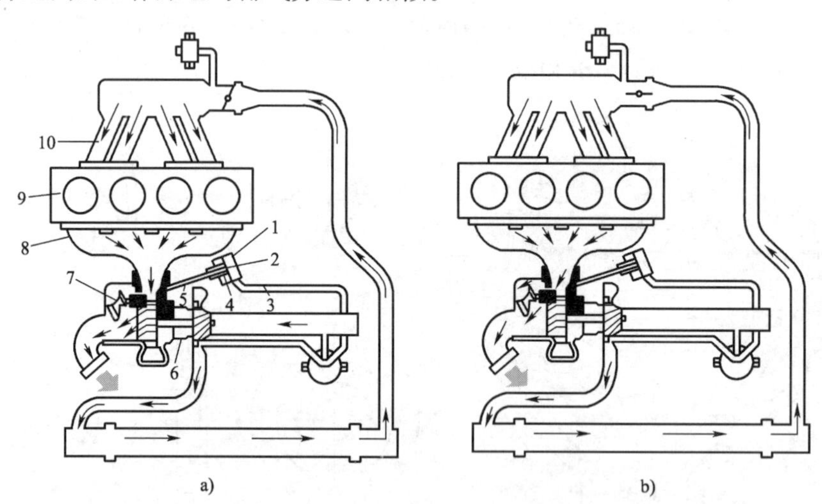

图10-20　排气旁通阀的工作原理示意图

1-控制膜盒；2-膜片；3-连通管；4-膜片弹簧；5-连动杆；6-涡轮机增压器；7-排气旁通阀；8-排气歧管；9-发动机；10-进气歧管

在有些发动机上，排气旁通阀的开闭由电控单元控制的电磁阀操纵。电控单元根据发动机的工况，由预存的增压压力脉谱图确定目标增压压力，并与增压压力传感器检测到的实际增压压力进行比较，然后根据其差值来改变控制电磁阀开闭的脉冲信号占空比，以此改变电磁阀的开启时间，进而改变排气旁通阀的开度，控制排气旁通量，借以精确地调节增压压力(图 10-21)。

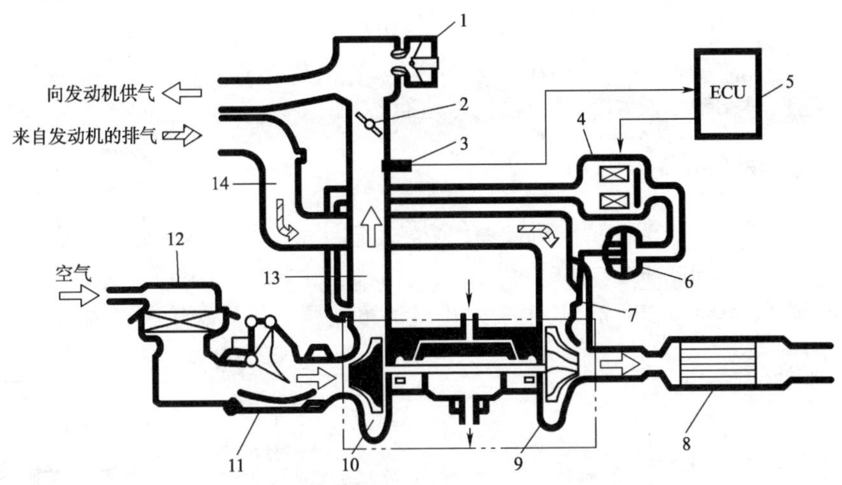

图 10-21 电控排气旁通阀的涡轮增压系统

1-进气旁通阀;2-节气门;3-进气管压力(增压压力)传感器;4-电磁阀;5-电控单元 ECU;6-控制膜盒;7-排气旁通阀;8-催化转换器;9-涡轮机;10-压气机;11-空气计量计;12-空气滤清器;13-进气管;14-排气管

虽然排气旁通阀在车用发动机的涡轮增压系统中得到广泛的应用,但是排气旁通后,排气能量的利用率下降,致使在高速大负荷时发动机的燃油经济性变差。

2. 改变喷管出口截面积调节增压压力

在大排量重型车用涡轮增压发动机上多采用涡轮机喷管出口截面可变的涡轮增压器,简称变截面涡轮增压器。在这种增压器中,通过改变喷管出口截面积来调节增压压力。当发动机低速运行时,缩小喷管出口截面积,使喷管出口的排气流速增大,涡轮机转速随之增高,增压压力和供气量都相应增加;当发动机高速运转时,增大喷管出口截面积,使喷管出口的排气流速减小,涡轮机转速相对降低,增压器将不会超速,增压压力也不致过高。

在有叶径流式涡轮机中,可以采用转动喷管叶片的方法来改变喷管出口截面积(图 10-22)。喷管叶片 1 与齿轮 2 相连,啮合与齿圈 3 啮合。当执行机构 4 往复移动时,齿圈转动使与其啮合的啮合转动,并使叶片转动,从而使喷管出口截面积发生变化。

对于无叶径流式涡轮机,可以在喷管出口安装轴向移动的挡板来调节无叶喷管出口截面积,如图 10-23 所示。

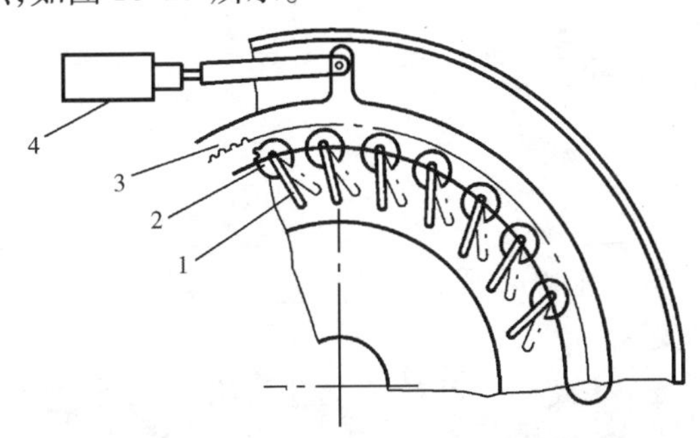

图 10-22 转动喷管叶片改变径流式涡轮机喷管出口截面积

1-喷管叶片;2-齿轮;3-齿圈;4-执行机构

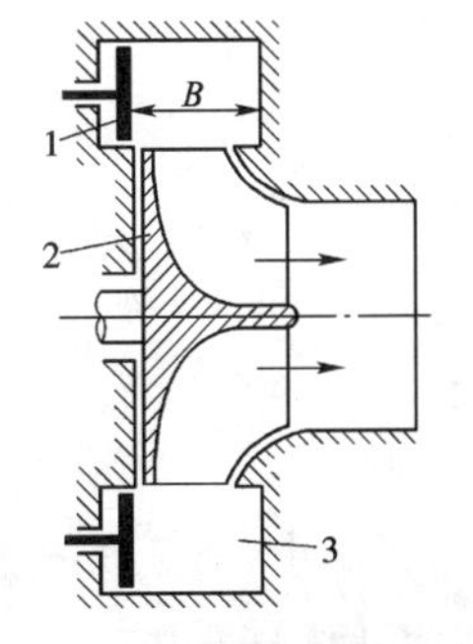

图 10-23 用活动挡板来改变流式涡轮机无叶喷管出口截面积

1-活动挡板;2-涡轮机叶轮;3-无叶喷管

3. 改变涡轮机进口截面积调节增压压力

图 10-24 为一种改变涡轮机进口截面积方法的示意图。在涡轮机进口处安装一个可摆动 27°角的舌片，可动舌片的转轴固定在涡轮机壳体上，可动舌片的摆动即涡轮机进口截面积的变化由电控单元根据发动机的转速信号进行控制。

四、涡轮增压器的润滑及冷却

来自发动机润滑系统主油道的机油，经增压器中间壳体上的机油进口 1 进入增压器，润滑和冷却增压器转子轴和轴承。然后机油经中间壳体上的机油出口 2 返回发动机油底壳（图 10-25）。在转子轴上装有油封，用来防止机油窜入压气机或涡轮机壳内。

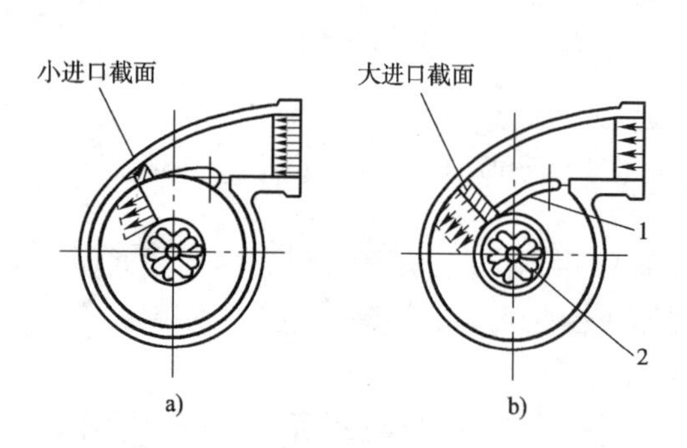

图 10-24 用转动舌片改变涡轮进口截面积
a）低速时可动舌片关闭；b）高速时可动舌片开启
1-可动舌片；2-涡轮机叶片

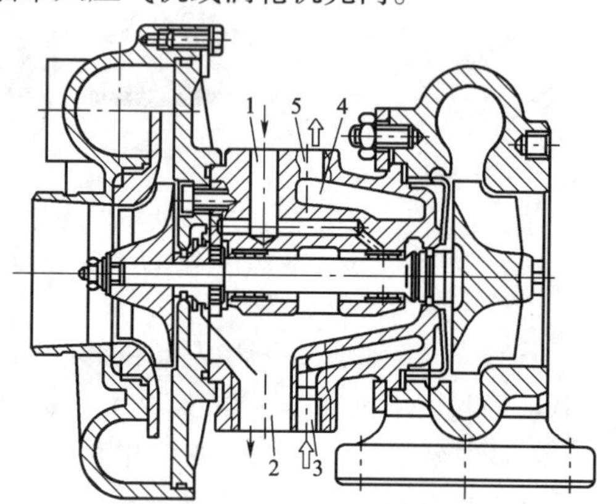

图 10-25 涡轮增压器的润滑及冷却
1-机油进口；2-机油出口；3-冷却液进口；4-水套；5-冷却液出口

由于汽油机增压器的热负荷大，因此在增压器中间壳体的涡轮机侧设置水套，并用软管与发动机的冷却系统相通。冷却液自中间体的冷却液进口 3 流入水套 4 中，不断循环，使转子轴和轴承得到冷却，再从冷却液出口 5 流回发动机冷却系统。

有些涡轮增压器只利用机油和空气进行冷却。在发动机大负荷或高速运转后，如果立即停机，机油可能会因温度过高而在轴承内燃烧。因此，这类涡轮增压发动机应在停机前，至少在怠速下运转 1min。

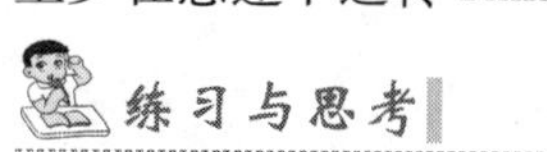

一、填空题

1. 提高发动机的升功率，有三个途径：__________、__________、__________。

2. 车用发动机的增压根据驱动压气机的动力来源不同，有__________、__________、气波增压以及谐波增压等类型。应用最广泛的是__________。

3. 机械增压器中，压气机一般采用__________式。这种压气机结构简单、工作可靠、寿命长，供气量与转速成正比。

4. 将发动机废气的能量转换为增压器转子旋转机械能的装置称为__________；将涡轮增压器转子高速旋转的机械能转换为进气压力能的装置称为__________。

5. 车用涡轮增压发动机上多采用涡轮机喷管出口截面可变的涡轮增压器，简称________。

6. 增压器工作时转子会产生轴向推力，推力轴承应设置在__________一侧。

二、判断题（正确打✓、错误打×）

1. 增大发动机转速可以提高升功率，但转速提高带来的问题是运动件惯性力按转速二次方递增，因此转速的提高受到了一定的限制。（　　）

2. 提高发动机进气平均有效压力，可增加进气密度，提高进气量和功率。（　　）

3. 虽然排气旁通阀在车用发动机的涡轮增压系统中得到广泛的应用，但是排气旁通后，排气能量的利用率下降，致使在高速大负荷时发动机的燃油经济性变差。（　　）

4. 离心式压气机工作时，空气分别流经压气机叶轮、有叶式扩压管以及压气机涡壳三个部件时，空气的流速和压力都会增加。（　　）

5. 涡轮增压器的喷管流道形状为渐缩管状，流经喷管的气体起降压、降温，增速、膨胀的作用，并起导向作用。（　　）

三、选择题

1. 当内燃机的结构参数（D、S、i）确定后，提高内燃机升功率的途径有（　　）。

A. 采用二冲程　　B. 增加转速

C. 提高平均有效压力　　D. A + B + C

2. 目前，当内燃机的结构确定后，提高内燃机升功率，最切实可行的办法是（　　）。

A. 提高转速　　B. 采用二冲程　　C. 增大汽缸直径　　D. 提高进气密度

3. 发动机采用废气涡轮增压器后，带来的性能变化是（　　）。

A. 功率上升，油耗上升，排气污染减小

B. 功率上升，油耗减少，排气污染减小

C. 功率上升，油耗上升，排气污染增加

D. 功率上升，油耗减少，排气污染增加

4. 下列关于增压度的叙述，不正确的是（　　）。

A. 增压度是增压后的内燃机功率与未增压的内燃机功率之比

B. 增压度是增压后的内燃机平均有效压力与未增压的内燃机平均有效压力之比

C. 增压度是增压后的内燃机进气密度与未增压的内燃机进气密度之比

D. 增压度是增压后的内燃机进气压力与大气压力比

5. 下列关于内燃机增压压比的叙述，正确的是（　　）。

A. 增压后的内燃机功率与未增压的内燃机功率之比

B. 增压后的内燃机平均有效压力与未增压的内燃机平均有效压力之比

C. 增压后的内燃机进气密度与未增压的内燃机进气密度之比

D. 增压后的内燃机进气压力与大气压力比

6. 下列关于废气涡轮增压器的叙述，不正确的是（　　）。

A. 废气涡轮增压器均有涡轮机和压气机两部分组成

B. 涡轮机的功用是将废气的能量转变为转轴的机械能

C. 压气机的功用是将转轴的机械能转变为新鲜空气能量,提高进气密度

D. 采用废气涡轮增压器后,功率上升,油耗上升,排气污染增加

7. 废气涡轮壳中喷嘴环做成收缩形,其功用是(　　)。

A. 使废气在喷嘴环中继续膨胀,压力温度下降,气流速度提高,并起导向作用

B. 使废气在喷嘴环中继续压缩,压力温度提高,气流速度提高,并起导向作用

C. 使空气在喷嘴环中继续膨胀,压力温度下降,气流速度提高,并起导向作用

D. 使空气在喷嘴环中继续压缩,压力温度下降,气流速度提高,并起导向作用

8. 废气涡轮增压器压气机中的扩压器做成渐扩形,其功用是(　　)。

A. 使空气压力进一步提高,气流速度提高

B. 使空气压力进一步提高,气流速度下降

C. 使废气压力进一步提高,气流速度提高

D. 使废气压力进一步提高,气流速度下降

9. 车用废气涡轮增压器增压压力调节的方法有(　　)。

A. 排气旁通阀调节

B. 改变涡轮机进口截面积

C. 改变涡轮机喷管出口截面积来调节增压压力

D. A + B + C

10. 涡轮机喷管出口截面可变的涡轮增压器,简称变截面涡轮增压器。通过改变喷管出口截面积来调节增压压力。其主要方法有(　　)。

Ⅰ. 排气旁通阀调节

Ⅱ. 改变涡轮机进口截面积

Ⅲ. 对有叶径流式涡轮机,采用转动喷管叶片的方法

Ⅳ. 对无叶径流式涡轮机,轴向移动挡板来调节无叶喷管出口截面积

A. Ⅰ + Ⅱ　　B. Ⅱ + Ⅲ

C. Ⅲ + Ⅳ　　D. Ⅱ + Ⅳ

四、简答题

1. 提高内燃机功率的途径有哪些?

2. 什么是增压? 内燃机增压的基本类型有哪些? 各有何特点?

3. 简述废气涡轮增压器的主要组成和各组成部分的功用。

4. 为什么要控制增压压力? 在涡轮增压系统中是如何控制或调节增压压力?

5. 增压系统中为什么要设置中冷器?

第十一章 内燃机特性

知识目标

1. 能正确描述发动机的工况和运转特性的基本概念；
2. 能简单叙述发动机负荷特性并对其参数进行分析；
3. 能简单叙述发动机速度特性并对其参数进行分析；
4. 能简单叙述发动机万有特性并对其参数进行分析。

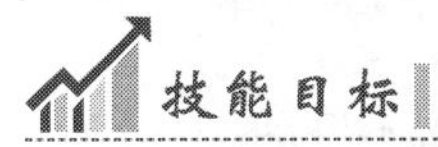

技能目标

1. 能根据发动机各种特性分析发动机的运行特点；
2. 能结合发动机参数分析初步判断发动机的工作状态。

第一节 概 述

一、内燃机工况

内燃机在某一时刻的运行状况简称工况。表征发动机运行工况的功率 P_e 和转速 n 之间的关系，可由下式给出：

$$P_e = \frac{M_e n}{9550} \quad (\mathrm{kW}) \tag{11-1}$$

式中：P_e——有效功率，kW；

M_e——有效转矩，N · m；

n——内燃机转速，r/min。

根据使用条件，发动机的工况大致可分为三类(图 11-1)：

第一类工况：发动机功率变化，但曲轴转速几乎保持不变，例如发动机带发电机工作时，必须保持稳定的转速，这种工况可用图 11-1 中的曲线 1 所示，称为线工况。

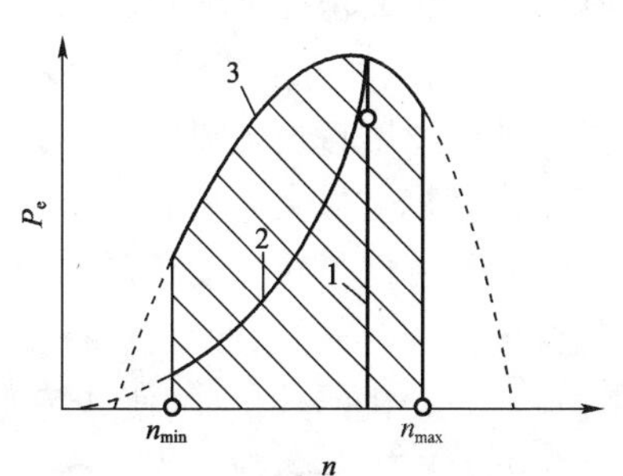

图 11-1 内燃机的各种工况

第二类工况：发动机功率与曲轴转速接近于三次幂函数关系($P_e \propto n^3$)。当发动机作为船用主机带动螺旋桨工作时，发动机发出的功率必须与螺旋桨的吸收功率相等，而螺旋桨的吸收功率与其转速成三次幂函数关系，此时发动机工况的特点由螺旋桨特性决定，所以又称作螺旋桨工况或推进工况。这种工况可用图11-1中的曲线2所示，也称为线工况。

第三类工况：功率和转速都独立地在很大范围内变化，它们之间没有特定的关系。作为陆地行驶的车辆，其发动机的运转状况，都属于这种工况。车辆行驶的阻力影响发动机的功率和转速。使发动机在一定负荷和一定转速范围的任何工况下工作，即在同一转速下可以有不同的输出功率，在同一功率下可以有不同的转速。这种工况可用图11-1中的曲线3下面的阴影面积表示，称为面工况。阴影面积的上限是在各种转速下发动机所能发出的最大功率（曲线3）；左面对应的是最低稳定转速 n_{min}，低于此转速时，由于曲轴飞轮等运动部件储存能量较小，导致转速波动大，发动机无法稳定工作；右面对应的是最大许用转速 n_{max}，发动机超过此转速时机械摩擦损失加剧、充气系数下降，工作过程将恶化；下面直达横坐标轴，为发动机在不同转速下的空转。

二、内燃机特性

当发动机运转工况变化时，其性能指标也随之变化。因此，评价一台发动机的好坏，需要考察它在各种工况下的性能指标，然后才能作出判断。对于工况在很大范围内变化的港口与工程机械所使用的发动机尤其如此。

发动机性能指标随运转工况而变化的规律称为发动机特性。发动机特性的种类很多，其中主要有速度特性和负荷特性等。

发动机特性往往是以曲线形式表示的。它是通过发动机的台架试验，测取有关参数，经过整理后绘制而成的。用以表示发动机特性的曲线就称为特性曲线。它是评价发动机性能的一种简单、方便、必不可少的形式。根据特性曲线可以合理地选用发动机，并能有效地利用它了解发动机特性的成因以及影响因素，就可以按需要的方向改造它，使发动机性能进一步提高，并设法满足使用要求。

第二节 内燃机速度特性

发动机速度特性是指油量调节机构（油量调节拉杆或节气门开度）保持不变的情况下，主要性能指标（转矩、油耗、功率、排温以及烟度等）随转速变化的规律。当车辆或工程机械在阻力变化的情况下作业，若节气门开度不变，阻力增加时车速会逐渐降低；阻力减少时车速将增加，这时发动机即按速度特性工作。

研究速度特性的目的在于找出发动机在不同的转速下其动力性和经济性的变化规律，确定内燃机的最大功率、最大转矩和最小燃油消耗率。

速度特性是在发动机试验台架上测定的。测量时，先将发动机的供油（点火）提前角、冷却液温度、润滑油温度等调整到最佳值。保持油量调节机构位置（节气门开度）固定不动，通过调整发动机的外负荷，使其转速相应发生改变，然后在每一个工况点上记录下有关参数，并绘制在以这些参数为纵坐标、以发动机转速为横坐标的直角坐标系内，即可得到速度特性曲线。当油量控制机构固定在标定供油位置时，所测得的特性称为全负荷速度特性（亦称外特性）；低于标定供油位置时的速度特性，称为部分负荷速度特性（亦称部分外特性），显然部分负荷速度特性曲线可以有无数条。由于外特性反映了发动机所能实现的最高性能，确定了最大功率、最大转矩以及对应的转速，因而是十分重要的，所有的发动机出厂时都必须提供该特性。

一、柴油机的速度特性

图11-2给出的是柴油机的速度特性曲线，其中实线1分别表示外特性的有效转矩M_e、有效功率P_e和有效燃料消耗率g_e的变化趋势，其余虚线分别表示部分负荷速度特性的有效转矩M_e、有效功率P_e和有效燃料消耗率g_e的变化趋势。

1.有效转矩M_e曲线的变化规律

由于柴油机输出的有效转矩M_e正比于平均有效压力p_{me}，而P_{me}又与每循环供油量g_b、指示热效率η_i以及机械效率η_m成正比。可见，柴油机的有效转矩M_e的大小决定于每循环供油量g_b、指示热效率η_i以及机械效率η_m，图11-3给出了外特性上主要参数变化情况。

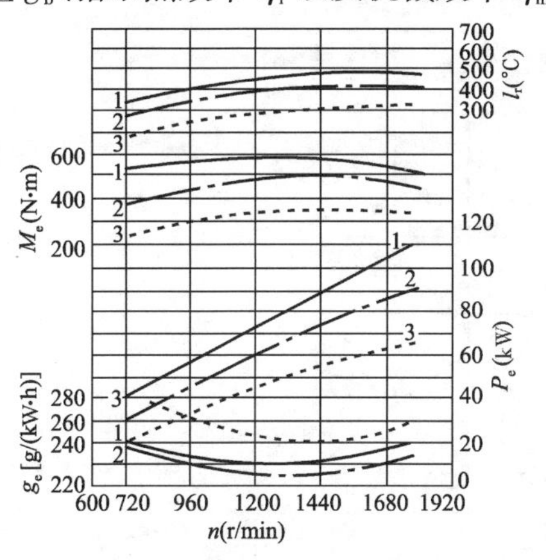

图11-2 柴油机的速度特性

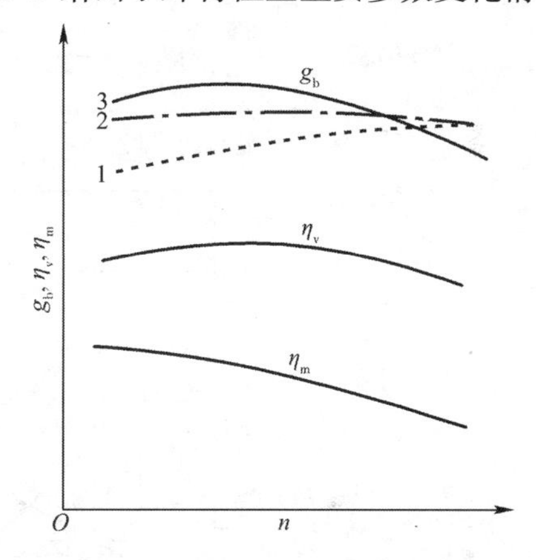

图11-3 柴油机外特性上有关参数的变化

对于柱塞式喷油泵，当油量调节机构位置固定且无特殊油量校正装置时，随柴油机转速下降，通过柱塞与柱塞套之间的燃油泄漏增多，且柱塞有效行程由于斜槽节流作用的减弱而减小，将导致每循环供油量g_b有所减少，如图11-3中的曲线1。加装校正装置的油泵在转速降低时，可以保持供油量基本不变或略有上升，如图11-3中曲线2或3。

在柴油机转速从最高逐渐降低时，其充气系数η_v由于气流速度的下降、节流损失的降低而逐渐提高，这对改善燃烧、提高指示热效率η_i有好处。然而，当转速过低时，由于不能形成惯性进气，η_v出现下降趋势，又因空气涡流减弱，燃烧不良及散热漏气损失增加，也使得η_i下降。

当发动机转速降低时，其机械损失功将减少，故机械效率η_m将随转速的降低而提高。

根据以上分析，对于无油量校正装置的柴油机，转速降低时，由于每循环供油量g_b的减少，相应抵消了指示热效率η_i和机械效率η_m提高的影响，综合作用的结果是使柴油机外特性上的有效转矩M_e曲线很平坦。

部分负荷速度特性时，有效转矩M_e随转速变化规律与外特性时相似，只是由于每循环供油量g_b的减少，使其曲线偏低。

2.有效功率P_e曲线的变化规律

有效功率P_e与有效转矩M_e和转速n的乘积成正比，由于有效转矩M_e随转速变化不很大，

使得有效功率 P_e 几乎随转速成正比增加，其特性曲线近似一斜线，故在最高转速下有最大功率。

3. 有效燃料消耗率 g_e 曲线的变化规律

根据燃料消耗率定义式可知，燃料消耗率 g_e 与 $\eta_i \cdot \eta_m$ 成反比关系，即 $g_e \propto 1/\eta_i \cdot \eta_m$。其曲线在整个转速变化范围内，两端略有上翘。$g_e$ 在某一中间转速最低。当高于此转速时，因 η_i 和 η_m 同时下降，使 g_e 上升；当低于此转速时，充气系数 η_v 降低，加上燃油雾化差，涡流减弱，使 η_m 的上升幅度弥补不了 η_i 的下降幅度，g_e 同样上升。柴油机的燃料消耗率 g_e 曲线变化比较平坦，这说明柴油机在广泛的转速范围内经济性好。

部分负荷速度特性时，燃料消耗率由于 η_m 较低而较外特性上的燃料消耗率曲线有所上升，但随转速的变化规律基本不变。

二、汽油机的速度特性

汽油机速度特性曲线，图 11-4 所示。

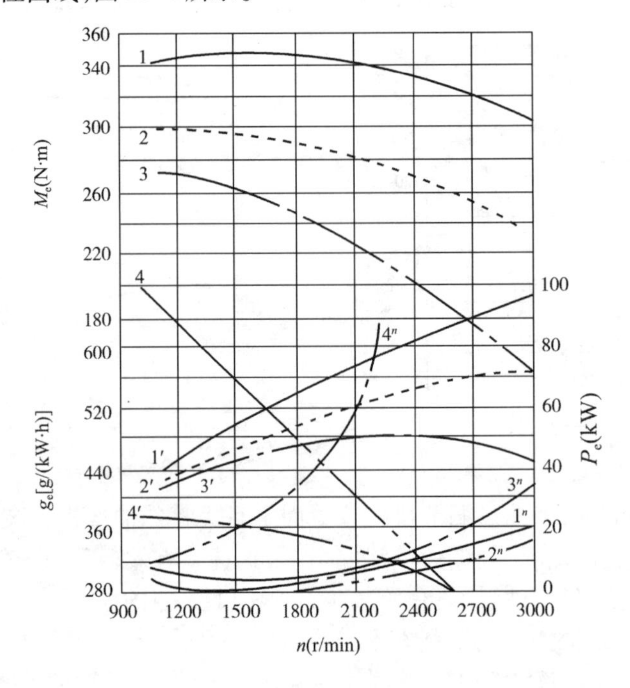

图 11-4 汽油机速度特性曲线

1. 有效转矩 M_e 曲线变化规律

汽油机的有效转矩 M_e 大小正比于汽缸的充气系数 η_v、指示热效率 η_i 以及机械效率 η_m 随转速变化的情况。

由于汽油机的充气系数 η_v 直接影响到进入汽缸内的可燃混合气的多少，因此 η_v 值的大小及其随转速的变化对有效转矩 M_e 的大小有决定性的影响。充气系数 η_v 在某一中间转速时最高，因为在此转速下能最好地利用进气惯性充气。低于此转速时进气惯性不足，高于此转速时进气阻力明显增大，所以低于或高于该转速时，η_v 都将下降。热效率 η_i 的变化也是如此，发动机低速运转时，由于汽缸内气流扰动减弱，火焰传播速度降低，传热损失以及漏气损失相对增加，导致 η_i 略有下降，而高转速时，由于以曲柄转角计的燃烧持续期增大，以及泵吸功的增加，对 η_i 也会产生不利影响，故 η_i 曲线为上凸状。η_m 随转速升高明显下降，对 M_e 的影响也很大。

综合上述三个因素的影响，汽油机的 M_e 曲线不如柴油机的 M_e 曲线平坦，呈明显上凸形状，在低转速时，随着转速的逐渐升高，转矩 M_e 越来越大，在低速区某一转速时，转矩 M_e 达最大值。此后，随转速的继续升高，转矩 M_e 反而下降(图 11-4 中 1 曲线)。

在部分速度特性(节气门在部分开度)时，转矩 M_e 随转速 n 升高而下降，节气门开度越小，曲线越陡(图中 2、3、4 曲线)。

2. 有效功率 P_e 曲线的变化规律

当转速从很低值增加时，由于有效转矩 M_e 和转速 n 同时增加，有效功率 P_e 迅速上升，直至 M_e 达到最大值。继续提高转速，P_e 上升逐渐缓慢，至某一转速时，M_e 与 n 的乘积达最大值，P_e 也达最大值。若转速继续升高，由于 M_e 降低的影响已超过转速上升的影响，功率 P_e 反而下降(图 11-4 中 1′曲线)。

在部分负荷下工作时，随着节气门开度的减小、进气阻力增大，使充气系数 η_v 下降，而且随着 n 的提高，η_v 下降的速度加快。所以节气门在部分开启时，P_e 曲线总是低于外特性的 P_e 曲线。而且转速越高，部分特性与外特性的差别就越大，并且功率最大点向低转速方向偏移(图 11-4 中 2′、3′、4′曲线)。

3. 有效燃料消耗率 g_e 曲线的变化规律

由于燃料消耗率 g_e 与 $\eta_i \cdot \eta_m$ 成反比关系，在某一中间转速，$\eta_i \cdot \eta_m$ 最大时，g_e 最小。当转速较高时，η_m 下降较快，而转速较低时，η_i 下降明显，都使 g_e 上升，因此 g_e 曲线呈明显的下凹形状(图 11-4 中 1″曲线)。

在部分负荷下工作时，燃料消耗率 g_e 曲线的变化与 M_e、P_e 曲线有所不同。当节气门从全开逐渐减小时，混合气的加浓程度逐渐减轻，g_e 曲线的位置降低。节气门开度为 80% 左右时，g_e 曲线的位置最低(图 11-4 中 2″曲线)。节气门开度再减小，由于残余废气相对增多，燃烧速率下降，使 η_i 下降，燃料消耗率增加，g_e 曲线的位置又逐渐升高(图 11-4 中 3″、4″曲线)。

三、内燃机工作的稳定性

由于汽油机的 M_e 曲线不如柴油机的 M_e 曲线平坦，呈上凸形状，使得汽油机自动适应阻力矩变化的能力较强，运转的稳定性好。对此，可用图 11-5 来解释。

当发动机转矩 M_e 与外界阻力矩 M_c' 在 a 点相平衡时，发动机将在对应的转速 n_a 下稳定工作。当外界阻力矩增加时，发动机从工况 a 过渡到工况 1，按速度特性 Ⅰ 工作的发动机输出的转矩增大了 ΔM_{e1}，转速相应降低了 Δn_1。这说明，不用人为操作，发动机自动降低转速而增大转矩，以克服外界阻力矩的变化。对于按速度特性Ⅱ工作的发动机，由于其转矩曲线比较平坦，从工况 a 过渡到工况 2 时，转速降低较多($\Delta n_2 > \Delta n_1$)，而转矩增加幅度却小($\Delta M_{e2} < \Delta M_{e1}$)。这说明发动机转矩曲线越陡，运转的稳定性和操纵性能就越好，这正是汽油机所具备的特性。

为了表示发动机工作的稳定性，往往采用适应性系数 K_m 来评定：

$$K_m = mM_{emax}/M_{Ne} \tag{11-2}$$

式中：M_{emax}——最大转矩值；

M_{Ne}——标定功率点的转矩值。

为改善柴油机工作的稳定性,在喷油泵上采用了油量校正器,用来校正油泵特性(图 11-6),使其在最大负荷工况工作时,随着转速的下降提供额外的供油量,以提高柴油机的适应系数。

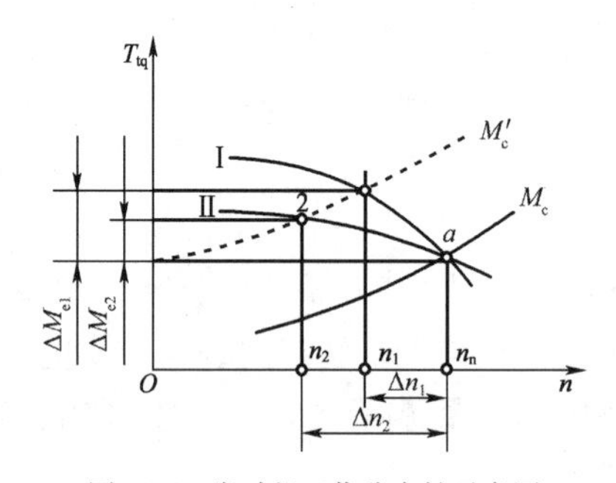

图 11-5 发动机工作稳定性示意图

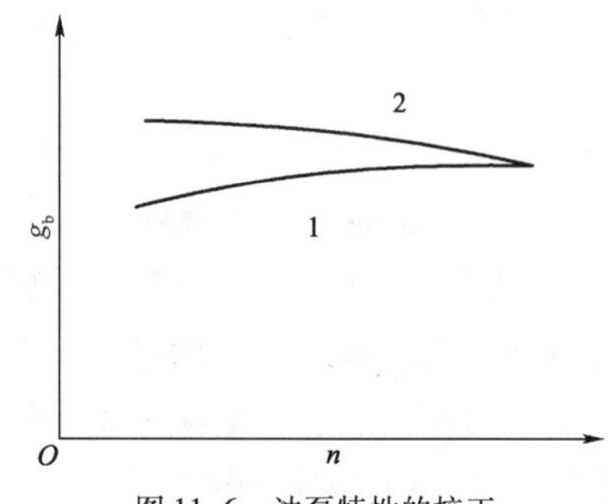

图 11-6 油泵特性的校正

1-无校正器;2-带校正器

汽油机的适应系数 K_m 比较大,一般为 1.25 ~ 1.45,而无校正器的柴油机一般为 1.05 ~ 1.15。

用转速变化系数 K_n 表示内燃机稳定工作的转速范围:

$$K_n = n_N / n_{Me} \tag{11-3}$$

式中:n_N——标定功率时的转速,r/min;

n_{Me}——最大转矩点的转速,r/min。

汽油机转速变化系数 k_n 的值一般为 1.6 ~ 2.5,无校正器的柴油机一般为 1.4 ~ 2。

有时也用最大转矩与标定转矩之差和标定转矩之比,来表示发动机克服阻力的能力大小,并将其定义为转矩储备系数 μ,即 $\mu = (M_{emax} - M_{Ne}) / M_{Ne} = K_m - 1$。

四、调速器对速度特性的影响

由本书第五章介绍已知,调速器的功用就是在一定范围内,当外界负荷变化时,能自动调节供油量,以保持柴油机转速不做过大的变动。当柴油机采用调速器后,由于调速器的作用使供油量产生变化,因而柴油机不能沿原有的特性曲线运行,使速度特性产生较大的变化。

图 11-7 为安装两极式调速器的柴油机其速度特性的变化状况。

在 $n_1 \sim n_2$ 转速范围内,调速器的低速弹簧起作用,若在某一转速下运行由于负荷加大而引起转速下降时,由于调速器的作用,增加了供油量,使柴油机转矩迅速上升,从而克服了增大的负荷,但此时柴油机转速已偏离了原转速,在稍低于原转速的条件下,转矩与外界负荷到达了新的平衡,因此,柴油机就在稍低于原转速的条件下稳定运行而不致使转速继续下降。这就是调速器的低速稳定性。

当转速超过 n_2 后,低速弹簧不再起作用,此时高速弹簧还未开始工作。因此,在 $n_2 \sim n_N$ 区间两极式调速器不起作用,柴油机的速度特性仍沿原有曲线运行。

当转速达到 n_N 后,若转速继续上升,则调速器高速弹簧起作用,供油量减小,柴油机转矩迅速下降,使其在稍高于转速 n_N 条件下运行,柴油机进入怠速状态,转速不再上升。

当柴油机装备全程式调速器时,其速度特性的变化如图 11-8 所示。

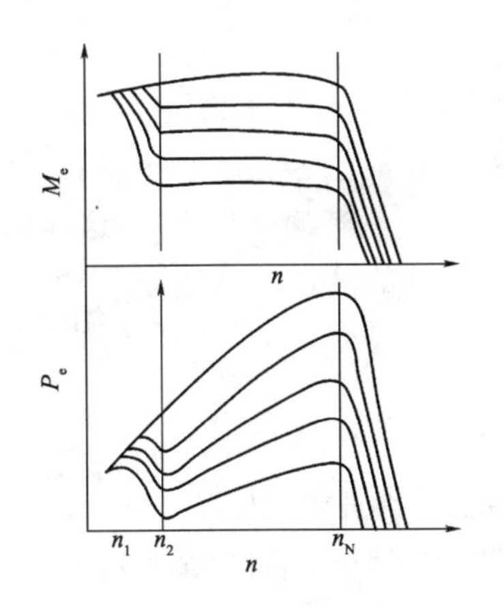

图 11-7 安装两极式调速器后的速度特性

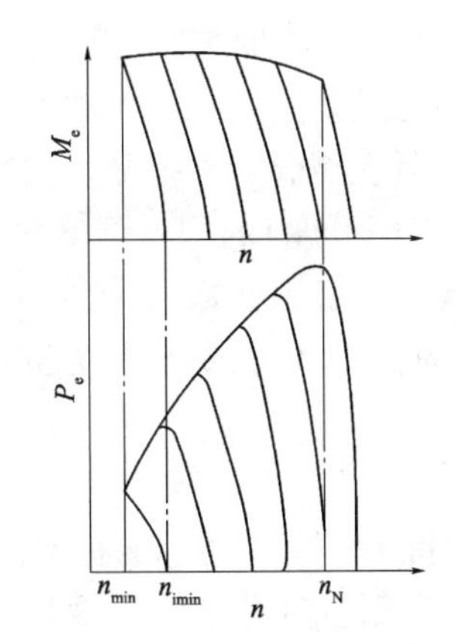

图 11-8 装有全程式调速器柴油机的速度特性

由图可见,当安装全程式调速器后,柴油机的速度特性出现了很大的变化,除外特性仍与原来相同外,其部分特性则由原有的接近横向改变成近似纵向,其每一个纵向曲线表示一个功率调节机构的位置(即节气门开度位置)。

由于柴油机的转矩曲线过于平坦,这对于保持柴油机稳定工作是极其不利的。为此,应在柴油机上必须安装调速器,其目的主要是:

(1)防止超速。柴油机在接近 n_N 条件下工作时(不论是在外速度特性还是部分速度特性上),当外界负荷由于某种原因而突然下降时,由于转矩曲线随转速下降过于缓慢,而使柴油机转速迅速上升,很快就超过标定转速 n_N,甚至飞车,这是绝不允许的。为此,柴油机必须利用调速器来限制其最高转速。

(2)保持怠速稳定。车用发动机经常有短暂停车或起动暖车等情况,因此,怠速是发动机常见工况。柴油机在低速时,转矩值随转速的下降而减小,在怠速时,若摩擦力矩由于某种原因加大(如冷却状况变化机黏度变化等),使柴油机转速下降,由于转矩也随转速而下降,不能到达新的平衡而导致熄火;若摩擦力矩由于某种原因减小,则柴油机就出现超速现象。因此,柴油机在低速时工作是不稳定的,必须利用调速器来改变它的低速特性。

汽油机由于它的转矩特性随转速的变化较陡,特别是在部分速度特性时更为显著,因此,在高速时超速的可能性很小,即使短时间少量超速,其所产生的危害性也远不如柴油机那么严重,低速时由于其转矩曲线随转速下降而上升,能自动进行调节,而不会导致熄火,转速基本保持稳定。由此可见,汽油机不必安装调速器。

第三节 内燃机负荷特性

负荷是指发动机在某一转速下输出的有效功率 P_e 与该转速下所能够输出的最大有效功率 P_{max} 比值,并以百分数(%)表示。

负荷特性是指发动机的性能指标随负荷而变化的规律。表示负荷特性的曲线称为负荷特性曲线。当车辆或工程机械以一定的稳定速度,沿阻力变化的道路行驶时,即为这种情况。此时,必须改变发动机的节气门开度来调整有效转矩,以适应外界阻力矩变化,保持发动机转速稳定，这时发动机即按负荷特性工作。

研究负荷特性的目的是为了了解发动机在各种负荷下工作的经济性。

负荷特性也是在试验台架上测取的。测量时，将发动机稳定在某一转速下，每改变一次循环供油量（节气门开度）的同时调整发动机的外负荷，使其转速保持不变，这样每调整一次可测取一个工况点的各项参数，并把每个工况下的各项参数画在直角坐标系内，其横坐标为以 P_e/P_{max} 表示的负荷（%），纵坐标为测得的各项参数，就得到发动机的负荷特性曲线。

一、柴油机的负荷特性

当柴油机保持某一转速（通常为标定转速）不变，而改变循环供油量时，其每小时燃料消耗量 G_T、燃料消耗率 g_e 等性能指标随负荷变化的关系即为柴油机的负荷特性，如图 11-9 所示。

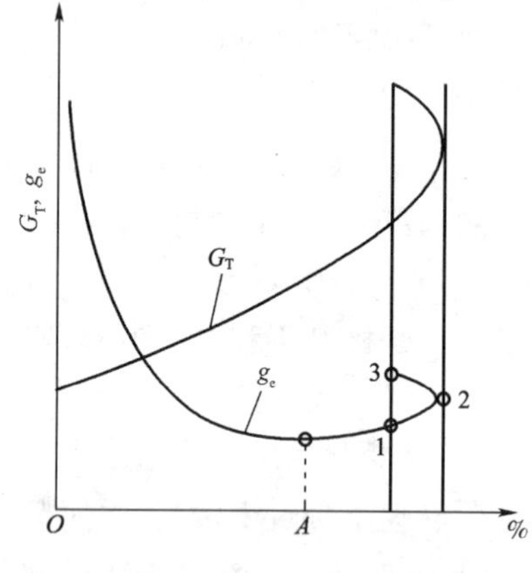

图 11-9　柴油机的负荷特性

柴油机是依靠改变循环供油量来适应外界负荷的变化，这样的调节方法称为“质调节”。

1. G_T 曲线的变化规律

当转速 n 一定时，负荷增加则每循环供油量 g_b 也增加，每小时燃料消耗量 G_T 随负荷的增大成正比地增加，但由于汽缸内空气量基本不变，过量空气系数 α 将随负荷的增加而减小，当每循环供油量 g_b 过多时，将使燃烧过程恶化，G_T 虽然增加但功率增加很慢，甚至减小。

2. g_e 曲线的变化规律

有效燃油消耗率 g_e 曲线的形状是由内燃机热效率 η_i 和机械效率 η_m（成反比）决定的。当发动机怠速运转时，负荷为零，输出的有效功率等于零，即 $\eta_m=0$，所以 g_e 无限大。而随着负荷的增加，机械效率 η_m 也相应增加，g_e 迅速减小。当负荷到达图中 g_e 曲线 A 点时，过量空气系数减小，热效率略有下降，但机械效率仍有明显增加，所以这时的 g_e 最低。随着负荷的进一步增加，供油量进一步增加，燃烧不完全，后燃期延长，热效率急剧下降，引起 g_e 上升。超过 1 点后，排气中会出现炭烟，因此 1 点称为“冒烟界限”。供油量增至 2 点时，功率达到最大值。供油量在此点以后继续增加，因燃烧条件极度恶化，功率反而下降。

负荷特性是柴油机的基本特性，由负荷特性可以看出不同负荷下运转的经济性，而且它比较容易测定，在柴油机调试过程中常用负荷特性作为性能比较的标准。

二、汽油机的负荷特性

汽油机在一定转速下工作，并且点火提前角调整完好时，逐步改变节气门开度，每小时耗油量 G_T 和耗油率 g_e 随负荷变化的关系称为汽油机的负荷特性。图 11-10 为汽油机的负荷特性。

由于汽油机的负荷调节是靠改变节气门开度，从而直接改变进入汽缸的混合气量来完成的，故称为“量调节”。

1. G_T 曲线的变化规律

当汽油机转速一定时，每小时燃料消耗量 G_T 主要决定于节气门开度和混合气成分。节气门开度由小逐渐加大时，进入汽缸的混合气量逐渐加多，G_T 也随之增加。当节气门开度增加至全开度的70% ~80%以后，喷油器供油量增加，使混合气变浓，因而 G_T 增加得更快。从图11-10中可以看出，G_T 是递增曲线。

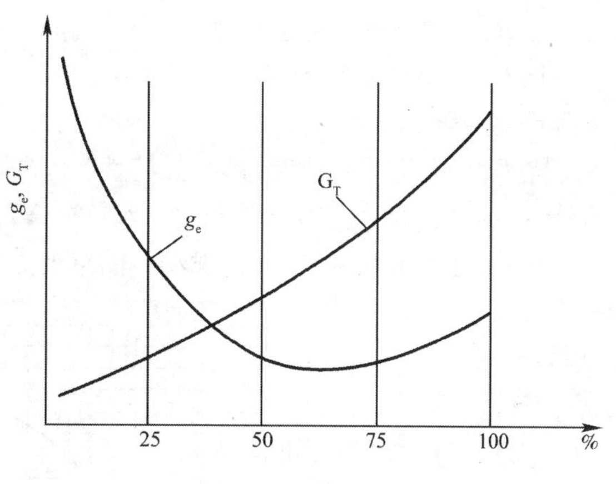

图11-10 汽油机的负荷特性

2. g_e 曲线的变化规律

有效燃油消耗率 g_e 曲线与 G_T 曲线不同，存在一个最小值。当发动机怠速运转时，输出的有效功率为0，即机械效率 $\eta_m=0$，有效燃油消耗率 g_e 可以认为是无限大。随着负荷增加，因此使 g_e 逐渐减小，当负荷增加到60% ~70%时，g_e 达到最低值。当节气门接近全开时，为了发出最大功率，增加供油量，供给 $\alpha<1$ 的浓混合气，因燃烧不完全，g_e 又复增加。

负荷特性主要是评价发动机工作的经济性。在同一转速下，最低有效燃油消耗率 g_{emin} 值越小，经济性越好。g_e 曲线的变化越平坦，表示在负荷变化较广的范围内，能保持较好的燃料经济性。选用发动机时，在满足动力性要求的前提下，常用负荷应接近经济负荷（60% ~70%），不宜装用功率过大的发动机，以求提高功率利用率。

第四节 万有特性

负荷特性和速度特性只能表示某一转速或供油量调节机构的某一位置（或节气门的某一开度）时，发动机各参数的变化规律。而汽车及工程机械的工况变化范围很广，要分析各种工况下的性能就需要许多张负荷特性或速度特性图，这样极不方便也不清楚。为了全面评价发动机在不同转速—负荷组合工况下的性能变化，还需作出万有特性。

万有特性是表示发动机运行时性能变化的多参数特性。

应用最广的万有特性是以转速 n 为横坐标，平均有效压力 p_e 为纵坐标，在图上画出等燃料消耗曲线、等功率曲线等组成的曲线族。图11-11所示为6120型柴油机的万有特性。

分析万有特性，可以了解发动机在各种工况下的性能，并很容易找出最经济的负荷和转速。

最内层的等 g_e 曲线相当于最经济区域，曲线越向外，经济性越差。等 g_e 曲线的形状及分布情况对发动机的使用经济性有重要影响。如果等油耗 g_e 曲线在横向较长，则表示发动机在负荷变化不大，而转速变化较大的情况下工作时，耗油率变化较小。如果曲线形状在纵向较长，则表示发动机在负荷变化较大，而转速变化不大的情况下工作时，耗油率变化较小。车用发动机的最经济区最好在万有特性的中间位置，使常用转速和负荷落在最经济区域内，并希望等油耗 g_e 曲线在横向较长。如果发动机的万有特性不能满足使用要求，则应重新选择发动机或对发动机进行适当调整，使其万有特性符合要求。

一般在万有特性曲线图（图11-11）中有以下一些特征点：

点 A，是带调速器的柴油机最高转速点。这时，调速手柄位置最大，外界负荷为零，通常称为最高空转速点。

点 B,是发动机的标定功率点。

点 C,是最大功率 P_e 或最大转矩 M_e 特征点。由此,可以获得对汽车及工程机械发动机十分重要的转矩储备系数 μ。

点 D,是标定功率速度特性(外特性)上的最低稳定点,从这点开始,内燃机几乎不能承受外界负荷的微小变动,只要变动一点负荷,转速将发生严重波动,使发动机很容易熄火。

此外,还有最低空转点,即发动机的怠速点(图 11-11 中未标出)。

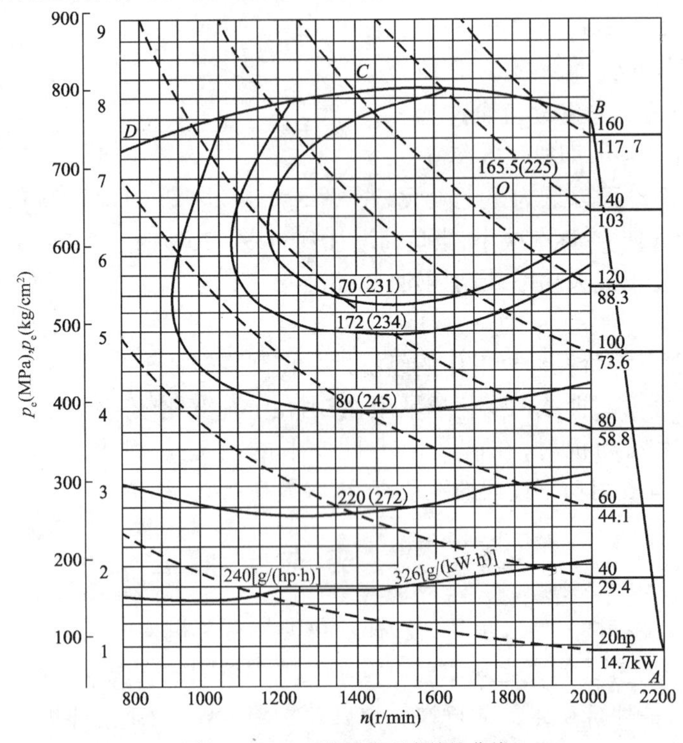

图 11-11 6120 柴油机万有特性曲线

图 11-12 为汽油机的万有特性。图 11-12 中以转速 n 为横坐标,有效转矩 M_e 为纵坐标,在图上画出等燃料消耗率曲线和节气门开度曲线组成的曲线族。

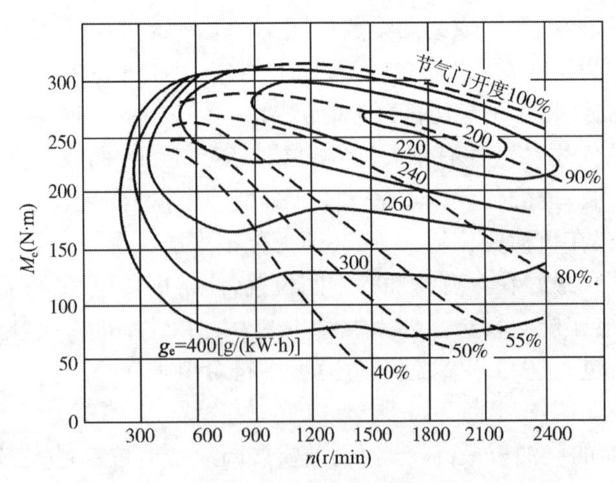

图 11-12 汽油机的万有特性

第五节 内燃机的功率标定及大气修正

一、功率标定

发动机的功率标定，是指制造企业根据发动机的用途、寿命、可靠性、维修与使用条件等要求，人为地规定该产品在标准大气条件下输出的有效功率以及所对应的转速，即标定功率与标定转速。世界各国对功率标定方法的规定有所不同，按照我国国家标准《内燃机台架性能试验方法》（GB 1105）规定，我国发动机的功率可以分为四级，分别为：

1. 15min 功率

15min 功率为发动机允许连续运转 15min 的最大功率，适用于需要较大功率储备或瞬时需要发出最大功率的轿车、中小型载货汽车、军用车辆和快艇等用途的发动机。

2. 1h 功率

1h 功率为发动机允许连续运转 1h 的最大功率，适用于需要一定功率储备以克服突增负荷的工程机械、船舶主机、大型载货汽车和机车等用途的发动机。

3. 12h 功率

12h 功率为发动机允许连续运转 12h 的最大功率，适用于需要在 12h 内连续运转而又需要充分发挥功率的拖拉机、移动式发电机组和铁道牵引等用途的发动机。

4. 持续功率

持续功率为发动机允许长期连续运转的最大有效功率，适用于需要长期连续的固定动力、排灌、电站和船舶等用的发电机。

根据发动机产品的使用特点，在发动机的铭牌上一般应标明上述四种功率中的一种或两种功率及其对应的转速。同时，发动机的最大供油量限定在标定功率的位置上。对于同一种发动机，用于不同场合时，可以有不同的标定功率值，其中 15min 功率最高，持续功率最低。

除持续功率外，其他几种功率均有间歇性工作特点，故常被称为间歇功率。对于间歇功率而言，发动机在实际中按标定功率运转时，超出上述限定时间并不意味着发动机将会损坏，但无疑会使发动机的寿命与可靠性受到影响。

二、大气修正

发动机所发出的功率取决于吸入汽缸的空气量，而吸入汽缸的空气量直接与大气密度有关。例如，一台安装非增压柴油机的汽车，从沿海行驶到海拔 2200m 的西宁市，大气密度下降了 21.5%，在保持过量空气系数不变的前提下，柴油机的指示功率也将下降 21% 左右。同样，大气相对湿度的变化也会影响到实际进入汽缸内的干空气量，对工作过程产生影响。这意味着大气状态变化将全面影响发动机性能。因此在功率标定时，必须规定标准大气条件。

所谓大气状态条件，是指发动机运行现场的外界大气压力、大气温度和相对湿度。国家标准《汽车发动机性能试验方法》（GB/T 18297—2001），对汽车发动机性能的试验条件、试验方法、测量项目以及数据整理进行了详细的规定。对一般用途发动机而言，其标准大气条件为：大气压力 $p_o = 100\text{kPa}$，相对湿度 $\varphi_o = 30\%$，环境温度 $T_o = 25℃$，中冷器进口冷却介质温度 $T_{co} = 25℃$。

由于发动机运行现场的大气条件一般都为非标准大气条件，在对发动机产品进行性能考核试验时，应根据不同的考核项目，将实测的功率、油耗、转矩等值按对应的修正方法换算成实际功率值，并以此值来调定发动机试验的工况点。

练习与思考

一、填空题

1. 发动机性能指标随运转工况而变化的规律称为__________。

2. 当油量控制机构固定在标定供油位置时，所测得的特性称为__________（亦称外特性）；低于标定供油位置时的速度特性，称为__________（亦称部分外特性）。

3. 当柴油机保持某一转速（通常为标定转速）不变，而改变循环供油量时，其每小时燃料消耗量、燃料消耗率等性能指标随负荷变化的关系即为柴油机的__________。

4. 研究速度特性的目的在于找出发动机在不同的转速下其动力性和经济性的变化规律，确定内燃机的__________、__________和__________。

5. __________为发动机允许长期连续运转的最大有效功率。

二、判断题（正确打✓、错误打×）

1. 根据调速器对速度特性的影响，在柴油机上必须安装调速器，而汽油机不必安装调速器。（　　）

2. 柴油机工作时，当转速 n 一定时，负荷增加则每循环供油量也增加，因此柴油机功率一定增加。（　　）

3. 柴油机在高速运行时，为防止其超速，必须利用调速器来限制其最高转速。柴油机在低速时工作是不稳定的，必须利用调速器来改变它的低速特性。（　　）

4. 由于外特性反映了发动机所能实现的最高性能，确定了最大功率、最大转矩以及对应的转速，因而是十分重要的，所有的发动机出厂时都必须提供该特性。（　　）

5. 12h 功率为发动机允许连续运转 12h 的最大功率，适用于需要一定功率储备以克服突增负荷的工程机械、船舶主机、大型载货汽车和机车等用途的发动机。（　　）

三、选择题

1. （　　）是内燃机曲轴转速不变而功率可随时变化的工况。

A. 发电机工况　　B. 车用工况
C. 线工况　　D. 面工况

2. 内燃机的功率随转速的三次方关系而变化的工况称为（　　）。

A. 发电机工况　　B. 螺旋桨工况或推进工况
C. 面工况　　D. 车用工况

3. 内燃机在同一转速下可输出不同功率，在同一功率下可有不同的转速，这种工况称为(　　)。

A. 发电机工况　　B. 螺旋桨工况

C. 面工况　　D. 车用工况

4. 固定油量调节机构，使内燃机主要性能指标随转速而变化的规律称为(　　)。

A. 调速特性　　B. 速度特性

C. 推进特性　　D. 负荷特性

5. 在转速一定的情况下，使内燃机主要性能指标随负荷而变化的规律称为(　　)。

A. 调速特性　　B. 速度特性

C. 推进特性　　D. 负荷特性

6. 当油量控制机构固定在标定供油位置时，所测得的特性称为(　　)。

A. 调速特性　　B. 推进特性

C. 全负荷速度特性(亦称外特性)　　D. 负荷特性

7. 在转速保持不变的情况下，柴油机的主要性能指标和工作参数随负荷而变化的规律是(　　)。

A. 速度特性　　B. 推进特性

C. 负荷特性　　D. 限制特性

8. 喷油泵油量调节机构固定在小于标定供油量的任意位置上，用增加负荷的方法降低转速，这样测得的主要性能指标和工作参数随转速而变化的规律是(　　)。

A. 超负荷速度特性　　B. 全负荷速度特性

C. 部分负荷速度特性　　D. 限制负荷速度特性

9. 在柴油机上必须安装调速器，其目的主要是(　　)。

A. 防止超速　　B. 保持怠速稳定

C. 防止超载　　D. A + B

10. 研究负荷特性的目的是为了了解内燃机在各种负荷下工作的(　　)。

A. 动力性　　B. 可靠性

C. 经济性　　D. 机动性

四、简答题

1. 什么是发动机特性？研究发动机特性的目的是什么？

2. 什么是发动机工况？发动机根据其用途有几种工况？

3. 什么是发动机速度特性？速度特性曲线是如何测取的？

4. 什么是发动机负荷特性？负荷特性曲线是如何测取的？

5. 什么是发动机的运转稳定性？为什么汽油机的运转稳定性比柴油机的高？

6. 我国对发动机的功率标定有哪些规定？

第十二章　内燃机的污染与控制

知识目标

1. 能正确描述发动机排放污染的来源；
2. 能正确描述发动机各种排气净化装置的结构和功用；
3. 能正确描述发动机曲轴箱强制通风系统的功用；
4. 能正确描述发动机汽油蒸发控制系统的结构和功用。

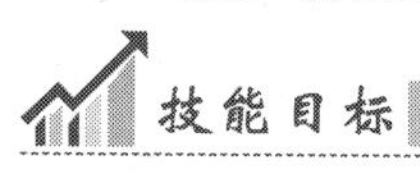

技能目标

能结合实际运行的发动机的排放状况分析污染来源并提出解决办法。

第一节　概　述

目前，发动机已成为一个主要的空气污染源。车辆对大气的污染正越来越受到人们的重视。

发动机排放污染的来源主要有3个。

(1)从排气管排出的废气，主要成分是一氧化碳(CO)、碳氢化合物(HC)、氮氧化物(NO_x)，其他还有SO_2、铅化合物、炭烟等。

(2)窜气，即从活塞与汽缸之间的间隙漏出，再自曲轴箱经通气管排出的气体，其主要成分是HC。

(3)从油箱、油管接头等处蒸发的汽油蒸气，成分是HC。

CO是一种无色无味有毒的气体，它极易与血红素结合，阻止人体血液中的血红素和氧的结合。因此，当人吸入CO后，便会引起头痛、头晕等中毒症状，严重时甚至死亡。

NO_x是NO、NO_2等氮氧化物的总称。它会刺激人眼黏膜，引起结膜炎、角膜炎，严重时还会引起肺气肿而使人死亡。

HC对人眼及呼吸系统均有刺激作用，对农作物也有害。

排气中的HC和NO_x在一定的地理、温度、气象条件下，经强烈的阳光照射，会发生光化学反应，生成以臭氧(O_3)、醛类为主的过氧化产物，称为光化学烟雾。臭氧具有独特的臭味和很强的毒性，醛类对眼及呼吸道有刺激作用。此外，它们还会妨碍生物的正常生长。

炭烟是柴油机排气中的一种成分，主要由直径为0.1～10μm的多孔性炭粒构成。它们

往往黏附 SO_2 等物质，对人和动物的呼吸道极为有害。

在所有这些有害成分中，CO、HC 和 NO_x 以及炭烟微粒是主要的污染物质，目前车辆的排放标准和净化措施也旨在降低这几种成分的含量。

汽油机和柴油机的混合气形成方法和燃烧过程差别很大，所以对主要有害物质的排放量也有差别。表 12-1 列出了汽油机与柴油机排放浓度的比较。由表可以看出汽油机的排放控制重点是 CO、HC 和 NO_x。而柴油机的排放控制重点是 NO_x 的和 PM（炭烟微粒），CO 和 HC 的排出量较汽油机的要少，这主要由于柴油机的平均过量空气系数大，燃烧比较完全。

汽油机与柴油机的排污浓度 表 12-1

排放浓度	汽 油 机	柴 油 机
CO	0.5% ~2.5%	<0.2%
HC	0.2% ~0.5%	<0.1%
NO_x	0.25% ~0.5%	<0.25%
SO_2	0.008%	<0.02%
炭烟	0.005 ~0.05g/m^3	<0.25g/m^3
铅	有	无

为了控制发动机的有害排放物对大气环境的污染，世界各国纷纷制定了各自的排放法规，并在发动机上采取了多种减污措施。

表 12-2 为轿车的欧洲汽车废气排放标准；表 12-3 为重型柴油发动机的欧洲汽车废气排放标准。

欧洲轿车排放限值（类别 $M_1$①）(g/km) 表 12-2

排放法规标准等级	开始实施日期	汽 油 机			柴 油 机		
		CO	HC	NO_x	HC	NO_x	PM
欧Ⅰ	1992 年 7 月	2.72	0.97	0.97	0.97	0.97	0.14
欧Ⅱ	1996 年 1 月	2.2	0.50	0.5	0.70	0.70	0.08
欧Ⅲ	2000 年 1 月	2.3	0.20	0.15	0.56	0.50	0.05
欧Ⅳ	2005 年 1 月	1.0	0.10	0.08	0.30	0.25	0.025
欧Ⅴ	2009 年 9 月	1.0	0.10	0.06	0.23	0.18	0.005②
欧Ⅵ	2014 年 9 月	1.0	0.10	0.06	0.17	0.17	0.005②

注：①在欧Ⅴ以前，重于 2500kg 的轿车被归类为轻型商用车辆。

②仅适用于使用直喷发动机的车辆。

重型柴油发动机的欧洲汽车废气排放标准[g/(kW·h)] 表 12-3

标准等级	开始实施日期	Emission test cycle	CO	HC	NO_x	PM
欧Ⅰ	1992 年，< 85 kW	ECE R－49	4.5	1.1	8.0	
	1992 年，> 85 kW		4.5	1.1	8.0	
欧Ⅱ	1996 年 10 月		4.0	1.1	7.0	
	1998 年 10 月		4.0	1.1	7.0	

续上表

标准等级	开始实施日期	Emission test cycle	CO	HC	NO_x	PM
欧Ⅲ	1999 年 10 月 EEVs only	ESC & ELR	1.0	0.25	2.0	0.02
	2000 年 10 月	ESC & ELR	2.1	0.66	5.0	0.10 0.13①
欧Ⅳ	2005 年 10 月		1.5	0.46	3.5	0.02
欧Ⅴ	2008 年 10 月		1.5	0.46	2.0	0.02
欧Ⅵ	2013 年 1 月		1.5	0.13	0.5	0.01

注:①仅适用于发动机每一汽缸容积小于 0.75L 及额定功率转速少于 3000r/min 次的车辆。EEV 是“环境友好汽车”。

第二节 排气净化装置

排气净化就是通过改善混合气形成条件以及改善燃烧,使排气中的 CO、HC 和 NO_x 及炭烟微粒等有害物在汽缸内的生成量减少。排气净化措施很多,常见的有下面几种。

一、调温进气系统

汽油机调温进气系统的工作原理是在暖机期间把经废气加温后的热空气送入进气系统的空气滤清器,提高进气温度,加速汽油蒸发,改善混合气的形成,以达到降低污染的目的。

调温进气系统的结构如图 12-1 所示。当环境温度低于 30℃时,温度感应器 7 将进气歧管的真空引入空气控制阀 4 的真空膜片室 3,真空室内膜片上升,使空气控制阀开启暖气流而关闭冷气流;当进气温度超过 53℃时,温度感应器使歧管真空不能到真空室,空气控制阀关闭热空气,进入汽缸内的均是冷空气;当温度为 30 ~ 53℃时,空气控制阀的开度随节气门开度而变化。节气门开度越大,热气流通路越小,当节气门全开时,节气门下方真空度很低,使空气控制阀关闭热空气。这样可以保证发动机在全负荷运转期间进气温度不致过高。

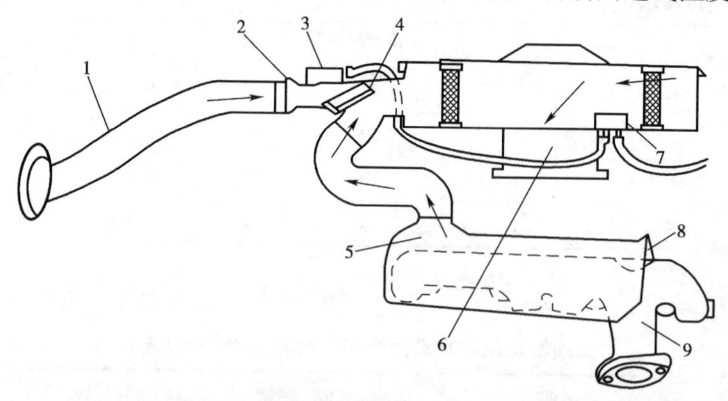

图 12-1 调温进气系统

1-进气管;2-管卡子;3-真空膜片室;4-空气控制阀;5-热空气;6-化油器入口;7-温度感应器;8-冷空气;9-排气歧管

二、点火系统净化措施

汽油机的点火定时对排放有很大影响,因而采用各种方法对真空点火提前装置进行控制，常见的有：双膜片真空调节装置、节温真空开关等。

1. 双膜片真空调节装置

图12-2是双膜片真空调节装置示意图。膜片装置有两个真空接头。一个接在节气门前（称为气口真空），使点火提前；另一个接在节气门（称为进气歧管真空），使点火延迟。

当发动机在怠速时，节气门位置如图12-2中实线所示，此时气口真空为零，进气歧管真空供给分电器降低HC排放所必需的延迟火花。当发动机高于怠速时，节流阀位置如图12-2中虚线所示。这时，歧管真空降低，气口真空以正常方法提供点火提前。

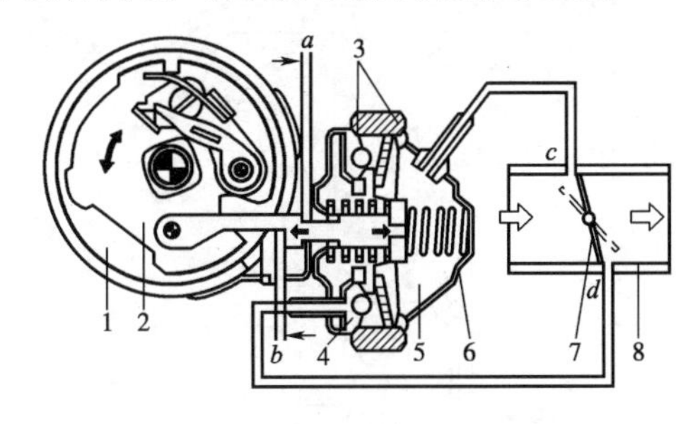

图12-2 双膜片真空调节装置示意图

1-分电器；2-断电器托架；3-膜片；4-推迟真空室；5-提前真空室；6-双膜片真空调节装置；7-节气门；8-节气门体

2. 节温真空开关

节温真空开关的作用就是控制达到真空调节装置的两种真空源（气口真空和歧管真空），如图12-3所示。节温真空开关的凸出部分（带螺纹部分）伸入冷却液中，防止发动机过热（怠速时）。当发动机温度低时，节温真空开关直接把气口真空作用于调节装置，当怠速时气口真空为零，定时稍微延迟，减少污染，同时也会引起发动机后燃严重。当冷却液温度达到预定值时，真空开关使歧管真空作用于调节装置，这时歧管真空使点火提前，增加发动机的怠速转速。使水泵循环加快，冷却效果更好，同时发动机后燃减轻，传给冷却液的热量减少。

有时节温真空开关也用于双膜片真空提前调节装置，如图12-4所示。气口真空通常作用于提前膜片，歧管真空作用于延迟膜片。怠速时，由于气口真空为零，故点火延迟以降低排放。发动机过热时，真空开关使歧管真空作用于提前膜片，由于此时相同真空作用于两膜片，故点火提前，提高发动机转速，减少后燃。

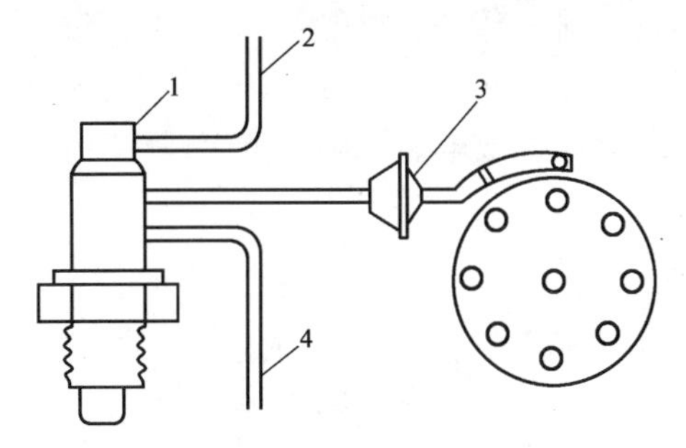

图12-3 节温真空开关的作用

1-节温真空开关；2-气口真空；3-真空调节装置；4-歧管真空

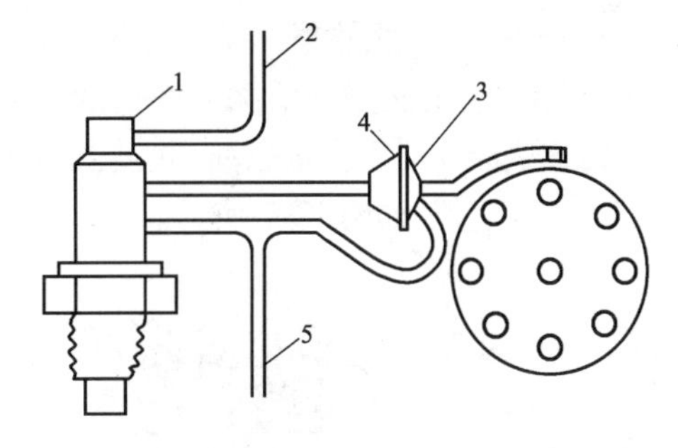

图12-4 节温真空开关和双膜片真空提前调节装置

1-节温真空开关；2-气口真空；3-延迟侧；4-提前侧；5-歧管真空

除上述改变真空调节以外，还可以采用晶体管和高能点火系统等来改善燃烧，提高系统可靠性、降低排放。

三、废气再循环（EGR）

废气再循环是一种能有效降低NO_x排放的措施，图12-5为废气再循环示意图。其基本原理是:将5% ~20%的废气再引入进气管,与新鲜混合气一道进入燃烧室。由于废气不能燃烧,故冲淡了混合气,降低了燃烧速度。同时,废气中多是 CO_2 和 H_2O 蒸汽为主的三原子分子,故热容大。所以废气再循环降低了燃烧温度,减少了 NO_x 的排放。

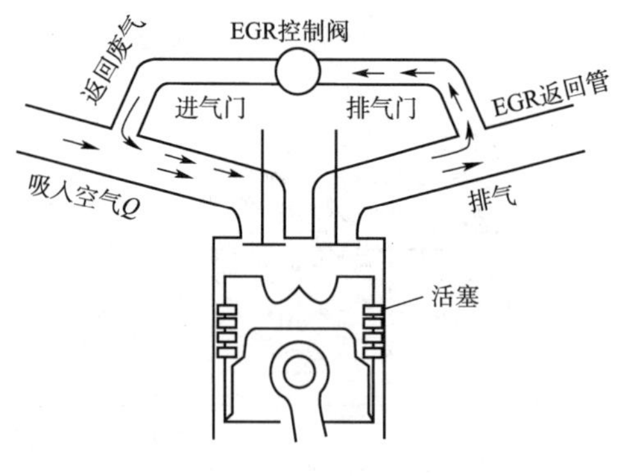

图12-5　废气再循环示意图

废气再循环量必须精确控制,废气量太小,无法有效降低 NO_x;废气量太大,则会导致发动机燃烧恶化,运转不稳甚至熄火,HC排量增加。一般情况下,在怠速和暖机时,由于混合气质量差燃烧不稳定,所以发动机不进行废气再循环,在全负荷(节气门全开)时,考虑到发动机对输出功率的要求,也不进行废气再循环。

汽油机的EGR系统的结构多种多样,图12-6是一种典型结构。一般利用节气门处真空(节气门前部,称为气口真空)来控制EGR。当怠速时,气口真空很小,EGR阀关闭。当转速高于怠速时,EGR量由发动机转速及负荷决定。有些系统中用冷却液温度开关控制气口真空到达EGR阀。当发动机暖机时,阻止真空作用于EGR阀,停止EGR。这些装置的EGR量一般较小(<5% ~15%),若要加大EGR的变化范围,则要用微处理器加以控制。

柴油机的EGR系统与汽油机的类似。在增压柴油机中,再循环的废气一般流到增压器后的进气管中,以免污染增压器叶轮。为了防止增压压力大于排气压力时再循环的废气倒流,要在EGR系统前加一个止回阀,以便利用排气脉冲进行EGR。

四、柴油机炭烟微粒过滤器

对于柴油机排气中炭烟微粒的处理,主要采用过滤法。微粒过滤器的滤芯由多孔陶瓷制造,它有较高的过滤效率。排气穿过多孔陶瓷滤芯进入排气管,将微粒留在滤芯上。过滤器工作一段时间后,需及时清除滤芯上的微粒。为此,在过滤器入口处设置一个燃烧器,通过喷油器向燃烧器内喷入少量燃油,并供入二次空气,利用火花塞或电热塞将其点燃,将滞留在滤芯上的微粒烧掉,如图12-7所示。

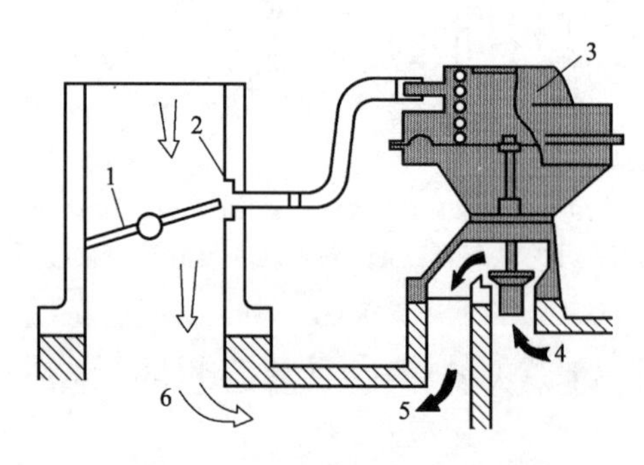

图12-6　汽油机废气再循环系统

1-节气门;2-真空道;3-ECR阀;4-废气;5-进气歧管;6-新鲜充量

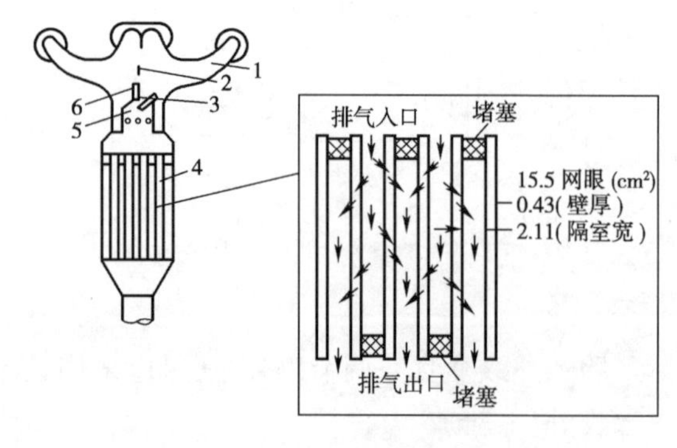

图12-7　柴油机微粒过滤器

1-排气歧管;2-燃油;3-电热塞;4-滤芯;5-燃烧器;6-喷油器

五、催化转换器

催化转换器是一种排气净化装置。它装在排气系统中，位于消音器前，紧靠排气歧管。它的工作原理是利用催化剂，加速反应进行，将废气中的有害物变成无害物。

金属铂、钯或铑均可作为催化剂。在化学反应过程中，催化剂只促进反应的进行，不是反应物的一部分。

催化转换器有氧化催化转换器和三元催化转换器。

氧化催化转换器用来处理HC和CO的排放，使HC和CO进一步氧化为CO_2和H_2O(蒸汽)。这种催化转换器需要二次空气作为氧化剂，才能有效地工作。

三元催化转换器是一种能够对三种排放物同时起净化作用的装置。它内部是一种表面覆盖有三元催化剂镀层的颗粒状或蜂窝状载体，排气从催化剂镀层表面流过。催化剂既可以加速HC、CO的氧化，又可以加速NO_x的还原。首先NO_x还原成N_2和O_2，放出的O_2与CO和HC氧化而生成CO_2和H_2O，这样三种物质同时得到净化。图12-8为颗粒型三元催化转换器结构图。

催化转换器的起作用温度不得低于350℃，温度过低转换器的转换效率下降。但温度过高又会使催化剂表面积迅速减小，并且催化剂发生质的变化，故必须防止转换器过热。三元催化转换器要求将空燃比精确控制在理论空燃比附近，才能同时实现对三种有害成分的高效率净化。另外，发动机调节不当，如混合气过浓或汽缸缺火，均可能使转换器过热而损坏。所以，必须在排气管路上安装旁通阀，根据运行条件控制排气由旁通阀的流出量，以防止转换器过热。

催化转换器损坏的另一原因是废气中的铅化物。排气中的铅化物是由汽油中的铅添加剂燃烧后产生的。铅化物易于堵塞催化剂载体蜂窝状结构和覆盖催化剂的表面，故催化转换器要求汽油机使用无铅汽油。

六、空气喷射系统

空气喷射系统就是用空气泵将空气喷入排气歧管中，使废气中的HC和CO进一步氧化，转化为CO_2和H_2O等无害物质。空气喷射系统又可配合催化转换器使用，成为一种加强催化作用的必要措施。

图12-9是Chrysler公司的一种空气喷射系统。它主要由空气泵、空气分流阀(Diverter-valve)、空气开关阀(或空气控制阀)、止回阀、温控真空开关以及真空管路及空气管路组成。

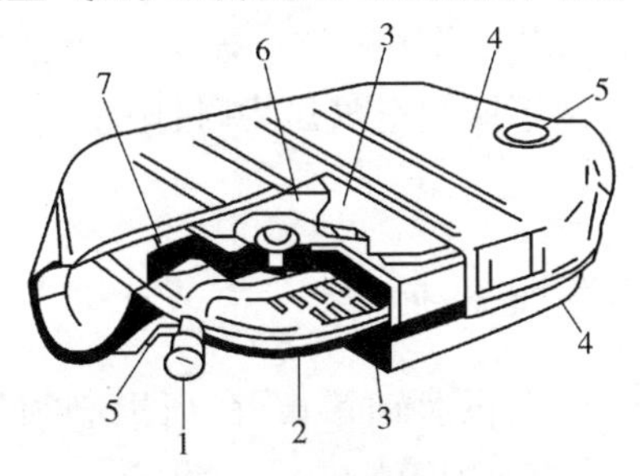

图12-8 三元催化转换器

1-空气入口；2-空气层；3-隔热层；4-外壳；5-装填塞；6-转换器壳；7-隔栅

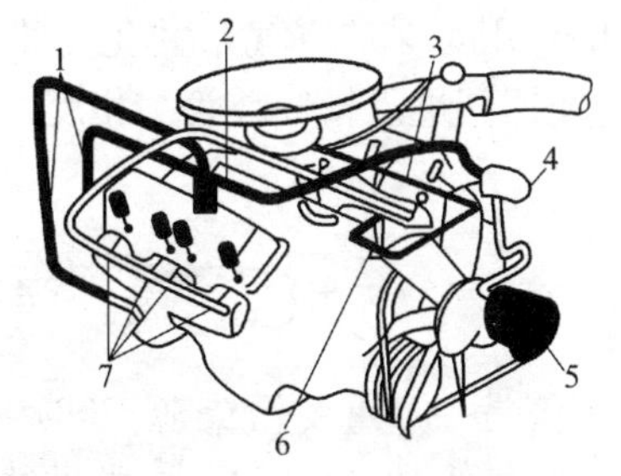

图12-9 空气喷射系统

1-止回阀；2-空气开关阀；3-真空管路；4-空气分流阀；5-空气泵；6-温控真空开关；7-空气喷口

空气开关阀的作用就是控制由空气泵来的压缩空气的流向。它可以根据发动机的状况,将压缩空气引入三个方向。

(1)当排气中含有过量的未燃燃料时(如减速,高速、大负荷工况),将压缩空气放入大气。这样可以防止排气管"放炮"或催化转换器的高温损坏,并且可以减轻发动机带动空气泵的负载,在这种情况下,空气开关阀与空气分流阀作用相同。

(2)当冷起动发动机,催化转换器处于冷态时,在进气管的真空度作用下将压缩空气引向排气歧管。

(3)当发动机和转换器达到工作温度时,温控真空开关切断通向空气开关阀的真空源,压缩空气被引向催化转换器。

有些系统没有空气开关阀,图 12-10 是无空气开关阀的空气喷射系统原理图。空气泵在发动机曲轴带动下将空气加压(因排气压力比大气压高,所以空气只有加压才能喷入排气管)。然后经过空气分流阀和止回阀,最后流到各排气阀附近(如图 12-10 中实箭头所示)。

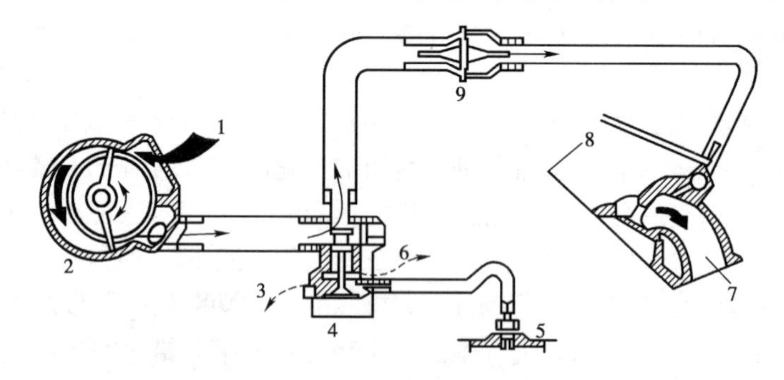

图 12-10　无空气开关阀的空气喷射系统原理

1-空气进口;2-空气泵;3-减速旁通;4-空气分流阀;5-进气歧管真空源;6-高速旁通;7-排气道;8-排气阀;9-止回阀

空气分流阀的作用是防止发动机排气管"回火"(放炮),所以也叫防回火阀。当发动机减速时,进气歧管有很高的真空度,这样混合气将会很浓。这时如果空气喷向排气管,那么将与过量的未燃燃料混合燃烧,使排气系统内压力急剧上升,形成所谓的"回火"。空气分流阀的真空室感受到减速时进气歧管的高真空,将通往止回阀乃至排气歧管的空气通道堵死,使压缩空气泄漏到大气中(如图 12-10 中虚箭头所示),这样就可以避免排气管"回火",但这时的净化效果也较差,故也有些系统的防回火阀,当减速时不堵死到排气歧管的压缩空气通道,而是将压缩空气引入进气歧管,以稀释浓混合气,同样可避免"回火"。

止回阀的作用是保护空气泵并免受排气倒流的损坏。当压缩空气压力高于排气压力时,空气通过止回阀进入排气歧管。相反,当排气压力高于压缩空气压力时,则止回阀关闭,阻止气体倒流。

第三节　强制曲轴箱通风系统

曲轴箱窜气是一个重要污染源,20% ~25% 的 HC 来自曲轴箱窜气,所以必须加以控制。阻止曲轴箱气体排入大气当中,常见的措施就是采用曲轴箱强制通风系统。

强制曲轴箱通风依靠进气歧管的真空将曲轴箱内气体从曲轴箱吸入进气歧管,并重新进入汽缸烧掉。这样当发动机运转时,就使空气强制通过曲轴箱运动,将从燃烧室漏入曲轴箱内的污染物带到汽缸内燃烧。从结构上强制曲轴箱通风系统可以分为开式和闭式两种。

1. 开式曲轴箱通风

图 12-11 是一种开式曲轴箱通风系统示意图。用管子将曲轴箱与进气歧管相连,当发动机运转时,新鲜的空气通过机油加入口盖上的通风孔被吸入曲轴箱(开式通风系统即由此得名)。这些空气与曲轴箱内的蒸气混合,流入进气歧管,再进入汽缸。

从曲轴箱内流出的通风量是受强制曲轴箱通风阀(PCV 阀)控制的,如图 12-12a)所示。当发动机小负荷、低速运转时(如怠速),进气管真空度很大,为了不使曲轴箱通风过量,PCV 阀的柱塞被吸在左侧,减小流通截面。而当发动机处于高速、大负荷行驶时,节气门开度增加,进气歧管的真空度小,柱塞位置右移,增加了流通截面,这样就使通风量维持在一定的水平(这种 PCV 阀称为 Smith PCV 阀)。另外,有些发动机的 PCV 阀采用膜片式的结构,见图 12-12b)。当怠速时,PCV 阀被曲轴箱真空所关闭。而当发动机正常运转时,则被曲轴箱内的压力打开。通风量取决于发动机的漏气量。

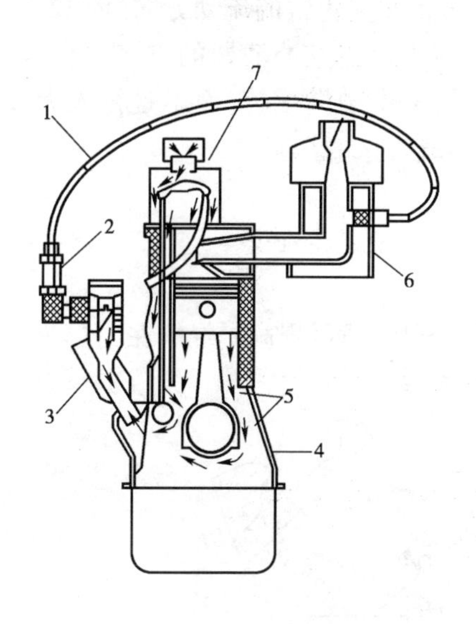

图 12-11 开式曲轴箱通风系统示意图

1-通风软管;2-PCV 阀;3-自然通风管;4-曲轴箱;5-燃烧室漏气;6-进气歧管;7-通过机油滤器的清洁空气

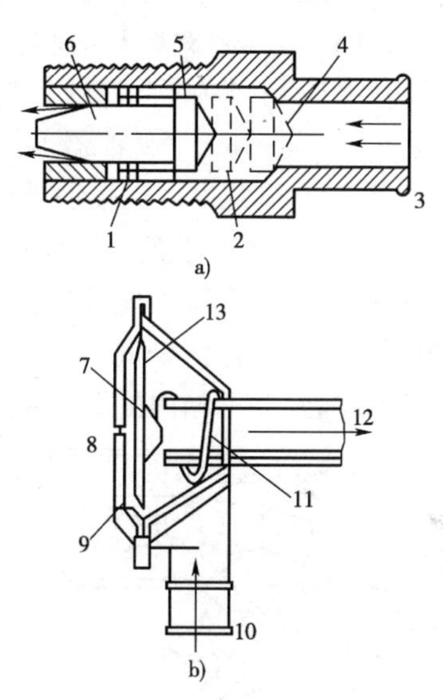

图 12-12 强制曲轴箱通风阀(PCV 阀)

a)Souith PCV 阀;b)膜片式 PCV 阀

1-弹簧;2-高速位置;3-通往进气歧管;4-停机或回火位置;5-低速位置;6-柱塞;7-怠速槽;8-通风空;9-膜片;10-从曲轴箱来的漏气;11-调节弹簧;12-到进气歧管的漏气;13-调节阀

有一些开式曲轴箱通风中没有 PCV 阀。当发动机工作时,曲轴箱内的气体经缸体、缸盖上的气道进入气门摇臂室,然后经软管进入空气滤清器的内部,空气滤清器内的真空度小,故通风的吸力较小,不会造成曲轴箱压力过低。

开式 PCV 系统有如下两点不足。

(1)发动机在重载下或加速期间,进气歧管内的真空度很低,风量小,导致曲轴箱内的气压上升,这样就使一些曲轴箱蒸气通过机油注入口帽上的通风孔倒流入大气。

(2)当 PCV 系统堵塞时,也会使曲轴箱内气体排入大气。

2. 闭式曲轴箱通风

闭式 PCV 系统与开式 PCV 系统相比，主要区别在于机油注入口帽不与大气相通。曲轴箱通风所需的空气是由空气滤清器提供的。图 12-13 是一个闭式曲轴箱，有一个软管从空气滤清器将空气引入右排汽缸的气门室盖，在另一排汽缸的气门室盖上有一软管将曲轴箱内的蒸气引入进气歧管。对于直列式发动机，则一般将空气滤清器来的空气从气门室盖的一端引出进入进气歧管。

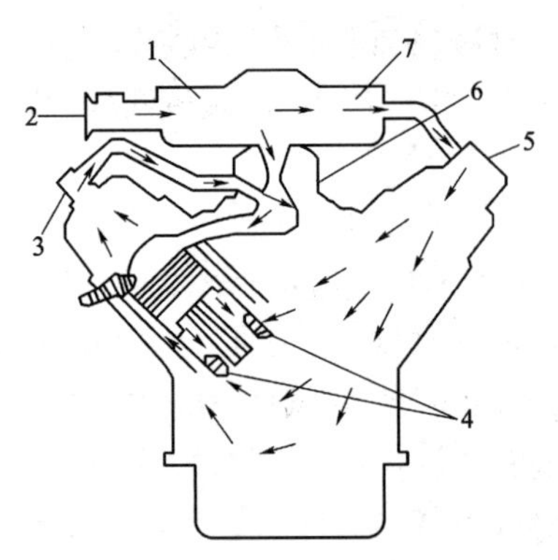

图 12-13　闭式曲轴箱通风系统

1-空气滤清器；2-进气；3-PCV 阀；4-燃烧室漏气；5-密封的机油滤器；6-化油器；7-PCV 入口滤芯

对于闭式曲轴箱通风系统，在正常情况下，从空气滤清器来的清洁空气，经软管进入曲轴箱（图 12-14a），然后与燃烧室漏气混合。混合后的气体经 PCV 阀被吸入进气歧管。当大负荷（进气歧管真空度小）或曲轴箱通风系统堵塞时，过量的曲轴箱蒸气将改变正常的流动方向（图 12-14b）流回到空气滤清器，与进入空气滤清器的空气混合，经化油器、进气歧管在燃烧室中被燃烧掉，而不是排入大气当中，因而闭式曲轴箱通风几乎可以彻底地防止曲轴箱窜气带来的污染。

闭式曲轴箱通风系统有下列三个优点。

（1）由于曲轴箱内的有害气体被排除，所以延长了发动机的寿命。

（2）避免了曲轴箱气体污染大气。

（3）由于所有漏到曲轴箱内的 HC 回流到进气管被利用，所以提高了经济性。

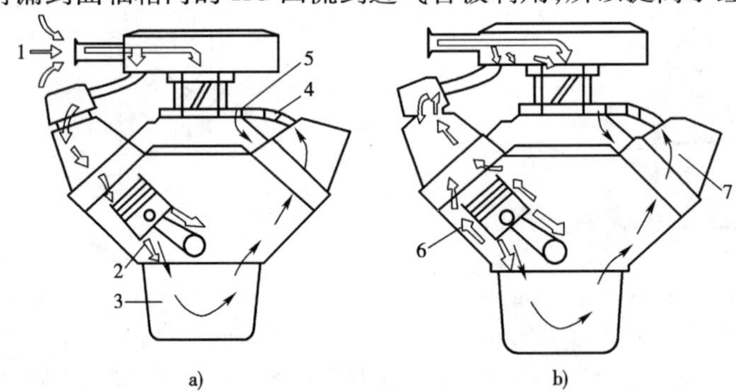

图 12-14　闭式曲轴箱通风系统工作原理

a）正常工作时；b）大负荷或曲轴箱通风系统堵塞时

1-清洁空气；2-燃烧室漏气；3-清洁空气与燃烧室漏气混合；4-PCV 阀；5-进气歧管；6-部分曲轴箱气体反向流动；7-正常通风继续进行

由于 PCV 系统的空气和蒸气流入进气系统，所以将影响发动机的混合气浓度。实际上，有些发动机怠速时从 PCV 系统获得的气体量已占怠速进气量的 30%。由于这个原因，当 PCV 系统出现任何故障时，将导致发动机出现操纵性的问题（如怠速不稳、加速不良等）。

如果 PCV 系统不能正常地工作，将使机油稀释、变质，或在空气滤清器上沉积机油，造成发动机过早磨损，或使空气滤清器堵塞。

第四节 汽油蒸发控制系统

汽油箱和化油器式发动机的化油器浮子室等处的汽油随时都在蒸发气化,若不加以控制或回收,则当发动机停机时,汽油蒸气将逸入大气,对环境造成污染。汽油蒸发控制系统的功用就是将汽油蒸气收集和储存在炭罐里,在发动机工作时再将其送入汽缸中燃烧。

不同汽车的汽油蒸气回收系统的具体结构各不相同,但是基本原理是一致的,如图12-15所示。炭罐是控制系统中存储蒸气的部件,它的结构如图12-16所示,下部与大气相通,上部有一些与油箱等相连的接头,用于收集和清除汽油蒸气,中间是活性炭粉末。由于活性炭的表面积极大故具有很大的吸附作用。液体—蒸气分离器的作用是阻止液态燃油进入炭罐。有些液体—蒸气分离器与油箱做成一体,油箱到炭罐仅用一根软管连接。浮子室内的汽油蒸气可以直接或间接地接到炭罐中。一般浮子室内蒸气到炭罐的通道由阀来控制,当怠速或停机时,通道开通,使蒸气储存于炭罐中,当发动机正常行驶时,则通道关闭。

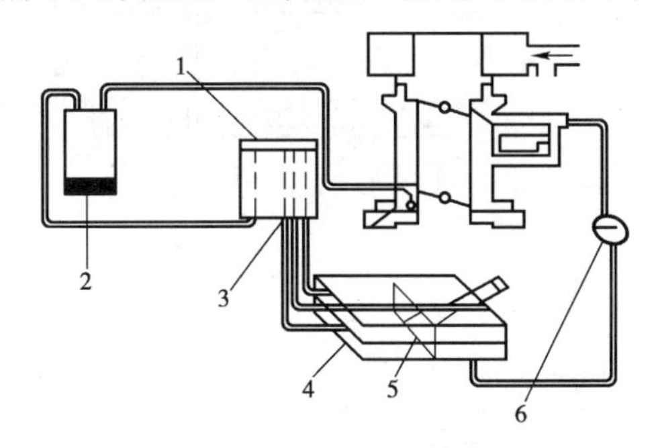

图12-15 汽油蒸气控制系统

1-液体-蒸气分离器;2-活性炭罐;3-液体回流管;4-燃油箱;5-挡板;6-压力-真空阀

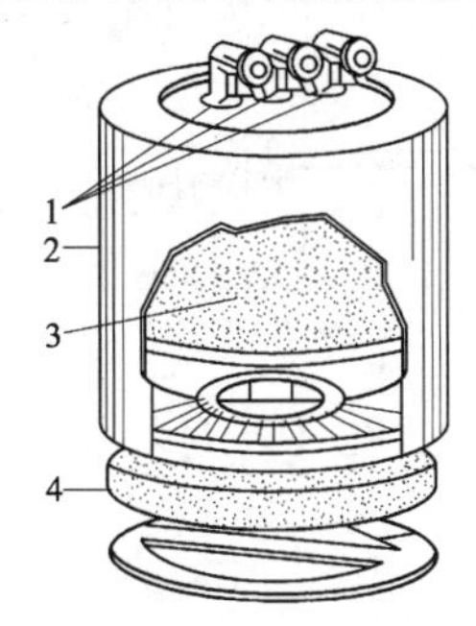

图12-16 活性炭罐

1-通风和净化管接头;2-活性炭罐;3-炭粒;4-滤清器

当发动机停车时,汽油蒸气储存到炭罐中,当发动机工作时,在进气歧管真空作用下,供油系内的汽油蒸气和吸附在炭罐内的汽油蒸气被吸入进气系统。

蒸发控制系统也会影响汽油机的混合浓度,故蒸气净化气流必须精确控制。流量的控制方法应满足下面要求,必须保证活性炭得到净化,恢复其活性;对空燃比和操纵性带来影响要小。常见的有下面两种方法。

1. 变流量净化方式

净化空气流量与发动机的进气量成比例。图12-17给出了一种简单的变流量净化方法。利用空气滤清器入口的气流速度或空气滤清器滤芯的压降来控制净化流量,发动机进气量越多,则入口处的流速越高、真空度越大(同样滤芯的压降也越大)、吸入的净化空气越多。

2. 两级式净化方式

两级式净化系统,如图12-18所示。当发动机在怠速和低速、小负荷下运转时,在弹簧力作用下净化阀关闭,当节气门开度增加时,真空将作用于净化阀膜片,使其开启,增加净化流量。

图12-18中虚线所示路线可以形成另一净化通道。这条通道利用化油器喉口前的气流流动产生的真空将蒸气吸入进气管。当怠速和小负荷、低转速时、这条通道不参加工作,但

是随着转速增加、负荷加大,这条通路将参加工作。

在电子控制燃料喷射的汽油机中,蒸发控制系统不用考虑化油器中的蒸气,因而结构较简单,但是由于蒸发控制系统会破坏燃油控制系统所提供的空燃比,所以一般由微处理器来控制炭罐净化。一般在炭罐上安装一个由微处理器控制的电磁阀。在正常情况下,一般控制系统只在闭环操作时允许炭罐净化,因为反馈系统可以消除净化系统对空燃比的影响,而在开环控制模式,如冷机怠速、暖机、加减速、大负荷情况则一般不允许炭罐净化。

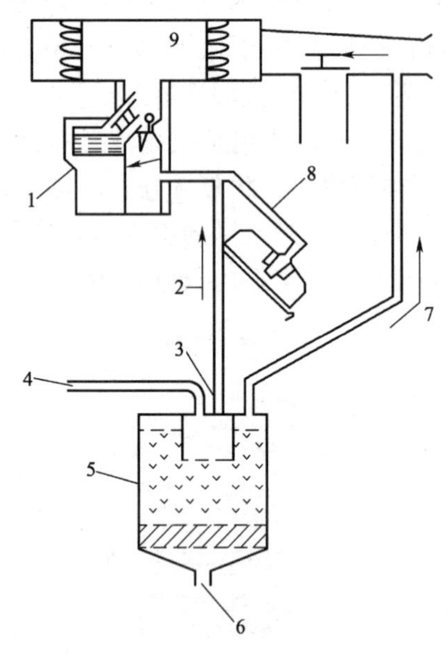

图 12-17 变流量净化系统

1-化油器;2-定流量净化管;3-量孔;4-油箱蒸气;5-活性炭罐;6-净化空气;7-变流量净化管;8-PCV 管;9-空气滤清器

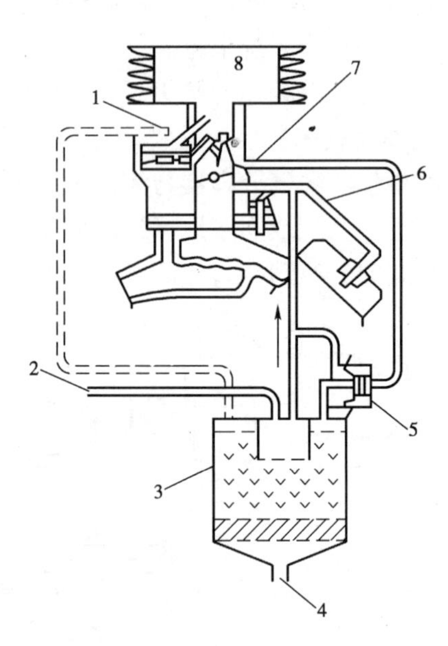

图 12-18 两极式净化系统

1-化油器通风管;2-油箱蒸气;3-活性炭罐 4-净化空气;5-净化阀;6-PVC 管;7-气口真空信号;8-空气滤清器

练习与思考

一、填空题

1. 发动机排放污染的来源主要有__________、__________、__________。

2. 发动机排放有害成分中,__________、__________、__________以及__________是主要污染物质。

3. 柴油机的排放控制重点是的__________和__________,CO 和 HC 的排出量较汽油机的要少。

4. 排气净化措施主要有________、__________、__________、__________、__________、__________。

5. 从结构上,强制曲轴箱通风系统可以分为__________和__________两种。

二、判断题(正确打√、错误打×)

1. 汽油机的调温进气系统的工作原理是在暖机期间把经废气加温后的热空气送入化油

器前的空气滤清器，提高进气温度，加速汽油蒸发，改善混合气的形成，以达到降低污染的目的。 ( )

2. 废气再循环降低了燃烧温度，减少了 CO 的排放。 ( )

3. 三元催化转换器是一种能够对 CO、HC 和炭粒三种排放物同时起净化作用的装置。 ( )

4. 空气喷射系统就是用空气泵将空气喷入排气歧管中，使废气中的 HC 和 CO 进一步氧化，转化为 CO_2 和 H_2O 等无害物质。 ( )

5. 汽油蒸发控制系统的功用就是将汽油蒸气收集和储存在炭罐里，在发动机工作时再将其送入汽缸中燃烧。 ( )

三、选择题

1. 内燃机排污的来源主要有( )。

A. 从排气管排出的废气，主要成分是 CO、HC、NO_x

B. 窜气，即从活塞与汽缸之间的间隙漏出，再自曲轴箱经通气管排出的气体，其主要成分是 HC

C. 从油箱、化油器浮子室以及油管接头等处蒸发的汽油蒸汽，成分是 HC

D. A + B + C

2. 汽油机的排放控制重点是( )。

A. CO、HC　B. HC、NO_x　C. NO_x、炭烟　D. CO、HC 和 NO_x

3. 柴油机的排放控制重点是( )。

A. CO、HC　B. HC、NO_x　C. NO_x、炭烟　D. CO、HC 和 NO_x

4. 氧化催化转换器用来处理( )的排放。

A. CO 和 NO_x　B. NO_x 和 HC　C. HC 和 NO_x　D. HC 和 CO

5. 废气再循环是一种被广泛应用的排放控制措施，对降低( )有效。

A. CO　B. NO_x　C. HC　D. 炭烟

6. 曲轴箱强制通风系统主要是控制、阻止曲轴箱 HC 气体( )。

A. 排入大气当中　B. 进入进气管　C. 排入燃油箱　D. 进入燃烧室

四、简答题

1. 发动机排放污染的来源有哪几个？主要的有害成分是什么？
2. 发动机的排气净化装置有哪几种？
3. 三元催化转换器有何功用？说出其工作原理。
4. 曲轴箱通风系统有何功用？
5. 发动机汽油蒸发控制系统有何功用？说出其工作原理。

参 考 文 献

[1] 孙建新.内燃机构造与原理[M].北京:人民交通出版社,2009.
[2] 孙业保.车用内燃机[M].北京:北京理工大学出版社,2007.
[3] 陈家瑞.汽车构造(上册)[M].3版.北京:机械工业出版社,2011.
[4] 蔡兴旺,胡勇.汽车发动机构造与维修[M].北京:中国林业出版社,2008.
[5] 岑沛容.港口内燃装卸机械检测[M].北京:人民交通出版社,2008.
[6] 张泉忠.港口内燃装卸机械控制技术[M].北京:人民交通出版社,2009.
[7] 焦传君.汽车发动机构造与维修 [M].北京:高等教育出版社,2009.
[8] 汤定国.汽车发动机构造与维修 [M].北京:人民交通出版社,2005.
[9] 简晓春,杜仕武.现代汽车技术及应用[M].北京:人民交通出版社,2005.
[10] 崔新存.现代汽车新技术[M].北京:人民交通出版社,2004.
[11] 中华人民共和国国家标准.GB/T 725—2008 内燃机产品名称和型号编制规则[S].北京:中国标准出版社,2008.
[12] 中华人民共和国国家标准.GB 17930—2011 车用汽油[S].北京:中国标准出版社,2011.
[13] 中华人民共和国国家标准.GB 17930—2013 车用汽油[S].北京:中国标准出版社,2013.
[14] 中华人民共和国国家标准.GB 19147—2013 车用柴油(V)[S].北京:中国标准出版社,2013.
[15] 中华人民共和国国家标准.GB 11121—2006 汽油机油[S].北京:中国标准出版社,2006.
[16] 中华人民共和国国家标准.GB 11122—2006 柴油机油[S].北京:中国标准出版社,2006.